S.F. FLANDRES

SDS
JE MEURS OU JE M'ACCROCHE

WELSCHENBERG

44

GARDES FRONTALIERS
Cie 551
SARREGUEMINES et ENVIRONS

INTENDANCE

A3
FIERTE COURAGE
HONNEUR

45

LE BLAIREAU
JE GRIFFE

EQUIPAGE
A.17

ESCAUT

MICHELSBERG
QUAND LE DIABLE Y SERAIT...

FERMONT
FERMES & RÉSOLUS

QUI S'Y FROTTE S'Y PIQUE

A 27
NIL MIRARI

GRAVITER
RESPICIT
RUIT
FORTITER
45

Il a été tiré de cet ouvrage
8 000 exemplaires
dont

50 exemplaires, réservés aux Auteurs
et à l'Éditeur, sont numérotés
et constituent l'édition originale *.

Cet exemplaire porte le
N°

** Les exemplaires numérotés portent seuls le cachet circulaire de l'Encyclopédie de l'Armée française, attestant leur authenticité.*

L'ENCYCLOPÉDIE DE L'ARMÉE FRANÇAISE

sous la direction de François VAUVILLIER

HOMMES ET OUVRAGES DE LA LIGNE MAGINOT

TOME TROIS

DOCUMENTS DE COUVERTURE.
Deux rarissimes photographies d'époque en couleurs d'un ouvrage Maginot articulent notre couverture.
En haut à droite, gros plan sur la tourelle de mitrailleuses du bloc 1 de Sœtrich (➠ détails p. 92). On voit la route nationale Thionville - Luxembourg et le réseau de rails qui s'éloigne vers l'Immerhof. Dans le lointain, la falaise de la Moselle d'où le gros ouvrage de Molvange domine toute la trouée d'Hettange-Grande.
Coll. A. Boy

En bas, vue générale du même ouvrage A 11 (Sœtrich). Le réseau de rails se dirige vers le bloc 1 qui possède une tourelle de mitrailleuses (en position éclipsée) et une cloche de mitrailleuses. Au loin, vers la gauche, le bloc 2. Un drapeau blanc a été fixé à la pancarte délimitant le terrain militaire ; il s'agit probablement d'une mise en scène de mauvais goût, réalisée par le photographe. Les mines antichars qui interdisaient la route Thionville - Luxembourg ont été empilées près du panneau dans l'attente d'une récupération ultérieure.
Coll. A. Boy

En haut à gauche, le lieutenant-colonel Miconnet, « pacha » du Hochwald (➠ détails p. 24) devant l'entrée des munitions.
Photo A. Haas

Divers fanions : le gaulois moustachu du Mont-des-Welches (détail central, ➠ p. 103), l'archange Saint-Michel du Michelsberg (➠ p. 104) et la silhouette stylisée d'un bloc du Welschhof (➠ p. 123).

Divers insignes métalliques : ouvrages A 17 Métrich (➠ p. 97) et A 19 Hackenberg (➠ p. 100), secteur fortifié de Montmédy (➠ p. 72).

EN PAGES DE GARDE DE FIN DE VOLUME.
Premiers au contact de l'ennemi... Cette section de gardes frontaliers appartient probablement à la 545e/201 compagnie de GF de Forbach. On devine, sur le fanion, la devise Pour la Patrie, prêts.
L'encadrement est assuré par la garde républicaine mobile (détails d'uniformes ➠ pp. 19 et 25).
Coll. Ph. Thiry

EN DOS DE COUVERTURE.
Le même lieu qu'en couverture, l'entrée des munitions du Hochwald avec son millésime « 1933 », mais avec un bien étrange protocole à l'occasion de la reddition de l'ouvrage (détails ➠ p. 239).
DR

DES MÊMES AUTEURS

JEAN-YVES MARY, ALAIN HOHNADEL et JACQUES SICARD
Hommes et ouvrages de la ligne Maginot, Tome Un, Histoire & Collections 2000.
Hommes et ouvrages de la ligne Maginot, Tome Deux, Histoire & Collections 2001.

JEAN-YVES MARY
La ligne Maginot, ce qu'elle était, ce qu'il en reste, Sercap 1980.
Quelque part sur la ligne Maginot, Sercap 1985.
L'ouvrage de Fermont, Citedis 1999.

ALAIN HOHNADEL
La ligne Maginot en Lorraine du Nord, mémoire de DEA, Université de Metz, 1988.
Guide de la ligne Maginot (en collaboration avec M. Truttmann), Heimdal 1988.
La ligne Maginot (en collaboration avec M. Truttmann), Tallandier 1989.
La ligne Maginot en Moselle (en collaboration avec J.-L. Goby), CDDP de la Moselle 1989.
La mémoire des forts (en collaboration avec J.-L. Goby), Serpenoise 1990.
Veckring, le Hackenberg (collectif), Klopp 1992.
Le fort aux fresques - Ouvrage A 24, Soldats de France 1994.
La bataille des forts (en collaboration avec P. Bestetti), Heimdal 1995.

ALAIN HOHNADEL et JEAN-YVES MARY
Guide du tourisme militaire en Lorraine, Citedis éditions 2000.
Le Simserhof, S. Domini éditeur et Conseil général de la Moselle 2002.

JACQUES SICARD
Les chasseurs d'Afrique (en collaboration avec F. Vauvillier), Histoire & Collections 1999.

ISBN : 2-913903-88-6
Numéro d'éditeur : 2-913903
Dépot légal : 2e trimestre 2003

Histoire & Collections
SA au capital de 182 938,82 €
5, avenue de la République
F-75541 Paris Cédex 11
Téléphone : 01 40 21 18 20
Fax : 01 47 00 51 11

Cet ouvrage a été conçu, composé et réalisé par Histoire & Collections, entièrement sur stations informatiques intégrées.

Supervision et maquette : François Vauvillier.

Achevé d'imprimer le 31 mai 2003 sur les presses d'Elkar, Espagne, Union européenne.

HOMMES ET OUVRAGES DE LA LIGNE MAGINOT

TOME TROIS

par JEAN-YVES MARY et ALAIN HOHNADEL

avec le concours de

JACQUES SICARD

pour la présentation des unités et des insignes,

et la coopération des ANCIENS et des AMIS de la LIGNE MAGINOT.

Infographies uniformologiques d'ANDRÉ JOUINEAU

Notices, textes et légendes uniformologiques de

FRANÇOIS VAUVILLIER

HISTOIRE & COLLECTIONS - PARIS

Table des Matieres

LE DESTIN TRAGIQUE DE LA LIGNE MAGINOT [1]

1. Ce titre est emprunté à celui du livre du général Prételat publié en 1950 (Berger-Levrault)

Première partie
LA DRÔLE DE GUERRE

Chapitre Premier
PRÉLUDE EN DEMI-MESURE

Deuxième partie
SITUATION DE LA FORTIFICATION DU NORD-EST AU 10 MAI 1940

Sommaire détaillé, voir page 61.

Troisième partie
LA LIGNE FORTIFIÉE DU NORD-EST AU COMBAT

Chapitre Premier
LA LIGNE MAGINOT ET L'IRRUPTION DES PANZER

Coll. Blas

Le 146e RIF, régiment de Faulquemont, a l'honneur de participer au défilé du 14 juillet 1939 sur les Champs-Élysées. En tête, le drapeau et sa garde (sous-lieutenant Mouchebœuf) et le chef de bataillon Pacaud. Dans 38 jours exactement, tous ces hommes seront mis en alerte par la mesure 10 et partiront vers leur destin.

Chapitre Trois

LA RÉSISTANCE FAROUCHE DES OUVRAGES DU NORD

Chapitre Quatre

L'ODYSSÉE DES TROUPES D'INTERVALLE

Chapitre Cinq

LES OUVRAGES DE L'EST RESTENT SEULS

Chapitre Six

LIVRÉE AUX VAINQUEURS

Épilogue

LES ENSEIGNEMENTS DE L'ÉPREUVE DU FEU

NB : les planches 1 à 29 figurent dans le volume Les Chasseurs d'Afrique, *les planches 30 à 34 dans* Hommes et Ouvrages de la Ligne Maginot, *Tome Un, les planches 35 à 38 dans* Hommes et Ouvrages de la Ligne Maginot, *Tome Deux, et les planches 39 à 43 dans* Chars B au combat *(même collection).*

PREMIÈRE PARTIE LA DROLE DE GUERRE

Coll. Stern

Ambiance de mobilisation dans ce groupe du 153e RIF, posant devant une baraque du sous-secteur du Légeret (SF Rohrbach). Les masques à gaz viennent d'être distribués. Debout, second à partir de la droite, le lieutenant Stern.

CHAPITRE PREMIER

PRÉLUDE EN DEMI-MESURE

La déclaration de guerre est effective le 3 septembre 1939 mais il ne se passe rien : chacun des antagonistes reste sur ses positions cependant que l'offensive allemande en Pologne se poursuit avec rapidité. Qui donc va se charger d'entamer les hostilités à l'Ouest ?

LA MOBILISATION GÉNÉRALE débute officiellement le 2 septembre 1939 mais on n'a pas attendu ce jour-là pour procéder au rappel de différentes classes de réservistes. De sorte que la déclaration de guerre trouve la ligne Maginot pratiquement à son effectif de guerre partout, au Hackenberg (➠ encadré p. 6) comme sur l'ensemble de la zone frontière [1]. La mobilisation s'effectue donc à l'abri de la ligne fortifiée, ce qui constitue la première de ses missions.

La mise sur pied des unités de renforcement est en effet malheureusement plus longue puisque les réservistes doivent rejoindre des centres mobilisateurs qui ne sont pas nécessairement à proximité du front et il s'écoule donc un délai important entre l'arrivée de ces hommes et l'engagement effectif des unités dont ils relèvent. Ceci explique que l'armée française n'est pas en mesure de s'engager offensivement dès la déclaration de guerre alors que la rapidité des opérations sur le front polonais exige un raccourcissement maximum des délais.

Ce n'est finalement qu'à J + 4 que le GA 2 (général Prételat), regroupant les 3e, 4e et 5e armées, est enfin en mesure d'intervenir.

LE GA 2 FAIT DIVERSION

Le 7 septembre 1939 en effet, l'armée française donne le coup d'envoi des opérations à l'Ouest, en se lançant dans une opération aussi mal préparée qu'inutile et qui va passer à la postérité sous le nom d'offensive de la Sarre.

UNE OFFENSIVE PLUS QUE TIMIDE

Pourtant, le projet n'est pas improvisé puisque dès le début 1938, juste après l'Anschluss, le gouvernement français demande à l'état-major d'envisager les mesures à prendre en cas d'invasion de la Tchécoslovaquie. Mis en demeure de fournir un projet offensif, le haut commandement français prépare un plan d'attaque visant à « pousser » entre Rhin et Luxembourg avec Mayence comme objectif final mais le plan souffre nécessairement de la situation créée par la neutralité belge.

Il est dès lors difficile de mûrir un projet consistant et Gamelin se borne à fournir quelques grandes orientations qui ne dépasseront pas le stade d'un avant-projet. C'est donc sans surprise que l'Allemagne envahit les Sudètes à l'automne 1938 sans que l'armée française ne sorte de la ligne Maginot.

Gamelin n'est cependant pas au bout de ses peines puisque les menaces qui pèsent désormais sur la Pologne l'obligent à revoir sa copie et à demander en mai 1939 au général Georges de préparer un projet plus consistant. Celui-ci se tourne alors vers le général Prételat qui, en cas de mobilisation, aura sous son commandement le groupe d'armées n° 2 (GA 2) faisant face à l'Allemagne pour qu'il prépare un plan d'action. Prételat ne va pas faire preuve d'un enthousiasme excessif dans la mise en œuvre du projet puisqu'il n'adresse au général Georges ses premières propositions qu'en juillet, en les assortissant du reste de quelques considérations prudentes.

NOTES

1. L'organisation de la mobilisation a déjà fait l'objet d'un développement spécifique dans le Tome Un, pages 78 à 86.

2. Auxquels s'ajoutent, pour la 4e armée, un régiment d'artillerie lourde (182e RALT), trois bataillons de chars R 35 (GBC 504 : 9e, 20e et 22e BCC) plus des éléments de DCA et pour la 5e armée, un bataillon de chars R 35 (23e BCC).

3. Même si elle n'a pas la solidité de sa rivale française, la ligne Siegfried n'en constitue pas moins un obstacle dissuasif dans la mesure où l'armée française ne dispose pas d'une artillerie lourde suffisamment nombreuse pour y ouvrir une brèche sérieuse. Il faudrait en effet, si on s'en tient aux plans initiaux, approcher à distance utile des pièces d'artillerie lourde (194 ou 220 mm) ou de grosse destruction (mortiers de 280 modèle 1914, pièces d'ALVF), ce qui ne pourra se faire avant un délai relativement long. En fait, toutes ces études théoriques le démontrent : la rupture de la ligne Siegfried suppose une attaque sur un front de quinze à vingt kilomètres, ce qui nécessiterait 70 000 tonnes de projectiles (soit 194 trains) et la maîtrise de l'air.

Néanmoins, le général Georges persiste dans son idée et il retourne le projet à Prételat pour exécution. Celui-ci aura à peine le temps de peaufiner son plan que les événements s'emballent et, dès le début septembre, les éléments concernés doivent déjà se préparer à passer à la phase offensive. Pour mener à bien l'opération prévue, Prételat dispose de la 4e armée et d'une partie de la 5e armée, soit trois corps :

– à droite, le 7e CA du général Frère (15e DIM et 4e DIC),
– au centre, le 5e CA du général Bloch (9e DIM et 23e DI)
– à gauche, le 20e CA du général Hubert (11e et 21e DI, 4° DINA)[2].

En raison du manque de moyens engagés, deux groupements composés pour l'essentiel de troupes de forteresse sont également constitués pour opérer en avant des lignes.

– le Détachement avancé du Secteur fortifié de Faulquemont commandé par le colonel Vogel qui comprend trois bataillons de forteresse (III/146e RIF, III/156e RIF et III/160e RIF) et deux groupes de reconnaissance (37e GRDI et 45e GRRF) qui s'avancera dans la forêt de la Warndt ;

– le Détachement avancé du Secteur défensif de la Sarre (colonel Marion) fort de deux bataillons de forteresse (III/82e RMIF et III/174e RMIF), du 5e bataillon de mitrailleurs et du 18e régiment de chasseurs à cheval qui sera chargé de la couverture de Forbach.

On trouve d'autres troupes de forteresse dans les unités engagées comme le II/51e RMIC en soutien de la 4e armée dans la région de Forbach (Morsbach et Œting), les gardes frontaliers qui assurent des missions de surveillance de la frontière et les trois GRRF. Les RAMF (➠ Tome Deux, pp. 163 à 170) participent également en renforcement des divisions d'active : le 39e avec la 2e DINA, le 49e avec le 20e CA puis le 9e CA, le 59e avec la 11e DI, le 70e avec la 12e DIM. Un groupe de 75 tractés sur trains rouleurs (II/163e RAP) évolue dans le secteur de la 42e DI.

Face à ces unités se trouvent la Heeresgruppe C du général von Leeb forte de trois armées (1re, 5e et 7e) mais surtout les organisations de la ligne Siegfried. Construite précipitamment à partir de 1936, cette dernière est l'antithèse de la ligne Maginot avec une multitude de petits blocs, quelques ouvrages plus importants (B. Werke) et un élément antichar spectaculaire, les « dents de dragon » qui courent le long de la frontière et matérialisent sur le terrain la ligne de résistance allemande[3].

Le général Prételat commande le GA 2 qui comprend les 3e, 4e et 5e armées et couvre les régions fortifiées de Metz et de la Lauter. C'est lui qui est chargé de conduire l'offensive de la Sarre.

Evidemment, le rythme assez lent des opérations tel que le conçoit le plan Prételat ne correspond que peu au rythme que les Allemands impriment à la campagne de Pologne et dès le 3 septembre, Gamelin juge bon, par l'intermédiaire du général Georges, d'aiguillonner quelque peu son grand subordonné. Gamelin a-t-il des doutes sur la bonne volonté de Prételat ? Toujours est-il que le 4 septembre, il envoie Georges en personne auprès de celui-ci pour le presser dans la mise en œuvre des moyens nécessaires. Prételat fait valoir les difficultés de mise en place pour justifier les délais prévus, ce qui semble convaincre Georges.

La mise en place des unités chargées de l'opération conçue par Prételat doit se dérouler en deux temps :

– dans la nuit du 7 au 8 septembre, la 4e armée du général Requin devra avoir son dispositif en place sur la ligne : saillant de Cadenbronn, la Blies de Sarreguemines à Bliesbruck, Gros-Réderching, Rohrbach ;

Parallèlement, la 5e armée maintiendra ses gros dans la région de Bitche, se contentant de pousser ses avant-gardes sur la ligne Nousseviller - Happelscheidt alors que la 3e armée couvrira la 4e à l'ouest, sur la ligne signal de Bouchepom - lisière nord de la forêt de Saint-Avold.

– dans la nuit du 8 au 9 septembre, la 4e armée attaquera en force le rentrant d'Auersmacher, entre Sarre et Blies et, jumelant son action à celle de la 5e armée, se portera sur la ligne Erching - Epping-Urbach - Loutzviller - Waldhouse - Liederscheidt.

LA WARNDT OU L'INFANTERIE DE FORTERESSE À CONTRE-EMPLOI

La première phase de l'opération démarre comme prévu et très vite, la 11e DI (général Aymes) parvient à s'emparer des hauteurs d'Auersmacher, ce qui fait que le 9 au soir, les troupes se trouvent en place sur leur ligne de départ.

Dans la forêt de la Warndt, aucune défense sérieuse ne s'oppose à la progression de la 42e DI qui atteint la ligne Lauterbach - Ludweiler après avoir été cependant fortement ralentie par des mines et des abattis. Le groupement Vogel qui a occupé dès le 7 septembre les emplacement laissés libres dans les avancées par

(suite page 7)

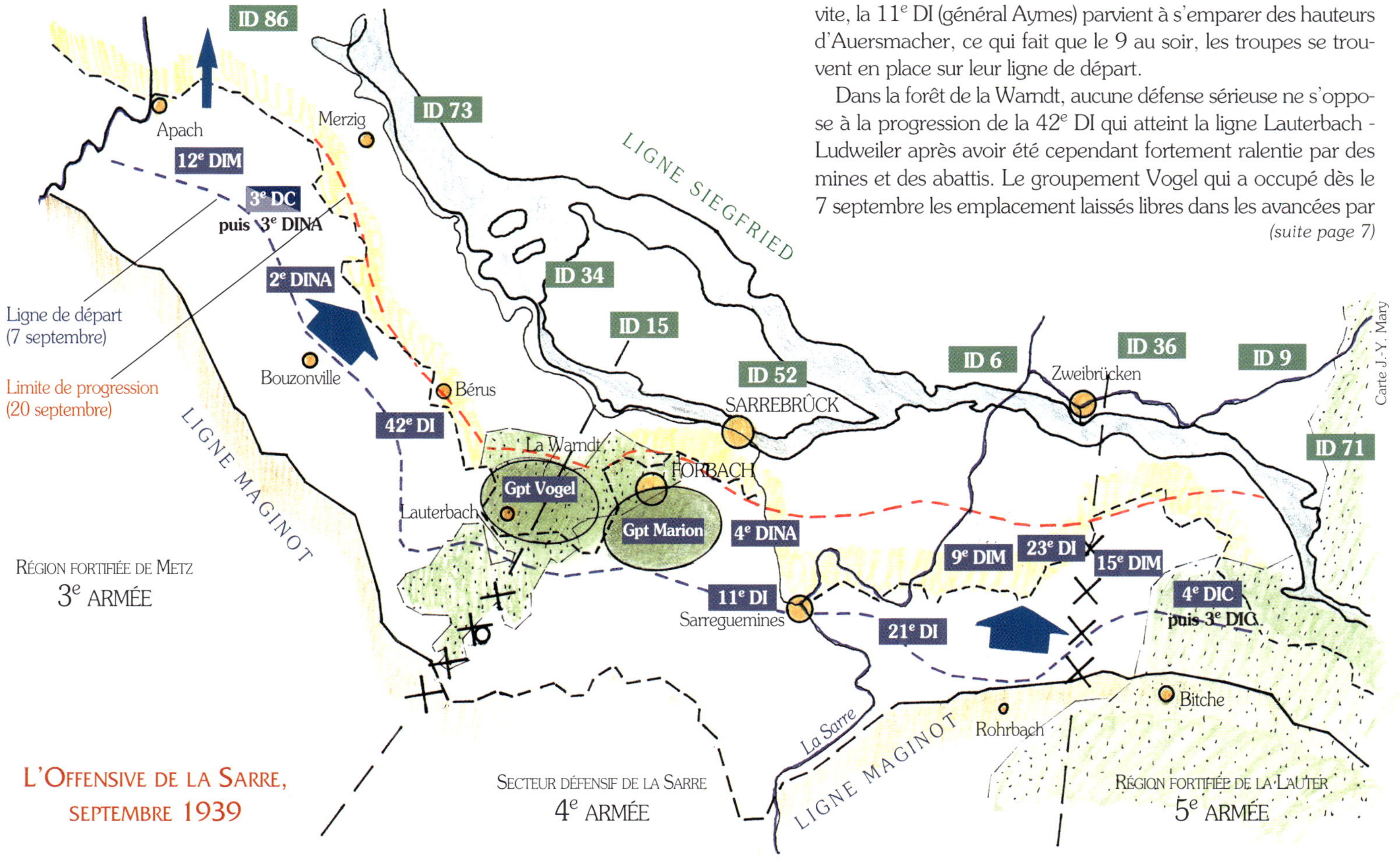

L'Offensive de la Sarre, septembre 1939

UN EXEMPLE : JOUR PAR JOUR, LA MOBILISATION DU HACKENBERG

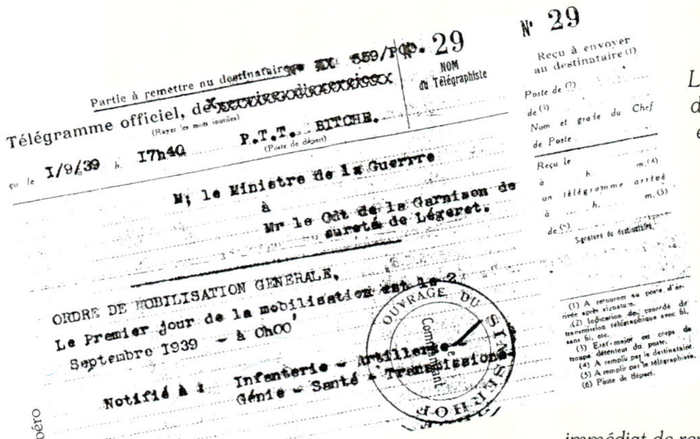
Partie à remettre au destinataire N° 559/P.P. 29
N° 29
NOM du Télégraphiste
Reçu à envoyer au destinataire (1)
Télégramme officiel, de (Rayer les mots inutiles)
P.T.T. BITCHE. (Poste de départ)
Poste de (2)
de (3)
Nom et grade du Chef de Poste
du le 1/9/39 h. 17h40
M. le Ministre de la Guerre
à
Mr le Cdt de la Garnison de sureté de Légeret.
Reçu le à h. m. (4)
un télégramme arrivé à h. m. (5)
de (6)
Signature du destinataire.
ORDRE DE MOBILISATION GENERALE,
Le Premier jour de la mobilisation est le 2 Septembre 1939 - à 0h00'
Notifié à : Infanterie - Artillerie - Transmissions
Génie - Santé
OUVRAGE DU SIMSERHOF
Commandant
(1) A retourner au poste d'arrivée après signature.
(2) Indication du raccordé de transmission télégraphique avec fil, sans fil, etc.
(3) Etat-major ou corps de troupe détenteur du poste.
(4) A remplir par le destinataire.
(5) A remplir par le télégraphiste.
(6) Poste de départ.

Coll. Urbéro

L'ouvrage du Simserhof est avisé par télégramme que le premier jour de la mobilisation est fixé au 2 septembre à 0 h 00 : la ligne Maginot se trouve désormais en guerre avec pour objectif immédiat de remplir la première de ses missions : permettre en toute quiétude la mobilisation générale.

Les marques extérieures de respect doivent être observées par la troupe à l'intérieur de l'ouvrage. La tenue normale à l'intérieur de l'ouvrage est le treillis par dessus les effets de drap, le béret ou le bonnet de police et le ceinturon. Les masques à gaz doivent être obligatoirement portés à l'extérieur de l'ouvrage.

21 AOÛT 1939

21 h 00 : réception de l'ordre d'alerte. Les clairons sonnent, les plantons passent chez chaque officier ou sous-officier qui habitent dans les cités du camp de Veckring.

24 h 00 : l'échelon A (4e CEO du 162e RIF, 6e batterie du 163e RAP) est en place.

Les clés d'alerte sont distribuées et tout l'armement principal est servi.

22 AOÛT 1939

Dans les blocs, les hommes attendent les ordres. Les cuisines fonctionnent et distribuent du café et un repas chaud à midi.

Des literies sont rapportées du camp et mises en place dans l'ouvrage. Le papier hygiénique est demandé alors que les WC des blocs 5, 8 et 9 sont condamnés et remplacés par des « feuillées » à l'air libre. Les premières corvées sont organisées (nettoyage de la grande galerie par neuf hommes).

23 AOÛT 1939 *Signature du pacte germano-soviétique.*

7 h 00 : effectif présent (échelon A) :

infanterie : 90 hommes (dont 4 officiers)
artillerie : 102 hommes (dont 7 officiers)
génie : 99 hommes (dont 4 officiers)
total : 291 hommes (dont 15 officiers)

Les hommes de l'active et ceux des classes 37 et 38 maintenues sous les drapeaux continuent leur installation sommaire.

Les munitions de 75 mm sont transportées, par 3 trains le matin et 3 trains l'après-midi, du magasin M 1 au magasin M 2 du bloc 5 (casemate de 75), ce dernier ayant été vidé suite à des travaux d'assèchement. L'eau potable pour la cuisine est apportée par camion-citerne depuis le camp et transportée par les wagons-citernes de l'ouvrage.

Le service est le suivant : réveil à 5 h 00, horaires de travail : de 6 h 30 à 11 h 00 et de 13 h 30 à 17 h 30. Exercice journalier au PC : de 16 h 30 à 17 h 30.

Un wagonnet chargé de literie prend de la vitesse dans la galerie du demi-ouvrage Ouest et pousse un autre wagonnet dans le plan incliné du bloc 7. Les wagonnets sont abimés.

24 AOÛT

Les réservistes B 1 arrivent de 17 h 00 à 23 h 00. « *Bonne impression d'ensemble, peu d'hommes ivres* ». Le médecin se présente : c'est le médecin-capitaine Wellinger.

Les familles évacuent le camp de Veckring.

L'alimentation électrique par l'arrière (poste de Reinange) est essayée avec succès. La literie est mise en place. Les rails sont installés dans les brèches du réseau de rails.

25 AOÛT *12 h 00 : l'Allemagne décrète la mobilisation générale pour le 26 août. Le Grenzschutz prend position à la frontière.*

Effectifs présents à 7 h 00 : 629 hommes dont 24 officiers (12 artilleurs, 7 fantassins et 5 sapeurs).

Les cartouches de revolver sont distribuées aux chefs de bloc. Le Parc d'artillerie de Thionville envoie 3 200 obus de 81 mm FA modèle 36. Le stockage des mines commence. Les fantassins changent leurs pattes de collet du 162e RIF pour celles du 164e. Les douches sont mises en service cependant que le nettoyage de la caserne et des galeries principales est assuré par des corvées

26 AOÛT *Hitler obtient de la Belgique la garantie qu'elle n'autorisera aucune violation de son territoire par les troupes françaises.*

Effectifs présents à 7 h 00 : 700 hommes dont 24 officiers.

Les premiers « B 2 » (artillerie et infanterie) arrivent dans la journée.

Les tables de tir graphiques des mortiers de 81 mm (nouvelles charges) sont en cours de réalisation.

27 AOÛT

Effectifs présents à 7 h 00 : 898 hommes dont 31 officiers.

Les piquets antichars Ollivier sont en place : 100 piquets pour le demi-ouvrage Ouest, 200 pour le demi-ouvrage Est (entre le saillant du bloc 1 et le talus du bloc 4 et dans la brèche du bloc 4). Les munitions (bombes de 81 mm FA 36) sont mises en place dans les blocs 3 et 10.

10 h 00 : le commandant Ébrard passe dans les chambres. Les maçons de profession qui se trouvent dans les blocs sont recensés par le génie. Le foyer du soldat est créé dans le blockhaus situé au bas du plan incliné de l'entrée des hommes.

15 h 15 : le général Hanly (commandant l'artillerie de la RF Metz) visite l'ouvrage. Le tableau de service est modifié : distribution du café à 3 h 00, soupe à 11 h 00 et à 19 h 00 afin d'éviter d'avoir à réveiller le personnel de renfort au milieu de leur sommeil. Fin du travail à l'extérieur à 17 h 00. Exercice de PC de 17 h 30 à 18 h 30. Rapport à 18 h 45. Diner des officiers à 19 h 30.

Les sous-officiers et hommes de troupe ne doivent pas circuler dans les galeries sans l'autorisation de leur chef de bloc. La garde du drapeau du Souvenir français de Waldwisse est confiée à l'ouvrage.

28 AOÛT

Arrivée des « B 2 » de l'infanterie et du génie. Effectifs présents : 961 hommes dont 32 officiers.

Une fosse destinée aux détritus et aux eaux grasses est creusée à 200 mètres de l'entrée des munitions, à proximité de la voie ferrée. Le service de santé demande des produits courants de désinfection.

Les coiffeurs d'infanterie et d'artillerie commencent à travailler (coupe gratuite pour les hommes).

Les wagons de nourriture emportent en plus, par bloc, un bidon d'eau potable et un bidon d'eau chaude.

29 AOÛT

Effectifs présents : 989 hommes dont 32 officiers.

Les projecteurs et le réseau de transmission de l'alerte aux gaz sont vérifiés.

Le colonel Besse, commandant le SF Boulay, visite l'ouvrage.

30 AOÛT

Effectifs présents : 996 hommes dont 32 officiers.

Le quart de renfort ne couche plus dans la caserne mais dans le camp de Veckring afin de s'aérer. Le service est le suivant : réveil 5 h 00, café/casse-croûte à 6 h 00 dans l'ouvrage. Reprise du travail à 6 h 30, repas 11 h 00 et 19 h 00.

Les douches pour gazés sont inutilisables (le ventilateur manque). Une camionnette est mise à disposition de l'ouvrage pour le ravitaillement.

31 AOÛT *L'Ambassadeur de Pologne ne peut prendre contact avec Hitler.*

Effectifs présents : 998 hommes dont 33 officiers.

Calage des projecteurs sur la partie extérieure des réseaux.

Les hommes sortent des blocs pour exécuter les travaux extérieurs : débroussaillage des champs de tir et des réseaux de barbelés.

1er SEPTEMBRE *5 h 45: les troupes allemandes entrent en Pologne.*

Effectifs présents : 1 001 hommes dont 33 officiers.

La tourelle de 75 mm du bloc 2 est remise en état (réparation de l'embrayage du pointage latéral à main).

21 h 30 : exercice d'alerte aux gaz.

Les clés des magasins à munitions sont placées, plombées, dans les PC des blocs.

Prise de contact avec les points d'appui voisins de l'ouvrage.

2 SEPTEMBRE *0 h 00 : premier jour de la mobilisation générale.*

Effectifs présents : 995 hommes dont 33 officiers.

Le médecin chef de service est autorisé à déballer la réserve d'appareils sanitaires et de médicaments de mobilisation.

On recherche les emplacements pouvant recevoir des lits supplémentaires. Des programmes (armement, travaux) sont établis par chaque bloc. Des guetteurs pour avions sont installés de manière que le personnel (qui travaille à l'extérieur) rentre à la première alerte.

3 SEPTEMBRE *Déclaration de la guerre.*

Effectifs présents : 1 007 hommes dont 33 officiers.

Le port du casque est obligatoire pour les travaux extérieurs. Les sorties hors de la limite des réseaux ne sont faites que sur ordre de mission du commandant Ébrard.

11 h 00 : visite de l'évêque de Metz, Monseigneur Heintz, et du général Le Bleu. Les officiers et les visiteurs chantent *La Marseillaise* dans le mess.

D'après le journal de bord du chef d'escadron Ébrard et les souvenirs de l'adjudant Lavergne (portrait ➜ *Tome Un, page 128).*

DR

Mugler

(suite de la page 5) la 42e DI (Creutzwald - Carling - Merlebach) est chargé de se porter sur Lauterbach et Ludweiler pour permettre à la 42e DI de poursuivre vers l'est. C'est ainsi qu'au soir du 9, les objectifs fixés au Groupement Vogel sont pratiquement atteints puisque le III/146e RIF et le 45e GRRF sont à Ludweiler, le III/156e RIF tient les débouchés de la forêt de Ludweiler après avoir traversé Lauterbach, le III/160e RIF s'est emparé de la cote 258 et le GR 37 occupe la ferme Marhof.

Les objectifs à atteindre à partir du 10 septembre (4e armée : Bubingen - Ransbacherberg - Breitfurt - Hombach et 5e armée : hauteurs nord-est de Walschbronn) sont occupés dans la journée du 11 septembre, malgré des pertes sensibles dues aux mines posées par les Allemands.

La situation est moins florissante sur le front de la 3e armée puisqu'alors que celle-ci se met en place en vue d'une exploitation éventuelle, elle est violemment contre-attaquée et elle doit se replier derrière le ruisseau d'Apach. Devant cette situation défavorable, Prételat donne ordre le 11 septembre, à la 3e armée et au CAC, de refouler l'ennemi au-delà de la frontière et de se porter sur la ligne Hamelsberg - Schneeberg - bois de Tunting - Pellingerberg.

Les éléments affectés à cette opération [4] parviendront péniblement à s'emparer de ces objectifs le 14 septembre..., le jour où Prételat décide d'arrêter l'offensive.

En effet, sous prétexte des difficultés rencontrées, Prételat demande à Georges, dès le 10 septembre, le renfort de trois divisions d'active pour permettre aux divisions de formation de bénéficier d'un minimum d'instruction avant d'être engagées. L'impossibilité pour Georges de fournir ces unités dans les délais donne évidemment à Prételat un bon motif pour ne pas passer à la seconde phase de l'offensive.

Les groupes de destruction de l'artillerie de position

(note n° 109-3/NE du GQG - 10 septembre 1939)

	220 C mle 1916 [A]	280 mle 1914 [B]
3e armée		
153e RAP	un groupe [C]	
165e RAP		un groupe
4e armée		
150e RAP	un groupe	un groupe
166e RAP	un groupe	un groupe

A. À trois batteries de quatre pièces
B. À deux batteries de quatre pièces
C. Rattaché au 165e RAP (➠ Tome Deux, p. 202)

En fait, les événements eux-mêmes vont se charger de mettre un terme aux velléités offensives françaises puisque le 12 septembre, Georges, devant l'effondrement polonais, prescrit à Prételat de s'en tenir aux objectifs atteints et d'organiser le dispositif en profondeur avec le but avoué cependant de n'accepter la bataille que tous moyens réunis sur la ligne fortifiée.

Le 14 septembre, Prételat demande à ses commandants d'armée de poursuivre l'organisation de la position de campagne tracée en avant de la ligne Maginot tout en poursuivant le renforcement de celle-ci. Cette passivité n'est cependant pas du goût de Gamelin qui, évoquant la possibilité d'un prolongement des opérations en Pologne, estime que « *dans ce cas, il ne nous serait pas permis de demeurer entièrement passifs* » (IPS n° 5 du 15 septembre 1939). Il en vient même à proposer de « *choisir la partie, ou les parties, de la ligne Siegfried sur lesquelles nous pourrons faire des expériences de destruction avec nos divers calibres (et ce, aux moindres frais)* ».

Le 15 septembre, le général Georges prescrit à la 3e armée et au 6e CA d'attaquer la ferme de Bérus qui constitue un magnifique observatoire sur la ville de Saarlouis et la vallée de la Sarre. Cette attaque, qui nécessite au moins trois divisions d'active et cinq bataillons de chars R 35, est finalement abandonnée, l'ennemi se renforçant de jour en jour dans ce secteur.

L'effondrement polonais accéléré par l'offensive soviétique à partir du 17 septembre met un terme définitif aux ambitions de Gamelin et le 21 septembre, le Groupement Vogel se replie vers la ligne Maginot pour reprendre son dispositif initial.

Le 25 septembre, pour mieux adapter la 4e armée à sa mission qui consiste à barrer l'axe Sarrebruck - Nancy par la trouée de la Sarre, Prételat réorganise son dispositif en faisant glisser la couverture des secteurs fortifiés concernés. C'est ainsi que le Secteur fortifié de Faulquemont passe à la 4e armée (à l'exception du sous-secteur de Narbéfontaine qui est rattaché au Secteur fortifié de Boulay) et que le Secteur fortifié de Rohrbach passe à la 5e armée (à l'exception de ses deux sous-secteurs ouest — Kalhausen et Sarralbe — qui restent à la 4e armée).

À partir du 28 septembre, le dispositif avancé est allégé par le retrait des réserves affectées en renfort à l'opération, première mesure avant un dégagement total des unités au contact. En effet, le 30 septembre, Georges en personne vient au PC de Prételat pour l'informer de l'éventualité d'une action allemande imminente sur son front et il prescrit de ramener pour le 4 octobre les gros de toutes les divisions derrière la ligne Maginot. Décision surprenante car à quoi bon organiser le terrain si on se propose de l'évacuer à la moindre alerte ! En fait, Georges propose de maintenir dans les avancées quelques unités mobiles (GRDI et unités de chars) pour donner à l'adversaire l'illusion qu'aucun remaniement n'est intervenu dans le dispositif français.

L'illusion ne va cependant pas durer puisque dès le 8 octobre, les Allemands prennent le contact des avancées dont la situation devient difficile en raison de pluies abondantes qui ont entraîné des crues de la Sarre et de la Blies et emporté les ponts militaires. Ce n'est cependant que le 16 que les Allemands déclenchent une offensive visant à repousser les éléments français avancés en territoire allemand. Conformément aux instructions, ceux-ci se replient graduellement vers la frontière et, le 17, ils repassent la Sarre et la Blies. Les Allemands ne poussent pas leur avantage au-delà et chacun des antagonistes s'en tient aux positions occupées: la première « grande offensive » de la guerre à l'Ouest est terminée. La prochaine aura lieu en mai 1940. ■

En haut de page. L'offensive en direction de Lauterbach est menée par la 42e DI qui relève du 6e CA. Le 7 septembre, le III/156e RIF est chargé de relever le 151e RI de la 42e DI. La progression des unités a travers la forêt de la Warndt est rendue périlleuse par la présence des nombreuses mines posées par les Allemands.

Ci-dessus. Le III/156e RIF est aux ordres du commandant Chèvre qui pose avec son état-major dans Lauterbach, premier village allemand conquis. À l'arrière-plan, on reconnaît à sa haute stature, le lieutenant Mugler, médecin du bataillon.

Note

4. La 12e DIM, la 2e brigade cuirassée (chars B) et le 23e BCC (chars légers R 35). La mise en place des chars B du 15e BCC dans le bois de Tunting a fait l'objet d'un récit détaillé dans l'ouvrage *Chars B au combat* appartenant à la même collection (pages 16 à 25).

Coll. Mme Chochoy

Splendide photo-souvenir de la 4e CEO (compagnie d'équipages d'ouvrages) du 162e RIF, prise devant les baraquements légers de l'ouvrage du Hackenberg peu avant la guerre. Trois fanions sont présentés : à gauche, celui de la « batterie du Hackenberg » (6e batterie du 163e RAP (➠ détails Tome Deux, p. 198) ; au centre, celui de l'ouvrage du Hackenberg (➠ détails page 101) ; enfin à droite, un fanion non identifié (celui de la 4e CEO ?) décoré d'un insigne On ne passe pas. *Au premier rang, les cadres sont, de gauche à droite (à partir du fanion de gauche) : l'adjudant Martin, le sous-lieutenant Jean Bataillard, les lieutenants Gérard Gouin d'Ambrière et Jacques Harmel, le capitaine Camille Esun qui commande la compagnie, le lieutenant Christian Dutertre et le sous-lieutenant Roger L'Huillier.*

CHAPITRE DEUX

CEUX DU BÉTON : LES ÉQUIPAGES D'OUVRAGES

Les trois armes qui fournissent le personnel officiellement qualifié de « troupes de forteresse » (infanterie, artillerie, génie), constituent, dès le temps de paix, de petites unités spécialement liées au béton.

DANS LES RÉGIMENTS d'infanterie de forteressse, la vocation de ces petites unités est affirmée au printemps 1937 : elles prendront le nom de *compagnies d'équipages d'ouvrages* (CEO) ou *compagnies d'équipages de casemates* (CEC) selon le cas, et ce officiellement à partir du 1er janvier 1938 (genèse ➠ Tome Un, p. 66).

De son côté, l'artillerie constitue depuis 1936 des *batteries d'ouvrages* (genèse ➠ Tome Deux, p. 157).

Photo G. Marescaux

Dans l'entrée de la casemate de Marpent Nord (SF Maubeuge), insigne de la 101e compagnie d'équipages d'ouvrages, peint par le sergent Lubin (d'après un renseignement de l'association Amifort-Maubeuge). L'insigne métallique n'a pas été fabriqué.

Mais dans les deux cas, il s'agit d'unités administratives qui, sur le terrain — ou plutôt sous le béton —, éclatent en autant d'*équipages* proprement dits, le terme même ayant été consacré dès 1935 par le général Gamelin [1].

Quant au génie de forteresse, il spécialise la plupart de ses électro-mécaniciens et nombre de ses transmetteurs au service des ouvrages. La distinction est donc établie de façon très nette entre les troupes d'intervalle — qui conservent les missions traditionnelles de leur arme en évoluant sur le terrain des régions fortifiées — et les personnels combattant sous béton qui, en dépit du maintien sur leur uniforme des écussons de leur régiment d'origine, constituent un seul et même équipage à l'effectif le plus variable, placé comme sur les bâtiments de guerre sous le commandement d'un « pacha ».

COMME DANS LA ROYALE

La vie et l'organisation des équipages sont définies par deux instructions, l'une pour les ouvrages, l'autre pour les casemates isolées. Ces deux textes fixent également les attributions des commandants d'ouvrages et des chefs de casemate, seuls responsables de la mise en défense de la fortification.

Ces instructions ont pour origine les expérimentations de 1936, organisées par le capitaine de corvette Ollivier [2], attaché à la RF Metz. Initialement et comme dans la marine nationale, l'équipage est divisé en deux bordées de 12 heures chacune (*bordée de service* et *bordée de relève* au lieu de *bordée bâbord* et *bordée tribord* sur les navires), chaque bordée comprenant deux quarts [3].

LE COMMANDEMENT DANS LES OUVRAGES

Les expériences du capitaine Ollivier débouchent le 22 mai 1937 sur une instruction provisoire du général *(suite page 11)*

ORGANISATION ADMINISTRATIVE DES ÉQUIPAGES D'OUVRAGES ET DE CASEMATES
DE LA FRONTIÈRE BELGE À LA FRONTIÈRE SUISSE

CEO = compagnie d'équipages d'ouvrages
CEC = compagnie d'équipages de casemates
UEO = unité d'équipages d'ouvrages

TEMPS DE PAIX, 1939 [1]

NORD
(SF ESCAUT et MAUBEUGE)

Organisation non connue

1. Entre parenthèses, les noms des commandants de compagnie et de groupe/batterie présents au printemps 1939.
Effectif-type d'une batterie d'artillerie d'ouvrage du temps de paix : 1 capitaine commandant, 4 lieutenants et sous-lieutenants, 25 sous-officiers, 12 brigadiers et 138 canonniers (total : 5 officiers et 175 sous-officiers et hommes de troupe). En outre, dans chaque groupe, une batterie comporte en plus 1 capitaine et 1 lieutenant adjoints au commandant de groupe.

APRÈS LA MOBILISATION, 1939-1940

NORD (SF ESCAUT et MAUBEUGE)
CEO 108/54e RIF (casemates de la forêt de Raismes) capitaine Desmoulin
CEO 107/54e RIF (Maulde) capitaine Michelet
CEO 106/54e RIF (Eth et ses satellites) capitaines Saudo puis Dubos
CEO 105/87e RIF (Sarts et Héronfontaine) capitaines Fagot puis Leduc
CEO 104/87e RIF (Bersillies et Crèvecœur) capitaine Pujade
CEO 103/87e RIF (La Salmagne) capitaine Brichard
CEO 102/84e RIF (Boussois et L'Épinette) capitaine Bertin
CEO 101/84e RIF (Marpent, Rocq et Ostergnies) capitaine Cariou

SF MONTMÉDY (temps de paix)
Deux CEO/155e RIF
15e batterie d'ouvrage/151e RAP (puis 17e RA)

SF MONTMÉDY (après la mobilisation)
3e CEO/155e RIF (avec ouvrage du Chesnois)
2e CEO/155e RIF (avec ouvrage de Thonnelle)
1re CEO/155e RIF (avec ouvrage de Vélosnes)

RÉGION FORTIFIÉE DE METZ

SF CRUSNES
Camp de Doncourt
4e CEO/ 149e RIF (capitaine Pélissier)
3e CEO/149e RIF (capitaine Mouqueret)
EM du II/151e RAP (chef d'escadron Courant)
4e batterie d'ouvrage/151e RAP (capitaine Huret)
Camp de Morfontaine
2e CEO/149e RIF (lieutenant De Mecquenem)
Camp d'Errouville
1re CEO/149e RIF (capitaine Aubert)
5e batterie d'ouvrage/151e RAP (capitaine Doumenach *)
Camp de Ludelange
Détachement de la 1re CEO/149e RIF (lieutenant Braun)

* père de la chanteuse Marie Laforêt

SF THIONVILLE
Camp d'Angevillers
6e CEO/168e RIF (capitaine Leveillé)
5e CEO/168e RIF (capitaine Paqueron)
EM du I/151e RAP (chef d'escadron Guillemain)
1re batterie d'ouvrage/151e RAP (capitaine Martin)
Camp d'Hettange-Grande
4e CEO/168e RIF (capitaine Requiston)
2e batterie d'ouvrage/151e RAP (capitaine Foch)
Camp de Cattenom
3e CEO/168e RIF (capitaine Bonnet)
2e CEO/168e RIF (capitaine de La Teyssonnière)
10e batterie d'ouvrage/151e RAP (capitaine Peynaud)
Camp d'Elzange
1re CEO/168e RIF (capitaine Roy)
EM du IV/151e RAP (chefs d'escadron Bousquet puis Rouquet)
11e batterie d'ouvrage/151e RAP (capitaine Sillard)

SF BOULAY
Camp de Veckring
4e CEO/162e RIF (capitaine Julien-Combemorel)
EM du II/163e RAP (chef d'escadron Ebrard)
6e batterie d'ouvrage/163e RAP (capitaine Dulhoste)
Camp d'Ising
3e CEO/162e RIF (lieutenant Blangille)
5e batterie d'ouvrage/163e RAP (capitaine Agostini)
Camp de Bockange
2e CEO/162e RIF (lieutenant Mercier)
4e batterie d'ouvrage/163e RAP (capitaines Devevey puis Salomon)
Camp de Boulay
1re CEO/162e RIF (capitaine Oudot de Dainville)

SF FAULQUEMONT
Camp du Ban-Saint-Jean
2e CEO/146e RIF (capitaine Faucoulange)
Camp de Zimming
1re CEO/146e RIF (capitaine Cattiaux)
Camp de Téting
Section EO/146e RIF (lieutenant Pichavant)

Les CEO de la RF Metz n'existent plus en temps de guerre. Les équipages sont administrés par les CISF (centres d'instruction de secteur fortifié) et dépendent tactiquement des bataillons ou directement du colonel du RIF du sous-secteur pour les gros ouvrages.

Les batteries d'ouvrage dépendent également du CISF correspondant, sachant que l'artillerie d'ouvrages possède sa propre organisation (PC d'artillerie de sous-secteur notamment).

Numéros des batteries d'ouvrage :

SF CRUSNES
21e/152e RAP (Fermont)
22e/152e RAP (Latiremont)
23e/152e RAP (Bréhain)

SF THIONVILLE
27e/151e RAP (Rochonvillers)
26e/151e RAP (Molvange)
25e/151e RAP (Sœtrich)
24e/151e RAP (Galgenberg et Kobenbusch)
23e/151e RAP (fort de Kœnigsmacker?)
22e/151e RAP (Métrich)
21e/151e RAP (Billig)

SF BOULAY
35e/153e RAP, puis 55e/151e RAP le 1er mars 1940 (Hackenberg Ouest)
34e/153e RAP, puis 54e/151e RAP le 1er mars 1940 (Hackenberg Est)
33e/153e RAP, puis 53e/151e RAP le 1er mars 1940 (Mont-des-Welches)
32e/153e RAP, puis 52e/151e RAP le 1er mars 1940 (Michelsberg)
31e/153e RAP (Anzeling)

Photos A. Hohnadel

Le fanion de la 10e compagnie mixte du 162e RIF, régiment de la Nied, qui occupe le casernement léger du Mont-des-Welches, symbolisé par une tête de gaulois (➥ gros plan p. 103) sur l'avers. Les triangles rouge et jaune signifient que la 10e compagnie occupe le deuxième rang (rouge) dans le 3e bataillon (jaune). Lors de la suppression des compagnies mixtes et de la création des compagnies d'équipages d'ouvrages (janvier 1938), la 10e CMi deviendra la 3e CEO, affectée au camp d'Ising.

RÉGION FORTIFIÉE DE LA LAUTER

SF ROHRBACH (temps de paix)
Camp d'Achen
1re CEO/153e RIF (capitaine Gambotti)
Camp de Bining/Rohrbach
2e CEO/153e RIF (capitaine Lhuisset)
Camp du Légeret
3e CEO/153e RIF (capitaine Stern)
4e CEO/153e RIF (capitaine Évenou)
Citadelle de Bitche
III/155e RAP « GAFV » (CE Bourvon)
7e batterie d'ouvrage/155e RAP (capitaine Urbéro)
8e batterie d'ouvrage/155e RAP (capitaine Roux)

SF ROHRBACH (après la mobilisation)
133e RIF
Ouvrage du Haut-Poirier
1re CEC (lieutenant/capitaine Bidegain puis lieutenant Kersual)
166e RIF
Ouvrages du Welschhof et de Rohrbach
2e CEC (capitaine Jouhanet)
153e RIF
3e CEC (capitaine H. Stern)
4e CEO (ouvrage du Simserhof)
Artillerie des ouvrages de Bitche
Groupement autonome (chef d'escadron Bourvon)

(suite du tableau, ➥ page suivante)

Les insignes présentés sont ceux des RIF, RAP ou groupes d'artillerie auxquels appartiennent les équipages. Pour tous détails sur ces insignes, ➥ Tome Un (infanterie) et Tome Deux (artillerie).

Région fortifiée de la Lauter *(suite)*

Temps de paix

CEO = compagnie d'équipages d'ouvrages
CEC = compagnie d'équipages de casemates
UEO = unité d'équipages d'ouvrages
UEC = unité d'équipages de casemates

SF VOSGES
Bitche-Ville
1re UEO/37e RIF
2e UEC/37e RIF
Bitche-Camp
3e UEO/37e RIF
Camp de Neunhoffen
4e UEC/37e RIF
Camp de Langensoultzbach
6e UEC/37e RIF
Camp de Lembach
5e UEO/37e RIF

SF HAGUENAU
Camp de Drachenbronn (+ camp de Schœnenbourg en construction)
1re CEO/23e RIF (capitaine Nuninger)
2e CEO/23e RIF (lieutenant Ruyssen) : casemates du Schmeltzbach Est, du Fossé et de Drachenbronn
3e CEO/23e RIF
II/155e RAP « GAFL » (chef d'escadron Neuhauser puis capitaine Rodolphe)
4e batterie d'ouvrage/155e RAP (capitaine Faure)
5e batterie d'ouvrage/155e RAP (capitaine Cortasse)
Camp d'Oberrœdern
4e CEO/23e RIF (capitaine Labadie)
Camp de Soufflenheim
5e CEO/23e RIF (capitaine Houdoy)
Camp d'Oberhoffen (+ détachement de Beinheim)
6e CEO/23e RIF (capitaine Bourgeois)

SF DU BAS-RHIN
Détachements de Drusenheim et de Gambsheim
2e CEO/172e RIF (capitaine Tripard)
Casernes de Strasbourg/pont de Kehl
1re CEO/172e RIF (capitaine Charpentier)
Détachements de Gerstheim et de Boofzheim
3e CEO/172e RIF (capitaine de Cazanove)

SF DE COLMAR
Détachement de Sundhouse
1re CEO/42e RIF
Détachement de Marckolsheim
2e CEO/42e RIF
Détachement de Neuf-Brisach
3e CEO/42e RIF (capitaine Buffe)
Détachement de Fessenheim
4e CEO/42e RIF

SF DE MULHOUSE
Organisation non connue (probablement une seule compagnie/171e RIF)

Après la mobilisation

SF VOSGES
37e RIF
Ouvrages A et B
1re CEC (capitaine Demaîche puis capitaine Fortwengler)
154e RIF
UEC de l'ouvrage C
2e UEC (lieutenants Saint-Raymond puis Fall)
3e UEC (capitaine Hubert)
4e UEC (capitaine Vuillemin)
165e RIF
5e UEC (lieutenants Vincent puis Delage)
6e UEC (capitaine Génin)
UEC de l'ouvrage D (+ casemate de Lembach)
UEC de l'ouvrage E (+ casemate de Schmelzbach Ouest)

SF HAGUENAU
22e RIF
Ouvrages du Hochwald et de Schœnenbourg
1re CEC (capitaines Cohen puis Henry)
2e CEC (lieutenant Mary)
GAF 2 (ouvrage du Four-à-Chaux)
GAF 3 (ouvrages du Hochwald et de Schœnenbourg)
79e RIF
3e CEC (lieutenant Leloup)
4e CEC (capitaine Quinet)
23e RIF
5e CEC (capitaine Bertrand)
6eCEC (capitaines Houdoy puis Ferrasse)
68e RIF
7e CEC (capitaine Bourgeois) : PC à Beinheim
8e CEC (capitaine Fabre, puis lt/capitaine Berthol) : PC à Rountzenheim

SF DU BAS-RHIN (puis 103e DIF)
70e RIF
CEO 1 (➠ 9e CEC du SFH en mars 1940) (lieutenant Metzinger)
CEO 2 (➠ 10e CEC du SFH en mars 1940) (lieutenant/capitaine Roy)
172e RIF
CEC 3 (lieutenant/capitaine Fauré)
CEC 4 (lieutenant Lafforgue, capitaine Proton de la Chapelle en mars 1940)
34e RIF
CEC 5 (lieutenant Le Hir)
CEC 6 (capitaine Gerlier puis lieutenant Barthélémy)

SF DE COLMAR (puis 104e DIF)
42e RIF
1re CEO (capitaine Cheveau)
2e CEO (capitaine Denhaut puis lieutenant Gasser)
28e RIF
3e CEO (capitaine Buffe puis lieutenant Burger)
4e CEO (capitaines Creton puis Hoffarth)
Les CEO sont rattachées au CISF de Colmar (puis CIDF de la 104e DIF)

SF DE MULHOUSE (puis 105e DIF)
10e RIF
CEO (capitaine Aimard puis lieutenant/capitaine Ambrosi) : devient la 5e CEO/CIDF de la 104e DIF le 10 mai 1940.

Les insignes présentés sont ceux des RIF ou groupes d'artillerie auxquels appartiennent les équipages. Pour tous détails sur ces insignes, ➠ *Tome Un (infanterie) et Tome Deux (artillerie).*

Coll. Ducout. Au 1er rang, le 2e à partir de la gauche

Vers 1937-1938, les officiers du groupe d'artillerie de forteresse de la Lauter (155e RAP, détail des insignes du GAFL ➠ Tome Deux page 192) autour du capitaine Rodolphe (stick à la main) avec le capitaine Barrier à sa droite. Tous les bérets sont inclinés du côté réglementaire (ce qui n'est pas si courant chez les officiers), et l'ensemble du groupe est en manteau modèle 1932, à l'exception d'un officier au second rang à droite, qui a revêtu le manteau léger en tissu imperméable (nuance kaki clair), d'usage facultatif.

(suite de la page 8) Humbert qui commande la Région fortifiée de Metz. La version définitive est publiée le 7 octobre 1937[4] avec une préface du ministre Daladier.

Au préalable, les ouvrages du Nord et du Nord-Est[5] sont répertoriés en cinq classes (détails ➠ Tome Deux, page 18) :

– *1re classe* : ouvrage mixte de plus de 600 hommes (Hackenberg, Fermont, etc.) ;

– *2e classe* : ouvrage mixte ayant un équipage compris entre 450 et 600 hommes (Michelsberg, Galgenberg, etc.) ;

– *3e classe* : ouvrage de plus de 150 hommes (Immerhof, etc.) ;

– *4e classe* : petit ouvrage entre 80 et 150 hommes (Bambesch, Bois-de-Bousse, Village-de-Coume, etc.) ;

– *5e classe* : petit ouvrage monobloc ou comportant des blocs non reliés (Bois-Karre, Berenbach, etc.).

Le commandement est organisé selon un schéma très élaboré : le commandant de l'ouvrage qui a autorité sur l'ensemble de l'équipage interarmes de son ouvrage[6], est assisté d'un officier adjoint (qui remplit les fonctions de chef d'état-major) et, dans les ouvrages importants, d'un commandant en second qui dirige l'activité intérieure de l'ouvrage. Depuis son PC, le commandant coordonne l'action des unités de combat (blocs) par l'intermédiaire de ses deux subordonnés, le commandant de l'infanterie et le commandant de l'artillerie. Les unités techniques et les services généraux sont sous l'autorité des chefs de service : le commandant du génie, le « major » d'ouvrage, le chef du service des transports, le chef du service des transmissions et le médecin-chef du service de santé (un ou plusieurs médecins auxiliaires, un pharmacien).

Le major, responsable des services généraux de l'ouvrage, décharge le commandant de tous les problèmes administratifs. Il veille en particulier à faire respecter une stricte discipline dans la caserne souterraine et à réglementer la circulation dans les galeries. En pratique, les hommes affectés à un bloc ne peuvent rendre visite à des camarades d'un autre bloc, ce qui aura pour conséquence un certain cloisonnement entre les différents organes d'un même ouvrage. Au cas où l'ennemi parviendrait à pénétrer dans l'ouvrage, le major serait en outre chargé de la défense des « dessous ». De son côté, le commandant du génie est également le chef du service de sécurité pour tout ce qui concerne la défense contre l'incendie, les attaques par gaz de combat et les venues d'eau.

Enfin, chaque bloc dispose d'un PC avec un commandant de bloc, un officier généralement, quelquefois un sous-officier d'active pour des organes secondaires (petit bloc d'infanterie).

LE SERVICE DANS UN OUVRAGE

Trois situations sont envisagées : *veille*, *alerte* et *combat* et l'équipage est fractionné en conséquence.

Cas des blocs d'infanterie

L'équipage est divisé en quatre équipes (dénommées *quart de veille*, *quart de piquet*, *quart de renfort* et *quart disponible*) afin de donner aux hommes un maximum de repos.

Le bloc est occupé par trois quarts qui alternent toutes les huit heures aux postes de combat et dans les chambrées de bloc. Le quart disponible est en réserve dans la caserne souterraine, avec relève toutes les 24 heures et sortie obligatoire pour respirer l'air pur et voir le jour. Ce système permet aux hommes de se soustraire — un jour sur quatre — aux fatigues et à la tension des combats (en période active).

La **situation de veille** correspond à une situation extérieure calme. Le quart de veille assure la surveillance dans les cloches GFM (avec relève du guetteur toutes les heures), le service d'un jumelage de mitrailleuses par chambre de tir et la permanence téléphonique dans le PC du bloc. Le quart de piquet se repose ou participe aux corvées, le quart de repos est dans la chambrée (pendant huit heures continues) tandis que le quart disponible est dans la caserne de l'ouvrage.

En **situation d'alerte**, le quart de piquet est prêt à renforcer le quart de veille de façon que tout l'armement principal du bloc puisse être mis en œuvre instantanément. Une fraction de l'équipage reste toujours au repos (chambrées du bloc ou caserne) tandis que les quarts de veille et de piquet alternent toutes les quatre heures.

Le **branle-bas de combat** impose le fonctionnement à plein des PC et de l'armement principal et secondaire. Si le combat rapproché s'engage, le chef du bloc rappelle le personnel qui se trouve dans la caserne avec mission d'occuper les créneaux FM de défense rapprochée.

Coll. Vauthier

Les cadres d'un équipage d'artillerie (Schiesseck, bloc 7). Sur ce document pris dans la tourelle de 75 mm en juin 1940, se trouvent réunis, autour de leur chef le lieutenant Bernolle, chef de bloc (ici juché au poste de pointage, en haut du document), l'adjudant Saillant (chef de la tourelle), et les maréchaux des logis Ration, Salomon, Vauthier et Kremer. Les écussons sont encore ceux du 155e RAP (régiment du temps de paix) et sur deux poitrines est visible un insigne circulaire non répertorié.

Cas des blocs d'artillerie

L'équipage est généralement fractionné en trois équipes : l'*équipe de veille* et l'*équipe de piquet* forment l'*équipe de combat* alors que la troisième équipe est au repos pour 24 heures dans la caserne[7].

L'équipe de veille d'une tourelle de 75 mm (deux gradés et dix canonniers) peut assurer le service à cadence lente et en marche électrique. Seule l'équipe de combat complète (quatre gradés et vingt canonniers) permet de respecter les cadences normales. Dans une casemate à trois tubes de 75 mm, l'équipe de veille (trois gradés et douze servants) est capable de tirer simultanément avec deux pièces (➠ tableaux pages 14-15).

Étalement des « quarts » dans un bloc
(exemple réel du bloc 5 de l'ouvrage de Bréhain, lieutenant Graveel)

Jours	*Heures des relèves*	*Équipe de veille*	*Équipe de piquet*	*Équipe de renfort*	*Équipe disponible (à la caserne)*
1er jour	20 h 00	n° 4	n° 3	n° 2	n° 1
2e jour	04 h 00	n° 2	n° 4	n° 3	
	12 h 00	n° 3	n° 2	n° 4	
	20 h 00	n° 1	n° 4	n° 3	n° 2
3e jour	04 h 00	n° 3	n° 1	n° 4	
	12 h 00	n° 4	n° 3	n° 1	
	20 h 00	n° 2	n° 1	n° 4	n° 3
4e jour	04 h 00	n° 4	n° 2	n° 1	

Cas de l'usine

L'usine fonctionne aussi avec quatre équipes, sous les ordres d'un adjudant chef d'usine. Sachant que chaque équipe comprend un sous-officier chef de quart, deux mécaniciens et un

NOTES

1. « *Constituer dès le temps de paix pour chaque ouvrage une garnison active, véritable équipage qui servirait de noyau à la garnison de guerre. Cette garnison, placée sous le commandement d'un chef qui aurait la charge constante de l'ouvrage, comprendrait du personnel de toutes les armes et services* » (Gamelin, 3 juin 1935).

2. Qui n'a rien à voir avec le concepteur du piquet du même nom.

3. De nombreux officiers et sous-officiers effectuent d'ailleurs des stages sur les navires de la marine nationale.

4. Elle sera complétée par une note d'avril 1938 du général Magnien pour les adaptations applicables aux ouvrages dépendant de la brigade mixte de forteresse du SF des Alpes-Maritimes.

5. Dans les Alpes, la classification est plus sommaire avec les ouvrages mixtes (infanterie et artillerie) d'une part et les ouvrages d'infanterie d'autre part (➠ Tome Quatre en préparation).

6. Si les commandants d'ouvrage sont souvent des fantassins, quelques ouvrages importants (Rochonvillers et Hackenberg pour le Nord-Est) sont commandés par des officiers supérieurs artilleurs, ce qui ne manque pas de provoquer quelques rivalités. La DM du 30 juillet 1938 avait réservé le commandement de cinq autres ouvrages du Nord-Est (Molvange, Métrich, Anzeling, Simserhof et Hochwald) à des artilleurs, mesure devant être réalisé au départ des titulaires. Enfin, cas exceptionnel, un seul ouvrage (Pas-du-Roc, dans le Sud-Est) est commandé par un sapeur.

7. Le service par quarts est également utilisé, par exemple à Bréhain.

Coll. Rodolphe

Cet excellent document présente la configuration d'une entrée d'ouvrage en période dite « normale » (air non toxique au voisinage des entrées), en l'occurrence l'entrée des munitions du Hochwald. La grille extérieure est maintenue fermée tandis que la première porte blindée (type roulante étanche) est ouverte. Ces dispositions permettent d'aérer naturellement les souterrains tout en permettant de surveiller les allers et venues. Les factionnaires de service sont sous les ordres du lieutenant Bartel, debout à côté des deux plantons. Ils doivent également contrôler l'état de l'atmosphère extérieure et le cas échéant, actionner l'alerte aux gaz (seul le klaxon est visible sur la photo, l'appareil de commande étant protégé par une couverture) et assurer la fermeture des portes étanches du sas d'entrée.

électricien, deux équipes peuvent assurer le fonctionnement des groupes électrogènes pendant que la 3e équipe entretient le matériel et que la 4e se repose.

Cas des services généraux

Dans le service des transmissions (téléphones, radios), trois sapeurs alternent entre eux par poste de travail. Les autres services (dépannage, sapeurs-mineurs, cuisines, infirmerie, services administratifs, PC, etc.) fonctionnent en principe en deux équipes : équipe de jour et équipe de nuit. Le service sans remplaçant n'existe que pour quelques gradés des services généraux et les officiers.

Les numéros de role

Afin que l'équipage puisse constituer un ensemble cohérent, le décret du 18 février 1928 sur le service à bord des bâtiments de la marine nationale est adopté pour les ouvrages de la ligne Maginot. Chaque gradé et soldat est défini par un nombre caractéristique qui le situe dans la vie de l'ouvrage. Cette numérotation fait l'objet de tableaux appelés « rôles ». Les numéros sont invariables mais les noms sont indiqués au crayon car ils sont nécessairement appelés à être modifiés [8]. Chaque homme trouve son numéro au pied du lit qui lui est affecté. Les officiers n'ont pas de numéro car ils sont sans relève [9].

Les numéros des hommes comprennent deux nombres :

– le 1er nombre (un ou deux chiffres) indique le numéro du bloc ou le service ;

– le 2e (trois chiffres) indique l'arme ou la spécialité du soldat, son numéro d'ordre dans le quart et son tour de service.

Une ou deux lettres identifient le grade.

À titre d'exemple, voici comment s'analysent les rôles du bloc 5 de Bréhain tels qu'ils figurent sur le contrôle nominatif des quarts établi par le lieutenant Graveel : « *Quart 1 : 5-301 M (Lizée), 5-301 BC (Godart), 5-311 (Guilminat)...* » :

- **5-301 M** : il s'agit du maréchal des logis (M) Lizée appartenant au bloc 5 (1er nombre). Le 2e nombre se lit, de gauche à droite : artilleur combattant (3), gradé (0), 1er tour de service (1) ;
- **5-301 BC** : c'est le brigadier-chef (BC) Godart du bloc 5, artilleur combattant (3), gradé (0), 1er tour de service (1) ;
- **5-311** : bloc 5, 1er canonnier du 1er tour de service ;

Plus loin, on trouvera par exemple « *5-312 (Véronèse)* », qui est donc, au bloc 5, le 1er canonnier du 2e tour de service.

Bien qu'on puisse reprocher au système son caractère impersonnel, il présente l'avantage d'assurer le fonctionnement précis des ouvrages en toutes circonstances et évite une fastidieuse mise à jour des tableaux de service.

Le service dans une casemate d'infanterie

Le service est réglé par une instruction du 20 juillet 1938, rédigée par une commission présidée par le général Bastidon, de la RF de la Lauter.

La mission de la casemate est de flanquer le LPR (ligne principale de résistance) en avant du réseau d'infanterie (tir dit « tir de barrage »), d'interdire aux engins blindés le franchissement du réseau de rails et quelquefois d'agir frontalement (cloche mitrailleuses ou cloche d'arme mixte, à la rigueur FM sous cloche GFM).

Les mitrailleuses d'un jumelage doivent, en principe, tirer alternativement selon les cadences suivantes :

– *débit accéléré* (300 cartouches/minute par jumelage) pour les tirs de barrage ou de destruction ;

– *débit normal* (150 cartouches/minute par jumelage) pour les tirs de neutralisation et d'interdiction.

Exceptionnellement, les deux mitrailleuses d'un jumelage peuvent tirer en même temps en débit accéléré. C'est le tir *débit rapide* qui est employé quand les vagues d'assaut ennemies tentent de franchir le réseau de barbelés.

Le chef de casemate est, soit un lieutenant, soit un adjudant titulaire du brevet de chef de casemate. Dans le cas d'un couple de casemates (avec ou sans galerie de liaison), l'officier se trouve dans la casemate qui possède le central téléphonique, un sergent ou un sergent-chef commandant l'autre casemate du couple. L'instruction précise que le chef de casemate en est le maître absolu. En principe, il est sous les ordres du bataillon de forteresse qui coiffe le quartier où est implantée la casemate.

Comme dans les ouvrages, le service est organisé en tours. L'équipage est réparti en trois fractions qui assurent trois tours de service (veille, piquet et repos) par période de six heures consécutives (et non huit heures comme dans les ouvrages). Chaque tour comprend un guetteur par cloche GFM et un gradé, deux servants et un mécanicien par chambre de tir. En période calme, la casemate est éclairée par les lampes à pétrole et le plus ancien gradé assure la permanence au téléphone. Le tour de piquet est de corvée tandis que les hommes du tour de repos sont couchés. En période d'alerte, le tour de piquet renforce l'équipe de veille.

En période de combat, le groupe électrogène CLM est mis en marche afin d'assurer la ventilation mécanique et l'éclairage de la casemate. Le personnel place son masque à gaz en position d'attente. Le personnel au repos n'est rappelé que lorsque le combat rapproché est engagé ou s'il faut ventiler la casemate avec la marche manuelle.

Nous verrons plus loin comment tout le personnel réagira en 1939-1940, lorsque des masses d'hommes seron appelées à vivre et servir sous le béton de manière prolongée. ■

Les bureaux des services généraux dans l'ouvrage d'Anzeling en janvier 1940.

Coll. Vanandruel

Notes

8. Il arrive que ces numéros soient aussi inscrits sur des plaquettes individuelles distribuées aux hommes et portées directement sur la tenue. C'est le cas notamment à Bréhain (➥ p. 17).

9. Ce qui n'ira pas sans poser quelques problèmes en juin 1940.

Photos coll. D. Kemmel

Photos coll. D. Kemmel

L'INSTRUCTION DES ÉQUIPAGES D'OUVRAGES

Ce superbe reportage montre les salles d'instruction de la 3e CEO du 168e RIF, dans le camp de Cattenom (RF Metz, SF Thionville), peu avant la guerre. Une part importante de l'instruction est consacrée à l'apprentissage des méthodes d'observation et de désignation conventionnelle des objectifs. Pour ce faire, les instructeurs (photo du haut à gauche, capitaine Élie Bonnet de face en béret et lieutenant Auguste Oudot de Dainville en képi) disposent d'un plan relief et du croquis panoramique correspondant. Parmi les autres éléments pédagogiques, on remarque une cloche GFM miniature, des plans techniques et plusieurs cabines téléphoniques. Une salle des moteurs (ci-dessous) sert à l'instruction des mécaniciens de casemate d'infanterie qui doivent connaître à fond le fonctionnement du moteur CLM, du tableau électrique et de l'ensemble filtre/ventilateur (ci-contre).

Photos coll. D. Kemmel

EFFECTIFS CONSTITUTIFS DES

Différentes frappes de l'insigne de béret réglementaire de troupe, bronze vieil argenté (détails ➠ Tome Un, p. 62), dont une variante à trois piquets.

Insigne de béret réglementaire pour sous-officier chef de casemate (détails ➠ Tome Un, p. 62).

Insignes bronze or pour officier, modèle réglementaire de poitrine (diamètre 45 mm) et modèle non réglementaire de béret (35 mm) (➠ Tome Un, p. 152).

ORGANISATIONS D'INFANTERIE

L'ÉQUIPAGE DES ORGANES ÉLÉMENTAIRES

Chambre de tir à deux jumelages de mitrailleuses : un sous-officier chef de chambre de tir, deux caporaux-tireurs, deux chargeurs, deux pourvoyeurs et un mécanicien d'armement (➠ dessins Tome Deux, p. 110).

Tourelle de mitrailleuses
1 sous-officier (chef de tourelle), 1 caporal, 6 hommes et 2 sapeurs, soit :

	Service normal (*marche électrique*) 2 gradés et 8 h.	**Équipe de veille** (*marche électrique*) 1 gradé et 3 h.
Chambre de tir	1 sous-officier (tireur) 1 chargeur	1 homme dans la chambre de tir
Étage intermédiaire	1 caporal et 1 homme chargent le monte-charges	1 gradé qui surveille l'équipe (monte dans la chambre de tir en cas d'attaque) 1 approvisionneur
Étage inférieur	2 hommes et 1 sapeur garnissent les boîtes-chargeurs	1 sapeur garnit les boîtes-chargeurs
Au repos	2 hommes et 1 sapeur	—

En cas de panne électrique et de marche à bras, les trois hommes au repos effectuent les manœuvres d'éclipse. Les sapeurs cherchent à remédier à la panne.

Tourelle pour deux armes mixtes
1 chef de tourelle (officier ou adjudant), 1 sous-officier, 2 caporaux et 14 hommes :

	Service normal	**Observations**
Chambre de tir	1 sous-officier, chef de chambre de tir 2 pointeurs-tireurs 1 caporal chargeur 2 chargeurs	
Étage intermédiaire	1 chef de tourelle (officier ou adjudant)	Observe par la lunette de tourelle. Au PC : 1 caporal secrétaire téléphoniste (utilisation des documents de tir)
	4 approvisionneurs	Approvisionnent les norias et pointage latéral rapide
Étage inférieur	1 chef des pourvoyeurs 2 pourvoyeurs 3 aide-pourvoyeurs	Garnissent les boîtes-chargeurs et mise en batterie

Cloche pour jumelage de mitrailleuses (cloche JM)
1 caporal-tireur et 1 chargeur dans la chambre de tir,
2 pourvoyeurs et 1 mécanicien d'armement au pied de la cloche.

Cloche pour arme mixte (cloche AM)
1 sous-officier tireur et 2 chargeurs (celui de gauche peut observer par le périscope) dans la chambre de tir,
1 caporal et 1 servant au pied de la cloche.

Cloche GFM
1 guetteur/tireur dans la cloche, 1 pourvoyeur au pied de la cloche.

L'ÉQUIPAGE DES CASEMATES D'INFANTERIE

	Officiers	*S.-Off.*	*Caporaux*	*Hommes*
Casemate simple (1 chambre de tir à deux jumelages et 1 cloche GFM)				
PC		1		
Chambre de tir		1	2	5
Cloche GFM				2
Moteur CLM				1
Personnel disponible *				4
Total (***16 h.***)	***0***	***2***	***2***	***12***
Casemate double (2 chambres de tir et 2 cloches GFM)				
PC	1			
Chambres de tir		2	4	10
Cloches GFM				4
Moteur CLM				1
Personnel disponible *				8
Total (***1 off. et 29 h.***)	***1***	***2***	***4***	***23***
Casemate cuirassée (2 cloches JM et 1 cloche GFM)				
PC	1			
Cloches JM		1	2	8
Cloche GFM				2
Moteur CLM				1
Personnel disponible *				5
Total (***1 off. et 19 h.***)	***1***	***1***	***2***	***16***
Casemate simple avec une tourelle de mitrailleuses				
PC	1	1		1
Chambre de tir		1	2	5
Tourelle		1	1	6
Cloche GFM				2
Moteur CLM				1
Personnel disponible *				6
Total (***1 off. et 27 h.***)	***1***	***3***	***3***	***21***

* Service des caponnières (FM de défense rapprochée) et marche à bras.

ORGANISATIONS D'ARTILLERIE

LES TOURELLES

Tourelles de 75 mm (modèle R 1932 et modèle 1933) (instruction des 29 juin 1936 et 2 octobre 1935)
1 chef de tourelle, 4 gradés et 20 servants, soit 25 hommes.

	Service normal [A] (25 hommes)	**Équipe de veille** [B] (2 gradés et 10 servants)
Chambre de tir	2 tireurs (dont 1 brig.) 2 chargeurs [C]	2 tireurs (dont 1 gradé) 2 chargeurs
Étage intermédiaire	1 chef de tourelle (adt-chef ou adjudant) 1 sous-off. chef de pièces	1 gradé
	1 brigadier pointeur et 1 aide-pointeur [D]	1 pointeur
	2 déboucheurs (en cas de tir fusant)	
	5 pourvoyeurs (transportent les munitions vers les élévateurs)	2 pourvoyeurs
	2 approvisionneurs (mettent les cartouches dans les élévateurs)	2 approvisionneurs
	Ravitaillement en munitions	
	1 brigadier artificier et 4 auxiliaires (manœuvrent les châssis de munitions depuis le magasin M3)	1 auxiliaire, dans le magasin M 3.
Étage inférieur	1 brigadier et 1 maître ouvrier en fer (marche à bras du mouvement d'éclipse) 1 conducteur [E]	1 conducteur

Définition des tirs effectués
Tir normal : 80 coups par tir, avec fauchage en direction et en portée (la surface battue est un rectangle de 1,2 ha, généralement un rectangle de 60 m x 200 m.)
Tir par rafales en tir fusant, avec fauchage en direction
Tir panaché : une pièce tire fusant, l'autre percutant
Tir continu : pour contrebattre un objectif en mouvement
Tir continu rapproché (hausse 0) : quand l'objectif est à moins de 500 m.

Notes relatives aux tourelles de 75 mm, 81 mm et 135 mm

A. L'équipe de combat est formée par l'équipe de veille et l'équipe de piquet (même composition pour les deux). Elle peut tirer à la cadence de 13 coups par minute et par pièce. L'équipe de veille est en permanence à son poste aux pièces, celle de piquet reste dans le bloc où, en dehors des alertes, elle effectue des corvées ou peut se reposer si la situation est calme. L'équipe de repos (également de même composition) ne participe à aucun service et se repose.

B. L'équipe de veille peut assurer le service de la tourelle en cas de marche électrique et en tir percutant. Pour les 135 mm, la cadence de tir est cependant lente.

C. L'instruction du 2 octobre 1935 sur le service d'une tourelle de 75 mm modèle 1933 précise : « *de petite taille* ».

D. Dans la tourelle armée de matériels de 75 mm modèle 1933, le pointeur occupe, soit le poste de pointage de l'étage intermédiaire en cas de tir indirect, soit le poste de pointage de la chambre de tir en cas de tir direct.

E. Le conducteur surveille les appareils électriques et remédie aux pannes simples de la tourelle.

F. L'équipe de veille peut assurer le service d'un seul mortier pendant quelques instants et seulement en cas de marche électrique.

G. Mêmes observations que note A, sauf la cadence, limitée à 6 coups par minute et par pièce (six rafales de deux coups par minute).

Insignes en réduction, destinés à être portée sur la fourragère. Existe en diverses versions polychromes (fantaisie).

CASEMATES ET TOURELLES

TOURELLE DE 81 MM (instruction du 1er août 1936)
1 chef de tourelle, 4 gradés et 15 servants, soit 20 hommes.

	Service normal [A] (20 hommes)	**Équipe de veille** [F] (2 gradés et 7 servants)
Chambre de tir	2 tireurs (dont 1 brig.)	1 gradé-tireur
Étage intermédiaire	1 chef de tourelle (adt-chef ou adjudant) 1 sous-off. chef de pièces 1 brigadier pointeur (pointe en direction) et 2 aide-pointeurs (fauchent en détente) 1 approvisionneur (met les projectiles dans les norias)	1 gradé 2 pointeurs 1 approvisionneur
	Ravitaillement en munitions	
	1 brigadier artificier et deux équipes de 4 pourvoyeurs (assemblent les projectiles et ravitaillent les norias)	3 pourvoyeurs
Étage inférieur	1 brigadier et 1 maître ouvrier en fer (marche à bras du mouvement d'éclipse) 1 conducteur [E]	 1 conducteur

Définition des tirs effectués
Tir normal : 80 coups par tir, avec fauchage en direction et fauchage en détente (surface battue non précisée dans l'instruction du 24 octobre 1938)
Tir par rafales : « par tant ».

TOURELLE DE 135 MM (instruction du 12 mai 1938)
1 chef de tourelle, 5 gradés et 15 servants, soit 21 hommes.

	Service normal [G] (21 hommes)	**Équipe de veille** [B] (4 gradés et 10 servants)
Chambre de tir	1 brigadier-tireur 1 chargeur	1 brigadier-tireur 1 chargeur
Étage intermédiaire	1 chef de tourelle (adt-chef ou adjudant) 1 sous-off. chef de pièces 1 brigadier pointeur et 1 aide-pointeur 1 brig. (chef artificier) et 2 artificiers (confectionnent les charges) 3 auxiliaires (amorcent les projectiles et forment les cartouches) 2 pourvoyeurs (transportent les munitions vers les norias) 2 approvisionneurs (mettent les cartouches dans les norias)	2 gradés 1 pointeur 1 brigadier et 2 artificiers 1 auxiliaire 1 pourvoyeur 2 approvisionneurs
	Équipe de ravitaillement	
	2 auxiliaires (réceptionnent les munitions dans le M3)	1 auxiliaire
Étage inférieur	1 brigadier et 1 maître ouvrier en fer (marche à bras du mouvement d'éclipse) 1 conducteur [E]	 1 conducteur

Définition des tirs effectués
Tir normal : 36 coups par tir, avec fauchage en direction et en portée (surface battue : 1,2 ha)
Tir par rafales : « par tant «
Tir continu : pour contrebattre un objectif en mouvement

■ LES CASEMATES DE 75 MM (instruction du 12 avril 1935)

SERVICE D'UN CANON DE 75 MM
1 sous-officier, 1 brigadier et 6 servants, soit 8 hommes.
1 chef de pièce (maréchal des logis ou brigadier), 1 brigadier-pointeur (assis à gauche), 1 aide-pointeur (debout à droite), 1 tireur (debout à droite), 2 pourvoyeurs (prennent les cartouches dans les armoires ou dans un châssis), 1 artificier et 1 chargeur (photo ➠ Tome deux, p. 129)

NOTA : dans le cas du matériel de 75 mm modèle 1932, l'aide pointeur est également assis (siège de droite) alors que le chargeur et le tireur prennent place debout sur la plate-forme de manœuvre.

PELOTON DE CASEMATE (pour une casemate à trois tubes)
Service normal : le peloton de casemate comprend l'équipe de veille et l'équipe de piquet, soit 1 chef de casemate (adjudant-chef ou adjudant), 7 gradés, 18 servants et 3 auxiliaires, au total 29 hommes. Il peut tirer à la cadence de 12 coups/minute et par pièce.
Répartition du personnel :
1 chef de casemate
Par pièce : 2 gradés et 6 servants
Équipe de ravitaillement (pour toute la casemate) : 1 brigadier et 3 auxiliaires.

NOTA : l'équipe de veille (3 gradés et 12 canonniers) peut assurer le service complet de deux pièces sur trois.

Définition des tirs effectués
Tir normal : consommation de 36 coups/pièce pendant 3 minutes (108 coups au total) avec fauchage en direction et en portée. La surface battue est un rectangle de 1,5 ha (soit 300 x 50 m).
Tir de renforcement : identique au tir normal mais exécuté en percutant avec fauchage en portée.
Tir continu : pour contrebattre un objectif en mouvement.

■ LES CASEMATES ARMÉES DE MORTIERS DE 81 MM (instr. du 25 février 1938)

SERVICE D'UN MORTIER DE 81 MM
1 brigadier et 6 servants : 1 tireur assis à gauche de l'affût, 1 pointeur, 1 artificier (fixe les appoints sur les empennages), 2 pourvoyeurs (amorcent les bombes et vissent les empennages), 1 chargeur (fixe la cartouche propulsive et alimente la cuillère de chargement).

PELOTON DE CASEMATE (à deux mortiers)
1 chef de casemate (adjudant-chef ou adjudant), 2 brigadiers et 12 canonniers (pour les deux mortiers), 1 équipe de ravitaillement de la casemate (1 brigadier et 2 auxiliaires), soit 18 hommes. Éventuellement, si le magasin M3 est disposé sous la casemate: une équipe des norias en plus (4 approvisionneurs).

NOTA : l'équipe de veille (2 brigadiers et 8 canonniers) assure le service complet d'un seul mortier.

Définition des tirs effectués (surpression minimale 7 mm dans la casemate par rapport à l'extérieur)
Tir normal : consommation de 36 coups/pièce en 3 minutes, à la cadence de 12 coups/pièce/minute (72 coups au total). Décalage en détente, fauchage en direction ou en portée.
Tir réduit d'une minute (sur éléments fixes) : consommation de12 coups/pièce.

■ LES CASEMATES ARMÉES D'UN MATÉRIEL DE 135 MM (instr. du 12 mai 1938)

PELOTON DE CASEMATE
1 chef de casemate (maréchal des logis), 1 brigadier-pointeur, 5 canonniers (1 artificier, 2 pourvoyeurs, 1 chargeur, 1 tireur) et 1 auxiliaire (ravitaillement de la casemate), soit 8 hommes (photo ➠ Tome Deux, page 102). Il tire à la cadence de 6 coups/minute.

NOTA : l'équipe de veille comprend 1 gradé et 4 canonniers.

Définition des tirs effectués
Tir normal : consommation de 18 coups en 3 minutes.

■ CAS DU TIR DE « CONCENTRATION »

Quand l'objectif est très étendu, deux ou trois blocs (d'un même ouvrage ou d'ouvrages différents) le battent simultanément et en superposition, dans un carré de 200 m de côté.

Insignes fantaisie, sans évidement et avec peinture partielle, mais dont le dessin est conforme au modèle réglementaire.

Insigne de haute fantaisie, à fond très découpé (Alpes ?) et dont le motif principal évoque les tourelles des Festen allemandes souvent présentées indûment à l'époque pour illustrer la ligne Maginot

Insigne de fantaisie, non évidé, de petit diamètre (27 mm), avec soleil rayonnant.

Insigne de très haute fantaisie, à deux canons.

Divers insignes « On ne passe pas » de fantaisie.
Tous ces modèles, dont il existe de fort nombreuses variantes, étaient vendus dans les foyers.

Insignes fantaisie, sans évidement, avec ou sans peinture, et dont le sens du dessin est inversé.

TROUPES DE FORTERESSE, 1939-1940 :

BÉRET AVEC INSIGNES
Ici a été représenté une fantaisie, avec grenade de pointeur en drap découpé écarlate (➨ photo ci-contre).

VAREUSE
Nous présentons, à titre d'exemple, le modèle du 30 mai 1919, qui est semblable au modèle 1914/15 mais avec collet chevalière. En pratique, tous les modèles de vareuses en drap bleu clair restent portés en 1939 (pour tous détails sur les différents modèles, ➨ Tome Deux, p. 154).

ÉQUIPEMENT REPRÉSENTÉ
Ceinturon modèle 1903/14, étui de revolver simplifié modèle 1915 avec banderole.

PANTALON-CULOTTE
Ici modèle 1922 de coupe nouvelle et sans passepoil, mais les modèles antérieurs passepoilés restent portés (➨ Tome Deux, p. 154).

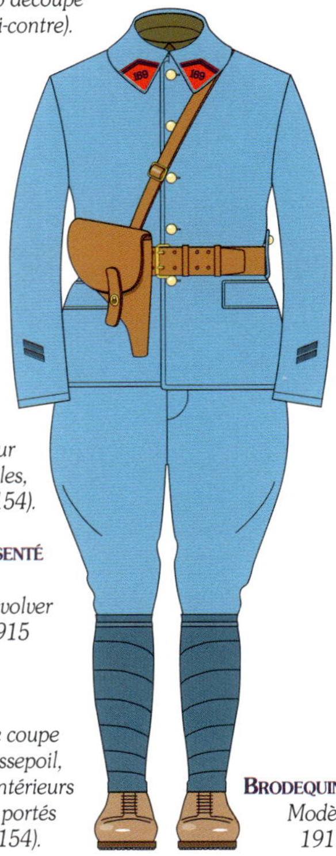

BRODEQUINS
Modèle 1917.

GALON DE GRADE
Sur patte amovible (➨ p. 24) ou, comme ici, cousu directement sur l'effet.

MASQUE À GAZ
Du modèle ANP 31 avec bidon filtreur CO 33 (➨ détails p. 176).

SALOPETTE EN TOILE MODÈLE 1935
Large pantalon enfilé par-dessus l'effet d'uniforme et serré à la taille par une ceinture coulissante (➨ photo p. 113). Une fente de chaque côté donne accès aux poches de l'effet de dessous. Une poche plaquée sur chaque devant de la cuisse, une patte de serrage à coulisseau au bas de chaque jambe.

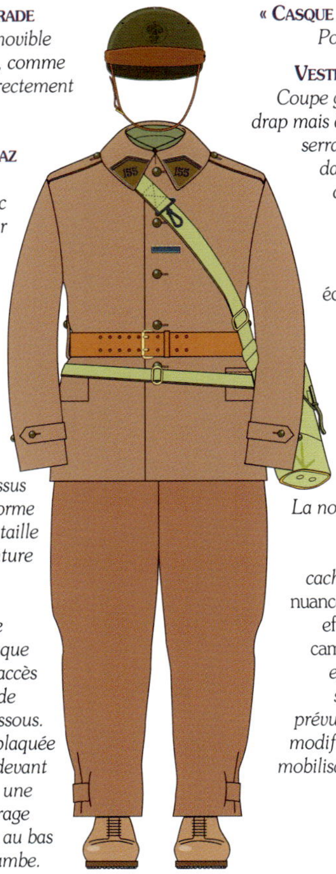

« CASQUE SPÉCIAL » MODÈLE 1935
Pour tous détails, ➨ p. 17.

VESTE EN TOILE MODÈLE 1935
Coupe générale de la vareuse de drap mais à cinq boutons, pattes de serrage aux manches et fente dans le dos. Deux passants de ceinturon sont ajoutés le 23 juillet 1938.

PATTES DE COLLET
« La veste de toile serait écussonnée » (31 décembre 1935). Mais cette disposition semble avoir été peu suivie d'effet dans la ligne Maginot.

NUANCE ET ATTRIBUTION DES EFFETS DE LA TENUE DE COMBAT SPÉCIALE
La note du 31 décembre 1935 précise que la veste et la salopette seront en toile cachou, et « ultérieurement de nuance kaki identique à celle des effets de drap de la tenue de campagne ». Par ailleurs, ces effets de tenue de combat s'ajoutent aux collections prévues qui ne sont nullement modifiées, et constitueront à la mobilisation « des lots de matériel d'habillement d'ouvrages (matériel " de bord ") », ne présentant donc pas un caractère individuel.

© ECPAD/France

Au PO de Vélosnes en février 1940, ce canonnier de 1re classe portant une marmite de rata a revêtu la veste en toile modèle 1935 des équipages d'engins blindés (autres photos, ➨ pp. 24, 76 et 103), ici une version en toile cachou qui a pali au lavage de manière typique. Derrière lui, un autre canonnier arbore sur son béret kaki une grenade de pointeur en drap découpé. Il appartient au 169e RAP mobilisé, mais ses écussons écarlate conservent la trace du numéro du 17e RA du temps de paix.

TENUE EN DRAP BLEU CLAIR

La raison de la persistance en 1939-1940 de la tenue « bleu horizon » chez les équipages d'ouvrage n'est pas connue. Nous émettons l'hypothèse que ces éléments avaient été considérés comme à habiller en drap kaki en seconde urgence, dans la mesure où ils disposaient en principe, à bord des ouvrages, de la « tenue de combat » spéciale en toile cachou (puis kaki) décrite ci-contre.

TENUE DE COMBAT SPÉCIALE À L'INTÉRIEUR DES OUVRAGES

Faisant suite à une proposition du général commandant la RF Lauter, une note de l'EMA du 31 décembre 1935, signée Gamelin, indique : « Il est apparu qu'une tenue spéciale s'imposait pour les unités appelées à vivre et à se battre dans les ouvrages de la fortification. J'envisage en conséquence l'adoption d'une « tenue de combat », portée uniquement à l'intérieur des ouvrages ». Cette tenue qui sera adoptée un an plus tard, le 18 décembre 1936, après mise à l'essai de 50 tenues par région, n'est autre que celle du personnel combattant dans les véhicules blindés. À ce jour, on n'en connaît, dans la ligne Maginot, que des représentations photographiques partielles, mais une image d'Épinal magnifiquement dessinée la présente au grand complet au sein d'un ouvrage (➨ Tome Deux, p. 110).

Chez les équipages, la persistance des anciens effets bleu clair en 1939-40 est caractéristique (➨ Tome Un pp. 81 et 145, Tome Deux pp. 217 et 222, et Tome Trois pp. 75, 81, 84, 91, etc.). Armés du revolver, ces canonniers du 156e RAP, ayant perçu le casque modèle 1926 peint en kaki et le masque à gaz ANP 31, ont des boutons en tombac sur leur capote bleu horizon, sauf le troisième (boutons demi-bombés gris bleu). Quant aux galons des deux brigadiers, il sont, soit en fer de lance (temps de paix), soit en barrettes obliques conme il sied en temps de guerre.

Archives F. Vauvillier

SOURCES : ARCHIVES OFFICIELLES ET ICONOGRAPHIE D'ÉPOQUE
Recherche documentaire et synthèse : FRANÇOIS VAUVILLIER - Infographies : ANDRÉ JOUINEAU et FRANÇOIS VAUVILLIER

Photo Mutel, coll. J.-Y. Mary

Camp de Ludelange, 1938. Un détachement de la 1re CEO du 149e RIF pose autour du capitaine Aubert (1er rang au centre en manteau). À l'exception des caporaux-chefs, tout l'effectif troupe visible ici pose en paletot canadien (autres photos, ➠ pp. 76 et 138) avec fourrure au col de diverses nuances. Des gants de laine kaki ont également été distribués aux hommes.

PROJET D'INSIGNE DE CASQUE (1935)
La note de l'EMA du 31 décembre 1935, reprenant sans doute la suggestion du général commandant la RF Lauter, prévoit que « le casque serait muni d'un insigne analogue (aux dimensions près) à celui déjà réglementaire pour les troupes de forteresse. » *Ce projet restera sans suite (le tracé est de notre fait).*

« CASQUE SPÉCIAL » MODÈLE 1935
Le nouveau casque modèle 1935 des unités motorisées, sans cimier et à bourrelet épais, est essayé en 1936 dans la ligne Maginot (50 casques dans chacune des 6e, 14e et 20e RM) mais il n'y donne pas satisfaction et, le 18 décembre 1936, il est prévu d'adopter plutôt « une coiffure non métallique protégeant contre le souffle des projectiles ». *Pourtant, quelques années plus tard, ce casque sera bel et bien distribué à certains équipages d'ouvrages.*

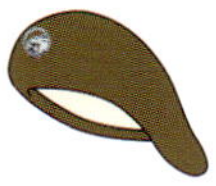

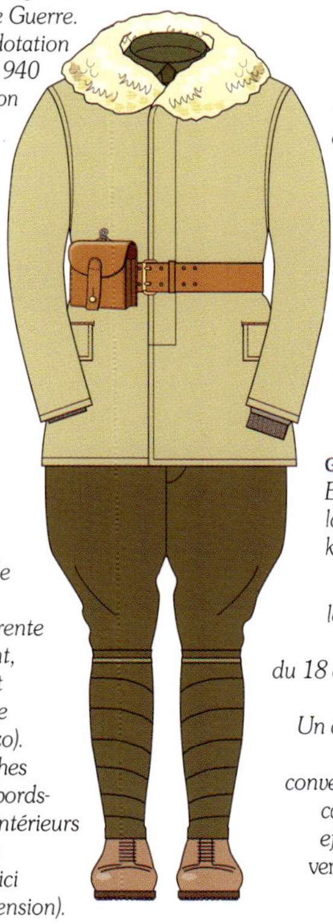

PALETOT CANADIEN
Ce vêtement hivernal — la « canadienne » *— arrive dans les dotations réglementaires françaises durant la Grande Guerre. Les modèles de dotation portés jusqu'en 1940 (coupe et confection diverses) n'ont jamais fait l'objet d'une insertion au BO. Ils ont pour caractéristiques communes d'être à l'extérieur en toile forte de nuance beige ou cachou (parfois huilée), avec intérieur molletonné ou fourré et col châle en fourrure de mouton apparente et, le plus souvent, boutonnage droit sous patte (quatre boutons en corozo). Les bas de manches comportent des bords-cotes élastiques intérieurs en tricot de laine (manche gauche ici présentée en extension).*

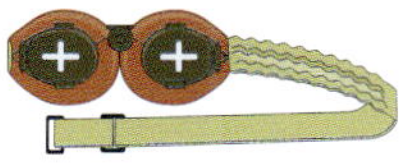

LUNETTES DE PROTECTION MODÈLE 1937
Du modèle prévu pour les équipages de blindés, ces lunettes auraient elles aussi été distribuées à certains équipages d'ouvrages.

ÉQUIPEMENT
Ceintuon et une seule cartouchière (➠ photo ci-dessus).

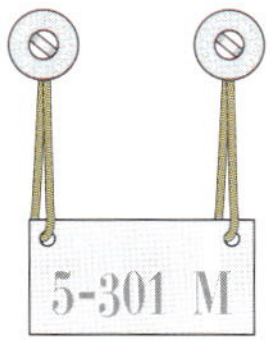

GANTS
En laine kaki.

PLAQUETTE DE RÔLE
Attribuée à certains équipages d'ouvrages, notamment à Bréhain (➠ photo ci-contre et texte p. 12).

ATTRIBUTION DES PALETOTS CANADIENS DANS LES UNITÉS DE FORTERESSE
L'essai de 1936 ayant été concluant, la canadienne est adoptée pour les guetteurs et observateurs. Cependant, la décision du 18 décembre 1936 précise que les canadiennes ne sont pas prévues pour le temps de paix. Un an plus tard, le 21 décembre 1937, ce point est confirmé et un ordre d'expédition fait converger sur la 20e RM un total de 930 paletots canadiens provenant de diverses régions : ces effets, « reçus au titre du service courant, seront versés à la réserve de guerre ». *En fait, ils seront utilisés dès le temps de paix.*

TENUE SPÉCIALE DES GUETTEURS ET OBSERVATEURS
« En outre, des canadiennes seraient attribuées au personnel des cloches de guetteurs et aux observateurs particulièrement exposés aux refroidissements et aux courants d'air » *indique la note de l'EMA du 31 décembre 1935, déjà citée. Ces effets sont mis à l'essai en 1936 à raison de 25 canadiennes dans chacune des 6e, 14e et 20e régions.*

© ECPAD/France

Ces servants de mitrailleuse au PO de Vélosnes (155e RIF) ont perçu le casque modèle 1935 des troupes motorisées, comme cela semble être le cas général dans le SF de Montmédy (➠ photographies pp. 30, 75 et 172). Une étiquette nominative a été cousue sur le sac de transport du masque à gaz ANP modèle 1931.

Coll. Jacoby

Un exemple de port du numéro de rôle sur l'uniforme : ici, deux « calculos » du PC d'artillerie de Bréhain (152e RAP). La plaquette est suspendue sur la poitrine par un cordon retenu par une paire de boutons « Équipements militaires » d'un effet esthétique discutable (photographie complète, ➠ Tome Deux, p. 188).

Archives F. Vauvillier

Un peloton mobile motocycliste de la 2e compagnie frontière (Bouzonville et Halstroff) de la 7e légion de GRM se prépare à défiler sur le terrain de Chambière, à Metz, probablement le 4 avril 1939 pour la grande revue marquant le départ du général Giraud. La compagnie est identifiée par les petits fanions des side-cars, tandis que l'insigne On ne passe pas *est présent sur les poitrines des gardes républicains. Leurs motos sont des René-Gillet G1 750 cm³ avec side-car modèle 1935 type dragons portés, matériel en tous points identique à celui utilisé notamment par les GRRF. Le flanc des side-cars est décoré d'un loup dessiné de profil, insigne de peloton qui n'est pas sans rappeler le fanion des GF de Waldwisse, dépendant précisément de la 2e GRM (➠ Tome Un, p. 67). Quant aux chars visibles au second plan, ce sont les Renault D 2 du 507e RCC, régiment stationné à Montigny-les-Metz.*

CHAPITRE TROIS

ARMES ET SERVICE DIVERS DES GRANDES UNITÉS DE FORTERESSE

Du fait de la mise sur pied de grandes unités liées à la fortification, la notion de « troupes de forteresse » connaît une extension qui va toucher, dans une certaine mesure, presque toutes les armes et services.

NOUS AVONS VU dans les pages précédentes, les principales composantes des troupes de forteresse du Nord-Est. Rappelons-en la teneur :

— l'**infanterie de forteresse** (➠ Tome Un, pp. 88-140) ;

— l'**artillerie de position** et l'**artillerie mobile de forteresse** (➠ Tome Deux, pp. 152-205) ;

— le **génie de forteresse** (➠ Tome Deux, pp. 206-222) ;

— enfin, composés d'éléments d'infanterie, d'artillerie et du génie, les **équipages d'ouvrages et de casemates** à caractère interarmes (➠ pp. 8-17 du présent Tome).

À côté de ces troupes qui symbolisent véritablement la ligne Maginot, d'autres éléments se rattachent, directement ou indirectement, aux troupes de forteresse.

GRM ET GARDES FRONTALIERS

Les **compagnies frontières de la GRM** (garde républicaine mobile) et les **gardes frontaliers** sont apparentées à la forteresse. Nous les avons découverts au temps de paix (➠ Tome Un, pp. 66-68), retrouvons-les brièvement à partir de la mobilisation.

LES COMPAGNIES FRONTIÈRES DE LA GRM

Contrairement aux légions « de l'intérieur » qui détachent du personnel aux armées, les unités des 4e, 6e, 7e et 8e légions de GRM assurent la couverture de la frontière. Outre l'encadrement des gardes frontaliers (lire plus loin), elles occupent les blockhaus frontières et les postes de gare, conjointement avec les douaniers. Le 24 août, les gardes verrouillent les barrières routières, la frontière est fermée. D'autres unités — telles les 9e et 10e compagnies de la 4e légion (stationnées respectivement à Saint-Avold et Forbach) — renforcent le 18e chasseurs à cheval dans le cadre du détachement retardateur du SD Sarre.

Avec l'arrivée des divisions, la mission de la GRM se termine et les différentes compagnies frontières sont retirées à partir de la mi-septembre. Les quatorze premières citations de la guerre sont d'ailleurs attribuées par la RF Metz à du personnel de la 7e légion de GRM. Les pelotons de GRM sont reconstitués et retrouvent leurs missions traditionnelles comme le service de place, la police militaire, la surveillance de la circulation routière ou le renforcement des prévôtés des armées.

LES GARDES FRONTALIERS, PREMIERS SOLDATS FRANÇAIS À PÉNÉTRER EN ALLEMAGNE

Le 24 août 1939, la mesure 27 *alerte renforcée* est déclenchée, le tocsin sonne dans tous les villages qui bordent la frontière avec l'Allemagne. Aussitôt, les gardes frontaliers (GF), cessant toute activité, s'habillent en hâte et rejoignent leurs instructeurs GRM. Les armes et les munitions sont distribuées et bientôt de petits groupes s'échelonnent discrètement le long de la frontière allemande. Il s'agit de surveiller les mouvements de l'adversaire afin de donner, le

NOTES

1. En dehors des RIF, l'infanterie fournit à la mobilisation aux grandes unités de forteresse :

— des unités de pionniers (travailleurs) : 460e RP à la RF Metz, un bataillon affecté à chaque SF :

— des bataillons de mitrailleurs (BM), en renforcement dans certains secteurs.

2. Le génie de forteresse compte aussi des compagnies auxiliaires de destruction minière (SF Thionville et SF Crusnes).

Coll. Ph. Thiry

Au milieu des gardes frontaliers, voici le fanion de la 547e/201 compagnie de GF, rattachée à la 10e compagnie (Forbach) de la 4e légion de GRM. Décoré d'une croix de Lorraine et du lion armé des comtes de Forbach, le fanion porte la fière devise Devant la menace, fait face.

Photos A. Hohnadel

Avers et revers du fanion de la 551e compagnie de gardes frontaliers (Sarreguemines).

cas échéant, l'alerte dans les meilleurs délais. En cas d'irruption ennemie, la consigne est de ne pas résister sur place mais, en revanche, de rejoindre en bon ordre la ligne Maginot et les DAR (détachements d'action retardatrice). De toutes façons, l'armement dont ils disposent (fusils, mousquetons et FM) ne leur permettrait pas de faire mieux.

Le 1er septembre, les villages de la « zone rouge », c'est-à-dire ceux situés entre la ligne fortifiée et la frontière, sont vidés de tous leurs habitants en un seul coup. La triste évacuation des familles, l'abandon du bétail ainsi que l'isolement au contact de l'ennemi, portent un sérieux coup au moral des GF. Ils restent seuls à patrouiller le long du no man's land, guettant les moindres gestes de leurs homologues allemands, les Grenzschutzen. Mais bientôt, les divisions d'active arrivent car le général Gamelin a décidé, afin d'aider la Pologne, que l'armée française sortira de la ligne Maginot.

Est-ce la fin de la mission des gardes frontaliers ? Pas du tout. Comme ils connaissent bien leur secteur, le commandement leur demande, à partir du 6 septembre, d'effectuer des reconnaissances en territoire allemand, afin de découvrir l'emplacement des positions ennemies et de préparer ainsi l'avancée des troupes d'attaque. Ces sorties ne sont pas, à franchement parler, des réussites, surtout que plusieurs groupes ne veulent pas pénétrer en territoire ennemi, arguant de la présence de parents ou d'amis dans les Grenzschutzen. C'est à l'occasion de ces sorties que les premières pertes françaises de la guerre sont déplorées, victimes de coups de feu de francs-tireurs.

Dans la nuit du 8 au 9 septembre, les avant-gardes de la 4e armée passent à l'attaque, laissant les GF à la garde de leurs villages respectifs. Il est évident que leur limite d'emploi a été atteinte et, vers la mi-septembre, les GF sont dissous. Chaque réserviste rejoint alors le dépôt de son arme d'origine, puis un régiment régional. Les compagnies de GF du SF Montmédy et de la 7e région militaire bénéficieront d'un sursis puisqu'elles ne seront dissoutes qu'en janvier et février 1940.

Version en bois sculpté de l'insigne de la 4e légion de GRM mais portant la devise des gardes frontaliers (➡ Tome Un, p. 67).

■ FORMATIONS MOBILISÉES AFFECTÉES AUX GRANDES UNITÉS DE FORTERESSE

À la mobilisation, les grandes unités de forteresse (régions et secteurs fortifiés) se voient rattacher des éléments d'armes et services divers, qui ont également leur place dans cette étude. Outre l'infanterie [1], l'artillerie et le génie [2] largement évoqués, ces éléments appartiennent à la cavalerie, au train, à l'intendance, au service de santé et aux forces aériennes.

Photo C. Montag, coll. M.-T. Montag

Photo-souvenir des gardes frontaliers du 2e groupe de la 3e section de la 543e/202 compagnie de GF. Leur chef de groupe, le maréchal des logis à gauche en tenue bleue, appartient à la 15e compagnie (Bitche) de la 4e légion de GRM. Le groupe pose autour d'un petit monument improvisé à Sturzelbronn (13 km à l'est de Bitche) où le détachement était en position lors de l'affaire des Sudètes. Les gardes sont en vareuse kaki à boutons kaki mat, dont les modèles successsifs sont tous visibles : un modèle 1914 (collet droit, sans pattes d'épaule et cinq boutons), deux de 1919 (comme la précédente mais avec collet chevalière), puis une majorité de modèle 1920 (pattes d'épaule, parements de manche et sept boutons), et une ou deux du modèle 1920/35 (six boutons). L'insigne Pour la patrie, prêts *(➡ Tome Un, p. 67) orne la plupart des poitrines, mais le béret kaki est porté sans l'insigne* On ne passe pas, *ce qui semble être la règle pour les gardes frontaliers.*

DR

Le chef d'escadrons Gaston de Vasselot de Régné, commandant le 44e GRRF, devant son poste de commandement, aménagé dans une maison particulière d'un village évacué. L'insigne du GRRF figure sur la plaque signalétique, surmonté par une cocarde tricolore.

Groupes de reconnaissance de région fortifiée

En 1939-1940, à l'instar des divisions d'infanterie, les régions fortifiées de Metz (RFM) et de la Lauter (RFL) disposent de groupes de reconnaissance (GRRF) : deux à la RFM, un à la RFL. Chacun de ces trois GR, issu de régiments actifs dissous à la mobilisation, compte un escadron hors-rang (EHR), un escadron de fusiliers à cheval (n° 1) [3], un escadron de fusiliers motocyclistes (n° 2) [4] et un escadron de mitrailleuses et canons de 25 mm antichars (n° 3) [5].

Notes

3. À quatre pelotons de deux groupes de combat, un mortier de 60 mm hippo, un groupe de deux mitrailleuses de 8 mm hippo et un groupe de deux canons de 25 antichars hippo.

4. À quatre pelotons de deux groupes de combat et un mortier de 60 mm.

5. L'EMC, également motorisé, compte deux pelotons de quatre mitrailleuses de 8 mm et un groupe de deux canons de 25 mm antichars.

Insigne du 44e GRRF. *Écu suisse portant au centre une petite roue à l'intérieur d'un fer à cheval posé sur deux lances de dragons en sautoir. En chef, un petit écu imitant une patte de collet de GR au numéro 44. La roue et le fer à cheval évoquent les escadrons moto et hippo. Les lances rappellent l'origine du GR, le 30e dragons (snf, poinçon sur pastille).*

44e GRRF

Mis sur pied fin août 1939 à Metz par le CMC 26 avec un noyau actif du 30e dragons (il s'agit du 4e escadron, capitaine Trévelot de Trevalot, qui était l'escadron d'escorte du gouverneur militaire de Metz et que le maréchal Pétain avait appelé, le 22 novembre 1938, « *le plus bel escadron de France* »).

L'échelon A embarque pour Teterchen où il est renforcé par l'échelon B.

Mis à la disposition du Secteur fortifié de Boulay (23 août - 19 novembre), le **44e GRRF** effectue patrouilles de reconnaissance et coups de main sur le frontière sarroise (région de Tromborn et Ittersdorf).

Du 20 novembre au 1er décembre, il est à Metz, puis relève le 45e GRRF dans le secteur de Chemery (2-21 décembre)

De retour à Metz, du 22 décembre au 6 janvier 1940, il reprend ses positions dans le secteur de Chemery à partir du 7 janvier.

À la dissolution de la RFM, il forme, avec le 45e GRRF et le 8e GRCA, un groupement de réserve générale laissé à la disposition de la 3e armée (corps d'armée colonial). Il est en alerte vers Étain, Gussainville et Hennemont (Meuse).

Du 1er mars au 13 mai, il est à Thionville. Rattaché à la 56e DI, il organise une position de résistance à la frontière luxembourgeoise (région Beyren - Gaudren). L'escadron à cheval, alerté trop tard, n'a pas le temps d'aller détruire le pont de Rémich (Luxembourg).

Dirigé sur Verdun le 13 juin, il est chargé de couvrir la retraite des différents éléments de l'Armée de Lorraine mais, contraint de décrocher devant les attaques ennemies, il fait mouvement sur Sénonville, Saint-Mihiel et la région de Toul où il est cerné.

L'escadron de mitrailleuses et canons, ayant réussi à décrocher dans la nuit du 19 juin, parvient à Charmes-la-Côte et Blénod-lès-Toul mais doit cesser le combat le 23.

Les prisonniers sont dirigés sur Saint-Mihiel. ■

Journal de guerre : « Le cheval vapeur ».

Encadrement du 44e GRRF en 1939-1940

Chef de corps : chef d'escadrons de Vasselot de Régné.
Officier adjoint : capitaine Ferrand.
EHR : capitaine Toubeau de Maisonneuve.
1er escadron (hippo) : capitaine Trévelot de Trevalot.
2e escadron (moto et AMD) : capitaine de Cuy.
3e escadron (mitr. et canons de 25) : capitaine Dauchez.

© ECPAD/France

À titre exceptionnel, l'escadron moto du 44e GRRF compte en outre un peloton de trois AMD White fourni par le 30e dragons du temps de paix. Peut-être s'agit-il de l'un de ses véhicules, ici surpris par un photographe du SCA dans le secteur de la 3e armée durant l'automne 1939.

45e GRRF

MIS SUR PIED À METZ à partir du 23 août 1939 par le CMC 26 avec un noyau actif du 30e dragons (il s'agit du 3e escadron du 30e RD, capitaine Hartmann) et les échelons B qui se regroupent à Saint-Avold.

En couverture près de la frontière, le **45e GRRF** assure l'évacuation des populations civiles.

Après l'entrée en guerre, il forme le détachement avancé Est du Secteur fortifié de Faulquemont. Avec la 42e DI, il effectue des patrouilles et des reconnaissances en forêt de la Warndt.

En mars 1940, il est rattaché à la 3e DLC qui doit « pousser » dans le Luxembourg.

Le 10 mai, il est à Thionville et n'arrive à la frontière du Luxembourg que vers midi, trop tard pour y pénétrer car les « Stosstruppen » Hedderich occupent déjà les barricades. Il doit se replier sur Hagen.

Mis à la disposition du 6e CA, du 20 au 26 mai, il recule en direction de Verdun et Saint-Mihiel, du 10 au 26 juin et opère en Meurthe-et-Moselle avec la 6e DIC.

L'escadron à cheval défend Vannes-le-Châtel tandis que l'escadron de mitrailleuses et canons tient Housselmont et barre la vallée d'Allamps.

Après le repli des 6e DIC et 6e DINA, l'escadron resté seul se dirige sur le bois d'Asiota. Il forme un carré de résistance dans le cadre du Groupement Dubuisson mais doit cesser le feu le 22 juin après signature d'une convention passée avec l'ennemi. Cette convention étant dénoncée, les cavaliers sont faits prisonniers le 23 et dirigés sur Saint-Mihiel. ■

Insigne du 45e GRRF.
Écu chargé d'une roue dentée (escadron moto), d'un fer à cheval (escadron hippo), de deux tubes de canon en sautoir (EMC) et surmonté d'un couronne aux couleurs des armoiries de Metz. En pointe, le nombre 45 surmonté des trois chevrons des pattes de collet de GR (snf, dos lisse).

Insigne du 46e GRRF.
Écu aux armes de la ville de Wissembourg (fortification médiévale comportant deux tours entourant une porte) surmonté d'un porc-épic (snf).

ENCADREMENT DU 45e GRRF EN 1939-1940

Chef de corps : lieutenant-colonel Le Meignan de Kérangat, puis chef d'escadrons R. de Lupel (12 juin 1940).
Officier adjoint : capitaines Pelouze puis Pinon.
EHR : capitaine de Mailly-Nesle.
1er escadron (hippo) : capitaine Hartmann.
2e escadron (moto) : capitaine Courcelle de Sibert.
3e escadron (mitr. et canons de 25) : capitaine Lengagne, puis lieutenant J. Reille (juin 1940).

46e GRRF

CRÉÉ FIN AOÛT 1939 à partir du groupe d'escadrons du 3e régiment de hussards en garnison à Wissembourg, le **46e GRRF** se forme à Griesheim.

Stationné à Niederbronn (5 octobre), Wœrth et Lembach (15 octobre), il relève le 19e GRDI le 26 octobre. Le 12 novembre, il est à Uhrwiller.

En janvier 1940, il est à nouveau dans la région de Lembach puis vers Lauterbourg en mai.

Le 14 mai, il fait mouvement sur Zinswiller et Reichshoffen puis occupe, en juin, un secteur vers Sarre-Union, Butten, Rahling et Thal. Il effectue des reconnaissances tout en renforçant l'organisation défensive.

À partir du 10 juin, il se porte en direction d'Épinal et arrive à Portieux, à 10 km au sud de Charmes. Il appartient alors au groupement de GR du lieutenant-colonel Pichon qui assure la défense des ponts sur la Moselle.

Dirigé ensuite vers Épinal pour en interdire l'accès et défendre ses ponts, il est contraint de se replier, les Allemands ayant débordé la place.

L'EHR, avec le Groupement Dubuisson, parvient à Mon-Repos où il reçoit l'ordre de cesser le combat.

Au sud d'Épinal, l'escadron moto tente en vain une liaison avec les éléments de la défense, le 18, mais doit se replier sur Arches le 20.

Les restes de l'escadron à cheval retraitent en combattant jusqu'à Rambervillers où ils sont faits prisonniers. ■

ENCADREMENT DU 46e GRRF EN 1939-1940

Chef de corps : chef d'escadrons Degatier.
Officier adjoint : capitaine Jeantet.
EHR : capitaine Berton.
1er escadron (hippo) : lieutenant de Montlivault.
2e escadron (moto) : capitaine Rouvillois.
3e escadron (mitr. et canons 25) : capitaine du Mesnil.

Le fanion tricolore du peloton de canons de 25 (devise : « Tous comme un seul ») sera retrouvé en Allemagne en 1945 par une unité belge et remis au 3e hussards.

Le fanion du 1er peloton de l'escadron à cheval du 45e GRRF. À l'avers, l'insigne du corps et la devise « Graviter Respicit Ruit Fortiter » *(il se retourna avec énergie et s'élança courageusement) utilisant le sigle de l'unité. Au revers,* « 1er peloton - escadron à cheval - Buchenstauben. Cote 282 - 17.10.1939 »*. Ce fanion rappelle que cet escadron occupait, de concert avec la 5e DINA, un point d'appui situé dans la forêt de la Warndt, en territoire allemand, à la frontière même et au nord de Creutzwald.*

D'autres unités de cavalerie de 1939-1940 se rattachent, indirectement, aux troupes de forteresse. Tel est le cas du 11e GRCA (9e CA) qui, ayant stationné longtemps sur la ligne Maginot (forêt de la Warndt, puis Forbach, enfin SF Faulquemont), avait pris l'habitude de porter l'insigne On ne passe pas : « Comme ils ne pouvaient pas le porter sur la poitrine où se trouvait déjà placé l'insigne du corps, ils placèrent celui-là sur la patte d'épaule » *(souvenir d'un ancien, M. de la Cochetière, cité par le commandant Bucquoy dans* Fanfares et Musiques des Troupes à cheval*).*

Dessin Eugène Lelièpvre, DR

COMPAGNIES ET DÉTACHEMENTS DU TRAIN

À la mobilisation de 1939, chaque grande unité de forteresse est dotée, sauf exceptions (➠ tableau ci-dessous), d'une *compagnie automobile de QG* (parfois dite *de RF* ou *de SF* selon le cas), relevant du service du train. Cette compagnie comporte une section de commandement, des services généraux, un détachement de QG (voitures de liaison, camionnettes, etc.), une section sanitaire automobile (20 voitures sanitaires) et une section de ravitaillement en viande (8 camions RV et un camion ordinaire).

Les unités mobilisées du train rattachées à la forteresse sont numérotées à partir de 230 pour les SF et en série 300 pour les RF, puis 216 à 220 pour les cinq DIF et 341 à 345 pour les cinq CAF formés début 1940.

Ce premier numéro est suivi d'un dénominateur rappelant l'escadron (ou compagnie) régional du train, c'est-à-dire l'unité du temps de paix qui les a mobilisées et qui en constitue le dépôt : en l'occurrence les 1re CRT (Lille), 2e (Amiens), 6e (Metz), 7e (Besançon) et 20e (Nancy) ERT, numéro correspondant à celui de la région militaire.

INTENDANCE ET SERVICE DE SANTÉ

À la mobilisation de 1939, chaque secteur fortifié est doté d'un *groupe d'exploitation* (GE) relevant du service de l'intendance, et d'un *groupe sanitaire* (GS), appartenant au service de santé, chargé des premier soins et des évacuations[6] sur les hôpitaux à l'arrière de la ligne Maginot.

Le personnel des **groupes d'exploitation** (unités de mobilisation, qui reçoivent aussi l'appellation, au tout début, de *service des subsistances de SF*) provient des sections de commis et ouvriers militaires d'administration (COMA, unités du temps de paix).

Chaque GE mobilisé porte d'abord le numéro attribué à son secteur fortifié (1 à 11 pour le Nord-Est). Mais, à partir de décembre 1939 et afin d'éviter toute confusion avec les GE de DI portant le même numéro, celui des GE des secteurs fortifiés est augmenté de 150.

Le dénominateur est celui de la section de COMA du temps de paix qui joue, en temps de guerre, le rôle de dépôt : en l'occurrence les 2e (Amiens), 6e (Verdun et Metz), 7e (Besançon) et 23e (Nancy) sections.

101e compagnie automobile du 20e escadron du train (RF Lauter).
Dans un cercle portant l'identification de l'unité et de la RFL, un camion bâché sur fond de région fortifiée. Cette unité créée en 1934 et affectée à la construction et au soutien de la ligne Maginot a été dissoute à la mobilisation de 1939 (Arthus-Bertrand).

Compagnie automobile de QG 235/20 (SF Vosges).
Dans la roue dentée de l'arme, un écureuil évoque peut-être la prévoyance, mais également la forêt vosgienne (snf, artisanal ?).

Compagnie automobile de QG 345/7 (45e CAF).
Troisième et dernier exemple connu d'insigne du train affecté à une grande unité de forteresse du Nord-Est. Chardon de Lorraine sur un écu tricolore, roue dentée à fond vert (couleur du train) avec numéro de l'unité et son dénominateur sous la forme d'un domino : 3 + 4 = 7. (Augis).

Groupe d'exploitation du SF Boulay.
Le seul exemple connu d'insigne d'un GE de SF est celui du SF 2 (Boulay). Sur un anneau d'or portant le sigle de l'unité et un réseau de fils de fer barbelés, une étoile jaune à cinq banches évoque l'administration. Au centre de l'étoile figure une corne d'abondance, l'un des symboles de l'intendance (Bœgner).

ÉLÉMENTS DU TRAIN, DE L'INTENDANCE ET DU SERVICE DE SANTÉ DES GRANDES UNITÉS DE FORTERESSE DU NORD-EST, 1939-1940

GU de forteresse	*Unités du train*	*Groupes d'exploitation*	*Groupes sanitaires*
SD (➠ SF) Flandres	230/1 compagnie automobile	—	—
SD (➠ SF) Lille	Elt de transport ➠ dét. 235/1 le 16/3/40	—	—
SF Maubeuge **➠ 101e DIF**	12e groupe régional de transport (à 3 cies) 216/1 détachement auto de QG (de l'ex-SFM)	— —	— —
41e CAF	341/21 compagnie automobile et 102/1, 104/1, 105/3 et 107/3 cies auxiliaires	GE 442/6 (ex-GESF 2) le 16/3/40 (dissous le 31/5/40)	—
SD Ardennes	—	GE de SF n° 11, formé à Stenay (?) ➠ GE 159/2	GS de SF n° 11 ➠ GS 161
102e DIF	217/2 (ex-241/2 du SFM) le 15/1/40	GE 447/2 (ex-GESF 9) le 16/3/40 (dissous le 31/5/40)	➠ GS 447 (102e DIF)
SF Montmédy	241/2 compagnie automobile	GE de SF n° 9, formé à Stenay	GS de SF n° 9, mis sur pied à Stenay ➠ GS 159
RF Metz	336/6 compagnie automobile de RF	Service des subsistances de la RFM (sans numéro)	—
			Pour mémoire : aumônerie militaire de la RFM (père Barbe)
SF Crusnes **➠ 42e CAF**	234/6 compagnie automobile ➠ 342/6 compagnie automobile	GE de SF n° 4, formé à Verdun ➠ GE 154/6, ➠ GE 442/6 (42e CAF) le 16 mars 1940	GS de SF n° 4 ➠ GS 442 (42e CAF) le 16 mars 1940
SF Thionville	233/6 compagnie hippomobile	GE de SF n° 3, formé à Metz ➠ GE 153/6	GS de SF n° 3 ➠ GS 153
SF Boulay	232/6 compagnie automobile de SF	GE de SF n° 2, formé à Metz ➠ GE 152/6	GS de SF n° 2 ➠ GS 152
SF Faulquemont	231/6 compagnie automobile	GE de SF n° 1, formé à Metz ➠ GE 151/6 en décembre 1939 (capturé au col du Haut-Jacques)	GS de SF n° 1 ➠ GS 151 (capturé au col du Haut-Jacques le 22 juin)
SD (➠ SF) Sarre	238/20 compagnie automobile	GE de SF n° 8, formé à Nancy ➠ GE 158/23	GS de SF n° 8 ➠ GS 158 (capturé près de Saint-Dié le 22 juin 1940)
RF Lauter	340/20 compagnie automobile	Service des subsistances de la RFL (sans numéro)	—
SF Rohrbach	237/20 compagnie automobile	GE de SF n° 7, formé à Nancy ➠ GE 157/23 (capturé avec la DM Chastanet au col de la Charaille)	GS de SF n° 7 ➠ GS 157 (de la DM Chastanet)
SF Vosges **➠ 43e CAF**	235/20 cie auto de QG (dissoute le 15/3/40) ➠ 343/20 compagnie automobile (16/3/40)	GE de SF n° 5, formé à Nancy ➠ GE 155/23, ➠ GE 443/23 (43e CAF) le 16 mars 1940	GS de SF n° 5 ➠ GS 443 (43e CAF) le 16 mars 1940
SF Haguenau	236/20 cie auto de SF + cie de QG type A	GE de SF n° 6, formé à Nancy ➠ GE 156/23	GS de SF n° 6 ➠ GS 156
SF Bas-Rhin **➠ 103e DIF**	240/20 compagnie automobile de SF ➠ 218/20 compagnie automobile (16/3/40)	GE de SF n° 10, formé à Nancy ➠ GE 448/23 (103e DIF) le 16 mars 1940	GS de SF n° 10 ➠ GS 448 (103e DIF)
SFC ➠ 104e DIF	219/7 détachement auto de QG	—	—
SFM ➠ 105e DIF	220/7 détachement auto de QG	—	—
RF Belfort **➠ 44e CAF**	242/7 compagnie automobile de SF 344/7 compagnie auto de forteresse	— GE 444/7	— —
SD (➠ SF) Altkirch	239/7 détachement auto	—	—
SD (➠ SF) Montbéliard	240/7 compagnie auto (16 mars 1940)	—	—
45e CAF	345/7 compagnie auto de forteresse	GE 445/7	—
SF Jura central	242/7 compagnie automobile (ex-RFB)	—	—

Coll. Wolff

Par une belle journée de septembre, le père Chéry, aumônier du 162ᵉ RIF, rend visite à ses ouailles de l'équipage A 24 (ouvrage de Bousse), dont on aperçoit le bloc d'entrée sous les frondaisons. De gauche à droite : l'abbé Obry mobilisé comme sergent radio, le père Chéry porteur de son brassard de neutralité, le capitaine Wolff (pacha de Bousse) et le sous-lieutenant Simœns qui tient des jumelles. À l'arrière-plan, des membres de l'équipage musardent au soleil, assis sur des chaises récupérées dans les bistros du village voisin.

Le port du célèbre béret, et surtout celui de l'insigne On ne passe pas, a tendance à se répandre parmi les mobilisés, même au sein des unités non affectées à la « vraie » ligne Maginot. C'est le cas du maréchal des logis André Dargent, réserviste de la classe 1916 et mobilisé à la 1ʳᵉ batterie d'ouvrages du 20ᵉ BOA (bataillon d'ouvriers d'artillerie, ancêtre du service du matériel ; écussons de drap écarlate sans soutaches, chiffres jonquille pour la troupe, doré pour les cadres). Le 30 avril 1940, Dargent s'est fait photographier en tenue de campagne — curieusement avec bas de laine et chaussures de ski —, assis sur la tourelle de 155 court du vieux fort de Lucey appartenant à la place de Toul, placée en seconde ligne.

DR, coll. Ph. Thiry

NOTE

6. Soulignons cependant que, comme dans toute l'armée française, les transports routiers proprement dits (qu'ils agissent pour le compte de l'intendance ou du service du santé) sont assurés par les éléments du train détaillés plus haut, lesquels disposent comme on l'a dit des véhicules spécialisés propres aux différentes missions.

7. C'est-à-dire que le numéro de la SIM (section d'infirmiers militaires) du temps de paix — qui est généralement celui de la région militaire — n'est pas pris en considération.

Le **groupe sanitaire** d'un secteur fortifié porte d'abord le numéro de son secteur. À partir du 16 mars 1940, ce numéro est augmenté de 150, comme celui des groupes d'exploitation, mais sans dénominateur [7].

Avec la réorganisation de 1940, les GE et GS des corps d'armée de forteresse et divisions d'infanterie de forteresse reçoivent un numéro dans la série 440. Les GE 444/7 (44ᵉ CAF) et 445/7 (45ᵉ CAF) sont formés le 16 mars 1940 avec, probablement, des éléments de la RF Belfort (444) et du CA du Jura (445). D'autre part, chaque CAF se voit attribuer, comme tout corps d'armée, une compagnie de ravitaillement en viande (numérotées de 541 à 545).

L'intendance et le service de santé de la 104ᵉ DIF (ex-SF Colmar) sont rattachés à la subdivision de Colmar.

FORCES AÉRIENNES

Pour mémoire, les grandes unités de forteresse (RF, SF, CAF et DIF) sont dotées d'éléments organiques appartenant à l'armée de l'air : groupes aériens d'observation (GAO) et divers détachements d'aérostation.

À titre indicatif, la RF Metz compte en la matière :

— commandement des forces aériennes de RF n° 23 ;

— GAO I/506, comptant une escadrille de six monomoteurs ANF-Mureaux 117, une section lourde de deux bimoteurs Potez 540 (puis Potez 63/11) et une section d'autogyres ;

— section provisoire d'avions estafettes 223/138 (remplacée ultérieurement par la section 73/102) ;

— section photo 41/138 ;

— état-major du bataillon d'aérostation n° 193 ;

— section de parc d'aérostation n° 23/151.

Chaque SF dispose d'un poste de sondage et d'une compagne d'aérostation de ligne.

Groupe sanitaire du SD Sarre. *Le GSD n° 8 a fait réaliser un insigne : écu moderne tiercé en pairle d'argent à un serpent d'or. En chef, l'inscription « GSD Sarre & Blies » (Fraisse-Demey).*

© ECPAD/France

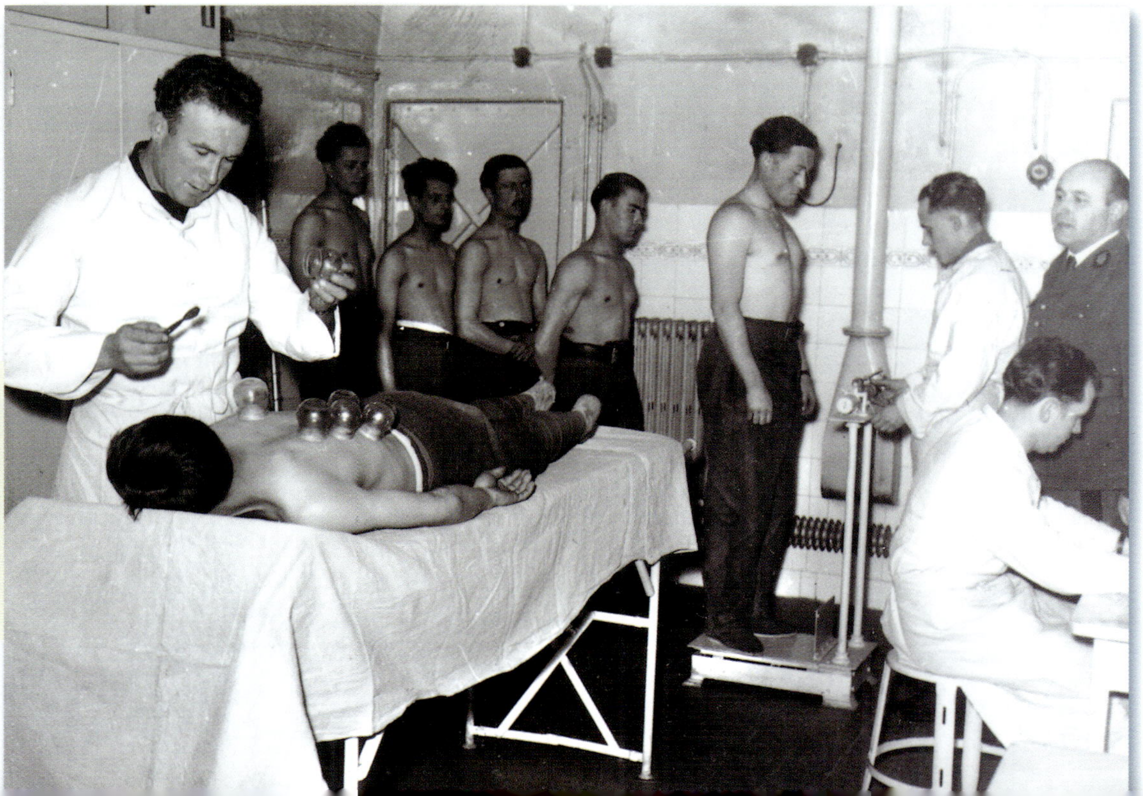

Visite médicale à l'infirmerie du Hackenberg sous la supervision du médecin-lieutenant Grauer. Un médecin auxiliaire (Grec ou Jouannetaud ?) pose des ventouses sèches sur un homme souffrant d'une affection pulmonaire. Le soldat passant sur la balance, chaussé d'espadrilles, porte le pantalon-salopette en toile de coton kaki modèle 1938 (➡ Tome Deux, p. 173).

GALONS MOBILES
Amovibles, semblables à ceux du veston de cuir (27 juillet 1937), question détaillée dans Chars B au combat *(➜ planche 42, p. 171). En règle générale, la patte de grade est portée pliée sur elle-même, à cheval sur le bord gauche de l'effet.*

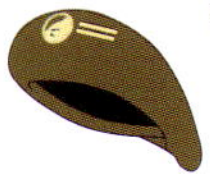

PATTES DE COLLET
Amovibles, semblables à celles de la vareuse de toile kaki clair (27 juillet 1937).

KÉPI MODÈLE 1919

CANADIENNE
Effet acheté dans le commerce, usuellement croisé avec boutons apparents en corozo.

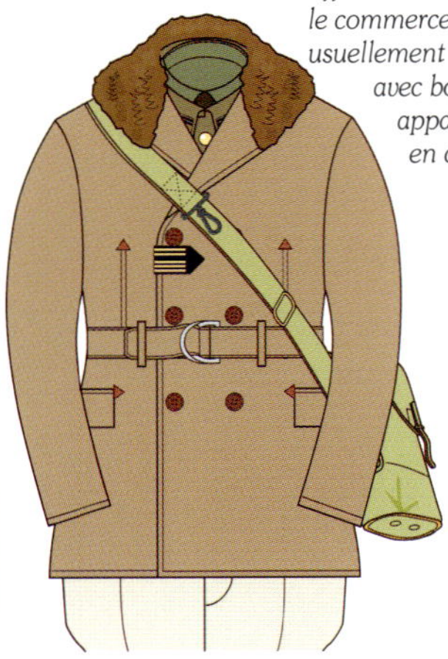

WINDJACK
Effet acheté dans le commerce. Élégant paletot croisé de coupe raglan à col transformable, en toile de coton, kaki clair ou écru, avec ou sans poches de poitrine et de côté.

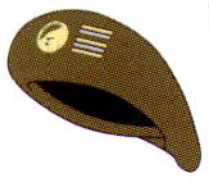

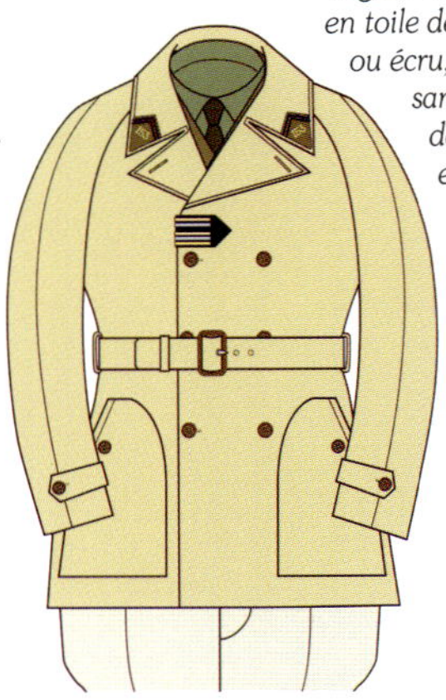

PALETOT MODÈLE 1938
Modèle réglementaire des motocyclistes en forte toile imperméabilisée (description dans le volume Les Chasseurs d'Afrique, *➜ planche 24, p. 171). Son port par les officiers des troupes de forteresse est purement anecdotique, comme l'est aussi celui de la windjack.*

GANTS
En cuir fauve foncé.

VESTE ET SALOPETTE EN TOILE MODÈLE 1935
Des modèles réglementaires (➜ description p. 16), ici représentés en nuance kaki (confections à partir de 1937), avec la grenade d'identification adoptée le 23 février 1939.

Coll. Bruge

EFFETS SPÉCIAUX DE TENUE DE CAMPAGNE OU DE PREMIÈRE LIGNE
Une insertion au BO du 27 juillet 1937 étend aux officiers et sous-officiers des troupes de forteresse, pour la tenue de campagne uniquement, la mesure prise le 18 décembre 1936 pour la troupe, le port d'une veste et d'une salopette en toile modèle 1935. Les variations sur le thème de ces effets « d'usage facultatif » seront fréquentes.

Deux autres effets utilisés par les officiers français sur le front en 1939-1940 sont présentés ici. À gauche, très typique, la canadienne de coupe croisée (colonel O'Sullivan, commandant l'infanterie du SF Thionville). À droite, beaucoup plus insolite dans les troupes de forteresse, la windjack, un effet sportif de montagne, dûment munie d'écussons et d'une patte de grade (lieutenant-colonel Bonlarron, « pacha » du Simserhof).

Coll. Bruge

SOUS-VETEMENT EN PEAU FOURRÉE MODÈLE 1938
Modèle réglementaire des motocyclistes (➜ Chars B, planche 40 p. 166), ajouté à l'inventaire des effets facultatifs pour officiers et sous-officiers des troupes de forteresse le 23 juillet 1938.

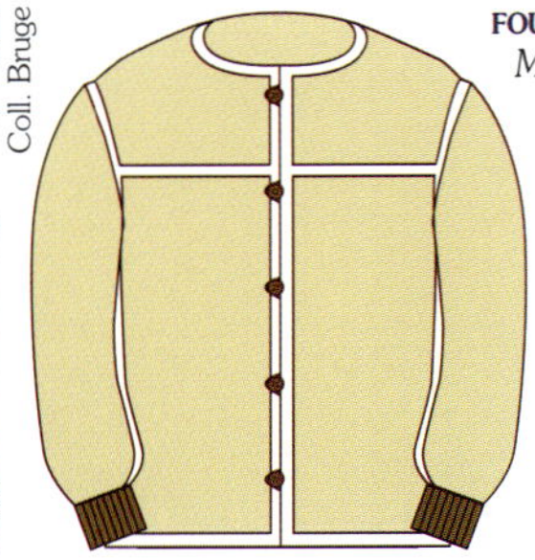

Coll. de Sachy

Le capitaine de Sachy, commandant de Vélosnes, porte la veste en toile modèle 1935 des troupes motorisées, réglementaire pour les officiers de la forteresse. Sa patte de grade est fixée, à plat, par deux boutons d'uniforme.

Archives F. Vauvillier

PLAQUETTE NOMINATIVE
Probablement en aluminium ajouré, connu seulement par la photo d'époque ci-contre. Dans son esprit et son mode de fabrication, cet insigne s'apparente totalement à celui porté, dans les chars, par les équipages du 15e BCC (➜ Chars B au combat, planche 43, p. 173). Il avait été initialement prévu (DM du 20 septembre 1935) que les équipages portent le nom de leur ouvrage, mais sous forme de l'attribut de manche gauche en tissu (➜ Tome Un, planche 30, p. 62).

Cas très rare, peut-être unique (?), cette plaquette Fermont orne la poitrine d'un sergent du 149e RIF. Photographie datant de 1936-37, détail du document publié en intégral dans le Tome Un, p. 112).

Photo Haas

Le lieutenant-colonel Miconnet, « patron » du Hochwald (ici devant l'entrée des munitions) s'offre une fantaisie en portant le paletot imperméabilisé modèle 1938 des motocyclistes, effet de fort belle tournure qui, ajouté aux bottes, confère une silhouette martiale.

ÉQUIPAGES D'OUVRAGES ET DE CASEMATES, CADRES

SOURCES : ARCHIVES OFFICIELLES ET ICONOGRAPHIE D'ÉPOQUE
Recherche documentaire et synthèse : FRANÇOIS VAUVILLIER - Infographies : ANDRÉ JOUINEAU et FRANÇOIS VAUVILLIER

Coll. Rapin

Ces officiers du Hochwald posant devant le bloc 8 (entrée des munitions) offrent une intéressante variété de pattes de collet. À gauche, deux officiers d'infanterie (capitaine Nuninger et lieutenant Haensel) ont fait coudre sur leur vareuse des écussons de troupe de leur régiment de mobilisation, le 22e RIF. On voit ensuite, de gauche à droite, le capitaine Brice, commandant le génie du Hochwald (écussons en velours noir du génie à grenade), le médecin-lieutenant Rothenhofer (écussons à caducée), le capitaine Walter ayant conservé sa tenue bleue des chasseurs à pied mais sans numéro de collet, le médecin-lieutenant Adrian en tenue très claire (nuance de haute fantaisie) et enfin le lieutenant Pulfermüller, du 18e génie (transmissions).

GARDES FRONTALIERS

BÉRET
Le plus souvent sans insigne, parfois avec l'insigne des GF (➥ photographie pp. 248-249).

CASQUE
Modèle général 1926 avec grenade kaki (GF) ou en laiton doré (GRM).

KÉPI
De la GRM, bandeau en drap bleu foncé, turban bleu gendarme galon d'élite en fil blanc.

PATTES DE COLLET
Date d'adoption non retrouvée. Le modèle est connu par des pièces de collection (➥ photo Tome Un, p. 67), mais les photographies de l'immédiat avant-guerre n'ont pas apporté à ce jour la preuve de leur port effectif.

TENUE EN DRAP KAKI
Du modèle de l'infanterie (capote et pantalon-culotte) mais comportant aussi la vareuse en tenue de campagne. Celle présentée ici est du modèle 1920 à sept boutons (du type peint en kaki mat qui caractérise les effets sortis de la réserve de guerre).

BANDES MOLLETIERES ET BRODEQUINS
Des modèles standards.

BOUTON
De la GRM.

JAMBIERES
En cuir noir, galbées, de forme dite « anglaise ».

BRODEQUINS
En cuir noir.

ÉQUIPEMENT
Ceinturon-baudrier type SOR nuance havane, étui de PA modèle 1916 nuance fauve foncé. Dans la garde, l'arme de poing est toujours portée au côté gauche.

TENUE KAKI
Cette tenue adoptée le 7 décembre 1938 (vareuse, culotte et manteau kaki pour le temps de guerre) conserve les écussons de collet à fond bleu foncé. Quant aux galons de grade, nous avons représenté ici ceux de la tenue bleue du temps de paix (➥ photo pp. 248-249), mais le règlement stipule des petits galons de 35 mm posés en oblique.

GARDES FRONTALIERS (TROUPE ET ENCADREMENT), TENUE DE CAMPAGNE
La troupe est composée d'habitants mobilisables de la zone frontalière, qui disposent de tout leur paquetage à domicile. L'encadrement (sous-officiers et officiers) est assuré par la garde républicaine mobile.

TOUTES ARMES ET SERVICES
APPARTENANT OU RATTACHÉS À LA FORTERESSE

INFANTERIE DE RF, DE SF OU RATTACHÉE (NORD-EST)

RIF (guerre) — *Mitrailleurs d'inf. coloniale* — *Bataillons de mitrailleurs* — *Régiments de pionniers* — *Régiments régionaux*

ARTILLERIE — **GÉNIE** — **CAVALERIE**

RARF, RAMF, RAP — *Btns d'ouvriers d'artillerie (BOA)* — *Velours* *Toutes unités (n° du régiment)* — *GRRF (groupes de reconnaissance)*

TRAIN — **INTENDANCE**

Toutes unités (n° de l'ERT) — *GE de SF (n° de la SCOMA)* — *Officiers d'intendance* — *Officiers d'administration*

SERVICE DE SANTÉ

GS de SF (n° de la SIM) — *Velours* *Officiers médecins* — *Velours* *Officiers pharmaciens* — *Velours* *Officiers dentistes* — *Velours* *Officiers d'administration*

GARDES FRONTALIERS
L'encadrement conserve la tenue de la GRM.

FORCES AÉRIENNES DES RF ET SF
L'uniforme est celui de l'armée de l'air en drap bleu louise (troupe).

Personnel troupe — *Encadrement (GRM)* — *Groupes aériens d'observation* — *Bataillons d'aérostation*

Quelques-uns des grands chefs que la réorganisation du commandement place désormais à la tête des unités déployées sur la ligne Maginot lors d'une prise d'armes à Pont-à-Mousson au printemps 1940. De gauche à droite, on reconnaît les généraux Freydenberg (CA colonial), Flavigny (21e CA) en retrait, Condé (3e armée), Prételat (GA 2) et de la Porte du Theil (42e DI).

CHAPITRE QUATRE

NEUF MOIS D'ATTENTE

Avec la fin de l'offensive de la Sarre commence une période incertaine, la « drôle de guerre », caractérisée par l'immobilisme. Côté allemand, du fait des conditions climatiques qui ne permettent pas à Hitler de passer à l'offensive. Côté allié, parce que le mot d'ordre est de ne pas provoquer les Allemands tant que les fabrications d'armement ne sont pas en plein régime.

LA LIGNE MAGINOT sera alors le symbole de cette inaction et elle va constituer, aux yeux du monde entier, la vitrine flatteuse de l'armée française. Ce qui n'empêche pas Gamelin d'en modifier l'organisation.

■ GAMELIN RÉORGANISE (?)

Le 9 novembre 1939, Gamelin se met en tête de réorganiser le commandement des régions fortifiées. Soyons honnête, l'idée en revient au général Prételat qui commande le GA 2 (c'est-à-dire toute la ligne fortifiée de Longuyon au Rhin) et qui, dès mai 1939, a exprimé le souhait que les régiments de forteresse dont la structure est particulièrement lourde, soient transformés pour s'aligner sur la composition des régiments de type Nord-Est. Dès la fin de l'offensive de la Sarre, Prételat revient à la charge mais la décision prise par le commandant en chef ne répond pas vraiment à ses vœux car Gamelin, préoccupé par le chevauchement de commandement que l'introduction sur la position des unités de couverture a pu générer, décide de supprimer les régions fortifiées et de rattacher les secteurs fortifiés aux grandes unités qui les couvrent .

Cette décision qui est entérinée le 24 décembre 1939 et mise en application à partir de janvier 1940, est lourde de conséquences car la forteresse se trouve dès lors réduite au rôle d'auxiliaire des troupes de campagne et sous le commandement d'officiers supérieurs n'ayant que peu de connaissances sur son potentiel réel. En tous cas, il en ressort l'impression assez nette que, pour le commandement du moins, le rôle de la ligne Maginot est, sinon terminé, du moins devenu secondaire et que ce sont désormais les troupes conventionnelles qui mènent le combat.

Concrètement, selon leur importance, certains secteurs fortifiés sont transformés en *corps d'armée de forteresse* (CAF) ou en *division d'infanterie de forteresse* (DIF) (➠ tableau).

Gamelin ira même plus loin dans sa logique puisque le

NOTE
1. Notamment les tourelles de 75 modèle 1933 du Hochwald Est, du Four-à-Chaux, du Grand-Hohékirkel et du Simserhof.

LE TEXTE ORIGINAL DE GAMELIN SUR LA RÉORGANISATION DE LA LIGNE FORTIFIÉE (NOTE GQG DU 9 NOVEMBRE 1939)

« L'organisation du commandement des régions fortifiées, secteurs fortifiés et secteurs défensifs sur l'ensemble du front du Nord-Est serait donc à reprendre sur les bases suivantes :

1. Les régions fortifiées de Metz et de la Lauter seraient supprimées en tant qu'organes de commandement sous leur forme actuelle mais maintenues comme organes de commandement d'un secteur.

Une fraction de leurs états-majors et services seraient cependant maintenus pour être accolée à l'état-major de l'armée correspondante (3e et 5e) et traiter des questions spéciales intéressant l'ensemble de l'ancienne région fortifiée de Metz ou de la Lauter.

2. En ce qui concerne la région de Belfort et les divers secteurs fortifiés et défensifs, deux sortes de secteurs seraient prévues :

a) les uns choisis parmi les régions présentant les plus fortes organisations défensives ou nettement caractérisées (Maubeuge - Ardennes centrales, peut-être : Hochwald - Strasbourg, forêt de la Harth - avancées de Belfort) seraient placés sous les ordres d'un organe de commandement permanent, équivalant, pour les plus importants, à une sorte de DI également statique.

Le commandement du secteur devrait être d'un grade et d'une ancienneté tels qu'il puisse, sans difficulté, coiffer le commandant de toute division ou fraction de DI mise à sa disposition par le jeu des relèves.

b) les autres secteurs fortifiés ou secteurs défensifs seraient normalement aux ordres des commandants des grandes unités (CA ou DI) appelées à les occuper.

Le commandant du secteur proprement dit, élément permanent chargé d'assurer la continuité des travaux, en particulier, ne serait que l'adjoint du commandant de la grande unité responsable de la défense. Il ne prendrait le commandement que si la grande unité était portée en avant.

Il devrait donc être d'un grade tel qu'il puisse, sans difficulté, être mis sous les ordres du commandant de la grande unité. Ce serait donc soit un général de brigade, soit un colonel, suivant l'importance du secteur. N'ayant pas réellement de commandement actif, il pourrait être pris parmi les généraux de brigade ou colonels ayant dépassé la limite d'âge, mais encore aptes à servir aux armées. »

RÉORGANISATION DU COMMANDEMENT DANS LA ZONE FORTIFIÉE

(note du général Georges du 24 décembre 1939)

Armées	*Organe de commandement de forteresse*	*Limites géographiques*	*Commandement constitué par*	*Date effective de la modification*
7e ARMÉE	SF Flandres	Celles du SD Flandres	SD Flandres	20 janvier 1940
BEF	SF Lille	Celles du SD Lille	SD Lille	16 mars 1940
1re ARMÉE	SF Escaut	Celles du SF Escaut	SF Escaut	
	101e DIF	Celles du SF Maubeuge	SF Maubeuge	16 mars 1940
9e ARMÉE	41e CAF	*Ouest* : Baileux, Riezes, Beaulieu *Est* : celle de la 9e armée	24e CA	20 janvier 1940
	102e DIF	*Ouest* : Les Hautes-Buttes, Revin, les Mazures, Rimogne *Est* : celle du 41e CAF	SD Ardennes	1er janvier 1940
2e ARMÉE	SF Montmédy	Zone actuelle du SF Montmédy augmentée du sous-secteur de Marville	SF Montmédy	31 janvier 1940
3e ARMÉE	42e CAF	Zone actuelle du SF Crusnes [1] amputée du sous-secteur de Marville	*RF Metz* [2]	16 mars 1940
	SF Thionville	Zone actuelle augmentée du sous-secteur de Hombourg-Budange	SF Thionville	22 déc. 1939, 1er février 1940
	SF Boulay	Zone actuelle amputée du ssous-secteur de Hombourg-Budange et augmentée du sous-secteur de Narbéfontaine	SF Boulay	21 déc. 1939, 1er fév.-18 mars 1940
4e ARMÉE	SF Faulquemont	Zone actuelle amputée du sous-secteur de Narbéfontaine et augmentée des sous-secteurs de Lixing et d'Altrippe	SF Faulquemont	15 mars 1940
	SF Sarre	Zone actuelle amputée des sous-secteurs de Lixing et d'Altrippe et augmentée des sous-secteurs de Sarralbe et de Kalhausen	SD Sarre	15 mars 1940
5e ARMÉE	SF Rohrbach	Zone actuelle amputée des sous-secteurs de Sarralbe et de Kalhausen et augmentée du sous-secteur de Bitche	SF Rohrbach	15 mars 1940
	43e CAF	Zone actuelle du SF Vosges [1] amputée du sous-secteur de Bitche	*RF Lauter* [3]	5 mars 1940
	SF Haguenau	Zone actuelle augmentée du sous-secteur d'Herrlisheim	SF Haguenau	6 mars 1940
	103e DIF	Zone actuelle amputée du sous-secteur d'Herrlisheim	SF Bas-Rhin	5 mars 1940
8e ARMÉE	104e DIF	Celles du SF Colmar	SF Colmar	16 mars 1940
	105e DIF	Celles du SF Mulhouse	SF Mulhouse	16 mars 1940
	44e CAF	Zone coiffant les SD Altkirch et Montbéliard	*RF Belfort* [4]	16 mars 1940
	SF Altkirch	Zone actuelle	SD Altkirch	16 mars 1940
	SF Montbéliard	Zone actuelle	SD Montbéliard	16 mars 1940
	45e CAF	Zone comprise entre la 8e armée et la limite nord de l'armée des Alpes		15 décembre 1939
	SF Jura central	Région de Morteau - Villers à Montbenoit	SF Jura	9 février 1940

NOTES 1. Suppression des SF Crusnes et Vosges. 2. RFM dissoute le 18 mars 1940. 3. RFL dissoute le 5 mars 1940. 4. RFB dissoute le 16 mars 1940.

1er mars 1940, il prescrit des échanges entre les éléments les plus actifs des troupes de forteresse et ceux, plus âgés, des unités de série B : « *Il apparaît par suite qu'un échange de personnel entre les unités de forteresse et les divisions de série B constituerait une mesure heureuse, susceptible de renforcer la solidité des unes et l'aptitude manœuvrière des autres* ». (cité par R. Bruge).

Cette décision qui confirme que la ligne Maginot est devenue un organe secondaire est à la fois tardive — et les mouvements intervenus auront surtout des effets néfastes car les éléments échangés n'auront pas le temps de s'accoutumer à leurs nouvelles unités — et malheureuse car elle revient à bouleverser des unités spécialisées dont l'esprit de corps est sans nul doute une des vertus essentielles.

LES TRAVAUX COMPLÉMENTAIRES DANS LES OUVRAGES

La ligne Maginot devient pendant neuf mois le seul front au contact des Allemands et le commandement va mettre cette situation à profit pour aguerrir la troupe.

De nombreux régiments vont donc tour à tour venir stationner sur la position et occuper peu ou prou les avant-postes face à l'Allemagne. Il ne s'y passe pas grand chose, hormis des duels d'artillerie de part et d'autre et surtout des coups de main menés par les corps francs des deux camps et quelques engagements sérieux. Ces corps francs sont constitués par des éléments volontaires des unités en ligne, qu'elles soient traditionnelles ou de forteresse, et ils occupent le no man's land où ils dressent des embuscades dans le but avoué de faire des prisonniers (➠ détails page 34).

Les autres troupes s'affairent à améliorer la position en creusant des tranchées, des abris, des emplacements pour mitrailleuses ou canons et, quand il reste du temps, pour s'instruire.

Dans les ouvrages, ce délai a pour avantage de permettre le perfectionnement de l'instruction des réservistes et de remédier aux lacunes constatées. Les ouvrages n'interviennent que peu, faute d'objectifs et seules quelques tourelles [1] sont mises à contribution pour appuyer l'action de l'un ou l'autre corps franc ou pour effectuer des tirs de contrebatterie.

C'est pourquoi cette période est également mise à profit pour achever différents travaux commencés tardivement. Ainsi en est-il des alimentations électriques vers l'arrière qui sont encore en cours au moment de la déclaration de guerre, notamment la liaison entre les ouvrages qui est loin d'être réalisée partout : entre Fermont et Latiremont, la tranchée de liaison est encore en cours d'exécution, de même qu'entre les ouvrages du Métrich et de Billig.

La liaison électrique entre ouvrages est en cours durant l'hiver 1939-1940, ce qui ne facilite pas l'organisation défensive aux abords des entrées. Sur cette photo aérienne prise au dessus des entrées de Fermont en mars 1940, on distingue parfaitement sur la gauche le tracé de la tranchée Bajac destinée à recevoir le câble d'alimentation qui pénètre dans l'ouvrage par un puits dont on distingue les abords (l'éclaircie en haut de la photo). Les deux entrées sont en bas à droite (EH à gauche et EM à droite).

SHAT

Denkschrift

La « fosse aux ours » de l'ouvrage d'Anzeling. La présence de cette cheminée isolée va nécessiter la construction tardive du bloc 9.

Notes

2. Seule la connexion bilatérale Sœtrich - Kobenbusch - Galgenberg est terminée en septembre 1939 et permet un secours réciproque.

3. À Anzeling, le puits prévu pour le câble d'alimentation du PO de Bousse est même comblé dès le 3 septembre 1939.

4. La ligne Bettelainville - Welches entre en service le 7 février 1940 à 1 h du matin. Au Hackenberg, le câble de Bettelainville est posé le 14 mai 1940, les essais d'alimentation sont réalisés le 17 mai (résultats satisfaisants). La tranchée du câble est comblée chaque nuit par une équipe de quatre-vingt hommes environ.

5. D'après le rapport du capitaine Kasper, commandant le génie d'Anzeling.

Les projecteurs blindés sont livrés aux ouvrages pendant l'hiver 1939-1940 et ce sont les équipages eux-mêmes qui doivent les mettre en place. Ici, une lourde caisse contenant la niche du projecteur est déplacée par les hommes du bloc 1 du Haut-Poirier, sous la direction du lieutenant Isnard.

Le 19 novembre, le général Mouflard (adjoint à Gamelin pour le service du génie) décide de reprendre ces travaux avec la priorité suivante :

– achèvement des alimentations : Bréhain par Lommerange, Hackenberg et Welches par Bettelainville, Schœnenbourg par Haguenau ;

– construction des lignes frontales d'ouvrage à ouvrage qui sont très peu avancées [2].

Les alimentations souterraines des PO sont abandonnées et ceux-ci restent alimentés en câble aérien avec toutes les sujétions qui en découlent [3]. La main d'œuvre fournie par les équipages d'ouvrages et les armées achève les lignes souterraines comprises entre les pylônes aéro-souterrains et les postes de transformation des ouvrages. Pour accélérer les travaux, le général admet que les câbles électriques ne soient enterrés qu'à 0,80 mètre au lieu de 2 ou 3 mètres [4].

Des galeries de liaison sont également réalisées entre différents ouvrages comme à Bréhain où une galerie est commencée entre l'ouvrage et la casemate Ouest de Bréhain, ou à Rochonvillers où une galerie relie l'ouvrage à l'abri du Grand-Lot.

La situation la plus préoccupante est sans doute celle de l'ouvrage d'Anzeling où un bloc d'infanterie, le bloc 9, est encore en cours de finition. Commencé en août 1938 pour servir de cheminée à l'ouvrage, il n'est pas terminé au déclenchement des hostilités et il faut encore procéder à la finition des locaux souterrains et à la mise en place des cuirassements et de l'armement. La partie la plus délicate concerne la pose des cuirassements. La cloche GFM est posée en février 1940 par l'entreprise O'Nach, la tourelle pour arme mixte d'octobre 1939 à avril 1940 (grâce à des monteurs de la société Batignolles mobilisés dans les équipages d'ouvrages et regroupés à Anzeling). Un incident spectaculaire a lieu lors du hissage de la tourelle au niveau de la dalle du bloc 9 : la rupture des pignons du treuil de levage entraîne la descente « majestueuse » de la tourelle jusqu'au sol ! Dernier avatar : l'arme mixte n'ayant pas été commandée (!), elle est remplacée par un prototype d'essai [5]. Néanmoins, le bloc sera en état de combattre en mai-juin 1940.

À l'extérieur des ouvrages, les principaux travaux concernent la mise en place des projecteurs sur l'arrière des blocs et des casemates et l'élargissement des réseaux de barbelés et le débroussaillement quasi permanent. Suite à des expériences aux résultats décevants, les prises d'air sont protégées extérieurement par des blindages métalliques (travail en cours au Hackenberg) et les gaines sont remplacées, tronçon après tronçon, par de nouvelles gaines aux parois plus épaisses. Des appareils permettant de vérifier la qualité de l'air sont également mis en place.

Derrière certains ouvrages, on entreprend la pose d'une voie de 0,60 m pour assurer un ravitaillement par chemin de fer au lieu du ravitaillement par camions. Il en est ainsi à Schœnenbourg et au Four-à-Chaux qui, bien qu'ayant une entrée des munitions de type B (➠ Tome Deux, p. 27), sont reliés au réseau de 0,60 de la RF Lauter ou à Sœtrich où un terrassement est réalisé sur 400 mètres environ.

À partir de la fin septembre 1939, des périodes de relève sont accordées aux hommes qui, par roulement, vont pouvoir aller se changer les idées dans les villages à l'arrière de la position (centres d'instruction des SF). La période d'inactivité se poursuivant, les premières permissions sont accordées à partir du samedi 25 novembre. Elles se poursuivront jusqu'au déclenchement de l'offensive allemande.

■ La vie quotidienne sur la ligne

L'absence d'opération actives qui fait suite à la mobilisation des équipages et à la déclaration de guerre, plonge la ligne Maginot dans une sorte de léthargie et de routine.

Pour le personnel des ouvrages, chacun organise sa petite vie dans un bloc ou au sein de son service et, bientôt, les va-et-vient continuels entre « l'avant » et les casernes souterraines sont jugés fastidieux, d'autant qu'il faut à chaque voyage que les hommes emportent leur paquetage. Le commandement en vient donc à faire installer des couchettes et des hamacs dans tous les recoins encore disponibles, de façon qu'un maximum d'hommes puisse loger dans les blocs de combat. Cet état de fait conduit chaque organe à devenir relativement autonome et à n'avoir que peu de relations avec ses voisins, d'autant que les repas sont également pris sur place.

■ Se nourrir et améliorer l'ordinaire

Les repas sont préparés dans des cuisines ultramodernes et distribués dans tout l'ouvrage par le petit train. Aucun réfectoire pour la troupe n'a été prévu, pour limiter la surface des locaux souterrains, et les hommes mangent soit dans les chambres de tir, soit, pour ceux logés dans la caserne, dans les couloirs, sur de petites tables rabattables. En revanche, les officiers disposent d'une cuisine séparée et d'un mess où ils se retrouvent deux fois par jour, sauf les officiers de permanence dans le poste de commandement d'un bloc d'artillerie (en principe, une tourelle de 75 mm).

Le ravitaillement de l'ouvrage est théoriquement quotidien. Les vivres frais doivent être mangés immédiatement, leur conservation étant impossible au bout de quelques heures en raison de la chaleur et de l'humidité qui règnent dans les cuisines souterraines. Pour y remédier, des chambres froides sont en cours d'installation en 1939-40. Un local des cuisines contient des vivres de sûreté, soit trente jours de vivres (portés ensuite à quarante-cinq jours) et vingt jours de vin. Les casemates d'infanterie isolées disposent quant à elles de dix-sept jours de vivres et de huit jours de vin. La dotation est encore plus faible dans les blockhaus MOM et postes des avancées :

Coll. Isnard

Jonette, coll. Kemmel

Les permissions sont rétablies à partir de novembre 1939 et tour à tour, les hommes vont pouvoir reprendre contact pendant quelques jours avec la vie familiale. On voit ici, au camp de Zimming, des fantassins du 156e RIF recevoir avec satisfaction leurs permissions. Sur la droite, un homme se désaltère avec un bidon à deux goulots modèle 1879 dépourvu de son enveloppe de drap et simplement peint en kaki. Bérets des hommes d'active et bonnets de police des réservistes alternent, comme partout sur la Ligne depuis la mobilisation....

Coll. Michelot

© ECPAD/France

deux jours de vivres, deux litres de vin et deux litres d'eau (pour dix hommes). Ces vivres sont conservés dans des récipients métalliques étanches, le vin dans des fûts métalliques chemisés de verre. Il existe également une réserve d'alcool.

Au 13 juin 1940, date du décrochage des bataillons de forteresse et des dernières troupes d'intervalles, les stocks existants permettent de tenir jusqu'au 15 août, soit au moins deux mois. Bien entendu, les hommes rempliront au maximum leur musette lors du départ mais ce sont les Allemands qui vont bénéficier de ce pactole. En revanche, faute d'incinérateur à l'intérieur des ouvrages, l'évacuation des ordures et des détritus pose un problème sérieux dès l'encerclement des ouvrages et elle ne peut se faire qu'avec beaucoup de précautions, des postes FM étant détachés à l'extérieur devant les entrées, le « trouillomètre » sans doute bloqué à zéro...

Pendant la drôle de guerre, dans le but d'améliorer l'ordinaire, les équipages de la ligne Maginot mettent en œuvre le système D qui fait la force de tout militaire et ils récupèrent les animaux abandonnés dans les villages évacués, ce qui se traduit par la transformation des fossés diamants en clapiers ou en basses-cours[6].

Printemps 1940, les « casematiers » du sous-secteur de Veckring (164e RIF) ont déniché un petit cochon dans un des villages du no man's land, ce qui va leur permettre d'améliorer l'ordinaire. Le sergent debout à gauche a perçu une tenue modèle 1938 neuve : vareuse à cinq boutons et pantalon golf.

Quelques hommes de l'équipage du Hackenberg occupent leurs loisirs dans leur chambrée souterraine dont les murs sont peints en moucheté, une fantaisie peut-être destinée à prévenir la « bétonite ».

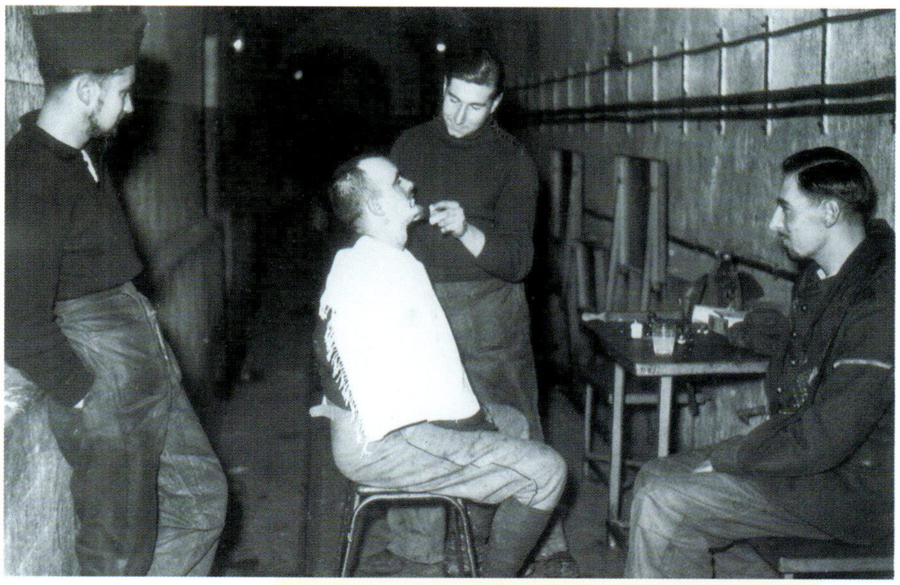

Coll. Martin

Au Mont-des-Welches, le coiffeur barbier a installé son salon dans la galerie-réfectoire de l'ouvrage, aisément identifiée par les tables et tabourets rabattables fixés tout le long du mur de droite.

6. À Anzeling, les crinolines métalliques de camouflage des cloches sont transformées en poulaillers. Au Bois-de-Bousse, les chèvres qui stationnent sur les dessus raffolent, semble-t-il, des cigarettes troupes que leur offre l'équipage. Au Mont-des-Welches, c'est le commandant Tari en personne qui veille sur l'élevage de porcs.

DR, coll. A. Hohnadel

Poulet, coll. Béraud

En haut de page.
Noël 1939 : la messe de minuit est célébrée dans les galeries des ouvrages comme ici, à Bréhain. Dans certains ouvrages (Bois-de-Bousse, Hochwald, Kerfent) sont aménagées de véritables chapelles à caractère permanent.

Ci-dessus.
Pâques 1940 : l'équipage de la casemate 32/1 du Fort-Mortier (3e CEO du 28e RIF) assiste à la messe pascale en plein air derrière la casemate. La porte blindée est du type 1 (ou 1bis), à deux panneaux. En cas de blocage de la porte par des décombres, le panneau supérieur peut se manœuvrer indépendamment et permettre une sortie.

© ECPAD/France

À Vélosnes comme dans de nombreux ouvrages (➡ notamment, photo page 101), il existe un petit lot de bord d'armes d'épaule d'un modèle bien particulier : le fusil 1907/15 M.34 au calibre de 7,5 mm, ici distribué au piquet de garde.

Coll. part.

Cependant, l'arme individuelle la plus représentative des équipages est le revolver de calibre 8 mm, soit du modèle 1892 Saint-Étienne (➡ photo), soit le « 92 espagnol ». Ce brigadier membre d'équipage du 156e RAP photographié en 1939-40 a reçu un revolver de ce calibre, porté dans un étui simplifié modèle 1915.

■ Atmosphere, atmosphere...

À l'intérieur des ouvrages, seuls les servants en place dans les blocs peuvent avoir une quelconque notion de l'heure ou du temps qu'il fait. Ceux du « trou » ne distinguent pas le jour de la nuit. Une température toujours égale de 12° règne dans les souterrains, ce qui provoque des phénomènes de condensation : en été, l'air chaud extérieur aspiré par les ventilateurs se condense au contact des parois fraîches des galeries alors que les blocs de surface sont secs. En hiver, c'est le phénomène inverse qui se produit car les galeries sont plus chaudes que l'air extérieur. La mise en place de la climatisation (travaux en cours à la mobilisation [7]) et des consignes précises de ventilation essaieront de lutter contre ce phénomène, générateur de moisissures. De même, malgré les efforts réalisés, la résonance du béton amplifie les moindres bruits alors que le fracas du petit train s'enfle sous les galeries. Dans les chambrées, les couchettes sont fort exiguës et malaisément accessibles.

Le dimanche, la messe est dite dans la galerie principale de l'ouvrage ou dans le magasin M 1, seuls endroits suffisamment larges pour autoriser le rassemblement d'un grand nombre d'hommes. Des séances de cinéma ou de théâtre aux armées sont organisées aux mêmes endroits, dont l'acoustique est rendue acceptable grâce à la pose de panneaux de couverture.

■ Les travaux extérieurs

Outre les travaux intérieurs (surtout balayage des galeries et travaux de mise en peinture), les corvées classiques (cuisine, etc.) et les indispensables séances d'instruction (surtout pour les réservistes des classes les plus anciennes), les hommes sont également occupés à diverses tâches extérieures.

En septembre 1939, le nettoyage des réseaux de barbelés et le déboisement des champs de tir constituent le plus gros de l'activité. Des boyaux de liaison vers l'arrière sont creusés, notamment derrière les casemates isolées cependant que des

(suite page 32)

Note

7. Au Hackenberg, une chaudière était en cours de montage à la mobilisation et trois autres ont été installées ensuite. Le 12 janvier 1940, sept tonnes de radiateurs sont livrées au Simserhof.

Coll. Michelot

Un fusil mitrailleur modèle 1924-1929 en batterie sur les dessus de la casemate de Veckring (164e RIF), printemps 1940. Le montage antiaérien de circonstances, somme toute assez élaboré, comporte une rotule provenant d'une cloche GFM. L'affût est découpé dans de la tôle quadrillée et le support constitué d'un pylone enchâssé dans une embase de béton. La stabilité paraît cependant incertaine, si l'on en juge par le geste du chargeur. L'emploi antiaérien du FM 24/29 sur la ligne Maginot est développé pp. 226-227. L'officier est le lieutenant Lacombe, chef du couple de casemates de Veckring.

L'ARMEMENT INDIVIDUEL

Les troupes de forteresse appelées à occuper les **intervalles** disposent d'un armement conventionnel absolument classique comportant des fusils de calibre 8 mm (généralement du modèle 1907/15 ou 1907/15 M.16 mais aussi Lebel 1886/93 [A]), des mousquetons (modèle 1892 ou 1892/1916) de même calibre, des fusils-mitrailleurs (FM modèle 1924/29 de 7,5 mm mais également des FM modèle 1915 Chauchat de 8 mm utilisés pour la défense rapprochée de blocs ou de casemates de campagne) et des mitrailleuses de 8 mm (généralement modèle 1914 Hotchkiss mais parfois aussi modèle 1907 Saint-Étienne). Les officiers et les sous-officiers ont des armes de poing de différents modèles et calibres (pistolet MAC 1935 S ou A, Ruby, Star mais le plus souvent revolvers modèle 1873, 1874 ou 1892). Les pistolets mitrailleurs, en très petit nombre, sont généralement réservés aux corps francs.

Dans les **ouvrages et casemates**, outre l'armement principal installé à poste fixe ou semi-fixe dans chaque organisation (➠ tous détails dans le Tome Deux, pp. 93 à 117), chaque officier possède une arme de poing identique à celle des officiers des troupes d'intervalles alors que la troupe ne reçoit, en théorie, pas d'armement individuel [B]. Chaque ouvrage ou casemate dispose d'un lot réduit de fusils destinés aux gardes, aux prises d'armes ou à d'éventuelles patrouilles. Ces fusils sont, spécifiquement, du modèle 1907/15 M.34 raccourci, alimenté par lames-chargeurs et rechambré en 7,5 mm, c'est-à-dire le calibre utilisé par les armes d'infanterie des ouvrages et casemates. Cette dotation bien spéciale, mise en évidence notamment sur le tableau ci-dessous, permet d'éviter une disparité de calibres préjudiciable au ravitaillement en munitions. ■

NOTES

A. Le fusil Lebel est conservé dans la mesure où sa robustesse permet l'utilisation du tromblon VB sans dommage (➠ photo Tome Un, page 110). Ce point est mis en évidence notamment sur le tableau de l'armement du 149e RIF donné ci-contre (78 Lebel et 70 tromblons VB pour les troupes d'intervalle). La présence d'un autre Lebel (avec tromblon), en tant qu'armement de casemate est assez curieuse. S'agit-il d'armer un poste extérieur ?

B. Du moins après la mobilisation. Dans les casemates du Rhin avant la guerre, tout le personnel est doté d'une arme de poing (➠ photo Tome Un, page 150) et, d'autre part, il existe des photos montrant, en 1939-40, des équipages pareillement armés.

ARMEMENT-TYPE D'UN RIF EN 1940

(exemple réel du 149e RIF, état en date du 29 mars 1940)

Type	*Intervalles*	*Ouvrages*	*Casemates*	*Total*
ARMES DE POING ET PM				
Revolvers	337	406	182	925
Pistolets	103	—	1	104
PM calibre 9 mm	1	—	—	1
ARMES D'ÉPAULE				
Fusil mle 1886/93	78	—	1	79
Fusil mle 1907/15	1 688	—	—	1 688
Fusil mle 07/15 M.34 [C]	—	32	39	71
Mousqueton 1892/16	863	5	—	868
FM modèle 1924/29	153	81	35	269
MITRAILLEUSES				
Modèle 1914 (Hotchkiss)	140	—	—	140
Modèle 1931 (Reibel)	—	22	21	43
CANONS ANTICHARS				
25 mm AC modèle 1934	21	—	—	21
47 mm de marine AC	14	—	—	14
47 mm AC modèle 1934	—	8	9	17
65 mm de marine AC	2	—	—	2
MORTIERS				
50 mm modèle 1935	—	23	15	38
81 mm modèle 1927	18	—	—	18
Tromblons VB	70	—	1	71
MATÉRIELS POUR SIGNAUX				
Pistolets signalisateurs	75	23	16	114
Lance-fusées	13	— [D]	— [D]	13

C. Dans les autres SF de la RF Metz, on trouve 240 fusils de ce modèle au SF Thionville, 197 au SF Boulay et 96 au SF Faulquemont, toujours « *à titre de dotation collective des ouvrages* » (24 septembre 1939).

D. Cet inventaire ne mentionne aucun lance-fusées attribué aux ouvrages alors que dans la réalité, ceux-ci disposaient de plusieurs matériels de type civil (utilisés pour les feux d'artifice).

Coll. part.

Le modèle de PM le plus représentatif des groupes francs est le Erma-Vollmer (calibre 9 mm Parabellum) provenant de la récupération sur l'armée républicaine espagnole. Il fait sensation quand il arrive sur le front, pour les groupes francs, au point que l'on éprouve le besoin de le photographier isolément, comme pour l'instruction : ce beau document a été pris par un membre de la section franche Buchoud, 146e RIF, SF Faulquemont (➠ autres photos Tome Un, page 110 et dans ce volume, pp. 32-35).

Isnard, coll. Bruge

La pose de barbelés reste une des principales activités de la troupe en 1939-1940. Voici, sur les dessus du Haut-Poirier, une équipe chargée de renforcer les défenses de l'ouvrage.

Tromper l'ennui... Sous l'œil du capitaine Gaïsset (au fond), les lieutenants Griesmar (obs. B 12) à gauche et Winterberger (sapeur des chemins de fer) à droite se livrent à une partie d'échecs dans le mess officiers du Hackenberg. La bière est évidemment une « Basse Yutz », célèbre brasserie locale.

corvées participent aux travaux agricoles de saison (arrachage des pommes de terre, battage du blé, etc.). Après une inévitable trêve hivernale que les rigueurs exceptionnelles de l'hiver 1939-40 prolongent quelque peu, les travaux reprennent avec le retour d'un temps plus clément. À partir du 20 mai, les ouvrages reçoivent des rouleaux de barbelés pour établir des réseaux circulaires autour des blocs et des bretelles de cloisonnement : ces travaux sont la conséquence des premiers enseignements tirés des combats en Belgique et notamment la prise du fort belge d'Eben-Emael sur lequel des planeurs ont pu atterrir sans difficultés le 10 mai 1940 à l'aube. Des mines bondissantes qui viennent seulement d'être perçues par les ouvrages, sont posées de nuit devant les réseaux de barbelés, ce qui ne manque pas de provoquer de nombreux accidents; plusieurs morts et blessés sont à déplorer. Des postes de surveillance extérieure sont aménagés et occupés la nuit pour éviter toute surprise pendant cette période où les ouvrages sont pratiquement sourds et aveugles.

Des sorties irrégulières, aux buts moins avouables, ont également lieu dans la plupart des ouvrages, soit pour aller s'offrir une virée, soit pour rejoindre une compagne.

LA « BÉTONITE »

Malgré les efforts déployés par le commandement pour rendre agréable le séjour dans les ouvrages (tournées théâtrales, cinéma, séjours à l'arrière, etc.), malgré les loisirs orga-

Gaïsset

LES SYMPTOMES DE LA « BÉTONITE »

Le capitaine Kasper, commandant du génie de l'ouvrage d'Anzeling (➡ portrait page 107) donne une description détaillée de ce phénomène :

« Le séjour prolongé dans un ouvrage de la taille de celui d'Anzeling, à l'intérieur duquel la majeure partie de l'équipage vit en quasi-permanence, présente des aspects bien particuliers :

1. L'absence de lumière solaire prive les occupants d'irradiation ultraviolette, c'est-à-dire, selon les médecins des ouvrages, d'un apport naturel indispensable à la santé physique et même psychique.

2. Il n'y a plus de différence entre le jour et la nuit, ce qui rompt le rythme habituel de la vie, lequel n'est plus maintenu artificiellement que par les horaires de certains services (les repas notamment).

3. Les locaux des ouvrages n'ont que leurs portes comme seules ouvertures. Leur éclairage est uniquement artificiel. Il résulte rapidement de cela une pénible impression de claustration qui éveille une soif intense d'espace, d'air et de soleil.

4. L'exiguïté des locaux qui résulte de leur coût élevé de construction et des nécessités techniques de la protection amène une forte densité d'occupation. De plus, les bruits se propagent facilement et fortement, particulièrement par les gaines de ventilation. Le repos dans le calme et le silence nécessaires au moins périodiquement, est pratiquement impossible à y trouver.

Les conditions de séjour des équipages dans des ouvrages comme celui d'Anzeling sont donc pernicieuses. Dès les premiers jours de présence, on constate une apathie croissante qui, en deux ou trois semaines, aboutit à un état stabilisé qui pourrait être qualifié, pour faire image, de 75 % des possibilités normales. L'intellect n'est pas touché mais on constate une certaine irritabilité, susceptible d'amener des accès de colère subits, qui tombent aussi vite qu'ils sont apparus. »

Ce groupe de fantassins du 168e RIF s'est fait tirer le portrait durant la drôle de guerre sur les arrières immédiats du front. La tenue est bien celle de l'hiver 1939-1940, comme le montrent les lainages de divers types visibles au col, les cache-nez civils et la présence de plusieurs bonnets de police qui, par ailleurs, arborent de petits colifichets patriotiques. Cette photo témoigne aussi d'un usage qui remonte à la Grande guerre et s'est très largement perpétué en 1939-1940 : la confection de cannes de tranchées — certaines très travaillées en torsade — taillées dans des bouts de bois provenant du terrain. Cet usage est attesté non seulement pour les troupes des intervalles, mais aussi pour celles des ouvrages (➠ photographie page 215).

Archives F. Vauvillier

nisés sur l'initiative des officiers d'ouvrages (jeux, musique) ou simplement à l'échelon chambrée (belote, bridge, lecture), la vie sous terre, avec les contraintes et les inconvénients qu'elle génère, entraîne au bout d'un temps plus ou moins long suivant les individus, une sensation indéfinissable que les hommes ne vont pas tarder à appeler la « bétonite ».

Les couleurs adoptées pour la peinture des locaux ont également une influence psychologique non négligeable. À l'origine, les locaux, couloirs et bureaux sont peints en gris moucheté et teinte blanche unie légèrement cassée qui provoquent une véritable phobie du gris, couleur triste s'accompagnant de lassitude. Pendant l'année 1939, ces peintures sont rénovées et remplacées, le plus souvent, par des peintures plastiques à teintes « chaudes », dérivées du jaune et du rouge. Les phénomènes de lassitude se sont alors estompés chez la plupart des hommes mais certains ont préféré prendre à leur compte la décoration de leurs locaux.

LES FRESQUES

Alors que l'inactivité de la drôle de guerre se prolonge, la vie quasi monacale des hommes associée à un manque de distractions va permettre à certains artistes de faire preuve de leur talent au travers de fresques peintes le plus souvent à même le mur de leur casemate ou de leur bloc.

L'existence d'un tel patrimoine artistique à l'intérieur de la ligne Maginot — ainsi que dans d'autres systèmes fortifiés contemporains — ne laisse pas d'étonner. Malgré des inventaires photographiques minutieux (réalisés notamment en 1969 par l'ECPA), c'est seulement à la fin des années soixante-dix et au début des années quatre-vingt que cet univers pictural — ou plutôt ce qu'il en restait après plusieurs décennies d'insalubrité ambiante et de vandalisme — apparut dans son ensemble. Trois grands thèmes semblent avoir dominé l'inspiration des soldats :

– les motifs d'inspiration militaire ou patriotique,
– les représentations humoristiques et satiriques,
– les rêves, évasions et fantasmes.

Les œuvres sont généralement anonymes — cela semble être une constante — mais on peut relever quelques artistes connus comme Robert Humblot à l'ouvrage A 29 Village-de-Coume, le tandem créateur-réalisateur Derveaux-Gendre dans le PO du Bois-de-Bousse, R. Charpentier, décorateur dans le civil, à Sœtrich, H. Levey à Rochonvillers (*La femme à la rose* dans le bloc 5), l'adjudant Privat dans le PO du Kerfent, le canonnier R. Simon au Simserhof (série *Blanche Neige dans le foyer*) [8].

NOTE

8. Pour en savoir plus : *La mémoire des forts* d'A. Hohnadel et J.-L. Goby aux Éditions Serpenoise Metz (1990), et le reportage *Les soldats rêvent aussi* par France 3 (1994).

Photo A. Hohnadel

Parmi les innombrables sujets d'inspiration propres à éloigner autant que possible la « bétonite », ce portrait humoristique de Joséphine Baker décore de son sourire un bloc de l'ouvrage de Schœnenbourg.

Wolff

Un « fresquiste » à l'œuvre : le lieutenant Gendre à ses pinceaux dans la popote de l'ouvrage de Bousse, décembre 1939.

Note

9. D'autres opérations particulièrement malheureuses ont également lieu durant ce mois de février : dans la nuit du 18 au 19 février 1940, le groupe franc du I/6e RI (lieutenant Babelot) de la 1re DIC tombe dans une embuscade au lieu-dit Château-Rouge, non loin de Schrekling, alors que tous les hommes se trouvent à bord d'un camion les acheminant vers leur point de départ : un véritable carnage, 24 hommes sont tués, deux grièvement blessés (l'un des deux décèdera le lendemain) et un seul, légèrement blessé parviendra à riposter, obligeant les assaillants à se replier.

Le 22 février, une reconnaissance menée sur Apach par un corps franc du 47e RI de la 20e DI tombe dans une embuscade et 11 soldats laissent leur vie dans l'affaire.

■ La troupe s'aguerrit...

Pendant les neuf mois de la drôle de guerre, la moitié au moins de l'armée française est passée sur la ligne Maginot, seule partie *active* d'un front sur lequel il ne se passe rien. Les unités en ligne s'aguerrissent peu ou prou en creusant des tranchées, en organisant des positions de combat et en humant le parfum particulier de la présence proche de l'ennemi. Tout cela n'est évidemment pas très violent et l'activité reste confinée à quelques catégories de troupes qui brûlent d'envie d'en découdre.

■ Duels d'artillerie

Si l'on fait abstraction de l'offensive de la Sarre, la première action d'artillerie sur le front de la ligne Maginot a lieu le 7 septembre : un groupe de 75 du 12e RA appuie la progression d'un bataillon du 3e RTM, tous deux de la 43e DI, en direction de Schweigen et la tourelle de 75 mm modèle 1933 du bloc 7 *bis* du Hochwald Est participe à l'action. Dire que ce premier tir est une réussite serait exagéré puisque rapidement, une des pièces subit un gonflement dû à une munition défectueuse : les deux tubes seront du reste remplacés peu après. Un autre gonflement se produit ultérieurement à la tourelle de 75 mm modèle 1933 du Grand-Hohékirkel. Conséquence : les obus de 75 mm modèle 1929, à l'origine de ces déboires, sont retirés des magasins souterrains et remplacés par des obus modèle 1917, ce qui enlève aux tourelles 1 300 m de portée (la dotation en obus modèle 1929 est cependant conservé pour les canons-obusiers de 75 mm modèle 1929).

Par la suite, la plupart des ouvrages vont se livrer à des tirs, qu'ils soient de guerre (Four-à-Chaux notamment), de démonstration ou d'exercice (cas notamment des ouvrages du SF Crusnes qui, se trouvant derrière la Belgique et le Luxembourg, peuvent difficilement se livrer à des envois réels). L'artillerie d'intervalle (régiments d'artillerie de position ou des divisions de renforcement) participe évidemment à cette activité.

■ Escarmouches entre les lignes

Pendant la drôle de guerre, les seuls véritables combattants sont les corps francs (ou groupes francs) qui opèrent entre les lignes et se livrent une guerre de prestige dans laquelle chaque camp essaie de prendre l'ascendant sur l'autre. Quelques opérations se soldent par des résultats positifs, d'autres sont malheureusement moins favorables. Parmi toutes les actions menées sur un front considéré comme calme, relevons quelques opérations particulières.

■ Quelques corps francs d'ouvrages

À l'instar des groupes francs du 22e RIF (➠ Tome Un, p. 89), les équipages des ouvrages du Hochwald et de Schœnenbourg mettent sur pied leurs propres corps francs où des artilleurs, sapeurs et fantassins — tous volontaires — s'entraînent à l'art des patrouilles et des embuscades.

À titre indicatif, le corps franc du Hochwald, créé vers le 15 décembre 1939 se compose d'un officier commandant (capitaine Nuninger), un officier remplaçant (lieutenant Ayral), huit sous-officiers, et quarante caporaux et soldats (plus le médecin du Hochwald, le lieutenant Adrian qui, ayant lui aussi l'âme d'un baroudeur, participe à plusieurs sorties).

Le corps franc est armé de six FM prélevés sur la dotation de l'ouvrage — deux par groupe afin de compenser l'absence de pistolets mitrailleurs — et de mousquetons 1886/93 R 35 (des Lebel raccourcis) prêtés par le chef d'escadron Rodolphe, commandant l'artillerie du Hochwald. Le personnel reçoit une tenue spéciale « *kaki foncé en toile imperméable* », comprenant une veste à poches multiples et un pantalon serré sur des bottes en caoutchouc (➠ pp. 37).

Les hommes de Nuninger, connaissant leur zone comme personne, effectuent des patrouilles entre les avant-postes, dans le secteur du col du Pigeonnier et de la maison forestière de Weiler. Bien entendu, une entente avec les unités qui occupent les avant-postes est nécessaire avant chaque sortie. Devant l'écrivain-journaliste Dorgelès, le capitaine Nuninger commentera ces missions en toute simplicité : « *une occasion de sortir* » de l'ouvrage, du trou.

Le corps franc du Hochwald accroche sa première patrouille allemande le 10 février à la maison forestière Bœsch, puis le 12 mai et le 11 juin. Les pertes sont importantes de part et d'autre lors de ce dernier accrochage (deux tués du côté français, cinq Allemands). Cette unité sera également employée à la surveillance des « dessus » de l'ouvrage, suite aux affaires d'Eben-Emael et de La Ferté (➠ pp. 161-175).

Quant à lui, le corps franc de Schœnenbourg est commandé par le sous-lieutenant Mathès. L'équipage de l'ouvrage du Schiesseck crée également son propre groupe franc qui se distinguera, pendant l'encerclement, en portant secours à l'abri du Freudenberg et en le dégageant.

■ Coups de main sur la ligne Maginot

Les premiers à se mettre en action sont les Allemands qui s'en prennent presque toutes les nuits aux avant-postes établis par les unités en ligne, sur la frontière et donc très en avant des organisations fortifiées. Le 30 octobre 1939, un Stoss-

Le lieutenant Buchoud et ses hommes, de l'une des deux sections franches du 146e RIF (englobée dans le groupe franc du SF Faulquemont), vers mars 1940 aux avants-postes. La tenue est classique (hormis l'étoile d'éclaireur discernable sur le haut des manches gauches, et les pattes de collet démontées — on voit des boutons pressions sur certains cols), mais tous les casques sont recouverts d'un manchon de toile kaki. Quant à l'armement, il est conséquent : un FM (2e homme à gauche), deux PM Erma Vollmer (1er homme à gauche, 6e à droite). Les autres ont le classique mousqueton 1892 M 16 à cinq coups mais chacun porte en outre un PA pour la défense rapprochée et plusieurs sont bardés de grenades offensives. Buchoud, en manteau modèle 1932 avec galons, boutons et écussons consciencieusement ôtés, a aussi une arme d'épaule, un mousqueton 1892 à trois coups.

Coll. part.

Coll. Rapin

Ravaine, coll. Mansuy

truppe du GIR 125 tente un coup de main sur un avant-poste de la 11e DI organisé au Brandenbusch, près de Grossbliederstroff (au nord de Sarreguemines) et décime une partie des défenseurs.

Courant décembre 1939, le corps franc du 154e RIF renforcé par des alpins s'empare d'une petite crête occupée par les Allemands mais laisse quatre morts sur le terrain dont l'officier commandant l'opération.

Le 8 février 1940, un groupe franc d'une trentaine d'hommes du 24e BCA (de la 29e DIA) et du 69e RIF emmenés par les lieutenants Agnély et Darnand mène une mission de reconnaissance sur Forbach abandonnée depuis le repli des éléments avancés. Au cours de l'opération, le corps franc se heurte à un Stosstruppe de l'ID 258 et l'escarmouche se solde par des pertes importantes de part et d'autre : du côté français, dix sept hommes sont tués parmi lesquels le lieutenant Agnély dont le corps sera récupéré sous le feu par le lieutenant Darnand [9].

Le 2 mars un Stosstruppe de la ID 93 tente un coup de main sur la maison forte de Schreckling mais l'affaire échoue et un soldat allemand est tué lors de l'explosion de la charge destinée à faire sauter le blockhaus.

Dans la nuit du 12 au 13 mars 1940, le point d'appui du Hartbusch, près de Zeurange, en avant du sous-secteur de Hombourg Budange (SF Boulay), est attaqué par un groupe d'assaut allemand mais il parvient à repousser l'attaque, avec l'appui de l'artillerie du sous-secteur, en causant des pertes aux assaillants. Du côté français, on déplore cependant la perte de 13 morts et 12 blessés.

Le 17 mars 1940, un corps franc du 2e RIC appartenant à la 4e DIC tente un coup de main sur le bois de Baumbusch, le long de la frontière allemande, en avant des ouvrages du Welschhof et de Rohrbach (SF Rohrbach). L'affaire tourne mal et il se fait décimer, laissant huit morts dans l'affaire.

Le 16 avril, le général Condé qui craint une offensive allemande, souhaite qu'une reconnaissance soit menée dans la forêt du Zielembusch, près de Ritzing : c'est le corps franc du 127e RI (2e DI), fort de 70 hommes, qui effectue l'opération mais il tombe dans un champ de mines et subit un tir précis de la part de l'artillerie allemande. L'opération se solde par un bilan très lourd puisque 25 hommes seulement regagneront les lignes françaises.

Durant leur court séjour sur le front de Lorraine, les Britanniques sont également en butte à des coups de main audacieux de la part des Allemands : le 5 mars, un détachement du Duke of Cornwall Light Infantry Regiment se fait surprendre dans la forêt au nord-ouest de Zeurange par un Stosstruppe du IR 279 de la ID 95 et laisse dans l'affaire une vingtaine de morts. Quatre jours plus tard, deux soldats sont tués dans la caserne de GRM d'Hestroff. Avant de quitter le secteur, la 51e DIW mènera, après le 10 mai, des combats assez rudes sur le Grossenwald au sud de Betting-les-Waldwisse, et elle laissera une cinquantaine de morts dans ces opérations.

En fait, durant toute cette période, les Allemands ne tenteront qu'une seule véritable opération contre la ligne fortifiée : dans la nuit du 27 au 28 mars 1940, dans la région de Chalampé (rive gauche du Rhin), une patrouille allemande, passée vraisemblablement sur l'autre rive par les superstructures insuffisamment détruites du pont-rail de Chalampé, s'approche de la casemate 11/1 Chalampé Nord-Est et échange des coups de feu avec les guetteurs. Aussitôt, la casemate et ses voisines déclenchent un feu violent sur les abords du fleuve, et les assaillants déguerpissent au plus vite.

Mars 1940 : le groupe franc du SF Faulquemont s'est avancé jusqu'aux abords de Lauterbach, sur une hauteur d'où il peut observer la petite localité allemande. L'armement est le mousqueton modèle 1892 (pas-même modifié 1916 pour l'homme assis de dos au centre) avec peut-être un pisolet mitrailleur Erma Vollmer pour le patrouilleur debout à droite, de dos, tenant son arme dans la position caractéristique d'un PM. Près de l'arbre, trois autres patrouilleurs semblent avoir perçu la toute nouvelle tenue spéciale en toile. En tous cas, ils sont coiffés du casque modèle 1935 à bourrelet, muni d'un couvre-casque pour les deux restés de dos.

Encadré de haut de page. Le capitaine Nuninger (22e RIF) qui commande l'infanterie du Hochwald, est également à la tête du corps franc de l'ouvrage. Il arbore fièrement l'insigne « de spécialité » traditionnel des éclaireurs et patrouilleurs de toutes armes, une étoile de drap bleu foncé cousue sur le haut de la manche gauche.

TROUPES DE FORTERESSE, 1939-1940 :

Coll. part.

Quelques patrouilleurs du 146e RIF (groupe franc du SF Faulquemont) dans le village de Carling, au printemps 1940. De gauche à droite, le lieutenant Varachaud (?) avec jumelles, équipement et armement de troupe renforcé (mousqueton et PA) ; un homme en vareuse modèle 1938 avec couvre-casque, jumelles, lampe de poche et explosifs ; et deux hommes en capote, l'un d'eux coiffé du casque modèle 1935, l'autre avec les manches retroussées. Leur armement comporte aussi le PA en plus de l'arme d'épaule, et une grenade OF modèle 1915.

INSIGNE GÉNÉRAL DES GROUPES FRANCS
Étoile traditionnelle des éclaireurs, usuellement en drap bleu foncé (➠ photos pp 34-35).

INSIGNE DU CF DU 22e RIF
À l'imitation de l'attribut de bras des troupes de forteresse (➠ photo Tome Un, p. 89).

ÉQUIPEMENT
Réduit au miminum pour combattre et vivre quelques heures sur le terrain.

POIGNARD
Poignard de tranchée modèle 1916 à fourreau métallique bronzé, occasionnellement distribué et porté.

GRENADES
Le plus souvent, grenades offensives OF modèle 1915 accrochées à l'équipement (ou portées dans les poches et musettes).

ARMES À FEU
Les fusils de calibre 8 mm (mesurant 1,30 m de long) sont écartés au profit des armes d'épaule courtes (mousquetons en 8 mm de divers modèles, ou nouveaux fusils en 7,5 mm le cas échéant). Les dotations en armes de poing sont largement augmentées et les FM sont doublés.

PANTALON-CULOTTE
Le « golf » modèle 1938, trop flottant, est peu apprécié.

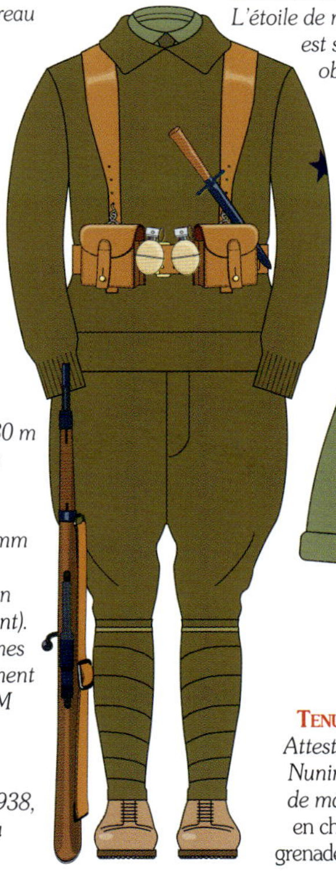

BÉRET KAKI
Avec ou sans insigne. Tout signe distinctif devrait être ôté en opérations mais cette règle est diversement suivie. L'étoile de manche est souvent observée.

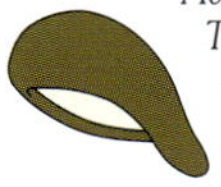

TENUE LÉGÈRE EN CHEMISE, JUIN 1940
Attestée par un témoignage du capitaine Nuninger (CF du 22e RIF) pour un coup de main le 11 juin 1940 : « pas de veste, en chemise. Équipement : cartouchières, grenades au ceinturon comme d'habitude... »

TENUES BLANCHES DE CAMOUFLAGE
Après les premières chutes de neige, les patrouilleurs se bricolent des effets de camouflage (en général couvre-casque et chasuble) à partir de pièces de toile blanches ou écrues récupérées çà et là, notamment des draps de lit provenant des maisons des villages évacués). L'exemple présenté ici est tiré d'une photographie représentant un des hommes de Buchoud (SFF) en janvier 1940.

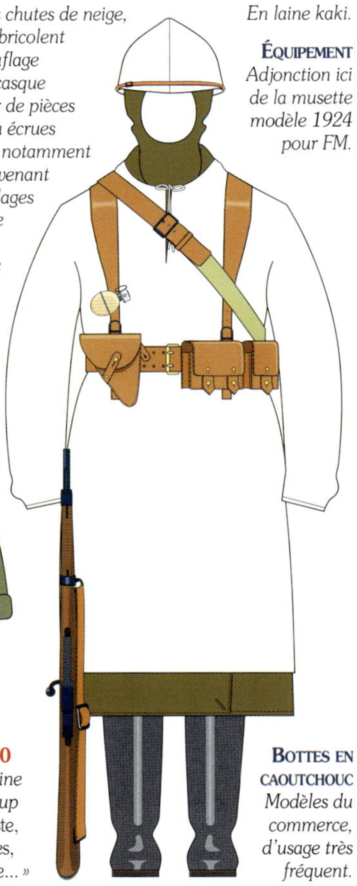

PASSE-MONTAGNE
En laine kaki.

ÉQUIPEMENT
Adjonction ici de la musette modèle 1924 pour FM.

BOTTES EN CAOUTCHOUC
Modèles du commerce, d'usage très fréquent.

Coll. part.

Le lieutenant Buchoud dans sa tenue de camouflage neige, à Lauterbach le 25 janvier 1940. Tous les hommes de sa section se sont bricolé une tenue analogue, réalisée avec des draps de lit ou tous autres tissus légers de nuance blanche ou claire, mais Buchoud semble être le seul à porter une cagoule d'un blanc immaculé qui tranche sur le kaki clair de son couvre-casque et la nuance indistincte du drap de lit qui masque son manteau kaki.

PORT SPÉCIFIQUE PAR LES GROUPES FRANCS DES EFFETS STANDARD, 1939-1940

Au début, il n'est distribué aucun effet spécifique, et les patrouilleurs doivent se débrouiller pour adapter la tenue de campagne réglementaire. Si la capote est conservée en de nombreux cas (➠ photos p. 34 et ci-dessus), un allègement de la tenue est souvent pratiqué selon la saison. La tenue en jersey est caractéristique (➠ photo Tome Un, p. 88). En revanche, la tenue en vareuse de drap (➠ photo ci-dessus) est peu fréquente, pour l'excellente raison que cet effet ne fait pas partie de la tenue de campagne de l'infanterie à la mobilisation. Elle sera tardivement rétablie (mesure générale pour l'ensemble du personnel) par DM du 24 mars 1940.

Groupes francs et patrouilleurs

Sources : archives officielles et iconographie d'époque

Recherche documentaire et synthèse : Olivier Bellec et François Vauvillier - Infographies : André Jouineau et François Vauvillier

Casque modèle 1935/1940
Modèle des troupes motorisées, complété de trois œillets au-dessus du bourrelet pour y accrocher le couvre-casque, et de deux passants métalliques articulés permettant le cas échéant la pose d'une jugulaire simple (étape vers la généralisation du casque à bourrelet).

Couvre-casque modèle 1940
Modèle spécial de forme adaptée au casque à bourrelet, muni de trois crochets devant.

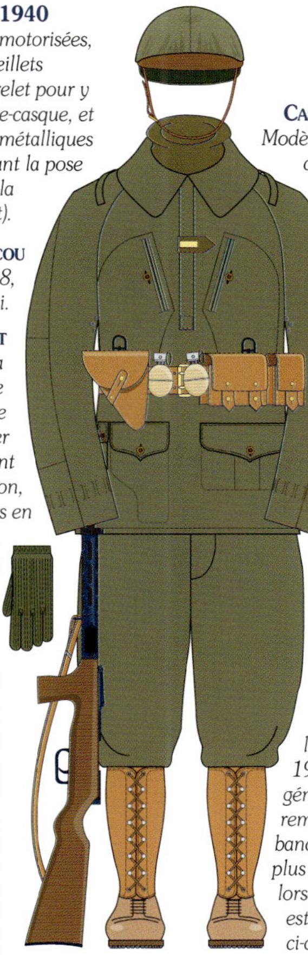

Tour de cou
Modèle 1938, en laine kaki.

Équipement
Bien que la tenue modèle 1940 soit conçue pour ne nécessiter aucun équipement autre que le ceinturon, les utilisateurs en conservent l'usage. Ici, étui de PA modèle 1916/37 et cartouchière modèle 1935/37.

Galon de grade
De poitrine (ici sergent)

Chaussure
À la place des bottes en caoutchouc, sont présentées ici les jambières lacées modèle 1940 (distribution générale en remplacement des bandes molletières), plus confortables lorsque le terrain est sec (➙ photos ci-dessous).

Casque modèle 1926
Modèle général, avec couvre-casque. Utilisé à défaut du casque à bourrelet.

Blouse en lin modèle 1940
*De coupe raglan, ouverte à mi-poitrine, fermant par boutonnage sous patte (**1**) à trois boutons en plastique vert et un crochet au col, collet chevalière (**2**) avec patte de fermeture sous le collet gauche (**3**). Présence de nombreuses poches spécialisées : deux de poitrine (**4**), une pour PA (**5**), une pour deux chargeurs de PA (**6**) une pour grenades à trois alvéolves (**7**), et dans le dos une grande poche gibecière (**8**). Brides d'épaule (**9**), six œillets d'aération sous chaque aisselle (**10**), renforts aux coudes (**11**), bas de manches munis de tricotine (**12**), fentes de passage de ceinturon (**13**).*

Dotation individuelle en effets spéciaux des militaires des groupes francs
(note GQG Nord-Est du 18 mars 1940)

« A- Une collection de vêtements comprenant :
1 blouse et un pantalon en lin imperméabilisé
1 casque avec couvre-casque
1 paire de gants
1 paire de bottes en caoutchouc
1 ceinturon
1 tour de cou en laine
B - Deux collections de sous-vêtements de laine comprenant chacune :
1 ceinture de laine
1 paire de chaussettes de laine
1 pull-over sans manches
1 caleçon de laine
Ces effets spéciaux seront distribués, par lot de grande unité, chaque lot comprenant 300 collections de vêtements et 600 collections de sous-vêtements. »

Nature du tissu
Blouse et pantalon sont en forte toile de lin imperméabilisée kaki, avec poches et garnitures en toile de coton kaki clair (toiles des mêmes types que celles utilisées sur les effets modèle 1935 pour unités motorisées).

Tenues spéciales en toile
Assez vite, il apparaît que les tenues réglementaires en drap sont inadaptées à l'usage des patrouilleurs. Pour cette raison, le commandement fait d'abord distribuer aux groupes francs des ensembles en toile de coton modèle 1938 (➙ Tome Deux, p. 173), disponibles sans délai. Ce n'est qu'une étape vers l'attribution d'une véritable tenue de combat très élaborée, adoptée début 1940. La distribution de cette tenue modèle 1940 en toile de lin a laissé au capitaine Nuninger (➙ portrait p. 35), patron du corps franc du 22e RIF, un souvenir précis : une « veste avec de nombreuses poches pour munitions, derrière une espèce de besace accessible aussi bien du côté droit que du côté gauche pour transporter les grenades. Un pantalon de même toile serré vers le bas pour mieux tenir une botte en caoutchouc montant jusqu'au mollet. »

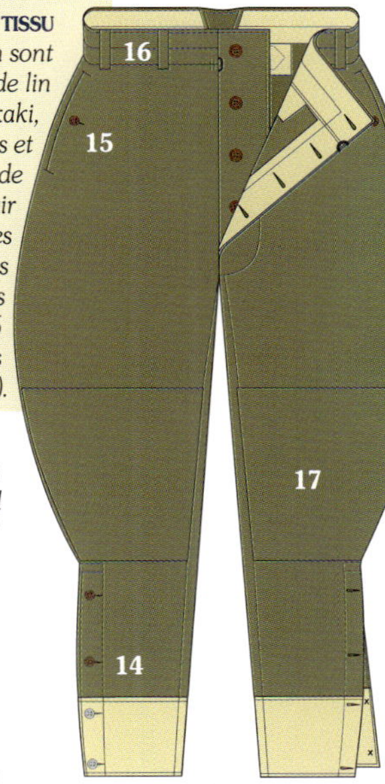

Pantalon en lin modèle 1940
*Sa forme générale reprend celle du pantalon-culotte modèle 1922, mais avec manchettes boutonnées (**14**), à quatre boutons. Les poches de cuisse sont elles aussi munies d'un bouton (**15**), les passants de ceinturon (**16**) sont plus nombreux et le « pantalon » est muni, comme en 1914-18, de genouillères (**17**). Dans le dos, une martingale du modèle classique à boucle « Malakoff » (**18**) et deux poches spéciales comprenant chacune deux alvéoles pour une grenade (**19**). Boutons en plastique ou corozo.*

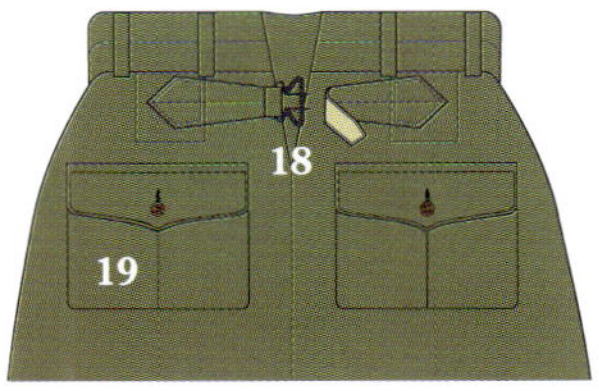

Archives F. Vauvillier

Ces deux photographies, probablement prises dans le SF Faulquemont, montrent de manière irréfutable l'ensemble en lin imperméabilisé des groupes francs. Leur intérêt exceptionnel excuse leur très médiocre qualité technique. Sur le document de gauche, les quatre hommes portent la tenue absolument complète avec casque modèle 1935/40 et couvre-casque, blouse et pantalon en lin. Là encore, chaque homme est doté du PA en plus de son arme d'épaule : mousqueton pour les soldats (plus un poignard), PM Erma Vollmer pour le sous-officier à gauche, dont la marque de grade de poitrine est discernable. Le second document, à droite, montre un homme du même groupe franc mais doté du casque de modèle général, avec couvre-casque. Sur les deux photographies sont visibles ce qui semble être des jambières de cuir fauve modèle 1940.

On s'active sur la 2e position et les blockhaus STG de la ligne CEZF sortent de terre au printemps 1940 (ici, le blockhaus de Briqueterie Ouest, près de Poix-Terron). Ces gros blocs sont certes imposants mais ils ne recevront évidemment aucun cuirassement et, en outre, le rythme de la défaite ne permettra pas de se rétablir sur cette ligne embryonnaire.

BA

Insigne de la CEZF.
Un blockhaus double surmonté d'une cloche centrale est entouré d'un réseau de barbelés. Un champ de rails circulaire, portant l'intitulé CEZF (Commission d'études des zones fortifiées), entoure la cloche. La pointe d'écu, qui est affectée aux trois couleurs nationales entourant un écusson noir d'état-major, rappelle que la CEZF est en réalité une direction technique (snf).

CHAPITRE CINQ

DÉFENDRE EN PROFONDEUR

La période de relative inaction qui commence en octobre 1939 va être mise à profit par le commandement pour donner quelque profondeur à la position fortifiée en procédant à la réalisation par la troupe d'un certain nombre d'organes défensifs, de tailles et de formes diverses.

CETTE ACTIVITÉ, CERTES CONNUE, est évidemment déplorée par les historiens qui regrettent qu'on ait consacré plus de temps à couler du béton qu'à instruire et manœuvrer, et c'est certainement vrai. Il faut cependant faire des distinctions entre les différents travaux qui sont réalisés car, contrairement au sentiment général, on peut y trouver une certaine logique.

Bien sûr, les commandements locaux y vont chacun de leur initiative et comme la troupe tourne beaucoup sur la position (dans le but louable de l'aguerrir), il en résulte un enchevêtrement de blocs, de fossés et de réseaux, chacun se croyant fondé à modifier ce qu'a fait le précédent [1].

Heureusement, il y a également une certaine cohésion qui se manifeste au travers de positions plus élaborées, quand bien même la plupart vont rester inachevées.

■ LA LIGNE CEZF

Le 6 septembre 1939, alors que les hostilités viennent à peine de commencer, le général Gamelin envisage de « *compléter le plus tôt possible nos systèmes fortifiés sur nos divers fronts neutres (front pyrénéen excepté) en utilisant des procédures modernes, aussi rapides que possible* » (décision n° 058-3/FT). Cette décision prouve que Gamelin envisage une guerre longue si les Allemands lui laissent le temps de renforcer son système fortifié. Constituée ce même 6 septembre au sein au grand quartier général, la Commission d'études des zones fortifiées (CEZF) est placée sous la direction du général Belhague (ancien président de la défunte CORF, ➠ portrait Tome Un, p. 23) avec comme adjoints les généraux Lefort (ancien directeur du génie au ministère de la Guerre) et Philippe (IGG en titre). Après le départ de Belhague et de Lefort (15 janvier 1940), c'est le général Philippe qui en devient le président avec le général Grenet comme adjoint. La CEZF sera dissoute le 6 juillet 1940.

Le général Belhague se met de suite au travail et, du 23 septembre au 6 octobre 1939, les premiers besoins sont estimés. La CEZF doit en effet établir le « *tracé général* » et la « *contex-*

NOTE
1. À titre d'exemple, la 3e armée réalisera 370 ouvrages bétonnés (sur 500 prévus) alors que le 8e CA (5e armée) en construira à lui-seul plus de 300 (cité par le général Prételat dans son livre, page 84).

Coll. Mansuy

Autre bloc (malheureusement non identifié) en construction. On peut voir la totalité du chantier et notamment la voie de 0,60 qui mène au chantier de bétonnage.

Coll. Muehschlegel

Vue rapprochée du chantier du blockhaus MC 11, surmonté d'une armature métallique destinée à supporter une bâche pour le travail par tous les temps. Cette armature est toujours en place aujourd'hui. À droite, un gabarit de créneau en bois et, à gauche, la cloche type C, attendent d'être mis en place mais les événements en décideront autrement.

ture » des positions. Chaque portion comprend une ligne principale de résistance et une ligne d'arrêt (ajournée par principe), chaque ligne comportant un obstacle antichar (fossé), un réseau de fil de fer large de six mètres et des casemates STG.

Ces organes (avec dalle de deux mètres selon la note du 29 décembre 1938) sont des unités très lourdes qui n'ont rien à envier en termes de solidité aux casemates CORF. Conçus avec un seul étage, ils disposent de locaux suffisamment vastes pour abriter le personnel et généralement deux chambres de tir en échelons refusés. Comme leurs homologues de la série précédente, leur principale faiblesse réside dans leur armement dont la puissance de feu n'est certainement pas en rapport avec la masse de béton coulée.

Le tracé de cette ligne fortifiée devant servir de « deuxième position d'armée » est établi en collaboration avec les généraux commandants d'armées, la CEZF ayant un rôle de coordinateur.

Pour l'exécution des travaux, la CEZF fait appel aux entreprises civiles pour l'encadrement technique et le matériel nécessaire (pelles mécaniques, bétonnières, etc.) tandis que la main d'œuvre est fournie par la réserve générale du GQG et le ministère des Travaux publics (bataillons du génie, travailleurs espagnols et nord-africains, etc.).

Le programme complet de la 2e position représente une longueur d'environ 600 kilomètres, partagée en quatre tranches de 150 kilomètres chacune, soit une tranche en 1939-40, deux tranches en 1940 et une tranche en 1941. Le coût total est estimé par le général Belhague à 1 800 millions environ (à la charge du ministère de la Guerre), non compris la fourniture d'outillage et de cuirassement incombant au ministère de l'Armement. Ne sont pas comprises également les dépenses relatives aux observatoires, aux PC, aux transmissions et à l'aménagement des routes. Enfin, ni l'armement, ni les munitions (apportés par les occupants) ne figurent dans ces estimations. Alerté, le ministre Daladier décide que, compte tenu du critère « fortification permanente » attribué à ces organisations défensives, les crédits CEZF seront gérés par l'Administration centrale.

La mise en train des travaux s'effectue sur dix régions ayant chacune en moyenne quinze kilomètres de front, en arrière de zones particulièrement sensibles ou trop faiblement fortifiées. Le démarrage du programme initial, représentant 172 blockhaus et 156 kilomètres d'obstacle antichar, a lieu le 15 octobre avec l'espoir d'avoir terminé pour le 1er avril 1940. La réalité sera quelque peu différente puisque les rigueurs exceptionnelles de l'hiver auxquelles s'ajouteront les difficultés d'approvisionnement des chantiers et une carence totale sur le plan de la main d'œuvre, vont faire que les travaux ne commenceront réellement qu'en avril 1940.

Les commandes des cuirassements ont lieu le 27 septembre 1939. Là aussi, les chiffres sont éloquents : 900 cloches (livrables à partir d'avril 1940), 1 300 créneaux pour FM, 2 800 trémies pour créneau de mitrailleuse, 2 800 trémies (tôle épaisse en acier moulé) pour canon de 25 mm, 1 200 portes et 1 200 grilles. On peut donc en déduire que le général Belhague prévoit la construction de 1 000 casemates doubles et 200 simples, dont 300 démunies de cloche, à raison d'une casemate par kilomètre sur deux lignes (600 km de front).

LA CLOCHE TYPE C

La cloche type C est destinée à équiper les blockhaus de la 2e position. Il s'agit d'une version très simplifiée de la cloche GFM B petit modèle à la protection n° 2 (pièce venant de fonderie sans usinage pour gagner du temps) qui ne comporte ni doublage, ni plancher mobile, ni créneaux à rotule et permet donc de ce fait une simple mission d'observation (à l'œil nu ou à la jumelle). Pour ce faire, elle est dotée de trois créneaux (hauteur 84 mm, lar-

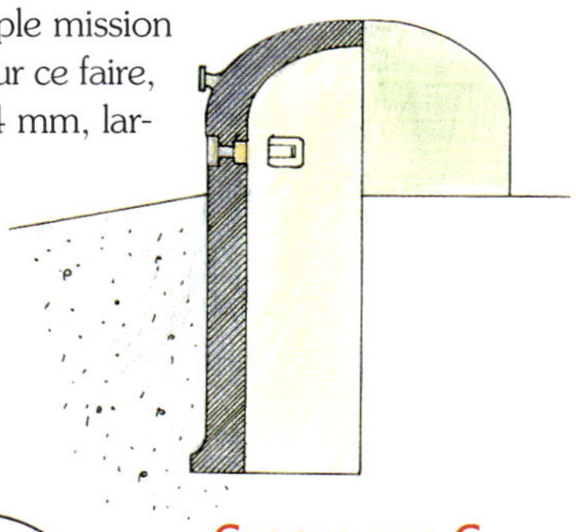

Cloche type C

Casemates STG de la ligne CEZF

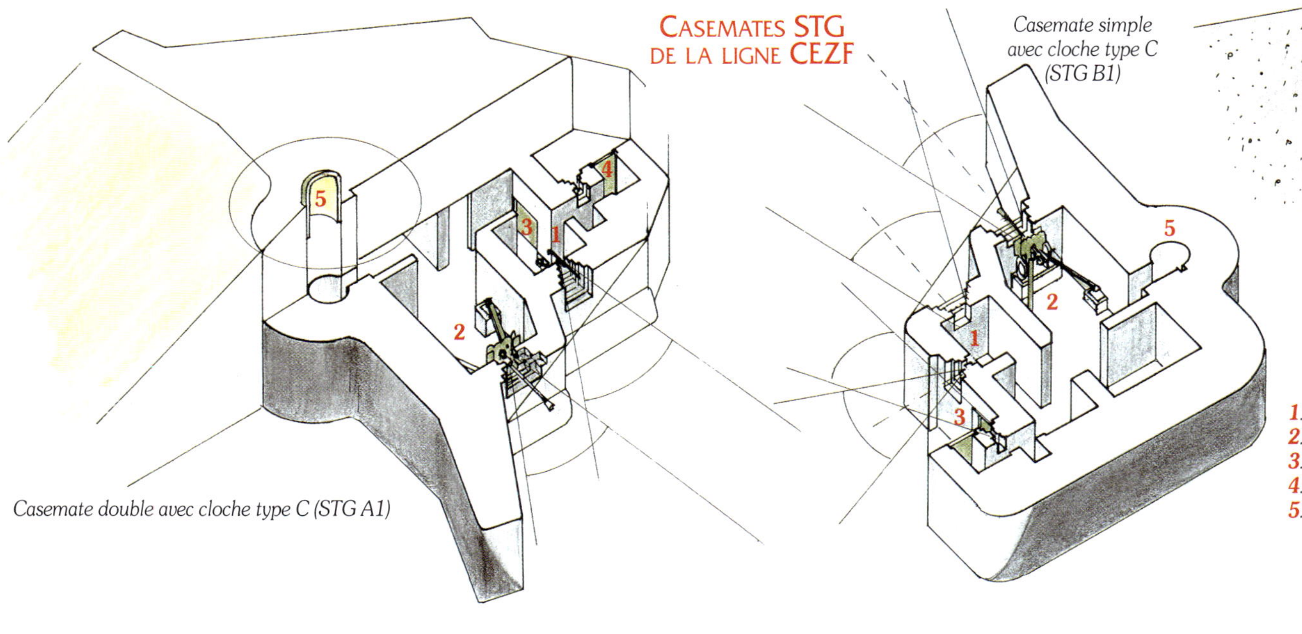

Casemate double avec cloche type C (STG A1)

Casemate simple avec cloche type C (STG B1)

1. Chambre de tir mitrailleuse
2. Chambre de tir AC 25
3. Entrée du matériel
4. Entrée du personnel
5. Cloche type C

Dessins J.-Y. Mary

BA

Une cloche type C en place sur le blockhaus MC 13 près de Francaltroff (Sarre, 2ᵉ position) où trois blockhaus sont en chantier en juin 1940. On distingue derrière la cloche, le réseau de rails, le blockhaus MC 12 et à l'arrière plan, le blockhaus MC 11.

Service électromécanique du génie
(au 30 avril 1940)

Chef du SEG : chef de bataillon Allard ;
Service des études : chef de bataillon Julien, adjoint chef de bataillon Charron ;
Section des cuirassements : capitaine Lemaître dit Houelle chef de la section, capitaines Dauphin, Nicolas, Rouhet et Delesques, lieutenant Le Flem (réserviste, Ateliers et chantiers de la Loire), sous-lieutenants Decker, Dumousseau et Laval ;
Contrôle des cuirassements : capitaine de Respenele (réserviste, Éts Repusseau), sous-lieutenant Moreau ;
Service des livraisons à Digoin
Section ventilation et climatisation : capitaine Texier chef de la section, capitaine Marchal (réserviste, Sté Ameliorair).
Pratiquement tous les officiers d'active sont des X (sauf un), et les officiers de réserve sont des ingénieurs. Le service, replié de Paris entre le 10 et le 12 juin, arrive à Rieux le 23 juin 1940.

geur 210 mm) décalés de 80 grades et d'un orifice en capitale pour un périscope de type F 2. Dans un second stade, il était prévu que ces cloches seraient transformées en cloches GFM B par remplacement des créneaux simplifiés par des créneaux de type B.

Une note du 26 février 1940 envisageait d'équiper du même cuirassement 41 blockhaus STG initialement prévus avec une cloche GFM B (dont 10 dans le sous-secteur Sedan, 11 dans le sous-secteur Mouzon et 4 dans la tête de pont de Montmédy), la livraison devant s'effectuer d'avril à août 1940. Cette utilisation en première ligne aurait nécessité un renforcement des créneaux par un volet à l'épreuve de la balle perforante de 8 mm, et permettant le tir au PM ou au FM.

Une autre note du 23 avril 1940 précise qu'à cette date, 450 cloches sont, soit en cours de fabrication, soit déjà livrées (une centaine). En réalité, peu de cloches ont pu être posées avant le déclenchement de l'offensive allemande (cinq ont été recensées à ce jour sur la ligne CEZF dans la trouée de la Sarre) et aucune n'a été transformée. Il est vraisemblable que les autres ont été récupérées par l'occupant.

En fait, le 3ᵉ bureau (EM du GQG) s'aperçoit bien vite que les programmes envisagés dépassent les possibilités en matériaux (gravier), main d'œuvre et transport. De ce fait, seuls quelques embryons de tronçons vont pouvoir être entrepris et encore seront-ils pour la plupart inachevés au déclenchement de l'attaque allemande.

Les tronçons envisagés par la ligne CEZF s'établissent ainsi, du nord à l'est :

Secteur de la 1ʳᵉ armée (général Blanchard)
Direction des travaux : colonel Olivier.

Carte J.-Y. Mary

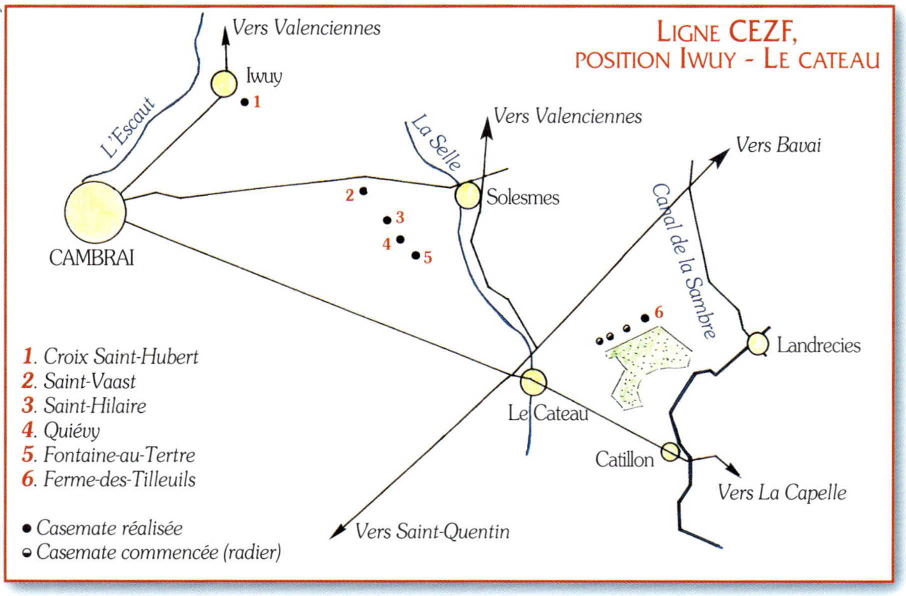

– position dite de Cassel (de la forêt de Clairemarais à Tederghem) : 18 kilomètres d'obstacles antichars, 20 casemates ;
– position dite de Cambrai : 24 kilomètres d'obstacles antichar, 27 casemates ;

Secteur du DAA, future 9ᵉ armée (colonel Perret)
– position Rethel - Mézières (de Signy-l'Abbaye à Poix-Terron) : 18 kilomètres d'obstacles antichars, 20 casemates ;

Secteur de la 2ᵉ armée (général Huntziger)
Direction des travaux : colonel Tuczkiewicz.
– front Nord, dit « Est du Chesne », d'Omont à Stonne, pour barrer la trouée du canal des Ardennes : 15 kilomètres d'obstacles antichars, 17 casemates ;
– front Centre dit « Dun-sur-Meuse », de la forêt de Belval (Beauclair, à l'ouest de Stenay) à Brandeville (NO de Damvillers) pour organiser la vallée de la Meuse en arrière de la tête de pont de Montmédy : 16 kilomètres et 18 casemates ;
– front Est dit « Étain - Spincourt », de la Côte de Romagne (Damvillers) à Boismont (Pierrepont, vallée de la Crusnes) en couverture du bassin de Briey et liaison avec la 3ᵉ armée : 20 kilomètres et 22 casemates.

Secteur de la 4ᵉ armée (général Requin)
Direction des travaux : colonel Combarnous.
– front « Nord de Morhange », de la corne nord de la forêt de Rémilly au bois de Guessling : 13 kilomètres d'obstacles et 14 casemates (il s'agit du renforcement de la « position intermédiaire » de la zone des étangs dont l'organisation défensive avait été entreprise en 1936-37) ;
– front « Ouest de Sarre-Union », de cette localité jusqu'à Butten pour interdire la trouée de Domfessel : 13 kilomètres et 14 casemates.

L'avant-projet sommaire complet d'organisation de la 4ᵉ armée, approuvé le 18 octobre 1939 par le général Belhague, prévoit l'établissement de deux lignes, une ligne principale (80 casemates STG) et une ligne d'arrêt (84 casemates), à 1 500 mètres en arrière.

En février 1940, en raison des intempéries, le programme est réduit à la seule position principale mais le 20 mars, le général Georges prescrit au général Philippe, qui a succédé au général Belhague à la tête de la CEZF, que les travaux soient « *poussés le plus activement possible* ». Les vœux pieux du général Georges ne suffiront pas à faire achever cette position qui sera cependant la plus avancée des positions CEZF.

Secteur de la 7ᵉ région (commandant Claudel)
– front de Morteau (de Consolation aux Fins et de Colombière à la Longeville) : 13 kilomètres d'obstacles antichars, 14 casemates ;
– front de Pontarlier (Granges-Sainte-Marie - Remoray) : 6 kilomètres d'obstacles antichars, 6 casemates.

Partout, l'existence de nombreux radiers atteste que les positions réalisées sont loin d'avoir reçu tous les organes prévus.

BA

Le blockhaus FCR à « créneau visuel frontal » (bloc GA 1) constitue l'ossature de la position le long de la frontière belge. Ici, le blockhaus 105 de la Côte-du-Pré-de-Meuse, près de Pont-Maugis, achevé au printemps 1940. À noter les traces de camouflage sur l'orillon.

■ LES TRAVAUX SUR LA PREMIÈRE POSITION (exemple de la 3e armée)

Les travaux sur la première position (ou position frontière) sont confiés aux armées qui l'occupent, en utilisant leurs propres ressources. Les commandants du génie des armées utilisent les plans types établis par la STG en matière de fortification de campagne [2].

Les blocs les plus employés sont :

– le type 1 *ter* (dalle de 0,60 m) ou 1 *bis* (dalle de 1,00 m) pour mitrailleuse (volume de béton variant de 30 m^3 à 65 m^3)

– le type 2 (dalle de 1,00 m) pour canon antichar de 25 mm (volume de béton 88 m^3).

Ces petits ouvrages, en forme de cube, sont de faibles dimensions. Leurs embrasures sont protégées en partie par un orillon faisant saillie en avant de la façade. Dans un deuxième stade, ils sont destinés à être reliés à un local de repos enterré.

Dès la mi-octobre, les armées et leurs divisions construisent des « bétons actifs » afin de mettre leurs hommes à l'abri de l'aviation et des chars. La profondeur de la position doit atteindre quatre à cinq kilomètres afin de couvrir les positions de l'artillerie. La défense antichar est particulièrement renforcée dans les couloirs de pénétration favorable aux chars.

À partir de janvier, on crée des points forts appelés *brisants* destinés à disloquer les attaques ennemies. Dans le secteur du CAC (SF Thionville), les brisants sont isolés de la position de résistance :

– brisants A : Heidberg (devant le PO de l'Oberheid) ;
– brisants B : le Schack - la Hardt (Boust) ;
– brisants C : Kanfen ;
– brisants D : Cappelberg (lisières ouest, nord et est du bois).

Dans le secteur du 6e CA (général Loizeau), les brisants sont tracés à contre-pente chaque fois que possible et accolés à la position de résistance. Leurs réseaux de fil de fer sont reliés avec ceux des ouvrages (différence avec les brisants du CAC). On recense les brisants d'Anzeling, de Volmunster, de Coume et de Bisten.

La défense des brisants est assurée par les troupes des divisions de renforcement avec appui de l'artillerie (deux tiers de ses moyens plus l'artillerie des ouvrages), ce qui n'est pas une vue de l'esprit [3].

NOTES

2. Album de planches n° 1 du 21 septembre 1939.

3. Un rapport du colonel du Bois de Maquillé, commandant l'artillerie du SF Thionville, relate la défense le 20 mai 1940 des brisants C (bois de Kanfen) et B (Boust - Basse Parthe) qui, se sentant menacés, demandent l'appui de l'artillerie d'ouvrage : Rochonvillers, Molvange, Immerhof, Soetrich, Kobenbusch, Galgenberg et Métrich interviennent tour à tour sur ce qui semble être des infiltrations ennemies. Bilan de la nuit : plus de 2 700 coups tirés sur des patrouilles et même sur des « courants d'air ».

■ LES TRAVAUX SUR LE FRONT DU GA 1

Le groupe d'armées n° 1 du général Billotte qui égrène ses unités de la mer du Nord à Longuyon a sans doute le rôle le plus exaltant mais aussi le plus difficile puisqu'il lui revient de se porter en partie aux Pays-Bas et en Belgique (si toutefois les gouvernements de ces pays nous appellent au secours).

Cependant, son dispositif présente une dualité affirmée qui risque de nuire à la qualité de sa prestation : d'une part des troupes mobiles (surtout implantées dans la partie nord) et d'autre part, des troupes statiques (qu'on n'ose pas appeler de forteresse) qui s'appuient sur un dispositif assez lâche, la partie la plus solide étant constituée à l'est par la Tête de pont de Montmédy.

Les unités mobiles du GA 1 peuvent compter comme position de soutien, sur une ligne fortifiée constituée de môles de résistances d'une part (Eth - forêt de Raismes - Maubeuge - forêt de Mormal) et de petites organisations de campagne érigées dès le temps de paix dans les intervalles (blocs 1re région). Le système pêche cependant par sa forme même : les organisations fortifiées solides sont occupées par des troupes de forteresse à demeure, les organisations d'intervalle sont tenues par des troupes de campagne qui devront nécessairement les abandonner pour se porter en avant.

Billotte est conscient de ce problème mais cela ne l'empêche pas de considérer les intervalles comme trop faibles en cas de repli sur la position fortifiée et son principal souci va être de construire le long de la frontière une ligne de résistance matérialisée par de gros blocs en béton qui vont prendre le nom de *blocs Billotte* ou *blocs GA 1*, ou encore *blockhaus FCR* (fortification de campagne renforcée).

■ LES BLOCS BILLOTTE

Ces blocs sont des unités assez lourdes, à une (simple) ou deux (double) chambres de tir, présentant, par chambre de tir, un créneau pour une arme antichar et un créneau pour une mitrailleuse en échelon refusé. Pour ne pas être soumis aux retards de l'industrie, ces blocs sont prévus sans cloche, l'observation étant opérée au travers d'un créneau visuel frontal se présentant sous la forme d'une large ouverture unique ou bien divisé en deux ou trois parties. Cette disposition (approuvée le 20 décembre 1939) est évidemment une hérésie car même si l'observation s'y fait au moyen d'un périscope de tranchée qui met l'observateur à l'abri des tirs directs, il s'agit avant tout d'un entonnoir à obus qui rendra toute occupation impossible. Pourquoi dès lors n'avoir pas fait, comme dans d'autres petits blocs, un trou de périscope dans la dalle malgré la fragilité de ce matériel ?

On trouve ces blocs essentiellement :

– le long de la frontière du nord (SD Lille - SF Escaut - SF Maubeuge) ;

– le long de la Meuse et de la Chiers où seront réalisés 17 blockhaus ;

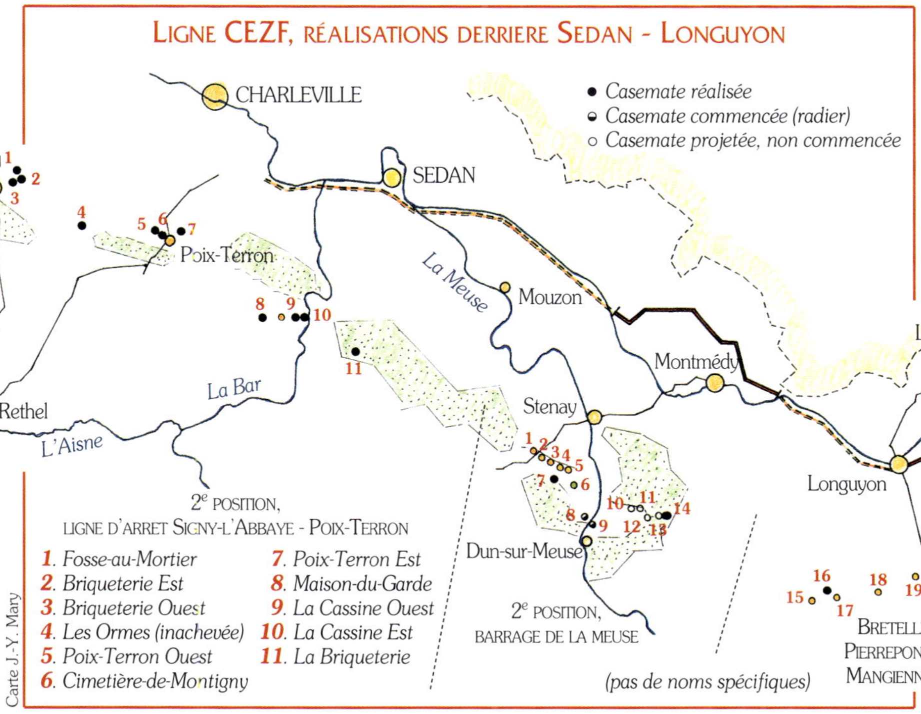

Le front de la Meuse est l'objet d'une intense activité de construction de blockhaus. Malheureusement, les lenteurs de réalisation, les atermoiements quant au tracé de la position et les rigueurs de l'hiver ne vont pas permettre d'atteindre les objectifs fixés. Ci-dessus, un chantier de construction inachevé à proximité de Brévilly.

– dans le SF Montmédy où ils constituent une deuxième ligne derrière les ouvrages de la tête de pont [4] ;

– dans le SD Marville, pour renforcer la défense des bords de la Chiers et constituer une avancée par rapport à la position initiale.

Soulignons que la proposition de Billotte pose un problème à la 2e armée du général Huntziger où un programme ambitieux de petits blocs est amorcé dès septembre 1939, l'accent étant porté sur les blocs du type préconisé en 1936 par la STG et destinés à abriter, soit une arme automatique, soit un canon de 25 AC modèle 1934. Ainsi, la 2e armée se propose de construire 66 ouvrages dans le secteur de Sedan et 49 dans le secteur de Mouzon pour porter la densité moyenne de trois blockhaus au kilomètre à six et demi environ. La plupart sont basés sur le modèle 1936 (désignés Huntziger type 1 *bis* pour les blocs mitrailleuses et Huntziger type 2 pour les blocs antichars) avec des adaptations au terrain parfois incertaines.

La note du général Billotte (17 octobre 1939) modifie évidemment le programme et suscite une réaction de la part d'Huntziger, ce qui a pour conséquence de placer les petits blocs sur la ligne d'arrêt et les blocs GA 1 — dont la désignation officielle est *blockhaus de berge type FCR* — sur les bords mêmes de la Meuse, du canal des Ardennes à Bellevue puis de Wadelaincourt jusqu'à Petit Remilly. L'inconvénient est que la ligne d'arrêt ne couvre pas la ligne principale de résistance. En outre, la défense de l'agglomération de Sedan va poser un problème qui ne sera malheureusement pas réglé et aura des conséquences tragiques : soit l'on veut conserver la ville de Sedan et il importe dès lors de suivre le fleuve et de fortifier le champignon de Glaire-et-Villette, soit au contraire on veut raccourcir la ligne de défense et il faut tracer la LPR derrière Sedan en reliant Bellevue à Wadelaincourt.

Malheureusement, les avis vont diverger, notamment sous l'influence de certains parlementaires locaux et un projet ambitieux d'organisation de la Tête de pont de Sedan consistant en une ligne d'avant-postes « à mission de résistance » devant la ville et une ligne de repli sur le tracé initial derrière la ville, est approuvé en novembre 1939 par le général Georges. Ce tracé prévoit de faire passer la ligne de résistance par Villette, Glaire, le monument de Floing, la cote 244, le Vieux-Camp et la partie nord de Balan.

Mais entre un projet et sa concrétisation matérielle — officiellement entamée le 18 décembre, c'est-à-dire en plein hiver –, il se passe toujours du temps et au sortir de l'hiver, on en est toujours à discuter des moyens à mettre en œuvre. Plus que la construction de la douzaine de blockhaus prévus (auxquels s'ajoutent les travaux annexes, tels que réseaux, déboisements, délardements, etc.), ce sont surtout les moyens supplémentaires en hommes et en artillerie que nécessiterait cet allongement du front qui font l'objet d'atermoiements et repoussent le projet aux calendes grecques.

C'est ainsi que le programme de trois blockhaus à construire entre Bellevue et Wadelaincourt, commencé en principe le 28 février 1940, est à peine ébauché, faute de ressources, tandis que la ligne d'avant-postes ne verra pas le jour. En conséquence, la défense de la ville reste accrochée au canal et au

NOTES

4. Deux blockhaus ont une implantation particulière :

– My 12 qui est un blockhaus simple flanquant vers l'est. Il est situé sur la LPR entre les casemates de Fresnois et de Saint-Antoine pour assurer un relais-feu, les deux organes se voyant fort mal ;

— My 14 qui est une casemate double située en avant de la LPR pour tenir la Chiers et la voie ferrée sous ses feux.

5. On trouve quelques blockhaus entièrement équipés comme le blockhaus du Palletto (sous-secteur Mouzon) ou les blockhaus My 10 et My 11 (SF Montmédy) qui ont reçu chacun deux trémies Pamart-Lemaigre et deux trémies Condé. On trouve également des trémies PL dans les créneaux frontaux visuels.

SEDAN ET LE RAPPORT TAITTINGER : « IL SEMBLE QU'IL Y AIT DES TERRES DE MALHEUR POUR NOS ARMES »

« Dans la région parcourue qui va de Montmédy au nord de Valenciennes, un certain nombre d'ouvrages sont en état de remplir le rôle qui leur est assigné. Mais, tant sur la ligne d'arrêt que sur celle de résistance, nombre d'ouvrages ne seront pas terminés avant plusieurs semaines et il faut souhaiter que ce laps de temps soit accordé tant aux entrepreneurs civils qu'aux formations du génie qui poursuivent avec une hâte fébrile les travaux qui leur ont été confiés.

Les hésitations du commandement, les rigueurs de la température sont responsables d'un grand nombre de lacunes constatées.

Nous souhaitons que le répit nécessaire nous soit accordé mais nous devons d'ores et déjà remercier la Providence de nous avoir préservés, au mois de septembre 1939, d'une invasion par la Belgique car, à ce moment-là, notre frontière sur un grand nombre de points mal défendus, ne nous aurait pas donné les points d'appui suffisants pour résister avec avantage aux entreprises de l'ennemi.

Il semble qu'il y ait des terres de malheur pour nos armes. Pour conjurer en particulier le triste souvenir que la visite du secteur de Sedan fait revivre, des mesures urgentes doivent être prises.

L'organisation défensive dans la région de Montmédy apparaît redoutable. Il y a là des ouvrages à construction ancienne (1935) doublés par des ouvrages de construction récente, véritable prolongement de la ligne Maginot du type « Lorraine ». Mais l'impression satisfaisante cesse à l'arrivée à Sedan.

Dans cette région, on compte beaucoup sur la forêt des Ardennes et sur la Meuse pour protéger Sedan, donnant peut-être à ces obstacles naturels une importance exagérée. Les organisations défensives sont, dans ce secteur, rudimentaires, pour ne pas dire embryonnaires [...].

Sur la route venant de Bouillon, en Belgique, à Sedan, comme sur les autres points d'accès, la défense consiste en « maisons fortes » dont la résistance ne serait que de courte durée.

Les réseaux de fils de fer qui ont été placés, les destructions envisagées et la résistance des maisons fortes ne peuvent pas procurer un temps d'arrêt supérieur à une heure. Ce laps de temps serait tout juste suffisant à donner l'alerte en cas d'attaque inattendue.

BLOCKHAUS TYPE GA 1 AVEC CRÉNEAU VISUEL (FCR)

1. Créneau mitrailleuse
2. Créneau AC 25
3. Entrée du matériel
4. Entrée du personnel
5. Créneau visuel frontal
6. Créneau FM

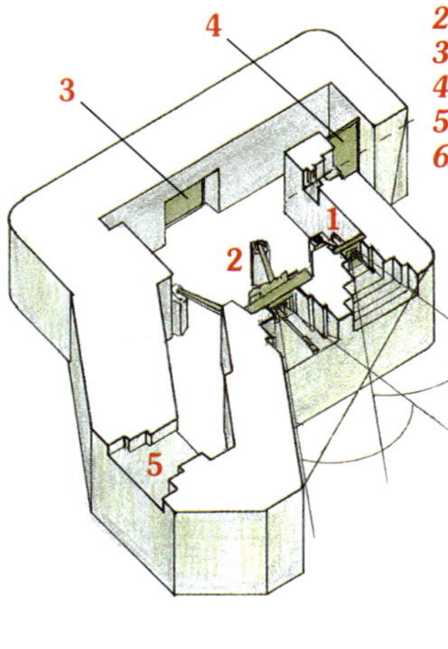

Blockhaus FCR simple (Grand-Condé, Côte-de-la-Vallière, etc.)

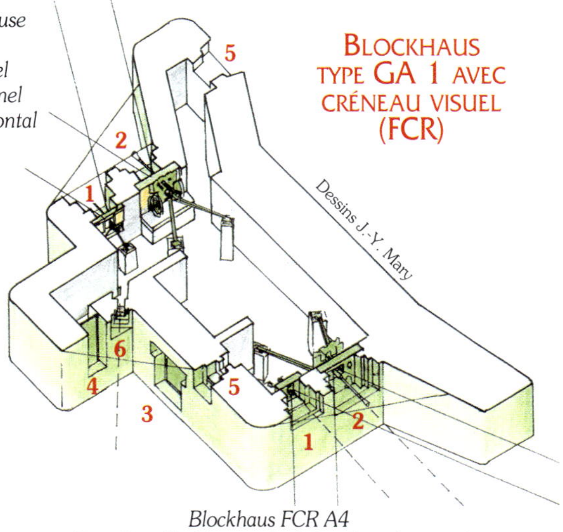

Blockhaus FCR A4 (Petit-Remilly, Tourtay Sud, Les Fourches, etc.)

BA

Les pentes de la Marfée sont parcimonieusement fortifiées et le centre de résistance de l'Étadan ne présente qu'une valeur défensive très relative. Un couple de blocs modèle 1936 (mitrailleuses et antichar) y est en cours de construction mais, en mai 1940, les travaux ne sont pas achevés et les défenseurs n'ont pas d'autre solution que d'entasser des sacs de terre devant les créneaux pour en réduire l'ouverture. À droite, une bétonnière abandonnée.

cours de la Meuse *intra muros* alors qu'entre Bellevue et Wadelaincourt, il subsiste une trouée de trois kilomètres sans organisations lourdes de type STG, voire FCR.

La plupart des ces blocs ne recevront aucun cuirassement [5].

En mars 1940, une commission est mandatée par la Chambre des députés pour examiner les organisations établies sur le front du GA 1 et s'assurer du bon déroulement des travaux. Les députés Taittinger et Framond parcourent donc toute la ligne de défense de Montmédy à la mer du Nord et, le 21 mars 1940, Pierre Taittinger adresse à Daladier et à Gamelin un rapport accablant (➠ encadré ci-dessous).

Pierre Taittinger, député de Paris, ici en compagnie du chef de bataillon Cottin.

Les Allemands ont montré en 1914 qu'ils étaient passés maîtres dans l'art d'utiliser le couvert des bois et nous pourrions avoir de ce côté, un jour prochain, une surprise suivie d'amères déconvenues. Nos ennemis, évitant le point solide de Montmédy, pourraient se laisser « couler » en direction de Sedan, point particulièrement faible de notre système défensif. Procédant surtout par infiltrations, ils se heurteraient aux cavaliers en cantonnement d'alerte et ne rencontreraient de résistance sérieuse qu'en arrivant au pont de la Meuse.

La tête de pont est organisée, obstacles antichars, le pont comme tous les autres ouvrages, est miné et il faut souhaiter que nous aurons le temps de procéder aux destructions nécessaires. La Meuse constitue un merveilleux fossé antichar mais la rivière n'est pas très large. Elle est peu profonde et son courant est pendant de nombreux mois de l'année assez lent. Pendant l'autre guerre, les Allemands ont passé à plusieurs reprises la Marne qui représente, à beaucoup de points de vue, des difficultés plus grandes de franchissement.

Les troupes préposées à la défense de ce secteur ont un moral élevé, les cavaliers des groupes de reconnaissance divisionnaires sont bien commandés mais on sent que ces éléments sont destinés à être sacrifiés sur place et que la véritable résistance aura lieu en deçà de la Meuse.

Cette intention du commandement peut très bien se défendre mais encore faut-il que les ouvrages de la ligne de résistance soient terminés, munis de leur armement et en état de remplir le rôle qui leur est assigné.

Dans certains de ces ouvrages, seul le coffrage est terminé et le béton n'est même pas coulé. Dans d'autres, il manque les créneaux, portes de fer, le matériel antigaz, une partie de l'armement. On tremble rétrospectivement en imaginant ce qu'aurait été une attaque allemande dans ce secteur.

Nous sommes, il est vrai, protégés :

1. par la neutralité belge et la parole allemande ;

2. par les fortifications belges ;

3. par l'armée belge ;

4. par la Meuse et la rareté des voies de franchissement du massif boisé des Ardennes.

Tout ceci forme un ensemble impressionnant sur le papier.

La neutralité belge peut être violée. La résistance belge peut être symbolique, les destructions incomplètes ; quant au franchissement de la Meuse, il est permis de rappeler qu'en 1914, les Allemands ont utilisé les gués et les passages d'hommes sur les écluses.

Pour qu'une résistance ait lieu sur la rive sud de la Meuse, il y a beaucoup à faire. »

Ce rapport étrangement prophétique va-t-il entraîner une réaction au plus haut niveau et l'octroi de crédits plus importants pour l'amélioration de la position ? Que non pas. Il se contente de suivre son petit bonhomme de chemin parmi les instances militaires : le 1er avril, Gamelin en envoie copie à Georges qui le fait suivre le 3 au général Huntziger qui est sans doute le mieux placé pour juger de son bien-fondé.

Malheureusement, non seulement le patron de la 2e armée ne voit là en aucun cas matière à éprouver une quelconque crainte quant à la solidité du secteur, mais il fait preuve en outre d'une certaine arrogance en mettant en doute les capacités de jugement de Taittinger « *qui semble d'ailleurs être assez mal renseigné* ». C'est en tout cas ce qui ressort de sa réponse du 8 avril 1940 au général Georges :

« Malgré les doutes qu'exprime M. Taittinger sur la capacité de la résistance des Belges, sur les difficultés que présenterait pour l'ennemi la traversée de l'Ardenne, sur l'efficacité des destructions et enfin sur la valeur de la Meuse comme obstacle, j'ai la ferme conviction que les mesures visant à ralentir la progression de l'ennemi, qui ont été prévues et préparées, retarderaient sérieusement le moment de la prise de contact de la position de résistance et gêneraient considérablement la mise en place d'un dispositif d'attaque de cette position. »

Sur l'action des maisons fortes, Huntziger ne voit pas non plus matière à s'inquiéter :

« Depuis septembre, j'ai fait achever l'organisation de ces maisons fortes et prescris l'établissement d'un réseau continu de fil de fer les reliant entre elles, pour qu'elles puissent, en l'absence de toute ligne naturelle du terrain, jalonner un front devant lequel l'ennemi pourrait être momentanément arrêté dans le cas où, progressant en force au sud de la Semoy, il contraindrait nos éléments avancés à la retraite.

Dans les circonstances actuelles où une manœuvre de la cavalerie en Belgique est prévue, cette ligne ne jouerait pas seulement le rôle qui lui est assigné ; elle marquerait aussi la ligne à partir de laquelle les corps d'armée prendraient le combat à leur compte. » [1].

Sa conclusion lapidaire scelle définitivement le sort de Sedan :

« J'estime qu'il n'y a aucune mesure urgente à prendre pour le renforcement du secteur de Sedan qui, ainsi qu'il est demandé, se poursuit sous la direction du général commandant le 10e corps d'armée, avec énergie et tous les moyens en matériels et en personnels qui peuvent être mis en œuvre. »

Dans cinq semaines, les Panzer de Guderian prouveront le contraire. ■

1. Cependant, une note du 15 avril 1940 nous apprend que chaque maison forte est armée d'un canon de 37 mm (avec six caisses de cartouches, soit 108 obus explosifs et 162 obus de rupture), de deux FM et de deux troublons VB. Sa garnison reçoit également 100 mines légères antichar et 20 piquets antichars (piquets Olivier). Serait-ce une conséquence du rapport Taittinger ?

BA

À partir d'avril 1940, la Position avancée de Longwy (PAL) est transformée en un gigantesque chantier où l'on ambitionne d'établir un obstacle continu battu par une vingtaine de blockhaus. Commencée tardivement en raison des conditions climatiques, la PAL ne sera pas achevée au 10 mai 1940.

LES TRAVAUX SUR LE FRONT DU GA 2

LA POSITION AVANCÉE DE LONGWY

La défense de la ville de Longwy avait déjà fait l'objet d'études détaillées en 1930 mais il avait été admis, à juste titre, qu'une meilleure ligne de défense pouvait être trouvée derrière la ville dont le sort est lié en partie à celui de la position.

De ce fait, dès la déclaration de guerre, une partie des habitants est évacuée, seuls restant sur place les ouvriers nécessaires à l'exploitation le plus longtemps possible des usines du bassin. Pourtant, la ville n'est pas dégarnie de troupes puisque d'importantes forces de cavalerie y stationnent : d'une part, la 1re brigade de spahis du général Jouffrault et d'autre part, la 3e DLC du général Petiet renforcée du 14e GRCA (21e CA). Ces unités sont chargées de pénétrer au Luxembourg au cas où les Allemands en franchiraient les frontières mais elles n'ont pas mission de défendre la ville.

Le 17 décembre, par un de ces nombreux chassés-croisés qui sont monnaie courante durant la drôle de guerre, le SF Crusnes passe de la 2e armée (GA 1) du général Huntziger à la 3e armée (GA 2) du général Condé. Cette modification va avoir une certaine incidence sur le sort de Longwy puisque le général Condé est un chaud partisan de la défense de la position avancée.

Aussi, le 28 février 1940, propose-t-il au GQG de faire de Longwy une avancée de la ligne Maginot afin de conserver le plus longtemps possible le bénéfice des industries locales. Condé n'obtient le feu vert nécessaire qu'au mois de mars mais les rigueurs de l'hiver n'auraient de toutes façons pas permis de commencer les travaux d'organisation plus tôt. Un programme ambitieux de constructions de blockhaus est en effet envisagé mais il ne pourra être mené à bien.

La direction de ces travaux est confiée au capitaine Willm qui commande la compagnie du génie divisionnaire de la 58e DI. Il est assisté du lieutenant Dumont qui appartient au 203e bataillon du génie de forteresse et qui est détaché à l'état-major du génie de la 3e armée pour participer à l'organisation de la Position avancée de Longwy. Il a laissé sur sa mission un rapport détaillé qui nous permet d'apporter de nouvelles précisions sur l'état d'avancement des travaux.

D'après ce rapport, la ligne principale de résistance comporte un fossé antichar qui part de Lexy, contourne Longwy-Haut par les Maragolles, la Redoute du Bel-Arbre, la Ferme Mercy, englobe Mont-Saint-Martin et se termine à Longlaville.

Une seconde ligne de défense est prévue entre Longuyon et Longwy, sur la rive gauche de la Chiers. Elle doit s'appuyer sur de petits abris de 80 m^{3} pour canon de 25 et mitrailleuses, implantés sur tous les points stratégiques de la falaise pour battre notamment les débouchés des ponts sur la Chiers (deux à Fermont-village, un entre Fermont et Cons-la-Grandville, un à Cons-la-Grandville, un à Cutry et un à Mexy). Enfin, une casemate pour deux 75 est prévue entre Noërs et Sorbey.

Le 3 avril 1940, le général Condé entérine le passage de la position avancée à la position fortifiée en définissant le tracé des différentes lignes et bretelles qui rattachent ce qui est désormais la Position avancée de Longwy (PAL) au SF Crusnes. C'est ainsi que l'organisation des avancées est confiée à cinq bataillons prélevés sur la 58e DI (deux du 204e RI, un du 334e RI et deux du 227e RI) qui est déployée en renforcement du 139e RIF dans le sous-secteur de Morfontaine. Un bataillon de la 51e DI (I/100e RI) se chargera de tenir la bretelle entre la ville haute et le col de Tappe, entre Fermont et Latiremont.

La troupe ne fait pas preuve d'un allant démesuré — mais pouvait-on attendre plus d'une division de série B ? — et l'organisation de la position est loin d'être terminée lorsque commencent les hostilités à l'ouest : sept blockhaus sont à peine achevés [6] ainsi que deux emplacements pour un canon de 75 mm modèle 1897 près de Mexy. Tout le reste est à l'état de fouilles.

NOTE

6. Un couple de blockhaus (un blockhaus antichar couplé à un blockhaus mitrailleuses) à la sortie nord-ouest de Lexy, un blockhaus aux Maragolles, un au Bel-Arbre, un à Mont-Sainr-Martin et un couple de blockhaus à la douane de Longlaville (➠ carte ci-dessous).

POSITION AVANCÉE DE LONGWY (PAL)
État des organisations au 10 mai 1940

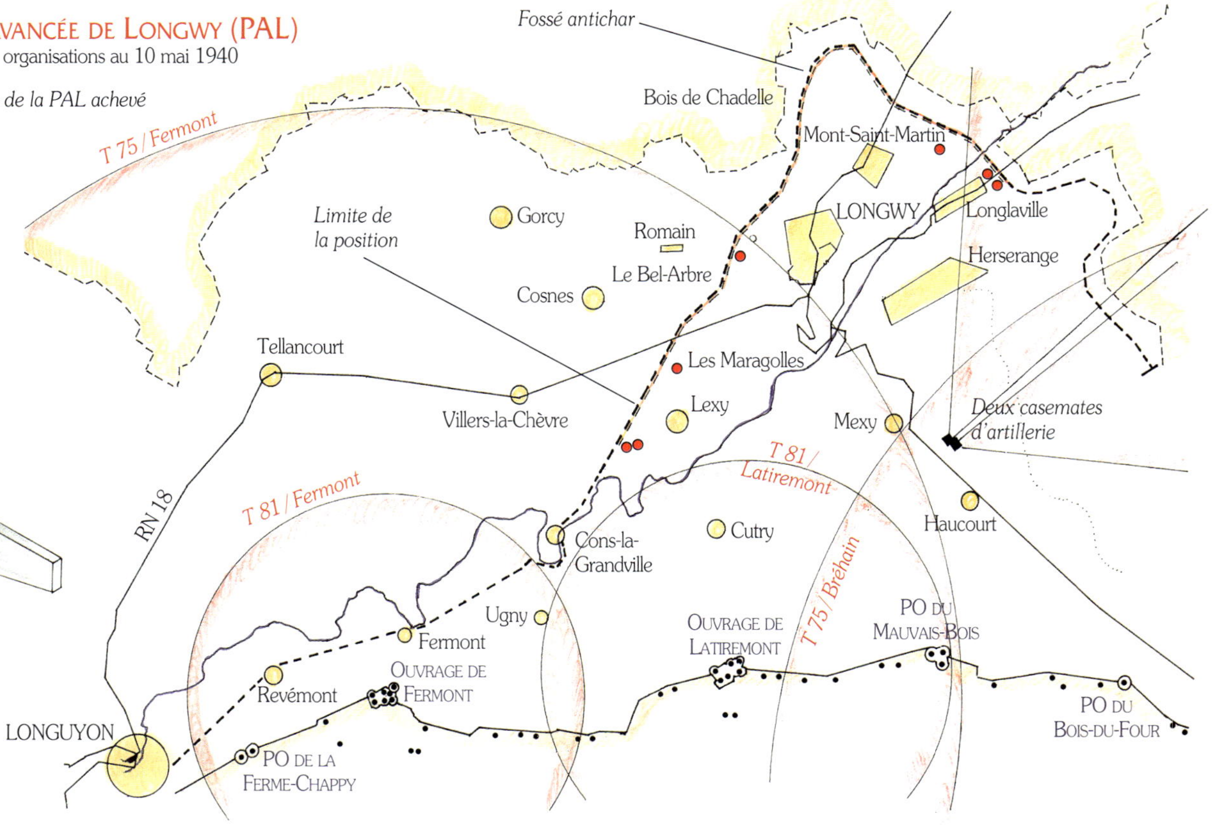

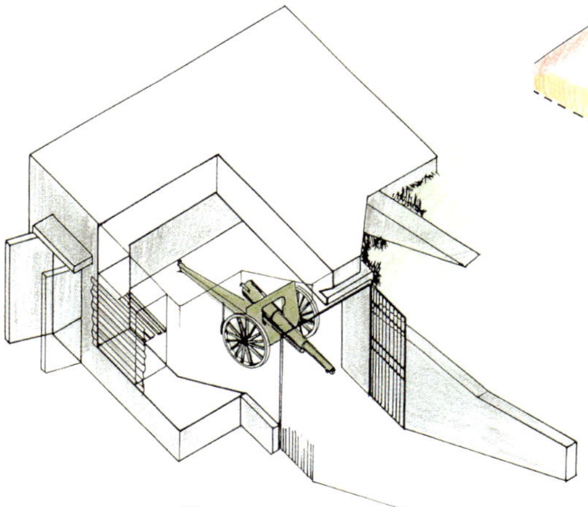

CASEMATE D'ARTILLERIE DE LA PAL

Emplacement pour un canon de 75 modèle 1897 (deux exemplaires construits en mai 1940, Est de Mexy)

BA

BA

La route Rodange - Longlaville est tenue sous le feu de deux blockhaus dont la finition a été particulièrement soignée. La photo de gauche nous permet de découvrir le blockhaus situé à droite de la route. Juste en face se trouve un autre blockhaus (ci-dessus) qui trahit une finition récente, à en juger par les accessoires de chantier jonchant le sol aux alentours.

L'ALVF AU SERVICE DE LA LIGNE MAGINOT

La construction de tourelles tournantes de 145 mm à longue portée (30 km) ayant été différée pour des raisons budgétaires, un palliatif est trouvé dans l'emploi de l'artillerie lourde sur voie ferrée (ALVF). Dans le cadre du plan de mobilisation D *bis* en vigueur à compter du 30 octobre 1936, cinq emplacements de tir [1] sont construits à l'abri des régions fortifiées, de façon à permettre l'emploi de l'ALVF en période de couverture. Ces matériels sont placés directement sous les ordres du général commandant l'armée qui occupe le secteur et non sous l'autorité des troupes de forteresse. Leur mission est de harceler les voies d'accès et gares stratégiques, et éventuellement de tirer en représailles sur de grandes localités allemandes.

Après la mobilisation de 1939, d'autres matériels ALVF viendront renforcer les premiers canons. À titre indicatif, au 1er mai 1940, l'ALVF de la 3e armée sera organisée en un groupement Nord (PC Kuntzig) axé sur les passages de la Moselle et les nœuds de communication et voies ferrées de la région Arlon - Luxembourg, et un groupement Sud (PC Condé-Northen) dirigé vers les ponts de la Sarre et la voie ferrée de Mettlach.

1. Dans le Nord-Est. Une sixième position existe dans les Alpes, à Modane-les-Fourneaux (avec stockage de deux 340 mm modèle 1912 B à Pont-de-Claix).

LES POSITIONS DE COUVERTURE DE L'ALVF

Unités	*Nature du matériel* (G = glissement, B = berceau)	*Lieu de stockage*	*Emplacement de tir*	*Objectifs*
3e ARMÉE				
I/372e RALVF				
1re batterie	2 x 340 modèle 1912 G	Metz	Volmerange-les-Boulay (entre Metz et Boulay)	Ponts sur la Sarre (de Mettlach à Völklingen)
2e batterie	2 x 340 modèle 1912 B	(fort de l'Aisne)	Saint-Hubert (entre Metz et Bouzonville)	Saarlouis
4e ARMÉE				
I/374e RALVF [A]				
2e batterie	2 x 340 modèle 1912 B	Reding (Sarrebourg)	Lutterbach (à l'est de Sarralbe)	Harcèlement de Saarbrücken et de la vallée de la Sarre
5e ARMÉE				
I/373e RALVF				
1re batterie	2 x 340 modèle 1912 G	Romanswiller (entre	Kutzenhausen-le-Bas (entre Wœrth et Soultz-sous-Forêts)	Nœud ferroviaire de Winden, Landau,
2e batterie	2 x 340 modèle 1912 G	Saverne et Wasselonne)	Neuschmelz (près de Baerenthal)	Pirmasens et Deux-Ponts

A. Devenu ensuite 8e batterie du III/372e RALVF

Coll. J.-Y. Mary

En 1940, l'ALVF aligne en tout 119 pièces au travers de quatre régiments de matériels et un régiment de service. L'une des pièces les plus spectaculaires est sans nul doute le 340 mm modèle 1912 G (glissement), dont six matériels sont mobilisés. On découvre ici un matériel de ce type en position sur le front de Lorraine durant l'hiver 1939-40. Les vérins de la pièce sont abaissés et ils reposent sur les longrines posées le long du rail pour absorber une partie du recul.

Coll. Muehlschiegel

Une reconnaissance aérienne allemande a photographié les épis de tir de Kuntzenhausen, derrière Schœnenbourg, sur lesquels sont identifiées deux pièces de 340 modèle 1912 G du 373e RALVF ayant Landau, Karlsruhe et Hinter-Weidental pour objectifs. On distingue au premier plan la ligne Wissembourg - Haguenau sur laquelle se greffent les épis.

Ce blockhaus construit près de Frœschwiller est une des seules réalisations de la position de verrou amorcée à hauteur de Wœrth.

Coll. Muehlschlegel

Au printemps 1940, une seconde ligne constituée de blockhaus STG est commencée derrière les ouvrages du Hochwald et de Schœnenbourg. On voit ici le blockhaus de Kuhlendorf Nord sur la ligne Soultz - Rittershoffen destinée à renforcer l'aile droite du SF Haguenau.

Coll. Muehlschlegel

Coll. Béraud

Le front du Rhin n'échappe pas à l'ambiance de travail qui s'est emparée de toute la position et partout l'on s'affaire à étoffer les intervalles de la position. On voit ici le capitaine Bonnardel, du 99e RI, examiner un blockhaus en phase d'achèvement près d'Herrlisheim (SF Bas-Rhin).

LA TROUÉE DE LA SARRE

L'essentiel de la défense de la Sarre repose sur des inondations défensives battues par le feu mais il faut reconnaître que, faute d'une véritable ligne de résistance, la position manque de puissance. En 1939, le général Requin prescrit donc d'établir une position composée de 31 casemates STG entre Lelling et Puttelange, que complètent quatre casemates pour un matériel de 75 modèle 1897 construites vers 1936-37 (détails, ➟ pages 117 et suivantes). Les travaux sont évidemment ralentis par l'hiver, ce qui fait que toutes ne seront pas achevées et elles ne recevront évidemment aucun cuirassement [7].

LA RÉGION FORTIFIÉE DE LA LAUTER

Les travaux portent surtout sur un renforcement de la position principale par l'édification d'une seconde ligne à base de blockhaus STG. C'est essentiellement le saillant formé par la ligne de casemates entre Schœnenbourg et le Rhin qui est l'objet de toutes les attentions car un forcement de la position dans ce secteur menacerait d'encerclement toute la position de Bitche à Schœnenbourg. Plusieurs tronçons de blockhaus STG sont amorcés mais concrètement peu de choses seront finalement réalisées :

– une position de verrou sur la ligne Frœschwiller - Wœrth - Diffenbach-les-Wœrth ;

– une deuxième ligne entre Soultz - Rittershoffen ;

– une bretelle en lisière nord de la forêt de Haguenau de Hatten à Seltz ;

– une position en lisière sud-est de la forêt de Haguenau.

Au 10 mai 1940, une petite dizaine de blockhaus est réalisée mais aucun n'a reçu cuirassement ou armement.

LES RIVES DU RHIN

Dès la mobilisation, des travaux de complément sont effectués le long du fleuve pour donner une certaine densité à la position :

– sur la berge même, une partie des travaux vise à l'achèvement des blocs Garchery (une soixantaine) construits à partir de 1938 et dont le gros œuvre a été terminé en septembre 1939 ;

– dans les intervalles de la position, les villages sont organisés en points d'appui et des blocs de types divers (notamment des coupoles type 7e région ou Haguenau) sont disséminés tant sur la berge du fleuve que dans la profondeur. De nombreux ouvrages sont adossés à des constructions existantes

---

7. Seule la casemate MC 21 recevra une cloche.

8. Lire à ce sujet le livre de Philippe Beuscart, *La ligne Chauvineau* (chez l'auteur, janvier 2002).

Conte, coll. Bruge

Un autre blockhaus en construction sur le front du 242ᵉ RI (SF Bas-Rhin). Le filet tendu camoufle certes le chantier aux vues allemandes mais il trahit la présence d'une activité particulière que les Allemands ne vont pas manquer de relever.

Ci-dessous. À proximité des berges du Rhin, les granges et les maisons sont également transformées en blockhaus comme ici, cette grange de Grussenheim en cours d'aménagement par la CHR du I/42ᵉ RIF en avril 1940.

En bas de page. Les travaux de bétonnage ne sont pas les seules occupations de la troupe pendant cette période d'inaction forcée. C'est ainsi que de nombreux soldats sont utilisés à des travaux agricoles pour compenser le départ des populations locales. Ces hommes semblent procéder à des semailles dans des sillons préalablement tracés avec l'aide d'un tracteur chenillé qu'on voit au premier plan. À l'arrière-plan, on distingue la chambre de tir caractéristique d'une casemate de 3ᵉ ligne du Rhin avec son mur en aile en maçonnerie.

(caves, granges, maisons) pour mieux les dissimuler aux vues ;

– sur la deuxième ligne, une série de blockhaus est construite pour tenir les débouchés de la forêt du Rhin ;

– enfin, une bretelle est établie sur la ligne Diebolsheim - Hilsenheim pour empêcher un enroulement de la position par un ennemi ayant percé sur le front de la 5ᵉ armée.

En avril 1940, il est même envisagé de construire une position d'arrêt à base de blockhaus STG sur la ligne des villages située à deux ou trois kilomètres en arrière du canal mais cette nouvelle organisation restera à l'état de projet.

LA POSITION DE DÉFENSE DE LA RÉGION PARISIENNE

La position bétonnée de défense de Paris, appelée également « ligne Chauvineau » du nom du général qui l'a fait construire[8], est l'exemple type d'une ligne de fortification dont la réalisation a sans cesse été repoussée par l'absence de volonté politique et de crédits, pour finalement être construite dans l'urgence, avec une utilité contestable en juin 1940.

C'est le président du Conseil André Tardieu qui, le 30 juillet 1930, demande d'assurer, quoi qu'il arrive, le fonctionnement des rouages gouvernementaux de la capitale, le maintien de l'activité industrielle ainsi que la protection de la population de Paris. Quelques mois plus tard, la DM du 17 mars 1931 définit les grandes lignes d'une position défensive tracée sur la ceinture nord de la région parisienne, à environ 30 à 40 km, de façon à protéger Paris, les usines et les nœuds de voies ferrées de la grande banlieue vis-à-vis des tirs des canons lourds. Son étude est confiée au gouverneur militaire de Paris, avec cette réserve toutefois qu'aucun travail effectif ne sera réalisé pendant le temps de paix.

Après plusieurs années d'errements et devant l'aggravation de la situation internationale, le sujet redevient d'actualité en juillet 1939 quand le général Billotte demande que cette position soit constituée de « môles » barrant l'Oise, l'Ourcq, la Marne et le Grand-Morin. Ensuite, on édifiera un obstacle antichar continu tout le long du front.

Le 7 septembre 1939, Daladier nomme le général Héring gouverneur militaire de Paris et le lendemain, celui-ci définit les principes de la « Position de sûreté antichars de Paris » que

Coll. Béraud

Rousseau

Denkschrift

La position de Paris n'est constituée que d'un fossé antichar et de quelques boucliers bétonnés tel celui-ci vu à Chantilly, sur la route de Paris.

Gamelin approuve dans l'après-midi. Les reconnaissances et les études sont terminées le 20 septembre, les travaux commencent le 25 sous la direction du chef du génie du gouvernement militaire de Paris, le général Chauvineau [9]. Plusieurs RRT (régiments régionaux de travailleurs) sont affectés à la réalisation de cette position destinée à être occupée par trois divisions d'infanterie pourvues d'un complément de canons antichars de 25 mm pour pouvoir utiliser tous les emplacements bétonnés.

Le tracé est défini par le cours de l'Oise de Pontoise à Précy, puis de la Nonette et de la Grivette avec la trouée de Nanteuil, enfin les vallées de l'Ourcq et de la Marne depuis Mareuil jusqu'à La Ferté-sous-Jouarre. Les travaux sont divisés en secteurs, regroupés en quatre régions puis en trois groupes de secteurs. Compte tenu des enseignements de la campagne de Pologne, le conception des môles est abandonnée le 12 septembre et remplacée par celle d'une « *ligne de ralentissement des chars* », combinant un obstacle et des feux antichars et d'infanterie. Malgré les rigueurs du terrible hiver 1939-1940 et la misère des moyens, les travaux vont bon train. Chauvineau, qu'on voit très souvent sur les chantiers, n'y est pas étranger. De 61 blockhaus terminés fin décembre 1939, on passe au double fin février 1940, puis à 269 au 18 avril. Ceux-ci, construits en fortification de campagne et sans cuirassement, sont de deux modèles :

– **bouclier antichar pour canon de 25 mm**, se déclinant en version normale (mur frontal épaisseur de 50 cm de béton armé) et en version renforcée (épaisseur 70 cm) ;

– **coupole bétonnée type 7e RM** pour mitrailleuse (➠ croquis Tome Deux, page 141).

Ces organes sont implantés de façon à tirer frontalement sur les ponts ou en flanquement de l'obstacle antichar. Là où l'obstacle créé par la rivière est insuffisant, on tend des inondations (vallées de la Nonette et de la Grivette, plus de treize kilomètres cumulés) et on creuse environ quinze kilomètres de fossés antichars simplement clayonnés. Les ponts et les brèches sont barrés par des barrages constitués de plusieurs rangs de tétraèdres métalliques, confectionnés spécialement pour la position de Paris.

À fin mai, les travaux du programme de septembre 1939 sont terminés, bien que toutes les portes n'aient pas été livrées. Le général Héring obtient alors des vieux canons de marine (47 et 65 mm) et on pourra encore couler une vingtaine d'encuvements avant l'attaque allemande de mi-juin.

■ LE BILAN DES TRAVAUX DE 1939-1940

De septembre 1939 à mai 1940, les travaux ont donc englobé à la fois :

1. Les travaux de la première position, à la charge des divisions renforcées par des unités de travailleurs, c'est-à-dire :

– de Montmédy au Rhin (fronts CORF) : accroissement de la profondeur et organisation des avancées et brisants ;

– à l'ouest de Montmédy, à Marville, dans la Sarre, la Haute-Alsace et le Jura, accroissement de la valeur technique de la ligne de résistance (construction d'organes en fortification de campagne renforcée et d'un obstacle antichar) ;

2. Les travaux de la deuxième position sur certaines parties sensibles du front (fossé flanqué par casemates) par la CEZF ;

3. Les travaux de la position de Paris.

Au total, sur le front Nord-est, on peut évaluer à 250 000 hommes environ les effectifs employés sur les première et deuxième positions, se décomposant ainsi :

– grandes unités combattantes (un tiers des effectifs affecté aux travaux) soit 180 000 hommes ;

– unités de travailleurs de renforcement, soit 52 000 hommes ;

– travailleurs affectés à la CEZF (20 bataillons de travailleurs, 33 compagnies de travailleurs espagnols, 9 compagnies de miliciens des brigades internationales, 24 compagnies de pionniers nord-africains), soit 16 500 hommes [10].

BILAN GÉNÉRAL DES TRAVAUX DE FORTIFICATIONS D'OCTOBRE 1939 À AVRIL 1940

Armée	*Travailleurs*	*Blocs réalisés*	*Blocs en cours*	*Ciment livré (tonnes)*	*Béton coulé (m^3)*
7e armée	1 250	62	4	13 930	34 825
BEF	?	258	233	?	?
1re armée	4 000	295	39	28 030	70 150
9e armée	7 000	196	39	17 170	42 925
2e armée	14 250	69	49	18 990	47 475
3e armée	10 500	115	134	8 690	21 725
4e armée	2 250	469	60	10 690	26 725
5e armée	8 000	803	125	26 230	65 575
8e armée	3 500	472	138	11 230	28 075
CEZF	16 500	?	?	67 580	168 950
Défense de Paris	?	*(tableau ci-dessous)*		3 040	7 600

Le bilan détaillé de ces travaux n'existe pas car les archives ont été détruites au cours de la retraite de juin 1940. On peut cependant se faire une idée du nombre de blocs construits à partir du tonnage de ciment livré de décembre 1939 à avril 1940 (donc du volume de béton coulé) et des décomptes d'organes bétonnés (volume unitaire variable) au moment de la mobilisation et en mai 1940. ■

PROGRAMME DES TRAVAUX EN RÉGION PARISIENNE
(blockhaus terminés et blockhaus en construction au 21 mars 1940)

	Boucliers pour canon de 25 mm AC	*Coupoles pour mitrailleuses*	*Total*
Groupe de secteurs de l'Est	77	49	126
Groupe de secteurs du Nord	56	46	102
Groupe de secteurs de l'Ouest	41	35	76
Total	*174*	*130*	*304*

L'ensemble représente 10 000 m^3 de béton.

D'après l'ouvrage La ligne Chauvineau, *de Philippe Beuscart.*

9. Le général Chauvineau est un spécialiste des fortifications. Professeur à l'École supérieure de guerre en 1924, son cours propose une ligne de défense constituée de petits forts bétonnés concentrés, comprenant deux casemates de Bourges et un tourelle d'artillerie, concept repris et développé en 1926 par le général Fillonneau et la CDF (➠ Tome Un, page 18). Mais il est surtout connu pour être l'auteur du livre *Une invasion est-elle encore possible ?* paru en 1939. Dans cet ouvrage, qui bénéficia d'une préface élogieuse du maréchal Pétain, le général opère un spectaculaire revirement intellectuel et se rallie au système linéaire des petits ouvrages réalisés rapidement tout le long des frontières, c'est-à-dire le système Daladier - Gamelin des « fortifications camelotes » de la pseudo-muraille de France. La direction des travaux de la position de Paris lui donna l'occasion de passer de la théorie à la pratique.

10. Ces chiffres ne comprennent pas le personnel des 65 entreprises employées par les armées et des 34 entreprises employées par la CEZF.

CHAPITRE SIX

UN HAUT-LIEU DU TOURISME DE GUERRE

Coll. Ascomemo

Une foule de personnes habilitées sont invitées à s'imprégner de la vie souterraine, tels ces journalistes turcs qui, en février 1940, ont pris place à bord du petit train du Hochwald. Sur le premier wagonnet, on reconnaît le général Dentz (12e CA) dont le nom restera attaché à la pénible affaire de Syrie un an plus tard, et le lieutenant-colonel Miconnet (autre photo, ➠ p. 24), « pacha » de l'ouvrage.

La commission Taittinger n'est pas la seule à faire du « tourisme » sur la position fortifiée et, pendant neuf mois, l'armée française ouvre ses ouvrages aux personnalités, aux commandants locaux et aux journalistes qui vont se succéder dans ses galeries et en ressortir pour la plupart impressionnés par cette formidable machine de guerre.

© ECPAD/France

© ECPAD/France

MONT-DES-WELCHES

Le lundi 2 octobre 1939, deux officiers américains et quelques journalistes sont autorisés à visiter l'ouvrage du Mont-des-Welches. C'est la première visite d'une longue série qui comprend des personnalités aussi diverses que le roi d'Angleterre George VI, les hauts gradés britanniques du secteur, la troupe de Pierre Dac, un préfet, des élus locaux, des ministres, etc. Sur nos documents, on reconnaît le colonel Waite, attaché militaire adjoint américain, écoutant les explications du capitaine Tari, « pacha » des Welches.

En haut à droite.
14 novembre 1939, toujours au Mont-des-Welches : le général Sivot, commandant la Région fortifiée de Metz, présente les officiers de l'ouvrage A 21 à Anthony Eden, ministre des Dominions, qui est accompagné d'une délégation des pays du Commonwealth. Derrière le général, le colonel de Perrier, sous-chef d'état-major de la 3e armée, reconnaissable à son brassard d'officier d'état-major.

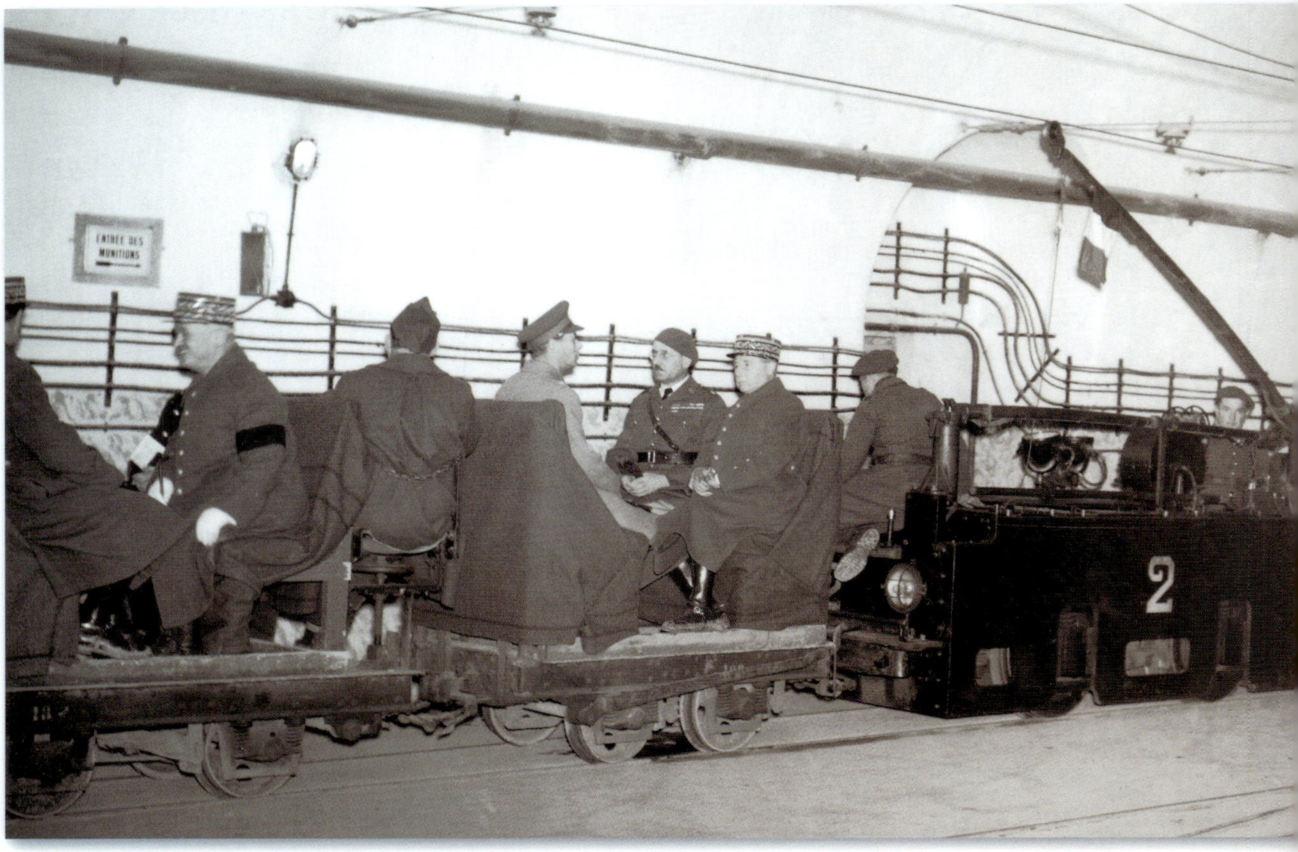

IWM

Ci-contre.
HACKENBERG
Le Hackenberg n'est pas en reste et les visites s'y succèdent mais c'est le 9 décembre 1939 que l'ouvrage va connaître son heure de gloire avec la visite de George VI. Le roi (ici de dos) revient par le train électrique à hauteur du M 1 en compagnie du général Gamelin et du commandant Ébrard. Sur le second wagonnet, on reconnaît le général Sivot commandant la RFM.

UN CERTAIN NOMBRE de personnalités françaises et étrangères vont donc faire connaissance avec la ligne Maginot, sous la conduite des hautes autorités militaires en tête desquelles se trouve le général Gamelin qui excelle particulièrement dans ce rôle de relations publiques.

PERSONNALITÉS EN VISITE

La première personnalité étrangère à venir officiellement sur la ligne est certainement le général Havel (génie de l'armée tchèque) dès août 1934. Il sera suivi en septembre 1935 par le maréchal Badoglio.

Le roi George VI vient en France en décembre 1939 et il n'échappe pas à une visite en règle de la ligne Maginot. Evidemment, on ne manque pas de lui montrer l'ouvrage le plus imposant et c'est donc au Hackenberg qu'il arrive le 9 décembre : Gamelin est là et avec lui, tous les généraux locaux : Prételat, Condé, Sivot, etc. Le Roi n'est pas en reste et il est accompagné de plusieurs personnalités dont Lord Gort qui commande la BEF et son frère, le duc de Gloucester. Tout ce beau monde visite les blocs 8 et 9 [1].

Après sa visite du Hackenberg, George VI se rend au Mont-des-Welches où il déjeune en compagnie du capitaine Tari [2].

Quelques jours plus tard, c'est au tour du duc de Windsor de monter sur la ligne et d'en parcourir les différents secteurs : son périple commencé sur le front de la Meuse le mènera le 13 décembre à Longwy pour se poursuivre le long de la position et se terminer au Hochwald.

La ligne Maginot semble décidément beaucoup intéresser

les Anglais puisque Lord Chamberlain est à Anzeling le 18 décembre et que Winston Churchill se rend à son tour sur la position au début de l'année 1940. Le 5 janvier, en compagnie du général Spears, il est au Four-à-Chaux où il est reçu par le colonel Vidal, chef d'état-major de la RF Lauter. Le lendemain, Churchill est au Hochwald, en compagnie du général Georges où il visite l'ouvrage sous la conduite du capitaine Barrier qui commande l'artillerie du Hochwald Est.

MONT-DES-WELCHES

Après avoir visité le Hackenberg (➡ voir aussi photographie Tome Un, page 80), le Roi se rend au Mont-des-Welches en compagnie des généraux Gamelin et Condé. Un défilé suivi d'un déjeuner dans l'ouvrage clôtureront cette journée mémorable. À l'arrière-plan, on distingue le bloc 4 de l'ouvrage.

NOTES

1. Au bloc 9, nous disposons d'un témoin en la personne du brigadier-chef Bobier (correspondance du 28 novembre 1991) :

« Le roi s'arrête longuement au bloc 9. À l'étage intermédiaire de la tourelle, il assiste à un exercice de tir. Toutes explications lui sont données. Je ne pense pas que nous ayons tiré. Je suis resté près de lui 15 à 20 minutes, je rendais les honneurs. Avant de quitter le bloc, il signa sur un livre d'or. »

2. Le capitaine Tari n'a pas manqué de consigner l'événement dans son journal :

« Nuit calme. Tout est prêt pour la visite de Sa Majesté. Le général Sivot arrive à 12 h 15 ; les honneurs lui sont rendus par le poste de police commandé par le lieutenant Schneider. Le cortège officiel arrive à 12 h 50. Sa Majesté le roi George VI descend le premier de voiture, suivi par le général Gamelin. Le commandant d'ouvrage, auquel Sa Majesté a tendu la main, l'accompagne dans la salle d'attente de l'infirmerie.

Le déjeuner très réussi se termine à l'heure prévue. 14 h 10 : le commandant de l'ouvrage montre le chemin à Sa Majesté. À la sortie de l'ouvrage, une prise d'armes a lieu. Elle est présentée par le colonel Cottenet du 80e RI. Outre la musique, le drapeau et le détachement français, il y a encore une compagnie anglaise de la brigade du général Curtiss. Le Roi remet une décoration à un officier et un sous-officier français, le général Gamelin de son côté, décore un sous-officier anglais. Un défilé termine cette belle réception. Tout s'est passé dans un ordre parfait. »

IWM

© ECPAD/France

L'EPINETTE

Le duc de Windsor s'offre également un voyage touristique sur l'ensemble du front, ce qui lui vaut de commencer son périple sur la Meuse. On le voit ici sortir du blockhaus de l'Épinette, près d'Euilly.

HOCHWALD

À l'autre extrémité du front, et sans rapport avec la visite précédente, le duc de Windsor a droit à une visite du Hochwald. Nous sommes mi-décembre 1939, la neige tombe sur les personnalités.

DR

R. Tayot, coll. Giuliano

THONNELLE
Le duc de Windsor aurait dû se rendre en visite sur la ligne dès le mois d'octobre 1939 mais sa visite a été annulée. Pas de chance pour l'équipage du PO de Thonnelle qui s'était donné la peine de réaliser un arc de triomphe en feuillage pour la circonstance. À l'arrière plan, le bloc 3.

© ECPAD/France

KERFENT
Au Kerfent qui reçoit également son lot de visites, on n'hésite pas à accueillir le visiteur avec tous les égards voulus, ce qui explique que l'ouvrage soit pavoisé aux couleurs du Royaume-Uni pour recevoir la visite du général Vannier (en civil), ambassadeur du Canada, accompagné du général Réquin.

Les ouvrages sont également visités régulièrement par les officiers des unités de renforcement qui viennent découvrir les arcanes de la position fortifiée.

LE CLUB DE LA PRESSE

Les journalistes ne se font pas prier et de nombreuses visites leur sont proposées également. Parmi eux, des représentants de la presse anglo-saxonne mais aussi beaucoup de journalistes francophones, ce qui va se traduire par la publication de nombreux articles dans les principales revues d'époque.

Les journalistes vont exprimer à leurs lecteurs l'impression de puissance qu'ils ont ressentie lors de leurs visites. Leurs articles reflètent une vision idéalisée de la guerre, faisant ainsi naître les plus grands espoirs comme le démontre cet article dithyrambique de Daudet paru dans *L'Action française* du 16 novembre 1939 :

« *Cher Maginot, vous êtes certainement celui dont le nom, depuis septembre, a été prononcé et imprimé le plus souvent en Europe et en Amérique. Vous avez en effet fait voter, à tâtons, par une Chambre aveugle et en partie ignorante, la construction d'une ligne de défense d'un type nouveau qui a désemparé l'offensive hitlérienne allemande et l'a poussée dans cette alternative tragique de ne pouvoir ni avancer, ni reculer, où elle se débat encore actuellement. C'est là même le type de succès politique posthume auquel parviennent au cours des âges quelques politiques clairvoyants. Mal engagée, grâce à vos prévisions, la nouvelle poussée germanique ne saurait aboutir qu'à un désastre et, tel que je vous connais, vous vous en réjouirez dans votre tombe. On vous admirait certes, mais on ne vous savait pas si grand. En toutes circonstances critiques, on vous a vu, Maginot, fils de la Meuse, impavide et souriant, accomplir votre devoir périlleux, là où le sort vous avait placé. Vous avez ainsi attaché votre nom à une œuvre qui comptera dans les annales de la Patrie et qui assurera la défaite, cette fois sans remède, de notre éternelle ennemie, l'Allemagne.* »

On comprend mieux pourquoi la désillusion a ensuite été aussi grande.

Une revue de presse

L'Illustration

N° 4987 (1er octobre 1938) : *Les forteresses de la ligne Maginot*, avec la reproduction de sept dessins de G.-H. Davis, censés montrer un secteur de la ligne Maginot.

N° 5001 (7 janvier 1939) : *Sur le front et dans les entrailles de la ligne Maginot*, par P.-E. Cadilhac (12 photos de l'ouvrage de Sœtrich et du camp d'Hettange-Grande).

N° 5045 (11 novembre 1939) : *Un dîner au douzième sous-sol* (une photo du Haut-Poirier).

N° 5064 (23 mars 1940) : *Quelque part sur la ligne Maginot*, par Lucien Jonas (reportage au Mont-des-Welches, avec quelques dessins).

N° 5067 (13 avril 1940) : *Avec les troupes de forteresse dans un ouvrage de la ligne Maginot*, (le Hochwald) par Pierre Ichac (12 photos).

Le Miroir

N° 8 (22 octobre 1939) : photo d'un ouvrage non identifié

N° 11 (12 novembre 1939) : Daladier à la casemate du pont de Kehl et le duc de Windsor au Hochwald.

N° 12 (19 novembre 1939) : casemate du Pont de Kehl.

N° 13 (26 novembre 1939) : barrage de route.

N° 15 (10 décembre 1939) : tourelle du Mont-des-Welches avec des officiers britanniques.

Page ci-contre.
HOCHWALD
Le Hochwald reçoit également la visite de Roland Dorgelès à qui l'on attribue la paternité de l'expression « drôle de guerre ». Dans son livre, il consacre un chapitre (intitulé Dans le trou*) à sa visite du Hochwald dans lequel il évoque la chambre du chef d'escadron Rodolphe qui commande l'artillerie du Hochwald :* « Il est vrai que les chefs ne sont guère mieux partagés. Le colonel lui-même n'a pas une plus belle chambre que celle-ci et mon joyeux commandant *[Rodolphe]* a beau décorer la sienne d'images exotiques et de fusils arabes, ce n'est jamais qu'une cellule ». *Sans doute Dorgelès aurait-il pu encore glisser quelques mots sur le couvre-lit très ouvragé...*

© ECPAD/France

Lemaire

ROHRBACH
En janvier 1940, Édouard Daladier vient prendre l'air du front au PO de Rohrbach. Il parcourt les dessus de l'ouvrage en compagnie du général Bourret, du capitaine de Saint-Ferjeux et des lieutenants Casso et Demazi. À l'arrière-plan, le bloc 1.

MONT-DES-WELCHES
Un groupe de visiteurs, parmi lesquels le célèbre journaliste américain Knickerbocker (au centre) contemple pensivement la tourelle de 75 mm du bloc 4 du Mont-des-Welches. Au cours de la visite qui a duré une heure, les hôtes visitèrent l'usine, la cuisine et le bloc 4. Le capitaine Tari a noté dans son journal que « les Américains s'en retournent émerveillés ».

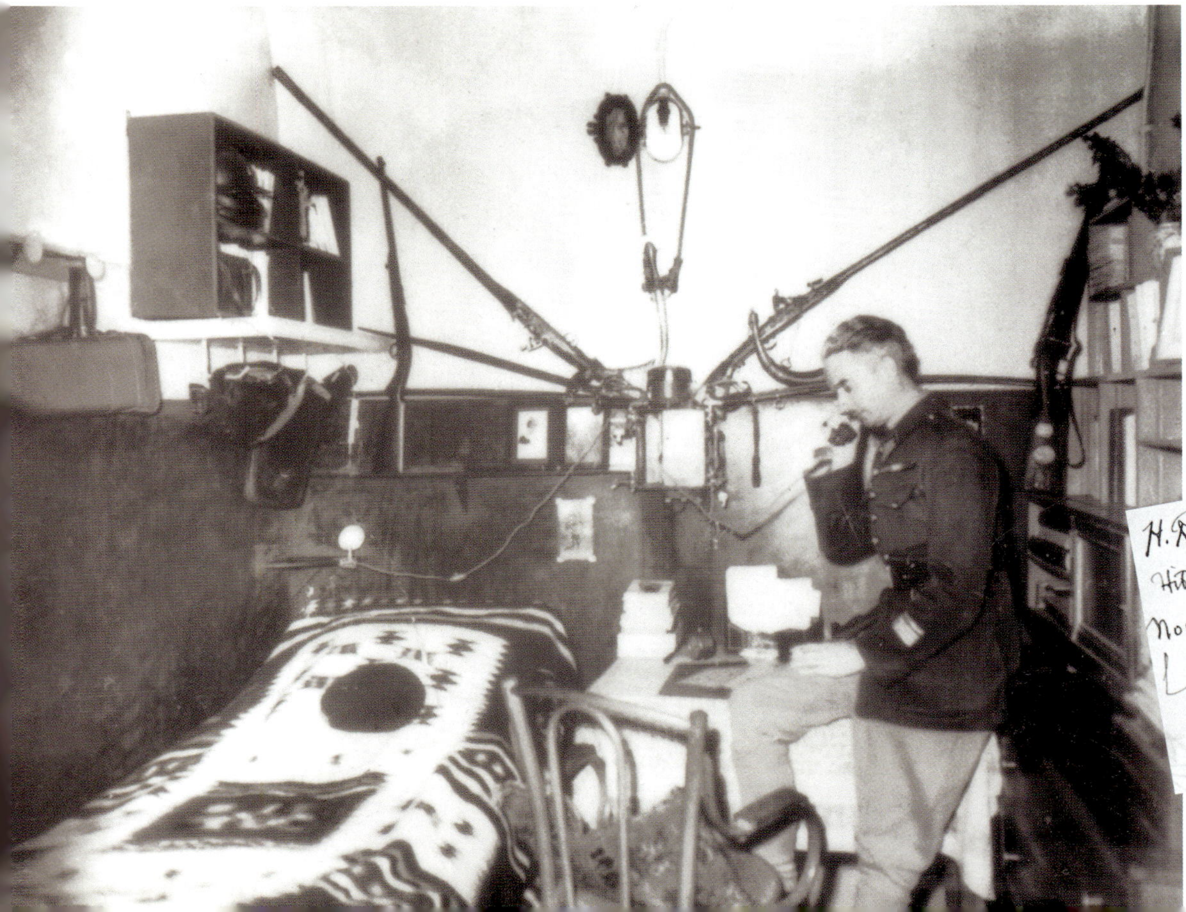

Pulfermüller, via J.-J. Rapin

FERMONT
Le 11 novembre 1939, le même journaliste Knickerbocker est à Fermont et il laisse dans le Livre d'Or de l'ouvrage une phrase sibylline : « Avec l'espoir que les Hitlériens essaieront de forcer la ligne Maginot ». Souhait d'une attaque vouée à l'échec ou doutes sur les certitudes françaises ?

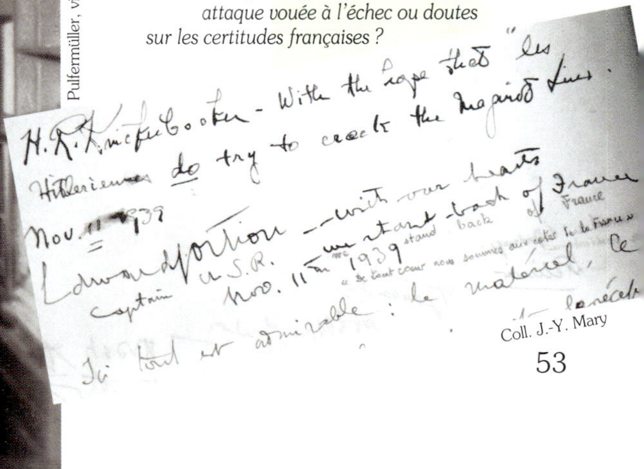

Coll. J.-Y. Mary

Conte, coll. Bruge

CASEMATES DU RHIN
Sur le front du Rhin, c'est Miss France en personne qui rend visite à la troupe et elle est reçue par le colonel Bouchon commandant le 242e RI. On la voit ici devant un petit blockhaus modèle 1936 en compagnie de plusieurs officiers du régiment.

N° 16 (17 décembre 1939) : le roi George VI sur la ligne Maginot (deux photos).
N° 17 (24 décembre 1939) : Mont-des-Welches (8 photos).
N° 22 (28 janvier 1940) : photo des blockhaus du pont de Kehl et d'un blockhaus MOM.
N° 23 (4 février 1940) : champ de rails.
N° 28 (10 mars 1940) : champ de rails.
N° 29 (17 mars 1940) : casemate du pont de Kehl.
N° 31 (31 mars 1940) : Hackenberg (une photo du PC infanterie).

Match
22 septembre 1938 : *Dans les entrailles de la ligne Maginot* (7 photos, une carte et 2 schémas).
20 octobre 1938 : une tourelle d'ouvrage et des photos des forts ex-allemands.
5 septembre 1939 : deux photos (petit train et une chambrée d'un ouvrage).
19 octobre 1939 : barrière antichar.
9 novembre 1939 : casemate du pont de Kehl.
16 novembre 1939 : entrée des munitions du Mont-des-Welches (coupes fantaisistes d'ouvrages).
4 janvier 1940 : messe de Noël dans un ouvrage.
11 janvier 1940 : barrage routier.
14 mars 1940 : *Vie de guerre dans la ligne Maginot* (25 photos du Hackenberg et une du Mont-des-Welches).
25 avril 1940 : *La Venise du front* (6 photos de Puttelange sous les eaux).

La Belle France
Avril 1936 : *André Maginot, grand Lorrain, grand patriote*, par Yves Dandoy (trois photos du Hackenberg).

Servir (ANFAT)
N° 9/1938 (septembre-octobre) : *La défense des frontières, 1638-1938* par le général Weygand.

L'Espoir français
N° 272 (21 avril 1939) : *La France encerclée* (avec une carte d'ensemble).

Revue des Deux Mondes
Tome 54 (1er novembre 1939) : *Ligne Siegfried et ligne Maginot* par Henry Bidou.

Partout Magazine
N° 467 (5 novembre 1939) : *On ne passe pas* (12 photos dans la ligne Maginot et 9 dans les forts ex-allemands de Metz).

France Magazine
N° 34 (21 novembre 1939) : *Sur la ligne Maginot* (3 photos dans la ligne Maginot et 4 dans les forts ex-allemands de Metz).

Le Noël et la Maison
N° 53 (25 janvier 1940) : *La ligne Maginot* (une carte, 2 photos dans la ligne Maginot et 4 dans les forts ex-allemands de Metz).

Gringoire
Avril 1940 : *Dans le trou* par Roland Dorgelès (reportage au Hochwald).

© ECPAD/France

HACKENBERG
Le service cinématographique des armées n'est pas en reste et il se multiplie pour ramener des images « quelque part sur la ligne Maginot ». La prise de vue ci-contre, devant le bloc 7 du Hackenberg, présente un caractère particulier puisque le deuxième officier à partir de la gauche n'est autre que le capitaine Laudenbach, dit Pierre Fresnay, ancien combattant de 1914-1918 affecté à la Commission de récupération n° 2 dépendant de la 3e armée.

LA LIGNE, VUE D'EN FACE

Pendant que, du côté français, on vaque à des occupations plus ou moins utiles, du côté allemand, on se prépare à mener l'offensive à l'ouest mais le plan d'action est loin d'être arrêté.

CHEZ NOUS, la Commission de défense des frontières avait clairement fixé, dès 1926, les deux possibilités résultant de la fortification de la frontière franco-allemande :

– soit l'ennemi attaque de vive force la forteresse et la bataille a lieu sur un terrain *a priori* favorable au défenseur ;

– soit il la contourne par les ailes, violant au passage soit la Suisse, soit la Belgique, ce qui a pour avantage d'une part, de porter la guerre hors du territoire national, et d'autre part, de rallier sous une même bannière différents pays liés par une cause commune.

■ LA WEHRMACHT FACE À LA LIGNE MAGINOT

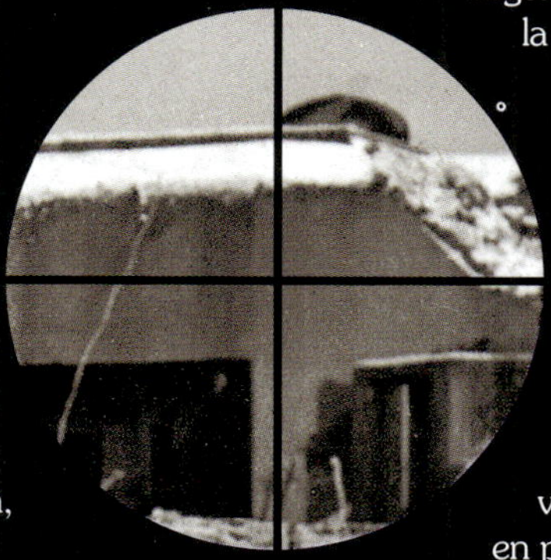

En établissant son plan de manœuvre, la Wehrmacht répond parfaitement aux attentes du commandement français puisque d'emblée, elle opte pour la deuxième solution en choisissant de passer par la Belgique. Le plan initial subira différentes retouches, la moins importante n'étant certes pas de percer par les Ardennes vers Sedan, mais le principe de base restera acquis.

Ce qu'il est intéressant de noter, c'est qu'à aucun moment, l'option « attaque de vive force » n'a été retenue. En ce sens, on peut donc dire que la ligne Maginot a parfaitement rempli le double rôle pour lequel elle a été conçue, c'est-à-dire éviter une attaque brusquée et montrer une puissance telle que l'assaillant n'ait d'autre solution que de la contourner. Pourtant, il est évident que le choix allemand de ne pas attaquer de front la ligne Maginot n'est pas la résultante d'une propagande, au demeurant peu agressive, en tous cas moins convaincante que celle que les Allemands ont eux-mêmes répandu pour prêter à la ligne Siegfried des vertus qu'elle n'avait pas, mais bien le fruit d'études approfondies sur le sujet, favorisées il est vrai par l'annexion des Sudètes qui leur donnait la mainmise sur les fortifications tchèques copiées sur le modèle français.

C'est donc en parfaite connaissance de cause que la Wehrmacht a concocté son plan d'attaque prévoyant de passer à l'endroit jugé *a priori* le plus faible. Il est donc utile de faire le points sur les éléments que connaissent les Allemands mais aussi de s'interroger sur les moyens dont ils disposent pour attaquer éventuellement une position fortifiée.

■ CE QUE SAVENT LES ALLEMANDS

Il est certain que la construction de la ligne Maginot n'est pas passée inaperçue et, dès 1930, les services d'espionnage allemands ont cherché à en percer les secrets. Malgré toutes les dispositions prises pour assurer un maximum de sécurité, il est vain de penser que le secret a revêtu la forme la plus absolue.

Les emplacements tout d'abord sont facilement repérables : difficile en effet de soustraire un chantier aux vues, surtout lorsque les constructions présentent un caractère linéaire qui permet facilement d'en suivre le tracé et que, par la force des choses, de nombreuses implantations se font à proximité de localités ou de voies de communication. La dissimulation des chantiers par des hangars ou des bâches permet certes d'en dissimuler la teneur mais l'importance des camouflages donne une indication sur l'importance de l'ouvrage construit. Du reste, la CORF n'a jamais entretenu trop d'illusions quant au secret de la localisation des ouvrages.

Par ailleurs, et malgré les pressions exercées, il est difficile d'imaginer que les très nombreux ouvriers de toutes nationalités affectés à ces travaux de fortification ont gardé un secret absolu sur leur activité. Ils n'ont sans doute pas manqué, en privé ou en public, de faire allusion aux travaux qu'ils menaient. Tentation d'autant plus grande que le sentiment de détenir des informations privilégiées pousse souvent à en faire état pour se valoriser. Est-ce suffisant pour se forger une opinion sur l'importance des travaux en cours ? Sans doute oui car il est déjà possible de se faire une idée, pour qui pose les bonnes questions, sur la nature des bétonnages, leur épaisseur, la densité du mélange employé, la structure souterraine, etc.

Enfin, il est certain également que des plans ont été dérobés, des calques ont disparu et que des informations précises ont été communiquées à des agents allemands ou à leurs correspondants. C'est de bonne guerre. Il ne faut cependant pas surestimer les vertus de l'espionnage industriel car tous les ouvriers n'avaient pas nécessairement les compétences pour porter un jugement de valeur crédible et tous ne se sont pas exprimés en présence d'agents allemands.

Plus importante sans doute est, à partir de 1935, lorsque les chantiers sont enfin terminés, l'observation directe qui est un facteur d'appréciation important car il permet de déterminer le tracé de la position et la nature des éléments qui la composent. La protection des embrasures a certes été réalisée mais dès lors que des organes se ressemblent, il suffit de connaître l'armement d'un seul pour avoir, par extrapolation, une idée assez juste de l'ensemble.

Dès 1936, la Wehrmacht est en mesure de rassembler dans un document unique, une synthèse des informations dont elle dispose sur la ligne Maginot. Il s'agit du document inititulé *Grosses Orienterungsheft Frankreich. 1 April 1936* qui est certes très superficiel mais qui montre clairement la volonté allemande de maîtriser au mieux les différents aspects de la défense adverse. Pendant trois ans, les services d'espionnage allemands vont s'activer pour rassembler un maximum de documentation qui va permettre l'édition d'une seconde version du document en novembre 1939 (*Die franzosische Grenzbefestigung im Abschnitt Mosel-Kanalküste*) suivie d'une version revue et augmentée en avril 1940.

Ces documents contiennent de nombreuses informations fiables obtenues, soit de manière formelle (plans, photos), soit par déduction, ce qui se traduit par des appréciations différentes sur leur valeur.

Tout d'abord, il ne fait aucun doute que le tracé exact de la position est connu, tant la ligne principale des ouvrages que les accessoires de la fortification (maisons fortes, blockhaus d'avant-postes, barrages de route, etc.). La nature de l'armement est également bien recensée mais le détail de chaque ouvrage n'y figure pas et dans bien des cas, il s'agit de suppositions plus que de véritables informations [1].

NOTE

1. À titre d'exemple, on peut relever dans l'édition de novembre 1939 une illustration de ce qui précède. On y trouve en effet un plan complet — dessus et dessous — de l'ouvrage du Simserhof, avec la numérotation exacte des blocs, ce qui atteste que les Allemands ont pu entrer en possession de plans volés de certains ouvrages. Une photo prise au téléobjectif depuis l'avant montre l'aile ouest de l'ouvrage sur laquelle on peut distinguer trois blocs (blocs 1, 2 et 5). Une légende les identifie clairement et fait état de leur armement.

Dans le même ouvrage, on trouve une autre photo prise également au téléobjectif qui montre les avants du Grand-Hohékirkel. Les blocs sont cette fois identifiés par une lettre et leur description se limite à « *quatre blocs avec cloches mitrailleuses* » (*MG-Panzerkuppeln*). Il est donc évident que les Allemands n'en possèdent pas les plans.

Dans l'édition de mars 1940 revue et augmentée, on trouve deux nouveaux plans d'ouvrages mais il s'agit là encore d'interprétations : le premier est un plan des dessus du Hochwald illustré de quelques photos prises au téléobjectif, le second est La Salmagne (plan des dessus également) mais on y trouve une tourelle qui n'existe pas et aucune photo n'illustre ce chapitre. Cette erreur d'appréciation ne sera pas isolée, les Allemands se montrant incapables de faire la différence entre les fausses tourelles et les vraies. La démonstration la plus probante est l'attaque des fausses coupoles d'artillerie d'Eben Emael (10 mai 1940).

DR, coll A. Hohnadel

30 septembre 1936 : le général Krejci, chef d'état-major général de l'armée tchécoslovaque, est reçu à Metz, au palais du Gouverneur, par le général Giraud. On reconnaît au premier rang (à partir de la gauche de la photo) les généraux Giraud, Gamelin, Colson, Krejci, X, Schweisguth, X. Après un banquet au célèbre restaurant Moitrier, les généraux visiteront les fortifications de la ligne Maginot.

Pourtant, dès septembre 1939, la Luftwaffe a tout loisir de survoler les positions françaises et de les photographier. Ce sera particulièrement vrai pour les positions d'ALVF établies derrière les ouvrages.

Ensuite, les Allemands ont parfaitement localisé la plupart des organes mais ils n'ont pas été en mesure de faire de distinction entre les différents types d'ouvrages qu'ils ont uniformément assortis d'un numéro d'identification précédé des lettres PW (pour Panzerwerk). Ainsi, La Ferté est le PW 505, Fermont PW 180, le Kerfent PW 240. Il en va de même pour les casemates et autres petits blocs.

Les Allemands vont cependant avoir l'opportunité de comparer leurs informations avec une maquette grandeur nature grâce à l'annexion de la Tchécoslovaquie.

LES FORTIFICATIONS TCHÈQUES

En annexant les Sudètes en octobre 1938, les Allemands voient tomber entre leurs mains une ligne de fortifications que la Tchécoslovaquie est en train de réaliser, avec l'aide technique de la France, le long de la frontière allemande.

L'idée de cette ligne fortifiée prend corps en 1935 lorsque les Tchèques, soucieux du réarmement allemand, jugent utile d'interdire les débouchés des monts de Bohême face à la Silésie allemande, entre le Riesengebirge et l'Oder, par une ligne de fortifications se raccordant aux défenses polonaises. En raison des accords militaires qui lient les deux pays, c'est la France qui se propose d'assurer l'assistance technique, en fournissant aux Tchèques un certain nombre d'enseignements tirés des réalisations françaises.

En août 1934, une forte délégation militaire tchèque vient visiter les organisations d'Alsace (ouvrages de la région de Bitche et Hochwald), les casemates du Rhin et même des ouvrages de la région de Modane. Impressionnés par les fortifications Maginot, les officiers tchèques sollicitent l'aide des autorités françaises et un stage de formation d'une dizaine de jours est organisé en mai 1935 à Strasbourg à l'intention de plusieurs officiers supérieurs tchèques qui terminent leur séjour par une visite du Schiesseck et du Simserhof. Parallèlement, des officiers français spécialistes de la fortification sont détachés en mission permanente auprès de la ROP (qui est l'équivalent tchèque de la CORF). Les conseils français vont surtout porter sur les formes techniques des ouvrages, car il faut noter que l'armement et les cuirassements seront de fabrication tchèque (Skoda notamment).

Le projet tchèque, dans sa version définitive, prévoit quatre étapes de réalisations :

– 1re étape (de 1936 à 1941) : organisations du front fortifié puissant Oder - Elbe, la défense du Danube et l'organisation défensive de la Slovaquie du sud ;
– 2e étape (de 1941 à 1945) : verrouillage de la Slovaquie du sud et de la frontière ouest de la Bohème ;
– 3e étape (à partir de 1946) : les fortifications face à l'Autriche ;
– 4e étape : les fortifications face à la Pologne.

Les travaux de la 1re étape débutent en mars 1936 par le chantier de l'ouvrage de Smolkov (Hradiner Berg), en Moravie, suivi rapidement par plusieurs autres.

Malheureusement, l'annexion de l'Autriche en mars 1938 va porter un premier coup au projet puisque désormais, les fortifications des Sudètes peuvent être tournées par le sud. En septembre 1938, l'annexion des Sudètes suivie des accords de Munich livre aux Allemands les fortifications que les Tchèques ont juste eu le temps de vider de leurs matériels. Peine perdue car l'annexion en mars 1939 de la Bohème-Moravie permettra aux Allemands de récupérer tout ce que les Tchèques avaient enlevé.

Quelle valeur représente l'ensemble lors de l'annexion des Sudètes ? Sur quatorze ouvrages commencés ou projetés, le gros-œuvre de cinq seulement est achevé mais les tourelles et les pièces d'artillerie ne sont pas en place. En revanche, les cloches cuirassées ont déjà été livrées en partie (381 sur 529 prévues). 227 casemates (sur 539 prévues) et deux observatoires sont terminés, ainsi que près de 10 000 blocs légers et une partie du réseau antichar [2].

Le projet est donc loin d'être achevé au moment où les Allemands en prennent possession et il est difficile de déterminer si la ligne fortifiée aurait pu jouer un rôle dans le cas où la Tchécoslovaquie aurait choisi de résister [3].

En tous cas, pour les Allemands, il s'agit d'une prise particulièrement importante puisqu'elle va leur permettre d'apprécier, par comparaison, la valeur des fortifications françaises. C'est ainsi que des essais de perforation avec artillerie classique et charges creuses vont être menés sur différents blocs, le bloc K 24 de l'ouvrage de Bouda ayant même droit à un bombardement par Stukas. Grâce à ces expériences, les Allemands vont pouvoir établir un *Règlement sur l'attaque d'un front fortifié* dans lequel ils déterminent les différentes phases de l'attaque d'un ouvrage.

LES MÉTHODES ALLEMANDES CONTRE LA FORTIFICATION

Lors de leurs expérimentations contre les fortifications tchèques, les Allemands ont en effet fait une série de constatations intéressantes [4] :

– une attaque frontale a de grandes chances d'être vouée à l'échec en raison de la puissance intrinsèque des ouvrages et des appuis-feux latéraux ;
– les arrières sont relativement vulnérables ;
– les dessus résistent bien aux tirs des gros calibres qui peuvent difficilement venir à bout des blocs bétonnés ;
– les cuirassements, les embrasures et surtout les cloches sont vulnérables aux tirs tendus à forte vitesse initiale (à 800 mètres, un Pak 3,7 cm pénètre de 4 à 5 cm dans l'acier alors qu'à 1 500 m, un Flak 8,8 cm perce environ 18 cm d'acier).

Sur base de ces constatations, les Allemands vont déterminer une méthode d'attaque des ouvrages fortifiés comportant quatre phases distinctes :

NOTES

2. Les ouvrages partiellement terminés sont Smolkov ou Hradinerg Berg (commencé le 3 mars 1936), Berghöhe (commencé le 28 août 1936), Boudenkoppe ou Bouda (commencé le 28 août 1936), Adamsberg (commencé le 28 août 1936) et Herrenfeld ou Hanicka (commencé le 28 août 1936). Les autres ouvrages en chantier en 1938 sont le Galgenberg ou Sibenice (commencé le 10 mars 1938), le Skutina Berg (commencé le 16 novembre 1937), le Dobrosov (commencé le 28 juillet 1937) et le Stachelberg ou Trautenbach (commencé le 17 septembre 1937).

3. On peut à ce sujet citer deux témoignages recueillis en 1946 lors du procès de Nuremberg. Le premier émane du général Keitel : « *Nous avons toujours été d'avis que nos moyens d'attaque contre les fortifications-frontières de la Tchécoslovaquie étaient insuffisants* ». L'autre est le fait du général von Manstein : « *Il n'y a aucun doute qu'au cas où la Tchécoslovaquie se serait défendue, nous aurions été arrêtés par ses fortifications car nous n'avions pas les moyens de les percer.* ».

4. Un document de synthèse sur la fortification tchèque sera réalisé par les Allemands sous le nom de *Denkschrift über die tschekoslowakische Landesbefestigung*, édité en novembre 1941.

HANICKA

Les fortifications tchèques s'inspirent nettement de leurs homologues françaises mais elles bénéficient évidemment de l'expérience acquise. On voit ici une casemate pour trois obusiers de 100 mm de l'ouvrage de Hanicka. Il existe une visière très particulière au-dessus des embrasures.

DR, coll. J.-Y. Mary

JORDAN

Des experts militaires, parmi lesquels le capitaine Forceville, du génie de l'armée française (en culotte mastic, descendant le talus à gauche) examinent la casemate expérimentale Jordan après un bombardement par mortier de 305 mm.

DR, coll. A. Hohnadel

– tout d'abord, une phase de bombardement par l'artillerie lourde dont le but essentiel n'est pas d'obtenir une destruction des organes de défense de l'ouvrage mais plutôt de l'obliger à « faire le gros dos » et à bouleverser ses abords en créant des brèches dans les réseaux de rails et de barbelés, en creusant dans les glacis des entonnoirs qui favoriseront une progression éventuelle et en masquant en partie les embrasures de tir par les projections de terre (notamment en ce qui concerne les cloches) ;

– en second lieu — mais cette phase est facultative —, une attaque aérienne visant à ébranler sérieusement les blocs pour entamer le moral des défenseurs et à permettre aux artilleurs d'approcher leurs pièces à tir tendu à courte distance ;

– la troisième phase consiste en un report de tir de l'artillerie lourde sur les observatoires et les ouvrages voisins cependant que les pièces de rupture cherchent le coup d'embrasure sur les cuirassements pour les rendre intenables aux défenseurs. Pendant ce temps, les troupes d'assaut s'avancent à travers les réseaux en utilisant les nombreux entonnoirs, pour serrer l'objectif au plus près ;

– enfin, dès la cessation du tir, les troupes d'assaut couvrent les derniers mètres qui les séparent de leurs objectifs, avant que les défenseurs aient le temps de se ressaisir et placent leurs charges explosives dans les entailles creusées par les tirs tendus. Si possible, les assaillants jetteront à l'intérieur des pots fumigènes ou des grenades pour neutraliser les défenseurs.

On remarque que durant toute l'attaque, une haute coordination des différents éléments offensifs interdit pratiquement aux défenseurs de réintégrer leurs postes de combat, la succession d'explosions ne leur permettant pas de faire la différence entre les différentes phases de l'opération. On remarque également qu'à aucun moment, il n'est prévu que l'assaillant pénètre à l'intérieur de l'ouvrage dont la neutralisation seule suffit.

EXEMPLE D'OUVRAGE D'ARTILLERIE TCHEQUE

Plan J.-Y. Mary
Échelle 1/ 8500 env.

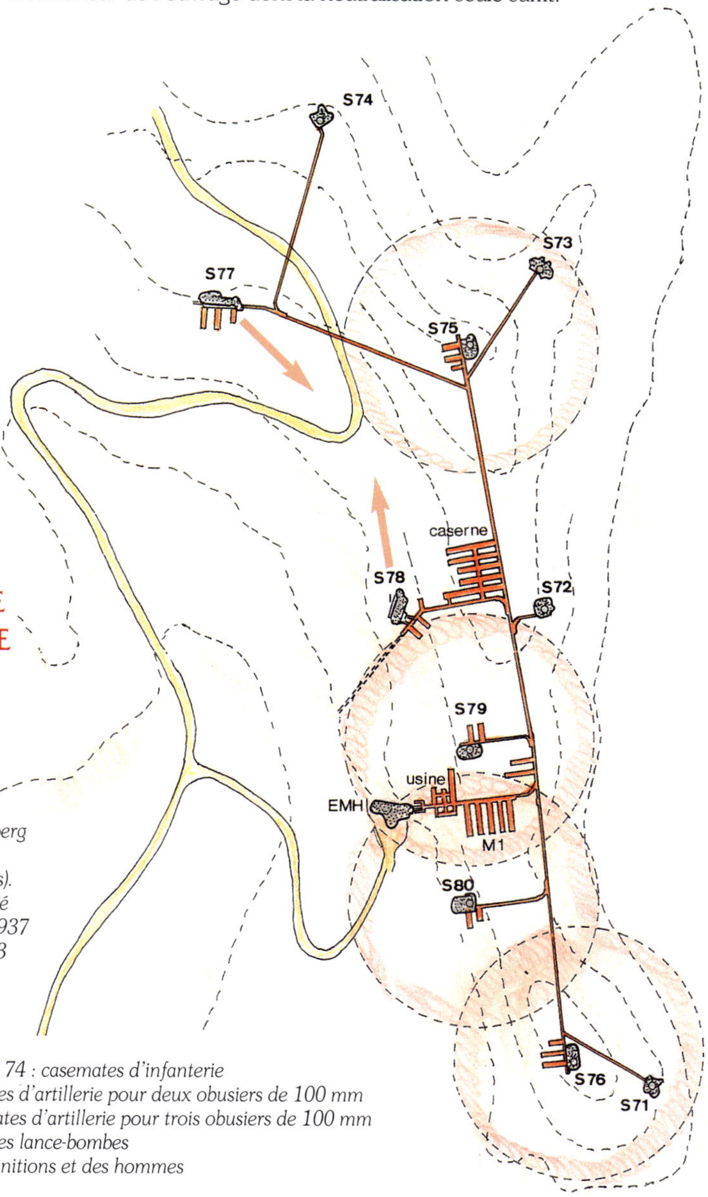

Ouvrage de Stachelberg (ou Trautenbach pour les Allemands). Cet ouvrage n'a été commencé que fin 1937 et seul le bloc S 73 a été coulé.

S 71, S 72, S 73 et S 74 : casemates d'infanterie
S 75 et S 76 : tourelles d'artillerie pour deux obusiers de 100 mm
S 77 et S 78 : casemates d'artillerie pour trois obusiers de 100 mm
S 79 et S 80 : tourelles lance-bombes
EMH : entrée des munitions et des hommes

DR, coll. A. Hohnadel

ADAMSBERG
L'entrée mixte de l'ouvrage de l'Adamsberg est restée inachevée et des vestiges du chantier sont encore visibles à l'arrière-plan.

Ce plan n'est cependant pas infaillible. Le principe de la fortification CORF est en effet le tir de flanquement qui permet justement à un ouvrage de ne pas réagir lorsqu'il est attaqué et de laisser le soin aux ouvrages collatéraux de prendre la défense à leur compte Dans ces conditions, l'opération n'a de chances de réussir que si l'assaillant parvient à neutraliser non seulement l'ouvrage qu'il compte attaquer mais également les ouvrages voisins — et encore faut-il qu'ils ne disposent pas de casemates de Bourges pratiquement impossibles à réduire au silence —, ce qui impose d'étendre le front d'attaque à environ 24 kilomètres.

C'est en partie de ce constat que les Allemands vont se convaincre qu'il n'est pas dans leur intérêt d'attaquer de vive force la ligne fortifiée mais qu'il convient au contraire de mener l'action sur les zones non pourvues d'artillerie car il en résulte nécessairement une réduction du front d'attaque : dans un secteur fortifié à base d'organes d'infanterie, l'efficacité des collatéraux n'excède pas 1 200 mètres, ce qui limite le front d'attaque à moins de trois kilomètres. Trois zones présentent dès lors les caractéristiques requises pour être attaquées avec succès : les fortifications du Nord, la trouée de la Sarre et la ligne de casemates du Rhin.

C'est donc sans surprise que ces trois secteurs particuliers vont faire l'objet d'une attaque montée de vive force dans le cadre des opérations à l'Ouest, alors que les autres opérations menées contre la ligne Maginot relèvent plus de circonstances d'attaque favorables que d'une volonté délibérée de faire tomber à tout prix les ouvrages attaqués.

L'ÉVOLUTION DES PLANS D'OPÉRATIONS

Depuis 1936, l'hypothèse d'une offensive à l'Ouest occupe les stratèges allemands qui ont eu tout loisir de mûrir leur plan d'action sans pour autant faire preuve d'une grande originalité puisque l'option retenue ressemble à s'y méprendre à ce qui s'est fait en 1914.

LE PLAN FRANÇAIS

La France a pris comme option principale la défensive, ce qui est *a priori* préjudiciable car dans l'art militaire, l'assaillant a toujours le choix du lieu, du moment et des moyens, ce qui revient à dire qu'il peut, quand il le veut, appliquer sur un point précis tous les moyens dont il dispose. Ainsi, alors que le défenseur doit adopter un principe linéaire et diluer ses propres forces pour faire face à toutes les hypothèses, l'assaillant peut concentrer ses forces en un dard nécessairement plus puissant sur le point de rupture que les forces de l'adversaire.

L'organisation française prend cette donne en compte puisque la partie fortifiée du front incite l'adversaire à attaquer par la Belgique. Là où le bât blesse, c'est que la Belgique est neutre depuis octobre 1936. Jusqu'alors, la France possédait un bouclier face à l'Allemagne et son épée, en l'occurrence sa masse de manœuvre, pouvait frapper au cœur de la Ruhr en traversant la Belgique alliée. Le retour de celle-ci à la neutralité interdit aux troupes françaises ce passage privilégié et elle ne peut dès lors frapper les Allemands qu'au départ de sa ligne fortifiée, ce qui revient à dire que masse de manœuvre et bouclier ne font plus qu'un. Solution inacceptable car la France ne peut certainement pas prendre le risque de laisser sa frontière du Nord vide de troupes au cas où les Allemands viendraient à violer la neutralité belge. À partir de 1936, l'armée française se heurte donc au détestable paradoxe d'avoir une position statique là où elle peut attaquer et une masse de manœuvre derrière une frontière qu'elle ne peut pas franchir... La guerre à venir est déjà presque perdue, l'initiative est passée du côté allemand.

Le GQG français ne peut bien sûr accepter cette situation sans réagir et il peaufine son plan en se basant sur un fait pratiquement acquis : malgré — ou à cause de — sa neutralité, la Belgique sera le futur champ de bataille.

Gamelin a entamé les hostilités avec des intentions offensives des plus limitées puisque après la timide opération de la Sarre qui ne soulage guère la Pologne, il reconstitue son dispositif initial dont l'axiome reste l'entrée en Belgique... dès que celle-ci jugera bon d'appeler au secours.

Dans sa version première, le plan prévu consiste à venir s'installer sur l'Escaut, ce qui représente un bond limité au-delà de la frontière et semble de ce fait très réalisable. Cette avance programmée jusqu'à l'Escaut doit cependant être considérée comme une première étape puisque, si les circonstances se révèlent favorables, le groupe d'armées n° 1 chargé de la manœuvre devra éventuellement porter ses gros sur la ligne Louvain - Wavre - Gembloux - Namur et se raccorder à la Meuse entre Namur et Givet. Pour y faire quoi ? Rien d'autre apparemment qu'une bataille défensive sur une position non préparée.

Ce qui n'est qu'une variante devient le 13 novembre l'axiome retenu et l'ensemble reprend le nom d'hypothèse Dyle.

Or, dans la manœuvre Escaut, le GA 1 est seul maître de son destin. Dans l'hypothèse Dyle, la réussite de l'opération dépend en grande partie du concours de l'armée belge dont on ignore pratiquement tout : l'état de préparation, les plans, les organisations défensives.

L'hypothèse Dyle paraît donc des plus aléatoire mais cette opération aventureuse ne semble pas émouvoir outre mesure le GQG puisque le général Gamelin envisage tout d'abord de poursuivre jusqu'au canal Albert. Puis, modifiant l'hypothèse Hollande ébauchée en novembre 1939, il met sur pied, à partir de mars 1940, la manœuvre Bréda qui consiste à envoyer la 7e armée au nord-est d'Anvers, en direction de Bréda en Hollande, pour empêcher les Allemands d'occuper le littoral.

Aux aléas de la manœuvre en Belgique, Gamelin ajoute donc ceux d'une liaison avec l'armée hollandaise dont on sait encore moins que pour l'armée belge, ce qui soulève aussitôt l'hostilité des intéressés : Giraud qui commande la 7e armée, Billotte le GA 1 et Georges, le théâtre d'opérations du Nord-Est. Mais rien n'y fait, Gamelin s'en tient à son projet : la 7e armée qui occupe le point essentiel du dispositif, derrière la zone la plus vulnérable, doit aller prendre position face à la frontière belge. Décision regrettable qui prive Georges des seules réserves vraiment valables sur le front Nord-Est.

Cette entrée en Belgique et en Hollande est-elle assortie d'une manœuvre quelconque ? On aimerait l'espérer mais en fait, le plan français élaboré au cours de la drôle de guerre n'a d'autre objectif que de quitter des positions plus ou moins aménagées certes mais sur lesquelles la troupe s'est tout de même organisée pendant huit mois, pour aller se battre en rase campagne en basant tout le projet sur des hypothèses incertaines. Sans autre idée de manœuvre qu'une rencontre frontale.

LE PLAN ALLEMAND

Du côté allemand, le plan jaune (*Fall Gelb*), dans sa conception initiale du moins, est loin d'être un chef-d'œuvre d'imagination.

Au départ, Hitler lui-même, devant la mauvaise volonté de l'OKH, fixe dès octobre 1939 l'objectif du premier plan *Fall Gelb*, à savoir l'occupation la plus complète possible du littoral face à l'Angleterre par une poussée au nord de Liège et à travers la Hollande. Ce projet qui comporte lui aussi beaucoup d'aléas est remplacé, dès la fin du mois, par une variante qui prévoit de ramener l'effort principal au centre du dispositif et non plus sur son flanc droit. Mais, tant dans la première version que dans la seconde, l'idée directrice consiste à refouler l'ennemi devant soi et aucun des plans élaborés ne porte en lui le germe d'une victoire décisive.

En novembre 1939, le général von Manstein, chef d'état-major du général von Rundstedt commandant la Heeresgruppe B, propose une inversion totale de la force de rupture pour enserrer les armées alliées dans une nasse, proposition qui suscite aussitôt l'intérêt du général Guderian. À première vue, ce plan est particulièrement audacieux : il ne s'agit plus d'engager dans la manœuvre une division blindée mais un groupement appelé à faire face à deux difficultés majeures qui, en se cumulant, risquent fort de faire échouer l'affaire.

La première est la nature même du terrain, vallonné, boisé, traversé par des cours d'eau peu profonds certes mais néanmoins de nature à ralentir l'avance, si d'aventure des destructions venaient obstruer les rares pénétrantes. Or, tout indique que tant les Belges que les Luxembourgeois ont bien l'intention de procéder à la mise en œuvre d'obstacles sérieux. Sans même parler de la partie française du parcours qui aboutit à la Meuse que garnissent des fortifications *a priori* solides.

La deuxième difficulté est que cette folle équipée doit se faire parallèlement à la ligne Maginot d'où peuvent à tout moment déboucher des contre-attaques blindées soutenues par une couverture aérienne qui trouvera sur ces itinéraires encombrés et n'offrant que peu de dégagements, des cibles privilégiées. Si la manœuvre échoue, les Ardennes pourraient fort bien être le tombeau des divisions blindées allemandes. Sans doute est-ce pour cette raison que l'OKH maintient l'idée d'une percée au centre et n'affecte à l'opération du sud que deux divisions blindées, ce qui est loin de satisfaire Guderian. Ce plan, par son originalité, est en effet l'éclair de génie qui peut provoquer la décision à l'ouest mais il ne souffre pas de demi-mesures.

Un *Kriegspiel* organisé le 7 février 1940 à Koblenz a en effet permis de mettre en évidence les avantages de ce projet et peu après, le plan jaune définitif avec concentration des blindés au sud, peut enfin être présenté au Führer. Hitler ne met pas longtemps pour être convaincu par les théories de Manstein et s'il ne l'avait pas été, Guderian, ardent défenseur du projet, se serait chargé de le convaincre.

Malgré toute la hardiesse de sa conception, le plan Manstein est cependant conditionné par un facteur important : le choix précis du point d'attaque. Le *Schwerpunkt* choisi est en effet juste à la limite des deux ailes de l'armée française, celle de gauche qui doit entrer en Belgique et celle de droite rivée à des fortifications puissantes que les Allemands jugent sinon imprenables, du moins difficiles à enlever. Or, à partir de la Tête de pont de Montmédy, la ligne Maginot laisse la place à une fortification beaucoup plus légère [5]. Cette appréciation est confirmée au général Guderian le 7 février 1940 lors du fameux *Kriegspiel* de Koblenz par le Major von Stiotta :

« *Mes estimations sur la valeur des fortifications frontalières se trouvèrent confirmées par les études minutieuses du Major von Stiotta, conseiller du génie du groupe d'armées. Le Major von Stiotta s'appuya essentiellement sur une exploitation très précise des photos aériennes, c'est pourquoi on ne put réfuter ses arguments.* » (Guderian, op. cit.)

Non, on ne peut réfuter ses arguments, les fortifications françaises de la Meuse n'ont qu'une valeur défensive très modeste même si, du côté français, le général Huntziger feint de l'ignorer (➠ pp. 42-43). Le *Schwerpunkt* sera Sedan.

LES MOYENS DONT DISPOSENT LES ALLEMANDS

Attaquer une position fortifiée, quelle qu'elle soit, nécessite toujours la mise en œuvre de moyens adaptés non seulement à la capacité de résistance de la position attaquée mais aussi à ses possibilités de riposte. Cela revient à dire qu'il ne suffit pas de disposer d'une artillerie puissante mais aussi qu'il faut pouvoir la déployer à une distance utile pour qu'elle procure son efficacité maximale.

L'expérience de 1914 a permis aux ingénieurs français de dégager quelques grands principes, notamment en termes de pénétration des projectiles et d'angles de tir nécessaires pour disloquer le béton. Les dalles et les murs construits dans les ouvrages prennent donc en compte le résultat de ces travaux et mettent en principe les ouvrages à l'abri de l'artillerie lourde adverse. La protection adoptée est dès lors conditionnée par les possibilités de l'assaillant d'amener ses pièces à bonne portée.

Il est évident que les Allemands sont parfaitement conscients des évolutions dans ce domaine et quand bien même ne le seraient-ils pas, la mainmise sur les fortifications tchèques est de nature à leur ouvrir les yeux. C'est sans nul doute une des raisons qui va les amener à rechercher leur point de rupture sur le maillon le plus faible de la chaîne. Cela ne les empêche cependant pas d'envisager les moyens éventuels à mettre en œuvre pour annihiler un ouvrage de fortification si les circonstances du combat l'imposent. Les fortifications tchèques vont dans ce domaine leur fournir un champ d'expérimentation particulièrement utile.

LES MOYENS CONVENTIONNELS

Les Allemands disposent d'une artillerie lourde importante dont les capacités de destruction ont été clairement démontrées lors de la neutralisation en 1914 des forts de Liège, Namur, Maubeuge ou Manonviller. Cette artillerie n'a que peu évolué entre les deux guerres et ses capacités de destruction ne se sont pas sensiblement améliorées [6].

On peut cependant noter qu'en mai 1940, deux matériels destinés à écraser les ouvrages de fortification, sont en cours d'évaluation, à des stades divers de développement :

– le mortier lourd de 60,5 cm sur affût chenillé (*Thor*)

– le mortier lourd de 80 cm sur voie ferrée (*Dora*) [7].

Enfin, un nouveau type de projectile, l'obus Röchling, est également à l'étude. Il s'agit d'un obus de 190 kg, très effilé et très long (2,50 m) tiré depuis un tube de 21 cm modèle 1918. Sa pointe en acier très dur vise à concentrer un maximum d'énergie au point de chute, ce qui lui permet de percer quatre mètres de béton à une distance de 11 000 mètres [8].

LES PIÈCES À TIR TENDU

Si l'artillerie lourde n'apporte que peu de solutions aux problèmes posés par la fortification, il n'en est pas de même des pièces à tir tendu qui vont démontrer, lors d'essais sur les fortifications tchèques, des possibilités nouvelles.

Les cuirassements (les cloches notamment) mais également les façades en béton vont en effet se montrer très vulnérables aux tirs tendus à forte vitesse initiale et à courte distance. Il s'agit essentiellement de pièces antichars et antiaériennes dont la plus performante est sans conteste le canon de 8,8 cm Flak 18 ou 36.

LA CHARGE CREUSE

La charge creuse consiste à appliquer toute la poussée d'une explosion sur un point précis. Il se forme alors un dard qui perce un trou à l'emporte-pièce dans l'acier le plus résistant. La brusque augmentation de chaleur qui se dégage est généralement suffisante pour mettre hors de combat les défenseurs qui se tiennent à l'abri derrière le blindage.

En 1940, les Allemands disposent de deux versions de cette arme nouvelle :

– charge de 12,5 kg dont 9 kg d'explosif qui peut percer 120 mm d'acier ;

– charge de 50 kg dont 36 kg d'explosif qui peut percer 250 mm d'acier.

Le principe impose de déposer la charge sur l'objectif (et non à la tirer depuis un canon), ce qui limite ses possibilités d'utilisation puisque l'assaillant doit déjà être en partie maître des superstructures avant de pouvoir passer à la phase de neutralisation. Le nombre de charges disponible en mai 1940 est relativement limité et leur emploi contre la ligne Maginot n'est pas prévu [9].

Tout le monde étant, semble-t-il, prêt, le rideau peut se lever sur le drame. ■

NOTES

5. « *Nous savions qu'entre Montmédy et Sedan, la très puissante structure de la ligne Maginot faisait place à un système bien plus faible. Nous nommions* ligne Maginot prolongée *les ouvrages situés entre Sedan et la Manche.* »

6. Le mortier de 42 cm type (y) a été reconditionné vers 1936-37 et doté notamment d'un nouvel affût. Le poids de son projectile est passé de 923 à 1 030 kg pour une portée de 14 000 mètres.

7. Ces deux matériels ne seront pas opérationnels lors de la campagne de France. Ils seront utilisés lors du siège de Sébastopol, de mai à juillet 1942.

8. Cet obus sera finalement développé après l'armistice sur les forts belges d'Aubin-Neufchâteau et de Battice et il sera considéré comme opérationnel à partir de 1942. Il ne sera cependant jamais utilisé en conditions de guerre.

9. En fait, toutes les charges disponibles seront utilisées le 10 mai 1940 lors de l'assaut aéroporté contre le fort belge d'Eben-Emael dont un certain nombre de cloches et de tourelles seront neutralisées par ce procédé.

© ECPAD/France

Photo J.-Y. Mary

Un exemple d'état des lieux : l'entrée mixte du Chesnois (➡ page 75), tel qu'elle apparaissait au cours des années soixante (document en noir) puis dans les années quatre-vingt (document en couleurs). Ouvrage de la seconde génération, après 1934, Le Chesnois illustre bien le destin malheureux de la forteresse. Abandonné sur ordre et saboté (➡ contexte page 186), il a ensuite été vidé par l'Occupant — à l'exception de ses cuirassements fixes — et n'a pas été remis en état après la guerre. C'est aujourd'hui une masse de béton inerte qui témoigne du sort funeste de nos armes dans les Ardennes.

DEUXIÈME PARTIE

SITUATION

DES ORGANISATIONS FORTIFIÉES ET DES GRANDES UNITÉS DE FORTERESSE AU 10 MAI 1940

L'inventaire des organisations fortifiées et des unités les servant a été réalisé avec le plus grand soin en se basant, soit sur les archives disponibles, soit sur des relevés effectués sur le terrain, et le plus souvent sur les deux.

TOUTEFOIS, IL EST DIFFICILE DE GARANTIR une exactitude absolue en raison des interprétations possibles, des changements intervenus entre le projet et la réalité ou des modifications effectuées à l'échelon local.

Les plans d'ouvrage sont également basés sur les archives du génie mais, en raison de l'échelle, les blocs présentent parfois une forme approximative et l'emplacement des cloches et tourelles est nécessairement aléatoire. Figurent également — lorsqu'elles ont été retrouvées dans les archives du SHAT, ce qui est le cas le plus fréquent — les références relatives aux projets établis par les directions du génie et approuvés par la CORF et le ministre de la Guerre [1].

Les organisations de campagne réalisées avant 1939 dans les secteurs défensifs dont elles constituent l'ossature ainsi que les organisations lourdes (STG ou FCR) réalisées en 1939-40 ont été, dans la mesure du possible, également répertoriées, sans que nous puissions prétendre que cette liste soit exhaustive. Les noms des officiers ont été indiqués chaque fois qu'ils étaient connus, mais beaucoup font encore défaut. Nous invitons les lecteurs qui disposeraient d'informations complémentaires à ce sujet à nous en faire part.

Enfin, toutes les cartes des secteurs défensifs et fortifiés d'une part, et tous les plans des ouvrages d'autre part, ont été réalisés à échelle constante et orientés vers le Nord.

ABRÉVIATIONS UTILISÉES DANS LES LISTES D'ORGANISATIONS FORTIFIÉES

AC 37 et AC 47 : canon antichar de 37 et 47 mm (➡ Tome deux, p. 112)
AM : arme mixte (➡ Tome deux, p. 115)
cl. : cloche de différents modèles
cl. M : cloche pour un jumelage de mitrailleuses Reibel
cl. M mod. AM : dito mais modifiée pour une arme mixte
FCR : fortification de campagne renforcée
FM : fusil-mitrailleur
JM : jumelage de mitrailleuses Reibel (➡ Tome deux, p. 109)
LG : lance-grenades sous cloche cuirassée (➡ Tome deux, p. 72)
obs./VDP : observatoire cuirassé à vision directe et périscopique
obs./VP : observatoire cuirassé à vision périscopique seulement
obs./J2 : cloche GFM équipée d'un périscope d'artillerie J2 (observatoire auxiliaire).
STG : section technique du génie

NOTE

1. Les numéros des approbations ministérielles comportent un groupe de chiffres qui désigne l'autorité émettant l'approbation : le groupe « 3/11 » désigne l'état-major de l'armée (3e bureau, opérations militaires), le « 2/4 S » correspond à la 4e direction au ministère de la Guerre, c'est-à-dire le génie (général Lefort).

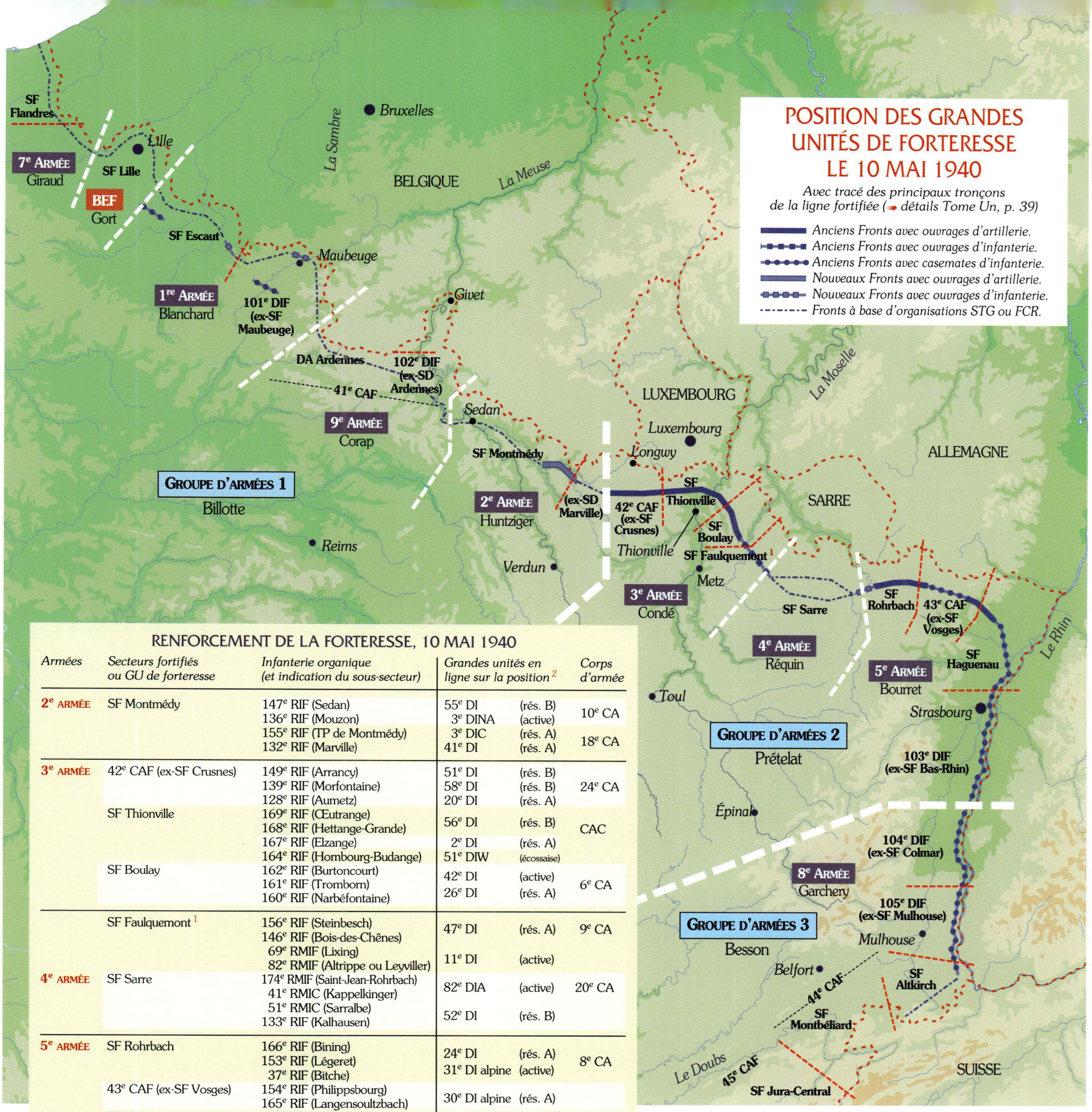

RENFORCEMENT DE LA FORTERESSE, 10 MAI 1940

Armées	*Secteurs fortifiés ou GU de forteresse*	*Infanterie organique (et indication du sous-secteur)*	*Grandes unités en ligne sur la position* [2]		*Corps d'armée*
2e ARMÉE	SF Montmédy	147e RIF (Sedan)	55e DI	(rés. B)	10e CA
		136e RIF (Mouzon)	3e DINA	(active)	
		155e RIF (TP de Montmédy)	3e DIC	(rés. A)	18e CA
		132e RIF (Marville)	41e DI	(rés. A)	
3e ARMÉE	42e CAF (ex-SF Crusnes)	149e RIF (Arrancy)	51e DI	(rés. B)	24e CA
		139e RIF (Morfontaine)	58e DI	(rés. B)	
		128e RIF (Aumetz)	20e DI	(rés. A)	
	SF Thionville	169e RIF (Œutrange)	56e DI	(rés. B)	CAC
		168e RIF (Hettange-Grande)			
		167e RIF (Elzange)	2e DI	(rés. A)	
		164e RIF (Hombourg-Budange)	51e DIW	(écossaise)	
	SF Boulay	162e RIF (Burtoncourt)	42e DI	(active)	6e CA
		161e RIF (Tromborn)	26e DI	(rés. A)	
		160e RIF (Narbéfontaine)			
	SF Faulquemont [1]	156e RIF (Steinbesch)	47e DI	(rés. A)	9e CA
		146e RIF (Bois-des-Chênes)			
		69e RMIF (Lixing)	11e DI	(active)	
		82e RMIF (Altrippe ou Leyviller)			
4e ARMÉE	SF Sarre	174e RMIF (Saint-Jean-Rohrbach)	82e DIA	(active)	20e CA
		41e RMIC (Kappelkinger)			
		51e RMIC (Sarralbe)	52e DI	(rés. B)	
		133e RIF (Kalhausen)			
5e ARMÉE	SF Rohrbach	166e RIF (Bining)	24e DI	(rés. A)	8e CA
		153e RIF (Légeret)	31e DI alpine	(active)	
		37e RIF (Bitche)			
	43e CAF (ex-SF Vosges)	154e RIF (Philippsbourg)	30e DI alpine	(rés. A)	
		165e RIF (Langensoultzbach)			
	SF Haguenau	22e RIF (Péchelbronn)			
		79e RIF (Hoffen)	70e DI	(rés. B)	12e CA
		23e RIF (Soufflenheim)			
		68e RIF (Sessenheim)	16e DI	(rés. A)	
		70e RIF (Herlisheim)			
	103e DIF (ex-SF Bas-Rhin)	172e RIF (Strasbourg)	62e DI	(rés. B)	17e CA
		34e RIF (Erstein)			
8e ARMÉE	104e DIF (ex-SF Colmar)	42e RIF (Elsenheim)	54e DI	(rés. B)	13e CA
		28e RIF (Dessenheim)			
	105e DIF (ex-SF Mulhouse)	10e RIF (Schlierbach)			
	SF Altkirch	171e RIF (Franken)	67e DI	(rés. B)	44e CAF
		12e RIF (Durmenach ou Ill)			
	SF Montbéliard	Chasseurs pyrénéens			

1. Le 25 septembre 1939, le SF Faulquemont est passé de la 3e à la 4e armée (➠ détails p. 111)
2. rés. A = réserve série A rés. B = réserve série B

SOMMAIRE DÉTAILLÉ DE L'INVENTAIRE

GROUPE D'ARMÉES N° 1 (GA 1, général Billotte)

ZONE DE LA 7e ARMÉE (général Giraud)

L'absence de fortification puissante CORF, entre les Ardennes et Dunkerque, est considérée encore aujourd'hui comme la cause principale de notre désastre de 1940. Or, non seulement une barrière de fortifications continues ne permet pas à elle seule de gagner un conflit, mais dès 1926, la CDF a remarqué le tracé défectueux de la frontière du Nord ainsi que la présence de grosses agglomérations industrielles (Lille - Roubaix - Tourcoing, Valenciennes et Maubeuge) qui ne permettraient pas d'envisager une organisation défensive à la frontière même. Bien plus, sur l'insistance du maréchal Pétain, elle adopte une « ligne de passage » où serait rassemblé le corps de bataille chargé de porter secours à notre alliée la Belgique (➠ Tome Un, p. 15) ; la même hypothèse reste valable en cas d'une Belgique devenue hostile.

C'est dans cette optique que sont fortifiées les forêts de Mormal et de Raismes par des casemates de mitrailleuses, afin de constituer un jalonnement — bien symbolique — de cette *ligne de passage*, tandis que des inondations défensives (régions de Bergues - Watten et de Bergues - Bray-Dunes, bassins de l'Escaut) assurent la jonction avec la Mer du Nord. Mais dès fin 1931, les populations locales et leurs élus (en particulier, le sénateur Messimy, ancien général et ministre de la guerre en 1914) s'émeuvent : en face de l'effort gigantesque qui s'accomplit alors en Lorraine et en Alsace, ils constatent l'absence de barrage solide dans le Nord. D'ailleurs en Belgique même, sous l'impulsion du parti flamingant, les conditions psychologiques deviennent de plus en plus défavorables à une intervention militaire française en territoire belge. Les élus demandent donc la construction de deux régions fortifiées, de part et d'autre de Lille. Le charbon du Nord serait ainsi protégé de la même façon que le minerai de fer lorrain.

Consultés en mai-juin 1932, le maréchal Pétain et le Conseil supérieur de la guerre sont hostiles à toutes fortifications autour de Lille. C'est pourtant le même Pétain, devenu ministre de la Guerre, qui défendra le second volet du programme de fortification (loi du 6 juillet 1934, ➠ Tome un, p. 29) réservant 395 millions à la fortification des Nouveaux fronts : Escaut et Maubeuge, Montmédy et plateau de Rohrbach. Satisfaction est ainsi donnée aux élus du Nord, bien que les organisations construites n'aient de rien de commun avec les gros ouvrages d'Alsace et de Lorraine (en particulier, absence d'organe d'artillerie dans le Nord).

Le retour de la Belgique à la neutralité (14 octobre 1936) va conduire progressivement le général Gamelin à accepter, à partir de 1937, le concept du front continu précédé par un obstacle antichar. Ce front continu est constitué par les secteurs fortifiés CORF de 1934 et par les positions étudiées par l'Inspection générale du génie et des fortifications (IGGF) à base de casemates STG (deux créneaux dans chaque secteur de tir) : môle fortifié de Maulde, position du Mont-Noir à la Mer du Nord. Tout le reste du front est pris en charge par la 1re région militaire qui y bétonne des blockhaus type 1re RM (un créneau par secteur de tir).

Les avant-projets du Nord

- casemates de la forêt de Raismes : approbation ministérielle du 5 décembre 1930.
- casemates de la forêt de Mormal : approbation ministérielle du 20 mars 1931.
- organisation défensive du Nord (229 millions en cinq urgences : Maubeuge, Valenciennes, Bavay, Maulde et Maubeuge - Solre) : n°484/ORF du 30 mai 1932, sans suite (y compris l'organisation de la région des Monts pour 28 millions).
- Région fortifiée Maubeuge - Valenciennes : n° 62/S du 17 juillet 1934 (avant-projet de Maubeuge avec l'ouvrage de Quatre-Bras en 2e urgence) ; n° 17/S du 12 mars 1934 (secteur de Solre-le-Château avec l'ouvrage de l'Épine, sans suite) ; n° 68/S du 21 juillet 1934 (front de l'Escaut).

SECTEUR DÉFENSIF devenu (20 janvier 1940) SECTEUR FORTIFIÉ DES FLANDRES
(de la Mer du Nord à Armentières exclu)

Conception

Dans les projets initiaux (1931), la position aurait dû s'appuyer sur une ligne de dix casemates au Mont-Cassel (Haegedoorne Nord et Sud, Moulin-de-Standaert Nord et Sud, Route-de-Steenvorde Nord et Sud, Roomehouck Nord et Sud et Grand-Bruxelles Nord et Sud) qui sera repoussée en 2e urgence. En lieu et place, la position sera jalonnée par une série de casemates STG construites en 1939-40, essentiellement autour de Hondschoote et du Mont-Noir.

Par ailleurs, la CEZF entreprendra de construire durant les hostilités une seconde ligne de casemates STG sur la bretelle de Cassel.

Commandement et troupes

Commandant le secteur : général Barthélémy
Chef d'état-major : commandant Chamboredon
Commandant l'ID :
14e RRT : lieutenant-colonel Mirou
15e RRT : lieutenant-colonel Ployart
221e RRT : commandant Chauvin
Groupement Y : 21e/65e RI, 21e/110e RI, 21e/129e RI
Commandant l'artillerie : lieutenant-colonel Raugel
10e et 11e batteries du I/161e RAP : cne Fauconneau (12 x 75 mle 97)
Génie et transmissions : éléments du 101e détachement de destruction des transmissions, 174e bataillon de sapeurs-mineurs
9e, 15e, 59e, 117e et 118e compagnies de travailleurs espagnols
253e et 254e compagnies françaises de travailleurs
PC : Hazebrouck, Saint-Omer, Poperinghe, Rexpoede, Bergues, Teteghem, Malo-les-Bains.

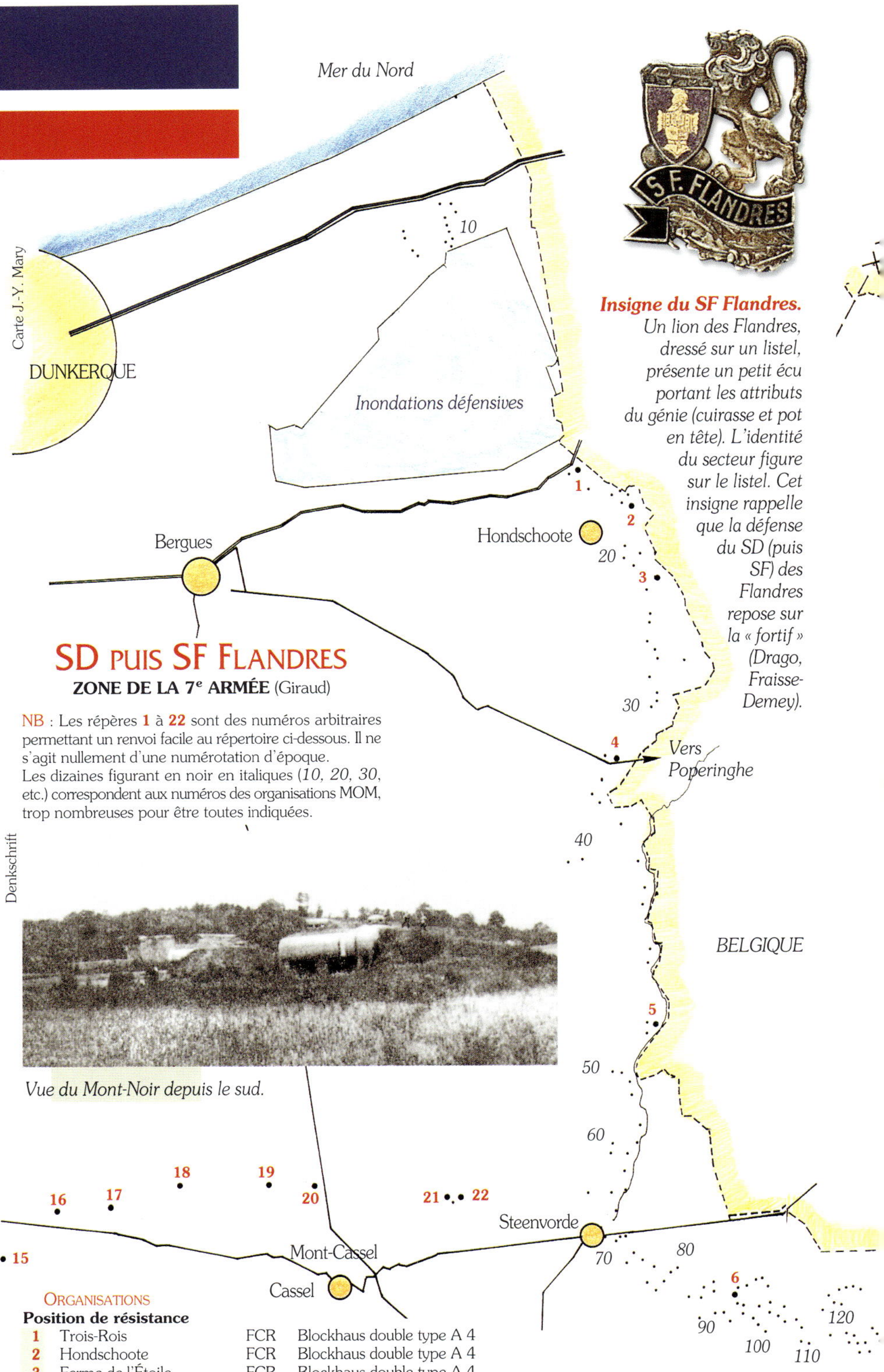

SD puis SF Flandres
ZONE DE LA 7e ARMÉE (Giraud)

NB : Les repères **1** à **22** sont des numéros arbitraires permettant un renvoi facile au répertoire ci-dessous. Il ne s'agit nullement d'une numérotation d'époque. Les dizaines figurant en noir en italiques (*10, 20, 30,* etc.) correspondent aux numéros des organisations MOM, trop nombreuses pour être toutes indiquées.

Denkschrift

Vue du Mont-Noir depuis le sud.

Insigne du SF Flandres.
Un lion des Flandres, dressé sur un listel, présente un petit écu portant les attributs du génie (cuirasse et pot en tête). L'identité du secteur figure sur le listel. Cet insigne rappelle que la défense du SD (puis SF) des Flandres repose sur la « fortif » (Drago, Fraisse-Demey).

Organisations

Position de résistance

1	Trois-Rois	FCR	Blockhaus double type A 4
2	Hondschoote	FCR	Blockhaus double type A 4
3	Ferme-de-l'Étoile	FCR	Blockhaus double type A 4
4	Oost-Cappell	FCR	Blockhaus double type A 4
5	Pont-de-Watou Sud	FCR	Blockhaus double type A 4
6	Épi-de-Blé	FCR	Blockhaus double type A 4
7	Puidefort Ouest	STG	Blockhaus flanquant à gauche : 1 cloche GFM B
8	Puidefort Est	STG	Blockhaus flanquant à droite : 1 cloche GFM B
9	Cas. gauche du Mont-Noir	STG	Blockhaus flanquant à gauche : 1 cloche GFM B
10	Cas. droite du Mont-Noir	STG	Blockhaus flanquant à droite : 1 cloche GFM B
11	Ermitage Nord	STG	Blockhaus flanquant à gauche : 1 cloche GFM B
12	Ermitage Sud	STG	Blockhaus flanquant à droite : 1 cloche GFM B
13	Croix-de-Poperinghe	STG	Blockhaus double type A 1 : cloche GFM B
14	Dranauthe (ou Dranaute)	STG	Blockhaus double type A 1 : cloche GFM B

À ajouter : 1 blockhaus type Da (Le Rabot), 5 abris de tir (quatre N 1f : Godewaersvelde, Usine-de-Boeschepe, Spatterken, Kokereel Sud et 1 abri double de type spécial : Vleninkhove) et 29 tourelles démontables (Houtten, Honschoote, Leyseele, Lindenhoeck, Killem, Haezepoel, Callebeck, Cappel-Houck, Oost-Cappel, Moulin-Doodman, Oost-Houck, Haringe, Les Quatre-Extrémités, Wingart, Pont-d'Houtkerque, Pont-de-Watou Nord et Sud, Saint-Éloi, Klostermeulen, Rossignol, Château, Queue-de-Vache Ouest et Est, Nord-Ouest de Goedewaersvelde, Lappe, Nicke, Steenacker Ouest et Est, et Vleninkhove Nord).

Bretelle de Cassel

15	Balemberg	STG	Blockhaus type A double : 1 cloche GFM non installée
16	Huit-Masures	STG	Blockhaus type A double : 1 cloche GFM non installée
17	Ochtezeele	STG	Blockhaus type A double : 1 cloche GFM non installée
18	Arnecke	STG	Blockhaus type A double : 1 cloche GFM non installée
19	Zermezeele	STG	Blockhaus type A double : 1 cloche GFM non installée
20	Hardifort	STG	Blockhaus type A double : 1 cloche GFM non installée
21	Ryvelde Ouest	STG	Blockhaus type A double : 1 cloche GFM non installée
22	Ryvelde Est	STG	Blockhaus type B 1 simple : 1 cloche GFM non installée

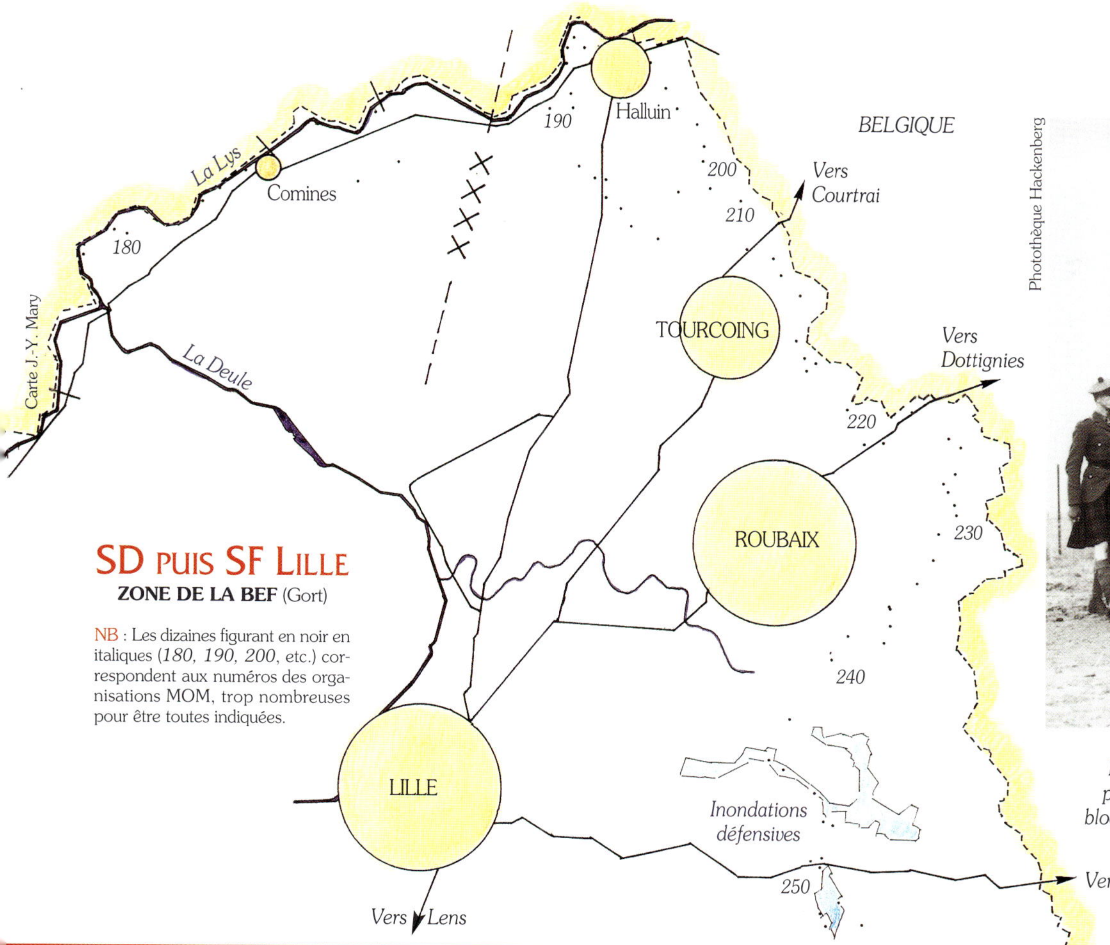

SD puis SF Lille

ZONE DE LA BEF (Gort)

NB : Les dizaines figurant en noir en italiques (*180, 190, 200*, etc.) correspondent aux numéros des organisations MOM, trop nombreuses pour être toutes indiquées.

Photothèque Hackenberg

Pendant la drôle de guerre, un groupe de soldats écossais est passé en revue par deux officiers devant le mur de gorge d'un bloc type 1re RM (Nord). On peut remarquer la date plaquée sur le bloc (1937) et le camouflage à deux tons appliqués suivant une ligne sensiblement horizontale et à bords flous. L'effet recherché ici est plus particulièrement de dissimuler les embrasures.

ZONE DE LA BRITISH EXPEDITIONARY FORCE (général Gort)

SECTEUR DÉFENSIF devenu (16 mars 1940) SECTEUR FORTIFIÉ DE LILLE

(d'Armentières inclus au fort de Maulde exclu)

Commandement

Commandant le secteur : général Gillard puis général Bertschi

Chef d'état-major : capitaine Masson

Commandant le 16e RRT : lieutenant-colonel Chevillard

Organisations

Pas de fortifications spécifiques. Uniquement une centaine de petits blocs suivant le tracé de la frontière.

Blockhaus (65) :

11 type Da : Risquons-Tout, La Boutillerie, La Vallée, La Passerelle, Gressart, Le Peuvil, Marais-de-Bercu, Pont-du-Château, Pont-du-Brochet, Rue-d'Ombrie et Cense-de-Choques

8 type Db : Halluin, Le Tramway, Le Fay, Beaulieu Nord, Les Quatre-Mondes Nord, Neuveille-en-Ferrain, Petit-Marais et La Bougrie Ouest

4 type Dc : Courts-Payeux, Bercu-Pont-d'Or, Montury et Rue-Prière

6 type Dd : Les Meurins, La Motellete, Le Fresnoy, Hem Est, Roch Est et Cul-du-Four

6 type Dsd : La Crèche, Sapin-Vert, Beaulieu Sud, Pont-à-Tressin Sud, Dronkaert et Gruson Sud

5 type Dsg : Le Stand, Grimonpont Nord, Pont-à-Tressin Nord, La Grande-Barbe et Vieux-Sailly

4 type Gsd : La Courte, Cobrieux Sud, Mouchin Est et Vert-Bois

6 type Gsg : Chêne-Houplines, Cobrieux Nord, Mouchin Ouest, Le Canal, Chapelle-Madame et Melchamez Sud

8 type G 1 : Rue-d'Hôtel, Lys-les-Lannoy, Forest, La Noyelle, Melchamez Nord, Cysoing Sud, La Bougrie Est et Caserne-des-Douanes

5 type G 2 : Bois-du-Château-du Fay, Le Buisson, Toufflers Sud, Anstaing et Cense-de-Warempret

2 type G 3 : Toufflers Nord et Quennaumont

Abris de tir (23) :

3 type N 1d : Croix-Rouge Nord, L'Espierre et Cambuis

14 type N 1f : Wattreloos Ouest, Bouvines, Cense-de-Cobrieux, Bas-Préau, Grimonpont Sud, Roch Ouest, Pont-à-Tressin Ouest, Menin, Les Quatre-Mondes Sud, Bethleem, Le Mur, Gruson Nord, Pont-de-France et Cul-du-Four Est.

4 type N 1g : Croix-Rouge Sud, Fleury Nord, Fleury Sud et Wattreloos Est

2 type N 2g : Ferme-Salomé et Mont-d'Halluin

Tourelles démontables (9) :

Station-de-Bachy, Rue-Prévost, La Lys, Voie-de-Triage, Chapelle-Madame, Tassonnière Ouest, Tassonnière Est, Bois-de-Cysoing et Cense-de-Choques.

Cette remarquable photographie montre le service d'un canon antichar de 25 mm SA modèle 1934 de campagne à l'intérieur d'un bloc du Nord. Le canon a été mis en place à l'aide de deux profilés métalliques disposés en plan incliné. Les bêches sont bloquées sur deux épaulements bétonnés.

Photothèque Hackenberg

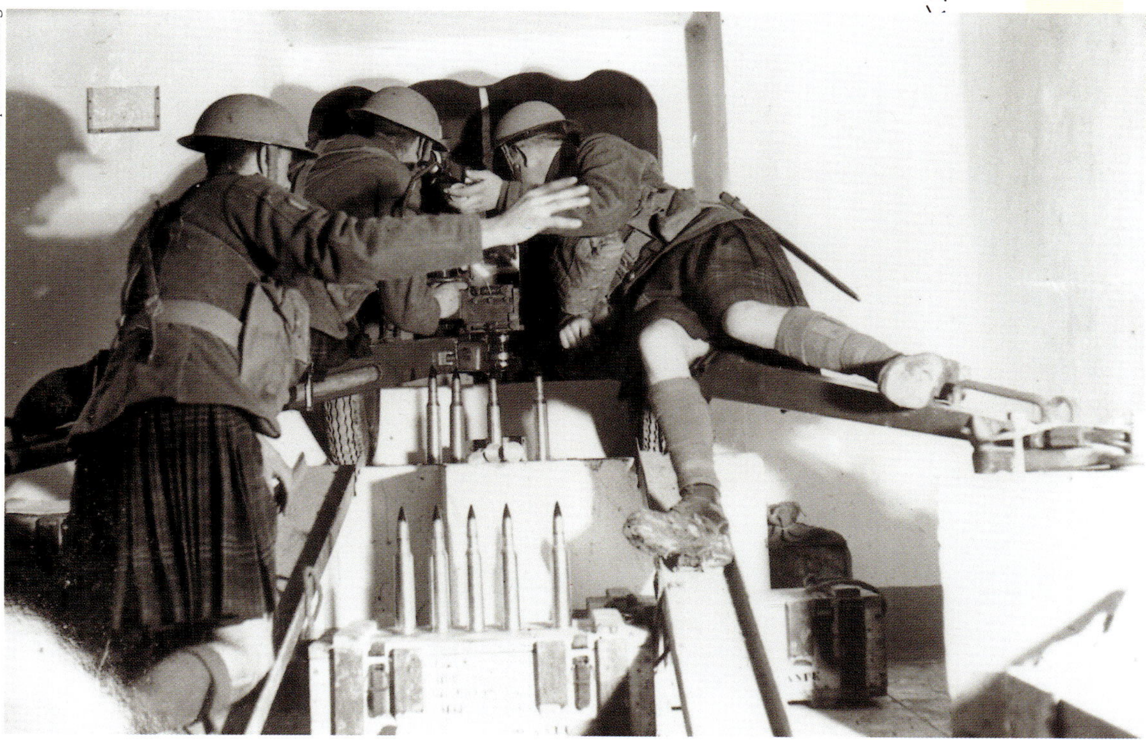

ZONE DE LA 1re ARMÉE (général Blanchard)

SECTEUR FORTIFIÉ DE L'ESCAUT

(de Maulde à Wargnies-le-Petit)

Conception

Initialement (1930), le tracé de la position est jalonné par une ligne de casemates érigées en forêt de Raismes. À partir de 1934, une nouvelle position est étudiée qui ne prend plus en compte les casemates déjà construites. Le nouveau tracé prévoit un ouvrage d'artillerie (Eth), un petit ouvrage (Estreux) et une position de neuf casemates (Wargnies Est et Ouest, Jeanlain, Folie-Notre-Dame, Talandier, Calvaire-Saint-Druon, Rouge-Haie, Grand- Val et Quarouble). Seuls seront réalisés un petit ouvrage à Eth et deux casemates, Jeanlain et Talandier. À partir de 1936, la position est finalement réalisée sous forme d'une ligne de casemates STG entre le PO d'Eth et le vieux fort de Maulde remanié en 1936-37 pour en faire un ouvrage d'artillerie à bon marché. Prévu pour comporter cinq casemates d'artillerie, il se limitera finalement à un observatoire, deux casemates pour 75 modèle 1933 et une casemate de 155 GPF en retrait, pour battre les ponts de Tournai.

En 1939-40, une seconde position à base de casemates STG sera entamée par la CEZF au nord du Cateau-Cambrésis.

Commandement et troupes

Commandant le secteur : généraux Echard puis Hanaud (janvier) et Béjard (mai 1940)
Chef d'état-major : commandant Fontaine
Commandant l'ID :
- 54e RIF : lieutenant-colonel Delcure (➠ Tome Un, p. 97)
- 17e RRT (régiment régional de travailleurs) : lieutenant-colonel Ployart

Commandant l'AD :
- I/161e RAP : chef d'escadron Teillez (➠ Tome Deux, p. 197)
- Section munitions auto n° 235/1

Commandant le génie : chef de bataillon Pouille
- 212/1 compagnie de sapeurs mineurs (➠ Tome Deux, p. 212)

PC : Hazebrouck, Saint-Omer, Poperinghe, Rexpoede, Bergues, Teteghem, Malo-les-Bains.
CEO : 106e : PO d'Eth, casemates de Jeanlain et de Talandier
107e : fort de Maulde et casemates périphériques
108e : casemates de la forêt de Raismes.

Organisations

Les organisations STG et FCR du Nord portent une numérotation continue établie après guerre (utilisée ci-après) mais malheureusement incomplète. Il en existe une seconde qui correspond à des appellations différentes (noms de minéraux) et qui était, semble-t-il, en vigueur en 1940 (par exemple, la casemate 32 La Chapelle était la 24 *Ardoise*, la 37 Église-de-Bruille était la 29 *Diamant*, la 41 Terril-de-la-Valresse était la 33 *Rubis*, etc.). Les autres indications portées dans le relevé ci-dessous proviennent des documents établis par le génie avant guerre et elles ont été complétées par des observations effectuées sur le terrain.

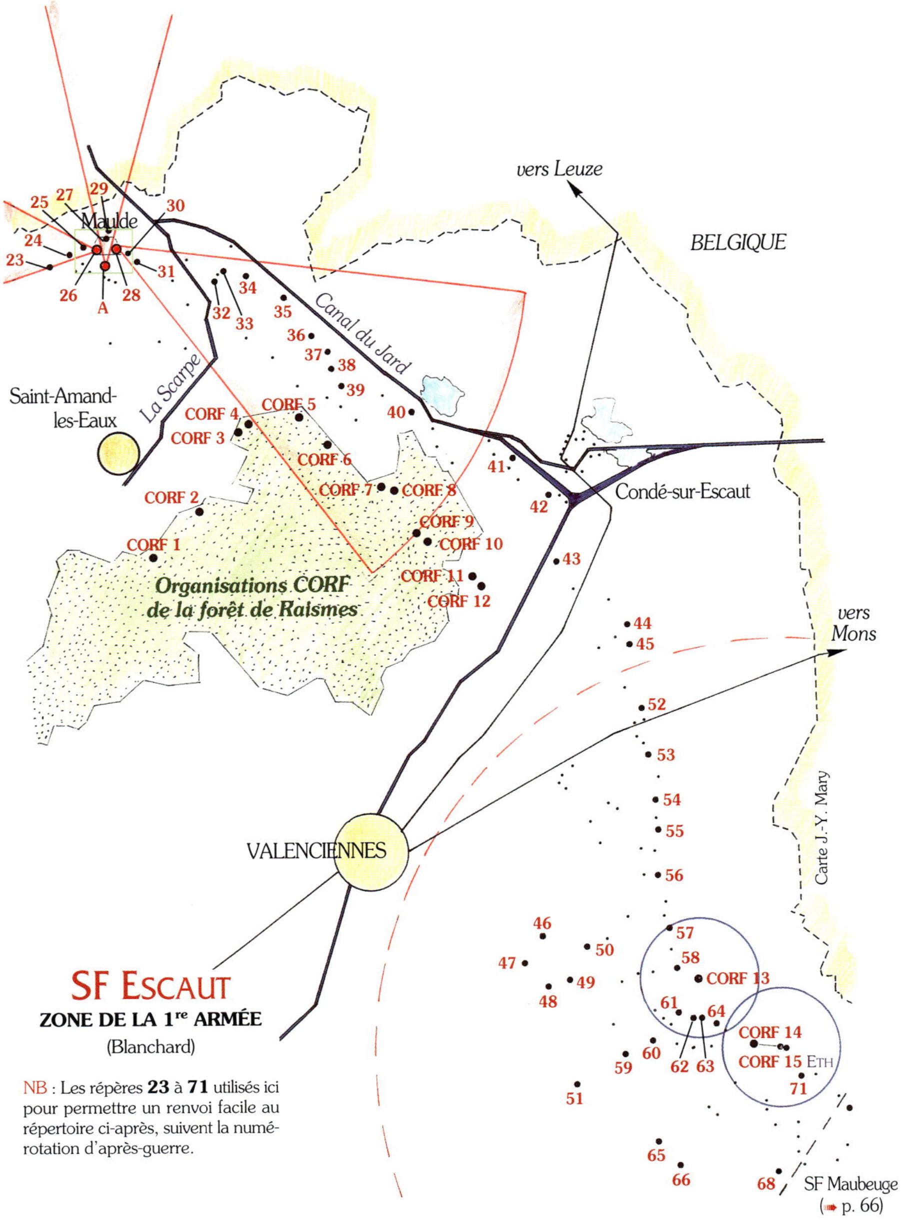

SF Escaut

ZONE DE LA 1re ARMÉE
(Blanchard)

NB : Les repères **23** à **71** utilisés ici pour permettre un renvoi facile au répertoire ci-après, suivent la numérotation d'après-guerre.

Position de résistance

■ **107e CEO** (54e RIF) : capitaine Michelet, adjoint lieutenant Letoquart

23	Sud-Ouest de Maulde 3	FCR	Blockhaus double type A 4
24	Sud-Ouest de Maulde 2	STG	Blockhaus type B gauche : 1 cl. GFM B (adjudant Rigaux)
25	Sud-Ouest de Maulde 1	STG	Blockhaus type B droite : 1 cl. GFM B (adt-chef Marquant)
	Fort de Maulde (construit avant 1914)		Vieux fort réorganisé par la construction de 2 casemates d'artillerie et 1 observatoire (capitaine Schwengler)
26	Ouest du Fort de Maulde	STG	Casemate d'artillerie pour 2 x 75 mle 97/33 flanquant à gauche (maréchal des logis-chef Féron) (plan ➠ Tome Deux, p. 146)
27	Observatoire du Ft de Maulde	STG	Observatoire : 2 cl. GFM B
A	155 du Fort de Maulde	STG	Casemate d'artillerie pour 1 matériel de 155 GPF (mdl Guidez)
28	Est du Fort de Maulde	STG	Casemate d'artillerie pour 2 matériels de 75 modèle 97/33 flanquant à droite (adjudant Lebrun)
29	Sud de Maulde	STG	Blockhaus type A double : 1 cl. GFM B (lt Detourmignies)
30	La Trinquette	STG	Blockhaus type B 1 gauche : 1 cl. GFM B (aspirant Fady)
31	Mont-de-la-Justice	STG	Blockhaus type A double : 1 cl. GFM B (lieutenant Petitmangin)
32	La Chapelle	FCR	Blockhaus type A double avec créneau visuel frontal
	Pont-de-l'Imbécile	1re RM	Abri de tir type N 2f
33	Rodignies Ouest	1re RM	Abri de tir type N 2f
	Rodignies Est	STG	Blockhaus type A double : 1 cl. GFM B
34	Château-l'Abbaye	STG	Blockhaus type A double : 1 cl. GFM B
	Écluse-de-Rodignies	1re RM	Blockhaus type M
35	Petit-Marais	STG	Blockhaus type A double : 1 cl. GFM B
36	Long-Buhot	STG	Blockhaus type B 1 gauche : 1 cl. GFM B
	Bruille Sud	1re RM	Abri de tir type N 2a
37	Église-de-Bruille	FCR	Blockhaus type A double avec créneau visuel frontal
38	Bruille Nord	STG	Blockhaus type B 1 gauche : 1 cl. GFM B
39	Bruille Sud	STG	Blockhaus type B 1 droite : 1 cl. GFM B

Ensemble de Maulde

Plan et dessins J.-Y. Mary
Échelle du plan 1/10 000

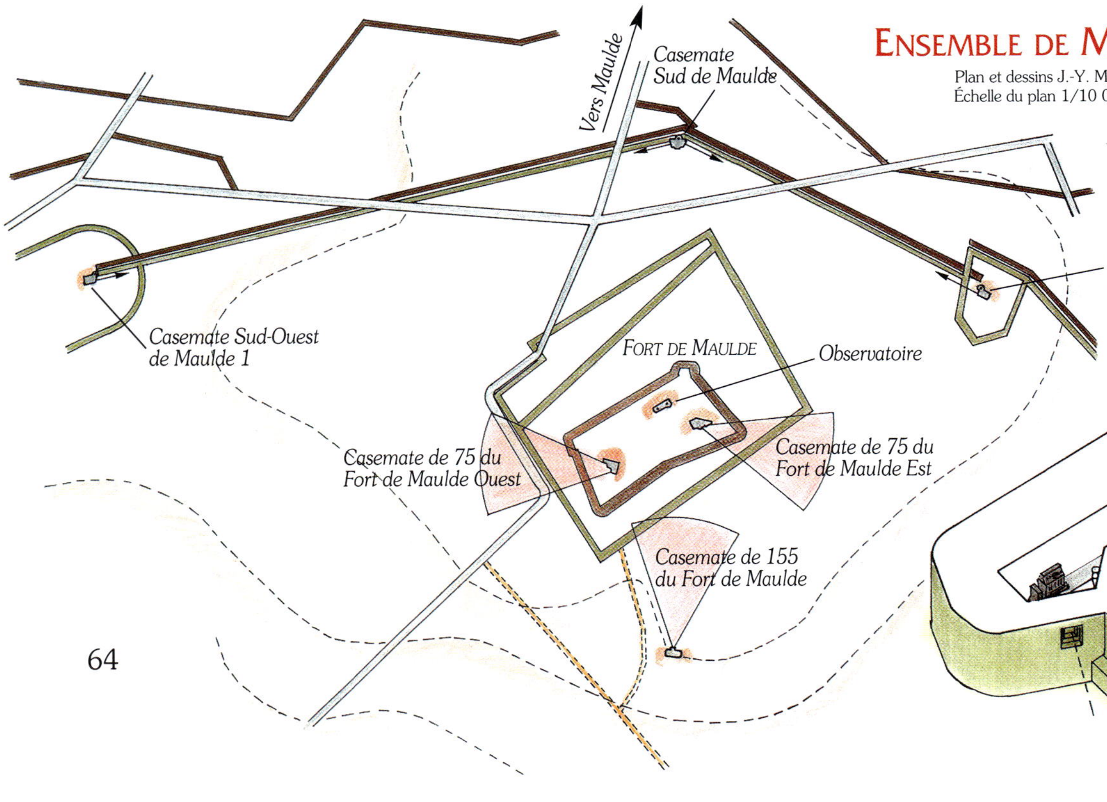

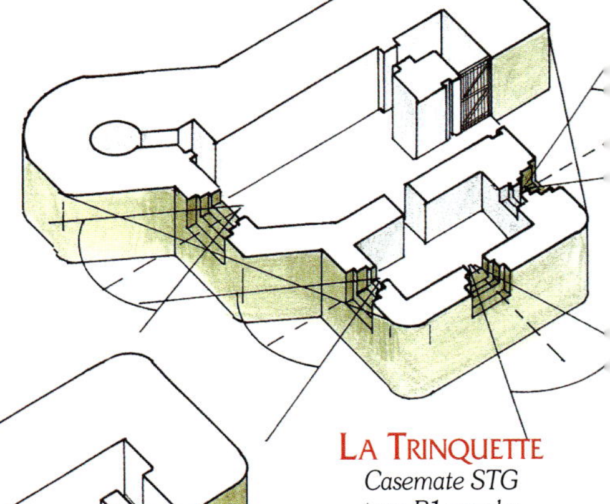

La Trinquette
Casemate STG type B1 gauche avec cloche GFM B

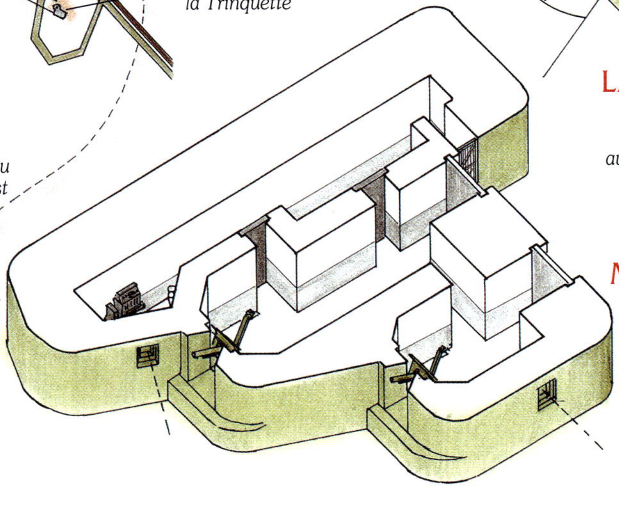

Maulde Ouest
Casemate STG d'artillerie pour 2 matériels de 75 modèle 1897/1933

40	L'Écluse	FCR	Blockhaus type A double avec créneau visuel frontal
41	Terril-de-la-Valresse	FCR	Blockhaus type A double avec créneau visuel frontal
42	Ancienne Fosse Trouvez	FCR	Blockhaus type A double avec créneau visuel frontal (1940)
43	Pont-de-l'Escaut	STG	Blockhaus type B 1 : 1 cl. GFM B (disparu)
44	Rue-de-la-Gare	FCR	Blockhaus type A double avec créneau visuel frontal (1940)
45	Quatorze	FCR	Blockhaus type A double avec créneau visuel frontal (1940)
52	Chemin-de-fer-d'Onnaing	FCR	Blockhaus type A double avec créneau visuel frontal (1940)
53	Rombies Nord (chemin)	FCR	Blockhaus type A double avec créneau visuel frontal (1940)
54	Rombies Sud (chemin)	FCR	Blockhaus type A double avec créneau visuel frontal (1940)
55	Chemin-de-la-Buse	FCR	Blockhaus type A double avec créneau visuel frontal (1940)
	Cyclamen	FCR	Blockhaus type A double avec créneau visuel frontal (1940)
56	Rouge-Haie	FCR	Blockhaus type A double avec créneau visuel frontal (1940)
57	L'Épinette	FCR	Blockhaus type A double avec créneau visuel frontal (1940)
58	Les Gobelins	FCR	Blockhaus type A double avec créneau visuel frontal (1940)
13	Talandier (1934) *(appartient à la 106e CEO)*	CORF	Casemate double : 2 créneaux JM/AC 47, 2 créneaux JM, 2 cl. GFM B, une tourelle AM + Mo 50 (➥ Tome Deux, p. 80) (lieutenant Vautravers ; 1 obs./J2 : lieutenant Garin)
	La Petite-Aunelle	1re RM	Blockhaus type B avec cloche
61	Fond-Delwarde	FCR	Blockhaus type A double avec créneau visuel frontal (1940)
62	Mansard Ouest (*Hortensia*)	FCR	Blockhaus type A double avec créneau visuel frontal (1940)
63	Mansard Est	FCR	Blockhaus type A double avec créneau visuel frontal (1940)
64	Le Lys	FCR	Blockhaus type A double avec créneau visuel frontal (1940)

■ **106e CEO** (54e RIF) : capitaine Saudo, capitaine Dubos

14	Jeanlain (1934) *(reliée au PO d'Eth par égout)*	CORF	Casemate simple flanquant à gauche : 1 créneau JM/AC 47, 1 créneau JM, 2 cl. AM, 1 cl. GFM B (adj.-chef Codevelle)

15 Eth CORF Petit ouvrage d'infanterie à deux blocs (1934)
Plans : masse n° 42 S du 1er juin 1934 et implantation n° 34 S du 30 octobre 1934.
Commandant l'ouvrage : capitaine Saudo puis Dubos (8 mai 1940)
Officier adjoint : lieutenant Duquesnoy
Effectif théorique: 5 off., 134 h.
Bloc 1, entrée + casemate simple flanquant vers l'ouest (lieutenant Sorlin) : 1 créneau JM/AC 47, 1 créneau JM, 1 cl. AM, 2 cl. GFM B (1 obs./J2 : lieutenant Doutriaux)
Bloc 2 (lieutenant Dupas) : tourelle 2AM + casemate simple flanquant vers l'est : 1 créneau JM/AC 47, 1 créneau JM, 1 cl. GFM, 1 cl. LG (➥ photo Tome Deux, p. 72)
Au 2e cycle, l'ouvrage aurait dû recevoir une EH, une EM et une tourelle de 75.

	L'Aunelle	1re RM	Blockhaus type G 1 avec cloche
	Wargnies-le-Petit	1re RM	Blockhaus type G 2 avec cloche (➥ photo Tome Deux, p. 3)
	Wargnies	1re RM	Blockhaus type C avec cloche
71	Wargnies	STG	Blockhaus type A double (1940) (lieutenant Ducosnet)
	Noyer	FCR	Blockhaus type B simple avec créneau visuel frontal (brut de décoffrage) (1940)
	Grand Condé O (71 *bis*) *(ou Muguet)*	FCR	Blockhaus type A double avec créneau visuel frontal (1940)
	Fosse-Cuvinot	1re RM	Blockhaus type E 2
	Noire-Voie	1re RM	Blockhaus type Dc
	Onnaing	1re RM	Blockhaus type O
	Cimetière-d'Onnaing	1re RM	Blockhaus type C avec cloche
	Quarouble	1re RM	Blockhaus type A
	Grand-Val	1re RM	Blockhaus type A
	Rouge-Haie	1re RM	Blockhaus type B
	Estreux Nord	1re RM	Blockhaus type A
	Estreux Sud	1re RM	Blockhaus type B
	Calvaire-Saint-Druon	1re RM	Blockhaus type B
	Bry	1re RM	Blockhaus type B
	Stade-d'Onnaing	1re RM	Blockhaus type G 1 avec cloche
	Réservoir-d'Onnaing	1re RM	Blockhaus type G 1 avec cloche
	Baraque-des-Chasseurs	1re RM	Blockhaus type G 1 avec cloche
	Château-d'Estreux	1re RM	Blockhaus type G 1 avec cloche
	Ferme-du-Moulin	1re RM	Blockhaus type G 1 avec cloche
	Cimetière-de-Curgies	1re RM	Blockhaus type G 1 avec cloche
	Chapelle-Saint-Roch	1re RM	Abri de tir type N 2a

À ajouter : 7 tourelles démontables (Onnaing-Voie-ferrée 108, Rouge-Haie 107, Calvaire-Saint-Druon 106, Petite-Aunelle 105, Sud-Est de Bry 1, de Quatre-Chasses 109 et de la Chapelle-Saint-Roch) et 8 observatoires (Notre-Dame-au-Bois, Fosse-Lagrange, Réservoir-d'Onnaing, Château-d'Estreux, Réservoir-d'Estreux, Cimetière-de-Jeanlain, Forts de Curgies et de Wargnies-le-Grand).

Avancée de Valenciennes et 2e ligne

	Estreux	FCR	Blockhaus type A double avec créneau visuel frontal (1940)
46	Petit-Champ *(ou Saultain)*	FCR	Blockhaus type A double avec créneau visuel frontal (1940)
50	Longues-Rayes (47)	STG	Blockhaus type B flanquant à droite
47	Cimetière-de-Saultain (48) *(ou Château-de-Saultain)*	FCR	Blockhaus type A double avec créneau visuel frontal
	Sud de Curgies (49) *(ou Ferme-du-Château)*	FCR	Blockhaus type A double avec créneau visuel frontal
49	Champ-du-Pont-de-Curgies (50)	FCR	Blockhaus type A double avec créneau visuel frontal
48	Champ-des-Roseaux (51)	FCR	Blockhaus type A double avec créneau visuel frontal
59	Fort de Curgies (57)	FCR	Blockhaus type A double avec créneau visuel frontal
60	Fond-des-Grands-Prés (58) *(ou Ouest de Jeanlain)*	FCR	Blockhaus type A double avec créneau visuel frontal

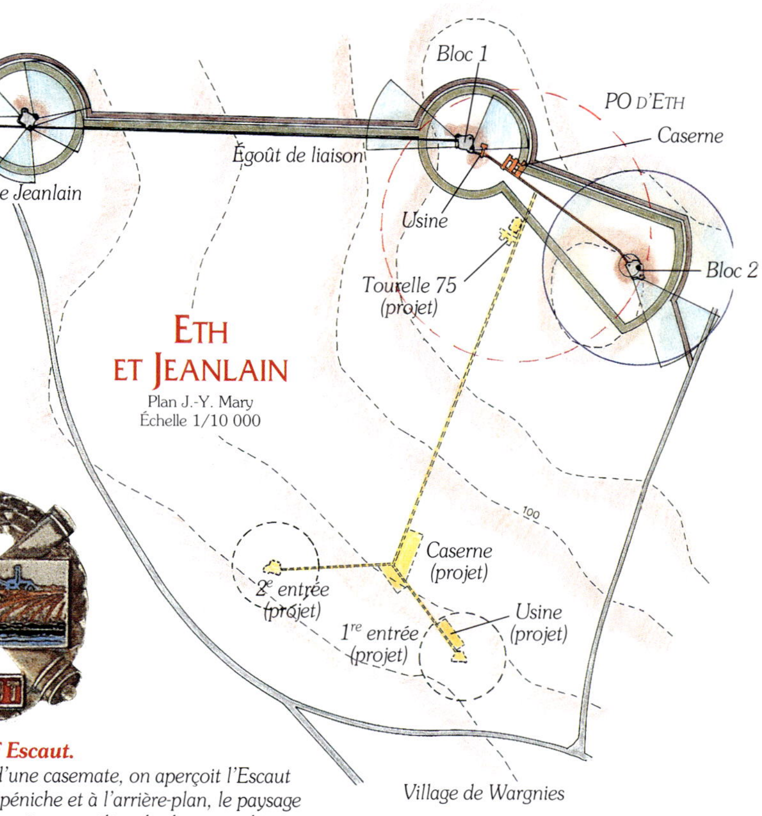

Insigne du SF Escaut.
Par le créneau d'une casemate, on aperçoit l'Escaut où navigue une péniche et à l'arrière-plan, le paysage où se dresse une usine au milieu de champs cultivés. Le tout repose sur une couronne de feuilles de lauriers et de chênes et deux tubes de canon en sautoir. Un cartouche précise l'identité du secteur (Fraisse-Demey). Dessiné par le capitaine Michelet, cet insigne émaillé est de frappe identique à celui du 54e RIF, ce dernier s'en distinguant toutefois aisément par l'absence d'émail (➥ Tome Un, page 97).

51	Chemin-de-Jeanlain (59) *(ou Est du Préseau)*	FCR	Blockhaus type A double avec créneau visuel frontal
65	Les Recoets (radier) (62 bis)	FCR	Blockhaus type A double avec créneau visuel frontal
66	La Fabrique *(ou La Sucrerie)* (63)	STG	Blockhaus type A double
	Quatre-Vents (64)	FCR	Blockhaus type double avec créneau visuel frontal
68	La Flaque (ou *Sud des Tourelles*)	FCR	Blockhaus type B flanquant à droite (1940)

2e position - Ligne CEZF (1940) (➥ carte page 40)

Iwuy (ou *Croix-Saint-Hubert*)	STG	Blockhaus type A 1 double : 1 cl. FM B non installée
Saint-Vaast	STG	Blockhaus type B 1 simple : 1 cl. FM B non installée
Saint-Hilaire	STG	Blockhaus type A 1 double : 1 cl. FM B non installée
Quiévy	STG	Blockhaus type A 1 double : 1 cl. FM B non installée
Fontaine-au-Tertre	STG	Blockhaus type B 1 simple : 1 cl. FM B non installée
Ferme-des-Tilleuls	STG	Blockhaus type A 1 double : 1 cl. FM B non installée

■ **Forêt de Raismes : 108e CEO** (54e RIF) : capitaine Desmoulins. La 108e CEO est formée le 11 septembre 1939 par des éléments du I/54e RIF et de la compagnie d'instruction du SF Escaut (CISFE).

1	Notre-Dame-d'Armour	CORF	Casemate double : 2 créneaux JM/AC 47, 1 créneau JM, 1 cl. M mod.AM, 1 cl. GFM A (sous-lieutenant Delhaye)
2	Cimetière-du-Mont-des-Bruyères	CORF	Casemate simple flanquant vers l'est : 1 créneau JM/AC 47, 1 créneau JM, 1 cl.GFM A mod. B (sgt-chef Pintiaux ?)
3	Rosières	CORF	Casemate simple flanquant vers l'ouest : 1 créneau JM/AC 47, 1 créneau JM, 1 cl. M. mod. AM., 1 cl. GFM A
4	Marlières	CORF	Casemate simple flanquant vers l'est : 1 créneau JM/AC 47, 1cl. M. mod. AM - 1 cl. GFM A (sous-lieutenant Charlez)
5	Haute-Rive	CORF	Casemate double : 2 créneaux JM/AC 47, 2 créneaux JM, 2 cl. FM A (sous-lieutenant Hardy)
6	Drève-de-Saint-Antoine	CORF	Casemate double : 2 créneaux JM/AC 47, 1 créneau JM, 1 cl. M. mod. AM, 1 cl. GFM A mod. B (lt Batigny)
7	Lièvre Ouest	CORF	Casemate simple flanquant vers l'ouest : 1 créneau JM/AC 47, 1 créneau JM,1 cl. GFM A mod. B (adt-chef Françis)
8	Lièvre Est	CORF	Casemate simple flanquant vers l'est : 1 créneau JM/AC 47, 1 créneau JM, 1 cl. GFM A mod. B (lieutenant Valdelièvre)
9	Trieux-d'Escaupont Ouest	CORF	Casemate simple flanquant vers l'ouest : 1 créneau JM/AC 47, 1 créneau JM, 1 cl. GFM A mod. B
10	Trieux-d'Escaupont Est	CORF	Casemate simple flanquant vers l'est : 1 créneau JM/AC 47, 1 créneau JM, 1 cl. GFM A mod. B
11	Cimetière-d'Escaupont Ouest	CORF	Casemate simple flanquant vers l'ouest : 1 créneau JM/AC 47, 1 créneau JM, 1 cl. GFM A mod. B (lieutenant Lefcrt)
12	Cimetière-d'Escaupont Est	CORF	Casemate simple flanquant vers l'est : 1 créneau JM/AC 47, 1 créneau JM, 1 cl. GFM A mod. B

Photo A. Hohnadel

L'intérieur du petit blockhaus de Bry (type 1re RM) est décoré d'une superbe collection de fresques, œuvres d'un artiste-soldat anonyme. En particulier, deux grandes compositions, comprenant chacune un fantassin du 54e RIF en pied (l'un d'eux chaussé de bottes de caoutchouc) et un insigne, se font face et se répondent parfaitement : l'une avec l'insigne général des troupes de forteresse On ne passe pas, l'autre avec l'insigne Escaut polychrome.

Photo A. Hohnadel

SECTEUR FORTIFIÉ DE MAUBEUGE
devenu 101e DIVISION D'INFANTERIE DE FORTERESSE
(de Le Quesnoy - Wargnies-le-Petit à Trélon - Eppe-Sauvage)

CONCEPTION

En 1931, une première position constituée de casemates CORF est établie en forêt de Mormal, un nouveau projet est étudié pour fortifier les môles de Maubeuge et de Bavai, ce dernier — placé en 3e urgence — comportant un ouvrage d'artillerie (Bavai) et sept casemates (Est de l'Hogneau, Bois-Lapsette, Belle-Hôtesse, Moulin-du-Quêne-Luquet, L'Usine, Petit-Chêne et Croix-Capoullez). Finalement en 1934 (➥ Tome Un, carte p. 31), le projet est repris mais il ne concerne plus que le môle de Maubeuge, traité de façon particulièrement ambitieuse avec quatre ouvrages d'artillerie (Les Sarts, Boussois, Quatre-Bras, L'Épine), deux petits ouvrages (La Salmagne et Bersillies) et une ligne de 36 casemates (Ruisseau-de-l'Hôpital, Bois-des-Écoliers, Sud de la Chapelle-Saint-Joseph, Pavillon, Héronfontaine, Crèvecœur, Élesmes, L'Épinette, Rocq, Marpent Nord, Centre et Sud, Ostergnies, Tous-Vents, Petit-Branleux, Colleret, Ferme-Coulmit, Aibes, Bout-d'en-Haut, Berelles Nord et Sud, Eccles Ouest et Sud, La Folie, Champs-Elysées, Étang-de-Barzie, Solre Nord et Est, Bellevue, Fermes-aux-Puces Nord et Sud, les Auniaux, Ferme-des-Fils-de-Fer, Ferme-Chavon, Garde-de-Willies, Beaumont, Nord de Liessies et Croix-Trelon).

Ce projet va finalement se limiter à peu de choses : quatre ouvrages d'infanterie implantés sur de vieux forts de la ceinture de Maubeuge et sept casemates. Le reste de la position est garni à partir de 1937 par une ligne de blocs de type 1re RM de différents modèles et quelques casemates STG. En 1938, une ligne d'arrêt située à environ 1 500 mètres en arrière de la LPR est commencée et les travaux se poursuivront jusqu'en 1940, cette position alternant blocs de type 1re RM, blockhaus STG et FCR. D'après le commandant Bouron (in *Le second drame de Maubeuge*), la position, longue de 70 kilomètres, aligne au 10 mai 300 blocs mais les cinq bataillons de forteresse chargés de la défendre sont à peine suffisants pour occuper les organisations CORF et les 125 blocs construits avant les hostilités.

Le 16 mars 1940, le SF Maubeuge devient la 101e DIF.

COMMANDEMENT ET TROUPES

Commandant la division : général Hanaut, puis général Béjard (1er janvier 1940)
Chef d'état-major : commandant Leroy
Commandant l'ID :
- 84e RIF : lieutenant-colonel Sibeyrand (➥ Tome Un, p. 103)
- 87e RIF : lieutenant-colonel Corbeil (➥ Tome Un, p. 104)
- 18e RRT (régiment régional de travailleurs) : lieutenant-colonel Wimet
- 19e RRT : lieutenant-colonel Wiels
- 1er BM (bataillon de mitrailleurs)

Commandant l'AD : chef d'escadron Dudoignon
- II et III/161e RAP (➥ Tome Deux, p. 197)

Commandant le génie : chef de bataillon Nicot
- compagnies du génie portant le n° 226 (➥ Tome Deux, p. 212)

PC du secteur : ferme de Wargnories (nord-est de Hautmont).

ORGANISATIONS

■ **SOUS-SECTEUR HAINAUT** : 87e RIF (lieutenant-colonel Corbeil)

Position de résistance

71b	Grand-Condé Ouest	FCR	Blockhaus type A double avec créneau visuel frontal
72	Grand-Condé Est	FCR	Blockhaus type A double avec créneau visuel frontal
73	Bois-Crête	FCR	Blockhaus type A double avec créneau visuel frontal
	Bois-Crête	1re RM	Blockhaus type B simple avec créneau visuel frontal (lieutenant Lebon)
	La Tournichette	1re RM	Blockhaus type Db avec cloche
	La Flamengrie	1re RM	Blockhaus type B simple
	Ruaince	1re RM	Blockhaus type A avec cloche
	Perche-Rompue	1re RM	Blockhaus type C avec cloche (capitaine Ballif)
	Ferme-de-la-Tour	1re RM	Blockhaus type A avec cloche (capitaine Perrot)
	Saint-Vaast-la-Vallée	1re RM	Blockhaus type Da (sergent-chef Jouanisson)
	La Talpiette	1re RM	Blockhaus type Dc
	La Belle-Hôtesse	1re RM	Blockhaus type B (lieutenant Fontaine)
	Quêne-Luquet	1re RM	Blockhaus type B (lieutenant Polvent)
	Houdain Sud-Est	1re RM	Blockhaus type S 2 (adjudant Delahaye)
	Chemin-de-Fer Ouest	1re RM	Blockhaus type S 1
	Chemin-de-Fer Est	1re RM	Blockhaus type A
	Petit-Chêne	1re RM	Blockhaus type B (sergent-chef Routier)
	Croix-Capouillez Est	1re RM	Blockhaus type B (sergent Bisiau)
	La Carlotte	1re RM	Blockhaus type G
	Taisnières	1re RM	Blockhaus type B
	Riez-de-l'Erelle	1re RM	Blockhaus type B
	Malplaquet Ouest	1re RM	Blockhaus type E 2
	Malplaquet Est	1re RM	Blockhaus type E 2
	Bois-de-la-Lanière (1 à 10)	1re RM	Blockhaus type M
80	Bois-de-la-Lanière	FCR	Blockhaus type A double
	Bois-des-Écoliers	1re RM	Blockhaus de type A
	Chapelle-Saint-Joseph	1re RM	Blockhaus type C (lieutenant Ricard)
	Pavillon Ouest	1re RM	Blockhaus type B
	Pavillon Est	1re RM	Blockhaus type E 2

■ **105e CEO** : capitaine Fagot, capitaine Leduc

29	Héronfontaine	CORF	Casemate simple flanquant vers l'est : 1 créneau JM/AC 47, 1 créneau JM, 2 cl. GFM B (1 obs./J2, lieutenant Macé), 1 cl. AM, 1 tourelle pour une AM + Mo 50 (lieutenant Durif)

30 LES SARTS CORF Petit ouvrage à deux blocs
Plans : masse n° 46 S du 16 juin 1934 et implantation n° 743 S du 4 septembre 1935.
Commandant l'ouvrage : capitaine Leduc
Officier adjoint : lieutenant Seynaeve
Commandant le génie : lieutenant Trojani
Effectif théorique : 2 off., 100 h.
Bloc 1, casemate simple flanquant vers l'ouest : 1 créneau JM/AC 47, 1 créneau JM, 1 cl AM, 1 cl. GFM B, 1 cl. LG (adjudant-chef Mariscal)
Bloc 2 : tourelle pour 2 AM, 1 cl. AM, 2 cl. GFM B (lieutenant Debretz) (1 obs./J2 : lt Merveaux)

L'ouvrage des Sarts aurait dû comporter en 2e cycle, une entrée mixte et deux tourelles de 75. Il est érigé sur l'ancien fort des Sarts construit vers 1878 et détruit en août et septembre 1914. Les deux blocs sont reliés par une gaine semi-souterraine (2 m de béton).

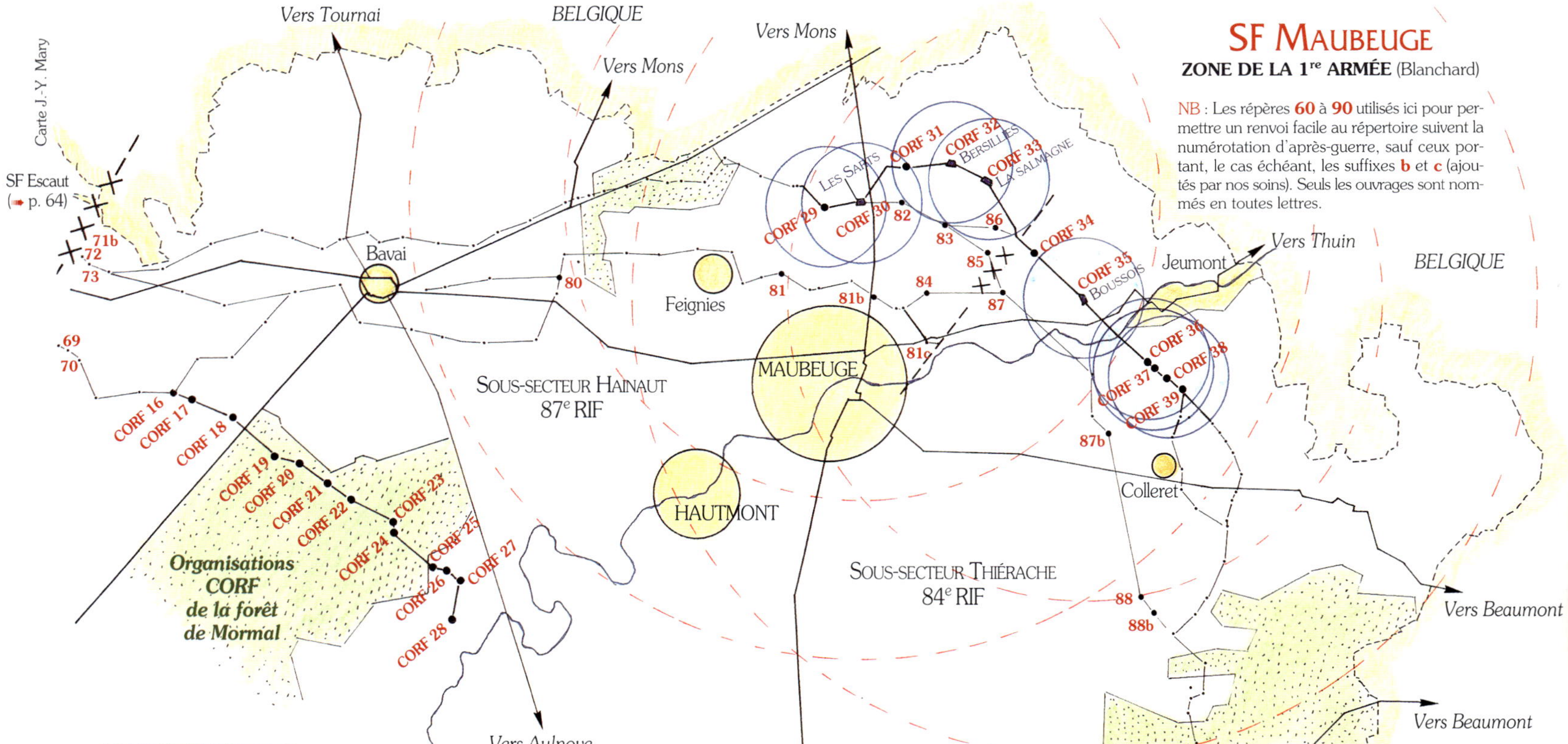

Insigne de la 101e DIF.
Écu vieil argent aux armes de Maubeuge (quatre lionceaux) chargé d'un losange avec un ensemble fortifié à trois tours. Une variante présente un losange émaillé bleu outre-mer sur un écu d'or (snf).
Une version peinte de cet insigne, œuvre du sergent Lubin, décore l'entrée de la casemate de Marpent Nord. Elle est aujourd'hui en très mauvais état.

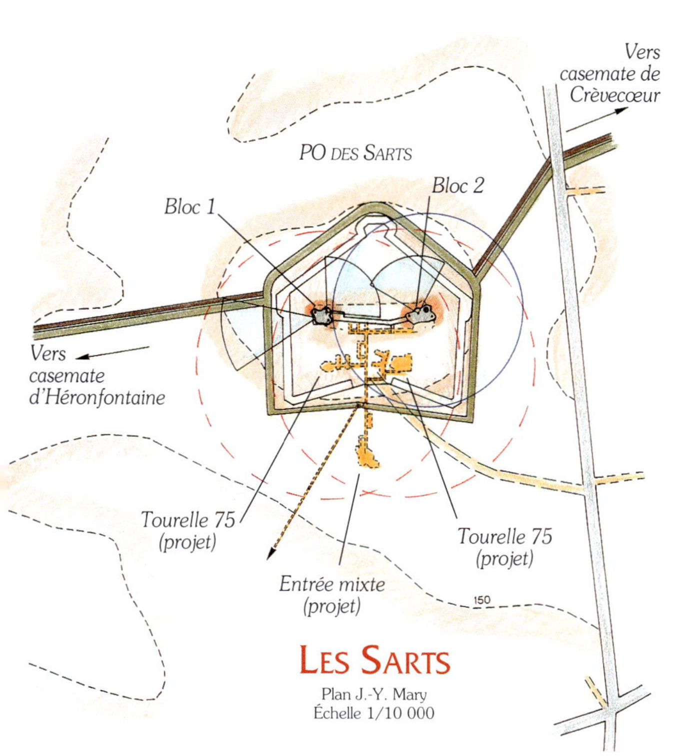

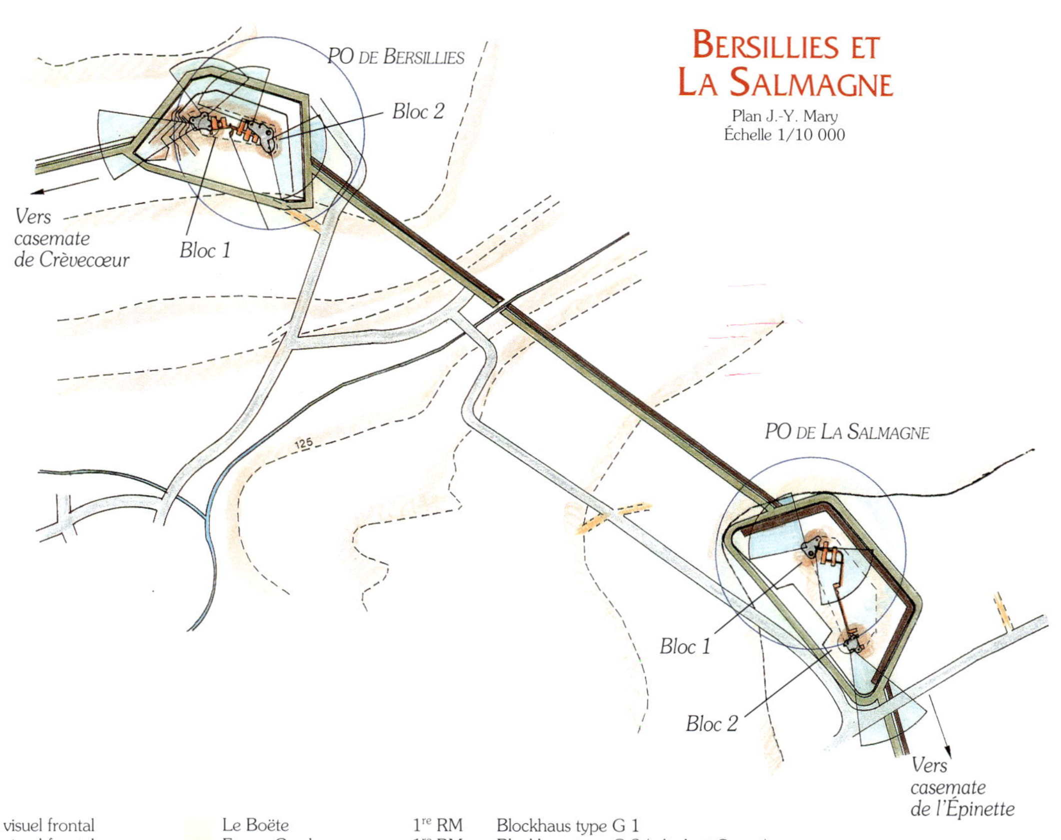

82 Saint-Pierre-d'Hautmont	FCR	Blockhaus type A double à créneau visuel frontal
84 Grand-Camp-Perdu	FCR	Blockhaus type A double à créneau visuel frontal

■ **104e CEO** : capitaine Pujade

31 Crèvecœur	CORF	Casemate double : 2 créneaux JM/AC 47, 2 créneaux JM, 2 cl GFM B, 1 cl. AM (lt Herbecq) (fresques → T. Un, p. 104)

32 Bersillies CORF Petit ouvrage d'infanterie à deux blocs
Approbation ministérielle n° 1997-3/11 du 5 juin 1934.
Commandant l'ouvrage : capitaine Pujade
Officier adjoint : lieutenant Verchain
Commandant le génie : lieutenant Viatte
Effectif théorique : 3 off., 97 h.
Bloc 1, casemate simple flanquant vers le nord : 1 créneau JM/AC 47, 1 créneau JM, 1 cl. AM, 1 cl. GFM B, 1 cl. LG (sous-lieutenant Lisse)
Bloc 2 : tourelle pour 2 AM, 2 cl. AM, 2 cl. GFM B (lieutenant Bocquet) (1 obs./J2 : sous-lieutenant Brasseur)
Petit ouvrage entièrement réalisé, le PO de Bersillies est implanté sur le vieux fort du même nom (photo des fresques, → Tome Deux, p. 213).

■ **103e CEO** : capitaine Brichard

33 La Salmagne CORF Petit ouvrage d'infanterie à deux blocs
Approbation ministérielle n° 1997-3/11 du 5 juin 1934
Commandant d'ouvrage : capitaine Brichard
Commandant en second et génie : capitaine Amiot
Effectif théorique : 3 off., 97 h.
Bloc 1 : 1 tourelle pour 2 AM, 2 cl. AM, 1 cl. GFM B (lieutenant Pasquesoone)
Bloc 2, casemate simple flanquant vers l'est : 1 créneau JM/AC 47, 1 créneau JM, 2 cl. GFM B, 1 cl. LG (lieutenant Bastien) (1 obs./J2 : sous-lieutenant Louis)
Construit sur le vieux fort de la Salmagne et entièrement réalisé (→ photo Tome Deux, p. 120).

Denkschrift

Vue de La Salmagne avec les fossés.

83 Cimetière-d'Elesmes	FCR	Blockhaus type A double à créneau visuel frontal (lieutenant Petot)
85 Ferme-Jean-Ansart	FCR	Blockhaus type A double à créneau visuel frontal

Ligne d'arrêt

69 La Warpe (66)	FCR	Blockhaus type A double (1940)
Warpe	1re RM	Abri de tir type N 2g
Ruisseau-des-Bultiaux	1re RM	Abri de tir type N 2a
70 Preux-du-Sart (60)	FCR	Blockhaus type B simple flanquant à gauche
Chapelle-Saint-Hubert	1re RM	Blockhaus type G 1avec cloche (capitaine Henry)
La Raperie	1re RM	Blockhaus type G 1 avec cloche (lieutenant Reignoux)
Le Bracmart	1re RM	Blockhaus type G 2
Le Boëte	1re RM	Blockhaus type G 1
Ferme-Cambron	1re RM	Blockhaus type G 2 (adjudant Goussi)
Moulin-de-Rametz	1re RM	Abri de tir type N 2g
Pissotiau	1re RM	Abri de tir type N 2a (lieutenant Stievez)
Cimetière-de-Saint-Vaast	1re RM	Blockhaus type G 1 avec cloche (caporal Dujardin)
Louvignies	1re RM	Blockhaus type G 1 avec cloche
Ferme-Fréhart	1re RM	Blockhaus type G 1 avec cloche (lieutenant Bodin)
Audignies	1re RM	Blockhaus type G 1 avec cloche
Bois-de-Louvignies	1re RM	Blockhaus type G 1 avec cloche
Le Frêne	1re RM	Blockhaus type G 2 avec cloche
Longueville	1re RM	Blockhaus
Moulin-du-Bois	STG	Blockhaus type B flanquant à gauche
Le Gros-Chêne	1re RM	Blockhaus
Quêne-Leu	1re RM	Poste de tir type N 2d
La Berlière	1re RM	Blockhaus type G 1
Ghislain-Bray	1re RM	?
Main-du-Bois	1re RM	Poste de tir type N 2d
Les Vents	1re RM	?
Pont-Ciment	1re RM	?
Feignies	1re RM	Poste de tir type N 2g
La Roullie	FCR	Blockhaus type B simple flanquant à droite
81 Fort-Leveau (ou Plantis)	STG	Blockhaus type B simple flanquant à droite (adjudant Devos)
Ferme-Lepers	FCR	Blockhaus type B simple flanquant)à gauche (adjudant M ?)
Ferme-des-Sarts	1re RM	Blockhaus type G 2 (adjudant Lescut)
81b Maison-Rouge	FCR	Blockhaus type B flanquant à droite avec créneau visuel frontal
Faubourg-de-Mons Ouest	1re RM	Blockhaus type Gs flanquant à gauche
Faubourg-de-Mons Est	1re RM	Blockhaus type G 2
Pont-Allant	1re RM	Poste de tir type N
81c Pont-Allant	FCR	Blockhaus type A double (1940)

Bretelle de la forêt de Mormal : 6e et 7e compagnies du 87e RIF

16 Gommegnies Ouest	CORF	Casemate simple flanquant vers l'ouest : 1 créneau JM/AC 47, 1 cl. JM mod. AM, 1 cl GFM A mod. B (1931) (lt Landrieu)
17 Gommegnies Est	CORF	Casemate simple flanquant vers l'est : 1 créneau JM/AC 47, 1 créneau JM, 1 cl. GFM A mod B (1931)
18 Cheval-Blanc	CORF	Casemate simple flanquant vers l'ouest : 1 créneau JM/AC 47, 1 créneau JM, 2 cl. GFM A mod B (1931)
19 Tréchon	CORF	Casemate double : 2 créneaux JM/AC 47, 1 créneau JM, 2 cl GFM (1931) (lieutenant Grébaut)
20 Clare	CORF	Casemate simple flanquant vers l'est : 1 créneau JM/AC 47, 1 créneau JM, 1 cl. GFM (1931)
21 Obies	CORF	Casemate simple flanquant vers l'ouest : 1 créneau JM/AC 47, 1 créneau JM, 2 cl. GFM (1931)
22 Bon-Wez	CORF	Casemate double : 2 créneaux JM/AC 47, 2 créneaux JM, 1 cl. GFM (1931)
23 Ouest du Vivier-Nuthiau	CORF	Casemate simple flanquant vers l'ouest : 1 créneau JM/AC 47, 1 créneau JM, 1 cl. GFM A mod B (1931) *(des essais d'attaque à l'explosif ont eu lieu les 4 et 5 juillet 1939 sur cette casemate)*
24 Est du Vivier-Nuthiau	CORF	Casemate simple flanquant vers l'est : 1 créneau JM/AC 47, 1 créneau JM,1 cl. GFM (1931)
25 Haute-Rue	CORF	Casemate flanquant vers l'ouest : 1 créneau JM/AC 47, 1 créneau JM, 2 cl. GFM (1931)
26 Porquerie Ouest	CORF	Casemate simple flanquant vers l'ouest : 1 créneau JM/AC 47, 1 créneau JM +1 créneau JM tirant vers l'arrière - 1 cl. GFM (1931)
27 Porquerie Est	CORF	Casemate simple flanquant vers l'est : 1 créneau JM/AC 47, 1 créneau JM +1 créneau JM tirant vers l'arrière, 1 cl. GFM (1931) (→ plan Tome Deux, p. 9)
28 Hurtebise	CORF	Casemate double : 2 créneaux JM/AC 47, 2 créneaux JM, 2 cl. GFM (1931)

À ajouter : 9 observatoires (Bermeries, Buvigny, Moulin-Richard, Croix-Capouillet, Ferme-du-Gard, Gros-Chêne, Leveau, Butte-de-Tir et Assevent).

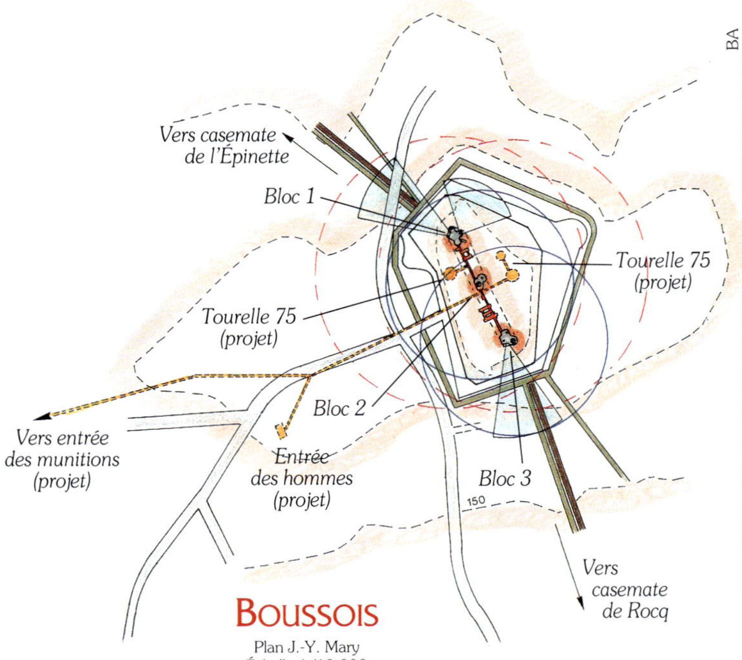

Boussois

Plan J.-Y. Mary
Échelle 1/10 000

BA

Cette photo, malheureusement un peu floue, montre les groupes diesels CLM de l'usine du petit ouvrage de Boussois. Ces matériels seront démontés en 1941 par l'occupant, lors du démantèlement des fortifications de Maubeuge.

■ **Sous-secteur Thiérache** : 84e RIF (lieutenant-colonel Marchal)
PC : Damousies

86	Bois-d'Elesmes Nord	FCR	Blockhaus type A double à créneau visuel frontal (1940)
87	Le Warinet	FCR	Blockhaus type A double à créneau visuel frontal (1940)

■ **102e CEO** : capitaine Bertin

34	L'Épinette	CORF	Casemate mitrailleuses double : 2 créneaux JM/AC 47, 2 créneaux JM, 1 cl. AM, 1 cl. GFM B (sous-lieutenant Scrève)

35 Boussois CORF Petit ouvrage d'infanterie à trois blocs
Avant-projet n° 14 S du 15 février 1934.
Commandant l'ouvrage : capitaine Bertin
Commandant l'infanterie : lieutenant Lemaire
Commandant le génie : lieutenant Chappier
Effectif théorique : 5 off., 195 h.
Bloc 1, casemate simple flanquant vers l'ouest : 1 créneau JM/AC 47, 1 créneau JM, 1 cl. AM, 1 cl. GFM B (lieutenant Vanneville)
Bloc 2 : tourelle pour 2 AM, 1 cl. GFM B (adjudant-chef Loriau)
Bloc 3, casemate simple flanquant vers l'est : 1 créneau JM/AC 47, 1 créneau JM, 1 tourelle pour 1 AM + Mo 50, 2 cl. GFM B (lieutenant Vantrepotte) (1 obs./J2, lieutenant Doxcelin)

Le PO de Boussois, construit sur le vieux fort du même nom, est en fait un ouvrage d'artillerie dont seuls les blocs d'infanterie ont été construits (blocs non construits : une tourelle de 75 modèle 1933, une tourelle de 75 modèle 1905 et les deux entrées prévues très en retrait des blocs).

En 1934, lors de la construction de l'ouvrage, les bâtisseurs furent confrontés à certains problèmes en raison de l'existence d'anciennes galeries de mines sous le vieux fort. À noter qu'en prévision d'une extension de l'ouvrage, un puits de service entre les blocs 2 et 3 n'a pas été rebouché et il n'est obturé que par une petite dalle de béton. Sous la pression des événements, il a été comblé le 20 mai avec les moyens du bord.

	Recquignies	1re RM	Blockhaus type O
	L'Hogniau	1re RM	Blockhaus type G 3 avec cloche
	La Buchelotte	1re RM	Blockhaus type E 2 (sergent Gérard)

■ **101e CEO** : capitaine Cariou

(Selon un plan du 11 janvier 1935, les casemates de Marpent et de Rocq auraient dû être reliées entre elles par une galerie souterraine disposant d'une issue de secours. Si les puits verticaux ont bien été creusés, la galerie de liaison est restée à l'état de projet)

36	Rocq	CORF	Casemate simple flanquant vers le nord : 1 créneau JM/AC 47, 1 créneau JM, 1 cl. AM, 1 cl. GFM B - 1 tourelle pour 1 AM + Mo 50 (lieutenant Dandre) (➨ Plan Tome Deux, p. 10)
37	Bois-de-Marpent Nord	CORF	Casemate cuirassée : 2 cl. AM, 2 cl. GFM B, 1 tourelle pour 1 AM + Mo 50 (capitaine Cariou)
38	Bois-de-Marpent Sud	CORF	Casemate simple flanquant vers le nord : 1 créneau JM/AC 47, 1 créneau JM, 1 cl. AM, 1 cl. GFM B, 1 tourelle pour 1 AM + Mo 50 (lieutenant Fiévet)
39	Ostergnies	CORF	Casemate simple flanquant vers l'est : 1 créneau JM/AC 47, 1 créneau JM, 2 cl. AM, 1 cl. GFM B (lieutenant Michel)
87b	Le Fief	FCR	Blockhaus type B flanquant à droite avec créneau visuel frontal (1940)
	Tous-Vents Nord	1re RM	Blockhaus type C
	Tous-Vents Sud	1re RM	Blockhaus type A
	Petit-Branleux	1re RM	Blockhaus type C
	Colleret	1re RM	Blockhaus type C
	Faulquemont Nord	1re RM	Blockhaus type Da
	Quatre-Bras	1re RM	Blockhaus type O
	Faulquemont Sud	1re RM	Blockhaus type B
	Est d'Ostergnies	1re RM	Blockhaus type G 1 avec cloche
	Le Noisier	1re RM	Blockhaus type G 1 avec cloche

BA

Devant l'entrée du PO de Boussois, le mât aux couleurs est orné d'un magnifique insigne de la ligne Maginot.

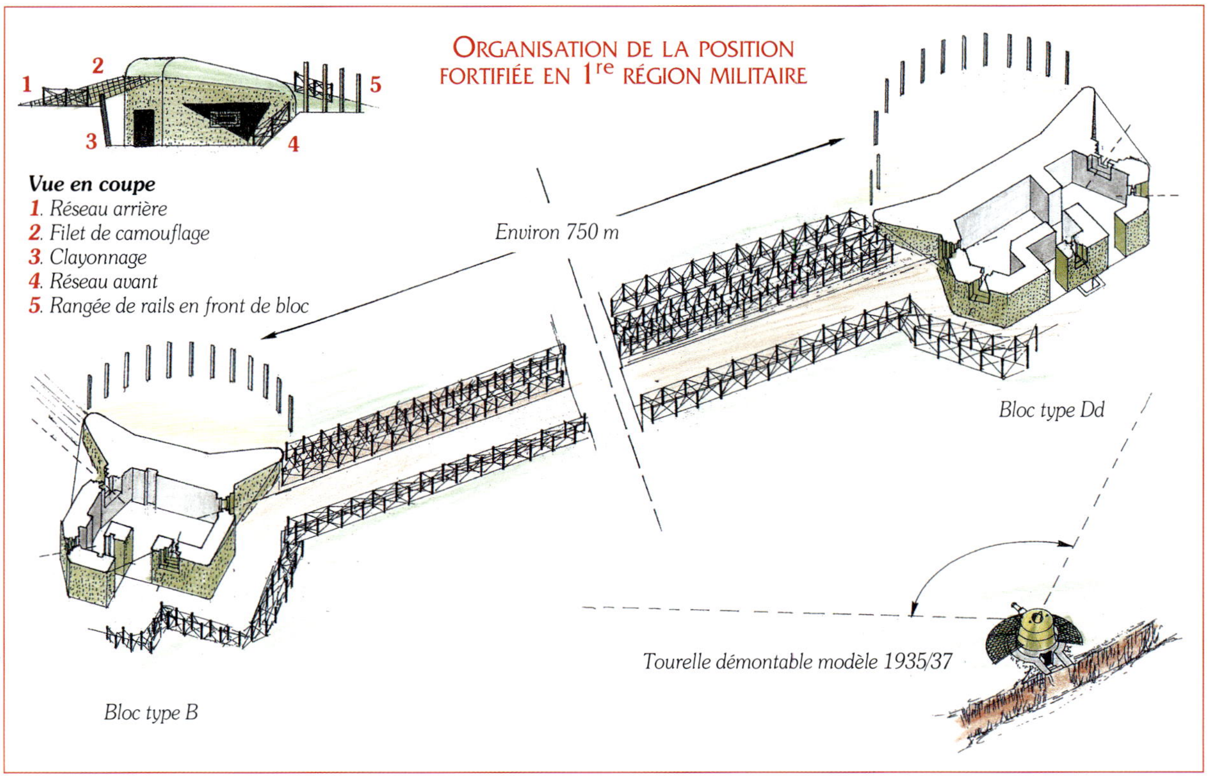

Dessin J.-Y. Mary

	Le Cayaut	1re RM	Blockhaus type G 1 avec cloche
	Le Pavé	1re RM	Blockhaus type G 1 avec cloche
	Coulmie-Bas	1re RM	Blockhaus type O
	Coulmie-Haut	1re RM	Blockhaus type O
	Coulmie-Haut bis	1re RM	Blockhaus type O
	Aibes	1re RM	Blockhaus type C
	Bout-d'en-Haut	1re RM	Blockhaus type Da
	Bout-d'en-Haut *bis*	1re RM	Blockhaus type O
	Bérelles	1re RM	Blockhaus type E 2
	Ferme-d'en-Bas	1re RM	Blockhaus type E 2
	Ferme-de-la-Folie	1re RM	Blockhaus type E 2
	Champs-Élysées	1re RM	Blockhaus type A
	Bois-de-Nielles	1re RM	Blockhaus type S 4
	Malakoff	1re RM	Blockhaus type S 3
	Malakoff	FCR	Blockhaus type spécial flanquant à droite (1940)
89	Groëz	STG	Blockhaus type B flanquant à droite (1940) (lieutenant Boulez)
	Solre-le-Château (Riamé)	1re RM	Blockhaus type O (lieutenant Pamart)
	Perche-à-l'Oiseau	1re RM	Blockhaus type B (lieutenant Cacheux)
89b	La Gobinette	FCR	Blockhaus type B à créneau visuel frontal flanquant à gauche (1940)
	Trieux-du-Chéneau	1re RM	Blockhaus type B
	Les Garennes	1re RM	Blockhaus type S 3 (lieutenant Pinchon)

Mon-Plaisir	1re RM	Blockhaus type S 3
L'Épine	1re RM	Blockhaus type B (lieutenant Gilg)
Ferme-aux-Puces	1re RM	Blockhaus type Da avec cloche
Les Auniaux	1re RM	Blockhaus type Dc avec cloche
Feme-Miquet	1re RM	Blockhaus type C avec cloche
Ferme-des-Fils-de-Fer	1re RM	Blockhaus type D 6 avec cloche
Ferme-Clavon	1re RM	Blockhaus type B avec cloche
Trieux-Anicole	1re RM	Blockhaus type H avec cloche
Garde-de-Willies	1re RM	Blockhaus de type A avec cloche
Beaumont	1re RM	Blockhaus de type C avec cloche (lieutenant Bony de Lavergne)
Beaux-Monts	1re RM	Blockhaus type B
Liessies	1re RM	Blockhaus type E 2
Croix-de-Trélon	1re RM	Blockhaus type E 2
Champiau	1re RM	Blockhaus type M
Sainte-Hiltrude	1re RM	Blockhaus type M 1
Beau-Chêne	1re RM	Blockhaus type M 1
Fond-Saint-Jean	1re RM	Blockhaus type M 1
Route-de-Willies	1re RM	Abri de tir type N 2
Fond-Madame	1re RM	Blockhaus type M 1

NB : une partie des blockhaus de la liste ci-dessus apparaît sur la carte page 162.

À ajouter : 33 tourelles démontables et 11 observatoires (Bons-Pères Nord et Sud, Fort de Cerfontaine, Tous-Vents, Aibes, Bout-d'en-Haut, Malakoff, Ferme-Durand, l'Épine, Queue-des-Sarts et Bosquet-Gérard)

Deuxième position

88	Bellevue Nord	STG	Blockhaus type B simple flanquant à gauche (1940)
88b	Bellevue Sud	STG	Blockhaus type B simple flanquant à droite (1940)
90b	Belleux	FCR	Blockhaus type B simple flanquant à gauche avec créneau visuel frontal (1940)
90c	Beaux-Sarts	FCR	Blockhaus de type B avec créneau visuel frontal flanquant à droite (1940)

Coll. Rivart

La casemate du Bois-de-Marpent Nord comporte quatre cloches et une tourelle « type Nord » que l'on aperçoit ici en batterie.

ZONE DE LA 9e ARMÉE (général Corap)

Historique de la fortification des Ardennes

La zone de la 9e armée correspond au plateau de l'Ardenne, région généralement boisée et de parcours difficile. À l'Est, le terrain est encore plus difficile avec les vallées encaissées creusées par la Meuse et la Semoy. Considérée comme une zone « *impénétrable si l'on y fait des aménagements spéciaux* », selon une expression émise en mars 1934 par le maréchal Pétain, alors ministre de la Guerre, la zone des Ardennes n'était donc pas perçue comme dangereuse (les Panzer prouveront cependant le contraire à deux reprises, en mai 1940 et en décembre 1944). En 1926, sa défense reposait seulement sur l'emploi combiné des parcs mobiles de fortification et des destructions, selon le schéma général de la CDF.

Néanmoins, sous la poussée des événements, les Ardennes ont été pourvues, à partir de 1935, d'une organisation défensive légère conçue et réalisée par la 2e région militaire (général Barbeyrac, d'où le nom de ces organisations). Celle réalisée en 1935-1936 a été construite par la MOM, renforcée à partir de 1937 par des entreprises civiles (construction des casemates à canon et des maisons fortes notamment).

En Thiérache, à partir des trouées de Trélon et d'Anor, la position défensive traverse la forêt de Saint-Michel, longe la rive gauche du Gland, coupe la clairière de Rocroi pour atteindre la Meuse à Revin par la vallée de Misère. Comprenant des organes d'infanterie en action frontale (tir sur les voies d'accès), cette position est strictement linéaire, sauf à Saint-Michel et à Rocroi où deux lignes existent.

Le barrage de la Meuse a été conçu d'une façon différente afin de tenir compte de l'obstacle constitué par le fleuve lui-même. Les organes de barrage de la Meuse s'échelonnent sur les pentes de la rive gauche du fleuve, depuis Givet jusqu'à Pont-à-Bar. La position d'infanterie est renforcée par des casemates d'artillerie STG (➠ Tome Deux, p. 145 et suivantes). Sur la rive droite de la Meuse, des « maisons fortes » caractéristiques (➠ Tome Deux, p. 151) sont destinées aux détachements chargés des missions de surveillance et de mise en jeu des destructions.

À partir de 1938, la région des Ardennes a été renforcée par des blockhaus STG dans le cadre du programme Prételat.

DÉTACHEMENT D'ARMÉE DES ARDENNES

Conception

Ce secteur présente une configuration assez disparate puisque si une ligne fortifiée ininterrompue a pu être établie, elle n'a pas la même solidité tout au long de ce front qui développe environ 50 kilomètres.

Dans le prolongement du Secteur fortifié de Maubeuge, sur une position jalonnée par les trouées de Solre-le-Château, Trélon et Anor, on trouve une ligne de blocs de type FCR ou STG allégés établie en 1937 et se flanquant réciproquement. Entre chaque bloc court un fossé antichar couvert par un réseau de barbelés et quelques rails sur la face aveugle des blocs. À proximité de chaque bloc, une tourelle démontable a systématiquement été implantée, cependant qu'une seconde position à base de positions de campagne a été étudiée en 1939. Ce secteur a été renforcé par quelques blocs de type GA 1 durant la drôle de guerre.

Le prolongement du secteur (forêt d'Hirson et avancée de Rocroi) a été essentiellement fortifié par une série de casemates de type STG construites à partir de 1937 le long de l'avancée de Rocroi. Pendant la drôle de guerre, une série de blocs d'un type particulier a été réalisé dans la forêt de Saint-Michel et l'avancée de Rocroi a été renforcée par une série de blockhaus de type GA 1.

De Rocroi à la Meuse, la position est jalonnée de quelques blocs Barbeyrac et de tourelles démontables dès 1937 mais la position manque singulièrement de densité dans ce secteur.

Denkschrift

Dans le Nord, les réseaux de rails sont le plus souvent remplacés par des fossés antichars moins onéreux mais également plus vulnérables. Cette photo prise dans la région de Rocroi montre l'enchaînement des deux types d'organisation avec au second plan, l'amorce du réseau de rails.

DA Ardennes

ZONE DE LA 9e ARMÉE (Corap)

NB : Seuls les deux repères **90** à **92** utilisés ici suivent la numérotation d'après-guerre. Tous les autres numéros (y compris les **92b** et **92c**) ont été créés par nos soins pour permettre un renvoi facile au répertoire.

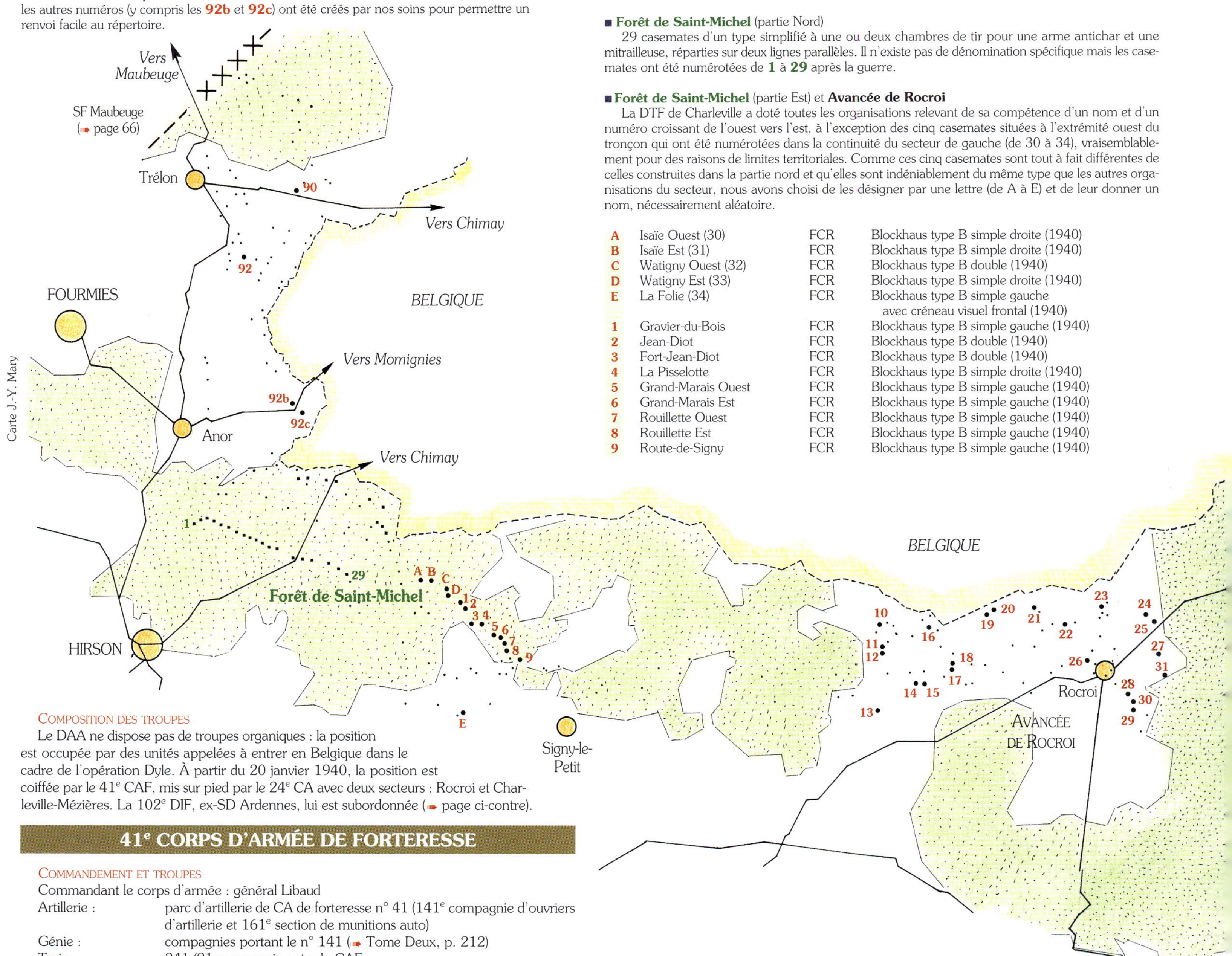

92b	Passe-d'Anor	FCR	Blockhaus type A double (1940)
92c	La Chapelle-Blanche	FCR	Blockhaus type GA 1 flanquant à droite (1940)

À ajouter : 20 tourelles démontables et 4 observatoires (Trieux-du-Chêneau, Terne-de-Solre, Brasserie-de-Liessies et Croix-de-Trélon)

■ **Forêt de Saint-Michel** (partie Nord)

29 casemates d'un type simplifié à une ou deux chambres de tir pour une arme antichar et une mitrailleuse, réparties sur deux lignes parallèles. Il n'existe pas de dénomination spécifique mais les casemates ont été numérotées de **1** à **29** après la guerre.

■ **Forêt de Saint-Michel** (partie Est) et **Avancée de Rocroi**

La DTF de Charleville a doté toutes les organisations relevant de sa compétence d'un nom et d'un numéro croissant de l'ouest vers l'est, à l'exception des cinq casemates situées à l'extrémité ouest du tronçon qui ont été numérotées dans la continuité du secteur de gauche (de 30 à 34), vraisemblablement pour des raisons de limites territoriales. Comme ces cinq casemates sont tout à fait différentes de celles construites dans la partie nord et qu'elles sont indéniablement du même type que les autres organisations du secteur, nous avons choisi de les désigner par une lettre (de A à E) et de leur donner un nom, nécessairement aléatoire.

A	Isaïe Ouest (30)	FCR	Blockhaus type B simple droite (1940)
B	Isaïe Est (31)	FCR	Blockhaus type B simple droite (1940)
C	Watigny Ouest (32)	FCR	Blockhaus type B double (1940)
D	Watigny Est (33)	FCR	Blockhaus type B simple droite (1940)
E	La Folie (34)	FCR	Blockhaus type B simple gauche avec créneau visuel frontal (1940)
1	Gravier-du-Bois	FCR	Blockhaus type B simple gauche (1940)
2	Jean-Diot	FCR	Blockhaus type B double (1940)
3	Fort-Jean-Diot	FCR	Blockhaus type B double (1940)
4	La Pisselotte	FCR	Blockhaus type B simple droite (1940)
5	Grand-Marais Ouest	FCR	Blockhaus type B simple gauche (1940)
6	Grand-Marais Est	FCR	Blockhaus type B simple gauche (1940)
7	Rouillette Ouest	FCR	Blockhaus type B simple gauche (1940)
8	Rouillette Est	FCR	Blockhaus type B simple gauche (1940)
9	Route-de-Signy	FCR	Blockhaus type B simple gauche (1940)

Composition des troupes

Le DAA ne dispose pas de troupes organiques : la position est occupée par des unités appelées à entrer en Belgique dans le cadre de l'opération Dyle. À partir du 20 janvier 1940, la position est coiffée par le 41e CAF, mis sur pied par le 24e CA avec deux secteurs : Rocroi et Charleville-Mézières. La 102e DIF, ex-SD Ardennes, lui est subordonnée (➥ page ci-contre).

41e CORPS D'ARMÉE DE FORTERESSE

Commandement et troupes

Commandant le corps d'armée : général Libaud

Artillerie :	parc d'artillerie de CA de forteresse n° 41 (141e compagnie d'ouvriers d'artillerie et 161e section de munitions auto)
Génie :	compagnies portant le n° 141 (➥ Tome Deux, p. 212)
Train :	341/21 compagnie auto de CAF
Intendance :	441/2 groupe d'exploitation

PC : Signy-l'Abbaye.

Organisations

■ **Région Trélon - Rocroi**

	Carrefour-Holstein	1re RM	Blockhaus type M 1
	Route-d'Eppe-Sauvage	1re RM	Abri de tir type N 2f
	Carrefour-Grammont	1re RM	Blockhaus type M 1
	Route-de-Moustier	1re RM	Abri de tir type N 2f
	Carrefour-de-Blois	1re RM	Blockhaus type M 1
	Maison-Forestière-de-la-Folie	1re RM	Blockhaus type M 1
	Étang-de-la- Folie	1re RM	Abri de tir type N 1f
	Bois-des-Avesnelles	1re RM	Blockhaus type G 1 avec cloche
	Colonnière Nord	1re RM	Blockhaus type GS
	Colonnière Sud	1re RM	Blockhaus type GS
	Roliveaux	1re RM	Abri de tir type N 2
	Ferme-Delannoy	1re RM	Blockhaus type GS avec cloche
90	Moranrieux Nord	FCR	Blockhaus type A double (1940)
	La Sablière	1re RM	Blockhaus type G 2
	Moranrieux	1re RM	Blockhaus type G 1
	Croix-de-Bourges	1re RM	Abri de tir type N 2g
	Moulin-de-Bourges	1re RM	Blockhaus type G 2 avec cloche
	Champ-du-Lièvre	1re RM	Abri de tir type N 2g
	La Marlière	1re RM	Blockhaus type G 2 avec cloche
	Chant-des-Oiseaux	1re RM	Blockhaus type G 1 avec cloche
	Ferme-Landry	1re RM	Blockhaus type G 1
	L'Angoumerie	1re RM	Blockhaus type G 2
	Momignies	1re RM	Blockhaus type G 2 avec cloche
	Le Pachy	1re RM	Blockhaus type GSd
	Trieux-de-Melsart	1re RM	Abri de tir type N 2f
	Les Culées	1re RM	Blockhaus type G 1 avec cloche
	La Haie-d'Anor	1re RM	Abri de tir type N 1g
	Bois-des-Aisements	1re RM	Blockhaus type M 1
92	L'Alouette	FCR	Blockhaus type A double (1940)

10	Regniowez	STG	Blockhaus type A double (1939)
11	Croix-Majot Nord	STG	Blockhaus type B simple gauche (1939)
12	Croix-Majot Sud	STG	Blockhaus type B simple droite (1939)
13	Tendeurs	STG	Blockhaus type B simple droite (1939)
14	Château-Rouge Ouest	STG	Blockhaus type B simple gauche (1939)
15	Château-Rouge Est	STG	Blockhaus type B simple droite (1939)
16	Sart-Moreaux	STG	Blockhaus type B simple droite (1939)
17	Fouchimaque Ouest	STG	Blockhaus type B simple gauche (1939)
18	Fouchimaque Est	STG	Blockhaus type B simple droite (1939)

Foret de Saint-Michel
Exemple de bloc allégé

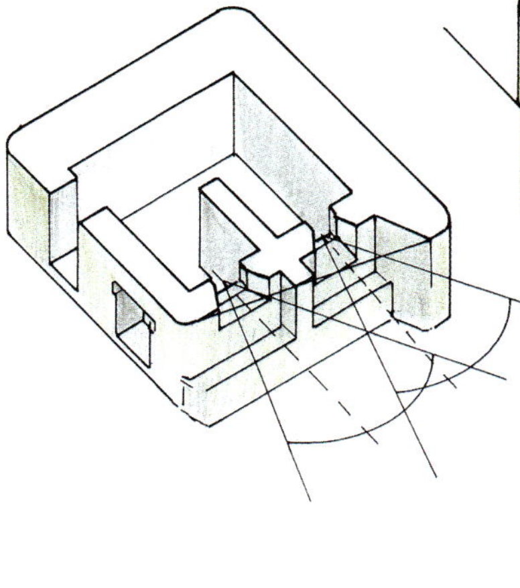

Avancée de Rocroi
Bloc STG type B

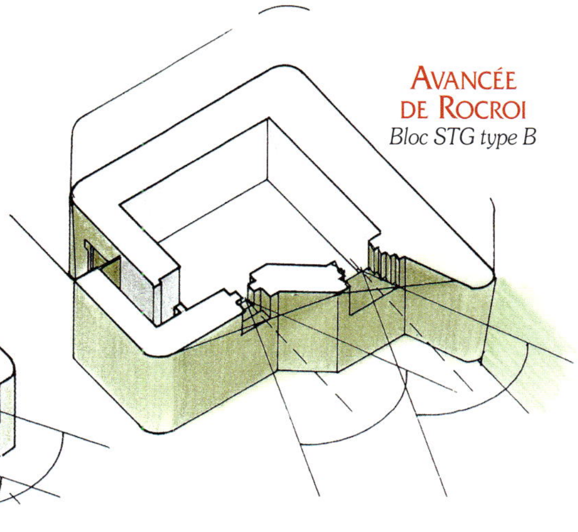

Insigne du SD Ardennes. *Dans un anneau portant la devise Ardennes, tiens ferme, une hure de sanglier (des Ardennes) monte la garde devant la citadelle de Charlemont (Givet) et un pont sur la Meuse. L'insigne existe en argenté et en doré (Arthus Bertrand). Il a été repris en 1944 par le maquis des Ardennes qui l'a fait réaliser en métal léger.*

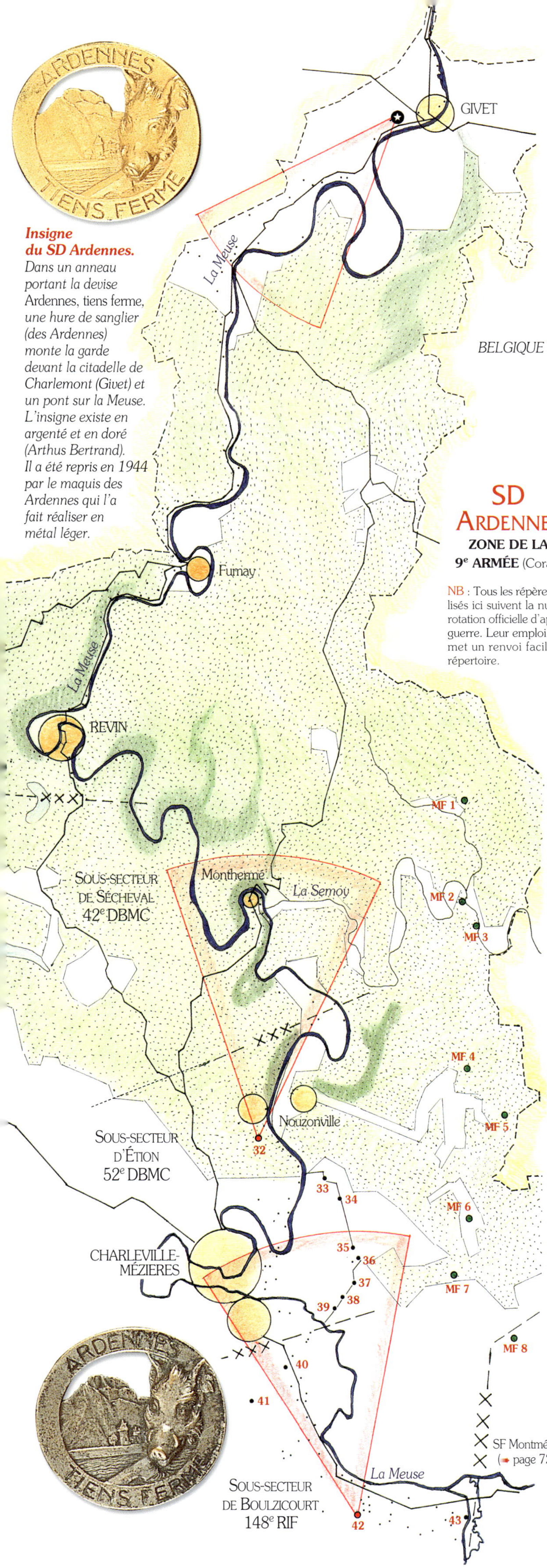

SD ARDENNES

ZONE DE LA 9e ARMÉE (Corap)

NB : Tous les repères utilisés ici suivent la numérotation officielle d'après-guerre. Leur emploi permet un renvoi facile au répertoire.

19	Camp	FCR	Blockhaus double (variante) (1940)
20	Anciennes-Carrières	STG	Blockhaus type A 1 double avec cloche FM non installée (1939)
21	Grandes-Chaudières	STG	Blockhaus type B simple gauche (1939)
22	Belhomme	STG	Blockhaus type A double (1939)
23	Cense-Picot	STG	Blockhaus type A double (1939)
24	Bout-d'en-Haut	STG	Blockhaus type A 1 double avec cloche FM non installée (1939)
25	Avancée-de-Rocroi	STG	Blockhaus double avec cloche FM non installée (1939)
26	Croix-Blondeau	STG	Blockhaus type B simple droite (1939)
27	Hiraumont Nord	STG	Blockhaus type B simple gauche (1939)
28	Cense-Picart	STG	Blockhaus type B simple gauche (1939)
29	Petit-Hongreau Nord	STG	Blockhaus type B simple gauche (1939)
30	Petit-Hongreau Est	STG	Blockhaus type B simple droite (1939)
31	Hiraumont Sud	STG	Blockhaus type B simple gauche (1939)

À ajouter : 85 abris de tir de type Barbeyrac, forestier, fortification de campagne (4 en 1936, 75 en 1937, 2 en 1938 et 4 en 1939) et 4 postes d'observation (1 en 1938 et 3 en 1939).

■ **Cours de la Meuse**
65 abris de tir Barbeyrac ou fortification de campagne (46 en 1936, 12 en 1937, 4 en 1938 et 3 en 1939) et 1 poste d'observation (1936).

SECTEUR DÉFENSIF DES ARDENNES devenu 102e DIVISION D'INFANTERIE DE FORTERESSE

Le Secteur défensif des Ardennes est constitué d'une ligne de blocs implantés le long de la Meuse à partir de 1935 (entre Anchamps et Pont-à-Bar) et deux casemates d'artillerie (Nouzonville et Flize) construites en 1938. En 1939, une tête de pont comportant 8 casemates est réalisée en rive droite de la Meuse pour envelopper l'agglomération de Charleville-Mézières.

COMMANDEMENT ET TROUPES
Commandant la division : général Portzert
Chef d'état-major : commandant Lefranc de Pompignan
Commandant l'ID : colonel Marchal
42e DBMC (demi-brigade de mitrailleurs coloniaux) : lieutenant-colonel de Pinsun
52e DBMC : lieutenant-colonel Barbe
148e RIF : lieutenant-colonel Manceron (➡ Tome Un, p. 111)
Commandant l'AD : lieutenant-colonel Vigneron
160e RAP : chef d'escadron Hugon (➡ Tome Deux, p. 197)
Génie : 227/1 compagnie de sapeurs-mineurs
Transmissions : 227/81 compagnie télégraphiste
227/82 compagnie radio
Train : 217/2 compagnie auto
Intendance : 447/2 groupe d'exploitation divisionnaire
Santé : 447e groupe sanitaire divisionnaire
PC : Rimogne.

■ **SOUS-SECTEUR DE SÉCHEVAL** : 42e DBMC (lieutenant-colonel de Pinsun)

Ligne des maisons fortes (1938)

MF1	Les Hubiets (Linchamps)	MOM	1 créneau AC/M, 2 FM
MF2	L'Espérance (Haute-Rivière)	MOM	1 créneau AC/M, 3 FM
MF3	Sorendal	MOM	1 créneau AC/M, 4 FM

Ligne principale de résistance
27 abris de tir types Barbeyrac, régional ou fortification de campagne (11 en 1936, 8 en 1937, 2 en 1938 et 6 en 1939) et 1 poste d'observation (1939).

■ **SOUS SECTEUR D'ÉTION** : 52e DBMC (lieutenant-colonel Barbe)

Ligne des maisons fortes (1938)

MF4	Gespunsart	MOM	1 créneau AC/M, 4 FM
MF5	Rogissart	MOM	1 créneau AC/M, 4 FM
MF6	Rollimpont	MOM	1 créneau AC/M, 4 FM
MF7	Rumel	MOM	1 créneau AC/M, 4 FM

Tête de pont de Charleville

33	Petit-Sabot	STG	Blockhaus type A 1 double avec cloche FM non installée (1939)
34	Calvaire-du-Ligneul	STG	Blockhaus type A 1 double avec cloche FM (1939)
35	Trois-Fontaines Nord	STG	Blockhaus type B simple droite (1939)
36	Trois-Fontaines Sud	STG	Blockhaus type B simple gauche (1939)
	Moulin-Godart (218)	Barbeyrac	Abri de tir (1937)
37	Beycors	STG	Blockhaus type A 1 double avec cloche FM non installée (1939)
38	Ferme-Mazy	STG	Blockhaus type B 1 allégé gauche avec cloche FM non installée (1939)
39	Romery	STG	Blockhaus type B simple gauche (1939)
40	Villers-Semeuse	STG	Blockhaus type B simple gauche (1939)

Ligne principale de résistance

32	Nouzonville	STG	Casemate d'artillerie pour un 75 modèle 1897/33 flanquant à gauche (1937)

À ajouter : 40 abris de tir types Barbeyrac ou régional (5 en 1936, 30 en 1937, 2 en 1938 et 3 en 1939) et 2 postes d'observation (1939).

■ **SOUS-SECTEUR DE BOULZICOURT** : 148e RIF (lieutenant-colonel Manceron)
PC : La Francheville, puis Évigny.

Ligne des maisons fortes (1938) Néant

Ligne principale de résistance

41	Fort des Ayvelles Sud	STG	Blockhaus type B 1 allégé droite avec cloche FM non installée (1939)
42	Flize (*Charlemagne*)	STG	Casemate d'artillerie pour un 75 modèle 1897/33 flanquant à gauche (1939)
43	Canal-des-Ardennes	STG	Blockhaus de type spécial (1939)

À ajouter : 40 abris de tir types Barbeyrac, régional ou fortification de campagne (6 en 1936, 15 en 1937, 2 en 1938 et 17 en 1939) et 3 postes d'observation (1939).

Insigne du SF Montmédy.
Une tour crénelée, qui évoque les armoiries de la ville de Montmédy, est surmontée du drapeau national dans un paysage de verdure. En pointe, la devise Prends garde *(Arthus-Bertrand).*

SECTEUR FORTIFIÉ DE MONTMÉDY
(de Pont-à-Bar à Vélosnes)

Conception

Formé en février 1940 par regroupement du front de la Meuse et de la Tête de pont de Montmédy, le Secteur fortifié de Montmédy présente de ce fait une dualité de conception puisqu'il se compose en partie d'organisations CORF (Tête de pont de Montmédy) et en partie d'organisations STG (front de la Meuse et Secteur défensif de Marville).

Les organisations du front de la Meuse entamées à partir de 1935 par la construction d'une série de petits blocs de formes et de tailles diverses (blocs Barbeyrac) sont poursuivies vers 1937-38 par la réalisation de quelques casemates STG et surtout de six casemates d'artillerie pour un matériel de 75 modèle 1897/1933 (dont deux appartenant au SD Ardennes). Durant la drôle de guerre, la position est étoffée par l'érection de gros blocs dits blocs Billotte (officiellement type FCR) dont il existe plusieurs variantes. Au

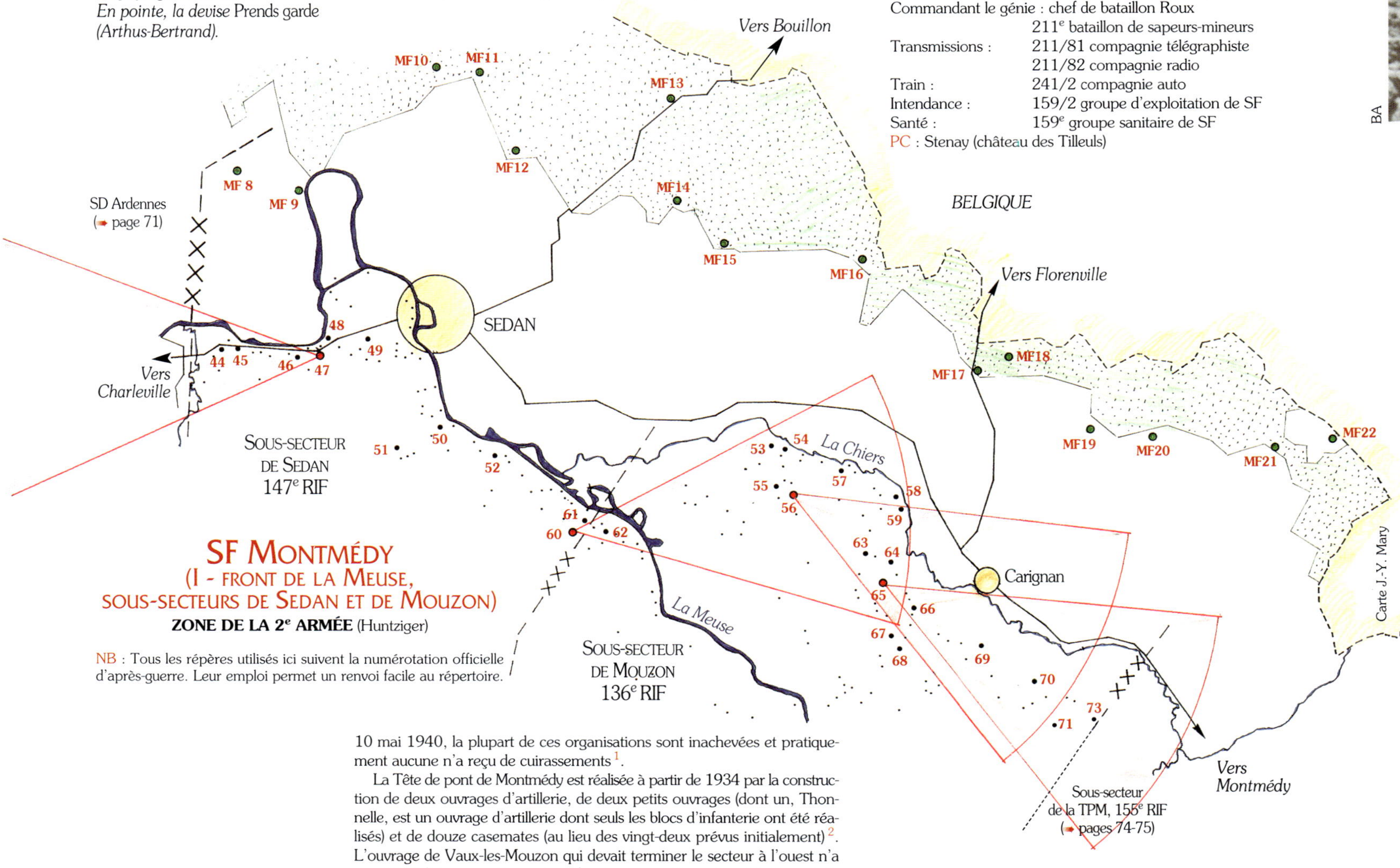

SF MONTMÉDY
(I - FRONT DE LA MEUSE, SOUS-SECTEURS DE SEDAN ET DE MOUZON)
ZONE DE LA 2e ARMÉE (Huntziger)

NB : Tous les repères utilisés ici suivent la numérotation officielle d'après-guerre. Leur emploi permet un renvoi facile au répertoire.

10 mai 1940, la plupart de ces organisations sont inachevées et pratiquement aucune n'a reçu de cuirassements [1].

La Tête de pont de Montmédy est réalisée à partir de 1934 par la construction de deux ouvrages d'artillerie, de deux petits ouvrages (dont un, Thonnelle, est un ouvrage d'artillerie dont seuls les blocs d'infanterie ont été réalisés) et de douze casemates (au lieu des vingt-deux prévus initialement) [2]. L'ouvrage de Vaux-les-Mouzon qui devait terminer le secteur à l'ouest n'a pas été réalisé. La position est renforcée par une ligne de petits blocs réalisés vers 1938 (blocs rectangulaires comportant deux embrasures sur une façade droite) et par l'installation d'une série de tourelles démontables dans le but de réduire les angles morts entre les différentes organisations CORF. Quatre casemates d'artillerie, identiques à celles du front de Meuse, permettent d'assurer un flanquement minimal. À noter également l'existence d'un barrage sur la Chiers (à hauteur de la casemate de Saint-Antoine) pour permettre l'inondation de la zone frontière à hauteur de Grand-Verneuil. En 1939-40, une seconde ligne à base de blocs de type GA 1 (simples ou doubles, à créneau visuel frontal) a été amorcée mais au 10 mai 1940, à une ou deux exceptions près, les cuirassements ne sont pas encore en place.

Parallèlement, la réalisation d'une seconde ligne sous l'égide de la CEZF est amorcée durant la drôle de guerre sur la ligne Poix-Terron - Mont-Dieu mais elle ne sera pas achevée au 10 mai 1940.

Le SD Marville, appartenant alors à la RF Metz, est garni dès 1936 d'une double ligne de défense : sur la Chiers, quelques petits blocs et surtout des tourelles démontables, sur le plateau une ligne de blockhaus standard RFM modèle 1936 et de petits blocs pour deux mitrailleuses. À partir de 1938, la position est étoffée par des casemates spéciales de type RFM modèle 1937 (STG modifié avec canon de 25 et sans cloche (➥ Tome Deux, p. 133) puis en 1939, par quelques casemates STG d'un type allégé avec cloche (STG type B 1). La ligne principale de résistance se dédouble pour épouser le cours de la Chiers jusqu'à Flabeuville puis traverse le bois Lagrange où elle est organisée avec des petits blocs et des tourelles démontables. Ensuite la position rejoint la Chiers en aval de Charency-Vezin pour remonter vers le plateau. Comme ailleurs, les cuirassements ne seront pas installés. Une casemate d'artillerie pour deux matériels de 75 modèle 1897 a été commencée en 1939 à La Higny mais elle n'est pas terminée.

Notes

1. Seule la casemate du Palletto (n° 61) a reçu tous ses cuirassements.

2. Les casemates non construites sont : Sainte-Marie Ouest, Signy Est, Guerlette Nord, Minières Sud et Nord, Bois-le-Sart Nord et Sud, Saint-Antoine Sud, Villecloye et Verneuil.

Commandement et troupes

Commandant le secteur : général Burtaire
Chef d'état-major : commandant Georgin
Commandant l'ID :
147e RIF : colonel Pinard (➥ Tome Un, p. 111)
136e RIF : lieutenant-colonel Vinson (➥ Tome Un, p. 106)
155e RIF : colonel Culot (➥ Tome Un, p. 118)
132e RIF : lieutenant-colonel Blanchet (➥ Tome Un, p. 105).
4e BM (bataillon de mitrailleurs)
Commandant l'AD : lieutenant-colonel Vigneron
I/169e RAP : chef d'escadron Perry (➥ Tome Deux, p. 205)
99e RAMFH (deux groupes de 75 modèle 1897 hippo) : chef d'escadron van der Wynckt (➥ Tome Deux, p. 171)
Commandant le génie : chef de bataillon Roux
211e bataillon de sapeurs-mineurs
Transmissions : 211/81 compagnie télégraphiste
211/82 compagnie radio
Train : 241/2 compagnie auto
Intendance : 159/2 groupe d'exploitation de SF
Santé : 159e groupe sanitaire de SF
PC : Stenay (château des Tilleuls)

Grandes unités de renforcement au 10 mai 1940

10e CA : général Grandsart
55e DI (réserve, série B) : général Lafontaine (sous-secteur de Sedan)
3e DINA (active) : général Chapouilly (sous-secteur de Mouzon)

18e CA : général Rochard
3e DIC (réserve, série A) : général Falvy (ss-secteur de la TP de Montmédy)
41e DI (réserve, série A) : général Bridoux (sous-secteur de Marville).

Organisations

■ **Sous-secteur de Sedan :** 147e RIF (colonel Pinard)

Ligne des maisons fortes (1938) : 15e compagnie du 147e RIF

MF8	K (La Grève)	MOM	1 créneau AC/M, 4 FM
MF9	Montimont	MOM	1 créneau AC/M, 4 FM
MF10	Bois-de-Saint-Menges	MOM	1 créneau AC/M, 4 FM
MF11	La Hatrelle	MOM	1 créneau AC/M, 3 FM
MF12	Q (Illy/Olly)	MOM	1 créneau AC/M, 4 FM
MF13	Maison Friquet	MOM	2 créneaux AC/M, 4 FM
MF14	Bouchon-de-la-Grenouille	MOM	1 créneau AC/M, 3 FM
MF15	Bouchon-Louisval	MOM	1 créneau AC/M, 3 FM

Effectif et dotation de chaque maison forte au 15 avril 1940 : 1 sous-officier, 1 caporal et 4 soldats. 1 canon de 37 mm, 2 FM, 2 troublons VB, 100 mines légères antichars et 20 piquets antichars.

Le blockhaus FCR A4 103 de Bellevue. Des sacs de terre ont été entassés près des entrées pour compenser vaille que vaille l'absence de cuirassements.

Casemates du Front de Meuse

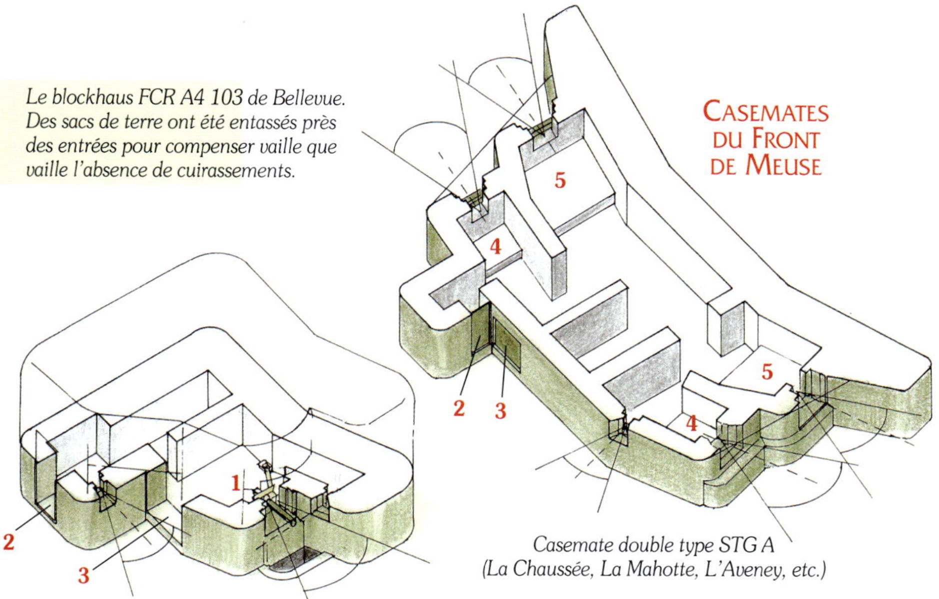

Casemate d'artillerie pour un 75 modèle 1897/1933 (Euilly)

Casemate double type STG A (La Chaussée, La Mahotte, L'Aveney, etc.)

1. Embrasure de 75 mle 97/33
2. Entrée du personnel
3. Entrée du matériel
4. Créneau mitrailleuse
5. Créneau AC 25

Ligne principale de résistance

44	Grand-Condé	FCR	Blockhaus type B gauche, dalle inachevée (1940)
45	Paquis-des-Cailles	FCR	Blockhaus type A 4 avec créneau visuel frontal (1940)
46	Fosse-Colin-Noizet	FCR	Blockhaus type A 4 avec créneau visuel frontal (1940)
47	Vaux-Dessus	STG	Casemate d'artillerie pour un 75 mle 1897/33 flanquant à gauche (1939)
48	Bellevue	FCR	Blockhaus type A 4 avec créneau visuel frontal (1940)
49	Pépinière-Creplet	FCR	Blockhaus type A 4 avec créneau visuel frontal (1940)
50	Côte-du-Pré-de-Meuse	FCR	Blockhaus type A 4 avec créneau visuel frontal (1940)
51	Côte-de-la-Vallière	FCR	Blockhaus type B gauche avec créneau visuel frontal (1940)
52	Longues-Orgières	FCR	Blockhaus type A 4 avec créneau visuel frontal (1940)

À ajouter : 58 abris de tir Barbeyrac, régional ou fortification de campagne (1 en 1936, 25 en 1937 et 32 en 1939), 9 postes d'observation (2 en 1937, 1 en 1938 et 4 en 1939) et 4 PC (1 en 1937 et 3 en 1939).

■ **Sous-secteur de Mouzon** : 136e RIF (lieutenant-colonel Vinson)

Ligne des maisons fortes (1938) : 15e compagnie du 136e RIF

MF16	Beau-Terma (Termes)	MOM	1 créneau AC/M, 3 FM
MF17	Bouchon-des-Sarts	MOM	2 créneaux AC/M, 2 FM
MF18	Bois-de-Pure	MOM	1 créneau AC/M, 3 FM
MF19	La Douane	MOM	1 créneau AC/M, 4 FM
MF20	Bouchon-des-Rappes	MOM	1 créneau AC/M, 4 FM
MF21	Mogues	MOM	1 créneau AC/M, 4 FM
MF22	Croix-du-Routy	MOM	1 créneau AC/M, 3 FM

Ligne principale de résistance

61	Palletto	FCR	Blockhaus type A 4 à créneau visuel frontal (2 trémies Pamart-Lemaigne et 2 trémies Condé) (1940)
60	Grand-Pâquis	STG	Casemate d'artillerie pour un 75 mle 1897/33 flanquant à droite (1938)
62	Petit-Remilly	FCR	Blockhaus type A 4 avec créneau visuel frontal (1940)
53	Brévilly Ouest	STG	Blockhaus type spécial (1938)
54	Brévilly	STG	Blockhaus type spécial (1938)
55	Prix-du-Loup	FCR	Blockhaus type A 4 avec créneau visuel frontal (1940)
56	Chyberchamp	STG	Casemate d'artillerie pour un 75 mle 1897/33 flanquant à droite (1938)
57	Bruncent	FCR	Blockhaus type B gauche (1940)
58	Tétaigne A	STG	Blockhaus type spécial (1938)
59	Tétaigne	STG	Blockhaus type spécial (1939)
63	Tratilly	STG	Blockhaus type B gauche (1938)
	(Les Bauches dans les plans d'origine)		
64	Épinette	STG	Blockhaus type B gauche (variante) (1938)
65	Euilly	STG	Casemate d'artillerie pour un 75 mle 1897/33 flanquant à droite (1938)
66	La Chaussée	STG	Blockhaus type A (1938)
67	Tourtray Nord	FCR	Blockhaus type B gauche (1940)
68	Tourtray Sud	FCR	Blockhaus type A 4 avec créneau visuel frontal (1940)
69	La Mahotte	STG	Blockhaus type A (1938)
70	Prairie-de-Blanchampagne	STG	Blockhaus type A (1937)
	(Le Bochet dans les plans d'origine)		
71	Sailly	FCR	Blockhaus type B droite (1940)
73	Fond-Dur	FCR	Blockhaus type A 4 avec créneau visuel frontal. Dalle inachevée (1940)

À ajouter : 104 abris de tir de type Barbeyrac, 2e RM ou fortif. de campagne (7 en 1936, 80 en 1937, 1 en 1938 et 16 en 1939), 4 postes d'observation (2 en 1937 et 1 en 1939) et 3 PC (en 1937).

Ascomemo

BA

En haut. Les maisons fortes des Ardennes (ici, celle de Mogues MF 21 ceinte de son grillage de protection) abritent une petite garnison dont la mission est de faire jouer les destructions sur toutes les voies d'accès venant de la frontière belge.

Ci-dessus. Blockhaus de Tétaigne. On remarque à quel point ces blocs implantés sur la berge même de la Chiers, sont vulnérables à la moindre montée des eaux.

Seconde ligne (cours de la Meuse)
14 abris de tir de type Barbeyrac (1937)

2e position - Ligne CEZF (1940) (→ carte page 41)
(une cloche type C par blockhaus non posée en mai 1940)

Fossé-au-Mortier	STG	Blockhaus type B 1 flanquement à gauche
Briqueterie Est	STG	Blockhaus type B 1 flanquement à droite
Briqueterie Ouest	STG	Blockhaus type B 1 flanquement à gauche
Les Ormes	STG	Blockhaus type B 1 flanquement à gauche, dalle inachevée
Poix-Terron Ouest	STG	Blockhaus type A 1
Cimetière-de-Montigny	STG	Blockhaus type A 1
Poix-Terron Est	STG	Blockhaus type A 1
Maison-du-Garde	STG	Blockhaus type A 1
La Cassine Ouest	STG	Blockhaus type A 1 (variante)
La Cassine Est	STG	Blockhaus type spécial sans cloche
La Briqueterie	STG	Blockhaus type A 1

Coll. Boudrenghien

Coll. Boudrenghien

■ **Sous-secteur de la Tete de pont de Montmédy** : 155e RIF (lieutenant-colonel Culot)

Casernement de sûreté : La Ferté (inachevé)
Montmédy (ville haute et casernement neuf)

ORGANISATIONS

Organisations de Villy (1939)
13 abris de tir et un abri passif

Ligne principale de résistance
+ 2 abris de tir type Barbeyrac (1937)

72	L'Aveney *(Croix-Morel dans les plans d'origine)*	STG	Blockhaus type A (1938)
74	Les Fourches	FCR	Blockhaus type A 4 avec créneau visuel frontal (1940)
My 1	Villy Ouest	STG	Casemate d'artillerie pour un matériel de 75 mle 1897/33 flanquant vers l'ouest (lieutenant Tyckoczynski)
My 2	Villy Est	STG	Casemate d'artillerie pour un matériel de 75 mle 1897/33 flanquant vers l'est (lieutenant Penalva)

■ **3e CEO** : capitaine Aubert

La Ferté CORF Petit ouvrage à deux blocs
Plans : masse du 16 mars 1934, 30 juin 1934 et 8 mai 1935 ; implantation du 29 juillet 1935.
Commandant l'ouvrage : lieutenant Bourguignon (en remplacement du lieutenant Guiard, 20 mars 1940)
Effectif théorique : 3 off., 97 h.
Bloc 1, casemate de mitrailleuses flanquant vers l'est + entrée : 1 créneau JM/AC 47, 1 créneau JM, 2 cl. AM, 1 cl. obs./VDP, 1 cl. GFM B
Bloc 2, bloc infanterie ouest : 1 tourelle 2 AM, 1 cl. GFM B, 1 cl. AM, 1 cl. GFM B/obs. + entrée secondaire (sous-lieutenant Thouémont)
Prévu pour recevoir une tourelle de 75 modèle 1905, l'ouvrage se limite à deux blocs d'infanterie auxquelles sont adjointes deux casemates d'artillerie indépendantes. En 2e cycle, l'ouvrage aurait dû recevoir une entrée séparée (étudiée en avril 1940).

1	Margut	CORF	Casemate simple flanquant vers l'ouest : 1 créneau JM/AC 47, 1 créneau JM, 2 cl. AM, 1 cl. GFM B (lieutenants La Marle puis Labyt au printemps 1940)

À gauche.
Vue de la casemate de Sainte-Marie du côté assaillant. Les cloches cuirassées immobiles attirent immanquablement le regard... et les coups des 8,8 cm Flak. Deux réseaux de rails ceinturent les glacis.

À droite.
Vue de l'arrière de la casemate de Sainte-Marie, identifiable à son antenne radio.

2	Moiry	CORF	Casemate double : 2 créneaux JM/AC 47, 2 créneaux JM, 2 cl. AM, 2 cl. GFM B (lieutenant Chaineux)
3	Sainte-Marie	CORF	Casemate simple flanquant vers l'est : 1 créneau JM/AC 47, 1 créneau JM, 2 cl. AM, 2 cl. GFM B (1 obs./J2) (lieutenants Huard puis Somny en mars 1940)
4	Sapogne	CORF	Casemate simple flanquant vers l'ouest : 1 créneau JM/AC 47, 1 créneau JM, 2 cl. AM, 1 cl. GFM B (lieutenant Moisy) (bloc 1 d'un ouvrage prévu à 4 blocs et non construit)

Le Chesnois CORF Ouvrage d'artillerie à cinq blocs et une entrée mixte
Plan (masse ?) n° 1989 S du 20 juin 1934.
Commandant l'ouvrage : capitaine Aubert
Major d'ouvrage : lieutenant de Looz
Commandant l'artillerie : lieutenant Turpault
Commandant l'infanterie : lieutenant Naulet
Commandant le génie : lieutenant Busch
Effectif théorique : 8 off., 316 h.
Entrée mixte par puits (bloc 7) : 1 créneau JM/AC 47, 2 cl. GFM B (➥ plan Tome Deux, p. 28, photographies p. 60 du présent volume)
Bloc 1, bloc de flanquement est : 1 créneau JM/AC 47, 1 créneau JM, 1 tourelle 2 AM, 2 cl. GFM B (1 obs./J2), 1 cl. LG
Bloc 2, bloc infanterie : 1 cl. AM, 1 cl. GFM B
Bloc 3, casemate de flanquement ouest : 1 créneau JM/AC 47, 1 créneau JM, 1 cl. AM, 1 cl. GFM B
Bloc 4, casemate de flanquement ouest : 1 créneau JM/AC 47, 1 cl. AM, 2 cl. GFM B (1 obs./J2)
Bloc 5, tourelle d'artillerie : 1 tourelle 75 modèle 1905 R, 1 cl. GFM B (lieutenant Ackermann)
Au 2e cycle l'ouvrage aurait dû recevoir une tourelle de 75 modèle 1933 (bloc 6) pour le flanquement ouest.

5	Christ	CORF	Casemate simple flanquant vers l'est : 1 créneau JM/AC 47, 1 créneau JM, 2 cl. AM, 1 cl. GFM B (lieutenant Borel) (➥ Tome Deux, p. 11)
6	Thonne-le-Thil	CORF	Casemate double : 2 créneaux JM/AC 47, 2 créneaux JM, 2 cl. AM, 2 cl. GFM B (lieutenant Bourguignon puis Guiard) (➥ Tome Deux, p. 11)
7	Guerlette	CORF	Casemate double : 2 créneaux JM/AC 47, 2 créneaux JM, 1 cl. AM, 2 cl. GFM B (lieutenant Mabille du Chesne)

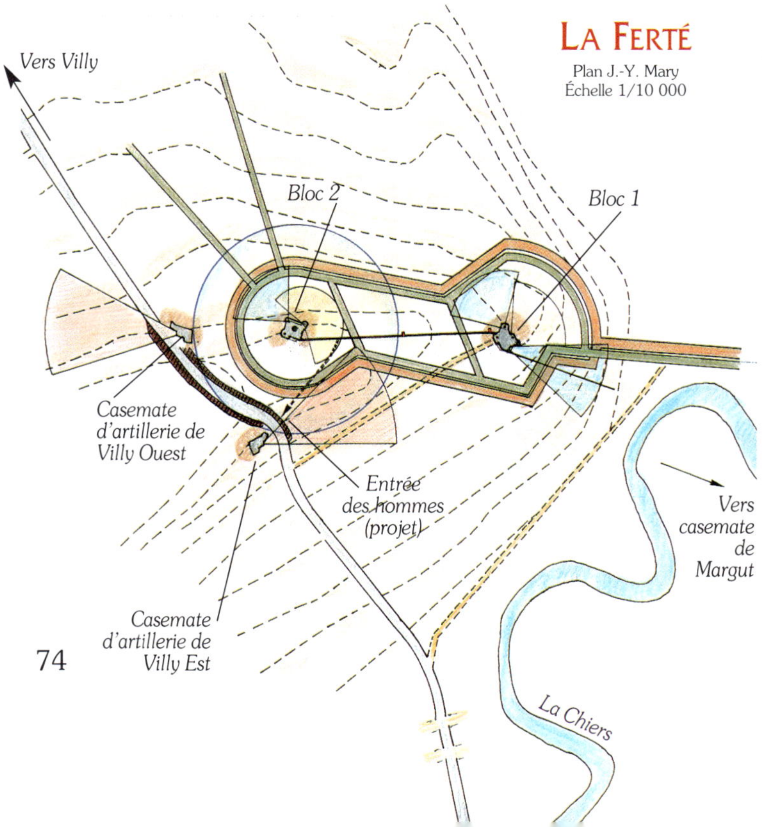

Coll. Bruge

Les sapeurs de l'équipage du Chesnois se sont construit une petite cahute à l'extérieur de l'ouvrage.

SF Montmédy (II - sous-secteurs de la Tete de pont de Montmédy et de Marville)

ZONE DE LA 2e ARMÉE (Huntziger)

NB : Les repères **My1** à **My15** et **Mb 40** à **Mb 221** utilisés ici suivent la numérotation d'époque. En revanche, la numérotation des casemates CORF (**1** à **12**) est officieuse.

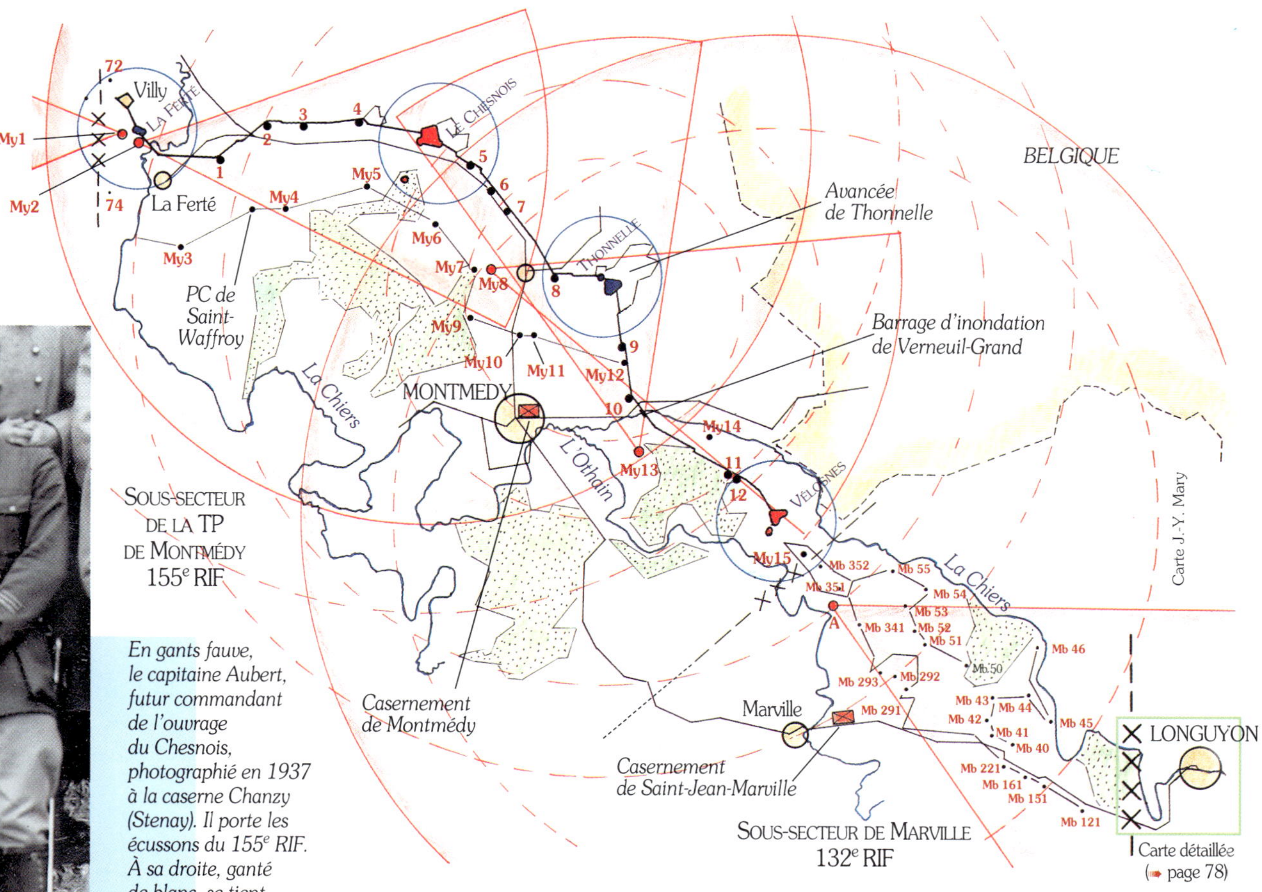

Coll. Y. Bourguignon

En gants fauve, le capitaine Aubert, futur commandant de l'ouvrage du Chesnois, photographié en 1937 à la caserne Chanzy (Stenay). Il porte les écussons du 155e RIF. À sa droite, ganté de blanc, se tient le lieutenant Bourguignon, qui connaîtra une fin tragique avec son équipage, dans le PO de La Ferté.

Coll. Boudrenghien

La chambre de tir de la casemate du Christ. Ce gros-plan nous permet d'apercevoir le canon de 47 en place dans son créneau. Sur la droite, le poste de guet extérieur.

Le Chesnois

Plan J.-Y. Mary
Échelle 1/10 000

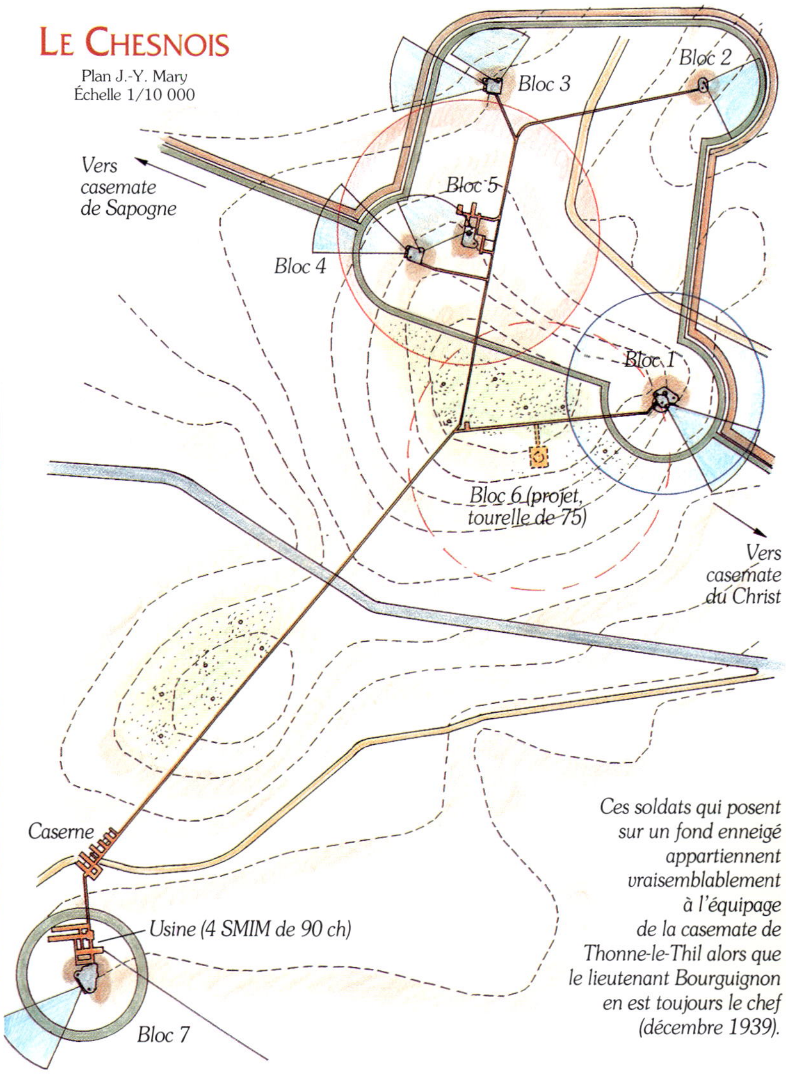

Coll. Bourguignon

Ces soldats qui posent sur un fond enneigé appartiennent vraisemblablement à l'équipage de la casemate de Thonne-le-Thil alors que le lieutenant Bourguignon en est toujours le chef (décembre 1939).

R. Tayot, coll. Giuliano

Le PO de Thonnelle est un ouvrage d'artillerie dont seuls les blocs d'infanterie ont été construits. On découvre ici le bloc 1 avec ses deux créneaux dont l'un laisse entrevoir un tube de 47 antichar.

R. Tayot, coll. Giuliano

Faute d'une entrée spécifique non construite, l'entrée du PO de Thonnelle se fait par le bloc 3. On voit ici un Berliet VDC citerne en train de ravitailler l'ouvrage en gas-oil.

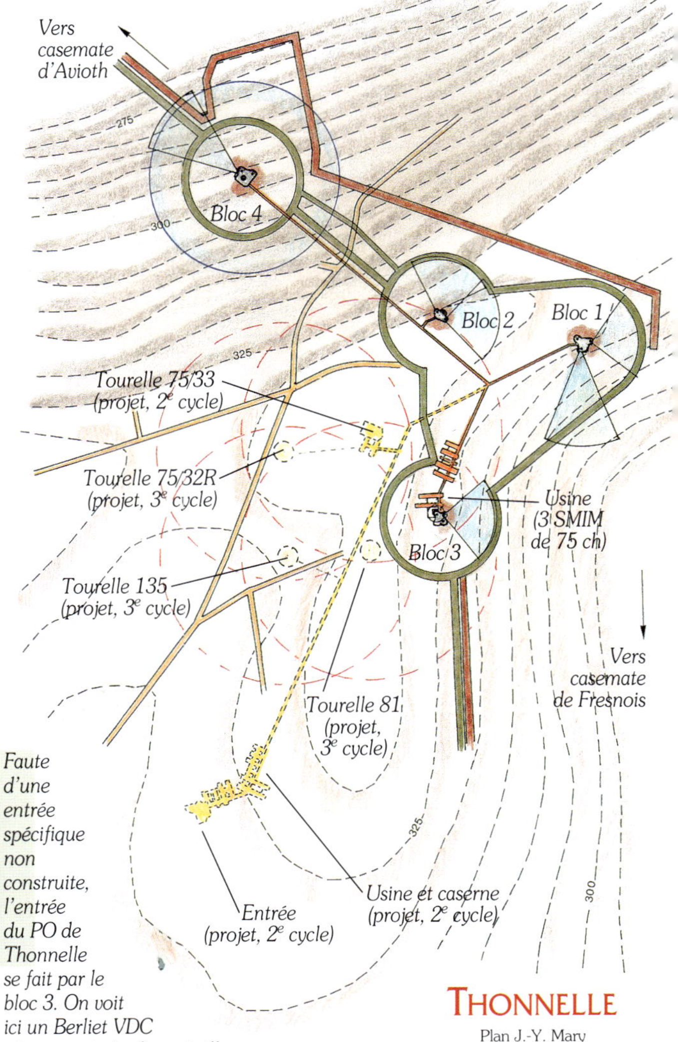

THONNELLE

Plan J.-Y. Mary
Échelle 1/10 000

■ **2e CEO** : capitaine commandant le PO de Thonnelle

8 Avioth — CORF — Casemate simple flanquant vers l'ouest : 1 créneau JM/AC 47, 1 créneau JM 2 cl. AM, 1 cl. GFM B (lieutenant André)

THONNELLE — CORF — Petit ouvrage d'infanterie à quatre blocs

Plans : masse n° 1404 S du 3 mai 1934, n° 2062 S du 28 juin 1934 et n° 3303 S du 31 octobre 1934 ; implantation n° 659 S du 22 février 1935.

Commandant l'ouvrage : capitaines Courrèges puis de Gatellier (26 mai 1940)
Commandant l'infanterie : lieutenant Stabler
Major d'ouvrage : adjudant Canavaggio
Commandant le génie : sous-lieutenant Calvi
Effectif théorique : 3 off., 186 h.

Bloc 1, casemate d'infanterie flanquant vers l'est : 1 créneau JM/AC 47, 1 créneau JM, 1 cl. AM, 2 cl. GFM B (adjudant Boulanger)
Bloc 2, casemate cuirassée : 2 cl. AM, 1 cl. GFM B (sergent-chef Lecocq)
Bloc 3, entrée par puits : 1 cl. AM, 1 cl. GFM B, 1 cl. LG (sergent Pirez ou Peyrilloux)
Bloc 4, casemate d'infanterie flanquant vers l'ouest : 1 tourelle 2 AM, 1 créneau JM/AC 47, 1 créneau JM, 2 cl. GFM B (sous-lieutenant Arnould) (1 obs./J2 : lieutenant Tayot)

L'ouvrage de Thonnelle, étudié comme ouvrage d'artillerie, aurait dû recevoir au 2e cycle une entrée séparée, un casernement et une tourelle de 75 modèle 1933 et au 3e cycle, une tourelle de 75 modèle 1932 R, une tourelle de 135 et une tourelle de 81.

R. Tayot, coll. Giuliano

Quelques officiers de l'ouvrage de Thonnelle. De gauche à droite : sous-lieutenant Arnould (bloc 4) en veste en toile modèle 1935 type troupes motorisées, capitaine Courrèges qui commande l'ouvrage, lieutenant Stabler (commandant en second), lieutenant Tayot (observateur d'artillerie) et sous-lieutenant Cauet (médecin).

L'arme la plus puissante de Thonnelle est la tourelle pour deux armes mixtes du bloc 4. On la voit ici en position éclipsée servant de toile de fond au lieutenant Stabler (ici en paletot canadien de dotation, *➠ détails page 17)* *qui commande en second le PO de Thonnelle.*

R. Tayot, coll. Giuliano

9	Fresnois	CORF	Casemate double : 2 créneaux JM/AC 47, 2 créneaux JM, 1 cl. AM, 2 cl. GFM B (lieutenant Cantineaux)
My 12		FCR	Blockhaus type FCR simple flanquant à droite avec créneau visuel frontal
10	Saint-Antoine	CORF	Casemate simple flanquant vers l'est : 2 créneaux JM/AC 47, 1 créneau JM, 2 cl. AM, 1 cl. GFM B (lieutenant Dupire)

■ **1re CEO** : capitaine commandant Vélosnes

My 14		FCR	Blockhaus type FCR A 4 (double avec créneau visuel frontal)
11	Ecouviez Ouest	CORF	Casemate cuirassée : 2 cl. AM, 1 cl. GFM B
12	Ecouviez Est	CORF	Casemate simple flanquant vers l'est : 1 créneau JM/AC 47, 1 créneau JM, 1 cl. AM, 1 cl. GFM B (lieutenant Degrège)

VÉLOSNES CORF Ouvrage d'artillerie à quatre blocs et une entrée mixte

Plans : masse n° 1818 S du 6 juin 1934, implantation n° 2868 S du 18 septembre 1934.

Commandant l'ouvrage : capitaines Olivié puis de Sachy (février 1940, ➠ photo p. 24)
Commandant l'artillerie : lieutenants Weiss puis Angeli (janvier 1940)
Commandant l'infanterie : lieutenant Hennequin
Commandant le génie : lieutenant Raynal
Effectif théorique : 6 off., 246 h.

Entrée mixte de plain-pied (bloc 6) : 2 créneaux JM/AC 47, 1 créneau AM (le canon de 25 n'a pas été installé), 2 cl. GFM B
Bloc 1, bloc infanterie : tourelle 2 AM, 1 cl. AM, 2 cl. GFM B (lieutenant Mayeux)
Bloc 2, casemate cuirassée : 1 cl. AM, 2 cl. GFM B (1 obs./J2), 1 cl. LG
Bloc 3, casemate d'infanterie flanquant vers l'ouest : 1 créneau JM/AC 47, 1 créneau JM, 2 cl. AM, 1 cl. GFM (lieutenant Hiégel)
Bloc 5, tourelle d'artillerie : 1 tourelle 75 modèle 1933, 1 cl. GFM B (lieutenant Testu)
Au 2e cycle, l'ouvrage aurait dû recevoir une tourelle de 75 modèle 1905 R (bloc 4) pour le flanquement Ouest.

2e ligne

My 3		FCR	Blockhaus allégé à un seul créneau flanquant vers l'est
My 4		FCR	Blockhaus type FCR A 4 (non réalisé)
My 5		FCR	Blockhaus type FCR A 4 (double avec créneau visuel frontal)
My 6		FCR	Blockhaus type FCR A 4 (double avec créneau visuel frontal)
My 7		FCR	Blockhaus type FCR A 4 (non réalisé)
My 8	La Laiterie	STG	Casemate d'artillerie pour un matériel de 75 modèle 1897/33 flanquant vers l'est, 1 cl. GFM B
My 9		FCR	Blockhaus type FCR simple gauche avec créneau visuel frontal
My 10		FCR	Blockhaus type FCR A 4 (double avec créneau visuel frontal). Les cuirassements ont été mis en place (2 trémies Condé, 2 trémies Pamart-Lemaigre)
My 11		FCR	Blockhaus type FCR A 4 (double avec créneau visuel frontal équipé d'une trémie Pamart-Lemaigre). Les cuirassements ont été mis en place (2 trémies Condé, 2 trémies Pamart-Lemaigre)
My 13	Villecloye	STG	Casemate d'artillerie pour un matériel de 75 modèle 1897/33 flanquant vers l'ouest
My 15	(N° 129 bis)	STG	Blockhaus type Brevilly flanquant vers l'ouest

La casemate double de Fresnois vient d'être dotée de ses projecteurs et les niches bétonnées tranchent encore par leur blancheur avec la couleur verte du reste de la casemate. La dalle présente un ensemencement assez fourni.

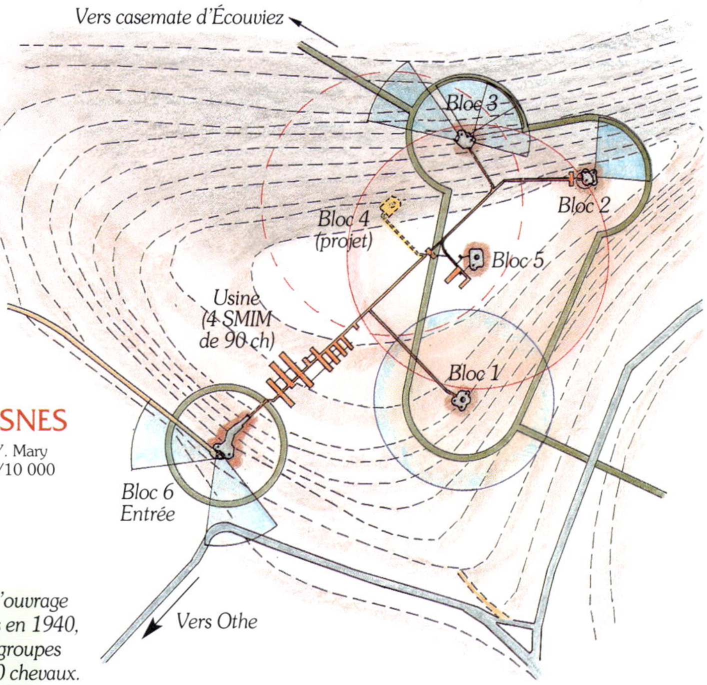

Outre recouper ses feux avec la tourelle de 75 modèle 1905 du Chesnois, la tourelle de 75 modèle 1933 de Vélosnes a la redoutable mission d'assurer la protection du plateau de Marville sur sa droite. On voit ici sur la gauche un pourvoyeur introduire des cartouches de 75 mm dans le plateau de la noria.

L'usine de l'ouvrage de Vélosnes en 1940, équipée de groupes SMIM de 90 chevaux.

■ **Sous-secteur de Marville** (ex-Secteur défensif de Marville) : 132e RIF (lieutenant-colonel Blanchet)
Rattaché en mars 1940 (vient du SF Crusnes)
(d'Epiez-sur-Chiers à Petit-Xivry)
PC : Grand-Failly
Casernement de sûreté : Saint-Jean-Marville

Toutes les organisations du plateau de Marville sont numérotées *Mb* pour les casemates (une cinquantaine) sans distinction de type et *Mt* pour les tourelles démontables (une vingtaine).

Ligne de défense de la Chiers

Mb 40	(MM 415)	STG	Blockhaus type B 1 gauche (cloche FM B non installée)
Mb 41	(MM 414)	STG	Blockhaus type B 1 gauche (cloche FM B non installée)
Mb 42	(MM 413)	STG	Blockhaus type B 1 gauche (cloche FM B non installée)
Mb 44	(MM 412)	FCR	Blockhaus type B droite
Mb 45	(MM 411)	FCR	Blockhaus type B gauche avec créneau visuel frontal
Mb 50	(MM 410)	STG	Blockhaus type B 1 gauche (cloche FM B non installée)
Mb 51	(MM 409)	STG	Blockhaus type B 1 gauche (cloche FM B non installée)
Mb 52	(MM 408)	STG	Blockhaus type B 1 droite (cloche FM B non installée)
Mb 53	(MM 407)	STG	Blockhaus type B 1 droite (cloche FM B non installée)
Mb 54	(MM 405)	FCR	Blockhaus type B gauche avec créneau visuel frontal
Mb 55	(MM 406)	FCR	Blockhaus type B droit avec créneau visuel frontal

Ligne principale de résistance

Mb 352	(MM 401)	STG	Blockhaus double à 1 créneau par chambre de tir
Mb 351	(MM 402)	STG	Blockhaus type B 1 gauche (cloche FM B non installée)
A	La Higny	RFM	Casemate d'artillerie pour deux matériels de 75 modèle 1897. Inachevée (cloche FM B non installée)
Mb 341	(MM 418)	RFM	Blockhaus modèle 1937 gauche (photo ➠ Tome Deux, p. 133)
Mb 293	(MM 404)	FCR	Blockhaus type B gauche avec créneau visuel frontal
Mb 292	(MM 419)	RFM	Blockhaus modèle 1937 gauche
Mb 291	(MM 420)	RFM	Blockhaus modèle 1937 droite
Mb 221	(MM 421)	RFM	Blockhaus modèle 1937 droite
Mb 161	(MM 422)	RFM	Blockhaus modèle 1937 droite
Mb 151	(MM 423)	RFM	Blockhaus modèle 1937 gauche
Mb 121	(MM 424)	RFM	Blockhaus modèle 1937 gauche

Bretelle CEZF Mangiennes - Pierrepont (➠ carte page 41)
Blockhaus STG double, une cloche type C par blockhaus non posée en mai 1940
Halle-sous-les-Côtes (3)
Bois-de-Mangiennes (16)
Morthomme (22)
Sur-la-Côte (25)
(autres organisations non réalisées, quelques radiers).

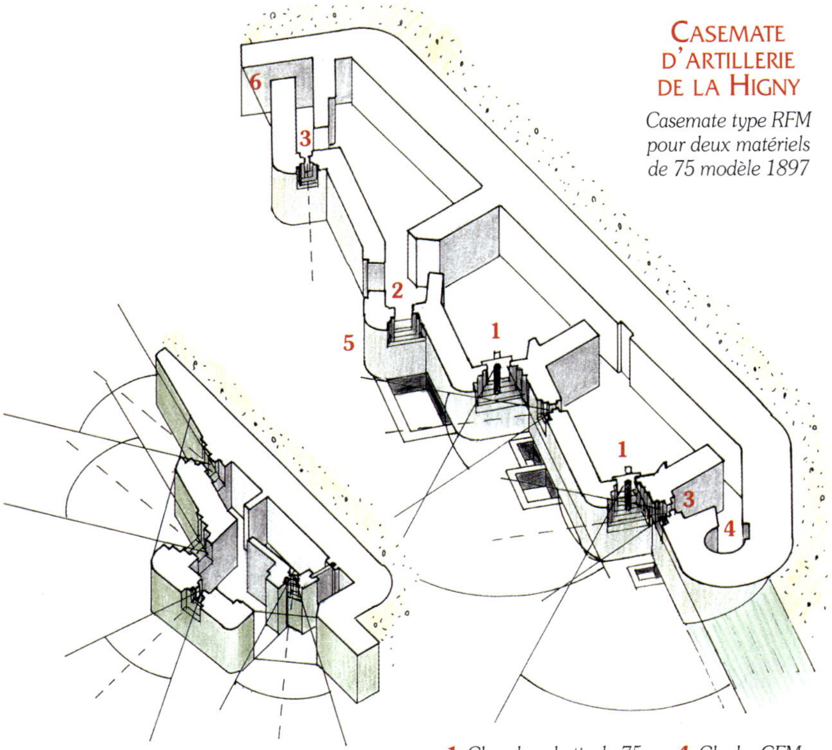

Casemate d'artillerie de la Higny
Casemate type RFM pour deux matériels de 75 modèle 1897

SD de Marville
Blockhaus type RFM modèle 1937

1. Chambre de tir de 75
2. Créneau observatoire
3. Créneau FM
4. Cloche GFM
5. Entrée du matériel
6. Entrée du personnel

Intégration de Longuyon à la position fortifiée

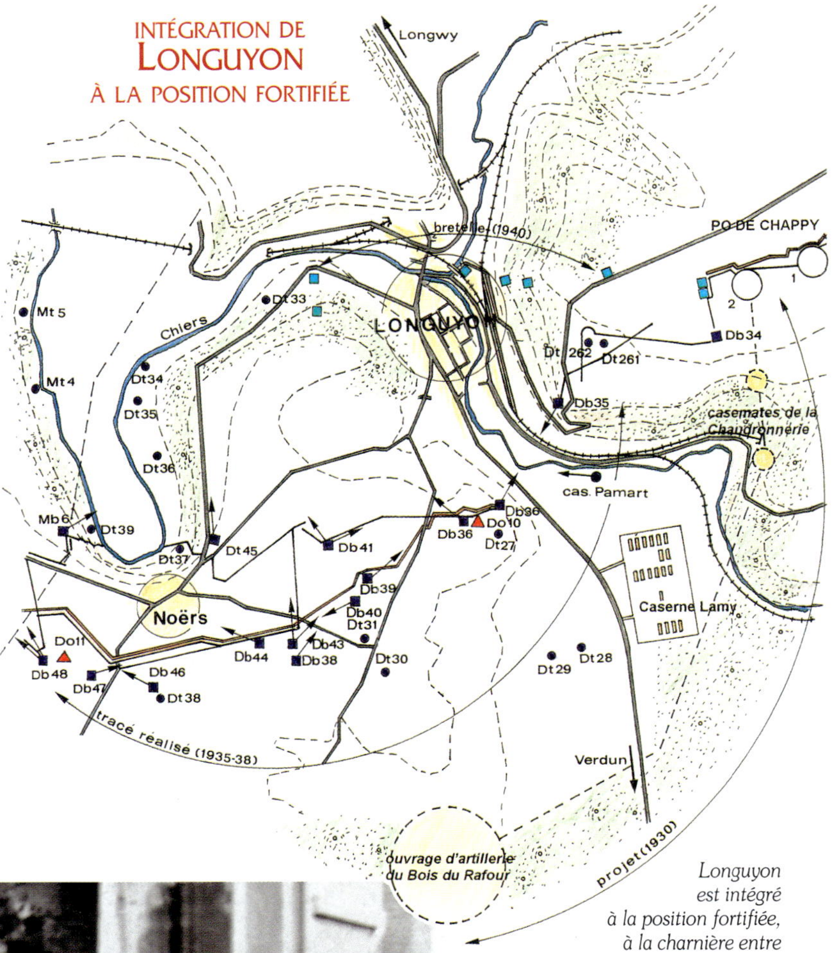

Longuyon est intégré à la position fortifiée, à la charnière entre le sous-secteur de Marville du SF Montmédy (sur sa gauche), et le SF Crusnes (sur sa droite). La position se situe à la charnière de la 2e armée (GA 1) et de la 3e armée (GA 2).

Coll. Bruge

Le colonel Blanchet commandant le 132e RIF entouré de plusieurs officiers dont on notera la disparité des tenues et sans doute des affectations puisqu'on distingue des pattes de collet de BCA et une chéchia trahissant une unité nord-africaine. Le numéro 132 est dicernable sur les pattes de collet de la capote du fantassin à droite.

Coll. Forgues via R. Bruge

GROUPE D'ARMÉES N° 2 (GA 2, général Prételat)

L'EM de la 3e armée fête la nomination du colonel Tessier au poste de chef d'état-major en remplacement du général Voisin. De gauche à droite : commandant Amathieu, lieutenant-colonel Valtat (chef du 2e bureau), lieutenant-colonel Debeugny (chef du 3e bureau), colonel Tessier (chef d'état-major), général Condé, lieutenant-colonel de Perrier (sous-chef d'état-major), lieutenant-colonel Bertrand (chef des transmissions), commandant Mouzel.

Insigne On ne passe pas *peint dans le fort de Queuleu (Metz), PC du 165e RAP (➨ Tome Deux, page 202) où l'on remarque surtout la fantaisie dans les couleurs. Cette œuvre a malheureusement mal supporté les épreuves du temps.*
Photo A. Hohnadel

ZONE DE LA 3e ARMÉE (général Condé)
(PC au Fort Jeanne-d'Arc)

RÉGION FORTIFIÉE DE METZ
(dissoute le 18 mars 1940)

CONCEPTION

La plus importante région fortifiée du système fortifié Maginot avait une mission à la fois défensive (protection de la gare de Metz et des installations industrielles de Thionville - Briey) et offensive (attaque française en direction du Rhin). C'est pour cette raison que la RF Metz a toujours été prioritaire dans l'attribution des crédits de fortification.

En temps de paix, elle gérait les quatre SF de Crusnes, Thionville, Boulay et Faulquemont, ainsi que le sous-secteur de Marville.

Durant la période de couverture (plan E, ➨ détails Tome Un, p. 86), la RF Metz dépend de la 3e armée et possède les prérogatives d'un corps d'armée en prenant en charge la zone Est de la 3e armée (SF Boulay et Faulquemont). La RF Metz est dissoute le 18 mars 1940, son état-major et ses éléments organiques servant à la création du 42e CAF (➨ ci-dessous) et de la Direction des services techniques de forteresse (DSTF) de la 3e armée (➨ Tome Deux, p. 212).

Le personnel du petit abri MOM d'Œutrange (SF Thionville) pose sur un paysage enneigé. Du type RF Metz, cet abri a été construit en 1936 et comporte un créneau pour FM, ouvert à tous les vents. Le lieutenant arbore l'attribut de bras Moselle brodé or.

Coll. Ph. Thiry

COMMANDEMENT ET TROUPES

Commandant la RFM : général Sivot (depuis le 14 septembre 1938)
Chef d'état-major : lieutenant-colonel Hème de la Cotte
Commandant la cavalerie : lieutenant-colonel Le Maignon de Kérangat
- 44e GRRF (➨ page 20) affecté au SF Boulay
- 45e GRRF (➨ page 21) affecté au SF Faulquemont

Infanterie : SF Crusnes, Thionville, Boulay et Faulquemont
- 460e RP (régiment de pionniers)

Commandant l'artillerie : général Hanly
- EM et 751e compagnie d'ouvriers
- 651e compagnie de munitions
- 751e section de munitions auto
- 1re section d'observation aérienne d'artillerie
- 21e et 22e batteries de repérage

Dépôts spéciaux d'artillerie de Ressaincourt et de Mars-la-Tour (un cinquième de la dotation théorique de tous les ouvrages de la RF Metz)

Commandant le génie : général Seron
- bataillon et compagnies n° 221 (➨ Tome Deux, p. 212)

Train : 336/6 compagnie auto de RF
Intendance : service des subsistances de RF
PC : fort de Saint-Julien (Metz).

SECTEUR FORTIFIÉ DE LA CRUSNES devenu 42e CORPS D'ARMÉE DE FORTERESSE
(de Petit-Xivry au Gros-Bois/village de Rochonvillers)

CONCEPTION

Non prévu dans la loi de financement Maginot de janvier 1930, le SF Crusnes a finalement été construit sur l'insistance du sénateur Lebrun, alors président de la commission de l'Armée et porte-parole du lobby des grands industriels et maîtres de forges qui ne voulait plus se voir reproduire les errements de 1914, c'est-à-dire les installations de Briey livrées à la discrétion de l'envahisseur. Étudié à partir de mi-1930, le SF Crusnes bénéficie, dans sa conception, des enseignements tirés des premiers chantiers. Il présente de ce fait une grande cohésion mais souffre, par ailleurs des premières restrictions de crédit qui vont l'amputer d'un ouvrage d'artillerie (Bois-du-Rafour), de deux casemates (Chaudronnerie Nord et Sud), de cinq observatoires [1] (Doncourt, Laix, Bassompierre, Puits-Armand et La Clairière/falaise de Crusnes) et de 24 abris sur 25 prévus (deux prévus en 1re urgence : Sud d'Aumetz et Est de Crusnes, 23 en 2e urgence dont Nord de Vorderholz, Sud-Ouest de Tressange, Ouest de Ludelange,

1. Plus cinq placés en 2e urgence : Côte 389, La Nonnerie, Goémont, Côte 316 et Arrancy qui seront remplacés par des observatoires de campagne.

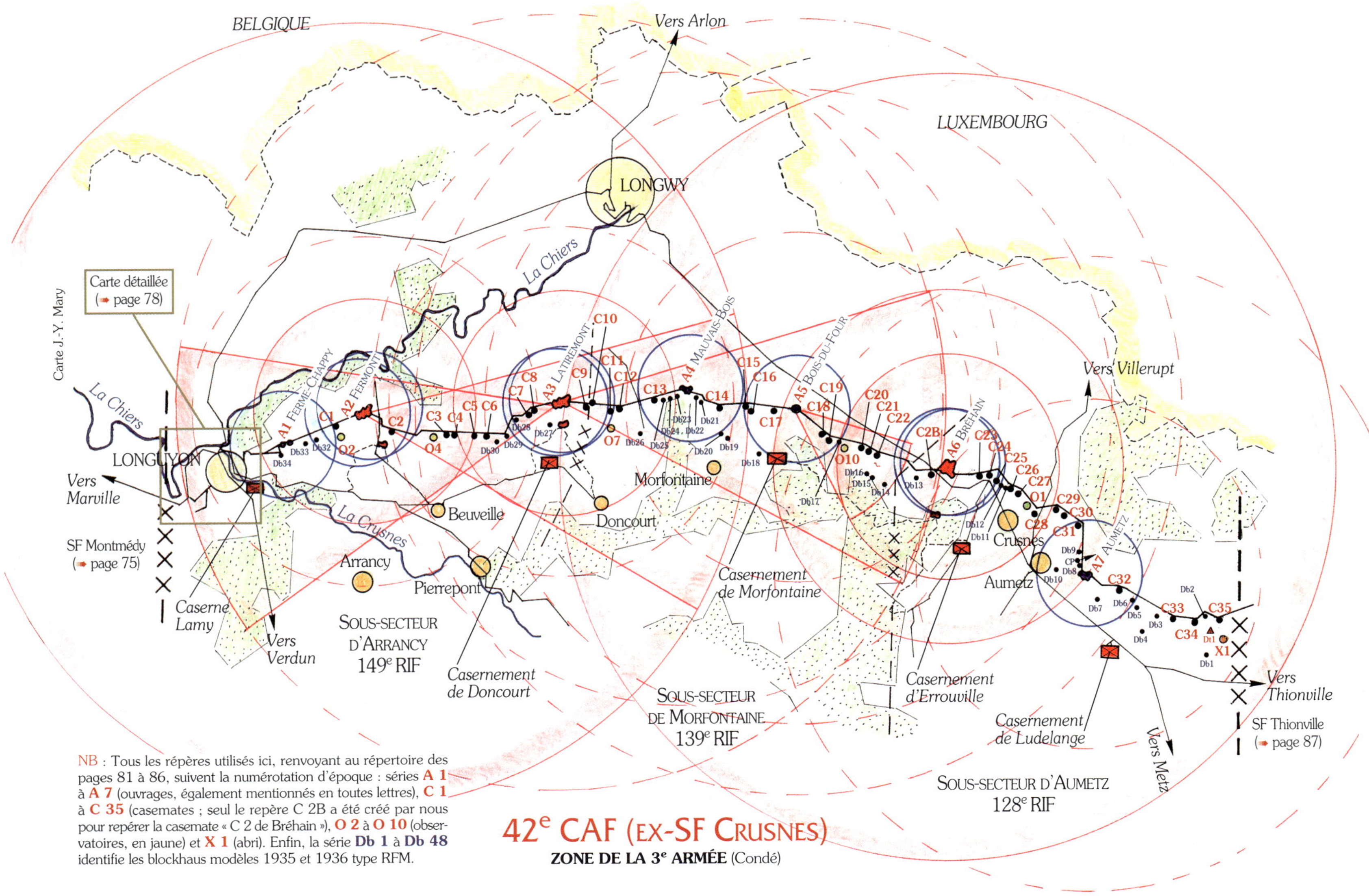

NB : Tous les repères utilisés ici, renvoyant au répertoire des pages 81 à 86, suivent la numérotation d'époque : séries **A 1** à **A 7** (ouvrages, également mentionnés en toutes lettres), **C 1** à **C 35** (casemates ; seul le repère C 2B a été créé par nous pour repérer la casemate « C 2 de Bréhain »), **O 2** à **O 10** (observatoires, en jaune) et **X 1** (abri). Enfin, la série **Db 1** à **Db 48** identifie les blockhaus modèles 1935 et 1936 type RFM.

42e CAF (ex-SF Crusnes)

ZONE DE LA 3e ARMÉE (Condé)

Mine-Amélie, Nord d'Aumetz, Sud-Ouest d'Aumetz, Nord d'Errouville, Ouest de la Ferme-Veinante, Bois-du-Four, Est de Morfontaine, Sud-Est de Laix, Haut-de-Jalaumont, Côte-de-la-Vigne, Sud de Latiremont, Lisière Ouest du Bois-de-Doncourt, Nord- Est du Bois-de-Beuveille, Nord-Ouest de Beuveille, Corne Sud-Ouest du Bois-de-Beuveille, Côte 310, Sud de la Ferme-Puxieux et Bois-de-Faloise. En outre, trois de ses six ouvrages d'artillerie seront réalisés en 1er cycle sous forme d'ouvrages d'infanterie, les entrées et les blocs d'artillerie étant reportés en 2e cycle.

Dans sa conception la plus lourde englobant Longwy (juin 1930), le SF Crusnes aurait dû comprendre cinq ouvrages, cinq PO et dix-huit organisations d'intervalles (casemates et tourelles isolées). Dans sa version la plus légère et évitant la ville de Longwy (août 1930), il comportait cinq ouvrages, deux PO et huit casemates (➠ carte Tome Un, p. 29). Finalement, dans sa forme définitive [2], il se composera de trois ouvrages, quatre PO, 36 casemates, cinq observatoires et un abri. La ville de Longwy se trouve donc en avant de la ligne Maginot. Mais en février 1940 et sous l'impulsion du général Condé, un revirement important intervient dans la conception défensive du SF Crusnes avec la création de la PAL (position avancée de Longwy, ➠ carte et détails p. 44). Sa réalisation absorbera beaucoup d'énergie pour finalement une défense assez faible en mai 1940.

Signalons qu'initialement, le sous-secteur de Marville (4e bataillon du 149e RIF formant le 132e RIF) dépendait du SF Crusnes et fut transféré le 17 décembre 1939 à la 2e armée et au SF Montmédy. Ce sous-secteur est fortifié uniquement par des blockhaus MOM et STG, selon des études émanant de la RF Metz, puis de la 6e région (général Loizeau).

Coll. de Boissoudy

Quelques hommes du 149e RIF posent devant le blockhaus Db 44 situé derrière Noërs (à comparer avec la photo actuelle, ➠ Tome Deux, p. 132).

Commandement et troupes

Commandant le 42e CAF : généraux Sivot puis Renondeau (27 mai 1940)
Commandant le SF Crusnes : colonels Durand
puis Miserey (15 septembre 1939)
Chef d'état-major : lieutenant-colonel Roederer
Commandant l'ID : colonel de Fleurian
- 149e RIF (3 bat.) : lt-colonel Beaupuis (➠ Tome Un, p. 112)
- 139e RIF (3 bat.) : lieutenant-colonel Ritter (➠ Tome Un, p. 106)
- 128e RIF (3 bat.) : lieutenant-colonel Roulin (➠ Tome Un, p. 104)

Commandant l'AD : général Hanly
- 152e RAP : lieutenant-colonel Jacob (➠ Tome deux, p. 188)
- I/152e RAP : chef d'escadron Schoner
- 21e, 22e et 23e batteries d'ouvrages du 152e RAP
- 46e RAMF : colonel Merle (➠ Tome deux, p. 166)
- 42e PACAF (parc d'artillerie de CA de forteresse) : 142e compagnie d'ouvriers d'artillerie (COA) et 162e section de munitions auto

Génie :	142/1 compagnie du génie
	142/2 compagnie du génie
Transmissions :	142/81 compagnie télégraphiste
	142/82 compagnie radio
	142/83 détachement colombophile
Train :	342/6 compagnie auto
Intendance :	442/6 groupe d'exploitation divisionnaire (ex-154/6)
Santé :	442e groupe sanitaire

PC : Briey, SP 203. Central téléphonique bétonné : Joppécourt

Grandes unités de renforcement au 10 mai 1940

24e CA : général Fougère
- 51e DI (réserve, série B) : général Boell (sous-secteur d'Arrancy)
- 58e DI (réserve, série B) : général Perraud (sous-secteur de Morfontaine)
- 20e DI (réserve, série A) : général Corbé (sous-secteur d'Aumetz)

Note

2. Avant-projet définitif du secteur de construction « Rochonvillers - Longuyon » n° 324/ORF de la CORF, en date du 13 mai 1931. Approuvé par le ministre Maginot par DM n° 1662-3/11 du 2 juillet 1931.

Coll. F. Lisch

Le PO de la Ferme-Chappy tire son nom d'une exploitation agricole située aux abords mêmes de l'ouvrage. Sur cette vue aérienne de 1940 (bloc 2 au loin), on distingue parfaitement les différents réseaux de barbelés, le réseau de rails à cinq rangs ainsi que les tranchées creusées par les troupes d'intervalles. Le 21 juin 1940, un détachement allemand de quelques hommes, venant par la ferme et porteurs de charges d'explosif, a été anéanti dans les réseaux par les tirs de la tourelle de mitrailleuses.

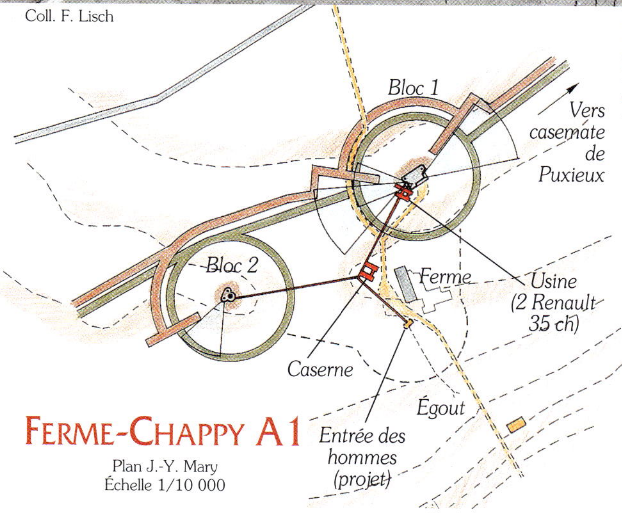

FERME-CHAPPY A1

Plan J.-Y. Mary
Échelle 1/10 000

Coll. AAOFLM

Le bloc 1 du PO de Chappy peu après sa finition : les abords ne sont pas encore aménagés mais le bloc est déjà doté de deux projecteurs sous un caisson provisoire en bois latté. À droite, devant la chambre de tir, on distingue les bacs à sable mis en place pour les exercices de tir réel aux jumelages de mitrailleuses.

Coll. AAOFLM

L'équipage de la casemate de Puxieux, majoritairement vêtu de bleu horizon comme c'est souvent le cas pour les équipages, pose par un pâle soleil d'hiver devant la chambre de tir.

ORGANISATIONS

■ **SOUS-SECTEUR D'ARRANCY** : 149e RIF (lieutenant-colonel Beaupuis)
Artillerie : AS/S3 : capitaine Lefevre
PC : calvaire d'Arrancy
Casernement de sûreté : Longuyon, Longwy et Doncourt

A 1 FERME-CHAPPY CORF
Ouvrage d'infanterie à deux blocs conçu et réalisé comme tel.
Plans : masse n° 1010 S du 4 août 1931 et implantation n° 578 S du 14 mars 1932. Approbations ministérielles n° 2181-3/11 du 23 septembre 1931 et n° 1520-2/4S du 15 avril 1932. En août 1934, projet d'agrandissement de la caserne et de construction de l'entrée EH (plan ➠ Tome Deux p. 25).
Commandant l'ouvrage : lieutenant Thibeau ; adjoint : aspirant Kneiff
Effectif théorique : 3 off., 109 h.
Bloc 1, entrée + casemate double : 2 créneaux JM/AC 47, 2 créneaux JM, 1 cl. M, 2 cl. GFM (1 obs./J2 indicatif O 1 rattaché à Fermont) (photo des réseaux, ➠ Tome Deux p. 52) (aspirant Brochard)
Bloc 2 : tourelle mitrailleuses, 1 cl. M, 1 cl. GFM (ss-lieutenant Lafontaine)
Au 2e cycle, l'ouvrage aurait dû recevoir une entrée séparée.

O 2	Puxieux	CORF	Observatoire + action de flanquement vers Fermont : 1 cl. obs./VP (indicatif O 2 rattaché à Fermont), 1 cl. M, 1 cl. GFM (adt-chef Brégeon) (plan ➠ Tome Deux p. 16)
C 1	Puxieux	CORF	Casemate simple flanquant vers l'ouest : 1 créneau JM/AC 47, 1 créneau JM, 2 cl. GFM (lieutenant Hamelin)

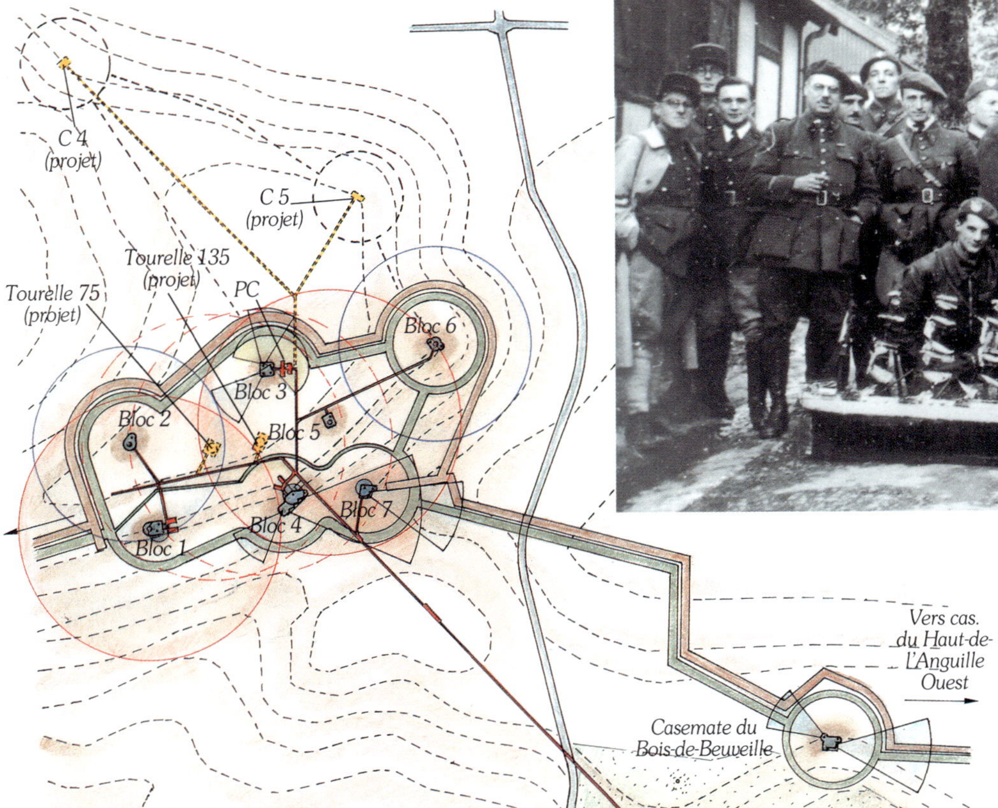
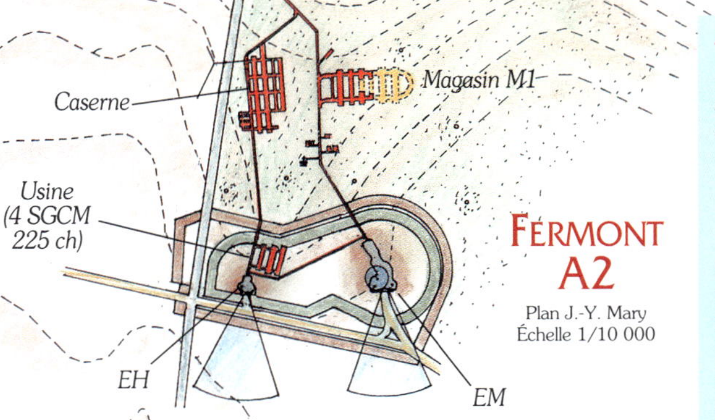

Coll. AAOFLM

Les officiers de Fermont posent dans une allée du casernement léger : de gauche à droite, accroupis, au premier plan, les lieutenants Scherb, Péninou et Braye et le capitaine Faure ; debout, le pharmacien Isaac, les lieutenants Moet, Baud, Garnier, X, Renaudin, Dehaussy, Delacencellerie, le commandant Brousse, les capitaines Pélissier et Leduc, le sous-lieutenant Degaigne, les lieutenants Lefèbvre, Corroyette, Boury, Ménié, Emy, le sous-lieutenant Delhaye et le lieutenant Harang. Plusieurs officiers portent, en tant que vêtement de combat, une combinaison en toile (kaki ou cachou) d'achat personnel à fermeture à glissière.

Photos J.-Y. Mary

Un insigne (en deux variantes) figure dans le livre d'or de l'ouvrage de Fermont : croix de Lorraine entourée de chardons, canons croisés et grenade, cloche armée d'un FM au-dessus d'une casemate. En pointe, la devise Fermes et résolus. *La ressemblance avec l'insigne du régiment du temps de paix du SF Crusnes, le 149e RIF (➠ Tome Un, page 113) est frappante : présence d'une casemate avec cloche et d'une bordure de chaînes (en plusieurs variantes).*

A 2 FERMONT CORF Ouvrage d'artillerie à sept blocs et deux entrées

Plans : masse n° 35 S du 14 janvier 1931 et implantation n° 453 S du 24 avril 1931. CORF : reconnaissance du 28 janvier 1931 sur le site et examen lors des 49e et 52e réunions (19 janvier et 8-9 mai 1931). Approbations ministérielles n° 571-3/11 du 2 mars 1931 et n° 1769- 2/4 S du 22 mai 1931.

Commandant l'ouvrage : commandant Brousse puis capitaine Aubert (17 mai 1940)
Major d'ouvrage : lieutenant Peninou
Commandant l'artillerie : capitaine Faure puis lieutenant Braye (21e batterie d'ouvrage)
Commandant l'infanterie : capitaines Pelissier puis Rolland
Commandant le génie : lieutenant Baud

Bloc 1 : tourelle de 75 mle 33, 1 cl. GFM, 1 cl. LG (photos et plan ➠ Tome Deux p. 73, plan des dessous ➠ Tome Deux p.46) (lieutenant Boury)
Bloc 2 : tourelle de mitrailleuses, 1 cl. GFM (sous-lieutenant Carton)
Bloc 3 : observatoire, 1 cl. obs./VDP (indicatif O 3 rattaché à Fermont), 2 cl. M, 1 cl. GFM (plan ➠ Tome Deux p. 45) (lieutenant Delhaye)
Bloc 4 : casemate à trois pièces de 75 mle 32 flanquant vers l'est, 1 cl. M, 1 cl FM (photos ➠ Tome Un pages 2-3 et Deux p. 96, plan ➠ Tome Deux p. 97 et coupe p. 117, photo du M 3 ➠ Tome Deux p. 36) (sous-lieutenant Bouley-Emy)
Bloc 5 : tourelle de 81, 1 cl. GFM (sous-lieutenant Bourbon) (photo ➠ Tome Deux p. 76)
Bloc 6 : tourelle de mitrailleuses, 2 cl. GFM (sous-lieutenant Martin)
Bloc 7, casemate simple flanquant vers l'est : 1 créneau JM/AC 47, 1 créneau JM, 1 cl. GFM, 1 cl. LG (lieutenant Scherb)
Entrée des hommes (en puits) : 1 créneau JM/AC 47, 2 cl. GFM (schéma ➠ Tome Deux p. 25 et plan p. 26)
Entrée des munitions (type A en puits) : 1 créneau JM/AC 47, 2 cl. GFM, 1 cl. LG (plan ➠ Tome Deux p. 26) (lieutenant Pomies)

Au 2e cycle, l'ouvrage aurait dû recevoir deux tourelles d'artillerie d'action frontale (tourelles de 75 mle 33 et de 135) et deux blocs d'infanterie.

© ECPAD/France

Fermont, novembre 1939 : les premiers départs en permission sont accordés aux hommes et les heureux bénéficiaires se rassemblent sur l'esplanade de l'entrée des munitions avant d'être emmenés en camions jusqu'à la gare de Longuyon.

Ceux qui restent ont évidemment moins de raisons de faire preuve d'enthousiasme. Outre le camouflage deux tons de l'entrée des munitions, on peut noter la présence, au-dessus des grilles, d'un écusson rappelant la composition interarmes de l'équipage : armes du 2e génie en haut à droite, insigne des troupes de forteresse en bas. Le motif situé en haut à gauche est plus incertain (probablement des canons). Il est également signalé par le commandant Letrait (in « L'artillerie française et ses insignes ») mais avec des différences.

© ECPAD/France

Chagniot, coll. Bruge

Insigne de Latiremont. *Un chevalier, empanaché et protégé par un bouclier à croix de Lorraine, se dresse devant une casemate surmontée d'un tourelle crachant le feu. Au fond, le crassier de Longwy émerge de la vallée de la Chiers. En pointe, la devise Fierté, Courage, Honneur. L'ouvrage est identifié par son indicatif. Insigne et fanion (➡ bas de page) ont été dessinés par Roger Léost, maître ouvrier au 18e RG et affecté à Latiremont (Fraisse-Demey).*

Coll. Bruge

Le commandant Pophillat, « pacha » de Latiremont.

L'équipage de la casemate de Tappe Ouest se laisse aller à une photo souvenir devant la casemate dont on distingue le projeteur à l'arrière-plan. À noter le créneau peint en trompe l'œil sur la visière.

C 2	Bois-de-Beuveille	CORF	Casemate simple flanquant vers l'est : 1 créneau JM/AC 47, 1 créneau JM, 1 cl. M, 1 cl. GFM (lieutenant Renaudin)
O 4	Haut-de-l'Anguille	CORF	Observatoire - 1 cl. obs./VP (indicatif O 4 rattaché à Fermont), 1 cl. GFM (lieutenant Fauchère) (plan ➡ Tome Deux p. 16)
C 3	Haut-de-l'Anguille Ouest	CORF	Casemate simple flanquant vers l'ouest : 1 créneau JM/AC 47, 1 créneau JM, 2 cl. GFM (adjudant-chef Bastin)
C 4	Haut-de-l'Anguille Est	CORF	Casemate simple flanquant vers l'est : 1 créneau JM/AC 47, 1 créneau JM, 2 cl. GFM (lieutenant Fischbach)
C 5	Bois-de-Tappe Ouest	CORF	Casemate simple flanquant vers l'ouest : 1 créneau JM/AC 47, 1 créneau JM, 2 cl. GFM (lieutenant Chagniot)
C 6	Bois-de-Tappe Est	CORF	Casemate simple flanquant vers l'est : 1 créneau JM/AC 47, 1 créneau JM, 2 cl. GFM (sergent-chef Zimniack)
C 7	Ermitage Saint-Quentin	CORF	Casemate simple flanquant vers l'ouest : 1 créneau JM/AC 47, 1 créneau JM, 1 CL. M, 1 cl. GFM (lieutenant Riotte)
C 8	Praucourt	CORF	Casemate simple flanquant vers l'ouest : 1 créneau JM/AC 47, 2 cl. M, 2 cl. GFM (sous-lieutenant Moitry) (photo ➡ Tome Deux p. 6)

A 3 Latiremont CORF Ouvrage d'artillerie à six blocs et deux entrées

Plans : masse n° 797 S du 20 décembre 1930 et implantation n° 863 S du 11 juillet 1931. Examen lors de la 49e réunion de la CORF (19 janvier 1931). Approbations ministérielles n° 956-3/11 du 28 mars 1931 et n° 2747-2/4 S du 3 août 1931.

Commandant l'ouvrage : commandant Pophillat
Commandant l'artillerie : capitaine Huret puis lieutenant Rousseau (22e batterie d'ouvrage)
Commandant l'infanterie : capitaine Klein
Commandant le génie : capitaine Adam
Effectif théorique : 21 off., 580 h.

Bloc 1, casemate cuirassée: 2 cl. M, 1 cl. GFM
Bloc 2 : tourelle mitrailleuses, 1 cl. M, 1 cl. GFM, 1 cl. obs./VDP (indicatif O 5 rattaché à Fermont (sous-lieutenant Richy puis lieutenant Labérenne)
Bloc 3 : tourelle mitrailleuses, 1 cl. GFM
Bloc 4, casemate d'infanterie + tourelle de 81 : 1 créneau JM/AC 47, 1 créneau JM, 1 cl. GFM (plan ➡ Tome Deux p. 47 et photo ➡ Tome Deux p. 76) (lieutenant Mignot)
Bloc 5 : casemate d'artillerie à trois matériels de 75 mle 32 flanquant vers l'est, 2 cl. GFM, 1 cl. LG (plan ➡ Tome Deux p. 46) (sous-lieutenant Lombard)
Bloc 6 : casemate d'artillerie à trois matériels de 75 mle 32 flanquant vers l'ouest et rattachée à A2 Fermont, 2 cl. GFM (lieutenant Belhoste)
Entrée des hommes (en puits) : 1 créneau JM/AC 47, 1 cl. GFM, 1 cl. LG
Entrée des munitions (type A en puits) : 1 créneau JM/AC 47, 2 cl. GFM

Au 2e cycle, l'ouvrage aurait dû recevoir deux tourelles d'artillerie d'action frontale (75 mle 33 et 135). À défaut de ces tourelles, l'ouvrage ne peut agir vers l'avant qu'à moins de 3 500 mètres par sa tourelle de 81.

C 9	Jalaumont Ouest	CORF	Casemate simple flanquant vers l'est : 1 créneau JM/AC 47, 1 créneau JM, 1 cl. GFM

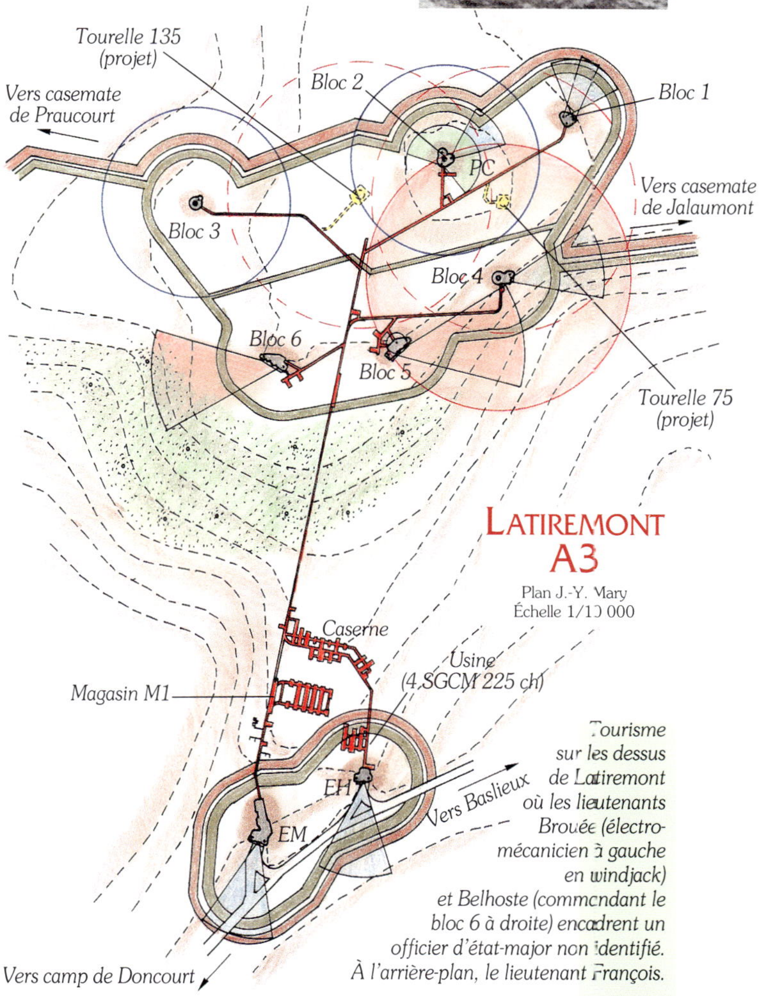

Latiremont A3
Plan J.-Y. Mary
Échelle 1/10 000

Coll. R. Bruge

Coll. R. Bruge

Avers et revers du fanion de Latiremont, du type à diagonale mais les couleurs des triangles nous sont hélas inconnues. On retrouve des détails figurant sur l'insigne métallique : le crassier, la croix de Lorraine, la devise, alors que l'ouvrage est symbolisé par une casemate d'artillerie. L'ouvrage est identifié à la fois par son indicatif (avers) et son nom (revers). Ce fanion était la propriété du chanoine Klein, ancien capitaine-adjoint.

Hamart, coll. Bruge

Tourisme sur les dessus de Latiremont où les lieutenants Brouée (électro-mécanicien à gauche en windjack) et Belhoste (commandant le bloc 6 à droite) encadrent un officier d'état-major non identifié. À l'arrière-plan, le lieutenant François.

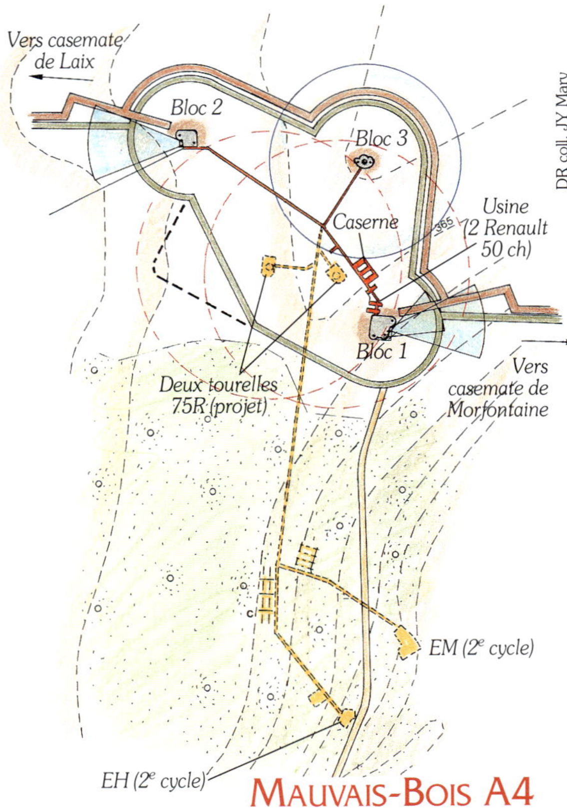

MAUVAIS-BOIS A4

Plan J.-Y. Mary
Échelle 1/10 000

DR coll. JY Mary

Une partie des hommes du PO du Mauvais-Bois, photographiés en 1939-40 devant le bloc 1. Comme il est d'usage dans les équipages d'ouvrages, les tenues en drap bleu clair (bleu horizon) restent très présentes, même après la mobilisation.

■ **SOUS-SECTEUR DE MORFONTAINE** : 139e RIF (colonel Ritter)
PC : Ville-au-Montois
Casernement de sûreté : Morfontaine

C 10 Jalaumont Est	CORF	Casemate cuirassée : 2 cl. M, 1 cl. GFM, 1 cl. obs./VDP (indicatif O 6 rattaché à Latiremont) (lieutenant Daniel) (plan ➠ Tome Deux p. 6)
O 7 Haut-de-la-Vigne	CORF	Observatoire 1 cl. obs./VP (indicatif O 7, rattaché à Bréhain), 1 cl. GFM (sous-lieutenant Laffossas)
C 11 Chénières Ouest	CORF	Casemate cuirassée : 1 cl. M, 1 cl. GFM (sergent-chef Francks) (photo ➠ Tome Deux p. 8)
C 12 Chénières Est	CORF	Casemate double : 2 créneaux JM/AC 47, 1 créneau JM, 1 cl. M, 2 cl. GFM (lieutenant Maurice) (plan ➠ Tome Deux p. 5)
C 13 Laix	CORF	Casemate simple flanquant vers l'ouest : 1 créneau JM/AC 47, 1 créneau JM, 1 cl. M, 1 cl. GFM (lieutenant Soublié)

A 4 MAUVAIS-BOIS CORF Ouvrage d'infanterie à trois blocs
Plans : masse n° 976 S du 30 juillet 1931 et implantation n° 1791 S du 4 décembre 1931.
Approbation ministérielle n° 2227-3/11 du 8 octobre 1931.
Commandant l'ouvrage : capitaine Colonna
Effectif théorique : 2 off., 124 h.
Bloc 1, entrée + casemate simple flanquant vers l'est : 1 créneau JM/AC 47, 1 cl. M, 2 cl. GFM (1 obs./J2 indicatif O 8 rattaché à Latiremont)
Bloc 2, casemate simple flanquant vers l'ouest : 1 créneau JM/AC 47, 1 créneau JM, 2 cl. GFM (photo ➠ Tome Deux p. 18 et plan ➠ Tome Deux p. 48)
Bloc 3 : tourelle de mitrailleuses, 2 cl. GFM (plan ➠ Tome Deux p. 48)
Le PO de Mauvais-Bois est en fait la partie avant d'un ouvrage d'artillerie à construire en 2e cycle (blocs non construits : EM, EH, deux tourelles de 75 mle 32 R) (plans ➠ Tome Deux pp. 18 et 20).

C 14 Morfontaine	CORF	Casemate double : deux créneaux JM/AC 47, 2 créneaux JM, 2 cl. GFM (sous-lieutenant Legay) (plan ➠ Tome Deux p.7, photos ➠ Tome Deux p. 7 et 51)
C 15 Villers-la-Montagne Ouest	CORF	Casemate simple flanquant vers l'ouest : 1 créneau JM/AC 47, 1 créneau JM, 1 cl. M, 1 cl. GFM (sous-lieutenant Théobald)
C 16 Villers-la-Montagne Centre	CORF	Casemate simple flanquant vers l'est : 1 créneau JM/AC 47, 1 créneau JM, 1 cl. GFM
C 17 Villers-la-Montagne Est	CORF	Casemate simple flanquant vers l'est : 1 créneau JM/AC 47, 1 créneau JM, 1 cl. M, 1cl. GFM (lieutenant Grégoire)

De Mecquenem/coll. Ass. de Préservation du Patrimoine Villers-la-Montagne

Le lieutenant Roland de Mecquenem commande le PO du Bois-du-Four. Après avoir repris la lutte en 1942 (il sera notamment aux côtés du capitaine Aubert de Fermont lorsque celui-ci sera tué en janvier 1943 en Tunisie), de Mecquemen s'illustrera à Diên Biên Phu et finira général de brigade.

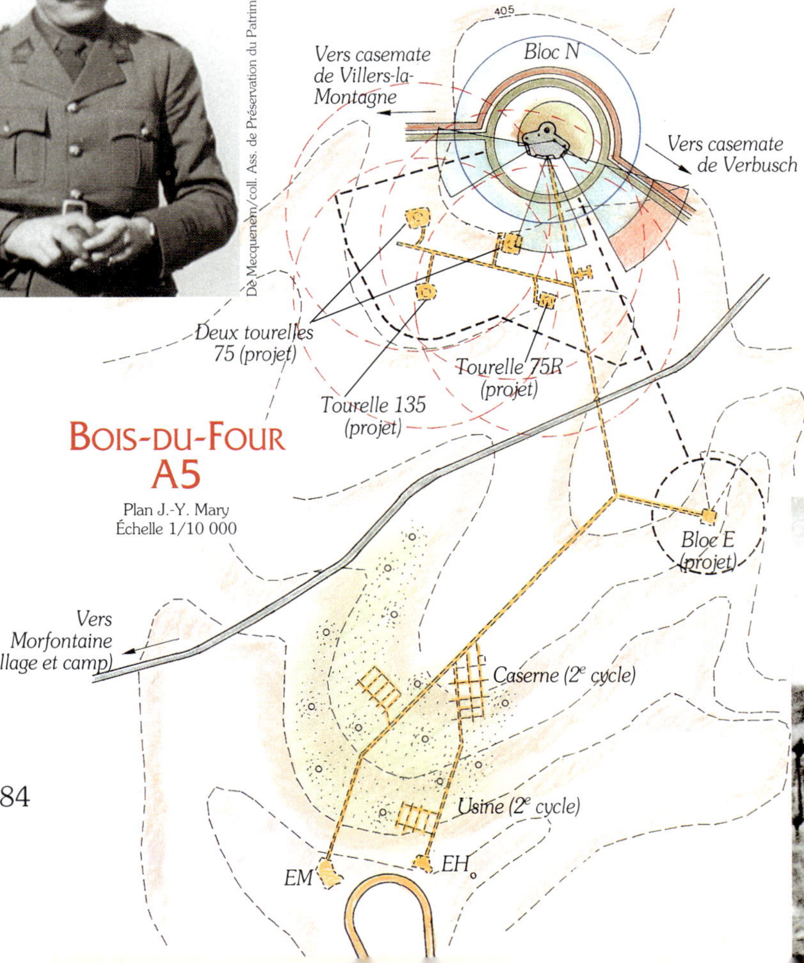

BOIS-DU-FOUR A5

Plan J.-Y. Mary
Échelle 1/10 000

A 5 BOIS-DU-FOUR CORF Ouvrage d'infanterie monobloc
Plans : masse n° 975 S du 30 juillet 1931 et implantation n° 1469 S du 23 octobre 1931.
Approbation ministérielle n° 1662-3/11 du 2 juillet 1931.
Commandant l'ouvrage : lieutenant de Mecquenem
Officier adjoint : lieutenant Schmidt
Commandant l'artillerie : lieutenant Labérenne, puis adjudant-chef Gérardin
Effectif théorique : 2 off., 135 h.
Chambre de tir de flanquement ouest : 1 créneau JM/AC 47, 1 créneau JM
Chambre de tir de flanquement est : 1 créneau JM/AC 47, 1 créneau JM, 2 créneaux de mortiers de 81 en sous-sol
Chambre de tir de défense d'entrée : 1 créneau JM/AC 47
Superstructures : tourelle mitrailleuses, 3 cl. GFM, 1 cl. obs./VDP (indicatif O 9 rattaché à Latiremont : adjudant-chef Le Calvé)
Le bloc existant est le bloc avant d'un ouvrage d'artillerie à construire en 2e cycle. Blocs non construits : EM, EH, quatre tourelles d'artillerie (deux de 75/33, une de 75 R 32 et une de 135), un bloc d'infanterie (photo ➠ Tome Deux p. 22 et plans ➠ Tome Deux pp. 19 et 47).

Vue de la partie avant et des glacis qui précèdent le PO du Bois-du-Four. La tourelle de mitrailleuses est ici en position « batterie », c'est-à-dire non éclipsée.

C 18	Verbusch Ouest	CORF	Casemate simple flanquant vers l'ouest : 1 créneau JM/AC 47, 1 créneau JM, 2 cl. GFM (adc Dondeviel)
C 19	Verbusch Est	CORF	Casemate simple flanquant vers l'est : 1 créneau JM/AC 47, 1 créneau JM, 1 cl. M, 1 cl. GFM (lieutenant Giffard)
O 10	Ferme du Bois-du-Four	CORF	Observatoire : 1 cl. obs./VP (indicatif O 10 rattaché à Bréhain), 1 cl. GFM (lieutenant Hervé)
C 20	Ferme Thiéry	CORF	Casemate simple flanquant vers l'ouest : 1 créneau JM/AC 47, 1 créneau JM, 2 cl. GFM
C 21	Bourène Ouest	CORF	Casemate cuirassée : 1 cl. M, 1 cl. GFM
C 22	Bourène Est	CORF	Casemate double : 2 créneaux JM/AC 47, 2 créneaux JM, 2 cl. GFM

■ **Sous-secteur d'Aumetz** : 128e RIF (colonel Roulin)
PC : Serrouville
Casernements de sûreté : Errouville et Ludelange

C 2B	Ouest de Bréhain *dite C 2 de Bréhain* [1]	CORF	Casemate simple flanquant vers l'ouest : 1 créneau JM/AC 47, 1 créneau JM, 1 cl. M, 2 cl. GFM (lieutenant Lorich)

1. Cette casemate est en fait un bloc non relié de l'ouvrage de Bréhain. Des travaux de jonction avec l'ouvrage ont été entamés durant l'hiver 1939-1940. Pour cette raison, la casemate a gardé son appellation d'origine, C 2 (repérée ici C 2B).

A 6 Bréhain CORF Ouvrage d'artillerie à huit blocs et deux entrées
Plans : masse n° 663 S du 6 novembre 1930 et n° 777 S du 17 décembre 1930 ; implantation n° 474 S du 28 avril 1931. Examen lors des 46e et 52e réunions de la CORF (26 novembre 1930 et 8-9 mai 1931). Approbation ministérielle n° 1753-2/4 S du 22 mai 1931.
Commandant l'ouvrage : commandant Vanier
Major d'ouvrage : lieutenant Beaufort
Commandant l'artillerie : lieutenant Taba (23e batterie d'ouvrage)
Commandant l'infanterie : capitaine Aubert puis lieutenant Lepercq (17 mai 1940)
Commandant le génie : capitaine Viard
Effectif théorique : 22 off., 615 h.
Bloc 1 : tourelle mitrailleuses est, 1 cl. GFM
Bloc 2 : tourelle mitrailleuses ouest, 1 cl. GFM
Bloc 3 : observatoire, 1 cl. obs. VDP (indicatif O 11 rattaché à Bréhain), 1 cl. GFM (sous-lieutenant Karvehem)
Bloc 4 : tourelle de 75 mle 33 (lieutenant Laperche)
Bloc 5 : tourelle de 135, 1 cl. GFM (lieutenant Graveel)
Bloc 6 : tourelle de 75 mle 33, 1 cl. LG (sous-lieutenant Laurent)
Bloc 7 : tourelle de 81, 1 cl. GFM (sous-lieutenant Léon)
Bloc 8, casemate cuirassée : 2 cl. M, 2 cl. GFM
Entrée des hommes (en puits) : 1 créneau JM/AC 47, 2 cl. GFM (photo → Tome Deux p. 24)
Entrée des munitions (type A en puits) : 1 créneau JM/AC 47, 2 cl. GFM, 1 cl. LG (lieutenant Darheidt ?)
En 2e cycle, l'ouvrage aurait dû recevoir une 2e tourelle de 135 d'action frontale. Aucun de ses blocs actifs ne possède de chambre de tir ni d'issue de secours.

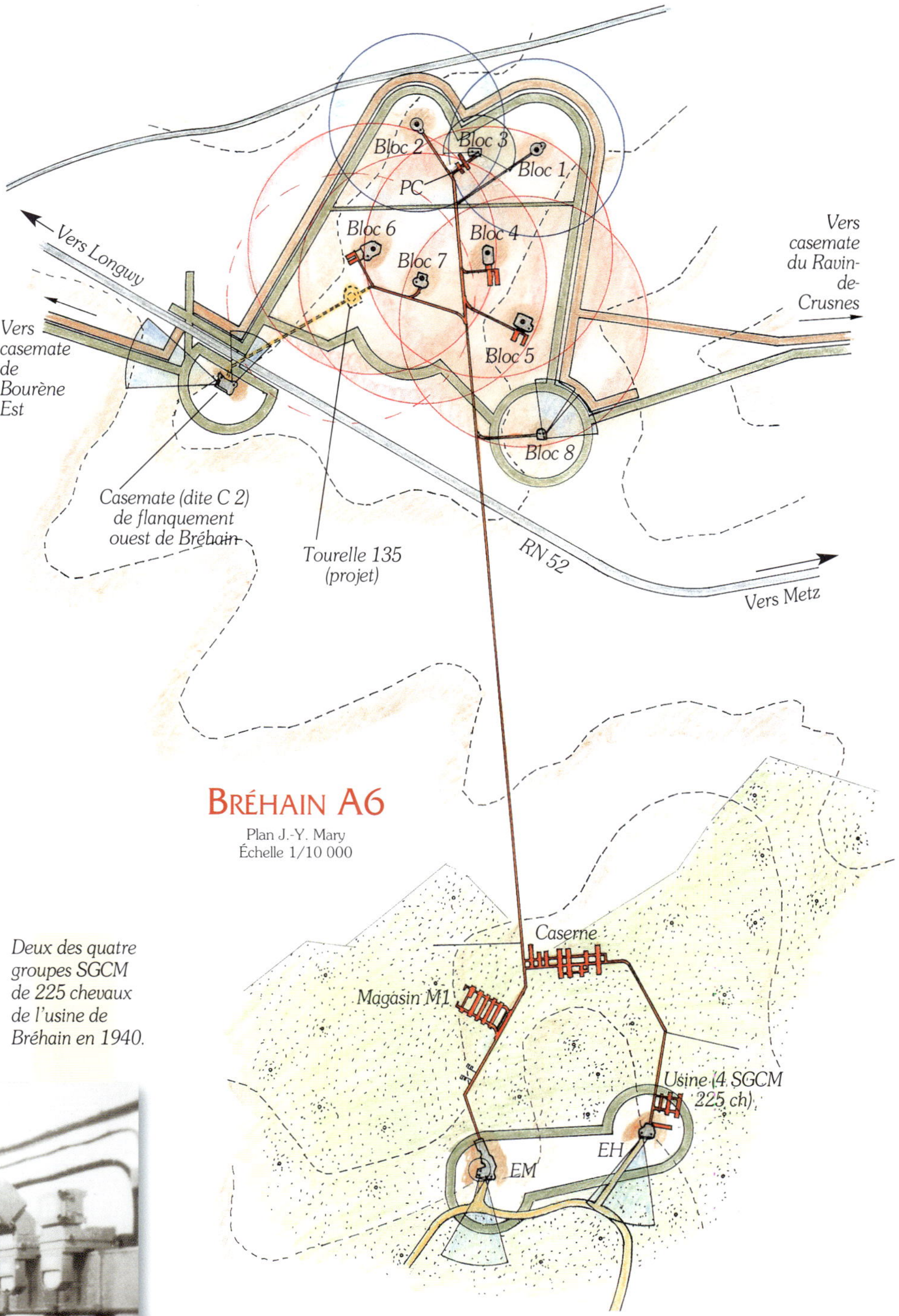

BRÉHAIN A6

Plan J.-Y. Mary
Échelle 1/10 000

Masson

Deux des quatre groupes SGCM de 225 chevaux de l'usine de Bréhain en 1940.

Masson

Vue furtive de l'entrée des hommes de Bréhain : prendre des photos de ouvrages restait avant 1940 un exercice périlleux.

DR

Poste de commande de la tourelle de 135 mm du bloc 5 de Bréhain.

Photo Masson

La casemate C 24 Crusnes Ouest qui a servi de cadre au livre Ligne Maginot, *bastion inutile pendant l'hiver 1939-40. À droite, la tranchée d'accès.*

C 23	Ravin-de-Crusnes	CORF	Casemate simple flanquant vers l'ouest : 1 créneau JM/AC 47, 1 créneau JM, 1 cl. M, 1 cl. GFM
C 24	Crusnes Ouest	CORF	Casemate simple flanquant vers l'est : 1 créneau JM/AC 47, 1 créneau JM, 1 cl. GFM, 1 cl. obs./VDP (indicatif O 12 rattaché à Bréhain) (lieutenant Velter puis Dosmond)
C 25	Crusnes Est	CORF	Casemate cuirassée : 1 cl. M, 2 cl. GFM
C 26	Nouveau-Crusnes Ouest	CORF	Casemate simple flanquant vers l'est : 1 créneau JM/AC 47, 1 créneau JM, 1 cl. GFM (lieutenant Darrey)
C 27	Nouveau-Crusnes Est	CORF	Casemate cuirassée : 1 cl. M, 1 cl. GFM
O 1	Réservoir	CORF	Observatoire :1 cl. obs./VP (indicatif O 1 du SF Thionville, rattaché à Rochonvillers), 1 cl. GFM (lieutenant Gault)
C 28	Réservoir	CORF	Casemate simple flanquant vers l'est : 1 créneau JM/AC 47, 1 créneau JM,1 cl. M, 1 cl. GFM (lieutenant Dars)
C 29	Route-d'Ottange Ouest	CORF	Casemate simple flanquant vers l'ouest : 1 créneau JM/AC 47, 1 créneau JM, 1 cl. GFM (lieutenant Wurz)
C 30	Route-d'Ottange Centre	CORF	Casemate cuirassée : 1 cl. M, 1 cl. GFM

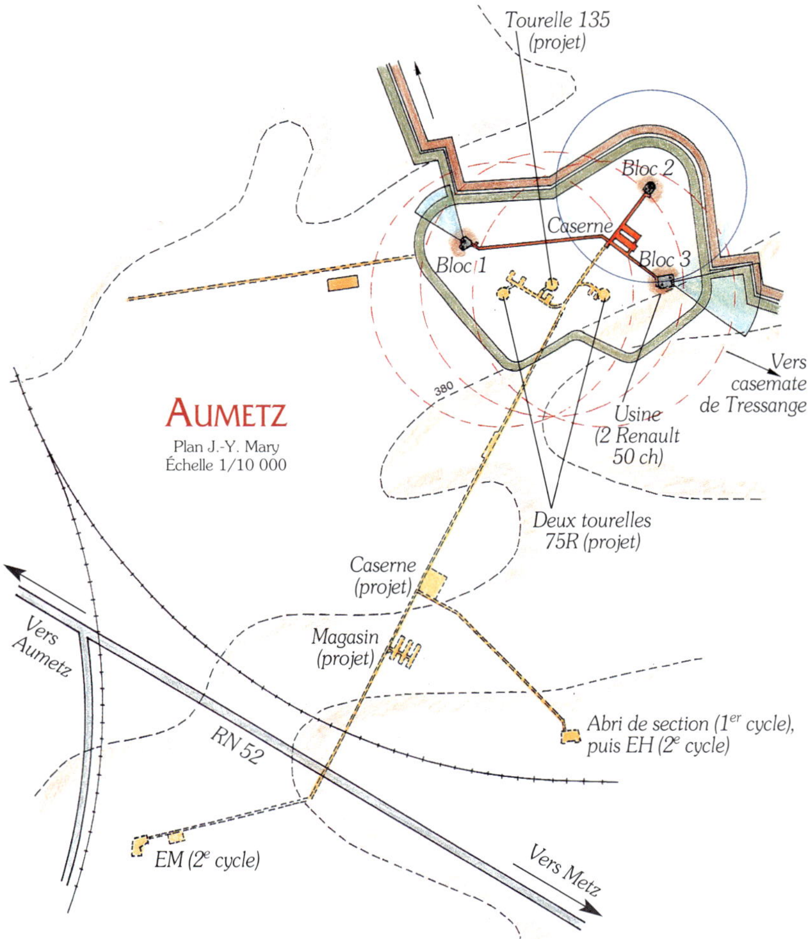

C 31	Route-d'Ottange Est	CORF	Casemate simple flanquant vers l'est : 1 créneau JM/AC 47, 1 créneau JM,1 CL. M, 1 cl. GFM (lieutenant Thellier) (photo → Tome Deux p. 4)

A 7 Aumetz CORF Ouvrage d'infanterie à 3 blocs

Plans : masse n° 695 S du 20 novembre 1930 et n° 777 S du 17 décembre 1930 ; masse et implantation n° 1123 S du 26 août 1931. Examen lors de la 46e réunion de la CORF (26 novembre 1930). Approbations ministérielles n° 2576-3/11 du 9 novembre 1931 et n° 4210-2/4 S du 2 décembre 1931.

Commandant l'ouvrage : lieutenant Braun
Officier adjoint : lieutenant Fressy
Effectif théorique : 2 off., 112 h.

Bloc 1, entrée (adjudant Keck) :1 cl M, 1 cl. GFM
Bloc 2 (sous-lieutenant Curien) : tourelle mitrailleuses (transformation AM en cours), 2 cl. GFM
Bloc 3, casemate simple flanquant vers l'est (adjudant Tilly) : 1 créneau JM/AC 47, 1 créneau JM, 2 cl. GFM (→ photo page 230)

L'ouvrage est la partie avant d'un ouvrage d'artillerie non construit (blocs non réalisés : EH, EM, deux tourelles de 75 mle 32 R, une tourelle de 135).

C 32	Tressange	CORF	Casemate simple flanquant vers l'est : 1 créneau JM/AC 47, 1 créneau JM, 1 cl. M, 1 cl. GFM (aspirant Fraison puis lieutenant Invens) (plan → Tome Deux p. 5)
C 33	Bure	CORF	Casemate simple flanquant vers l'ouest : 1 créneau JM/AC 47, 1 créneau JM, 2 cl. M, 1 cl. GFM (adt-chef Pelle)
C 34	Fond-d'Havange	CORF	Casemate simple flanquant vers l'ouest : 1 créneau JM/AC 47, 1 créneau JM, 1 créneau Mo 50 en sous-sol, 1 cl. M, 2 cl GFM (lieutenant Boudry) (photo → Tome Deux p. 12)
C 35	Gros-Bois	CORF	Casemate simple flanquant vers l'ouest : 1 créneau JM/AC 47, 1 créneau JM, 1 cl. M, 1 cl. GFM (lieutenant Bonbel)
X 1	Gros-Bois	CORF	Abri de surface pour deux sections et PC de quartier, 2 cl. GFM

Braun

Le lieutenant Braun commandant l'ouvrage d'Aumetz. De manière insolite, cet officier porte son insigne de poitrine (d'ailleurs du petit diamètre) du côté réglementairement réservé aux décorations.

Organisations de campagne réalisées avant 1940

Blockhaus pour mitrailleuse et canon antichar : 45 (19 du modèle 1935 et 26 du modèle 1936 numérotés de **Db 1** à **Db 48**, repérés comme tels sur la carte page 80).

Cuves pour canons de 65 mm : 7 (numérotées de Dc 1 à Dc 6 avec un Dc 1 *bis*).

Tourelles démontables : 49 (numérotées de Dt 1 à Dt 39 + numéros dans les centaines. Plusieurs numéros sont assortis de *bis*, *ter* et *quater*).

Boucliers pour canon de 25 mm : 9 (numérotés de Dbo 1 à Dbo 9).

PC : 15.

Observatoires : 11, dont deux constitués de cloches Digoin (Longuyon et O 50 Gros-Bois rattaché à Rochonvillers), six de carcasses de chars et trois de guérites. Numérotés de Do 1 à Do 11.

Casemates Pamart : 2 (Bois-des-Sergents et Aumetz).

Coll. Boudrenghien

Gros plan de la chambre de tir de la casemate de Tressange en 1940 : la visière porte les faux créneaux en trompe-l'œil caractéristiques du camouflage adopté dans le SF Crusnes.

Les officiers des 2e et 3e bureaux (capitaine Renauld) du SF Thionville dans leur bureau aménagé dans le fort ex-allemand d'Illange. Quelques-uns portent l'insigne On ne passe pas *sur la poitrine. On distingue, affichées au mur, les cartes de la région et les silhouettes des chars ennemis.*

Coll. P. Renauld

SECTEUR FORTIFIÉ DE THIONVILLE

(de l'ouvrage de Rochonvillers à l'Hummersberg exclu)

Conception

Le SF Thionville fait partie des premières réalisations et, à ce titre, il a reçu quasiment toutes les organisations prévues [1]. On peut cependant souligner que la bretelle proposée en 1927 par le maréchal Pétain pour verrouiller le saillant de Cattenom (ligne partant de Rochonvillers à Métrich en s'appuyant sur les anciens forts de Thionville), a été rejetée. Une bretelle plus réduite, dite du Bois de Cattenom, a été amorcée (avec la réalisation des organes de flanquement au PO du Bois-Karre et à l'ouvrage du Galgenberg) mais elle n'a pas été terminée (organes non réalisés : 4 casemates et 1 ouvrage à tourelles).

Commandement et troupes

Commandant le secteur : général Cousse (portrait ➨ p. 146)
puis général Poisot (1er janvier 1940)
Chef d'état-major : commandant Vuillaume
Commandant l'ID : colonel O'Sullivan (portrait en pied ➨ p. 24)
167e RIF : lieutenant-colonel Planet (➨ Tome Un, p. 129)
168e RIF : lieutenant-colonel Ferroni (➨ Tome Un, p. 130)
169e RIF : commandant Toussaint (➨ Tome Un, p. 135)
Commandant l'AD : colonel du Bois de Maquillé
Artillerie : 151e RAP : lieutenant-colonel Martin (ALL Est et ALL Ouest, ➨ Tome Deux, p. 183)
70e RAMF : lieutenant-colonel Droneau (➨ Tome Deux, p. 170)
Parc : EM et 703e cie d'ouvriers, 703e section munitions auto
Pour mémoire : forts ex-allemands de Guentrange (deux batteries de 4 tourelles de 10 cm) et de Kœnigsmacker (4 tourelles de 10 cm) armés par le 151e RAP
Commandant le génie : chefs de bataillon Genet puis Thierry
203e bataillon (chef de bataillon Decombe)
203/1 et 203/2 compagnies du génie
Transmissions : 203/81 compagnie télégraphiste (cne Mattavant)
203/82 compagnie radio
Train (CE Corbillon) : 233/6 compagnie hippo
Intendance (intendant adjoint Lescouzères) :
153/6 groupe d'exploitation divisionnaire
Santé (médecin-colonel Laroque) : 153e groupe sanitaire divisionnaire
PC : fort d'Illange, SP 193.

Grandes unités de renforcement au 10 mai 1940

CAC (Corps d'armée colonial) : général Freydenberg
Le CAC couvre le SF Thionville mais également le sous-secteur d'Hombourg-Budange du SF Boulay (du 21 novembre 1939 au 15 mai 1940).
PC : château de Bétange
56e DI (réserve B) : général de Mierry (sous-secteurs d'Angevillers et Hettange)
2e DI (réserve, série A) : général Klopfenstein (sous-secteur d'Elzange).

Note
1. Secteur de construction « Moselle-Rochonvillers » : avant-projet d'organisation défensive n° 194/ORF de la CORF, en date du 27 mai 1929. Approuvé le 27 juin 1929 par le maréchal Pétain, puis le 10 juillet suivant par le ministre Painlevé (décision n° 1608-3/11). L'organisation défensive de la rive droite de la Moselle fait partie du secteur de construction « Moselle - Nied » (➨ voir SF Boulay, p. 99).

Carte J.-Y. Mary

SF Thionville

ZONE DE LA 3e ARMÉE (Condé)

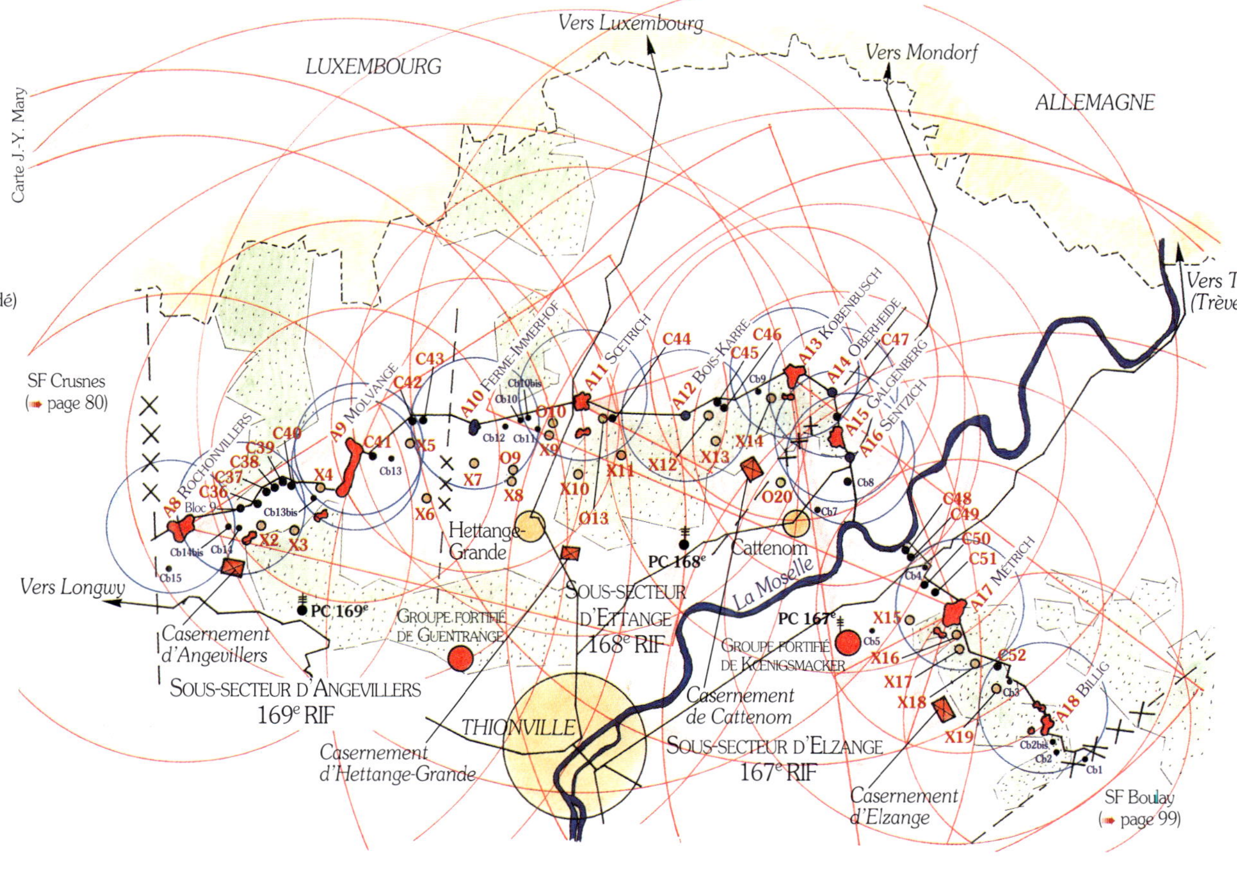

NB : Tous les repères utilisés ici, renvoyant au répertoire des pages 88 à 98, suivent la numérotation d'époque : séries **A 8** à **A 18** (ouvrages, également mentionnés en toutes lettres), **C 36** à **C 52** (casemates), **O 9** à **O 20** (observatoires, en jaune) et **X 2** à **X 19** (abris). Enfin, la série **Cb 1** à **Cb 15** identifie les blockhaus modèles 1935 et 1936 type RFM.

Photo Junk, coll. D. Kemmel

Le PC du sous-secteur d'Angevillers est installé dans des petits abris sous tôle métro, au lieu-dit « Bois de la côte ». Au centre, en béret, le chef d'escadron Lafon (artillerie du sous-secteur AS/S 3) consulte un document devant l'abri n° 3. Un homme habillé en civil, dont la présence mériterait quelques explications, porte l'insigne du 151e RAP.

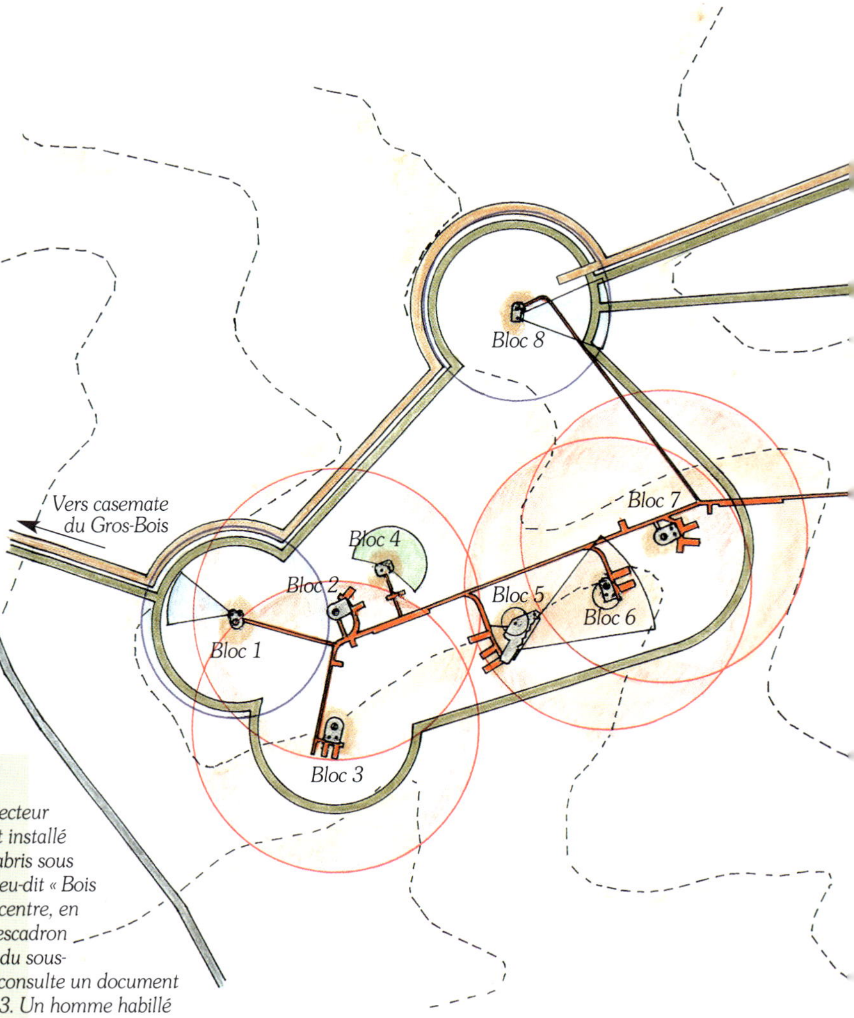

ORGANISATIONS

■ **SOUS-SECTEUR D'ANGEVILLERS OU ŒUTRANGE** : 169e RIF (chef de btn Toussaint)
Casernement de sûreté : Angevillers
Artillerie : AS/S 3 (I/70e RAMF et ouvrages, chef d'escadron Lafon)
PC : bois de la Côte

A 8 ROCHONVILLERS CORF Ouvrage d'artillerie à neuf blocs et deux entrées

Plan du 12 octobre 1928 : fort-masse type « CDF » (➜ Tome Un, pp. 18 et 26) à l'emplacement sud de la ferme Bouch. Reconnaissance CORF des 9 et 10 janvier 1929. Études successives quant à l'emplacement du futur ouvrage, compte tenu du risque de dégâts miniers et du flanquement à réaliser vers l'Ouest : n° 10 S du 12 janvier 1929 et 18 S du 25 janvier 1929. Plans : masse (position « borne-doigt » et position « village ») n° 51 S du 5 mars1929. Approbation de la solution « borne-doigt » par le maréchal Pétain le 23 mars 1929. Plan d'implantation définitive n° 541 S du 29 août 1930. Examen lors des 16e, 19e et 42e réunions de la CORF (8 février et 14 mars 1929, 19 septembre 1930). Approbations ministérielles n° 746-2/4 S du 6 avril 1929 et n° 2320-2/4 S du 6 octobre 1930 (26 mai 1934 : projet d'issue de secours en utilisant la galerie de roulage de la mine de Rochonvillers).

Commandant l'ouvrage : chef d'escadron Guillemain
Officier adjoint : lieutenant Wagner
Commandant en second : commandant Marq
Major d'ouvrage : lieutenant Sohet
Commandant l'artillerie : capitaine Abonneau (27e batterie)
Commandant l'infanterie : capitaine Léveillé
Commandant le génie : capitaine Villette
Effectif théorique: 26 off., 756 h.

Bloc 1 : tourelle de mitrailleuses, 1 cl. M, 1 cl. GFM
Bloc 2 : tourelle de 75 mle 33
Bloc 3 : tourelle de 75 mle 32 R, 2 cl. GFM (1obs./J2 indicatif O 2 rattaché à Rochonvillers)
Bloc 4, observatoire : 1 cl. obs./VDP, 1 cl. GFM (indicatif O 13, rattaché à Bréhain)
Bloc 5, casemate d'artillerie flanquant vers l'est : 3 créneaux de 75 mle 29, 1 créneau de 135, 1 cl. GFM, 1 cl. LG (lieutenant Ballot)
Bloc 6 : tourelle de 135, 1 cl. GFM, 1 cl. LG (lieutenant Berland)
Bloc 7 : tourelle de 135, 2 cl. GFM (lieutenant Lamy)
Bloc 8 : casemate d'infanterie à une chambre de tir flanquant vers l'est (1 créneau JM/AC 37, 1 créneau JM), tourelle de mitrailleuses, 2 cl. GFM (1 obs./J2 indicatif O 3 rattaché à Molvange)
Bloc 9 : tourelle de mitrailleuses, 1 cl. GFM (adjudant Humbert)
Entrée des hommes (en puits) : 1 créneau JM/AC 47, 2 cl. GFM
Entrée des munitions (type A en plan incliné descendant) : 1 créneau JM/AC 47, 2 cl. GFM, 1 cl. LG (lieutenant Alfonsi)

C 36	Grand-Lot	CORF	Casemate double : 2 créneaux JM/AC 47, 2 créneaux JM, 2 cl. GFM (lieutenant Klein)
X 2	Grand-Lot	CORF	Abri-caverne pour deux sections : 2 cl. GFM (relié par galerie à l'ouv. de Rochonvillers)
C 37	Escherange Ouest	CORF	Casemate simple flanquant vers l'ouest : 1 créneau JM/AC 47, 1 créneau JM, 2 cl. GFM
C 38	Escherange Est	CORF	Casemate simple flanquant vers l'est : 1 cré neau JM/AC 47, 1 créneau JM, 1 cl. GFM
C 39	Petersberg Ouest	CORF	Casemate simple flanquant vers l'ouest : 1 créneau JM/AC 47, 1 créneau JM, 2 cl. GFM (lieutenant Ratkowski)
C 40	Petersberg Est	CORF	Casemate cuirassée: 1 cl. M, 1 cl. GFM (sergent Mansard)
X 3	Bois-d'Escherange	CORF	Abri-caverne pour deux sections et PC de quartier : 2 cl. GFM
X 4	Petersberg	CORF	Abri-caverne pour une section : 1 cl. M, 1 cl. GFM

Coll. Mansuy

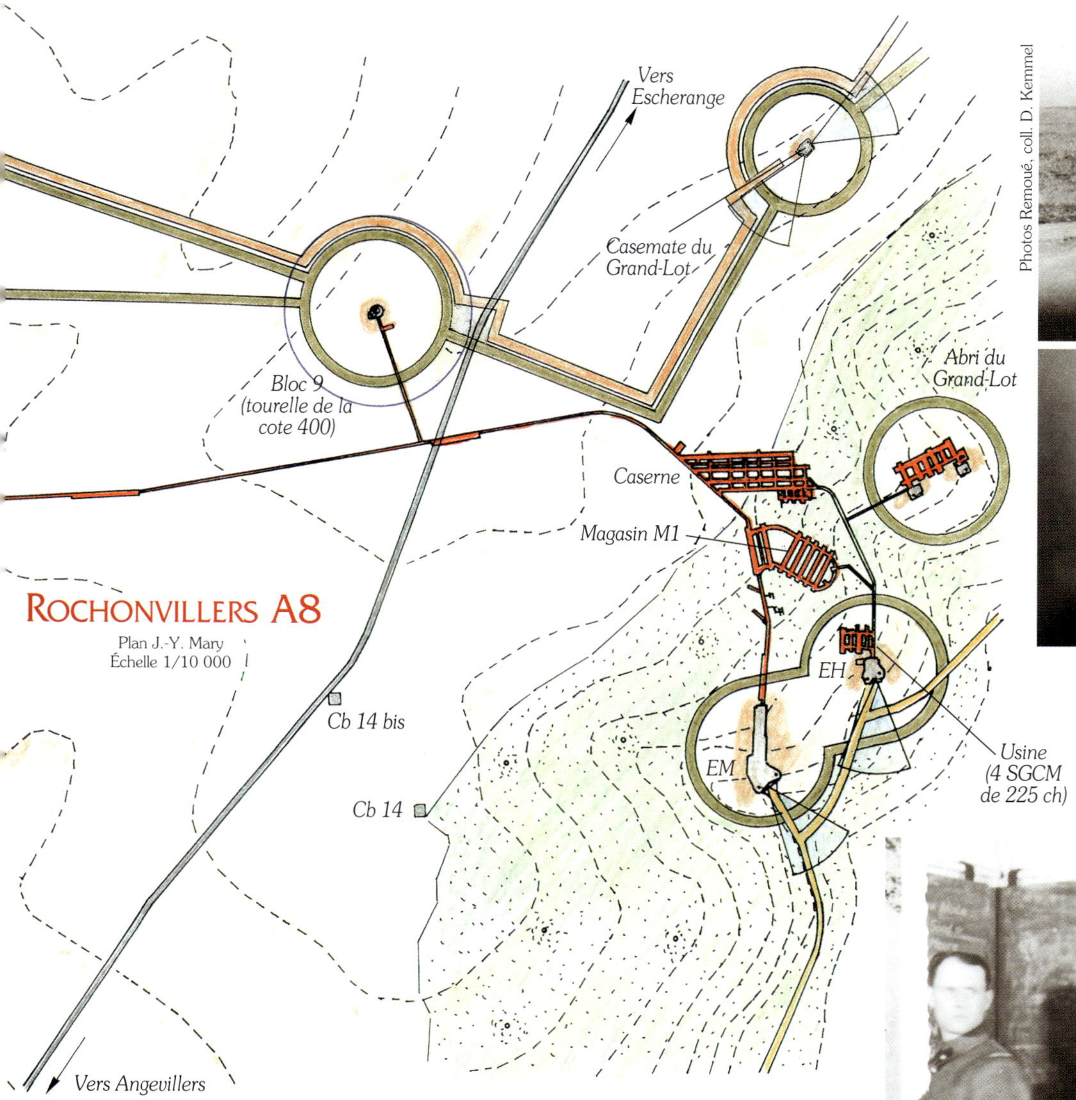

Photos Remoué, coll. D. Kemmel

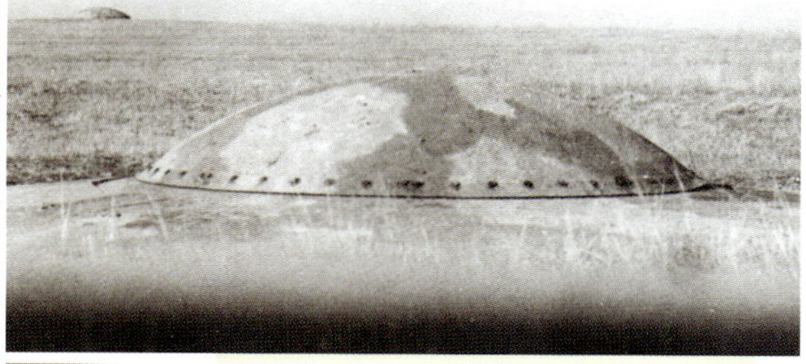

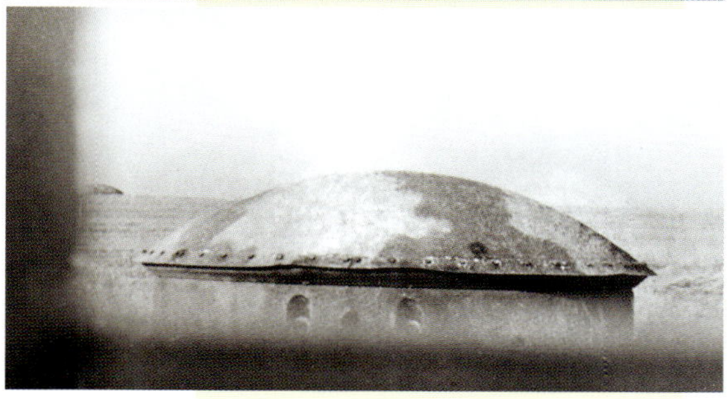

Avant-guerre, la possession de telles photos pouvait procurer de graves ennuis... La tourelle de 75 R du bloc 3 de Rochonvillers photographiée en mars 1938 à travers un créneau de la cloche GFM. La toiture est camouflée par de larges bandes. Au fond, la grosse tourelle du bloc 2 (tourelle de 75 mm modèle 1933).

L'entrée des munitions de Rochonvillers vue d'avion. On distingue sur la gauche, une rame de plate-formes modèle 1888 avec un locotracteur Schneider en attente de déchargement et devant l'entrée, un camion.

Le chef d'escadron Guillemain commandant Rochonvillers dans le PC de l'ouvrage. À droite, un téléphoniste est de permanence au « dispositif de connexion multiple » qui permet au PC d'ouvrage de donner des ordres aux PC de blocs.

Guillemain, coll. Bruge

Ci-dessous. L'entrée des hommes (type pseudo-bastionné) de l'ouvrage de Rochonvillers en mars 1938.

Ci-dessous à droite. Matériel de 75 modèle 1929 du bloc 5 de l'ouvrage.

Photo Remoué, coll. D. Kemmel

DR

Photo Geistel, coll. D. Kemmel

L'entrée des munitions de l'ouvrage de Molvange. Outre les cloches GFM, elle est défendue par un créneau jumelage de mitrailleuses/canon antichar de 47 mm (deuxième à partir de la droite) et trois créneaux pour FM. Ce cliché a sans doute été pris juste après le départ des derniers sapeurs de l'équipe d'entretien.

Molvange A9

Plan J.-Y. Mary
Échelle 1/10 000

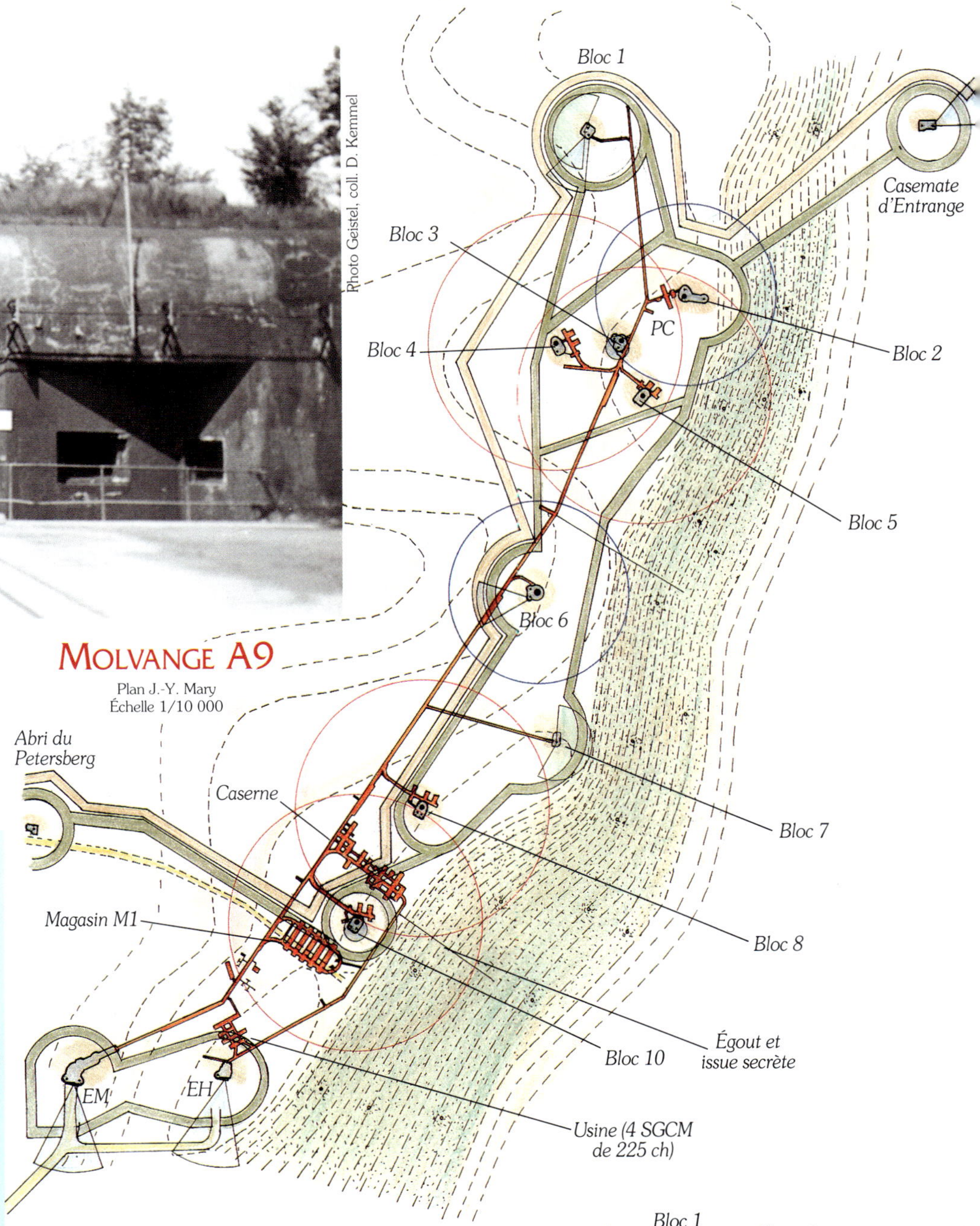

A 9 Molvange CORF Ouvrage d'artillerie à neuf blocs et deux entrées

Étude complète de l'ouvrage : ➨ Tome deux, p. 23.

Plans : masse n° 179 S du 28 mai 1930, implantation n° 548 S du 1er septembre 1930 et plan des « dessus-dessous » (tenant compte des modifications successives) n° 207 S du 25 janvier 1932. Examen lors des 38e et 42e réunions de la CORF (7 juin 1930 et 19 septembre 1930). Approbations ministérielles n° 1395-3/11 du 7 juillet 1930 et n° 2324-2/4 S du 6 octobre 1930.

La suppression de l'ouvrage bas Nord-Est et son remplacement par une casemate annexe (Entrange) et une tourelle de 75 mm modèle 1933 (dossier n° 492 S du 27 juin 1931) font l'objet de l'approbation ministérielle n° 2703-2/4 S du 26 août 1931.

En avril 1939, avant-projet de création d'une galerie (pour piétons) reliant l'ouvrage de Molvange aux abris du Bois-d'Escherange et du Grand-Lot, et de là, à l'ouvrage de Rochonvillers.

Commandant l'ouvrage : commandant Justamon (➨ portrait Tome Un, p. 133)

Major d'ouvrage : lieutenant Mathieu

Commandant l'artillerie : capitaine Martin (26e batterie)

Commandant l'infanterie : capitaine Paqueron

Commandant le génie : capitaine Roy

Effectif théorique : 24 off., 711 h.

Bloc 1, observatoire (indicatif O 6, rattaché à Rochonvillers) : 1 cl. obs./VDP, 1 cl. M, 1 cl. GFM (lieutenant Grand)

Bloc 2 : tourelle de mitrailleuses, 2 cl. GFM (1 obs./J2 indicatif O 7, rattaché à Molvange) (adjudant-chef Hiolle)

Bloc 3 : tourelle de 81, 1 cl. GFM, 1 cl. LG

Bloc 4 : tourelle de 135, 1 cl. GFM (lieutenant Cahen)

Bloc 5 : tourelle de 75 mle 32 R (lieutenant Petit)

Bloc 6 : tourelle de mitrailleuses, 1 cl. M, 1 cl. GFM (lieutenant Cheval)

Bloc 7, observatoire (indicatif O 5, rattaché à Sœtrich) : 1 cl. obs./VDP, 1 cl. GFM (lieutenant Piroux)

Bloc 8 : tourelle de 75 mle 33, 2 cl. GFM (1 obs./J2 indicatif O 4, rattaché à Molvange)

Bloc 10 : tourelle de 75 mle 33, 1 cl. GFM, 1 cl. LG

Entrée des hommes (en puits) : 1 créneau JM/AC 47, 2 cl. GFM (sergent Wilmart)

Entrée des munitions (type A en plan incliné descendant) : 1 créneau JM/AC 47, 2 cl. GFM (lieutenant Boudet puis adjudant Morin)

C 41	Entrange	CORF	Casemate cuirassée : 1 cl. M, 1 cl. GFM (1 obs./J2 indicatif O 8, rattaché à Molvange) (sergent-chef Duboquet)
X 5	Bois-de-Kanfen	CORF	Abri de surface pour une section : 2 cl. GFM
C 42	Bois-de-Kanfen O.	CORF	Casemate simple flanquant vers l'ouest : 1 créneau JM/AC 37, 1 créneau JM, 1 cl. GFM (sergent/chef Pigny)
C 43	Bois-de-Kanfen E.	CORF	Casemate simple flanquant vers l'est : 1 créneau JM/AC 37, 1 créneau JM, 1 cl. GFM (sous-lieutenant Laborde)
X 6	Zeiterholz	CORF	Abri de surface pour deux sections : 2 cl. GFM

■ **Sous-secteur d'Hettange-Grande** :

168e RIF (lieutenant-colonel Ferroni)

Artillerie : AS/S 2 (II/70e RAMF et artillerie d'ouvrages, colonel Caillard d'Aillères puis colonel Droneau)

PC : Sainte-Marie

Casernement de sûreté : Hettange-Grande et Cattenom

X 7	Stressling	CORF	Abri de surface pour une section : 2 cl. GFM

Ferme-Immerhof A10

Plan J.-Y. Mary
Échelle 1/10 000

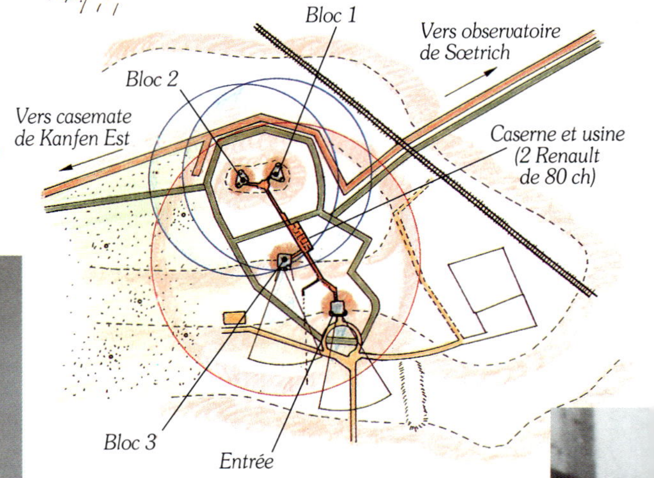

Photo famille Requiston, coll. D. Kemmel

Le capitaine Requiston, commandant l'ouvrage de l'Immerhof.

A 10 Immerhof CORF Ouvrage mixte à trois blocs et une entrée (« Le Tiburce »)

Plan : avant-projet du 31 octobre 1929, implantation de la partie avant (tourelles de mitrailleuses) n° 160 S du 12 mars 1930 et implantation de la partie arrière n° 247 S du 21 juin 1931. CORF : reconnaissance du 12 décembre 1929 sur le site. Examen lors de la 35e réunion (21 mars 1930). Approbations ministérielles n° 827-2/4 S du 5 avril 1930 et n° 2017-2/4 S du 22 août 1930.

Commandant l'ouvrage : capitaine Requiston

Officier adjoint : lieutenant Senser

Effectif théorique : 5 off., 193 h.

(présents le 2 sept. 1939 : 6 off.,181 h.)

Bloc 1 : tourelle de mitrailleuses, 2 cl. GFM (sous-lieutenant Ney)

Bloc 2 : tourelle de mitrailleuses, 2 cl. GFM (lieutenant Schouller)

Bloc 3, bloc mixte : casemate d'infanterie (1 créneau JM) et tourelle de 81, rattachée tactiquement à l'artillerie de Molvange), 1 cl. GFM (lieutenant Chabrier)

Entrée : 1 créneau JM/AC 47, 2 cl. GFM, 1 cl. LG (lieutenant Arnould)

L'ouvrage a été construit à ciel ouvert et il se présente sous la forme d'un ouvrage entièrement bétonné.

Photo Scharff, coll. D. Kemmel

En avril 1940, les officiers de l'état-major du 3ᵉ bataillon du 168ᵉ RIF prennent l'air devant le gros abri CORF d'Hettange-Grande, PC du bataillon. De gauche à droite, lieutenant Plez (officier de renseignements), lieutenant Wasser (officier Z), capitaine Leloutre (capitaine adjoint), chef de bataillon de La Fournière qui commande le III/168ᵉ, lieutenant Lessieux (3ᵉ CEFV) et sous-lieutenant Scharff. Tous les officiers portent le béret, incliné tantôt à gauche, tantôt à droite. Un wagonnet-benne (provenant de la mine de fer voisine ?) est utilisé pour des travaux de terrassements.

Comme tous les observatoires d'artillerie, celui de la Route-du-Luxembourg possède une façade arrière enterrée. L'accès à la porte se fait donc par un escalier qui rattrape l'espèce de cour qui précède la façade. Équipé d'un poste émetteur-récepteur qui entre dans le réseau d'observation des ouvrages, l'observatoire possède une antenne radio. Un appareil de traitement de l'eau (deux récipients côte-à-côte, de couleur blanche) est curieusement déposé dans le couloir d'entrée.

Photos Finck, coll. D. Kemmel

X 8	Hettange	CORF	Abri de surface pour deux sections et PC de quartier : 2 cl. GFM
O 9	Hettange	CORF	Observatoire (indicatif O 9 rattaché à Molvange) : 1 cl. obs./VP, 1 cl. GFM (sous-lieutenant Trouillet)
X 9	Route-du-Luxembourg	CORF	Abri de surface pour une section : 2 cl. GFM
O 10	Route-du-Luxembourg	CORF	Observatoire (indicatif O 10 rattaché à Molvange) : 1 cl. obs./VP, 1 cl. GFM (lieutenant Ignace)
X 10	Helmreich	CORF	Abri-caverne pour deux sections et PC de quartier : 2 cl. GFM

FERME-IMMERHOF A10

Ci-dessous. Les moteurs Renault de l'usine de l'Immerhof en 1940.

Ci-dessous à droite. Photo souvenir sur la tourelle de mitrailleuses du bloc 1 de l'Immerhof (ces trois hommes font vraisemblablement partie du détachement d'entretien resté sur place après le départ de l'équipage). Au fond, la maison d'un garde-barrière de la voie ferrée de Luxembourg.

Photo Madert, coll. Immerhof

Photo Madert, coll. D. Kemmel

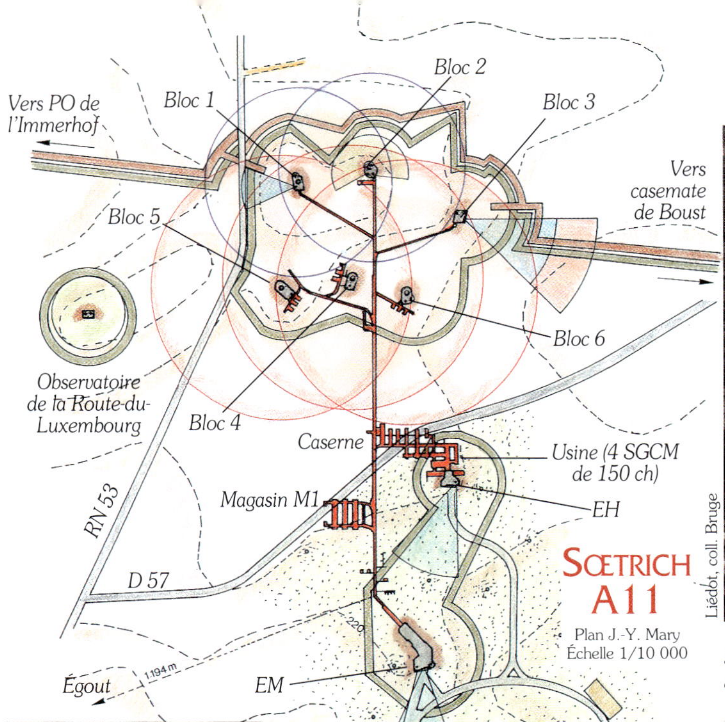

Sur la couverture du livre d'or de l'ouvrage de Sœtrich figure cet insigne dérivant de celui du 2ᵉ génie, à l'instar de la mosaïque qui décore son usine souterraine (photographie ➠ Tome Deux, page 216).

Photo A. Hohnadel

Une très grande fresque murale décore le central téléphonique de l'ouvrage de Sœtrich. Les paysages représentent, à gauche une attaque de chars accompagnée d'avions, à droite les usines sidérurgiques de Thionville et de la vallée de la Fensch que domine le fort de Guentrange sur sa colline. Des insignes du génie (transmissions à gauche, insigne général du modèle de celui du casque à droite) sont disposés de part et d'autre de la croix de Lorraine et du chardon. La signature de l'œuvre est illisible.

A 11 Sœtrich CORF Ouvrage d'artillerie à six blocs et deux entrées

Plans : masse n° 37 S du 17 avril 1930, implantation n° 523 S du 25 août 1930 et implantation remaniée n° 292 S du 18 mars 1931. Examen lors des 36ᵉ et 42ᵉ réunions de la CORF (6 mai 1930 et 19 septembre 1930). Approbations ministérielles : n° 1071-3/11 du 20 mai 1930, n° 2322-2/4 S du 6 octobre 1930 et n° 1382-2/4 S du 27 avril 1931.

Commandant l'ouvrage : commandant Henger
Major d'ouvrage : lieutenant Pique
Commandant l'artillerie : capitaines Foch puis Schrimpf (25ᵉ batterie)
Commandant l'infanterie : capitaine Suhas
Commandant le génie : capitaine Lalanne
Effectif théorique : 20 off., 583 h.
(présents le 2 sept. 1939 : 21 off., 563 h.)

Bloc 1 : tourelle de mitrailleuses, 1 cl. M, 1 cl. GFM (lieutenant Robitaillie)
Bloc 2 : tourelle de mitrailleuses + observatoire (indicatif O 11 rattaché à Sœtrich) : 1 cl. obs./VDP, 1 cl. GFM (lieutenant Junk)
Bloc 3 : bloc mixte à une chambre d'infanterie (1 créneau JM/AC 47, 1 créneau JM) et une chambre de mortiers en sous-sol (2 créneaux de 81) flanquant vers l'est, 2 cl. GFM (1 obs./J2 indicatif O 12 rattaché au Galgenberg) (lieutenant Graziani puis sous-lieutenant Pechberty)
Bloc 4 : tourelle de 135, 1 cl. GFM (sous-lieutenant Cagnard)
Bloc 5 : tourelle de 75 mle 32 R, 1 cl. GFM (lieutenant Rigaud)
Bloc 6 : tourelle de 75 mle 32 R, 1 cl. GFM, 1 cl. LG (lieutenant Detrez)
Entrée des hommes (en puits) : 1 créneau JM/AC 47, 1 cl. GFM
Entrée des munitions (type B en puits) : 1 créneau JM/AC 47, 2 cl. GFM (sous lieutenant de Vaulx)

Liédot, coll. Bruge

Septembre 1938 : après l'alerte de Munich, les artilleurs de la 2ᵉ batterie du 151ᵉ RAP sortent de l'ouvrage de Sœtrich par l'entrée des munitions.

Liédot, coll. Bruge

Le même jour, quelques bagages traînent devant l'entrée des hommes de Sœtrich. Il s'agit d'une entrée de la première génération de forme pseudo-bastionnée.

Photo Stébé, coll. R. Azambre

Trente mètres sous terre, le bar des officiers de l'ouvrage de Sœtrich avec, de gauche à droite, le capitaine Suhas (infanterie d'ouvrage), le commandant Henger qui commande A 11 et le médecin capitaine Weber. Assis, le « pacha » de l'ouvrage porte une tenue inhabituelle que l'on distingue mal. Il pourrait s'agir de la partie haute d'une combinaison en toile kaki foncé (ou cachou), du genre souvent utilisé par les officiers de chars (➠ Chars B au combat, p. 172, dans la même collection). En tout cas, ce vêtement comporte une patte de grade amovible sur le devant, et des poches de poitrine à pattes boutonnées.

Coll. Mme Jumel

Le lieutenant Jumel, commandant du Bois-Karre A 12, photographié en avril 1940, au repos à Richemont.

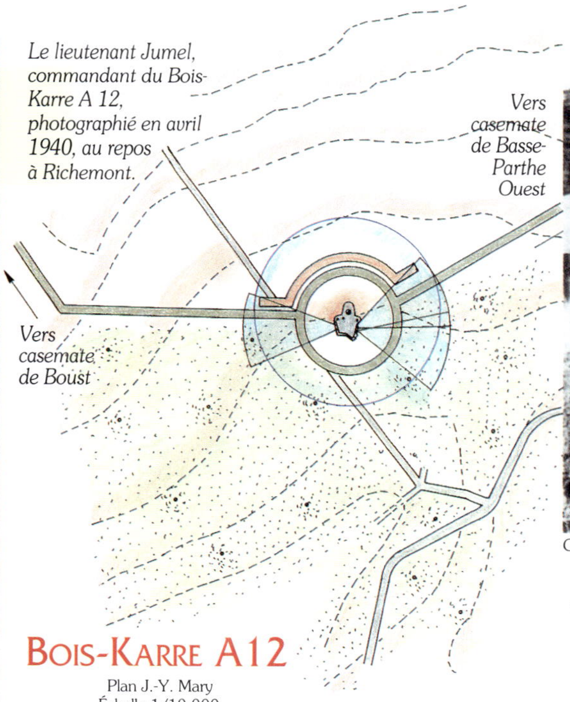

Bois-Karre A12

Plan J.-Y. Mary
Échelle 1/10 000

Coll. A. Boy

Le PO du Bois-Karre photographié depuis le côté assaillant. L'appellation « petit ouvrage » attribuée au Bois-Karre est abusive car il s'agit en réalité d'une grosse casemate à deux étages, renforcée d'une tourelle de mitrailleuses, et il n'y a pas de locaux souterrains. Deux autres PO monoblocs, aux caractéristiques identiques, défendent les lisières de la forêt de Cattenom. Les trois cloches GFM se détachent nettement alors que la tourelle — à l'extrême gauche — est quasiment invisible. Un panneau signale la barrière antichar qui ferme le passage de la route dans le réseau de rails.

O 13 Boust	CORF	Observatoire (indicatif O 13 rattaché à Soetrich) : 1 cl. obs./VP, 1 cl. GFM (lieutenant Schmitt)
C 44 Boust	CORF	Casemate simple flanquant vers l'est : 1 créneau JM/AC 37, 1 créneau JM, 2 cl. GFM (lieutenant Henriot)
X 11 Barrungshof	CORF	Abri de surface pour deux sections : 2 cl. GFM

A 12 Bois-Karre CORF Ouvrage d'infanterie monobloc

Plans : masse et implantation n° 519 S du 22 août 1930, projet remanié n° 768 S du 13 décembre 1930 et rectifié n° 240 S du 9 mars 1931. Examen lors de la 42e réunion de la CORF (19 septembre 1930). Approbation ministérielle n° 1426-2/4 S du 30 avril 1931 (plan ➠ *Tome Deux, p. 19**).*

Commandant l'ouvrage : lieutenant Jumel
Officier adjoint : sous-lieutenant Boulay
Effectif théorique : 2 off., 79 h. (présents le 2 septembre 1939 : 2 off., 91 h.)
Chambre de tir Ouest : 1 créneau JM/AC 47, 1 créneau JM
Chambres de tir Est : 2 créneaux JM/AC 47, 1 créneau JM
Superstuctures : tourelle de mitrailleuses, 3 cl. GFM (1 obs./J2 indicatif O 14 rattaché à Soetrich)

L'ouvrage possède sur sa face Est une chambre de tir décalée ayant pour mission de battre la bretelle de la forêt de Cattenom qui n'a pas été réalisée.

X 12 Bois-Karre	CORF	Abri de surface pour une section : 2 cl. GFM
C 45 Basse-Parthe Ouest	CORF	Casemate simple flanquant vers l'ouest : 1 créneau JM/AC 37, 1 créneau JM, 1 cl. GFM
C 46 Basse-Parthe Est	CORF	Casemate simple flanquant vers l'est : 1 créneau JM/AC 37, 1 créneau JM, 1 cl. GFM (sous-lieutenant Muller)
X 13 Rippert	CORF	Abri de surface pour deux sections et PC de quartier : 2 cl. GFM
X 14 Bois-de-Cattenom	CORF	Abri de surface pour une section : 2 cl. GFM

Herpin

Gros plan sur l'entrée des hommes du Kobenbusch en 1939. Ce document colorisé d'époque donne une certaine idée du camouflage appliqué à la peinture. Une cloche factice en tôle (à gauche) a été installée en vue d'attirer les tirs ennemis.

Kobenbusch A13

(descriptif et autres photos, ➠ page suivante)

DR

Vue aérienne de la même entrée prise deux ans auparavant, vers 1937 : le bloc n'a pas encore reçu de camouflage.

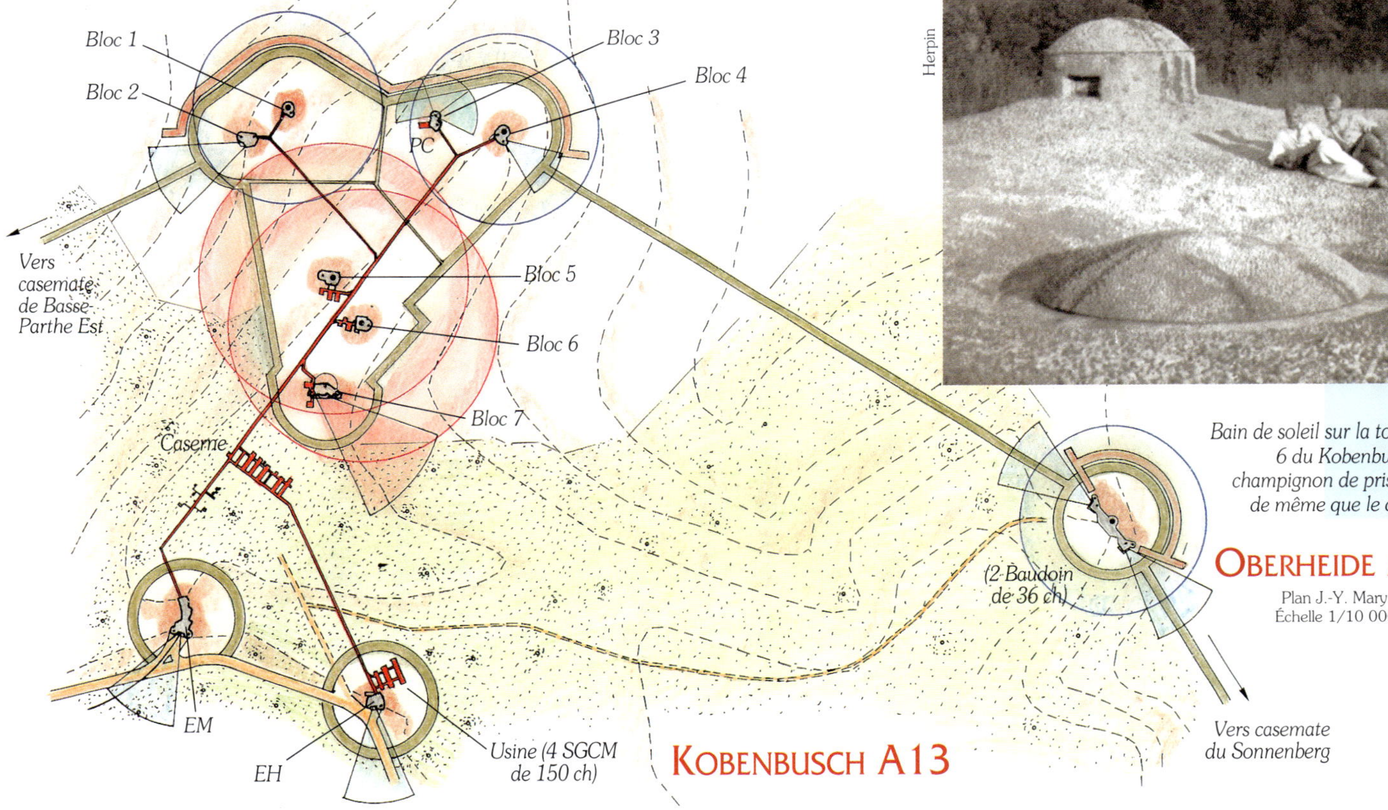

Herpin

Bain de soleil sur la tourelle de 81 mm du bloc 6 du Kobenbusch. La cloche GFM et le champignon de prise d'air sont bien visibles, de même que le camouflage à la peinture.

A 13 Kobenbusch CORF Ouvrage d'artillerie à sept blocs et deux entrées

Étude n° 282 S du 4 juillet 1930, suite à la difficulté à évacuer les eaux usées : la solution des galeries bétonnées (en surface) est abandonnée car elle est plus chère que la solution de galeries profondes. Plans : avant-projet n° 732 S du 3 décembre 1930, implantation n° 196 S du 28 février 1931 (le magasin M1 est supprimé pour réaliser des économies permettant de construire l'égout) et plan de feux de défense rapprochée n° 457 S du 25 avril 1931. Approbations ministérielles n° 3006-2/4 S du 29 décembre 1930, n° 1192-2/4 S du 8 avril 1931et n° 1587-2/4 S du 11 mai 1931. En juillet 1936, projet d'un bloc de prise d'air.

Commandant l'ouvrage : commandant Charnal (➠ portrait p. 230)
Commandant en second : chef de bataillon Mangin
Officier adjoint : capitaine Rollin
Major d'ouvrage : lieutenant Bers
Commandant l'artillerie : capitaine Pecouny (cas unique sur la Ligne, le PC artillerie du Kobenbusch dépend du Galgenberg, bien que cet ouvrage soit situé dans un autre sous-secteur)
Commandant l'infanterie : capitaine Bonnet
Commandant le génie : lieutenant Dornseiff (service électro-mécanique)
Effectif théorique : 14 off., 513 h.

Bloc 1 : tourelle de mitrailleuses, 1 cl. GFM (adjudant-chef Halvick)
Bloc 2, casemate d'infanterie flanquant vers l'ouest : 1 créneau JM/AC 47, 1 créneau JM, 2 cl. GFM (1 obs./J2 indicatif O 15 rattaché à Sœtrich) (adjudant-chef Montigut)
Bloc 3, observatoire (indicatif O 17 rattaché à Métrich) : 1 cl. obs./VDP, 1 cl. GFM
Bloc 4 : tourelle de mitrailleuses, 1 cl. M, 1 cl. GFM (sous-lieutenant Marescot du Thilleul)
Bloc 5 : tourelle de 75 mle 32 R, 1 cl. GFM
Bloc 6 : tourelle de 81, 1 cl. GFM
Bloc 7, casemate d'artillerie flanquant vers l'est : 3 créneaux de 75 mle 32, 2 cl. GFM (1 obs./J2 indicatif O 16 rattaché au Galgenberg)
Entrée des hommes (en puits) : 1 créneau JM/AC 47, 1 cl. GFM
Entrée des munitions (type A en puits) : 1 créneau JM/AC 47, 2 cl. GFM (sous-lieutenant Marescot du Thilleul, puis lieutenant Junker)
L'ouvrage ne possède pas de magasin M 1.

Remarquable photo du bloc 7 (casemate de 75 mm modèle 1932) du Kobenbusch ceinte d'un réseau bas et de quelques chevaux de frise.

Coll. J.-L. Goby

Photo J.-L. Goby

Ci-dessus à droite. Une surprenante composition anonyme peinte dans le foyer du Kobenbusch, sur le thème de la « Rose à la ligne Maginot » (➠ Tome Un, page 72) surmontant l'insigne général des troupes de forteresse. La devise est résolument optimiste.

L'entrée des munitions du Kobenbusch présente une configuration unique sur la ligne Maginot avec des visières renforcées au-dessus des créneaux de tir. Cette disposition s'explique par le fait que l'ouvrage, occupant un saillant, pouvait être bombardé par l'arrière (➠ Tome Deux, p. 51).

Herpin

Coll. de la Teyssonnière

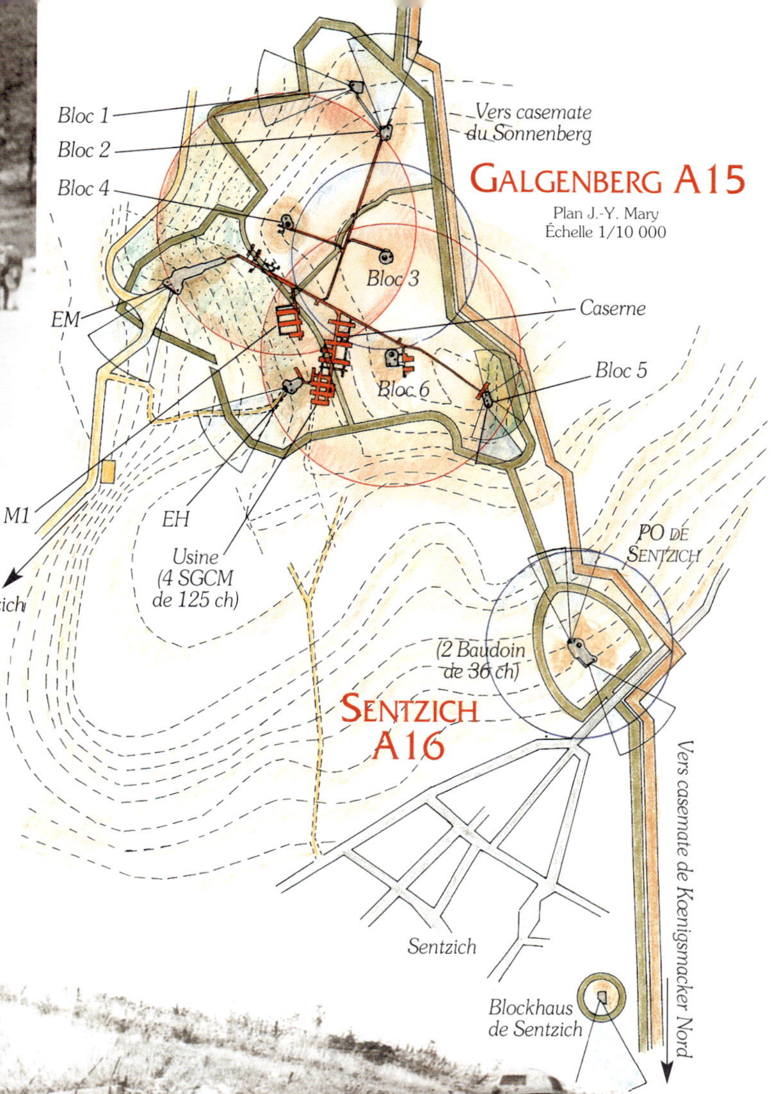

Avril 1940 : un détachement quitte en file l'entrée des munitions du Galgenberg. On distingue sur la droite le chemin qui monte à l'entrée des hommes.

A14 OBERHEIDE CORF Ouvrage d'infanterie monobloc
Projet approuvé le 20 janvier 1930 par la CORF.
Commandant l'ouvrage : lieutenant Pobeau
Officier adjoint : lieutenant Sépulchre
Effectif théorique : 2 off., 27 h.
Chambre de tir Ouest : 1 créneau JM/AC 37, 1 créneau JM
Chambre de tir Est : 1 créneau JM/AC 37, 1 créneau JM
Superstructures : tourelle de mitrailleuses, 4 cl. GFM (1 obs./J2 indicatif O 18 rattaché à Métrich) (plan ➡ Tome Deux, p. 20).

SOUS-SECTEUR D'ELZANGE : 167e RIF (lieutenant-colonel Planet)
Artillerie : AS/S 1 (III/70e RAMF et artillerie d'ouvrages) : lieutenant-colonel Martin
PC : fort de Kœnigsmacker
Casernement de sûreté : Elzange et Cattenom

O 20 Cattenom CORF Observatoire (indicatif O 20 rattaché au Galgenberg) : 1 cl. obs./VP, 1 cl. GFM (lieutenant Remion)

C 47 Sonnenberg CORF Casemate simple flanquant vers l'est : 1 créneau JM/AC 37, 1 créneau JM, 1 cl. GFM (lieutenant Kopp puis adt-chef Masson en juin 1940)

A 15 GALGENBERG CORF Ouvrage d'artillerie à six blocs et deux entrées
Plans : masse n° 81 S du 3 mai 1930) et implantation n° 26 S du 12 janvier 1931. Examen lors des 36e et 49e réunions de la CORF (6 mai 1930 et 19 janvier 1931). Approbations ministérielles n° 1072-3/11 du 20 mai 1930 et n° 428-2/4 S du 4 février 1931. Le 18 avril 1932, afin de réaliser des économies, l'observatoire et la casemate cuirassée sont regroupés dans un seul bloc, dit bloc Sud (bloc 5).
Commandant l'ouvrage : capitaine de la Teyssonnière (➡ portrait p. 232)
Major d'ouvrage : sous-lieutenant Kopp
Commandant l'artillerie et cdt en second : capitaine Peynaud (24e batterie)
Commandant l'infanterie : lieutenant Pastre
Commandant le génie : lieutenant Hutellier
Effectif théorique : 15 off., 430 h.
Bloc 1, casemate d'infanterie flanquant vers l'ouest : 1 créneau JM/AC 47, 1 créneau JM, 1 cl. GFM (adjudant-chef Tschiember)
Bloc 2, casemate d'infanterie flanquant vers l'est : 1 créneau JM/AC 47, 1 créneau JM, 2 cl. GFM (sous-lieutenant Guérin)
Bloc 3 : tourelle de mitrailleuses, 1 cl. GFM (adjudant Charbit)
Bloc 4 : tourelle de 81, 1 cl. GFM (lieutenant Finet)
Bloc 5, observatoire (indicatif O 19 rattaché au Galgenberg) : 1 cl. obs./VDP, 1 cl. M, 1 cl. GFM (sous-lieutenant Jacquet)
Bloc 6 : tourelle de 135, 1 cl. GFM, 1 cl. LG (sous-lieutenant Mérour)
Entrée des hommes (en puits) : 1 créneau JM/AC 47, 2 cl. GFM (aspirant Halter le 1er juin 1940)
Entrée des munitions (type B de plain-pied) : 1 créneau JM/AC 47, 2 cl. GFM (lieutenant Thienot)
L'ouvrage n'a qu'un magasin M 1 embryonnaire.

A 16 SENTZICH CORF Ouvrage d'infanterie monobloc
Plan d'implantation n° 77 S du 11 février 1930, approuvé le 12 février 1930 par la CORF (plan ➡ Tome Deux, p. 19).
Commandant l'ouvrage : lieutenant Langrand
Effectif théorique : 1 off., 66 h.
Chambre de tir Nord : 1 créneau JM/AC 37, 1 cl. GFM
Chambre de tir Sud : 1 créneau JM/AC 37, 1 créneau JM, 1 cl. GFM
Superstructure : tourelle de mitrailleuses

Coll. A. Boy

Cb 8	Sentzich	CORF	Blockhaus : 1 créneau JM/AC 47
C 48	Kœnigsmacker Nord	CORF	Casemate simple flanquant vers le nord : 1 créneau JM/AC 37, 1 créneau JM, 1 cl. GFM (lieutenant Welferinger)
C 49	Kœnigsmacker Sud	CORF	Casemate simple flanquant vers le sud : 1 créneau JM/AC 37, 1 créneau JM, 1 cl. GFM
C 50	Métrich Nord	CORF	Casemate simple flanquant vers le nord : 1 créneau JM/AC 47, 1 créneau JM, 1 cl. GFM (adjudant Geoffroy)
C 51	Métrich Sud	CORF	Casemate simple flanquant vers le sud : 1 créneau JM/AC 47, 1 créneau JM, 1 cl. GFM
X 15	Krekelbusch	CORF	Abri-caverne pour 2 sections : 2 cl. GFM

Le PO de Sentzich est un curieux ouvrage monobloc qui comporte plusieurs niveaux décalés. La photo montre la casemate de mitrailleuses Est (qui flanque vers les casemates de la Moselle/Kœnigsmacker) et la porte blindée de l'entrée du PO. On remarque l'absence de visière au-dessus de l'entrée car le PO a été construit selon les standards de la notice du 30 juillet 1929 (photo de la caponnière, ➡ Tome Deux, p. 8). La tourelle sommitale n'est pas visible.

Photo Welferinger, coll. Kemmel

Les lieutenants Welferinger (à gauche) et Martin (à droite) entourent le sergent Mats sur les dessus de la casemate de Kœnigsmacker Nord. À gauche, sur la crête, on aperçoit la casemate de Métrich Nord.

Métrich A17

Plan J.-Y. Mary
Échelle 1/10 000

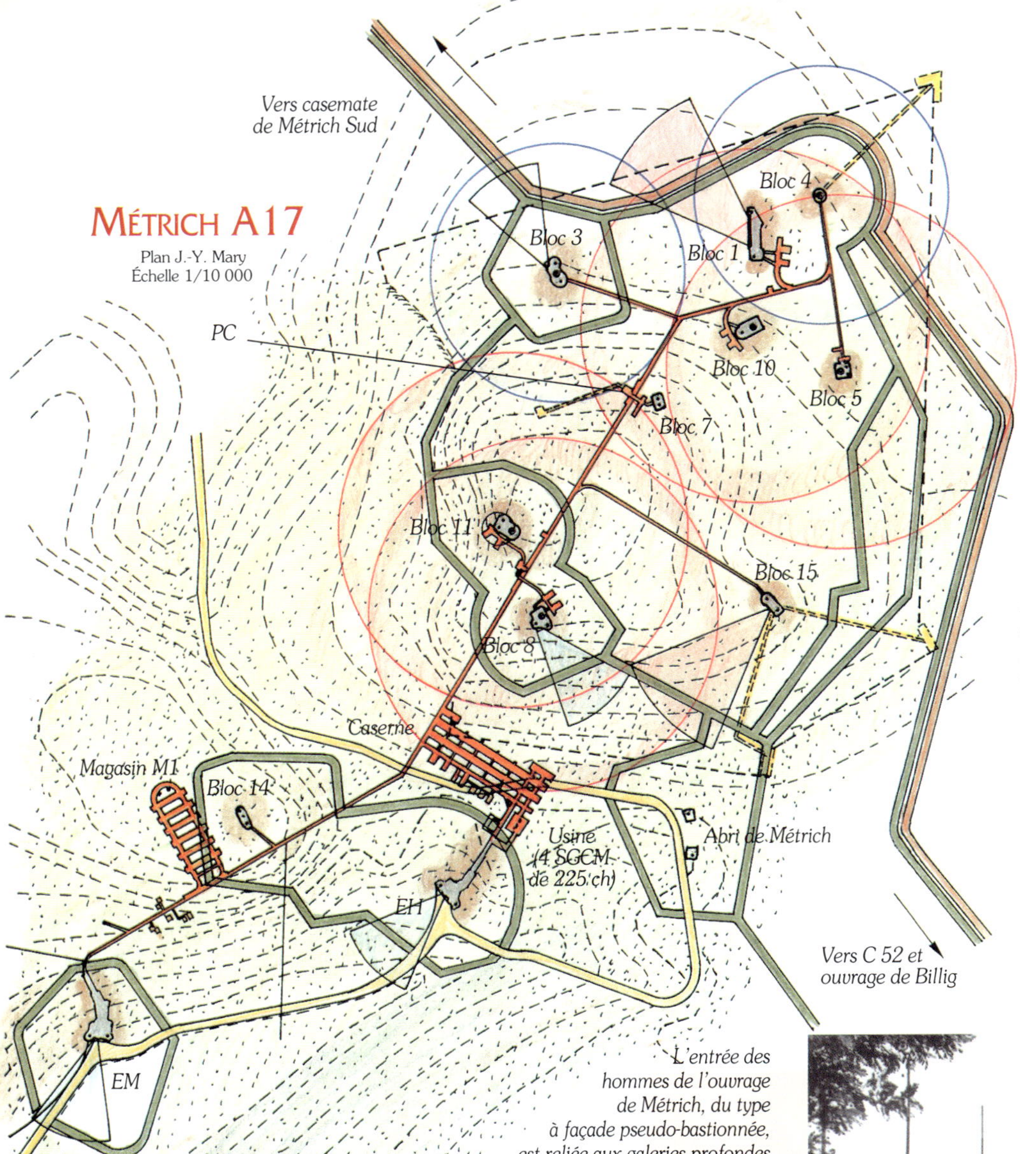

L'entrée des hommes de l'ouvrage de Métrich, du type à façade pseudo-bastionnée, est reliée aux galeries profondes par un plan incliné descendant, solution réalisée à deux exemplaires seulement (Hackenberg et Métrich). Les cheminées d'évacuation des gaz d'échappement et de l'air vicié sont situées sur la gauche du bloc bétonné (les orifices sont bien visibles). Au-dessus de l'EH, on aperçoit le toit des baraquements légers du temps de paix ainsi que le bloc 8.

Coll. De Cordoue

Photo Bollotte, coll. D. Kemmel

Deux très rares photographies de membres de l'équipage de Métrich présentant leur insigne :
— le capitaine De Cordoue, ancien de la Grande Guerre et commandant de l'infanterie, portrait daté de mai 1940.
— le sergent Aimé Bollotte, du 18e génie. Photographié à l'extérieur par une rude journée d'hiver, il porte l'insigne A 17 sur son béret, à côté de l'insigne On ne passe pas. Cette manière de porter l'insigne, très rarement observée, n'est pas unique (autre exemple, ➠ Tome Deux, p. 161).

Insigne de Métrich. *Derrière une cloche cuirassée, un bras tient un bouclier où l'ouvrage est identifié par son indicatif. À l'arrière-plan, sous une croix de Lorraine un pic semble représenter une cheminée des usines sidérurgiques de la région de Thionville (Fraisse-Demey).*

Photo Bollotte, coll. D. Kemmel

Détail de l'entrée des hommes de Métrich avec le couloir d'accès et sa passerelle qui franchit le fossé diamant. Autour du sergent Bollotte en vareuse de toile, les sapeurs du 18e génie portant la « tenue de cantonnement » typique de la drôle de guerre, masquent partiellement le créneau JM/AC 37.

A 17 Métrich CORF Ouvrage d'artillerie à dix blocs et deux entrées

Première étude sommaire lors de l'exercice de cadres de mai 1928 à Thionville. Plans : masse n° 318 S du 19 septembre 1929, n°121 S du 24 février 1930, n° 244 S du 28 avril 1930 et n° 302 S du 22 mai 1930 ; implantation n° 549 S du 27 septembre 1930. Examen lors des 31e, 34e, 37e et 44e réunions de la CORF (4 octobre 1929, 3 mars, 16 mai et 14 octobre 1930). Approbations ministérielles n° 1390-3/11 du 5 juillet 1930, n° 2248-3/11 du 17 novembre 1930 et n° 2846-2/4 S du 10 décembre 1930. Le bloc 14 est maintenu car il est destiné à tenir sous son feu l'escarpement à l'ouest de l'ouvrage. La défense du ravin des entrées est assurée par les mortiers du bloc 15 (plan ➠ Tome deux, p. 20).

Commandant l'ouvrage : chefs de bataillon Toussaint puis Lauga (juin 1940)
Officier adjoint : capitaine Mercier
Commandant l'artillerie : commandant Rouquet (22e batterie)
Commandant l'infanterie : capitaine de Cordoue
Commandant le génie : lieutenant Haffner
Effectif théorique : 26 off., 769 h.

Bloc 1, casemate d'artillerie flanquant vers le nord : 3 créneaux de 75 mle 32, 2 cl. GFM (1 obs./J2 indicatif O 24 rattché au Galgenberg) (lieutenant Mury)
Bloc 3, casemate d'infanterie flanquant vers le nord : 1 JM/AC 37, 1 créneau JM, tourelle de mitrailleuses, 2 cl. GFM
Bloc 4 : tourelle de mitrailleuses (sous-lieutenant Thil)
Bloc 5 : tourelle de 81, 2 cl. GFM (sous-lieutenant Girard à partir de mai 1940)
Bloc 7, observatoire (indicatif O 22 rattaché à Métrich) : 1 cl. Obs/VDP, 1 cl. GFM
Bloc 8, bloc mixte : chambre de tir flanquant vers le sud (1 créneau JM/AC 37, 1 créneau JM) + tourelle de 75 mle 33, 2 cl. GFM (lieutenant Laurent)
Bloc 10 : tourelle de 75 mle 33, 1 cl. LG (lieutenant Martel)
Bloc : tourelle de 135, 1 cl. GFM (1 obs./J2 indicatif O 21 rattaché à Métrich), 1 cl. LG 11 (lieutenant Bourgery)
Bloc 14 (défense des pentes sud-ouest de l'ouvrage) : 3 cl. GFM (dont une à 2 créneaux faisant office de cloche observatoire pour le SR infanterie de l'ouvrage)
Bloc 15, bloc mortiers tirant vers l'arrière : 2 créneaux de 81, 2 cl. GFM (1 obs./J2 indicatif O 23 rattaché au Billig) (lieutenant Max Lejeune, futur ministre)
Entrée des hommes (en plan incliné légèrement descendant) : 1 créneau JM/AC 37, 1 créneau JM, 2 cl. GFM
Entrée des munitions (type A de plain-pied) : 1 créneau JM/AC 37, 1 créneau JM, 2 cl. GFM

En raison de la hauteur des puits, les blocs 8 et 11 sont reliés à la galerie principale par un niveau intermédiaire où se greffent les magasins M 2, niveau lui-même raccordé à la galerie principale par un puits unique. De même, le PC de l'ouvrage se situe à mi-hauteur, sous le bloc 7.

Photo Bollotte (au centre du groupe), coll. D. Kemmel

Le bloc 3 de Métrich est une casemate d'infanterie surmontée d'une tourelle de mitrailleuses. On distingue celle-ci en batterie au sommet du bloc.

Coll. Bruge

Le bloc 1 de Métrich, une casemate de 75 mm modèle 1932 orientée vers l'ouvrage du Kobenbusch, est vue ici de l'arrière. La casemate a été dotée de supports d'antenne radio mais celle-ci n'a pas été posée.

Photo Bollotte, coll. D. Kemmel

Le moteur n° 1 de l'usine de Métrich : moteur SGCM type GVU à six cylindres, puissance 225 chevaux, consommation 63 litres de gasoil/heure. À droite du moteur, bouteille d'air comprimé pour le lancement du moteur et colonne des « feux tournants » permettant le couplage des alternateurs.

Photo Bollotte, coll. D. Kemmel

X 16 Sud de Métrich	CORF	Abri-caverne pour 1 section : 2 cl. GFM
X 17 Nonnenberg X 17	CORF	Abri-caverne pour 1 section : 2 cl. GFM
X 18 Nord du Bichel X 18	CORF	Abri de surface pour 1 section : 2 cl. GFM
C 52 Bois-de-Kœnigsmacker	CORF	Casemate simple flanquant vers le sud : 1 créneau JM/AC 37, 1 créneau JM, 2 cl. GFM (lieutenant Gusse)
X 19 Sud-du-Bichel	CORF	Abri de surface pour 1 section : 2 cl. GFM

Photo Bollotte, coll. D. Kemmel

L'abri-caverne Sud de Métrich comporte deux coffres d'entrée équipés chacun d'une caponnière et d'une cloche GFM. Dans les premiers projets de l'ouvrage de Métrich, on prévoyait même de relier cet abri à l'ouvrage du même nom.

Berthomier

L'entrée des munitions du Billig avant les hostilités. On voit, sur la droite, les chevaux de frise destinés à barrer l'accès.

Berthomier

La tourelle de 75 mm modèle 1932 R du bloc 4 du Billig.

Photo A. Hohnadel

Plaque signalétique à l'intérieur du central téléphonique de l'ouvrage du Billig, reprenant l'insigne du IV/18e RG (➡ Tome Deux, page 222). Le nombre 594 est l'indicatif téléphonique de l'ouvrage.

A 18 Billig CORF Ouvrage d'artillerie à sept blocs et une entrée

Plans : solution de deux petits ouvrages (n° 125 S du 5 février 1930) et masse/implantation n° 344 S du 12 juin 1930. Étude complémentaire concernant les arrières de l'ouvrage, n° 468 S du 8 août 1930. Examen lors des 34e et 39e réunions de la CORF (3 mars et 14 juin 1930). Approbations ministérielles n° 1339-3/11 du 26 juin 1930, n° 1645-2/4 S du 9 juillet 1930 et n° 2104-2/4 S du 29 août 1930.

Commandant l'ouvrage : commandants Marq puis Roy
Officier adjoint : sous-lieutenant Raspiller
Major d'ouvrage : lieutenant Michel (père du juge Michel assassiné)
Commandant l'artillerie : capitaines Sillard puis du Caurroy (21e batterie)
Commandant l'infanterie : lieutenant Schmitt
Commandant le génie : lieutenant Vuillaume
Effectif théorique : 16 off., 521 h.

Bloc 1, casemate d'infanterie flanquant vers le nord : 2 créneaux JM, 2 cl. GFM (1 obs./J2 indicatif O 25 rattaché à Métrich)
Bloc 2 : tourelle de mitrailleuses, 1 cl. GFM (lieutenant Bordereuil)
Bloc 3, casemate d'infanterie flanquant vers l'est : 2 créneaux JM, 2 cl. GFM
Bloc 4 : casemate d'artillerie flanquant vers le nord (2 créneaux de 75 mle 32 R) + tourelle de 75 mle 32 R, 1 cl. LG, 1 cl. GFM (sous-lieutenant Fleury)
Bloc 5, casemate d'artillerie flanquant vers l'est : 2 créneaux de 75 mle 32 R, 1 cl. GFM (sous-lieutenant Charpentier)
Bloc 6 : tourelle de 81, 1 cl. GFM
Bloc 7, observatoire (indicatif O 1 de Boulay, rattaché au Hackenberg) : 1 cl. obs./VP, 1 cl. GFM, 1 cl. LG (lieutenant Post)
Entrée des munitions (type A en, plan incliné descendant) : 1 créneau JM/AC 37, 1 créneau JM, 2 cl. GFM (sous-lieutenant March)
L'ouvrage n'a reçu ni M 1, ni entrée des hommes.

Organisations de campagne réalisées avant 1940

Blockhaus pour mitrailleuse et canon antichar : 17 (du modèle 1935 et du modèle 1936 numérotés de **Cb 1** à **Cb 15** avec Cb 10 *bis*, Cb 13 *bis* et Cb 14 *bis* et moins le Cb 8 qui est le blockhaus CORF de Sentzich)
Cuves pour canons de 65 mm : 4 (numérotées de Cc 1 à Cc 4)
Tourelles démontables : 40 emplacements bétonnés (numérotés de Ct 4 à Ct 95, série incomplète avec des *bis*). Peu de tourelles en place.
Boucliers pour canon de 25 mm : 3 (numérotés de Cbo 1 à Cbo 3)
PC : 15
Observatoires : 6 (1 observatoire bétonné, 2 constitués de carcasses de chars et 3 de guérites numérotés de Co 1 à Co 6).

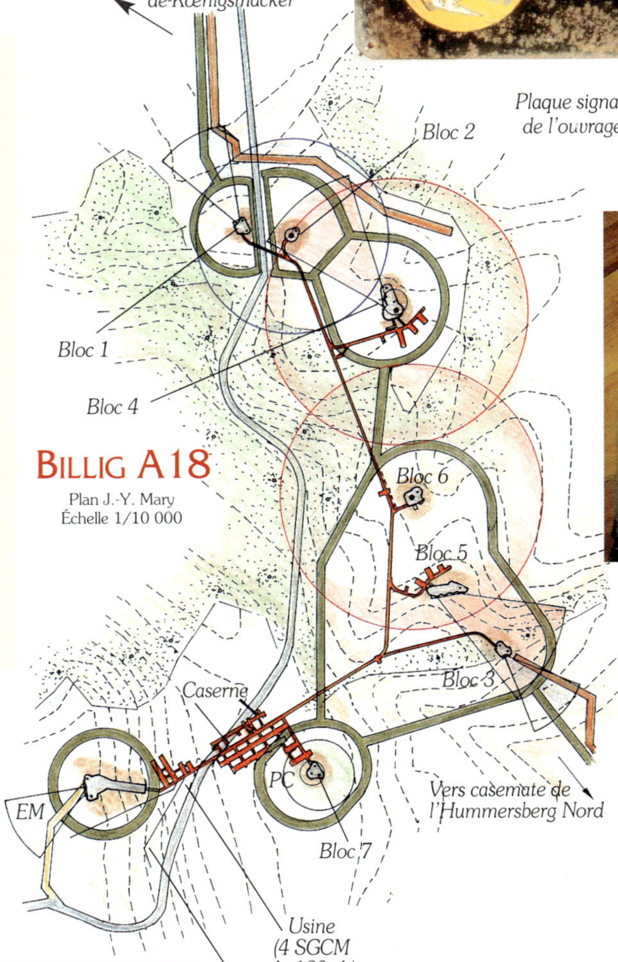

DR

Fanion de la 11e batterie d'ouvrages du 151e RAP, qui fournit le personnel d'artillerie des ouvrages de Métrich et Billig, tous deux mentionnés sur l'écu écarlate. La taupe (?) figurant au centre symbolise assurément la vie dans les galeries souterraines. Quant à la devise Fais ce que dois, c'est celle du régiment. (➡ Tome Deux, pp. 183-187).

Berthomier

L'usine du Billig en 1940, équipée de 4 groupes SGCM de 120 chevaux. Au premier plan, groupe auxiliaire CLM.

DR

1938. Le caporal Garnier pose sur une tourelle démontable fraîchement installée (Ct 51 ou Ct 54 ?).

SECTEUR FORTIFIÉ DE BOULAY

(du Schafbusch à la ferme Saint-Henri/Ban-Saint-Jean exclu, puis limite Est portée à Bouchepom/Zimming après la modification de limite entre les 3e et 4e armées)

Conception

Bien que le SF Boulay fasse partie, comme le SF Thionville, des réalisations initiales, il souffre d'un paradoxe préjudiciable : d'une part, son aile gauche [1] a été traitée comme secteur puissant et a reçu pratiquement toutes ses organisations (même si certains blocs d'ouvrages n'ont pas été réalisés) et d'autre part, son aile droite [2], réalisée à partir de 1931, a été particulièrement réduite : aucun ouvrage d'artillerie (le seul bloc doté d'artillerie comporte deux mortiers de 81 à l'Annexe Sud de Coume), très peu de casemates d'intervalles, pas d'observatoires ni d'abris d'intervalles. Cette disproportion est particulièrement marquée sur le plateau de Coume où les petits ouvrages réalisés à cet endroit (Coume et Annexe Nord de Coume) n'alignent à eux deux que trois blocs alors qu'à moins de 30 kilomètres, le Hackenberg en compte 19... Parmi les ouvrages d'artillerie non réalisés, citons le Bovenberg et le PO de Coume, alors que le Mottenberg n'a pas reçu ses deux tourelles d'artillerie. Aucun ouvrage à l'est de la Nied n'a reçu de bloc d'entrée séparée.

Deux casemates d'artillerie type RFM ont été réalisées en 1937 pour donner une couverture d'artillerie entre le Bovenberg et l'Annexe Sud de Coume.

Le 5 octobre 1939, suite à la mise en place du 6e CA, le SF Boulay prend le commandant du seul sous-secteur de Burtoncourt où un détachement avancé (DA Burtoncourt) est mis en place aux ordres du colonel Simon, puis du colonel Cochinard (8 novembre 1939). Suite à la modification de limite entre les 3e et 4e armées (25 septembre 1939), le sous-secteur de Narbéfontaine est affecté au SF Boulay. Ce dernier, en revanche, perd le sous-secteur d'Hombourg-Budange qui part au CA Colonial (SF Thionville).

Commandement et troupes

Commandant le secteur : colonel puis général Besse (sur la position, après le départ des troupes d'intervalle : colonel Cochinard)

Chef d'état-major : commandant Francon

Commandant l'ID : colonel Cochinard

- 164e RIF (3 btns) : lieutenant-colonel Priquet puis commandant Orgebin (juin 1940) (➜ Tome Un, p. 128)
- 162e RIF (2 btns) : lieutenants-colonels Bockler puis Sohier (décembre 1939) (➜ Tome Un, p. 123)
- 161e RIF (3 btns) : lieutenant-colonel Gleyzes puis Viret (avril 1940) (➜ Tome Un, p. 121)
- 160e RIF (3 btns) : lieutenant-colonel Bouet (➜ Tome Un, p. 121)

Commandant l'AD : colonel Grisot puis colonel Heller (mai 1940)

- 153e RAP : chef d'escadron Charly (➜ Tome Un, p. 189)
- 23e RARF : lieutenant-colonel Péninou (➜ Tome Un, p. 162)
- Parc : EM et 702e cie d'ouvriers, 702e section munitions auto

Commandant le génie : chef de bataillon Demézières

	202e bataillon du génie de forteresse
Transmissions :	202/81 compagnie télégraphiste
	202/82 compagnie radio
Train :	232/6 compagnie auto
Intendance :	152/6 groupe d'exploitation divisionnaire
Santé :	152e groupe sanitaire divisionnaire

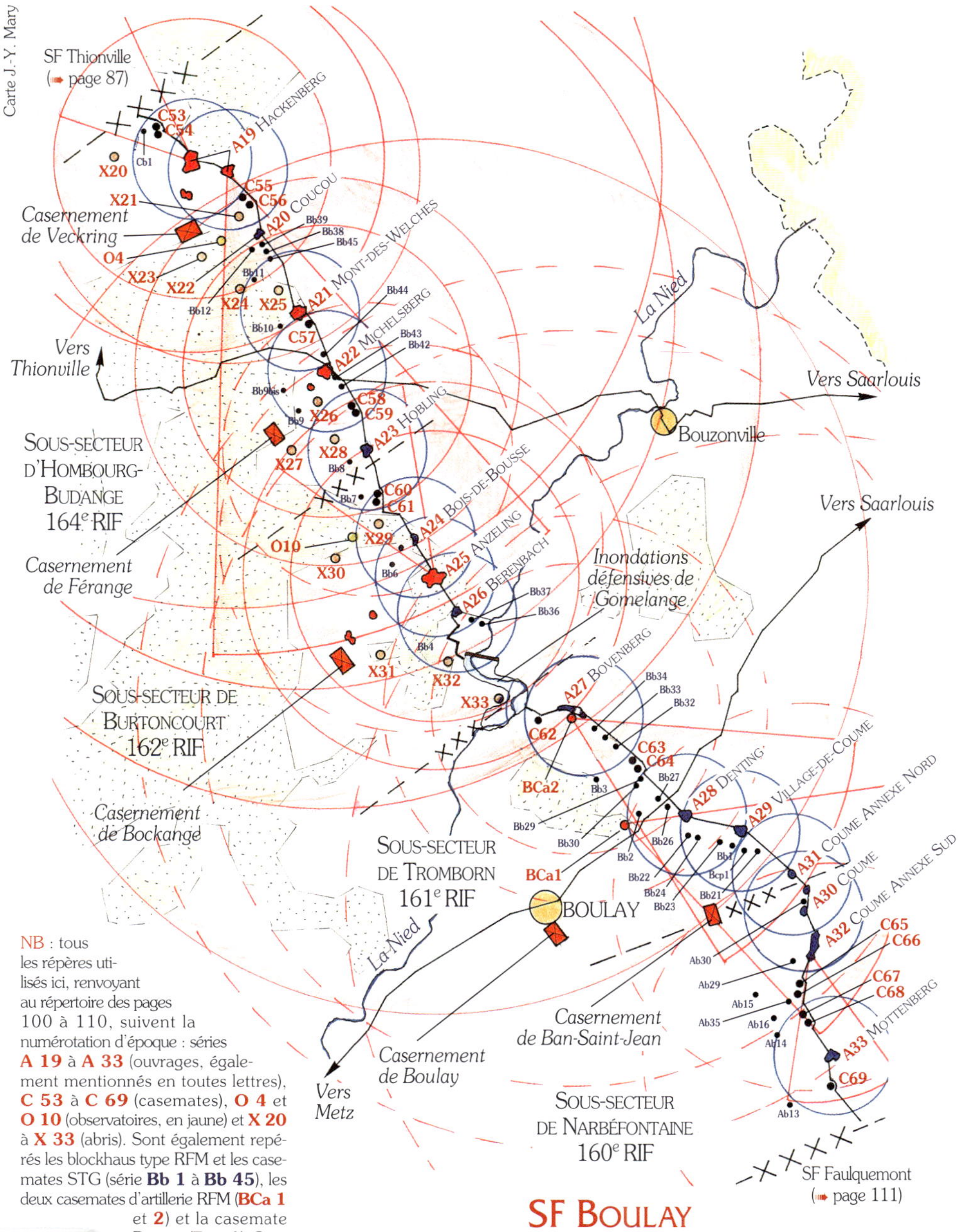

NB : tous les repères utilisés ici, renvoyant au répertoire des pages 100 à 110, suivent la numérotation d'époque : séries **A 19** à **A 33** (ouvrages, également mentionnés en toutes lettres), **C 53** à **C 69** (casemates), **O 4** et **O 10** (observatoires, en jaune) et **X 20** à **X 33** (abris). Sont également repérés les blockhaus type RFM et les casemates STG (série **Bb 1** à **Bb 45**), les deux casemates d'artillerie RFM (**BCa 1** et **2**) et la casemate Pamart (**Bcp 1**). Sont enfin indiqués en bas à droite les sept blockhaus **Ab 13** à **Ab 35** numérotés dans la série dévolue au SF Faulquemont.

SF Boulay

ZONE DE LA 3e ARMÉE (Condé)

PC : château de Chelaincourt à l'ouest de Bettlainville, Charleville-sous-Bois (le 5 octobre), château Marivaux à Hayes (le 15 octobre), Pommérieux (le 25 décembre) et Hayes (fin mai). Central téléphonique bétonné : Altroff. Secteur postal 26.

Grandes unités de renforcement au 10 mai 1940

6e CA : général Loizeau (sauf sous-secteur d'Hombourg-Budange à CAC)

51e DIW (britannique, *Highland Division*) : général Fortune (sous-secteur d'Hombourg-Budange sous l'autorité du CAC)

42e DI (active) : général Keller (sous-secteur de Burtoncourt + partie nord-est du sous-secteur de Tromborn)

26e DI (réserve, série A) : général Bonnassieux (partie sud du sous-secteur de Tromborn et sous-secteur de Narbéfontaine).

Organisations

■ **Sous-secteur d'Hombourg-Budange** : 164e RIF (lieutenant-colonel Priquet puis commandant Orgebin, juin 1940)

Artillerie d'ouvrage : lieutenant-colonel Charly puis chef d'escadron Baptaillard

NB : sous-secteur rattaché au CAC du 1er février au 17 mai 1940.

PC : château de Hombourg-Budange

Casernements de sûreté : Veckring et Férange (Ising)

X 20	Hummersberg	CORF	Abri-caverne à deux coffres, 2 cl. GFM
C 53	Hummersberg Nord	CORF	Casemate simple flanquant vers le nord : 1 créneau JM/AC 37, 1 créneau JM, 1 cl. GFM (lieutenant Bolz)
C 54	Hummersberg Sud	CORF	Casemate simple flanquant vers le sud : 1 créneau JM/AC 37, 1 créneau JM, 1 cl. GFM

Coll. Cochinard via Kasper

Le colonel Cochinard (photographié ici à son retour de captivité) commandant l'infanterie du SF Boulay. En juin 1940, il restera sur la position fortifiée afin de coordonner la résistance des ouvrages. À ses côtés se tient son fils, médecin-capitaine affecté à l'ouvrage d'Anzeling.

1. Secteur de construction « Moselle - Nied » : avant- projet n° 167/ORF de la CORF en date du 11 mai 1929, approuvé par le ministre Painlevé (décision n° 011334-3/11 du 8 juin 1929).
2. Secteur de construction « Est Nied » : avant-projet sommaire n° 506/ORF de la CORF en date du 14 août 1930, approuvé par le ministre Maginot (décision n° 01937-3/11 du 30 septembre 1930). Détails, ➜ SF Faulquemont, page 111.

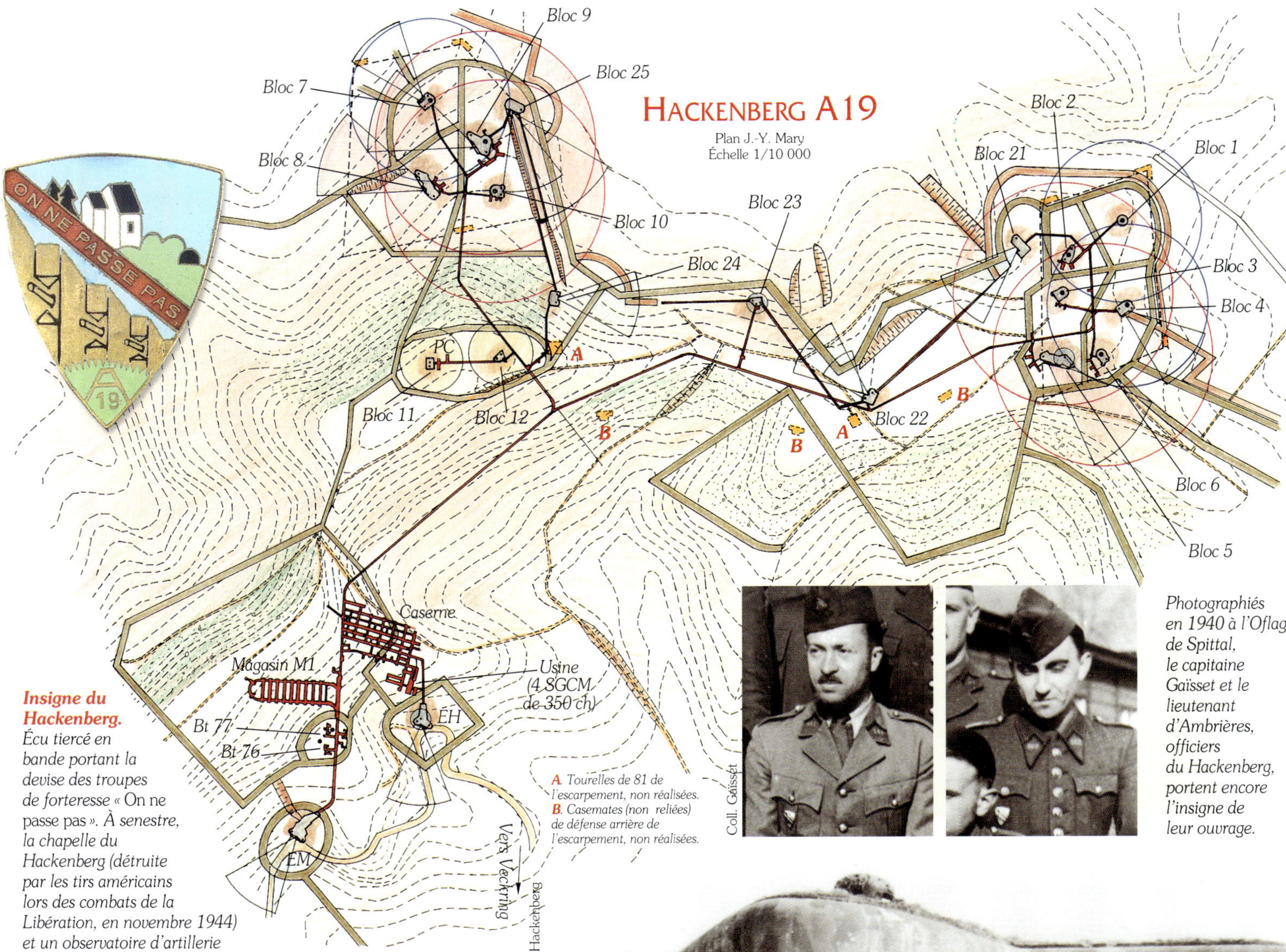

Insigne du Hackenberg. Écu tiercé en bande portant la devise des troupes de forteresse « On ne passe pas ». À senestre, la chapelle du Hackenberg (détruite par les tirs américains lors des combats de la Libération, en novembre 1944) et un observatoire d'artillerie dominent la forêt des Quatre-Seigneurs. À dextre, le bloc 8 (casemate de 75 mm, ➡ photos p. 101 et Tome Deux, p. 46) symbolise la puissance de l'artillerie du plus gros ouvrage de la Ligne. En pointe, l'indicatif du Hackenberg. Cet insigne a été dessiné par le maréchal des logis Robert Louard, architecte de profession et mobilisé au PC artillerie du Hackenberg (Mourgeon).

Coll. Gaïsset

Photographiés en 1940 à l'Oflag de Spittal, le capitaine Gaïsset et le lieutenant d'Ambrières, officiers du Hackenberg, portent encore l'insigne de leur ouvrage.

Photothèque Hackenberg

Le bloc 7 du Hackenberg est revêtu d'un camouflage très travaillé. Une antenne radio court le long de la façade.

© ECPAD/France

Une certaine animation règne devant l'entrée des munitions du Hackenberg. De nombreux véhicules stationnent devant le bloc cependant que sur la droite, derrière le casernement léger, on aperçoit un embryon de voie de 0,60 m, des rouleaux de câble et différents matériaux qui attestent des travaux de raccordement électrique de l'ouvrage au réseau civil. À l'arrière-plan, le casernement de Veckring.

A 19 HACKENBERG CORF Ouvrage d'artillerie à 17 blocs et deux entrées (le « Hacken »)

Ébauche du 12 octobre 1928 : projet de deux demi-forts de part et d'autre de la forêt des Quatre-Seigneurs (➡ Tome un, p. 26).

Plans : masse n° 68 S du 18 mars 1929, approuvé le 25 avril 1929 par le maréchal Pétain. Étude concernant les entrées (par où commencent les travaux) n° 450 S du 19 décembre 1929, implantation n° 176 S du 18 mars 1930 et implantation générale remaniée n° 270 S du 13 mai 1930. CORF : reconnaissance du 10 janvier 1929 sur le terrain et examen lors des 21ᵉ et 39ᵉ réunions (28 mars 1929 et 14 juin 1930). Approbations ministérielles n° 94-2/4 S du 6 mai 1929, n° 148-2/4 S du 20 janvier 1930 et n° 1396-2/4 S du 11 juin 1930. Décision n° 364-3/11 du 5 février 1932 : ajournement des blocs du réseau général arrière. Étude détaillée des blocs de l'escarpement : n° 1036 S du 11 juin 1932 et n° 1385 S du 11 août 1932. Approbation CORF le 1er septembre 1932.

Commandant l'ouvrage : chef d'escadron Ébrard puis chef de bataillon Ismeur (13 juin 1940)

Officier adjoint : lieutenant Laroze

Major d'ouvrage : lieutenant Lagarde

Commandant l'artillerie de l'ouvrage Est : capitaine Dulhoste puis lieutenant Dupont (24ᵉ batterie d'ouvrage du 153ᵉ RAP, puis 34ᵉ du 151ᵉ RAP)

Commandant l'artillerie de l'ouvrage Ouest : capitaine Richon (25ᵉ batterie d'ouvrage du 153ᵉ RAP, puis 35ᵉ du 151ᵉ RAP)

Commandant l'infanterie : capitaine Julien-Combemorel

Commandant le génie : capitaine Denis (transmissions : capitaine Voyer, service électromécanique : capitaine Leriche)

Effectif théorique : 42 off., 1 040 h.

(présents le 2 septembre 1939 : 36 off., 998 h. ; le 25 juin 1940 : 41 off., 940 h.)

AILE EST

Bloc 1 : tourelle de mitrailleuses (adjudant Lecomte)

Bloc 2 : tourelle de 75 mle 33, 2 CL. GFM (lieutenant Dupont)

Bloc 3 : tourelle de 81, 1 cl. GFM (1 obs./J2 indicatif O 6, rattaché aux Welches) (lieutenant Mohr)

Bloc 4, casemate d'infanterie à une chambre de tir flanquant vers le sud : 1 créneau JM/AC 37, 1 créneau JM, + 1 tourelle mitrailleuses, 2 cl. GFM (lieutenant d'Ambrières)

Bloc 5, casemate d'artillerie flanquant vers le sud : 3 matériels de 75 mle 29, 2 cl. GFM, 1 cl. LG (sous-lieutenant Lentin)

IWM

Document Klopp, DR

Le piquet d'honneur de l'entrée des munitions du Hackenberg, aux ordres du lieutenant Lhuillier, présente le fanion lors de la visite du roi d'Angleterre (➡ photographie complète dans le Tome Un, page 80).

Le même fanion avant guerre, à la 4e CEO du 162e RIF.

Le fanion du Hackenberg sera renvoyé en France depuis le camp de prisonniers par le chef d'escadron Ébrard.

Coll. Mme Chochoy

Photo J.-L. Goby

Le bloc 24 étant le dernier organe construit du Hackenberg, le génie y a scellé, entre les deux créneaux, une plaque portant la date 1933 entourant une couronne de lauriers et deux tubes de canon en sautoir.

© ECPAD/France

Pour le Hackenberg, le plus gros de l'activité jusqu'au 10 mai consiste à accueillir des visiteurs de tous bords tels ces officiers anglais passant devant le bloc 8 dûment camouflé. Leur guide est le capitaine Gaïsset.

DR, coll. A. Hohnadel

Le chef d'escadron Ébrard, dans sa chambre-bureau souterraine, examine une carte du secteur. Photo prise lors du reportage du 6 février 1940.

Bloc 6 : tourelle de 135, 1 cl. GFM ((lieutenant Dezaunay)

AILE OUEST

Bloc 7, casemate d'infanterie à une chambre de tir flanquant vers le nord : 1 créneau JM/AC 37, 1 créneau JM + 1 tourelle mitrailleuses, 2 cl. GFM (lieutenant Chauray)

Bloc 8, casemate d'artillerie flanquant vers le nord : 3 matériels de 75 mle 29, 2 cl. GFM (sous-lieutenant Pennecot)

Bloc 9, casemate d'artillerie flanquant vers le nord : 1 créneau de 135, 1 tourelle de 135, 2 cl. GFM (lieutenant Pfirsch)

Bloc 10 : tourelle de 81, 2 cl. GFM ((sous-lieutenant Vigoulette)

OBSERVATOIRES

Bloc 11 (indicatif O 26 du SF Thionville, rattaché au Billig) : 1 cl. obs./VP, 1 cl. GFM (lieutenant Meyer)

Bloc 12 (indicatif O 2 rattaché au Hackenberg) : 1 cl. obs./VP, 2 cl. GFM (lieutenant Griesmar)

FOSSÉS

Bloc 21, casemate d'infanterie : 1 créneau JM/AC 37, 1 créneau JM, 1 créneau de mortier 50, 1 cl. GFM (sous-lieutenant Bataillard)

Bloc 22, casemate d'infanterie : 1 créneau JM/AC 37, 1 cl. M, 1 cl. GFM (adjudant Nollevalle)

Bloc 23, bloc d'infanterie : 2 cl. GFM, 1cl. LG (sergent Vincent)

Bloc 24, casemate d'infanterie : 1 créneau JM/AC 37, 1 créneau JM, 1 créneau de mortier de 50, 2 cl. GFM (lieutenant Hanne)

Bloc 25, coffre de fossé : 1 matériel de 75 mle 32 R, 1 créneau JM, 1 créneau de mortier de 50, 1 cl. GFM (lieutenant Charpentier)

ENTRÉES

Entrée des hommes, en léger plan incliné descendant : 1 créneau JM/AC 37, 2 cl. GFM, 1 cl. LG (adjudant Lucas)

Entrée des munitions (type A de plain-pied) : 1 créneau JM/AC 37, 2 cl. GFM (lieutenant Lhuillier)

Le plus gros ouvrage de la ligne aurait dû en outre recevoir deux tourelles de 81 et six coffres supplémentaires de flanquement des fossés (non creusés) et des tourelles à longue portée (soit un total de plus de trente blocs).

Coll. A. Hohnadel

Le Hackenberg se caractérise par la présence d'un escarpement antichar qui relie les deux ailes de l'ouvrage. On distingue sur cette photo le mur d'escarpement à hauteur du bloc 22, à l'endroit précis où l'escarpement s'incurve vers l'aile Est.

Denkschrift

Casemate de Veckring Sud prise en direction du PO du Coucou. À noter le projecteur sur son mât.

Cas unique dans la ligne Maginot, le blockhaus de défense intérieure du PO du Coucou est décoré par un énorme On ne passe pas, *certainement le plus grand qui ait jamais existé. Au centre, on aperçoit le créneau pour un fusil mitrailleur.*

C 55	Veckring Nord	CORF	Casemate simple flanquant vers le nord : 1 créneau JM/AC 37, 1 créneau JM, 1 cl. GFM (lieutenant Lacombe)
C 56	Veckring Sud	CORF	Casemate simple flanquant vers le sud : 1 créneau JM/AC 37, 1 créneau JM, 1 cl. GFM
X 21	Veckring	CORF	Abri-caverne à deux coffres : 2 cl. GFM

A 20 Coucou CORF Ouvrage d'infanterie à deux blocs

Plans : 1re implantation (entrée de plain-pied) n° 411 S du 21 novembre 1929 et 2e implantation (entrée par puits) n° 20 S du 15 janvier 1930. Mise en conformité avec les notices et instructions : n° 473 S du 12 août 1930. Approbation ministérielle n° 2102-2/4 S du 29 août 1930.

Commandant l'ouvrage : capitaine Roques

Officier adjoint : lieutenant Dutertre

Effectif théorique : 3 off., 116 h. (présents le 2 septembre 1939 : 7 off., 105 h. ; le 25 juin 1940 : 3 off., 113 h.)

Bloc actif (bloc 1), casemate d'infanterie double : 2 créneaux JM/AC 37, 2 créneaux JM + 1 tourelle de mitrailleuses, 2 cl. GFM (lieutenant Dougier)

Photo J.-L. Goby

Bloc entrée (bloc 2) : 1 créneau JM/AC 37, 1 cl. GFM

Le bloc actif aurait dû être doté d'une entrée en façade arrière (projet du 25 mai 1932).

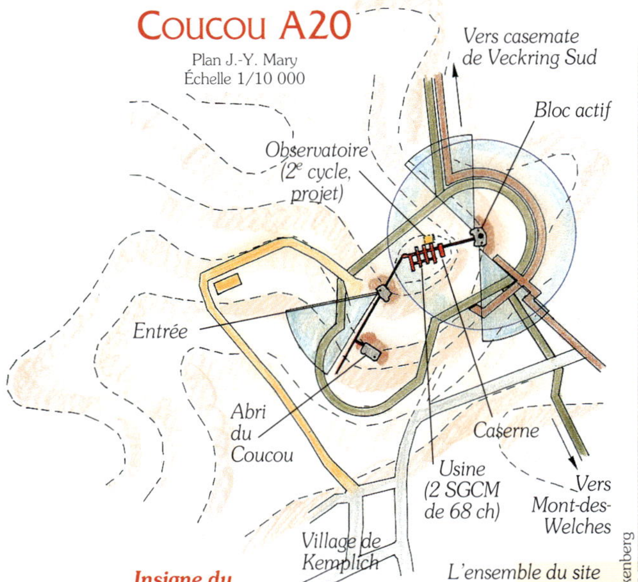

Insigne du Coucou (projet). *Un projet d'insigne, représentant un coucou sur une branche, est signalé par des anciens de cet ouvrage.*

L'ensemble du site du Coucou en juillet 1933. On distingue successivement l'abri, l'entrée du PO et le bloc actif.

Photothèque Hackenberg

X 22	Coucou	CORF	Abri de surface : 2 cl. GFM. (abri relié par galerie au PO du même nom)
O 4	Chênes-Brûlés	CORF	Observatoire (indicatif O 4, rattaché aux Welches) : 1 cl. obs./VP, 1 cl. GFM (lieutenant Pasquier-Vauvilliers)
X 23	Chênes-Brûlés	CORF	Abri-caverne à deux coffres, 2 cl. GFM
X 24	Klang	CORF	Abri-caverne à deux coffres, 2 cl. GFM
X 25	Mont-des-Welches	CORF	Abri de surface, 2 cl. GFM

A 21 Mont-des-Welches CORF Ouvrage d'artillerie à cinq blocs et deux entrées (les « Welches »)

Plans : masse n° 22 S du 25 janvier 1930 et implantation n° 280 S du 13 mai 1930. Approbation ministérielle n° 1440-2/4 S du 16 juin 1930. En janvier 1931, les deux casemates de 75 mm prévues sont remplacées par deux tourelles, ce qui permet de supprimer la tourelle d'action frontale prévue dans le plan d'implantation.

Commandant l'ouvrage : capitaine puis chef de bataillon Tari

Major d'ouvrage : lieutenant Houot

Commandant l'artillerie : capitaine Agostini (23e batterie d'ouvrage du 153e RAP, puis 33e du 151e RAP)

Commandant l'infanterie : lieutenant Schneider

Commandant le génie : sous-lieutenant Vinrich

Effectif théorique : 16 off., 506 h. (présents le 2 septembre 1939 : 18 off., 490 h.; le 25 juin 1940 : 17 off., 472 h.)

Bloc 1 : tourelle de 81, 2 cl. GFM (sous-lieutenant Wallon)

Bloc 2 : tourelle de 75 mle 32 R + casemate d'infanterie flanquant vers le sud : 1 créneau JM/AC 37, 1 créneau JM, 2 cl. GFM (1 obs./J2 indicatif O 7, rattaché aux Welches) (sous-lieutenant Mangin)

Bloc 3 : tourelle de mitrailleuses

Bloc 4 : tourelle de 75 mle 32 R + casemate d'infanterie et casemate de mortiers de 81 flanquant vers le nord : 1 créneau JM/AC 37, 1 créneau JM, 2 créneaux de 81, 2 cl. GFM (sous-lieutenant Barbier et aspirant Duchêne)

Bloc 5 (observatoire indicatif O 3, rattaché au Hackenberg) : 1 cl. obs./VDP, 1 cl. GFM (lieutenant Teysseire)

Entrée des hommes (type réduit) : 1 créneau JM/AC 37, 1 cl. GFM, 1 cl. LG

Entrée des munitions (type B en plan incliné descendant) : 1 créneau JM/AC 37, 2 cl. GFM (lieutenant Janiszensky)

L'ouvrage ne comporte ni M 1, ni traction électrique.

Coll. Mortelette

Quelques hommes — dont le soldat Mortelette (au milieu) — posent devant le coffre nord de l'abri-caverne des Chênes-Brûlés.

Colmet D

Photothèque Hackenberg

Les « Welches » le 24 février 1938. Les différents blocs de l'ouvrage sont particulièrement visibles, notamment les deux entrées au premier plan.

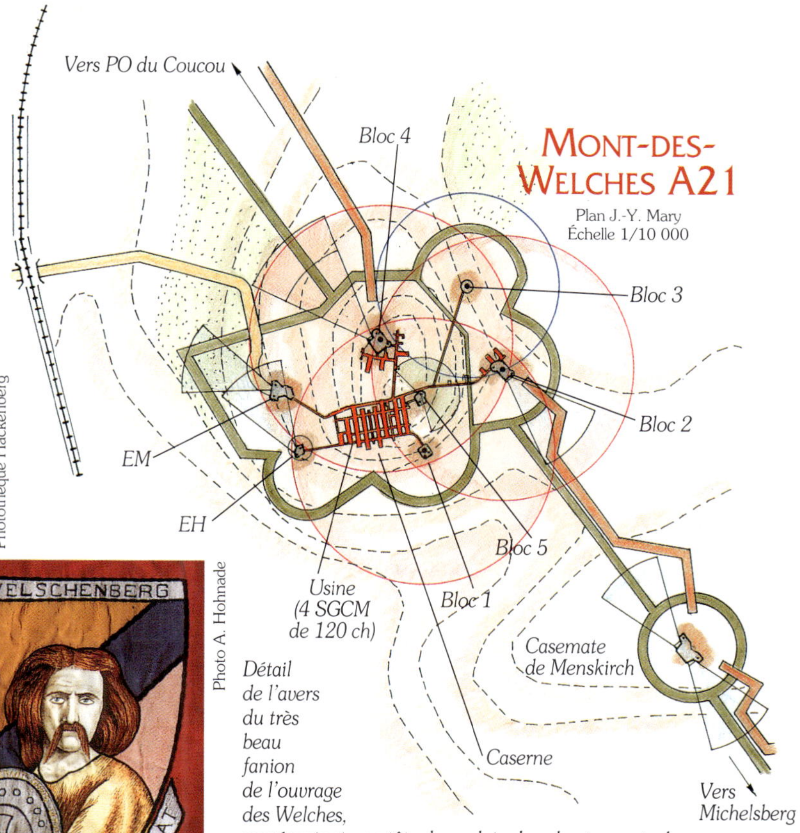

Mont-des-Welches A21

Plan J.-Y. Mary
Échelle 1/10 000

Photo A. Hohnade

Détail de l'avers du très beau fanion de l'ouvrage des Welches, représentant une tête de gaulois chevelu et moustachu (➠ fanion complet, page 9).

Cochinard via Kasper

L'entrée des munitions du Mont-des-Welches avec au premier plan, le casernement léger sur lequel figure l'insigne du 162e RIF.

© ECPAD/France

L'usine des Welches en 1939-40 (quatre groupes SGCM type GVU 33 à trois cylindres de 120 ch). Les sapeurs électro-mécaniciens surveillent leurs cadrans. Un important réseau de ventilation apporte de l'air frais et aspire l'air vicié. Sur le mur du fond, on distingue le klaxon de l'alerte aux gaz et son coffret d'alimentation.

Ci-dessous à droite. Octobre 1939 : le lieutenant Barbier (assis à l'extrême droite) fête son deuxième galon en compagnie d'autres officiers de l'ouvrage parmi lesquels le capitaine Tari (debout au deuxième rang en képi avec une pipe). Assis, de gauche à droite, le capitaine Agostini (AO), le lieutenant Houot (major) et le lieutenant Tocabens (officier adjoint).

Le bloc 4 du Mont-des-Welches, avec la chambre de tir vue de face. Une seconde photo du bloc 4, cette fois vue de dessus avec sa tourelle de 75 modèle 1932 R, est présentée page 209 de cet ouvrage.

Barbier

Photothèque Hackenberg

Colmet Daage

La tourelle de 81 du bloc 3 du Michelsberg avec ses deux cloches GFM. À l'arrière-plan, on distingue la casemate de Menskirch.

La casemate double de Menskirch au début des années trente. Les réseaux ne sont pas encore posés.

Photo A. Hohnadel

L'équipage du Michelsberg a repris le thème de l'archange Saint-Michel pour son insigne. Il est représenté, accompagné de la devise Quand le diable y serait, *sur le mur de façade de l'entrée de l'ouvrage (dessin aujourd'hui restauré) et également sur l'avers du fanion. Au revers, celui-ci porte simplement le nom de l'ouvrage. La couleur jaune signifie que le Michelsberg se trouve dans le secteur du III/162e RIF du temps de paix (camps de Veckring et d'Ising).*

C 57	Menskirch	CORF	Casemate double : 2 créneaux JM/AC 47, 2 créneaux JM, 2 cl. GFM
Bb 44	Blockhaus	STG	Blockhaus simple flanquant à gauche (1940)

A 22 Michelsberg CORF Ouvrage d'artillerie à cinq blocs et une entrée (le « Michel »)

Plans : masse n° 162 S du 12 mars 1930 et masse/implantation n° 299 S du 21 mai 1930. Examen lors de la 35e réunion de la CORF (21 mars 1930). Approbations ministérielles n° 886-3/11 du 24 avril 1930, n° 1387-3/11 du 5 juillet 1930 et n° 1765-2/4 S du 21 juillet 1930. Par décision du 5 avril 1933, l'issue de secours secrète est supprimée.

Commandant l'ouvrage : commandants Duvauchelle puis Pelletier (24 octobre 1939)
Officier adjoint : lieutenant Copeaux
Major d'ouvrage : lieutenant Charton
Commandant l'artillerie (22e batterie d'ouvrage du 153e RAP, puis 32e du 151e RAP) : capitaine Loiseau puis capitaine de Saint-Sauveur (janvier 1940)
Commandant l'infanterie : lieutenant Mercier
Commandant le génie : lieutenant Bertoletti
Effectif théorique : 19 off., 495 h. (présents le 2 septembre 1939 : 18 off., 450 h. ; le 25 juin 1940 : 19 off., 472 h.)

Bloc 1 : tourelle mitrailleuses, 1 cl. M, 1 cl. GFM (lieutenant Cabrol)
Bloc 2, casemate d'infanterie flanquant vers le nord : 1 créneau JM/AC 47, 1 créneau JM, 2 cl. GFM (1 obs./J2 indicatif O 9, rattaché à Anzeling) (adjudant-chef Meric)
Bloc 3 : tourelle de 81, 2 cl. GFM (sous-lieutenant Grenier)
Bloc 5 : tourelle de 75 mle 33, 1 cl. GFM (1 obs./J2 indicatif O 8, rattaché au Michelsberg) (sous-lieutenant Kaas)
Bloc 6 : tourelle de 135, 1 cl. GFM (1 obs./J2 indicatif O 16, rattaché au Michelsberg), 1 cl. LG + 1 cl. issue de secours (lieutenant Deschamps)
Entrée des munitions (type B de plain-pied) : 1 créneau JM/AC 47, 2 cl. GFM (Aspirant Prulhière)

L'ouvrage ne comporte pas d'entrée des hommes, ni de magasin M 1 et son puits principal est situé à l'extérieur, à 30 m de l'entrée des munitions. Il existe un second puits à l'intérieur mais curieusement, malgré d'importantes infiltrations dans le casernement, ce puits ne donne pas d'eau.

Bb 43	Blockhaus	STG	Blockhaus simple flanquant à droite (1940)
X 26	Bilmette	CORF	Abri de surface : 2 cl. GFM
C 58	Huberbusch Nord	CORF	Casemate simple flanquant vers le nord : 1 créneau JM/AC 37, 1 créneau JM, 2 cl. GFM
C 59	Huberbusch Sud	CORF	Casemate simple flanquant vers le sud : 1 créneau JM/AC 37, 1 créneau JM, 2 cl. GFM (adjudant-chef Nollevalle)
X 28	Ising	CORF	Abri de surface : 2 cl. GFM

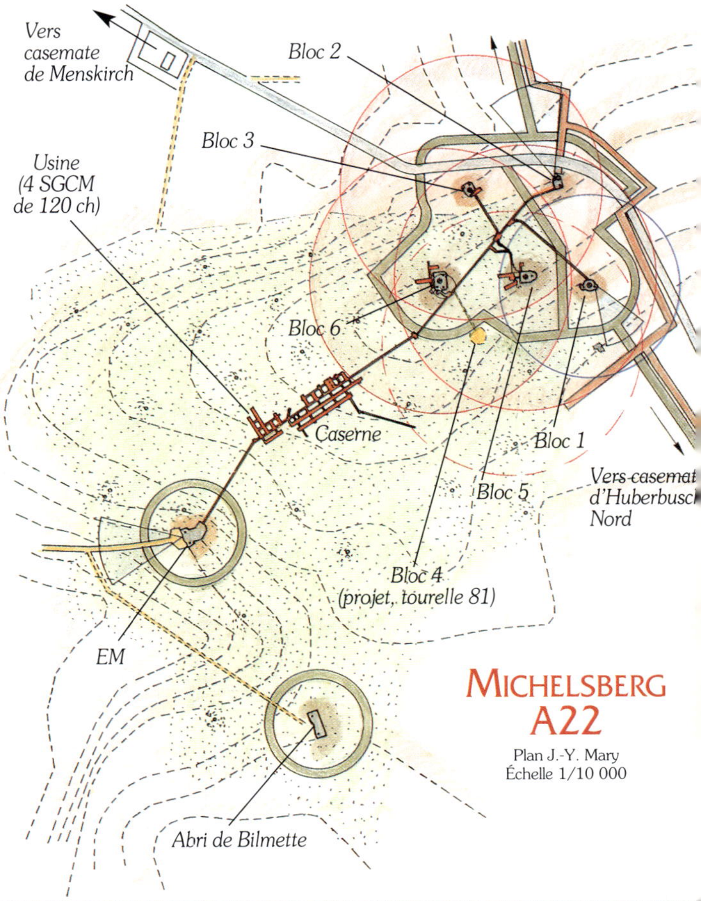

MICHELSBERG
A22
Plan J.-Y. Mary
Échelle 1/10 000

Colmet Daage

L'entrée des munitions du Michelsberg en 1940. À gauche, une voiture est garée près des escaliers menant vers les dessus.

Kaas, coll. Marescaux

Les artilleurs du Michelsberg posent autour du capitaine de Saint-Sauveur, commandant l'artillerie d'ouvrage, devant l'entrée sur le mur de laquelle est peint l'insigne de l'ouvrage. De gauche à droite, premier rang : sous-lieutenant Lebreton (officier Z), lieutenant Grenier (B 3), capitaine de Saint-Sauveur (AO), sous-lieutenant Kaas (B 5) ; deuxième rang : lieutenants Gros (observateur), Millot (officier munitions), Laurent (SRA) et Touyéras (officier directeur de tir). Évadé par la suite, Touyéras rejoindra la 2e DB et sera le premier au nid d'aigle d'Hitler en 1945.

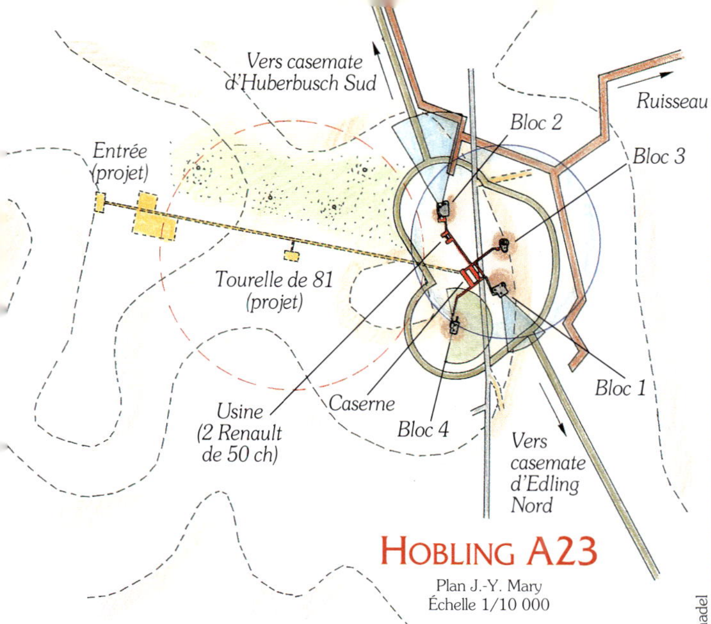

Photo Geoffroy, coll. A. Hohnadel

Les officiers et sous-officiers du PO de Bousse entourent leur fanion. Au milieu de la rangée assise, le capitaine P. Wolff, premier commandant de l'ouvrage.

A 23 Hobling CORF Ouvrage d'infanterie à quatre blocs

Plans : masse n° 122 S du 25 février 1930 et implantation n° 240 S du 23 mars 1931. Examen lors de la 52e réunion de la CORF (8-9 mai 1931). Approbation ministérielle n° 1739-2/4 S du 22 mai 1931.

Commandant l'ouvrage : capitaine Boileau

Officier adjoint : lieutenant Blangille

Effectif théorique : 4 off., 115 h. (présents le 2 septembre 1939 : 4 off., 111 h. ; le 25 juin 1940 : 4 off., 105 h.)

Bloc 1, casemate d'infanterie : 1 cl. M, 2 cl. GFM

Bloc 2, entrée et casemate d'infanterie flanquant vers le nord : 1 créneau JM/AC 47, 1 créneau JM, 2 cl. GFM (aspirant Krause)

Bloc 3 : tourelle de mitrailleuses, 1 cl. GFM

Bloc 4 (observatoire indicatif O 5, rattaché aux Welches) : 1 cl. obs./VDP, 1 cl. GFM (lieutenant Durand)

Au 2e cycle, l'ouvrage aurait dû recevoir une tourelle de 81 et une entrée.

X 27 Férange CORF Abri caverne à deux coffres : 2 cl. GFM

DR

L'abri caverne de Férange pendant l'hiver 1939-1940.

Photos A. Hohnadel

La croix de Lorraine entourée d'un chardon (avers) et l'insigne général des troupes de forteresse (revers) figurent sur le fanion du PO du Bois-de-Bousse. La couleur rouge rappelle que cet ouvrage dépend du 2e bataillon du 162e RIF du temps de paix (camp de Bockange). Devise : « Qui s'y frotte s'y pique ». Le PO est identifié par son indicatif.

A 24 Bousse CORF Ouvrage d'infanterie à trois blocs et une entrée

Plan : masse et implantation n° 447 S du 28 juillet 1930. Approbations ministérielles n° 1918-3/11 du 25 septembre 1930 et n° 2326-2/4 S du 6 octobre 1930. La tourelle de 81 mm est reportée au 2e cycle (décision n° 364-3/11 du 5 février 1932) bien que les locaux souterrains correspondants et le puits d'accès aient été creusés. Un coffre d'artillerie était prévu dans la tranchée du chemin de fer.

Commandant l'ouvrage : capitaines Wolff puis Ramaud (26 février 1940

Effectif théorique : 4 off., 138 h. (présents le 2 septembre 1939 : 5 off., 144 h. ; le 25 juin 1940 : abandonné)

Bloc 1 (observatoire indicatif O 11, rattaché à Anzeling) : 1 cl. obs./VDP, 1 cl. GFM (lieutenant Uhlmann)

Bloc 2, casemate d'infanterie flanquant vers le sud : 1 créneau JM/AC 47, 1 créneau JM, 2 cl. GFM (adjudant Salaun)

Bloc 3, casemate d'infanterie flanquant vers le nord : 1 créneau JM/AC 47, 1 créneau JM + tourelle de mitrailleuses, 2 cl. GFM (sous-lieutenant Simoens)

Entrée (en puits) : 1 créneau JM/AC 47, 1 cl. GFM, 1 cl. LG (sgt-chef David)

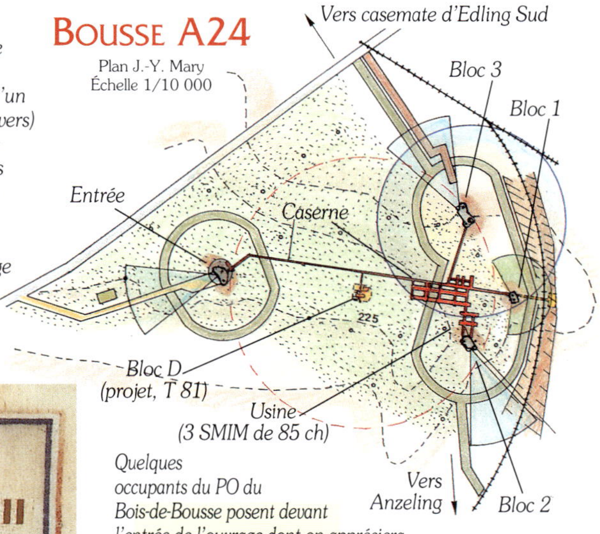

■ **Sous-secteur de Burtoncourt** : 162e RIF (lieutenant-colonel Sohier)

PC : Huhnerbusch (bois de Villers)

Casernement de sûreté : Bockange

C 60	Edling Nord	CORF	Casemate simple flanquant vers le nord : 1 créneau JM/AC 47, 1 créneau JM, 1 cl. GFM (adjudant-chef Picquemal)
C 61	Edling Sud	CORF	Casemate simple flanquant vers le sud : 1 créneau JM/AC 47, 1 créneau JM, 1 cl. GFM (sergent-chef Périer)
X 29	Hestroff	CORF	Abri de surface : 2 cl. GFM
O 10	Hestroff	CORF	Observatoire (indicatif O 10, rattaché à Anzeling) : 1 cl. obs./VP, 1 cl. GFM (lieutenant Bauche)
X 30	Rotherberg	CORF	Abri-caverne à deux coffres + PC de bataillon : 2 cl. GFM

Cas exceptionnel dans un ouvrage de la ligne Maginot, les galeries de Bousse ont été baptisées et portent les noms d'hommes d'état (Maginot, Clémenceau), d'ingénieurs (Vauban, Ferrié) ou de grands chefs militaires (Pétain, Foch). Ces appellations n'ont pas été choisies par hasard mais correspondent à la nature des locaux desservis.

Photo A. Hohnadel

Quelques occupants du PO du Bois-de-Bousse posent devant l'entrée de l'ouvrage dont on appréciera au passage le camouflage. Le véhicule au premier plan est une voiture sanitaire légère Renault 0S.

Bois-de-Bousse : le bloc 2 dans la neige de l'hiver 1939-40.

Photo Wolff, coll. A. Hohnadel

Photo Gendre, coll. A. Hohnadel

Kasper

Ces chèvres qui posent devant l'entrée des munitions de l'Anzeling sont-elles les mascottes de l'équipage ou la possibilité d'améliorer l'ordinaire ? À droite est visible le mât du drapeau.

ANZELING A25

Plan J.-Y. Mary
Échelle 1/10 000

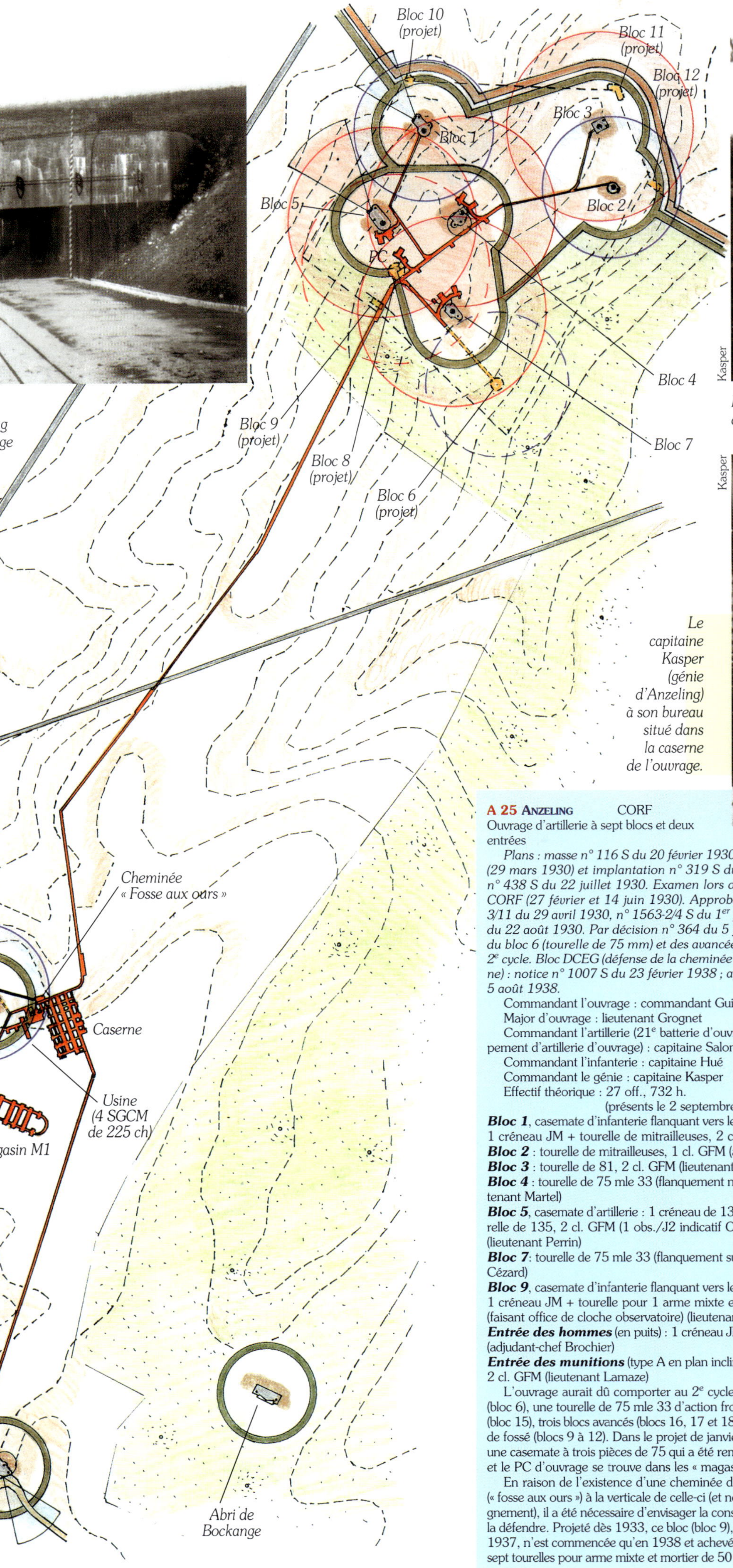

Kasper

L'entrée des hommes de l'ouvrage d'Anzeling.

Kasper

Le capitaine Kasper (génie d'Anzeling) à son bureau situé dans la caserne de l'ouvrage.

A 25 ANZELING CORF
Ouvrage d'artillerie à sept blocs et deux entrées

Plans : masse n° 116 S du 20 février 1930, rapport du maréchal Pétain (29 mars 1930) et implantation n° 319 S du 3 juin 1930. Modifications n° 438 S du 22 juillet 1930. Examen lors des 33e et 39e réunions de la CORF (27 février et 14 juin 1930). Approbations ministérielles n° 917-3/11 du 29 avril 1930, n° 1563-2/4 S du 1er juillet 1930 et n° 2040-2/4 S du 22 août 1930. Par décision n° 364 du 5 février 1932, la construction du bloc 6 (tourelle de 75 mm) et des avancées d'Anzeling est reportée au 2e cycle. Bloc DCEG (défense de la cheminée d'évacuation des gaz de l'usine) : notice n° 1007 S du 23 février 1938 ; approbation n° 8964-2/4 S du 5 août 1938.

Commandant l'ouvrage : commandant Guillebot
Major d'ouvrage : lieutenant Grognet
Commandant l'artillerie (21e batterie d'ouvrage du 153e RAP, puis groupement d'artillerie d'ouvrage) : capitaine Salomon
Commandant l'infanterie : capitaine Hué
Commandant le génie : capitaine Kasper
Effectif théorique : 27 off., 732 h.
(présents le 2 septembre 1939 : 23 off., 609 h.)

Bloc 1, casemate d'infanterie flanquant vers le nord : 1 créneau JM/AC 37, 1 créneau JM + tourelle de mitrailleuses, 2 cl. GFM (lieutenant Desfosses)
Bloc 2 : tourelle de mitrailleuses, 1 cl. GFM (adjudant Gottwalles)
Bloc 3 : tourelle de 81, 2 cl. GFM (lieutenant Darblay)
Bloc 4 : tourelle de 75 mle 33 (flanquement nord), 1 cl. GFM, 1 cl. LG (lieutenant Martel)
Bloc 5, casemate d'artillerie : 1 créneau de 135 flanquant vers le nord + tourelle de 135, 2 cl. GFM (1 obs./J2 indicatif O 14, rattaché au Michelsberg) (lieutenant Perrin)
Bloc 7: tourelle de 75 mle 33 (flanquement sud), 1 cl. GFM (sous-lieutenant Cézard)
Bloc 9, casemate d'infanterie flanquant vers le nord : 1 créneau JM/AC 47, 1 créneau JM + tourelle pour 1 arme mixte et mortier de 50, 1 cl. GFM B (faisant office de cloche observatoire) (lieutenant Yven)
Entrée des hommes (en puits) : 1 créneau JM/AC 37, 2 cl. GFM, 1 cl. LG (adjudant-chef Brochier)
Entrée des munitions (type A en plan incliné) : 1 créneau de JM/AC 37, 2 cl. GFM (lieutenant Lamaze)

L'ouvrage aurait dû comporter au 2e cycle, une tourelle de mitrailleuses (bloc 6), une tourelle de 75 mle 33 d'action frontale (bloc 8), un observatoire (bloc 15), trois blocs avancés (blocs 16, 17 et 18 non dessinés) et quatre coffres de fossé (blocs 9 à 12). Dans le projet de janvier 1931, l'ouvrage comportait une casemate à trois pièces de 75 qui a été remplacée par une tourelle de 75 et le PC d'ouvrage se trouve dans les « magasins » du bloc 8 non construit.

En raison de l'existence d'une cheminée d'évacuation des gaz de l'usine (« fosse aux ours ») à la verticale de celle-ci (et non par l'EH en raison de l'éloignement), il a été nécessaire d'envisager la construction d'un bloc spécial pour la défendre. Projeté dès 1933, ce bloc (bloc 9), dont l'étude a été prescrite en 1937, n'est commencée qu'en 1938 et achevé en 1940. Il comporte une des sept tourelles pour arme mixte et mortier de 50 (➥ photo, Tome Deux, p. 80).

BERENBACH A26

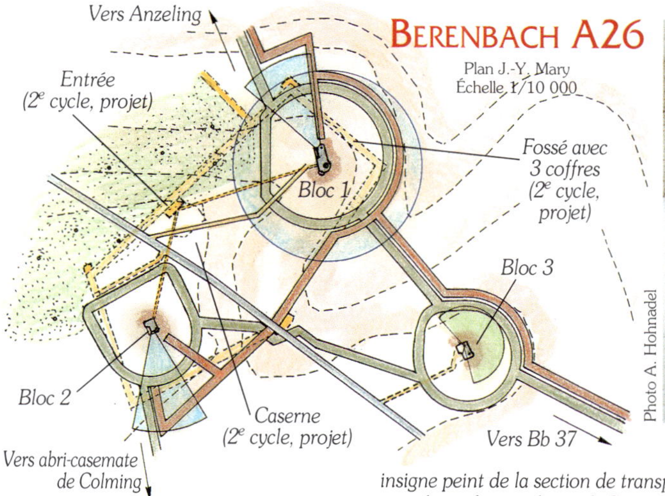

Photo A. Hohnadel

Dans le bloc 2 de Bérenbach, insigne peint de la section de transport n° 98 de 1914-1918 (poilu moustachu et fumant la pipe). On ne s'explique pas l'existence de cet insigne dans un ouvrage de la ligne Maginot : peut-être la présence d'un réserviste ayant fait la Grande Guerre ?

A 26 Berenbach CORF Ouvrage d'infanterie à trois blocs

Étudié comme une annexe de l'ouvrage d'Anzeling, lors de la 33e réunion de la CORF (27 février 1930). Approbation ministérielle n° 1919-2/4 S du 7 août 1930. En janvier 1939, avant-projet des galeries de jonction des trois blocs.

Commandant l'ouvrage : capitaine Ramaud
puis lieutenant Gendre (26 février 1940)

Effectif théorique : 2 off., 97 h.

Bloc 1, casemate d'infanterie flanquant vers le nord : 1 créneau JM/AC 37, 1 créneau JM + tourelle de mitrailleuses, 2 cl. GFM (sous-lieutenant Desplats)
Bloc 2, casemate d'infanterie flanquant vers le sud : 1 créneau JM/AC 37, 1 créneau JM, 1 cl. GFM (sous-lieutenant Spenlenhauer)
Bloc 3, observatoire (indicatif O 12, rattaché à Anzeling) : 1 cl. obs./VDP, 1 cl. GFM (lieutenant Mativet)

Cet ouvrage construit pour assurer l'observation et le flanquement au profit de l'ouvrage d'Anzeling se compose de trois blocs non reliés entre eux. En janvier 1939, la liaison des blocs par galeries fut envisagée et le bloc 2 désigné comme entrée en raison de sa situation en 2e ligne due à la construction ultérieure des blockhaus d'intervalle dans l'axe des blocs 1 et 3. Les puits des blocs 1 et 2 existent (le bloc 3 a été prévu non relié dans le projet initial).

X 31	Bockange	CORF	Abri de surface + PC de bataillon : 2 cl. GFM
X 32	Gomelange	CORF	Abri de surface : 2 cl. GFM
X 33	Colming	CORF	Abri-casemate de surface (exemplaire unique) dont l'extrémité sud a été aménagée en chambre de tir pour battre l'inondation défensive de Gomelange et croiser ses feux avec la casemate d'Éblange : 1 créneau JM/AC 37, 2 cl. GFM

Gendre

Le bloc 2 de Bérenbach se découpe dans la neige de l'hiver 1939-40.

Famille Salomon/Lesterps

Le capitaine Gaston Salomon, chef de l'AO d'Anzeling, arbore les pattes de collet du 153e RAP et un insigne On ne passe pas, doré comme il se doit pour un officier.

Insigne d'Anzeling (projet).
D'après le capitaine Kasper, chef du génie d'Anzeling, un concours est lancé afin de doter l'ouvrage d'un insigne. Le lieutenant d'infanterie Doyen (fils du général Doyen) en propose un, rappelant les lieux et symbolisant les trois armes : un chevalier en armure, le sommet d'une tour crénelée, armée d'une bombarde. La représentation du clocher du village d'Anzeling et de la Nied complètent le projet. De son côté, le capitaine Salomon, commandant l'artillerie, en présente un autre où figure la façade d'une casemate d'où émerge la volée d'un canon, sur fond rouge et noir évoquant l'artillerie et le génie. L'accord n'ayant pu se faire, Anzeling n'eut pas d'insigne...

Beaucoup de monde devant la chambre de tir du bloc 1 de Bérenbach.

Photo Gendre, coll. A. Hohnadel

Les officiers de Bérenbach, dont le lieutenant Gendre (à l'extrême droite) et le capitaine Ramaud (3e à partir de la droite).

Photo Gendre, coll. A. Hohnadel

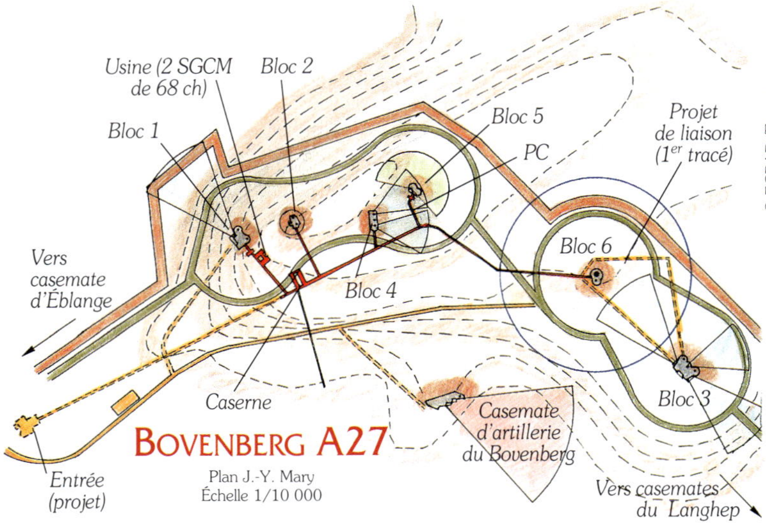

BOVENBERG A27

Plan J.-Y. Mary
Échelle 1/10 000

■ **Sous-secteur de Tromborn** : 161e RIF (lieutenant-colonel Viret)
PC : Boulay (PC Gaël)
Casernement de sûreté : Boulay
Renforcement : 53e BMM (bataillon de mitrailleurs motorisés)

C 62	Éblange	CORF	Casemate simple flanquant vers le nord : 1 créneau JM/AC 47, 1 créneau JM, 1 cl. M, 1 cl. GFM (adjudant-chef Dillenschneider puis adjudant Pastor, 1er juin 1940)

A 27 Bovenberg CORF Ouvrage d'infanterie à six blocs

Plans : masse du quartier du Bovenberg n° 645 S du 14 novembre 1930 et implantation n° 259 S du 28 mars 1931. Examen lors des 48e et 52e réunions de la CORF (15 décembre 1930 et 8-9 mai 1931). Approbations ministérielles n° 313-3/11 du 6 février 1931 et n° 2009-2/4 du 10 juin 1931. Le 20 mai 1939, projet de liaison du bloc 3 (isolé au 1er cycle) à l'ouvrage et construction d'une entrée en prolongation de la galerie principale.

Commandant l'ouvrage : capitaine Oudot de Dainville puis lieutenant Lambret (20 janvier 1940)

Officier adjoint : sous-lieutenant Druart

Effectif théorique : 7 off., 228 h.

Bloc 1, entrée et casemate d'infanterie flanquant vers le nord : 1 créneau JM/AC 47, 1 créneau JM, 2 cl. GFM (sous-lieutenant Meyer)

Bloc 2, casemate d'infanterie : 2 cl. GFM, 1 cl. LG (sergent-chef Gobin)

Bloc 3, casemate d'infanterie double : 2 créneaux JM/AC 47, 2 créneaux JM, 1 cl. M, 2 cl. GFM (non relié) (lieutenant Lambret)

Bloc 4, casemate d'infanterie : 2 cl. M, 1 cl. GFM (sergent-chef Mansard)

Bloc 5, observatoire (indicatif O 13, rattaché à Anzeling) : 1 cl. obs./VDP, 1 cl. GFM (lieutenant Malhomme)

Bloc 6 : tourelle de mitrailleuses, 1 cl. GFM (adjudant Vaxhet)

Le petit ouvrage du Bovenberg était prévu initialement comme ouvrage d'artillerie à dix-huit blocs (blocs non construits : EM, EH, blocs 6, 7, 8 et 9 [tourelles d'artillerie], blocs 10, 11, 14 et 15 [coffres flanquants] et blocs 16 *bis* et 17 *bis* [annexes]). Seuls les blocs infanterie ont été construits, le bloc 3 étant réalisé sous la forme d'une casemate double non reliée au reste de l'ouvrage.

En mai 1939, on a envisagé de relier ce bloc 3 au bloc 6, ce qui a fait l'objet de plusieurs avant-projets, l'un adoptant le tracé de 1931, via le bloc 11 non construit, l'autre directement depuis le bloc 6. Sur ces deux galeries devaient se greffer divers magasins à artifices. Parallèlement, on étudia la construction d'une entrée à greffer, soit sur la galerie entre les blocs 6 et 3, soit — et c'est le projet jugé le plus valable — sur une galerie à percer dans l'axe du projet de 1931. Rien n'a été entrepris.

BCa 2	Bovenberg	RFM	Casemate d'artillerie pour deux matériels de 75 mle 97 flanquant vers le sud, 1 cl. GFM
C 63	Langhep Nord	CORF	Casemate simple flanquant vers le nord : 1 créneau JM/AC 47, 1 créneau JM, 1 cl. GFM (lieutenant Krommenacker)
C 64	Langhep Sud	CORF	Casemate simple flanquant vers le sud : 1 créneau JM/AC 47, 1 créneau JM, 2 cl. GFM (adjudant-chef Bourrié)
BCa 1	Ottonville	RFM	Casemate d'artillerie pour deux matériels de 75 mle 97 flanquant vers le sud, 1 cl. GFM

© ECPAD/France

Casemate d'artillerie pour deux matériels de 75 modèle 1897 du Bois-d'Ottonville. À noter les filets de camouflage et les sacs de sable protégeant les entrées.

© ECPAD/France

Visite de personnalités nord-africaines au bloc 3 du Bovenberg.

Insigne du Bovenberg.
Sur un bouclier rond, une salamandre au milieu d'un brasier. Sur la bordure du bouclier, la devise « Nil Mirari » (Jamais surpris) (Drago).

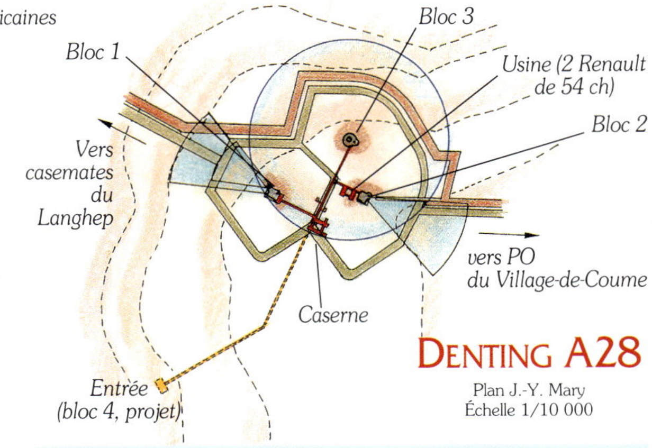

DENTING A28

Plan J.-Y. Mary
Échelle 1/10 000

A 28 Denting CORF Ouvrage d'infanterie à trois blocs

Plan d'implantation n° 270 S du 31 mars 1931. Examen lors de la 52e réunion de la CORF (8-9 mai 1931). Approbation ministérielle n° 1765-2/4 S du 22 mai 1931.

Commandant l'ouvrage : capitaine Coste

Effectif théorique : 2 off., 127 h.

Bloc 1, casemate d'infanterie flanquant vers le nord : 1 créneau JM/AC 47, 1 cl. M, 1 cl. GFM (obs./J2)

Bloc 2, entrée et casemate d'infanterie flanquant vers le sud : 1 créneau JM/AC 47, 1 créneau JM, 1 cl. GFM

Bloc 3 : tourelle de mitrailleuses, 1 cl. GFM

Au 2e cycle, l'ouvrage aurait dû recevoir une entrée séparée (bloc 4). En raison d'infiltrations d'eau importantes, il a été nécessaire de creuser une galerie d'égout non prévue initialement (cet égout aurait dû être réalisé en même temps que l'entrée).

VILLAGE-DE-COUME A29

Plan J.-Y. Mary. Échelle 1/10 000

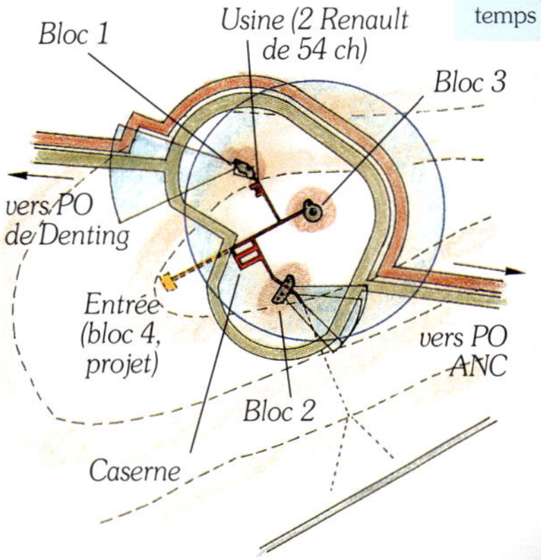

A 29 Village-de-Coume CORF Ouvrage d'infanterie à trois blocs (le « POVC »)

Plans d'implantation n° 275 S du 2 avril 1931. Examen lors de la 52e réunion de la CORF (8-9 mai 1931). Approbation ministérielle n° 1737-2/4 S du 22 mai 1931.

Commandant l'ouvrage : capitaine Mansuy puis lieutenant Lussus (mars 1940)

Effectif théorique : 2 off., 135 h.

Bloc 1, entrée et casemate d'infanterie flanquant vers le nord : 1 créneau JM/AC 47, 1 créneau JM, 2 cl. GFM (sous-lieutenant Muller)

Bloc 2, casemate d'infanterie : 2 cl. M, 2 cl. GFM

Bloc 3 : tourelle de mitrailleuses, 1 cl. GFM

Au 2e cycle, l'ouvrage aurait dû recevoir une entrée séparée (bloc 4).

Cochinard, via Kasper

Une patrouille s'apprête à se mettre en route derrière le bloc 1 du PO du Village-de-Coume.

Cochinard, via Kasper

Vue générale du PO Annexe Nord de Coume. À gauche est visible une superbe guérite camouflée.

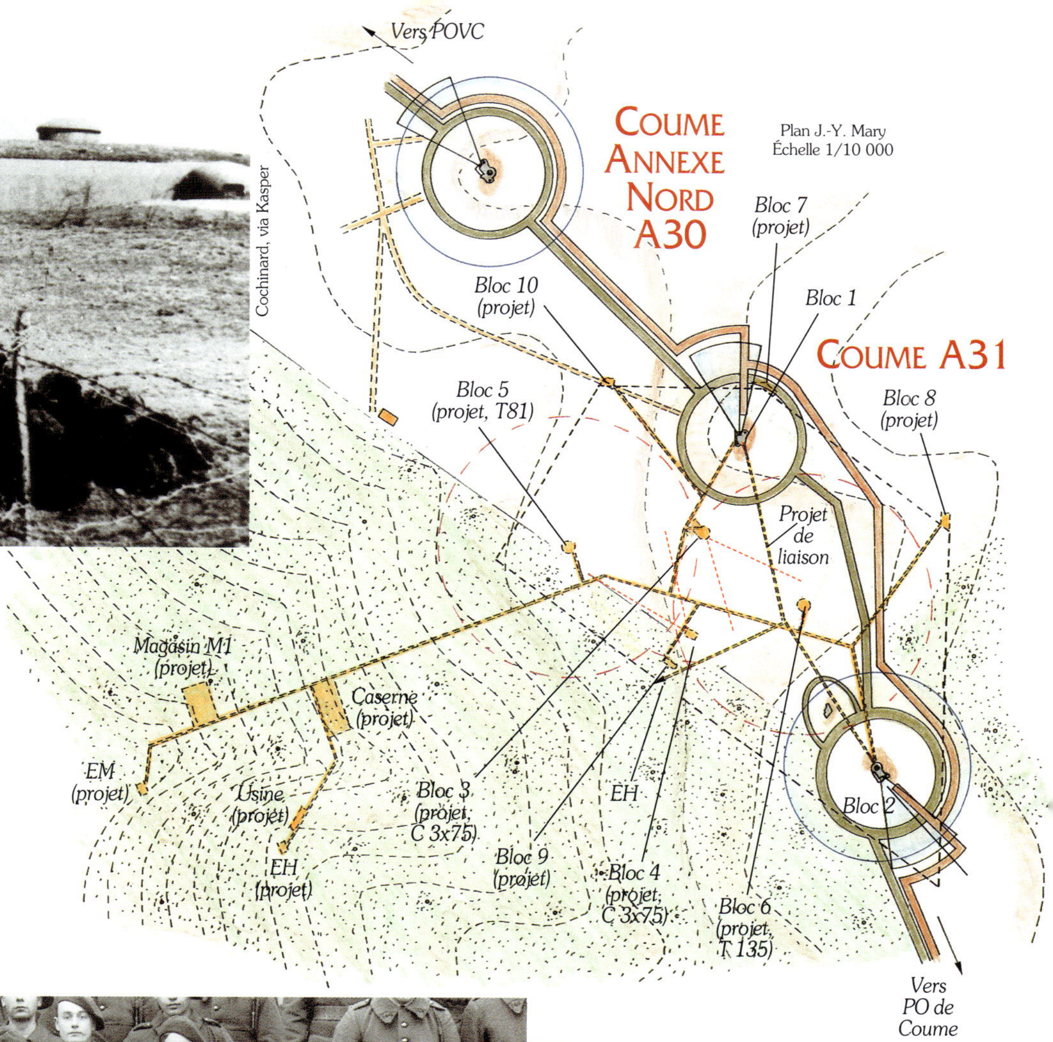

A 30 Annexe Nord de Coume CORF Ouvrage d'infanterie monobloc
Plan d'implantation n° 368 S du 29 avril 1931. Approbation ministérielle n° 2300-2/4 S du 2 juillet 1931.
Commandant l'ouvrage : sous-lieutenants Dorman puis Dillenschneider (9 juin 1940)
Effectif théorique : 1 off., 35 h.
Ouvrage monobloc prévu comme tel et comportant une casemate d'infanterie flanquant vers le nord et une tourelle de mitrailleuses : 1 créneau JM/AC 47, 1 créneau JM, 2 cl. GFM

■ **Sous-secteur de Narbéfontaine** : 160ᵉ RIF (lieutenant-colonel Bouet) (vient du SF Faulquemont)
PC : Gros-Bois (Narbéfontaine)
Casernement de sûreté : Ban-Saint-Jean

Coll. Lefort

Les officiers et sous-officiers des ouvrages du sous-secteur de Narbéfontaine photographiés au printemps 1939. Au centre, le fanion de la CEO du camp du Ban-Saint-Jean (146ᵉ RIF). Au premier rang, de gauche à droite : adjudant-chef Merklé (commandant la casemate Bisterberg IV), sous-lieutenant Rubini (bloc 1 de Coume), lieutenant Cloarec (commandant du Mottenberg), capitaine Faucoulange qui commande la CEO (commandant de l'Annexe Sud de Coume), lieutenant Soubrier (commandant du PO de Coume), X, adjudant-chef Collin (Bisterberg) et sergent-chef Géga.

A 31 Coume CORF Ouvrage d'infanterie à deux blocs (le « POC »)
Plans : masse du quartier de Coume n° 663 S du 22 novembre 1930 et implantation n° 350 S du 24 avril 1931. Examen lors des 48ᵉ et 52ᵉ réunions de la CORF (15 décembre 1930 et 8-9 mai 1931). Approbations ministérielles n° 315-3/11 du 6 février 1931 et n° 1763-2/4 S du 22 mai 1931. En juillet 1939, projet de liaison souterraine entre les deux blocs.
Commandant l'ouvrage : lieutenant Soubrier
Effectif théorique : 2 off., 95 h.
Bloc 1, casemate d'infanterie flanquant vers le nord : 1 créneau JM/AC 47, 1 créneau JM, 2 cl. GFM (sous-lieutenant Rubini)
Bloc 2, casemate d'infanterie flanquant vers le sud : 1 créneau JM/AC 47, 1 créneau JM + tourelle de mitrailleuses, 1 cl. GFM (lieutenant Soubrier)
Le PO de Coume étudié initialement comme ouvrage d'artillerie à douze blocs (blocs non construits : EM, EH, T 81, T 135, deux casemates d'artillerie, quatre coffres) se réduit à deux casemates non reliées entre elles. En 1939, on envisagea de construire une galerie de liaison sur laquelle se grefferait une galerie menant à une entrée arrière. Ces galeries furent effectivement commencées mais non achevées.

DR

Le docteur Dubuisson tâte la neige de l'hiver 1939-1940 devant le bloc 2 du PO de Coume.

A 32 Annexe Sud de Coume CORF
Ouvrage mixte à quatre blocs (l'« ASC »)
Plan d'implantation n° 341 S du 21 avril 1931. Examen lors de la 52e réunion de la CORF (8-9 mai 1931). Approbation ministérielle n° 1807-2/4 S du 28 mai 1931.
Commandant l'ouvrage : capitaine Faucoulanche
Officier adjoint : lieutenant Capron
Commandant l'artillerie : lieutenant Ozenne
Commandant le génie : lieutenant Kroll
Effectif théorique : 5 off., 194 h.
Bloc 1, casemate d'infanterie + issue de secours : 1 cl. M, 1 cl. GFM
Bloc 2, casemate d'infanterie : 1 cl. M, 1 cl. GFM, 1 cl. LG
Bloc 3, entrée et casemate mixte à une chambre de tir d'infanterie : 1 créneau JM/AC, 1 créneau JM et chambre de tir pour mortiers : 2 créneaux de 81 en sous-sol flanquant vers le sud, 2 cl. GFM
Bloc 4, casemate d'infanterie et observatoire : 1 cl. M, 1 cl. GFM, 1 cl. obs./VDP
Au 2e cycle, l'ouvrage aurait dû recevoir une entrée séparée. Soulignons que l'ouvrage ne possède pas de tourelle de mitrailleuses et que son bloc 3 présente la particularité, contrairement à la disposition habituelle, d'avoir sa chambre de tir de 81 juxtaposée à la chambre de tir mitrailleuses en raison d'axes de tir divergents.

Christophe

Le docteur Christophe et le lieutenant Stephan s'accordent une pause cigarette devant le bloc 4 de l'ASC.

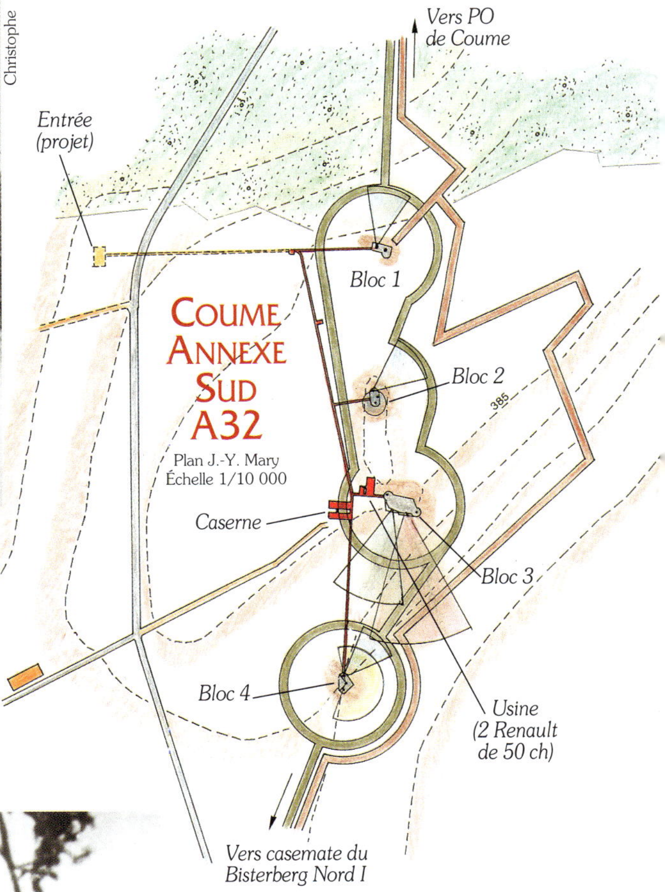

C 65	Bisterberg Nord I	CORF	Casemate cuirassée : 2 cl. M, 1 cl. GFM (sous-lieutenant Stephan)
C 66	Bisterberg Nord II	CORF	Casemate simple flanquant vers le sud : 1 créneau JM/AC 47, 1 créneau JM, 1 cl. GFM (lieutenant Blavier)
C 67	Bisterberg Sud III	CORF	Casemate simple flanquant vers le nord : 1 créneau JM/AC 47, 1 créneau JM, 1 cl. GFM (lieutenant Roth)
C 68	Bisterberg Sud IV	CORF	Casemate simple flanquant vers le sud : 1 créneau JM/AC 47, 1 créneau JM, 1 cl. GFM (adjudant-chef Mercklé)

DR

Le bloc 2 du PO du Mottenberg en octobre 1939. Cette photographie parue dans Match *a connu un curieux destin puisqu'elle a été publiée à nouveau en février 1940 par la revue allemande* Signal *avec un article relatant le prétendu exploit d'une patrouille allemande qui aurait réussi à s'en approcher sans être vue et à faire une photo.*

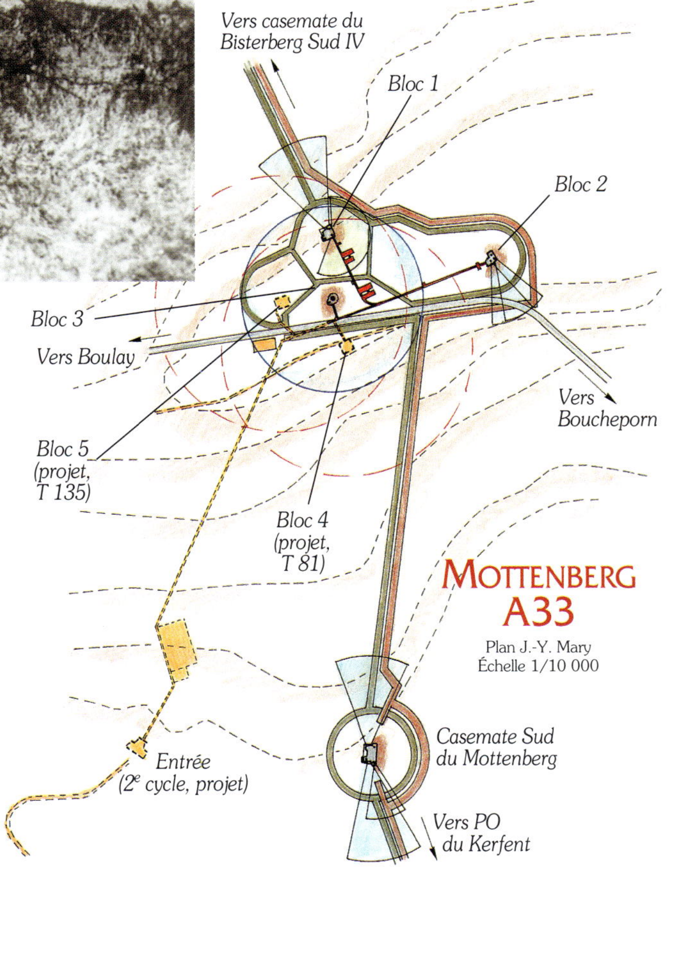

A 33 Mottenberg CORF Ouvrage d'infanterie à trois blocs
Plan : masse du quartier du Mottenberg n° 150 S du 31 janvier 1931 et implantation n° 836 S du 14 août 1931. Examen lors de la 50e réunion de la CORF (18 février 1931). Approbation ministérielle n° 3132-2/4 S du 8 septembre 1931.
Commandant l'ouvrage : capitaine Cloarec
Officier adjoint : lieutenant Winsbach
Effectif théorique : 3 off., 145 h.
Bloc 1, entrée et casemate d'infanterie flanquant vers le nord, observatoire : 1 créneau JM/AC 47, 1 créneau JM, 2 cl. GFM, 1 cl. obs./VDP
Bloc 2, casemate d'infanterie : 2 cl. M, 1 cl. GFM
Bloc 3 : tourelle de mitrailleuses, 1 cl. GFM (lieutenant Gresse)
Au 2e cycle, l'ouvrage aurait dû recevoir une entrée mixte, une tourelle de 81 et une de 135.

C 69	Sud du Mottenberg	CORF	Casemate double : 2 créneaux JM/AC 47, 1 créneau JM, 1 cl. M, 2 cl. GFM (sous-lieutenant Klein)

Organisations de campagne réalisées avant 1940

Blockhaus pour mitrailleuse et canon antichar : 31 (du modèle 1935 et du modèle 1936, numérotés de **Bb 1** à **Bb 41**)
Casemates STG : 4 (numérotées **Bb 42** à **Bb 45**)
Casemate Pamart : 1 (numérotée **Bcp 1**)
Cuves pour canons de 65 mm : 4 (numérotées de Bc 1 à Bc 4)
Tourelles démontables : 42 (numérotées de Bt 4 à Bt 90, série incomplète avec des *bis*). Peu de tourelles en place.
Boucliers pour canon de 25 mm : 10 (numérotés de Bbo 1 à Bbo 10)
PC : 17
Observatoires : 10 (3 constitués de carcasses de chars et 7 de guérites), numérotés de Bo 1 à Bo 10.

Photo Jonette, coll. Kemmel

Des officiers du II/156e RIF posent devant une cahute aménagée dans le camp de Zimming pour servir d'observatoire au bataillon. De gauche à droite : lieutenant Houot, sous-lieutenant Gibiard (qui arbore l'insigne du régiment, ➠ Tome Un p. 120), lieutenant Paulin, sous-lieutenants Hammès et Jonette, capitaine Bonne (commandant la CA 2) et chef de bataillon Bilbaut (commandant le 2e bataillon).

SECTEUR FORTIFIÉ DE FAULQUEMONT

(du bois de Coume au sud du village de Téting)

Conception

De par son implantation, le SF Faulquemont met la ville de Metz à l'abri des canons allemands et protège, dans la mesure du possible, les gisements houillers de la région de Faulquemont. Il barre également une direction d'offensive allemande particulièrement délicate. L'avant-projet sommaire de ce secteur a été étudié d'avril à septembre 1930 [1], alors que déjà se profilent les premiers dépassements de crédits. Cependant, son organisation est sommaire et spécialement démunie de profondeur, comme l'avait remarqué le colonel Grenet, directeur des travaux de fortification de Metz-Est. Ce dernier avait pourtant insisté pour que la CORF et l'EMA acceptassent au moins quelques tourelles de 81 mm (que les équipages attaqués auraient appréciées en juin 1940...) mais il ne fut pas entendu car, de son côté, le maréchal Pétain avait donné son « adhésion » à cette organisation sommaire. La tranche de travaux, immédiatement exécutable, concerne les organes d'infanterie alors que l'état-major estimait qu'il faudrait patienter dix ans (soit attendre l'année 1940) pour obtenir les crédits nécessaires à la construction des organes d'artillerie.

Le SF Faulquemont a donc subi les mêmes restrictions de crédit que l'aile droite du SF Boulay, et les deux ouvrages d'artillerie prévus au Kerfent et à Laudrefang ont été réalisés uniquement sous la forme d'ouvrages d'infanterie [2]. Aucun ouvrage n'a reçu d'entrée séparée (entrée provisoire dans les blocs-casemates) et les petits ouvrages du Bambesch et de l'Einseling n'ont pas reçu leur tourelle de 81 mm.

Le secteur ne comporte que huit casemates d'infanterie et n'a reçu aucun abri, ni aucun observatoire. Trois casemates d'artillerie type RFM (Bambesch, Stocken et Téting) ont été réalisées en 1937-1938.

Le 25 septembre 1939, dans le but de placer la 4e armée à cheval sur la direction « Sarrebruck - Nancy » qu'elle devait barrer, le SF Faulquemont passe de la 3e à la 4e armée, à l'exception du sous-secteur de Narbéfontaine qui reste à la 3e armée en étant affecté au SF Boulay. Le 15 mars 1940, le SF Faulquemont prend le commandement tactique des deux sous-secteurs de Lixing et de Leyviller qui viennent du SD Sarre.

SF Faulquemont

ZONES DES 3e ARMÉE (Condé) **ET 4e ARMÉE** (Réquin)

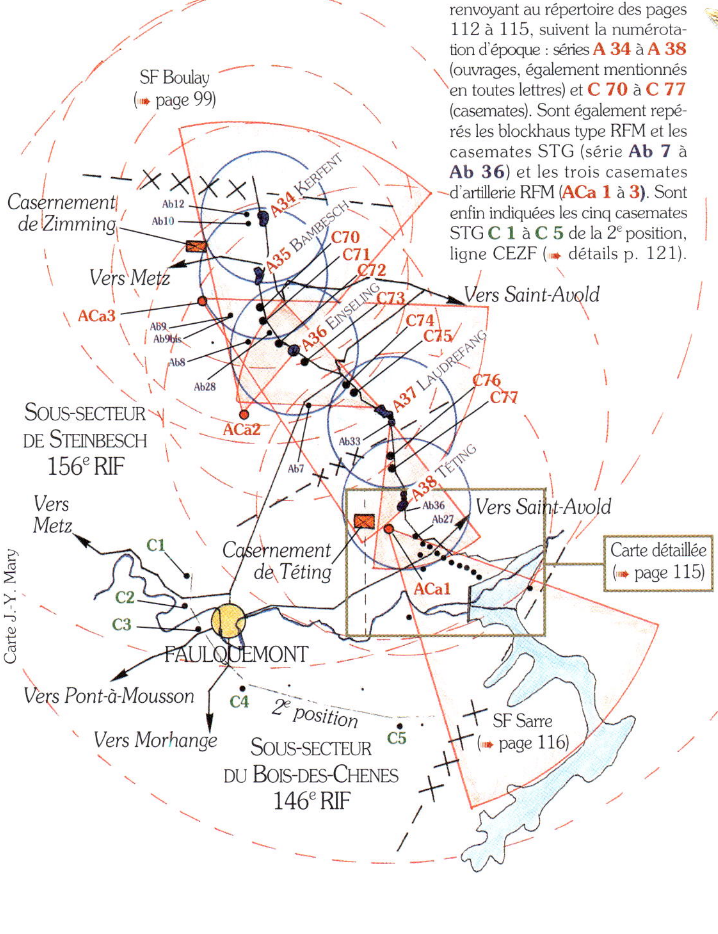

NB : tous les repères utilisés ici, renvoyant au répertoire des pages 112 à 115, suivent la numérotation d'époque : séries **A 34** à **A 38** (ouvrages, également mentionnés en toutes lettres) et **C 70** à **C 77** (casemates). Sont également repérés les blockhaus type RFM et les casemates STG (série **Ab 7** à **Ab 36**) et les trois casemates d'artillerie RFM (**ACa 1** à **3**). Sont enfin indiquées les cinq casemates STG **C 1** à **C 5** de la 2e position, ligne CEZF (➠ détails p. 121).

Insigne du SF Faulquemont. *Sur un bouclier ovale, un faucon guette sa proie au-dessus d'un paysage de la ligne Maginot de Lorraine symbolisé par une casemate armée d'un canon, un champ de rails et trois chardons. L'identité du secteur figure sur la bordure. Rappelons que la ville de Faulquemont se nommait Falkenberg (montagne aux faucons) pendant l'annexion allemande.*

Commandement et troupes

Commandant le secteur : généraux Baudoin, puis Mendras (14 avril 1940), puis de Girval (29 avril 1940)

Chef d'état-major : commandant Vergoz

Commandant l'ID : colonel Vogel

- 160e RIF : pour mémoire (part au SF Boulay le 25 septembre)
- 146e RIF : lieutenant-colonel Prat (➠ Tome Un, p.107)
- 156e RIF : lieutenant-colonel Milon (➠ Tome Un, p.120)

Commandant l'AD : colonel Carbonnier

- 163e RAP : lieutenant-colonel Hanoteau (➠ Tome deux, p. 198)
- 39e RAMF : colonel Briguet (➠ Tome Deux, p. 163)
- Parc : EM et 701e cie d'ouvriers, 701e section munitions auto

Commandant le génie : chef de bataillon Burdeyron

201e bataillon du génie de forteresse

Transmissions : 201/81 compagnie télégraphiste
201/82 compagnie radio

Train : 231/20 compagnie auto

Intendance : 151/6 groupe d'exploitation divisionnaire

Santé : 151e groupe sanitaire

PC : ferme Helfedange (PC bétonné et souterrain en travaux). Central téléphonique bétonné : Fouligny (plan ➠ Tome Deux, p. 121). SP 134.

Grandes unités de renforcement au 10 mai 1940

9e CA : général Laure

PC : Marthille

47e DI (réserve, série A) : général Mendras

Organisations

■ **Sous-secteur de Narbéfontaine** (détails ➠ SF Boulay, page 109)

■ **Sous-secteur de Steinbesch** (dit aussi « **de Zimming** ») :
156e RIF (lieutenant-colonel Milon)

PC : Éperon à 1 km nord-est de Haute-Vigneulles

Casernement de sûreté : Zimming

1. Il s'agit du secteur de construction « Est - Nied » (de la Nied à Téting - Hemering), dont l'estimation complète (quatre ouvrages puissants sur les hauteurs maîtresses, huit petits ouvrages et 23 casemates de mitrailleuses) s'élève à 700 millions alors que seulement 200 millions lui sont réservés dans la loi Maginot.
2. Même si l'ouvrage de Laudrefang dispose de deux blocs équipés de mortiers de 81 mm sous casemate.

Gangloff, coll. Bruge

Les officiers de l'ouvrage du Kerfent posent pour la postérité. De gauche à droite : les lieutenants Kuntz et Nédelec, le capitaine Broché, le lieutenant Gangloff et le sous-lieutenant Chapeu, ancien adjudant-chef promu au début de la guerre. Chapeu porte un jersey de troupe modèle 1936 dont le collet dépasse assez curieusement de celui de sa vareuse. Sa culotte en drap kaki banalise un peu plus sa silhouette. Kuntz porte lui aussi une culotte kaki, mais avec des molletières mastic.

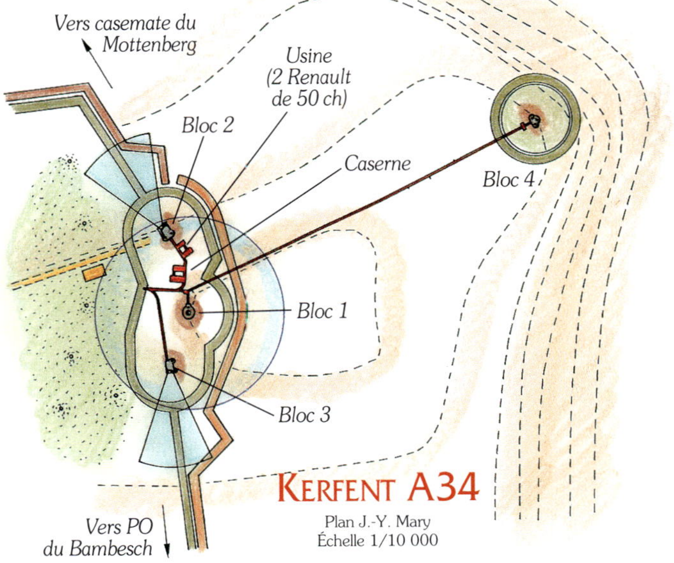

Photo A. Hohnadel

Cette fresque « La Lorraine, bouclier de la France » est peinte dans le mess de l'ouvrage du Kerfent. Une Lorraine, dont la coiffe est ornée d'une cocarde tricolore, dissimule une poitrine avantageuse derrière un bouclier portant une croix de Lorraine. Ce bouclier rappelle quelque peu l'insigne du 156ᵉ RIF (➠ Tome Un, page 120). L'auteur de cette œuvre picturale pourrait être l'adjudant Privat qui a signé d'autres peintures à l'intérieur de ce PO.

A 34 KERFENT CORF Ouvrage d'infanterie à quatre blocs

Plans : masse du quartier du Kerfent n° 303 S du 14 avril 1931 et implantation n° 971 S du 22 septembre 1931. Examen lors de la 51ᵉ réunion de la CORF (24 avril 1931). Approbations ministérielles n° 1498-3/11 du 16 juin 1931 et n° 3553-2/4 S du 19 octobre 1931. Dossier du 12 janvier 1933 : liaison souterraine entre l'observatoire du Mutscherberg (isolé devant l'ouvrage) et celui-ci.

Commandant l'ouvrage : capitaine Broché

Officier adjoint : sous-lieutenant Gangloff

Effectif théorique : 2 off., 161 h. (présents le 2 sept. 1939 : 4 off., 139 h.)

Bloc 1 : tourelle de mitrailleuses, 1 cl. GFM (adjudant Faynot)

Bloc 2, entrée + casemate d'infanterie flanquant vers le nord : 1 créneau JM/AC 47, 1 créneau JM, 2 cl. GFM, 1 cl. LG (sous-lieutenant Kuntz)

Bloc 3, casemate d'infanterie flanquant vers le sud : 1 créneau JM/AC 47, 1 créneau JM, 2 cl. GFM (sergent-chef Bara)

Bloc 4, observatoire : 1 cl. obs./VP, 2 cl. GFM (lieutenant Nedelec puis adjudant François)

Le PO du Kerfent est la partie avant d'un ouvrage d'artillerie à réaliser en 2ᵉ cycle (blocs non construits : EM, EH, deux casemates de trois 75, une tourelle de 81, une tourelle de 135, une tourelle de 75/33 et quatre coffres ; projet d'avril 1931, ➠ Tome Un, page 28). Le bloc observatoire (bloc 4, ex-bloc 8), prévu en arrière des blocs d'infanterie, a été ultérieurement réalisé très en avant sur la crête.

Insigne du Kerfent. *Éléphant doré sur une défense argentée, avec devise Gare à ma défense. Ce document communiqué par R. Gangloff, ancien officier adjoint, donne une idée précise de la broche métallique achetée à 150 exemplaires chez un bijoutier de Metz pour l'équipage du Kerfent.*

Coll. Bruge

L'insigne du Kerfent est parfaitement visible sur la poitrine de plusieurs de ces sous-officiers de l'équipage du Kerfent, aux tenues très bigarrées. À gauche, avec des écussons de velours noir du génie, l'adjudant Privat, chef électro-mécanicien de l'ouvrage. Devant le groupe, un panneau dessiné à la craie (l'indication varie selon les hommes photographiés) offre une version différente de l'éléphant de l'équipage A 34.

Coll. Barbier

L'ouvrage du Kerfent est doté d'un observatoire isolé (bloc 4, observatoire du Mutscherberg) qui domine toute la frontière allemande. Un périscope est en place au sommet de la cloche.

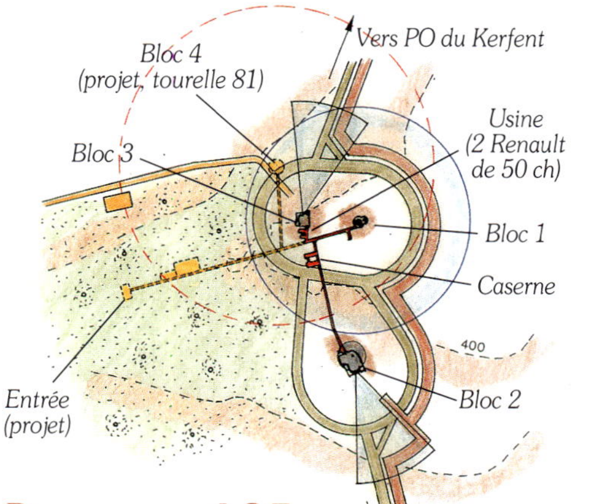

BAMBESCH A35

Plan J.-Y. Mary
Échelle 1/10 000

Vu depuis la route Metz - Saint-Avold, le bloc 3 du Bambesch se profile dans l'alignement des réseaux de rails. À gauche, la tourelle mitrailleuse du bloc 1.

Vitez, via Muehlschlegel

Ci-dessous à droite. Trois membres de l'équipage du Bambesch devant le bloc 3 de l'ouvrage.

A 35 Bambesch CORF Ouvrage d'infanterie à trois blocs

Plan d'implantation N° 1076 S du 10 octobre 1931. Approbation ministérielle n° 3707-2/4 S du 29 octobre 1931.

Commandant l'ouvrage : capitaine Pastre

Officier adjoint : lieutenant Trunkenwald

Effectif théorique : 2 off., 121 h. (présents le 2 septembre 1939 : 2 off., 102 h.)

Bloc 1 : tourelle de mitrailleuses transformée AM, 1 cl. GFM (sous-lieutenant Regis)

Bloc 2, entrée + casemate d'infanterie flanquant vers le sud : 1 créneau JM/AC 47, 1 créneau JM, 1 cl. GFM, 1 cl. LG (sergent-chef Grandin)

Bloc 3, entrée + casemate d'infanterie flanquant vers le nord : 1 créneau JM/AC 47, 1 créneau JM, 2 cl. GFM (sergent-chef Chassard)

Au 2e cycle, l'ouvrage aurait dû recevoir une tourelle de 81 (bloc 4) et une entrée séparée (bloc 5).

ACa3	Bambesch	RFM	Casemate d'artillerie pour deux matériels de 75 mle 97 flanquant vers le sud : 1 cl. GFM (lieutenant Baudisson)
C 70	Bambiderstroff Nord	CORF	Casemate simple flanquant vers le nord : 1 créneau JM/AC 47, 1 créneau JM, 1 cl. GFM A mod. B (sergent-chef Ducos)
C 71	Bambiderstroff Sud	CORF	Casemate cuirassée : 2 cl. M, 1 cl. GFM A mod. B (lieutenant Veit)
C 72	Einseling Nord	CORF	Casemate cuirassée : 1 cl. M, 1 cl. GFM A, 1cl GFM A mod. B (lieutenant Simon)

A 36 Einseling CORF Ouvrage d'infanterie monobloc

Plan d'implantation n° 473 S du 19 mars 1932. Approbation ministérielle n° 1564-2/4 S du 18 avril 1932.

Commandant l'ouvrage : lieutenant Vaillant

Officier adjoint : sous-lieutenant Vion

Effectif théorique : 1 off., 68 h. (présents le 2 septembre 1939 : 2off., 60 h.)

Organes actifs : 1 créneau JM/AC 47, 1 cl. M. mod. AM, 1 cl. M, 2 cl. GFM A mod. B (en tout ou en partie), 1 obs./J2, 1 tourelle de mitrailleuses

Au 2e cycle, l'ouvrage aurait dû comporter une tourelle de 81 et une entrée. Un projet de liaison de l'ouvrage avec les deux casemates collatérales n'a pas été réalisé.

NB : ce PO se trouve au lieu-dit « ***Finseling*** » dont le nom a été mal recopié par le génie lors de la consultation du cadastre rédigé en écriture gothique.

Coll. Ass. Bambesch

Un insigne, aujourd'hui très dégradé, rappelle les trois composantes de l'équipage de l'Einseling sous forme de pattes de collet stylisées : 156e RIF (losange supérieur bleu horizon), observateurs du 163e RAP (losange inférieur écarlate) et sapeurs des 18e et 2e génie (losanges latéraux noirs).

Photo M. Mansuy

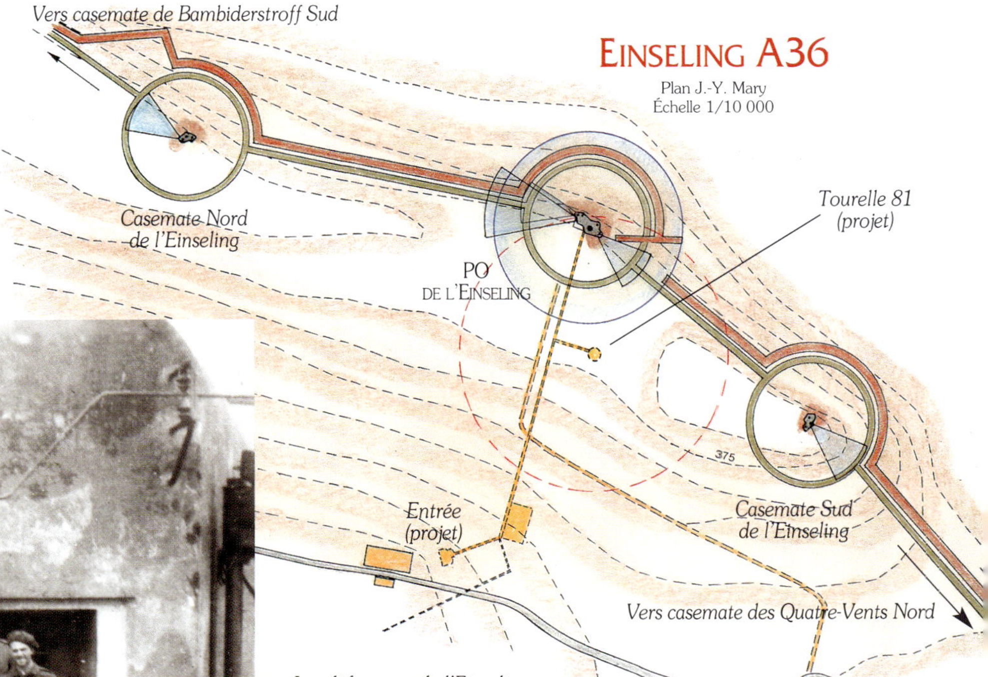

EINSELING A36

Plan J.-Y. Mary
Échelle 1/10 000

Coll. Luzenfichter

Les défenseurs de l'Einseling posent devant la chambre de tir de l'ouvrage, 25 juin 1940. À gauche, la cloche JM installée sur l'orillon.

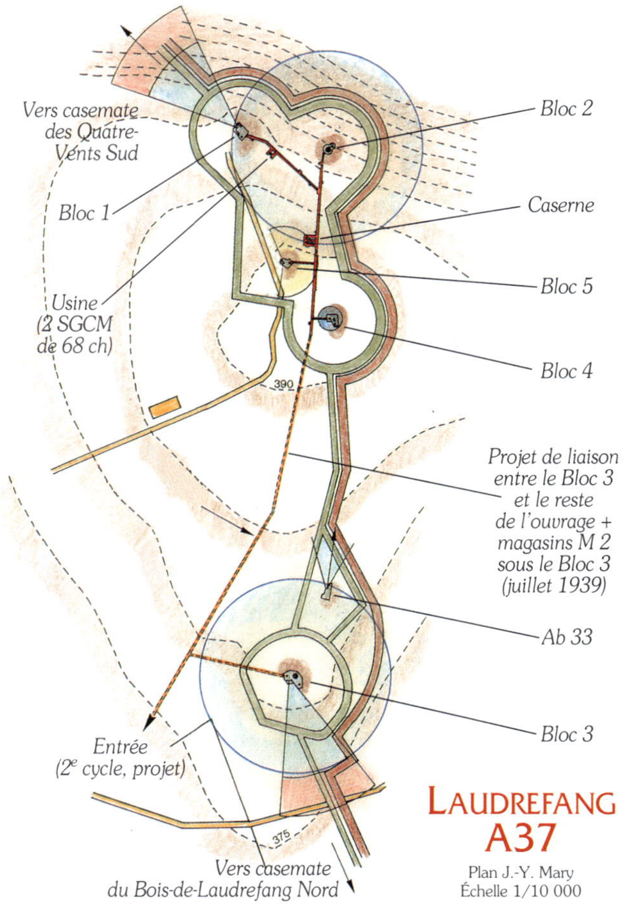

Photo A. Hohnadel

Fanion peint dans le PC de l'ouvrage de Laudrefang, à trente mètres sous terre. L'avers représente un chardon lorrain accompagné de la devise Qui s'y frotte s'y pique.

Choné, coll. Bruge

Les sous-lieutenants Courtadon, Choné, Lenoir et Cointet sur les dessus de l'ouvrage de Laudrefang. Jumelles en mains, le lieutenant Choné présente une silhouette qui, bien qu'assez discordante, traduit la nouvelle « tenue de guerre » (plutôt que tenue de campagne) de l'officier subalterne français de première ligne au printemps 1940 : pantalon golf de troupe et, ce qui plus rare (et cependant réglementaire), boutons kaki foncé mat du modèle de troupe sur sa vareuse d'officier. Paradoxalement, Choné est en chemise blanche et cravate noire, alors que les mêmes effets en kaki conviendraient mieux à une telle tenue.

C 73	Einseling Sud	CORF	Casemate cuirassée : 1 cl. M, 2 cl. GFM (adjudant-chef Monchablon)
C 74	Quatre-Vents Nord	CORF	Casemate cuirassée : 1 cl. M, 1 cl. M mod. AM, 1 cl. GFM A mod. B (lieutenant Morette)
	En raison de la proximité de la route Faulquemont - Saint-Avold qui n'était pas couverte par une arme antichar, une modification des cloches M en cloches AM a été entamée durant la drôle de guerre.		
C 75	Quatre-Vents Sud	CORF	Casemate simple flanquant vers le sud : 1 créneau JM/AC 47, 1 créneau JM, 1 cl. GFM A, 1 cl. GFM A mod. B (sous-lieutenant Bonaldi)
ACa2	Stocken	RFM	Casemate d'artillerie pour deux matériels de 75 mle 97 flanquant vers le nord, 1 cl. GFM

A 37 Laudrefang CORF Ouvrage mixte à quatre blocs

Plans : masse du quartier de Laudrefang n° 3 S du 3 janvier 1931 et implantation n° 614 S du 27 juin 1931. Examen lors de la 49e réunion de la CORF (19 janvier 1931). Approbation ministérielle n° 2790-2/4 S du 3 août 1931. En juillet 1939, projet de liaison souterraine entre l'ouvrage et le bloc 3 (isolé au 1er cycle).

Commandant l'ouvrage : capitaine Gustave Cattiaux
Officier adjoint : lieutenant Vincent
Commandant le génie : sous-lieutenant René Cattiaux
Effectif théorique : 8 off., 267 h.
(présents le 2 septembre 1939 : 7 off., 246 h.)

Bloc 1 : casemate mixte avec chambre de tir d'infanterie (1 créneau JM/AC 47, 1 créneau JM) et chambre de tir mortiers (2 créneaux de 81 en sous-sol), flanquant vers le nord + entrée à 2 cl. GFM A mod. B (lieutenant Cointet)

Bloc 2 : tourelle de mitrailleuses, 1 cl. GFM (sergent Treilhou)

Bloc 3, non relié (lieutenant Choné et aspirant Turlot) : casemate mixte avec chambre de tir d'infanterie (1 créneau JM/AC 47, 1 créneau JM), chambre de tir mortiers (2 créneaux de 81) flanquant vers le sud et une tourelle de mitrailleuses, 2 cl. GFM (1 obs./J2)

Bloc 4, casemate d'infanterie : 2 cl. GFM, 1 cl. LG (adjudant-chef Mercier)

Bloc 5, observatoire : 1 cl. obs./VDP, 1 cl. GFM (lieutenant Lenoir)

Le PO de Laudrefang aurait dû être un ouvrage d'artillerie comportant quatorze blocs (blocs non construits : EM, EH, deux tourelles de 75, une tourelle de 135 et quatre coffres). Peu avant la guerre, on envisagea la liaison du bloc 3 avec le reste de l'ouvrage en perçant une galerie sur laquelle se serait greffée une entrée séparée.

Coll. Lefort

Au printemps 1939 au 146e RIF, le lieutenant Cattiaux, futur pacha de Laudrefang.

Coll. Font

La tourelle de mitrailleuses du bloc 2 de Téting avec son lot habituel de soldats en mal de photo souvenir. Les hommes ont perçu le pantalon-golf.

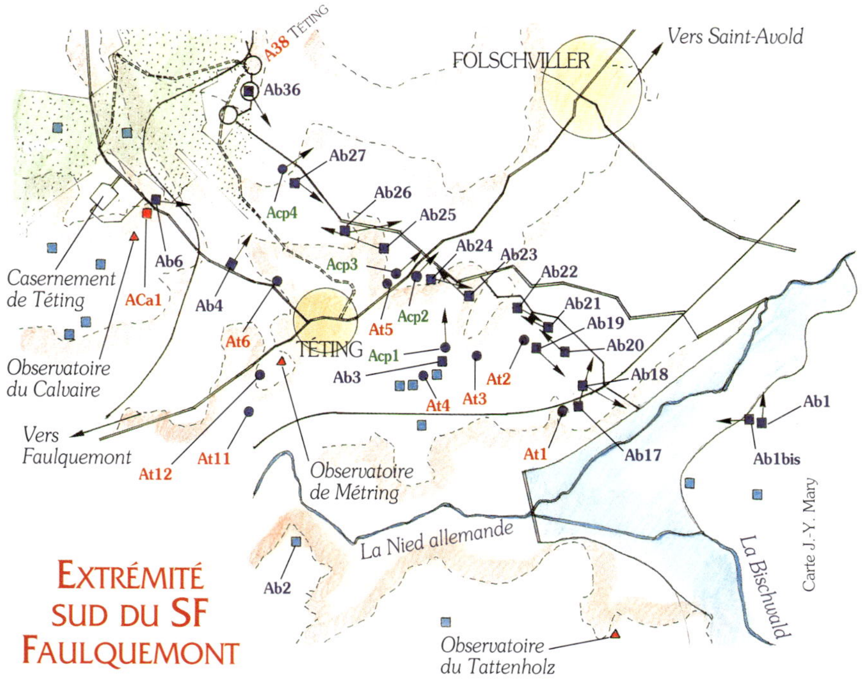

Extrémité sud du SF Faulquemont

A 38 Téting CORF Ouvrage d'infanterie à trois blocs
Plan d'implantation du 22 mai 1931. Examen lors de la 49e réunion de la CORF (19 janvier 1931). Approbation ministérielle n° 2084-2/4 S du 7 juin 1931.

Commandant l'ouvrage : lieutenants Pichavant puis Marchelli

Effectif théorique : 2 off., 125 h.

Bloc 1 (non relié), casemate cuirassée (appelé également casemate du PO de Téting) : 2 cl. M mod. AM, 1 cl. GFM (sous-lieutenant Font)

Bloc 2 : tourelle de mitrailleuses transformée AM, 1 cl. GFM A mod. B, 1 cl. LG (sous-lieutenant Karm)

Bloc 3, entrée + casemate d'infanterie : 1 créneau JM/AC 47, 1 créneau JM, 2 cl. GFM (1obs./J2 ; une cloche modifiée B) (sergent-chef Mannevy)

Au 2e cycle, l'ouvrage aurait dû comporter une tourelle de 81 et une entrée séparée. Quant au bloc 1, c'est en fait une casemate isolée qui a été incorporée à l'ouvrage mais sa liaison n'a jamais été prévue.

■ **Sous-secteur du Bois-des-Chenes** (dit aussi « **de Téting** ») : 146e RIF (lieutenant-colonel Prat)
PC : Steinbesch puis Pontpierre
Casernement de sûreté : Téting

C 76	Bois-de-Laudrefang Nord	CORF	Casemate cuirassée : 1 cl. M, 1 cl. M. mod. AM, 1 cl. GFM (lieutenant Stock)
C 77	Bois-de-Laudrefang Sud	CORF	Casemate cuirassée : 1 cl. M. mod. AM, 1 cl. GFM A, 1 cl. GFM A mod. B (sergent-chef Matton)

Coll. Font

Quelques officiers de l'ouvrage de Téting. À gauche : lieutenants Marchelli (en bottes) et Gaillot, sous-lieutenants Karm, Font et Stock.

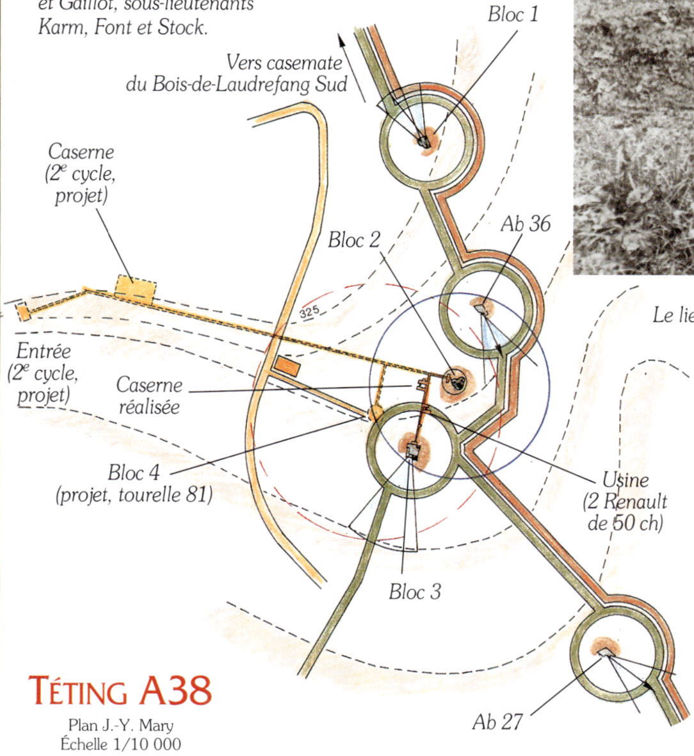

Téting A38

Plan J.-Y. Mary
Échelle 1/10 000

Coll. Font

Le lieutenant Marchelli (au centre, en jersey), le sous-lieutenant Font et le sergent Brissioud sur les dessus du bloc 1 du PO de Téting. On voit sur la gauche la cloche JM « transformée arme mixte » et la présence d'une flaque d'huile provenant de l'usinage du nouveau créneau.

ACa1	Téting	RFM	Casemate d'artillerie pour deux matériels de 75 mle 97 flanquant vers le sud, 1 cl. GFM

Organisations de campagne réalisées avant 1940

Blockhaus pour mitrailleuse et canon antichar : 33 (16 du modèle 1935 numérotés de **Ab 1** à **Ab 16**, avec un Ab 1 *bis* et un Ab 9 *bis* mais ni Ab 5, ni Ab 11 ; 17 du modèle 1936 numérotés de **Ab 17** à **Ab 36** sans Ab 31, 32 et 34)
Casemates Pamart : 4 (numérotées **Acp 1** à **Acp 4**)
Cuves pour canons de 65 mm : 7 (numérotées de Ac 1 à Ac 7)
Tourelles démontables : 34 (numérotées de At 1 à At 30 avec des *bis*)
Boucliers pour canon de 25 mm : 8 (numérotés de Abo 1 à Abo 8)
PC : près d'une quarantaine
Observatoires : 8 (4 carcasses de chars FT et 4 guérites, numérotés de Ao 1 à Ao 8).

À partir du 2 janvier 1940, le colonel Dagnan, appartenant aux troupes coloniales, commande le SD Sarre. Sur cette photo antérieure, prise le 11 novembre 1938 à Rochefort, il est alors le chef de corps du 3e RIC. Son casque modèle 1915 (ou une version officier en aluminium ?) est muni d'une jugulaire tressé et arbore la grande ancre dorée du modèle de celle ornant ordinairement le casque en liège.

Coll. Bruge

avant-postes, « bouchons » ou points d'appui fortifiés (PAF) et également par quatre casemates de 75 mm qui, construites en 1936, ont essentiellement une mission antichar. Ces travaux sont dirigés par la chefferie de Sarrebourg avec le concours des troupes des 2e et 4e DINA. Une deuxième position, dénommée « Position intermédiaire de la 4e armée », est aussi entamée sur la ligne étang du Bischwald - Grostenquin - Francaltroff (25 blockhaus construits en 1936 et 1937).

En raison du peu de valeur technique de ces petits blocs, un important effort est finalement entrepris, tardivement, à la fin de 1938. Une première ligne de grosses casemates STG, dont la plupart seront inachevées au 10 mai 1940, suit le tracé de la position de résistance, entre Téting et la zone inondable (Puttelange). La seconde ligne, réalisée sous l'égide de la CEZF (« position intermédiaire »), verrouille le secteur entre Faulquemont, Sarralbe/Sarre-Union et Diemeringen en suivant une inondation défensive basée partiellement sur le cours de l'Albe aménagé.

À partir de fin septembre 1939, l'organisation territoriale du SD Sarre évolue d'une façon anarchique car il est ballotté entre les coloniaux et les divisions de renforcement. Il donne naissance à de multiples secteurs aux existences éphémères.

Le 15 mars1940, le Secteur défensif accède au rang de Secteur fortifié. Il perd ses deux sous-secteurs Ouest (Lixing et Leyviller)[3] qui passent au SF Faulquemont mais il reçoit, en compensation, les deux sous-secteurs de Sarralbe (depuis le 4 octobre 1939) et de Kalhausen, que lui cède le SF Rohrbach.

Le secteur possède trois « avancées » à Biding, Barst-Cappel et Holving, destinées à ralentir la progression de l'assaillant. En outre, le 24 mars 1940, est créée à l'initiative du général Requin — et contre l'avis du général Hubert — une quatrième avancée à Puttelange.

Commandement et troupes

Commandant le secteur : général Boucher,
puis colonel Dagnan (2 janvier 1940)
Chef d'état-major : lieutenant-colonel Didier
Commandant l'ID : colonel Rousset
69e RMIF : lieutenant-colonel Jobin (➠ Tome Un, p.98)
82e RMIF : lieutenant-colonel Matheu (➠ Tome Un, p. 103)
174e RMIF : lieutenant-colonel Duparant (➠ Tome Un, p. 140)
41e RMIC : lieutenant-colonel Tristani (➠ Tome Un, p.140)
51e RMIC : lieutenant-colonel Revier de Mauny (➠ Tome Un, p. 140)
133e RIF : colonel Bertrand (➠ Tome Un, p. 105)

Notes

1. Pour tous détails historiques et techniques, ➠ Tome Un, page 33 et Tome Deux, page 55.

2. Projets du 11 septembre 1935 avec l'ouvrage de Valette et du 28 octobre 1935 avec celui de Vahl-Ebersing. Vu le montant des estimations (environ 100 millions de francs) et l'état des finances publiques, le ministre décide de renoncer aux casemates et ouvrages CORF et de construire des blockhaus MOM.

3. Ces deux sous-secteurs seront à nouveau rattachés au SF Sarre le 31 mai 1940 et subiront avec le 20e CA, les événements de juin 1940. Pour cette raison, nous avons choisi d'en détailler l'inventaire ici, bien qu'à la date du 10 mai 1940, les sous-secteurs de Lixing et de Leyviller relèvent du SF Faulquemont.

ZONE DE LA 4e ARMÉE (général Réquin)
(PC à Vic-sur-Seille)

RÉGION FORTIFIÉE DE LA SARRE
(dissoute le 27 octobre 1939)

Une éphémère RF Sarre dépendant du 20e CA est créée le 1er septembre 1939 avec le SD Sarre et le SF Rohrbach.

Commandant la RF : général Boutignon (qui vient du SF Rohrbach)
Chef d'état-major : lieutenant-colonel Gras avec un état-major réduit.
PC : Sarrebourg

À la mobilisation, la RF Sarre est limitée pratiquement au SF Rohrbach. Elle est dissoute le 27 octobre 1939.

SECTEUR DÉFENSIF devenu (15 mars 1940) SECTEUR FORTIFIÉ DE LA SARRE
(limites de septembre 1939 : de Lelling / bois de Vahl-Ebersing à Sarralbe exclu)

Conception

Dans les projets initiaux, il n'était pas prévu de fortifications permanentes pour la trouée de la Sarre, entre les Régions fortifiées de Metz et de la Lauter, dans la mesure où ce territoire bénéficiait d'un statut spécial. En effet, jusqu'en 1935, la Sarre est placée sous l'administration de la Société des Nations et il peut donc être considéré comme territoire neutre. En 1927, la France, par geste de bonne volonté, retire l'essentiel des troupes qui occupaient ce territoire et espère que la Sarre va opter pour le maintien de son statut de neutralité. Malheureusement, le 13 janvier 1935, par plébiscite, les Sarrois choisissent le rattachement à l'Allemagne. Le problème de la défense de la trouée des étangs se (re)pose alors, ainsi que celui de l'important nœud ferroviaire de Bénestroff.

En fait, dès 1930, la 20e région militaire (général Mittelhauser) étudie — et fait réaliser en 1931-1933 —, en collaboration avec M. Pariset, ingénieur en chef des Ponts-et-Chaussées en retraite, une solution ingénieuse et relativement peu coûteuse, basée sur la création d'une inondation défensive qui tire partie de la configuration géographique de la région. Des réservoirs artificiels et des biefs inondables sont constitués. Moyennant la construction de quelques blockhaus pour tenir sous le feu les digues, on obtient donc une zone d'inondations difficilement franchissable (vallées du Moderbach, de l'Albe et de la Sarre)[1].

Pour des problèmes techniques, la branche ouest du secteur (vallée de la Nied) n'est pas protégée par des inondations. On avait pu seulement y transformer quelques ruisseaux parallèles au front en fossé. En 1935, le ministre demande à la CORF d'étudier une organisation défensive contre les attaques de char mais elles-ci n'aboutissent pas[2]. Aussi, à partir de 1935, la zone ouest va-t-elle être couverte par différentes organisations de campagne (petits blocs bétonnés pour canons antichar et/ou mitrailleuses, abris en rondins,

Insigne du SD Sarre.
Au centre d'un bouclier ovale, un écu portant un pou agrippé à un rail antichar entouré de fils barbelés, sous un bandeau de fleurs de lys. Un heaume de chevalier surmonte l'écu entouré de deux poteaux à disque tricolore signalant une barrière de route à l'intérieur de l'obstacle antichar (➠ Tome Deux, p. 57). La devise « Je meurs où je m'accroche » (identique à celle de la 40e DBAF, ➠ Tome Quatre en préparation) symbolise l'esprit de résistance des défenseurs du SD Sarre, sans esprit de recul (snf).

Le sous-lieutenant Paul Gouit, greffier au tribunal militaire du Secteur fortifié de la Sarre. Ses pattes de collet de velours noirs sont ornées, comme il se doit, des nouvelles broderies du corps des officiers d'administration, une grenade entre deux branches d'olivier croisées (BO du 16 avril 1932). Mais le principal intérêt de ce document réside dans la présence de l'insigne du SD Sarre sur la poitrine.

Coll. part.

SHAT

Été 1936, le général Condé inspecte le SD Sarre. À cette occasion, les responsables locaux lui montre comment un ruisseau modeste (en l'occurrence, un ruisseau de la région de Biding, le Langenbach) a pu être aménagé en obstacle antichar. La construction d'un barrage bétonné a permis la réalisation d'une coupure de 1,80 m de profondeur d'eau sur une largeur de 7,10 m. Mais le barrage en lui-même, malgré son profil triangulaire et son étroitesse, peut être franchi par l'assaillant.

Commandant l'AD : colonels Walfard puis Maurer
- 66e RAP (➥ Tome Deux , p. 203) : lieutenant-colonel Robert
- 49e RAMRF (➥ Tome Deux, p. 167) : colonel Sarrola
- Parc : PAD 708 et SMA 708

Commandant le génie : chef de bataillon Coste
- 208e bataillon du génie de forteresse (capitaine Hasse)
- Détachement inondations : lieutenant Bolikowsky

Transmissions (cne Delorme) :	208/81 compagnie télégraphiste
	208/82 compagnie radio
Train (chef d'escadron Laissy) :	238/20 compagnie auto
Intendance (intendant Arreteig) :	158/23 groupe d'exploitation div.
Santé (médecin-cdt Monestier) :	158e groupe sanitaire div.

En renforcement : 5e BM (bataillon de mitrailleurs)
PC : Hellimer

GRANDES UNITÉS DE RENFORCEMENT AU 10 MAI 1940

20e CA : général Hubert
PC : Bonnefontaine
- 11e DI (active) : général Arlabosse (sous-secteurs de Lixing et de Leyviller)
- 82e DIA (d'Afrique, active) : général Armingeat (ss-secteurs de Saint-Jean-les-Rohrbach et de Kappelkinger)
- 52e DI (réserve, série B) : général Échard (sous-secteurs de Sarralbe et de Kalhausen)

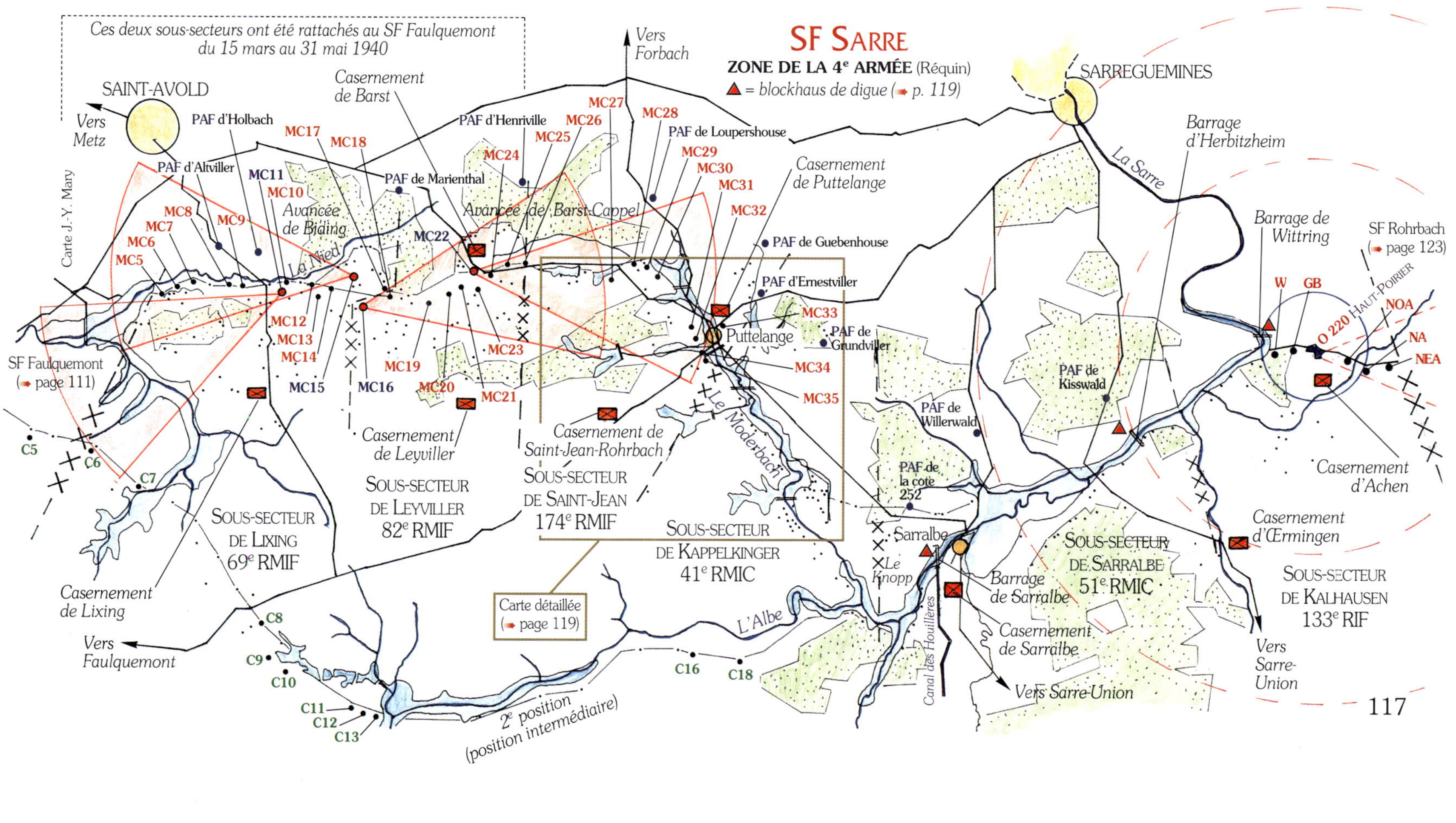

Coll. J.-Y. Nasse

Petits blocs de finition récente sur le front de la Sarre. Des toits en bois tentent de leur donner l'apparence de petits bâtiments agricoles.

Sous-secteur d'Altrippe (ou de **Leyviller**) : 82e RIF (lieutenant-colonel Matheu)
PC : sud du Vieux-Bois à Leyviller
Casernement de sûreté : Leyviller et Barst

MC 16	*(AC 5 B Biding Sud)*	MOM (1936)	Casemate d'artillerie pour un matériel de 75 mle 97 de casemate flanquant vers l'est
MC 18	*(MC 19 B)*	STG	Blockhaus simple flanquant à droite, 1 cl. GFM non posée (lieutenant Gaucher)
—	*(MC 33 B)*	—	*Projet du 12 mars 1940 (1 cl. AM ?)*
—	*(MC 31 B)*	—	*Projet du 12 mars 1940*
MC 19	*(MC 11 B)*	STG	Blockhaus double, 1 cl. GFM B non posée (sous-lieutenant Puissegur)
MC 20	*(MC 7 B)*	STG	Blockhaus double, 1 cl. GFM B non posée (lieutenant Remy)
MC 21	*(MC 29 B)*	STG	Blockhaus double, 1 cl. GFM B non posée (aspirant Darrort)
MC 22	*(AC 1 B La Costaude)*	MOM (1936)	Casemate d'artillerie pour un matériel de 75 mle 97 de casemate flanquant vers l'est
MC 23	*(MC 27 B)*	STG	Blockhaus simple flanquant à gauche, 1 cl AM non posée (lieutenant Figeac)
MC 24	*(MC 9 B)*	STG	Blockhaus double, 1 cl. GFM B non posée (adjudant-chef Marcillat)
MC 25	*(MC 23 B)*	STG	Blockhaus double à un seul créneau à droite (canon de 65 mm à gauche). Pas de cloche (lieutenant Jung)
PAF	d'Henriville et de Marienthal		

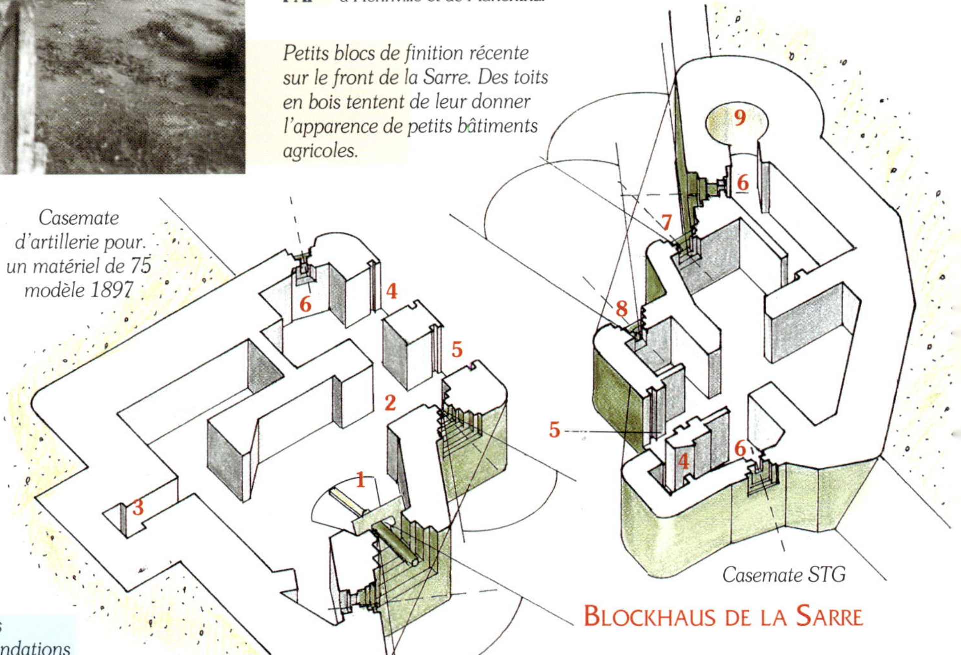

Dessins J.-Y. Mary

Blockhaus de la Sarre

1. Chambre de tir pour 75
2. Créneau observatoire
3. Guérite observatoire
4. Entrée du personnel
5. Entrée du matériel
6. Créneau FM
7. Créneau AC 25
8. Créneau mitrailleuse
9. Cloche AM (non montée)

Organisations

NB : la numérotation utilisée (y compris sur la carte) est celle d'après-guerre mais la numérotation de 1939-40 est indiquée entre parenthèses et en italiques.

■ **Sous-secteur de Lixing** : 69e RMIF (lieutenant-colonel Jobin)
PC : Bois de Brill
Casernement de sûreté : Lixing

MC 5	*(STG T)*	STG	Blockhaus double , 1 cl. GFM B non posée
MC 6	*(STG S)*	STG	Blockhaus double, 1 cl. GFM B non posée
MC 7	*(STG R)*	STG	Blockhaus double, 1 cl. GFM B posée et 1 cl. AM non posée
MC 8	*(STG P)*	STG	Blockhaus double, 1 cl. GFM B non posée
MC 9	*(MC 17 B)*	STG	Blockhaus simple flanquant à droite, sans cloche
MC 10	*(MC 15 B)*	STG	Blockhaus double, 1 cl FM B non posée (lieutenant Mutz)
MC 11	*(AC 7 B Nonnenwald)*	MOM (1936)	Casemate d'artillerie pour un matériel de 75 mle 97 de casemate flanquant vers l'ouest
MC 12	*(MC 21 B)*	STG	Blockhaus double, 1 cl. GFM B non posée (lieutenant Servaux)
MC 13	*(MC 35 B)*	STG	Blockhaus double, 1 cl. AM non posée (lieutenant Fraysse)
MC 14	*(MC 13 B)*	STG	Blockhaus double, 1 cl. GFM B non posée (sous-lieutenant Dupont)
MC 15	*(AC 3 B Biding Nord)*	MOM (1936)	Casemate d'artillerie pour un matériel de 75 mle 97 de casemate flanquant vers l'ouest
MC 17	*(MC 39 B)*	STG	Blockhaus simple flanquant à gauche, 1 cl. AM non posée (lieutenant Belletre)
PAF	d'Altviller et de Holbach		

Les inondations défensives constituent un obstacle appréciable que complètent les réseaux de barbelés dont on aperçoit l'extrémité supérieure sur la gauche.

Coll. J.-Y. Nasse

■ **Sous-secteur de Saint-Jean-les-Rohrbach** : 174e RMIF (lieutenant-colonel Duparant)
PC : corne du Pfaffenbusch
Casernement de sûreté : Saint-Jean-les-Rohrbach

MC 26	*(MC 10 B)*	STG	Blockhaus double, 1 cl. GFM B non posée (lieutenant Mauduit)
MC 27	*(MC 8 B)*	STG	Blockhaus simple (sous-lieutenant Morge)
MC 28	*(STG A)*	STG	Blockhaus double, 1 cl.FGM B non posée (aspirant Miller)
MC 29	*(STG B)*	STG	Blockhaus double, 1 cl. GFM B non posée, dalle inachevée (aspirant Lamaze)
MC 30	*(STG C)*	STG	Blockhaus double, 1 cl. GFM B non posée (aspirant Matz)
MC 31	*(STG D)*	STG	Blockhaus double, 1 cl. GFM B non posée (lieutenant Villan)
MC 32	*(STG E)*	STG	Blockhaus double, 1 cl. GFM B non posée (sous-lieutenant Pagès)
MC 33	*(STG 10)*	STG	Blockhaus simple flanquant à gauche, sans cloche (dans l'avancée de Puttelange)
MC 34	*(STG G)*	STG	Blockhaus double, 1 cl. GFM B non posée (lieutenant Katz)
MC 35		STG	Blockhaus simple flanquant à droite, sans cloche

Blockhaus CORF des retenues d'eau : **R 8 B** (Hoste-Haut), **R 6 B** (Hoste-Bas), **R 4 B** (Usine électrique), **R 12 B** (Digue-de-Puttelange)
PAF de Loupershouse, Guebenhouse et Ernestviller.

■ **Sous-secteur de Kappelkinger** : 41e RMIC (lieutenant-colonel Tristani)
Casernement de sûreté : Puttelange
Le sous-secteur de Kappelkinger, qui s'étend de Rémering à Rech exclu, ne comporte aucune casemate STG, mais uniquement des organisations de campagne.
Avancée : Holving
Deux avant-postes : **PAF** de Grundviller et de la cote 252.

Carte et dessins J.-Y. Mary

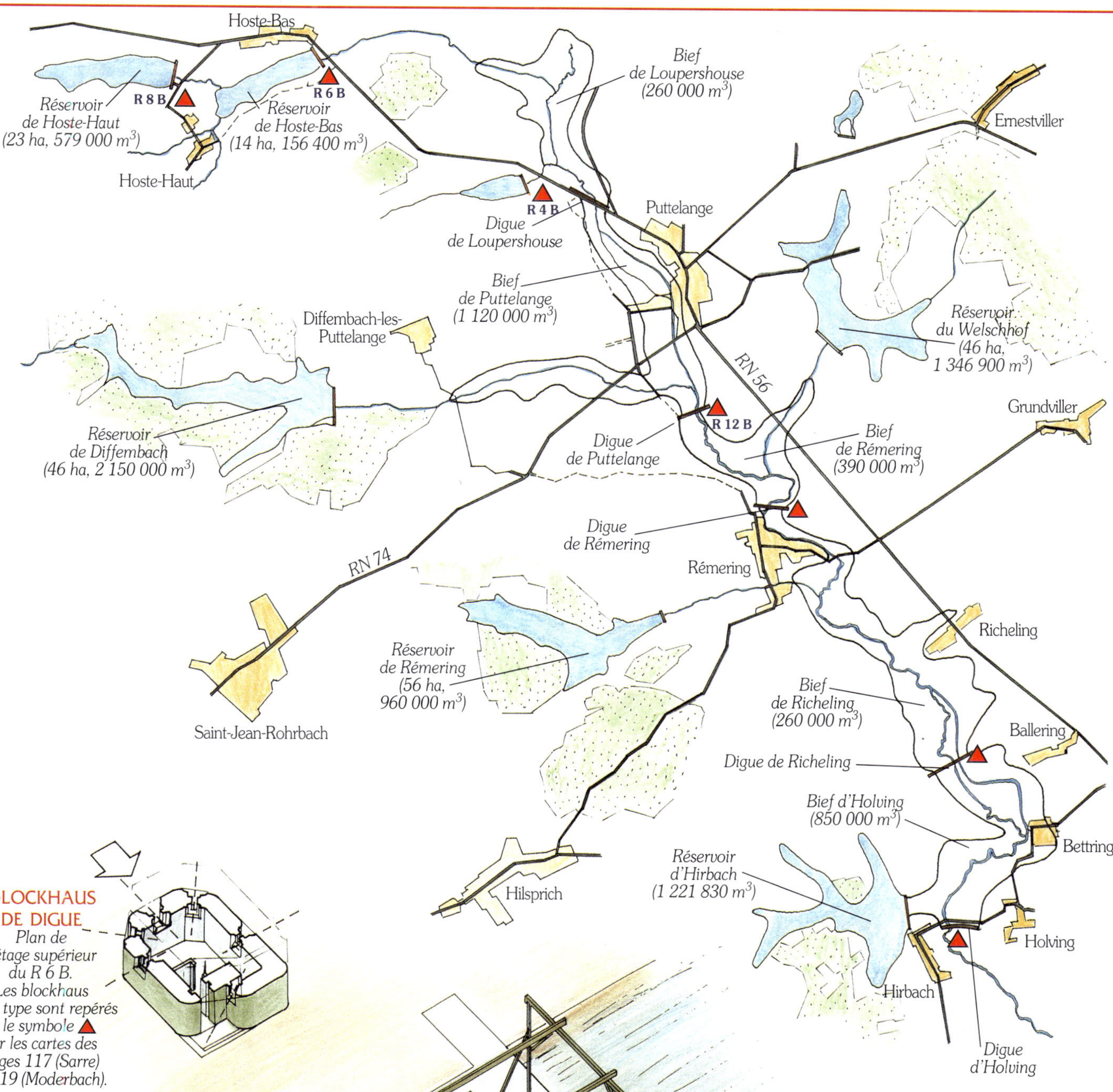

BLOCKHAUS DE DIGUE

Plan de l'étage supérieur du R 6 B. Les blockhaus de ce type sont repérés par le symbole ▲ sur les cartes des pages 117 (Sarre) et 119 (Moderbach).

LES INONDATIONS DÉFENSIVES DU MODERBACH

NB : le barrage construit en 1939-1940 par la compagnie des inondations (➡ Tome Deux, page 214) en amont du bief de Richeling, ne figure pas sur cette carte.

DIGUE D'INONDATION DÉFENSIVE

Dessin à titre d'exemple.

Un cartouche, scellé sur la façade de la casemate d'artillerie AC 1 B (près de Barst, nomenclature MC 22 après la guerre), rappelle que celle-ci a été construite en 1936 par le 1er génie et le 23e RTA (en garnison à Morhange de 1929 à 1939). La casemate a été baptisée « La Costaude ». Quatre casemates de ce type existent dans le SD Sarre.

Photo A. Hohnadel

■ **SOUS-SECTEUR DE SARRALBE** : 51e RMIC (lieutenant-colonel Revier de Mauny)

PC : Keskastel

Casernement de sûreté : Sarralbe

Le sous-secteur Sarralbe, qui s'étend de Rech à Herbitzheim inclus, ne comporte, comme le précédent, aucune casemate STG, mais uniquement des organisations de campagne.

Avancée : Knopp

Deux avant-postes : **PAF** de Willerwald et de Kisswald.

Coll. Dinot/Isnard

Les officiers de la compagnie d'équipages du 133e RIF avec probablement des officiers d'autres unités (photo prise en captivité, Oflag IIB). De gauche à droite, au premier rang : lieutenants Anguenot, Nehlig (casemate du Gros-Bois), Meudre et Bonhomme (commandant le bloc 3 du Haut-Poirier lors de l'attaque allemande). Au second rang : sous-lieutenant Dinot (officier adjoint, Haut-Poirier) et Schimberg (bloc 2 du Haut-Poirier), capitaine Silvy (génie, Haut-Poirier), lieutenant Kersual (commandant la 1re CEC du 133e RIF) et lieutenant Isnard (bloc 1 du Haut-Poirier).

O 220 Haut-Poirier CORF Ouvrage d'infanterie à trois blocs et une entrée de type réduit

Plans n° 847 S du 16 mars 1934. 1er cycle N° 3810 S du 19 novembre 1934.

Commandant l'ouvrage : capitaine Gambotti

Major d'ouvrage : lieutenant Mettray puis sous-lieutenant Dinot

Ccommandant le génie : capitaine Silvy

Effectif théorique : 3 off., 158 h (présents le 2 septembre 1939 : 7 off., 160 h.)

Bloc 1, casemate d'infanterie flanquant vers l'est : 1 créneau AM (remplacée par un JM), prise d'air, 2 cl. AM, 1 cl. GFM B (obs./J2 indicatif O 84 : lieutenant Kieffer) (lieutenant Isnard)

Bloc 2 : tourelle pour deux AM, 1 cl. GFM B (sous-lieutenant Schimberg)

Bloc 3, entrée et casemate d'infanterie flanquant vers l'est : 1 créneau JM/AC 47, 1 créneau JM, 1 créneau AM (remplacée par un JM) tirant vers l'arrière, 1 cl. AM, 2 cl. GFM B (1 obs./J2 indicatif O 83 : lieutenant Banon) (sous-lieutenant Dinot, puis lieutenant Bonhomme, mars 1940)

Bloc 4 : issue de secours/entrée (3 FM)

Le PO du Haut-Poirier est la partie avant d'un ouvrage d'artillerie dont les blocs ont été reportés en 2e cycle (blocs non construits : EM, EH, deux tourelles de 75 (B 4 et B 5), une tourelle de 135 (B 6) et une casemate d'artillerie à trois 75 mle 32 (B 7). Une entrée de type réduit (B 4) a été construite sur l'égout visitable.

Coll. Schoeser

Vue latérale de la casemate de Wittring et de sa chambre de tir Est qui flanque le « rail » à six rangs se dirigeant vers la casemate voisine (Gros-Bois). Les cloches (GFM et AM) sont bien visibles au sommet du talus qui raccorde la casemate avec le terrain naturel. Derrière la casemate se profile la maisonnette destinée au détachement du temps de paix.

Isnard, coll. Bruge

Le lieutenant Isnard devant le bloc 1 du Haut-Poirier qu'il commande.

■ **Sous-secteur de Kalhausen** : 133e RIF (colonel Bertrand)

1re CEC du SF Rohrbach : capitaine Bidegain, puis lieutenant Kersual (le 14 juin 1940, le commandant Jolivet reste sur la position et devient le commandant du groupement des ouvrages)

PC : Kalhausen

Casernements de sûreté : Œrmingen et Achen

NB : les lettres-repères utilisées ici pour renvoyer à la carte sont arbitraires.

W Wittring CORF Casemate simple flanquant vers l'est : 1 créneau JM/AC 47, 1 créneau JM, 2 cl. AM, 2 cl. GFM B (adt-chef Hilaire)

GB Grand-Bois CORF Casemate simple flanquant vers l'est : 1 créneau JM/AC 47, 1 créneau JM, 1 cl. AM, 2 cl. GFM B (lieutenant Nehlig)

© ECPAD/France

*Le barrage de Wittring pendant l'hiver 1939-40, vu depuis la rive droite de la Sarre lors d'une visite de journalistes (l'église du village est à l'arrière-plan). Compte tenu de son importance (sept pertuis de 7 m de large), ce barrage est équipé d'un groupe électrogène (petit local situé devant le hangar) qui fournit l'énergie nécessaire à la manœuvre électrique des poutrelles des pertuis. Mais comme les barrages étaient vulnérables et que tout le dispositif fortifié du SD Sarre reposait sur eux, leur renforcement fut décidé. Notre document montre justement le renforcement de celui de Wittring. Des trains entiers de blocs de grès sont déversés dans les intervalles situés entre les deux rangées de poutrelles de chaque pertuis. Le tout est couronné par une dalle d'éclatement en béton. Ce travail, considérable pour les trois barrages de la Sarre et de l'Albe, fut réalisé par la compagnie d'inondations (**➥ Tome Deux, p. 214**) aidée par des pionniers.*

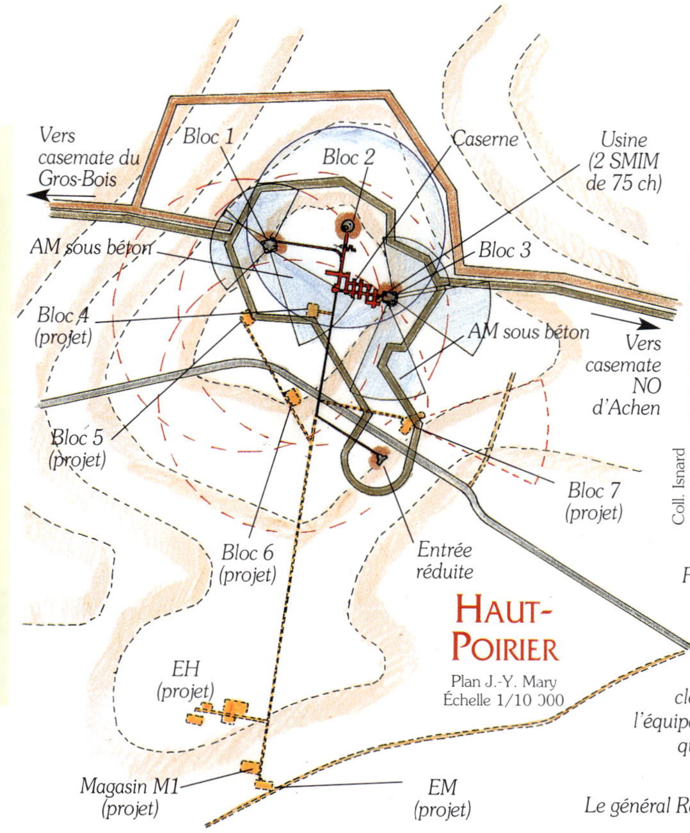

Coll. Isnard

Façade du bloc 1 du Haut-Poirier où l'on remarque l'antenne du poste émetteur-récepteur qui court le long des visières. Deux cloches sont en saillie : cloche arme mixte à gauche, cloche GFM à droite. Dans cette dernière, l'équipage réussira à installer un mortier de 50 qui pourra battre les arrières de l'ouvrage lors de l'attaque allemande.

© ECPAD/France

Le général Réquin, chef de la 4e armée, accompagne le général Spears sur la ligne Maginot. On le voit ici devant le bloc 1 du Haut-Poirier, en compagnie du capitaine Lecomte (ordonnance du général Réquin) et du lieutenant Banon (casqué), observateur du Haut-Poirier.

Isnard, coll. Bruge

Devant le Haut-Poirier : le capitaine Silvy et les lieutenants Isnard et Mettrey.

Photo A. Hohnadel

Mosaïque scellée dans un petit blockhaus de la deuxième position, près de Domfessel : dans une rondache, étoile surmontant une croix de Lorraine . Au centre, le chiffre 26 correspond au 26e RI (de Nancy) qui a réalisé des travaux MOM à l'est de la Sarre, dans le cadre de la 11e DI.

Coll. J.-Y. Nasse

Casemate de la ligne CEZF (C 12 Francaltroff) en phase de finition, sa cloche C déjà en place.

Coll. Dinot/Isnard

Le PC-popote du Haut-Poirier, meublé avec du mobilier récupéré dans un village voisin. Au mur, un panneau concerne l'équipage de l'ouvrage. De gauche à droite, assis : lieutenant Isnard (bloc 1), sous-lieutenant Dinot (bloc 3 puis officier-adjoint), capitaine Silvy (génie), capitaine Gambotti (commandant de l'ouvrage) et lieutenant Banon (observateur d'artillerie) ; debout : le docteur Quenel et le lieutenant Kieffer (observateur d'artillerie).

NOA	Nord-Ouest d'Achen	CORF	Casemate double : deux créneaux JM/AC 47, un créneau JM, 1 cl. AM, 2 cl. GFM B (sous-lieutenants Nachbar puis Will)
NA	Nord d'Achen	CORF	Casemate double : deux créneaux JM/AC 47, deux créneaux JM, 1 cl. AM, 2 cl. GFM B (lieutenants Jeandemange puis Kersual)
NEA	Nord-Est d'Achen	CORF	Casemate double : deux créneaux JM/AC 47, deux créneaux JM, 1 cl. AM, 2 cl. GFM B (1 obs./J2) (lieutenant Kersual puis sous-lieutenant Gries)

2e position - Ligne CEZF

Casemates **C 1** à **C 22**

Toutes les casemates construites sont du type STG double, avec une cloche type C, généralement non en place.

Casemates non construites : C 4, C 5, C 6, C 10, C 14, C 15, C 17, C 19 et C 21.

Quelques particularités :

C 9 : Cloche posée mais non scellée

C 11 : le hangar de construction est encore en place aujourd'hui.

C 12, C 13, C 16 et C 18 : cloches posées

C 12 (Francaltroff) : partiellement équipée (ventilation et bouclier suspendu).

Le commandement de la 5e armée dont dépend la Région fortifiée de la Lauter et une partie de la défense du Rhin est assuré par le général Victor Bourret (ici, en compagnie d'un commandant de gendarmerie et de notables) qui a installé son PC à Wangenbourg, à une vingtaine de kilomètres au sud de Saverne.

Coll. Bruge

ZONE DE LA 5e ARMÉE (général Bourret)
(PC à Wangenbourg)

RÉGION FORTIFIÉE DE LA LAUTER
(dissoute le 5 mars 1940)

S'étendant parallèlement à la frontière et reliant la Sarre au Rhin, la seconde région fortifiée de la ligne Maginot n'a qu'un rôle strictement défensif. Elle a été exécutée en deux tranches de travaux selon l'attribution des crédits. La première tranche, financée par la loi du 14 janvier 1930, a permis de construire les organes prévus dans l'avant-projet de l'organisation défensive de la RF Lauter [1] à partir du Rhin. Certains ouvrages prévus dans la plaine d'Alsace n'ont cependant pas été construits. Faute de crédits suffisants, les travaux ont été arrêtés à l'est de Rohrbach. La seconde tranche (loi du 6 juillet 1934) a permis de fortifier le plateau de Rohrbach et ainsi de terminer la région fortifiée en assurant la liaison avec la vallée de la Sarre. Cette extension vers l'ouest est du type Nouveaux fronts et se traduit par la réalisation de dix casemates et de trois ouvrages d'infanterie dont deux (Rohrbach et Haut-Poirier) sont des ouvrages d'artillerie réduits à leurs seuls blocs d'infanterie.

Les points forts de la RF Lauter sont constitués, d'une part par le Hochwald et ses satellites du côté alsacien, d'autre part par les ouvrages de Bitche du côté lorrain.

Commandant : généraux Bastidon puis Lucas
Chef d'état-major : colonel Vidal
Cavalerie : 46e GRRF (➠ page 21)
Artillerie : général Thiebauld, puis colonel Jocard (27 septembre 1939)
752e section munitions auto
Génie : général Verdier
222e bataillon et compagnies du génie
PC : Saverne (indicatif PC 1500) puis Ingwiller

Dissoute le 5 mars 1940, la RF Lauter devient le 43e CAF (➠ page 129) avec des éléments provenant du SF Vosges.

SECTEUR FORTIFIÉ DE ROHRBACH
De la Sarre (Sarralbe/barrage de Witring) à la ferme du Légeret, puis jusqu'au Grand-Hohékirkel exclu

Conception

Le Secteur fortifié de Rohrbach comporte un môle puissant en avant de Bitche avec la réalisation sur quelques kilomètres de quatre ouvrages d'artillerie, mais les deux ouvrages à l'est de la position (Otterbiel et Grand-Hohékirkel) verront plusieurs de leurs blocs d'artillerie reportés en 2e urgence. Le Simserhof construit à partir de 1929 présente déjà une évolution intéressante par rapport aux projets initiaux avec la réalisation de deux ailes compactes sans fossés de protection et un ouvrage à tourelles (75 et 135 mm), légèrement en retrait entre les deux ailes. Le PO du Seelberg (cinq blocs actifs et deux entrées) est réduit à deux casemates. Les organes situés à l'ouest sont du type Nouveaux fronts, sans organes d'artillerie.

Commandement et troupes

Commandant le secteur : généraux Boutignon, Mortemart de Boisse (12 octobre 1939), puis Chastanet (7 mai 1940)
Chef d'état-major : lieutenant-colonel Thouvenin
Commandant l'ID : colonel Reyx (décédé le 19 avril 1940), puis colonel Fuchs (vient du 167e RIF)
51e RMIC [2] : pour mémoire ➠ SF Sarre
133e RIF [2] : pour mémoire ➠ SF Sarre
166e RIF (3 btns) : lieutenant-colonel Subervie (➠ Tome Un, p. 129)
153e RIF (3 btns) : lt-col. Delivre, chef de btn Bonlarron (23 avril 1940), puis lt-col. Mauvin (25 avril 1940) (➠ Tome Un, p. 115)
37e RIF (3 btns) [2] (vient du SFV) : lt-col. Combet (➠ Tome Un, p. 93)
VII/400e RP
Commandant l'AD : colonel Conrad
150e RAP : colonel Jaunon (➠ Tome Deux, p. 182)
59e RAMF : lieutenant-colonel Souben (➠ Tome Deux, p. 167)
707e section munitions auto
Commandant le génie : chefs de bataillon Paget, Periel (27 janvier 1940), puis Mahé (8 avril 1940)
207e bataillon du génie de forteresse
Transmissions : 207/81 compagnie télégraphiste
207/82 compagnie radio
Train : 237/20 compagnie auto
Intendance : 157/23 groupe d'exploitation divisionnaire
Santé : 157e groupe sanitaire divisionnaire
PC : moulin de Montbronn (PC 1250)

Grandes unités de renforcement au 10 mai 1940

8e CA : généraux Frère puis Desmazes
55e BMM (bataillon de mitrailleurs motorisé)
24e DI (réserve, série A) : général Voirin
31e DI alpine (active) : général Ihler

Organisations

■ **Sous-secteur de Bining** : 166e RIF (lieutenant-colonel Subervie)
2e CEC du SF Rohrbach : capitaine Jouhanet (PC abri de Rohrbach)
Casernement de sûreté : Bining (Rohrbach)
PC : ferme de Mohrenhof (PC 1280)

NB : les numéros utilisés ici pour renvoyer à la carte sont de notre fait.

1	Ouest de Singling	CORF	Casemate double : 2 créneaux JM/AC 47, 1 créneau JM, 1 cl. AM, 2 cl. FM B (ss-lt Hirsch)
2	Nord-Ouest de Singling Gauche	CORF	Casemate simple flanquant vers l'ouest (1 créneau JM/AC47, 1 créneau JM) + une caponnière battant l'intervalle avec la casemate droite (1 arme mixte remplacée par un JM), 1 cl. GFM B (sous-lieutenant Juncker)
3	Nord-Ouest de Singling Droite	CORF	Casemate simple flanquant vers l'ouest : 1 créneau arme mixte (remplacée par 1 JM), 2 cl. AM (dont 1 cloche à un créneau pour flanquement de l'intervalle avec Welschhof), 1 cl. GFM B (adjudant Laplanche)

Notes
1. Dossier n° 123/S du 19 avril 1929, par le colonel Frossard. Approuvé le 27 mai 1929 par le ministre Painlevé (décision n° 01174-3/11).
2. Le 15 mars 1940, le sous-secteur de Bitche est rattaché au SF Rohrbach alors que les sous-secteurs de Sarralbe (51e RMIC) et de Kalhausen (133e RIF) le quittent pour le SF modifié de la Sarre.

SF Rohrbach

Zone de la 5e Armée (Bourret)

NB : les repères **1** à **34** sont des numéros arbitraires permettant un renvoi facile au répertoire des pages 123 à 128. Il ne s'agit nullement d'une numérotation d'époque. En revanche, les ouvrages, mentionnés en toutes lettres, portent également leur indicatif téléphonique d'époque dans la série **O**.

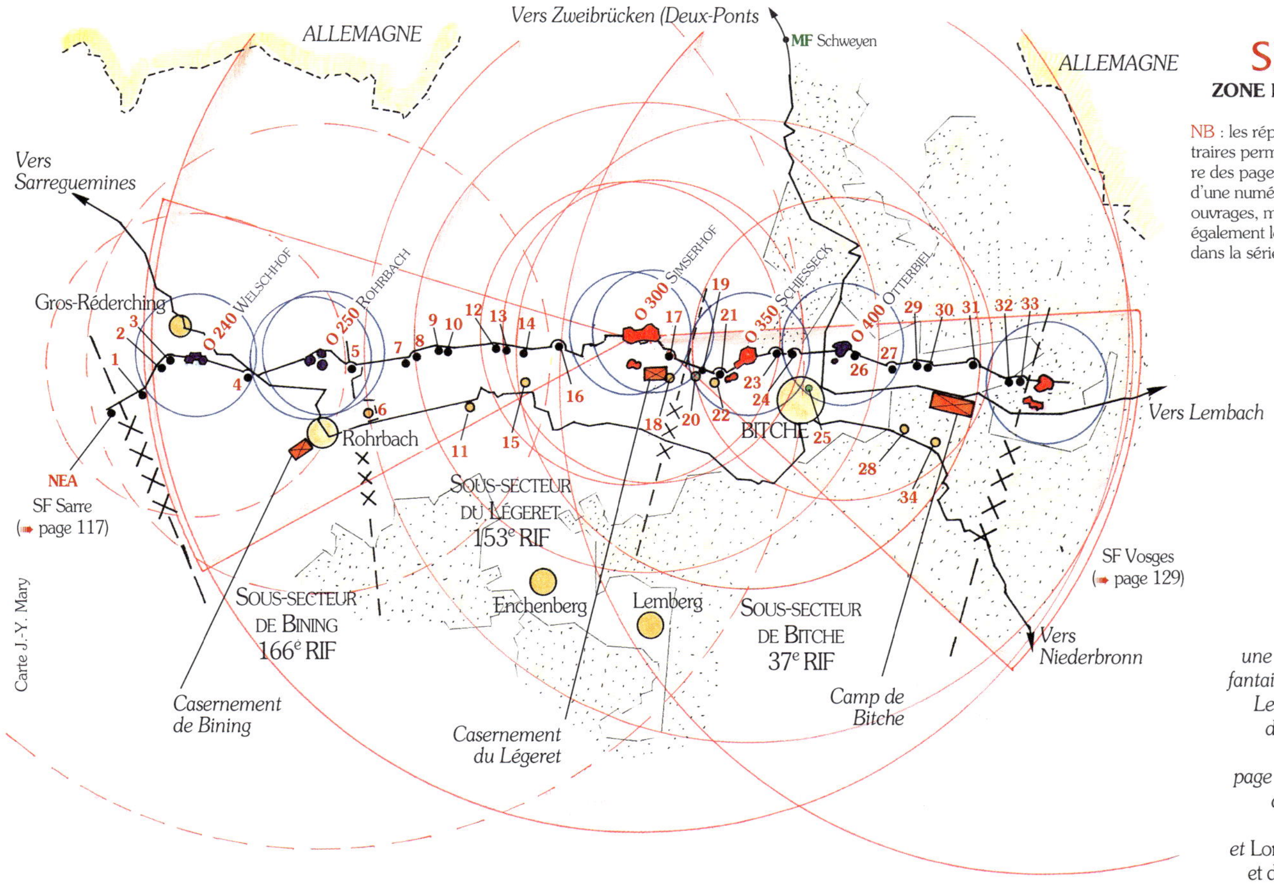

Sur l'avers du fanion du Welschhoff figure une représentation quelque peu fantaisiste d'un bloc de l'ouvrage. Le revers (tête de loup et croix de Lorraine) évoque l'insigne du 166e RIF (Tome Un, page 129) qui fournit l'infanterie du PO. La croix de Lorraine porte les inscriptions 1939 et Lorraine. La devise : « De garde et d'arrêt » rappelle quant à elle la mission des équipages de la ligne Maginot. Lors de la reddition de l'ouvrage, le capitaine Lhuisset réussit à camoufler le fanion de l'ouvrage à l'intérieur de son manteau et pourra ainsi le ramener en France, à l'issue de sa captivité.

O 240 Welschhof CORF Petit ouvrage à trois blocs
Projet n° 684 S du 28 février 1934.
Commandant l'ouvrage : capitaine Lhuisset
Major d'ouvrage : lieutenant Haite
Commandant le génie : lieutenant Caraman
Observateur : lieutenant André
Effectif théorique : 3 off., 158 h.
(présents le 2 septembre 1939 : 6 off., 160 h.)

Bloc 1 : entrée et casemate d'infanterie (1 créneau JM/AC 47, 1 créneau JM), une caponnière battant l'intervalle avec B 3 (1 arme mixte en place en 1940 (photo Tome Deux, p. 115.), 1 cl. AM, 2 cl. GFM B (1 obs./J2, lieutenant André) (plan Tome Deux, p. 48) (sous-lieutenant Fritz)
Bloc 2 : tourelle pour 2 armes mixtes, 1 cl. FM B (adjudant/chef Grosset) (photo Tome Deux, p. 81)
Bloc 3, casemate d'infanterie flanquant vers l'est : 1 créneau JM/AC 47, 1 créneau JM, 1 cl. AM, 2 cl. FM B, 1 prise d'air générale (lieutenant Jacques)
Au 2e cycle, l'ouvrage aurait dû recevoir une tourelle de 81(B 4) et une entrée séparée.

Le capitaine Lhuisset commandant le PO du Welschhof. Les pattes de collet, au numéro 166, sont bien visibles. Officier monté, Lhuisset porte une culotte à basanage de peau, des bottes à l'écuyère et des éperons.

Coll. famille Lhuisset

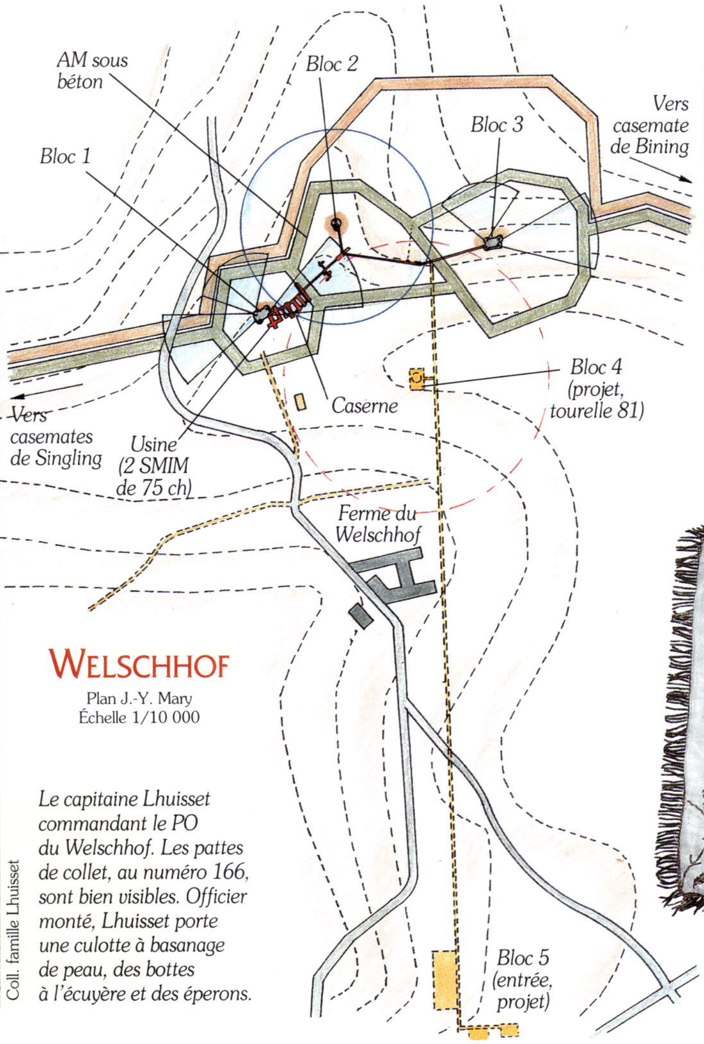

Welschhof

Plan J.-Y. Mary
Échelle 1/10 000

Photos A. Hohnadel

Coll. Ass. Fort Casso, fonds Cauchy

Deux hommes de la compagnie d'équipages posent devant le bloc 2 du PO de Rohrbach qui, à peine réceptionné, est livré au 153e RIF. Quelques derniers travaux de parachèvement restent à réaliser comme la pose des garde-corps le long du fossé diamant, et celle de la plaque « 1938 » qui, marquant la fin des travaux, sera scellée ultérieurement sur la visière de l'entrée.

Coll. Ass. Fort Casso, fonds Cauchy

La tourelle mitrailleuses du bloc 3 de Rohrbach, ici en position de batterie, sert de toile de fond à une photo souvenir.

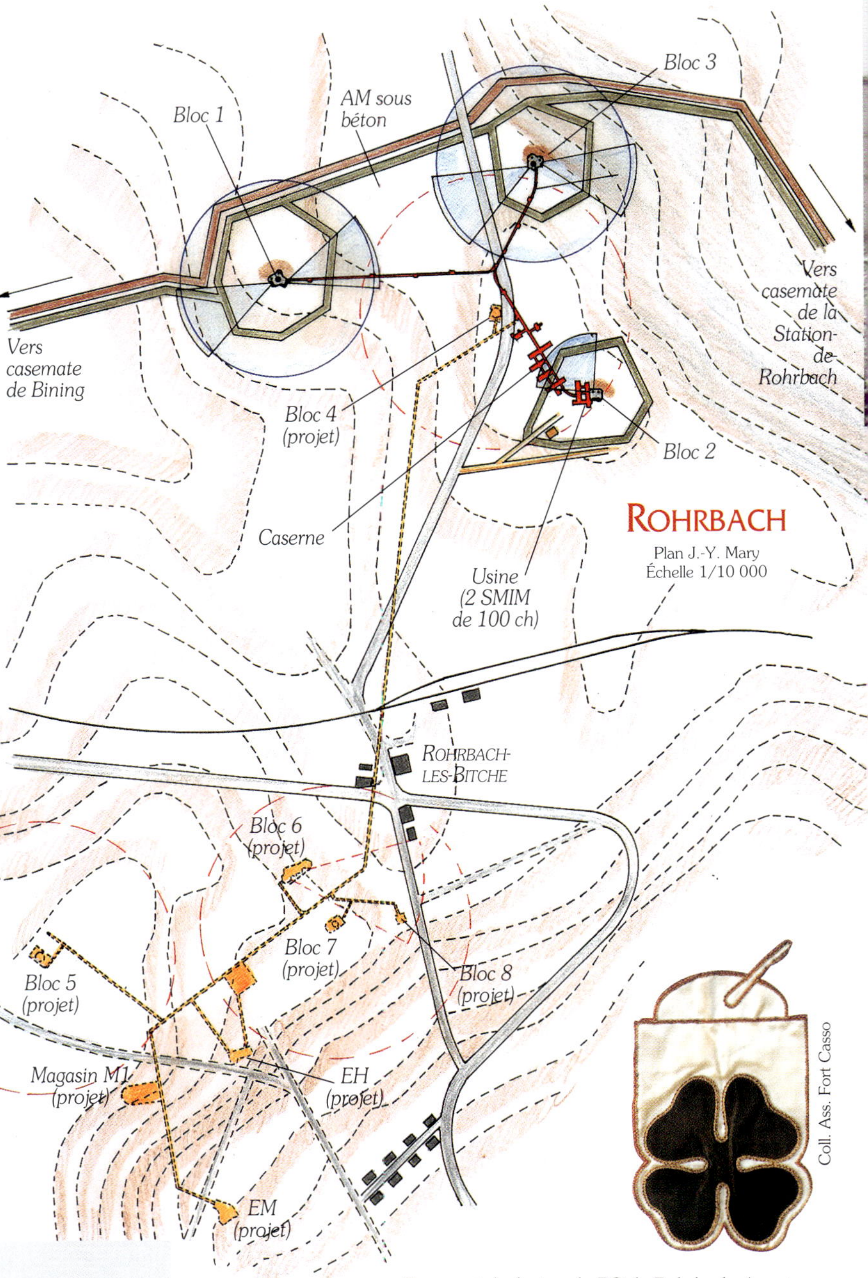

Coll. Ass. Fort Casso

Fragment du fanion du PO de Rohrbach. Avant de quitter son ouvrage, le capitaine de Saint-Ferjeux en découpa le fanion pour en remettre un fragment à chaque membre de son équipage. Notre document montre le motif central conservé par le capitaine et représentant le trèfle du 153e RIF (➡ Tome Un, page 115) surmonté d'une tourelle à tube saillant.

Coll. Ass. Fort Casso, fonds Geroldt

Ci-contre. Le bloc 3 de Rohrbach est une casemate double surmontée d'une tourelle de mitrailleuses. À gauche est visible le mur qui stabilise le remblai en direction de la route traversant l'ouvrage.

4 Bining CORF Casemate double : 1 créneau JM/AC 47, 1 créneau JM, 1 créneau JM/AC 47 à l'est, 1 cl. AM, 2 cl. GFM (1 obs./J2) (lieutenant Pierre)

O 250 ROHRBACH CORF Petit ouvrage à trois blocs

Étude n° 503 S du 25 février 1933 (avec tourelles de mitrailleuses). Plans : masse n° 846 S du 16 mars 1934, reconnaissance CORF du 22 mars 1934, variante n° 1415 S du 4 mai 1934 au plan de masse et rectificatif n° 2064 S du 28 juin 1934.

Commandant l'ouvrage : capitaine de Saint-Ferjeux (portrait, ➡ p. 224)

Officier adjoint : lieutenant Jacquot

Observateur : lieutenant Hacquard

Effectif théorique : 3 off., 173 h.

Bloc 1 : casemate simple flanquant vers l'ouest (un créneau JM/AC 47, 1 créneau JM), une caponnière battant l'intervalle avec B 3 (1 arme mixte remplacée par un JM), 1 tourelle pour 2 armes mixtes (aspirant Kalis), 2 cl. GFM (1 obs./J2 indicatif O 26 rattaché au Simserhof), 1 prise d'air générale (lieutenant Damour tué le 15 juin 1940 lors d'une patrouille extérieure)

Bloc 2 : entrée, 1 cl. AM, 1 cl. GFM (lieutenant Huet)

Bloc 3 : casemate d'infanterie double (1 créneau JM/AC 47, 1 créneau JM), une caponnière battant l'intervalle avec B 1 (1 arme mixte remplacée par un JM), 1 tourelle mitrailleuses, 2 cl. GFM B (1 obs./J2 indicatif O 24 rattaché au Simserhof) (➡ photo de l'intérieur de la tourelle Tome Deux, p. 78) (lieutenant Demazi)

Le PO de Rohrbach est initialement un gros ouvrage dont les blocs d'artillerie n'ont pas été réalisés (blocs non construits : EM, EH, deux tourelles de 75 mle 33 (B 4 et B 5), une tourelle de 135 (B 7), une casemate d'artillerie à trois 75 mle 29 (B 6) et une tourelle de 145 mm à longue portée (B 8).

Coll. Ricco

La casemate d'Holbach comporte deux cloches GFM et une cloche JM — dont seul le dôme est visible — qui agit frontalement dans la vallée.

Coll. H. Schliessmann

5 Station-de-Rohrbach [1] CORF Casemate double (type 1934) : 1 créneau JM/AC 47, 1 créneau JM vers l'ouest, 1créneau JM/AC 47 à l'est, 1 cl. AM, 2 cl. GFM B (lieutenant Hauth)
6 Rohrbach CORF Abri de surface + PC de compagnie : 2 cl. GFM

■ **Sous-secteur du Légeret** : 153e RIF (lieutenant-colonel Mauvin)
3e CEC du SF Rohrbach : capitaine Stern (PC : abri de la Fröhmühle)
Casernement de sûreté : Légeret
PC : ferme Heiligenbronn (PC 1295)

7 Sinnerberg Ouest CORF Casemate simple flanquant vers l'ouest : 1 créneau JM/AC 37, 1 créneau JM, 1 cl. GFM (ss-lt Salvat)
8 Sinnerberg Est CORF Casemate simple flanquant vers l'est : 1 créneau JM/AC 37, 1 créneau JM, 1 cl. GFM
9 Petit-Réderching Ouest CORF Casemate simple flanquant vers l'ouest : 1 créneau JM/AC 37, 1 créneau JM, 1 cl. GFM (lieutenant Leroux)
10 Petit-Réderching Est CORF Casemate simple flanquant vers l'est : 1 créneau JM/AC 37, 1 créneau JM, 1 cl. GFM
11 Petit-Réderching CORF Abri-caverne pour une compagnie à 3 coffres (exceptionnel) : 3 cl. GFM
12 Seelberg Ouest CORF Casemate simple flanquant vers l'ouest : 1 créneau JM/AC 47, 1 créneau JM, 1 cl. GFM (obs./J2 indicatif O 22 rattaché au Simserhof) (lieutenant Guigne)
13 Seelberg Est CORF Casemate simple flanquant vers l'est : 1 créneau JM/AC 47, 1 créneau JM, 1 cl. GFM
14 Judenhoff CORF Casemate double : 2 créneaux JM/AC 37, 2 créneaux JM, 2 cl. GFM (1obs./J2 indicatif O 20) (lieutenant Anal)
15 Fröhmühle CORF Abri caverne : 2 cl. FM
16 Holbach CORF Casemate simple flanquant vers l'est : 1 créneau JM/AC 47, 1 créneau JM, 2 cl. GFM, 1 cl. M (lieutenant Eber, puis ss-lieutenant Gosset le 11 juin 1940)

Le demi-ouvrage Est du Simserhof photographié en 1940, depuis la route de Zweibrücken : blocs 6 (à gauche) et 4 (à droite). Comme le bloc 4 est très proche de la route, les réservistes de Bitche y donnaient rendez-vous à leurs épouses avant qu'elles ne soient évacuées le 1er septembre 1939 avec tous les habitants de la « zone rouge » (témoignage de l'ouvrier électromécanicien François Botzong, affecté à l'usine du Simserhof).

Note
1. Incorporée initialement au sous-secteur du Légeret, la casemate Station-de-Rohrbach a été rattachée au sous-secteur de Bining durant la guerre pour des raisons purement techniques (témoignage de M. Hauth).

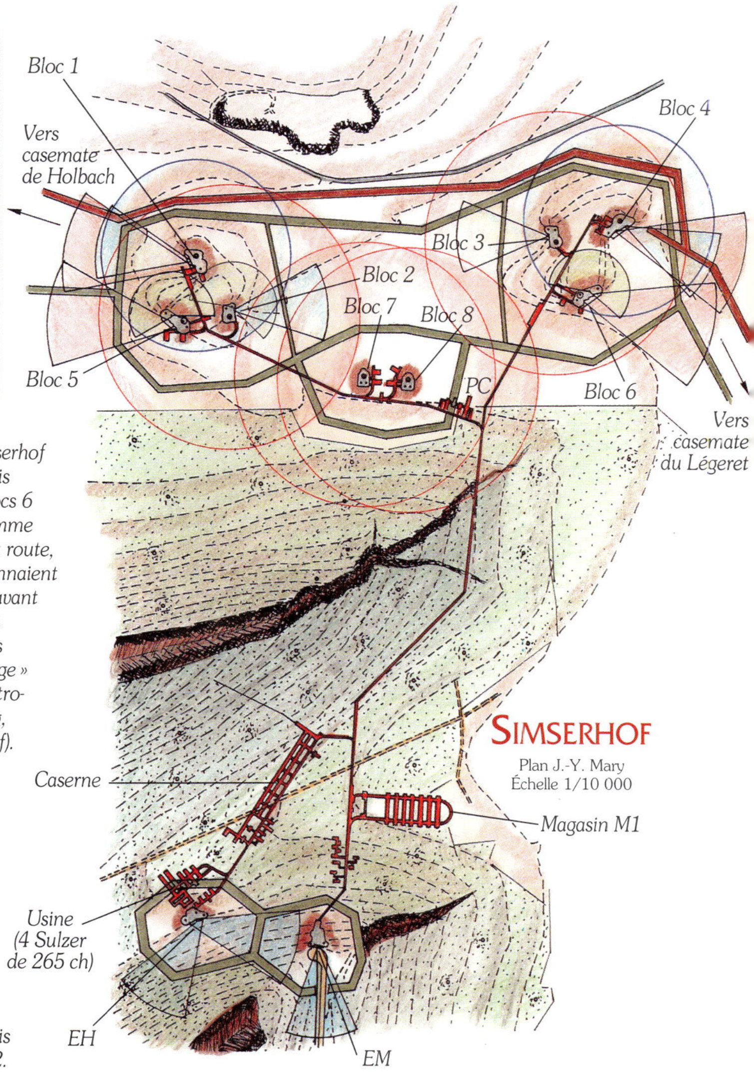

La casemate d'artillerie du bloc 6 du Simserhof pour trois matériels de 75 modèle 1932.

Ascomémo

L'entrée des munitions du Simserhof et l'esplanade particulièrement bien dégagée. Sur la droite, un baraquement du casernement léger (photographie prise en juillet 1940).

Coll. Lanotte

O 300 Simserhof CORF Ouvrage d'artillerie à huit blocs et deux entrées

Plans de masse (➠ Tome un, p. 26) n° 212 S du 7 juin 1929 proposant un plan concentré type CDF, n° 306 S du 12 juillet 1929 (deux demi-forts) approuvé le 21 septembre 1929 par le maréchal Pétain et n° 503 S du 8 octobre 1929 (incluant le tracé de galeries demandé par le Maréchal). Plans d'implantation du 5 mars 1930 et implantation définitive du 16 septembre 1930. Examen lors des 27e, 29e et 43e réunions de la CORF (1er et 31 juillet 1929, 9 octobre 1930). Approbations ministérielles n° 2048 du 24 septembre 1929, n° 1324-2/4 S du 27 mai 1930 et n° 2158-2/4/ S du 22 juin 1931.

Commandant l'ouvrage : lieutenants-colonels Aumoitte (du 10 avril 1938 au 12 février 1940) puis Mauvin (12 février 1940), enfin commandant (puis lieutenant-colonel) Bonlarron (23 avril 1940) (portrait, ➠ page 24)

Commandant en second et groupement autonome d'artillerie : chef d'escadron Bourvon

Commandant l'artillerie : capitaine Urbéro

Commandant l'infanterie (**4e CEO**) : capitaines Evenou, Mosser, puis Magnat (15 avril 1940)

Commandant le génie : capitaine Algrain puis lieutenant Bordet (5 novembre 1939)

Effectif théorique : 28 off., 792 h.
(présents le 2 septembre 1939 : 31 off., 849 h.)

Bloc 1 : bloc mixte à une chambre de tir d'artillerie (1 créneau de 135), une chambre de tir infanterie (1 créneau JM/AC 47, 1 créneau JM) flanquant vers l'ouest et une tourelle de mitrailleuses, 1 cl. GFM (lieutenant Simon)

Bloc 2 : bloc mixte à une chambre de tir d'infanterie (1 créneau JM/AC 47, 1 créneau JM), 1 tourelle de 81, 1 cl. GFM et un observatoire : 1 cl. obs./VDP (indicatif O 2, rattaché au Simserhof) (lieutenant Lehmann)

Bloc 3 : bloc mixte à une casemate d'infanterie (1 créneau JM/AC 37, 1 créneau JM) flanquant vers l'ouest, une tourelle de 81, 2 cl. GFM (lieutenant Schmitt) (➠ plan Tome Deux, p. 47)

Bloc 4 : bloc mixte à une chambre de tir d'artillerie (1 créneau de 135 rattaché au Schiesseck), une chambre de tir infanterie (1 créneau JM/AC 37, 1 créneau JM) flanquant vers l'est et une tourelle de mitrailleuses, 1 cl. GFM

Bloc 5, casemate d'artillerie flanquant vers l'ouest : 3 matériels de 75 mle 32, 2 cl. GFM, 1 cl. LG, 1 cl. obs./VDP (indicatif O 3 rattaché au Simserhof) (lieutenant Colonna)

Bloc 6, casemate d'artillerie flanquant vers l'est (rattachée au Schiesseck) : 3 matériels de 75 mle 32, 2 cl. GFM, 1 cl. LG, 1 cl. obs./VDP (indicatif O 1 rattaché au Schiesseck) (lieutenant Mercerf ?) (➠ photos Tome Un, p. 6 et Tome Deux, p. 97)

Bloc 7 : tourelle de 135, 2 cl. GFM (lieutenant Guitardt Kiener ?)

Bloc 8 : tourelle de 75 mle 33, 2 cl. GFM (lieutenant Simon)

Entrée des hommes (en puits) : 2 créneaux JM/AC 47, 2 cl. GFM, 1 cl. LG (sergent Thiéry)

Entrée des munitions (type A de plain-pied) : 1 créneau JM/AC 47, 2 cl. GFM (adjudant-chef Legrand surnommé « Libellule »)

Dans les plans initiaux, l'ouvrage comportait des fossés défendus par six coffres. Les canons des blocs 4 et 6, dont la zone d'action s'étend vers le camp de Bitche, sont rattachés au PC artillerie du Schiesseck.

Coll. Bonlarron

17	Légeret	CORF	Casemate simple flanquant vers l'est : 1 créneau JM/AC 47, 1 créneau JM, 1 cl. M, 1 cl. GFM (lieutenant Anel)
18	Légeret	CORF	Abri-caverne : 2 cl. GFM
19	Freudenberg	CORF	Observatoire : 1 cl. obs./VP (indicatif O 19 rattaché au Schiesseck), 1 cl. GFM
20	Freudenberg	CORF	Abri-caverne : 2 cl. GFM. L'abri est relié par galerie à l'observatoire du Freudenberg (lieutenant Jacques)
21	Freudenberg	CORF	Casemate simple flanquant vers l'ouest : 1 créneau JM/AC 47, 1 créneau JM, 1 cl. M, 1 cl. GFM
22	Reyerswiller	CORF	Abri-caverne : 2 cl. GFM

Avant-postes : Bettviller, Hœlling, Welschhof/Kappellenhoff, Bitcherberg.
Maison forte : Schweyen.

■ **Sous-secteur de Bitche** :

37e RIF (lieutenant-colonel Combet)
(vient du SF Vosges le 15 mars 1940)

1re CEC du SF Vosges : capitaines Demaîche puis Fortwengler
Casernement de sûreté : camp de Bitche
PC : Schimberg (PC 1315) (➠ plan Tome Deux, p. 137)

Le coffre Est de l'abri du Légeret en 1940.

DR

L'abri caverne du Freudenberg durant l'hiver 1939-40. Les hommes vaquent aux travaux d'intérêt général, une charrette stationne entre les deux coffres. Une guerre somme toute assez tiède...

Coll. Stern

Façade arrière d'un blockhaus de la région de Bitche.

Un autre blockhaus MOM de la région de Bitche.

Coll. Ascomémo

SCHIESSECK
(OUVRAGE A)

Plan J.-Y. Mary
Échelle 1/10 000

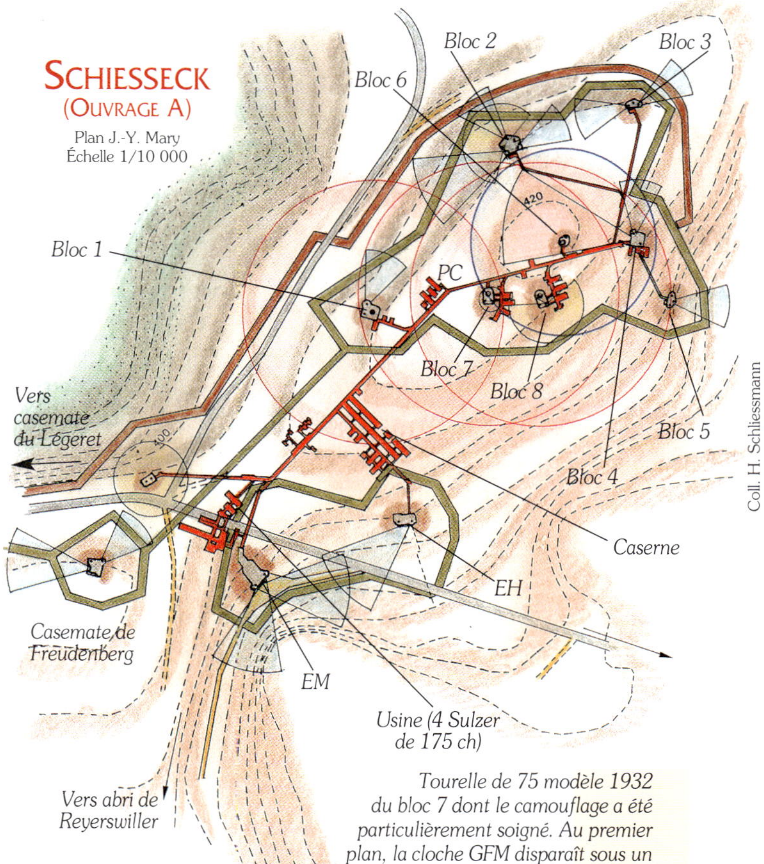

Tourelle de 75 modèle 1932 du bloc 7 dont le camouflage a été particulièrement soigné. Au premier plan, la cloche GFM disparaît sous un filet en partie couvert de végétation, conformément aux prescriptions en matière de camouflage.

Coll. H. Schliessmann

Le bloc 2 du Schiesseck est une casemate d'infanterie dont le camouflage deux tons est tout à fait typique des ouvrages de la région de Bitche.

Coll. H. Schliessmann

O 350 SCHIESSECK (OUVRAGE A) CORF Ouvrage d'artillerie à huit blocs et deux entrées

Plans : masse n° 358 S du 2 août 1929, implantation n° 489 S du 20 novembre 1930, n° 127 S du 26 février 1931 (partie arrière) et implantation définitive n° 426 S du 9 mai 1931 (partie avant). Examen lors des 30e et 48e réunions de la CORF (16 septembre 1929 et 15 décembre 1930). Approbations ministérielles n° 1369-3/11 du 2 juin 1931 et n° 2029-2/4 S du 11 juin 1931. En août 1938, étude d'une entrée auxiliaire défilée.

Commandant l'ouvrage : capitaine puis chef de bataillon Stoquer
Major d'ouvrage : lieutenant Joray
Commandant l'artillerie : capitaine Roux
Commandant l'infanterie : lieutenant Dussert
Commandant le génie : capitaine Cazenave
Effectif théorique : 22 off., 679 h.

Bloc 1 : tourelle de 81, 1 cl. M, 1 cl. GFM
Bloc 2, casemate d'infanterie flanquant vers l'ouest : 1 créneau JM/AC 47, 1 créneau JM, 2 cl. M, 1 cl. GFM + observatoire: 1 cl. obs./VDP (indicatif O 17 rattaché au Simserhof) (sous-lieutenant Michaud)
Bloc 3, casemate d'infanterie : 2 cl. M, 1 cl. GFM (adjudant Casoni)
Bloc 4, casemate de 81 : deux créneaux de 81 en sous-sol, 1 cl. M, 1 cl. GFM (➨ schéma des galeries B 4 et B 5, Tome Deux, p. 43).
Bloc 5, casemate d'infanterie : 1 cl. M, 2 cl. GFM (1 obs./J2 indicatif O 27 rattaché au Schiesseck)
Bloc 6 : tourelle de mitrailleuses, 1 cl. GFM
Bloc 7 : tourelle de 75 mle 32 R, 1 cl. GFM, 1 cl. LG (lieutenant Bernolle) (➨ photos Tome Deux, p. 100 et Tome Trois, p. 11)
Bloc 8 : tourelle de 135, 1 cl. GFM + observatoire : 1 cl. obs./VDP (indicatif O 16 rattaché au Schiesseck)
Bloc 9 (observatoire O 18 rattaché au Schiesseck) : 1 cl. obs/VP (➨ photo Tome Deux, p. 119), 1 cl. GFM
Entrée des hommes (en puits) : 1 créneau JM/AC 47, 2 cl. GFM (adjudant Janiaut)
Entrée des munitions (type B de plain-pied) : 2 créneaux JM/AC 47, 2 cl. GFM (sous-lieutenant Lacour) (➨ photo Tome Deux, p. 82)

L'adoption des plans a été laborieuse (plusieurs projets successifs). L'ouvrage ne possède pas de magasin M 1. Le président de la République, Albert Lebrun, a visité le Schiesseck le 9 août 1934.

Coll. Bruge

Le capitaine Stoquer commandant l'ouvrage et les officiers du Schiesseck dans le mess de l'ouvrage.

Coll. H. Schliessmann

L'usine du Schiesseck est équipée de moteurs Sulzer quatre cylindres, d'une puissance de 175 chevaux.

DR, coll. Mansuy

L'équipage du bloc 1 du Schiesseck au grand complet. Malgré l'afflux des réservistes depuis la mobilisation, les bérets caractérisant les hommes de l'effectif actif demeurent ici majoritaires, ce qui est loin d'être le cas de tous les ouvrages.

La façade du bloc 2 de l'ouvrage de l'Otterbiel comprend une chambre de tir flanquant vers l'ouest. Ce bloc est également muni d'un poste de TSF dont l'antenne court le long de la visière.

Coll. Ascomémo

Otterbiel
(Ouvrage B)

Plan J.-Y. Mary
Échelle 1/10 000

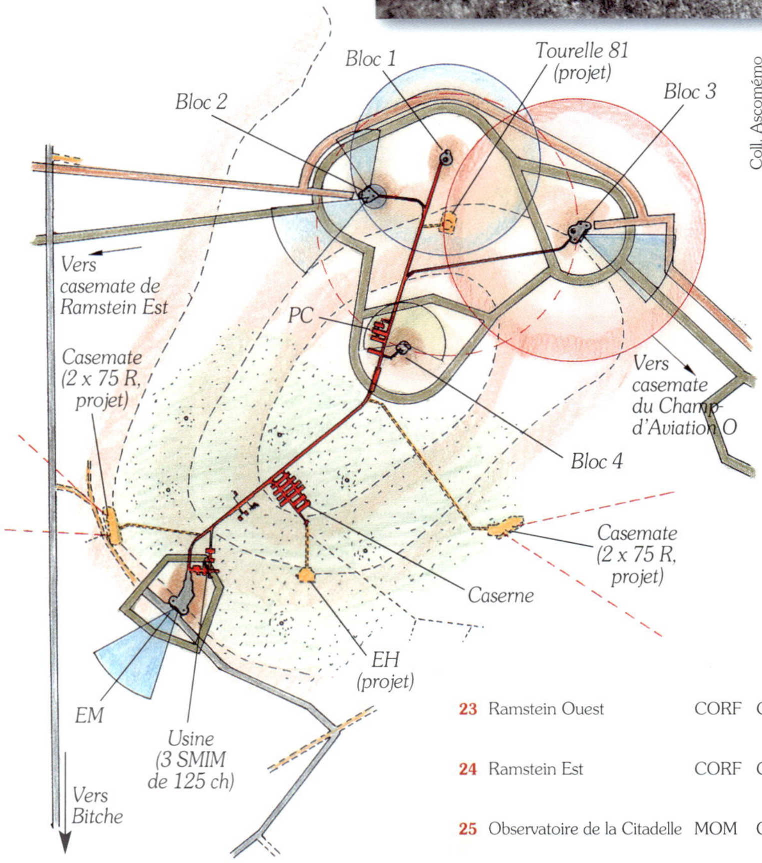

Coll. Ascomémo

Panorama sur l'ouvrage de l'Otterbiel : le bloc 2 occupe tout le premier plan, alors que la tourelle de mitrailleuses du bloc 1 se profile à l'horizon.

23	Ramstein Ouest	CORF	Casemate simple flanquant vers l'ouest : 1 créneau JM/AC 47, 1 créneau JM, 1 cl. M, 1 cl. GFM (lieutenant Simimin)
24	Ramstein Est	CORF	Casemate simple flanquant vers l'est : 1 créneau JM/AC 37 ?, 1 créneau JM, 1 cl. GFM
25	Observatoire de la Citadelle	MOM	Observatoire auxiliaire (indicatif O 85 rattaché au Schiesseck) (lieutenant David)

O 400 Otterbiel (ouvrage B) CORF Ouvrage mixte à quatre blocs et une entrée

Plans : masse n° 52 S du 31 janvier 1931 et implantation n° 894 S du 28 juillet 1931. Examen lors de la 52e réunion de la CORF (8-9 mai 1931). Approbations ministérielles n° 1270-3/11 du 21 mai 1931 et n° 2983-2/4 S du 25 août 1931.

Commandant l'ouvrage : capitaines Mayné puis Le Glaunec (décembre 1939)
Commandant l'artillerie : sous-lieutenant Bercier
Commandant l'infanterie : lieutenant Serre
Commandant le génie : lieutenant Guerrier
Effectif théorique : 7 off., 98 h.

Bloc 1 : tourelle de mitrailleuses, 1 cl. GFM (sous-lieutenant Du Aulnau)
Bloc 2, casemate d'infanterie flanquant vers l'ouest : 1 créneau JM/AC 47, 1 créneau JM, 1 cl. M, 2 cl. GFM, 1 cl. LG (sous-lieutenant Serre)
Bloc 3, casemate d'infanterie flanquant vers l'est : 1 créneau JM/AC 47, 1 créneau JM + tourelle de 81, 1 cl. M, 2 cl. GFM (infanterie : adjudant-chef Colson et tourelle 81 : sous-lieutenant Bercier)
Bloc 4 (observatoire indicatif O 15 rattaché au Schiesseck) : 1 cl. obs./VP, 2 cl. GFM (lieutenant Goulon)
Entrée des munitions (type B de plain-pied) : 1 créneau JM/AC 47, 2 cl. GFM

L'Otterbiel est un ouvrage d'artillerie qui a été amputé de quatre blocs : EH, une tourelle de 81 et deux casemates de 75. De ce fait, il ne possède pas de magasin M 1.

26	Champ-d'Aviation Ouest	CORF	Casemate simple flanquant vers l'est : 1 créneau JM/AC 37, 1 créneau JM, 1 cl. GFM (→ photo Tome Deux, p. 8)
27	Champ-d'Aviation Est	CORF	Casemate simple flanquant vers l'ouest : 1 créneau JM/AC 37, 1 créneau JM, 1 cl. GFM (lieutenant Socquet)
28	Kindelberg	CORF	Abri-caverne + PC de bataillon : 2 cl. GFM
29	Rochat Ouest	CORF	Casemate simple flanquant vers l'ouest : 1 créneau JM/AC 37, 1 créneau JM, 1 cl. GFM
30	Rochat Est	CORF	Casemate simple flanquant vers l'est : 1 créneau JM/AC 37, 1 créneau JM, 1 cl. GFM (aspirant Steyer)
31	Petit-Hohékirkel	CORF	Casemate simple flanquant vers l'est : 1 créneau JM/AC 37, 1 créneau JM, 1 cl. GFM (sous-lieutenant Fersing)
32	Grand-Hohékirkel Ouest	CORF	Casemate simple flanquant vers l'ouest : 1 créneau JM/AC 37, 1 créneau JM, 1 cl. GFM (lieutenant Brival)
33	Grand-Hohékirkel Est	CORF	Casemate simple flanquant vers l'est : 1 créneau JM/AC 37, 1 créneau JM, 1 cl. GFM
34	Le Camp	CORF	Abri de surface : 2 cl. GFM

Coll. Ph. Thiry

L'abri du Camp (de Bitche), installation de surface, présente un bel exemple de camouflage par filets tendus.

DR, coll. A. Hohnadel

Le colonel Regard, juste avant-guerre alors qu'il commande le 37e RIF actif. À la mobilisation, il sera à la tête de l'infanterie du SFV, forte de trois régiments.

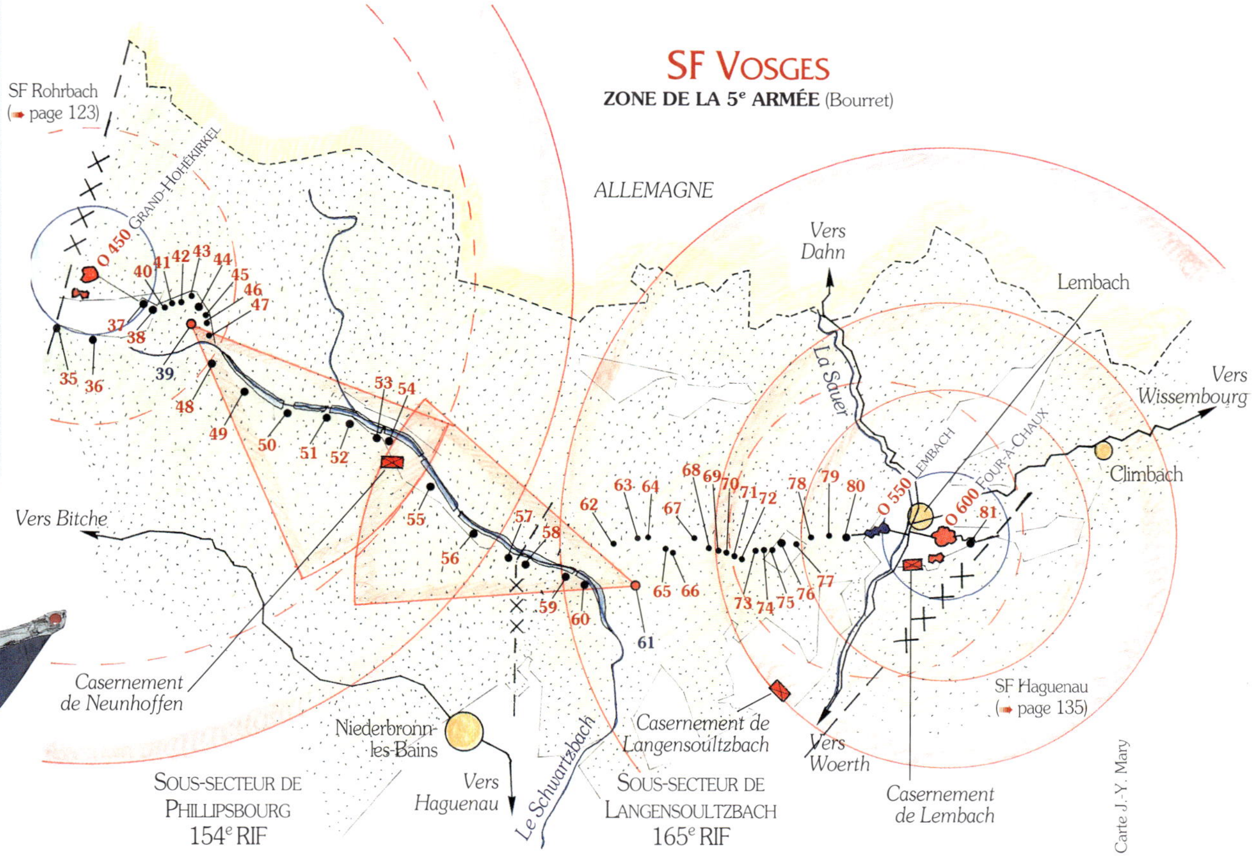

Carte J.-Y. Mary

NB : les repères **35** à **81** sont des numéros arbitraires permettant un renvoi facile au répertoire des pages 130 à 133. Il ne s'agit nullement d'une numérotation d'époque. En revanche, les ouvrages, mentionnés en toutes lettres, portent également leur indicatif téléphonique d'époque dans la série **O**.

Photo A. Hohnadel

Fanion du colonel Regard, commandant l'infanterie du SF Vosges. Les sapins, que l'on trouve aussi sur les insignes des 154e et 165e RIF mobilisés du SFV (→ Tome Un, p. 117 et 128) et sur les flammes des clairons et tambours du 37e RIF actif (→ Tome Un, p. 95), sont symboliques des Vosges. Quant au fanion lui-même, il est sensiblement conforme à la description du 15 mars 1933 identifiant le fanion d'un « général commandant l'infanterie d'une brigade de région fortifiée » : en forme de flamme bleu de ciel de 65 cm de large sur 50 cm de haut, divisé horizontalement et en son milieu par une bande blanche de 14 cm de hauteur. Ici cependant, le blanc prédomine nettement au centre (pour y placer les sapins) et apparaît aussi sur les bords.

SECTEUR FORTIFIÉ DES VOSGES, devenu 43e CORPS D'ARMÉE DE FORTERESSE

Conception

La partie centrale du Secteur fortifié des Vosges s'appuie sur une zone boisée traitée initialement comme zone de destructions et ne nécessitant pas de fortifications importantes. C'est ainsi que sont prévus uniquement trois petits ouvrages (Glassbronn, Grafenweiher et Wineckerthal) équipés de lance-bombes, une casemate (Rothenbourg) et neuf blockhaus Les projets initiaux sont cependant remaniés pour faire place en 1931 à la construction d'une ligne de 33 casemates légères et de blockhaus adaptés au relief tourmenté de la région. Le secteur se divise en deux parties distinctes :

– de la Main-du-Prince jusqu'à Windstein, l'obstacle est constitué par le Schwarzbach, ruisseau aménagé en zone d'inondation défensive par la réalisation de 12 barrages destinés à faire monter le niveau des eaux. Le cours de la rivière est battu par 13 casemates plus une casemate d'artillerie MOM à chaque extrémité dont l'action se recoupe et que complète la couverture de la tourelle de 75 du Grand-Hohékirkel.

– l'autre aile du secteur prend en compte le brusque relèvement du relief entre Windstein et Lembach et vaut surtout par une casemate et une série de 17 blockhaus établis sur les hauteurs. Malgré la nature du terrain, ce point de la défense est particulièrement faible, même s'il bénéficie en contre-partie de l'appui des tourelles du Four-à-Chaux.

De part et d'autre de cette portion centrale, les ailes du SF Vosges sont plus solides avec d'un côté, les ouvrages du camp du Bitche (à l'ouest) et de l'autre côté, ceux de la région de Lembach (à l'est).

Le 5 mars 1940, le Secteur fortifié des Vosges est dissous et passe au 43e CAF (formé par la RF Lauter également dissoute) après avoir cédé le 37e RIF au SF Rohrbach.

Commandement et troupes

Commandant le SF Vosges : général Viellard puis colonel André
Commandant le 43e CAF : général Lescanne (7 janvier 1940)
Chef d'état-major : lieutenant-colonel Vidal
Commandant l'ID : colonels Regard, Béthouart (provisoirement en décembre 1939), puis Senselme
37e RIF (pour mémoire, → SF Rohrbach)
154e RIF : lieutenant-colonel Lambert (→ Tome Un, p. 117)
165e RIF (3 btns) : chef de bataillon puis lieutenant-colonel Renard (→ Tome Un, p. 128)
V/400e RP
Commandant l'AD : colonel Jocard
168e RAP : lieutenant-colonel Robo (→ Tome Deux, p. 204)
60e RAMF : lieutenant-colonel Aufrère (→ Tome Deux, p. 169)
PACAF n° 43 : 143e compagnie d'ouvriers, 163e section munitions auto (ex-705 SM auto du SF Vosges)
Cavalerie : 46e GRCA (ex-46e GRRF de la RF Lauter)
Commandant le génie : colonel Ferracci
Transmissions : 143/81 compagnie télégraphiste
143/82 compagnie radio
143/83 détachement colombophile
Train : 343/20 compagnie auto
Intendance : 443/23 GE divisionnaire (ex-155/23)
Santé : 443e groupe sanitaire
PC : Bærenthal (indicatif PC 1370), puis Ingwiller pour le 43e CAF

Grandes unités de renforcement au 10 mai 1940

30e DI alpine (réserve, série A) : général Duron

Organisations

■ **Sous-secteur de Philippsbourg** : 154e RIF (lieutenant-colonel Lambert)
2e UEC du SF Vosges (quartier du Biesenberg) : lieutenant Saint-Raymond, puis lieutenant Foll
3e UEC du SF Vosges (quartier de Rothenbourg) : capitaine Hubert
4e UEC du SF Vosges (quartier de Neunhoffen) : capitaine Vuillemin
Casernement de sûreté : Neunhoffen

Le Secteur fortifié des Vosges ne compte que trois ouvrages CORF dont le plus à l'ouest est le Grand-Hohékirkel. En voici le bloc 3, qui flanque vers l'est. On distingue le champ de rails formant cavalier sur le talus du massif en aile et le poste de guet extérieur aménagé dans ce même talus (autres détails, voir page suivante).

Coll. Ascoménno

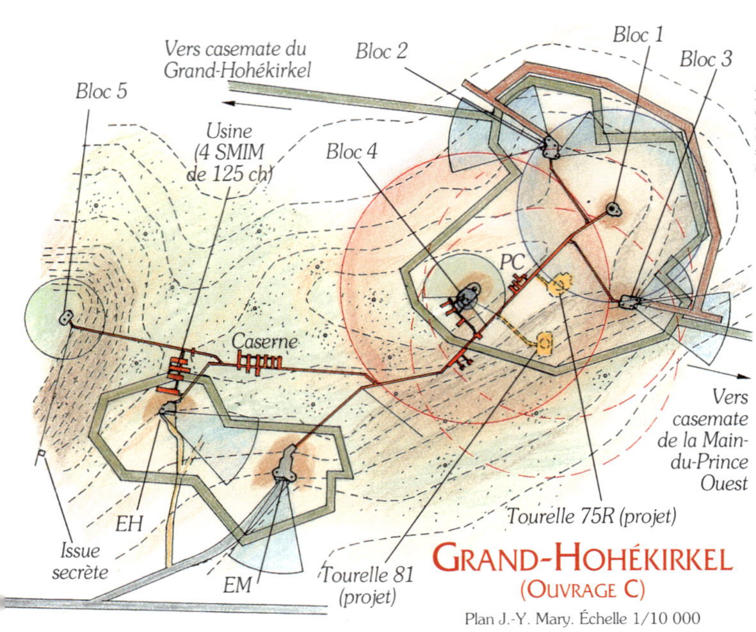

GRAND-HOHÉKIRKEL
(OUVRAGE C)

Plan J.-Y. Mary. Échelle 1/10 000

L'entrée des munitions du Grand-Hohékirkel en 1940 (cliché d'origine allemande). Des tétraèdres sont stockés aux abords, et les deux cloches sont munies chacune d'un dispositif de camouflage différent, celui de gauche étant très particulier.

O 450 GRAND-HOHÉKIRKEL (OUVRAGE C) CORF Ouvrage d'artillerie à cinq blocs et deux entrées, appelé également « Grand Hohé » ou GH

Plans : masse du 31 juillet 1931 et implantation n° 1876 S du 3 décembre 1931. Approbation ministérielle n° 2017-3/11 du 21 août 1931.

Commandant l'ouvrage : commandant Fabre
Major d'ouvrage : lieutenant Vitoux puis capitaine Perrin
Commandant l'artillerie : capitaine Bayrou
Commandant l'infanterie : capitaine Perrin puis lieutenant de Saint-Raymond
Commandant le génie (et commandant en second) : capitaine Vincent
Effectif théorique : 7 off., 179 h.

Bloc 1 : 1 tourelle de mitrailleuses, 1 cl. GFM (lieutenant Rolland)
Bloc 2 : 1 créneau JM/AC 47, 1 créneau JM, 2 cl. M, 2 cl. GFM (sous-lieutenant Liotté puis aspirant Sempan)
Bloc 3, casemate d'infanterie flanquant vers l'est : 1 créneau JM/AC 47, 1 créneau JM, 1 cl. M, 2 cl. GFM (1 obs./J2 indicatif O 25 rattaché au Grand-Hohé) (sous-lieutenant Meyer puis lieutenant Vitoux)
Bloc 4 : tourelle de 75 mle 33, 1 cl. GFM, 1 cl. LG + observatoire (1 cl. obs./VDP, indicatif O 13 rattaché au Grand-Hohé) (lieutenant Andriot)
Bloc 5, observatoire (indicatif O 14 rattaché au Schiesseck) : 1 cl. obs./VP, 1 cl. GFM (lieutenant Doch) (➠ plan Tome Deux, p. 45)
Entrée des hommes (en puits) : 1 créneau JM/AC 47, 1 cl. GFM (sergent-chef Sornette) (➠ plan, Tome Deux, p. 25)
Entrée des munitions (type de plain-pied) : 1 créneau JM/AC 47, 2 cl. GFM (adjudant-chef Galin) (➠ plan, Tome Deux, p. 27).

Au 2e cycle, l'ouvrage aurait dû recevoir une tourelle de 81 et une seconde tourelle de 75. L'ouvrage ne possède pas de magasin M 1.

Curieusement, dans cette entrée, est garé un petit char Renault FT (matricule n° 73 455 repeint dans le style graphique des années trente) destiné éventuellement à nettoyer les dessus.

La tourelle de 75 du bloc 4 du Grand-Hohékirkel en batterie. Au second plan se découpe la cloche GFM.

Insigne du Grand-Hohékirkel. *Grâce au concours du lieutenant Vitoux, l'insigne de l'ouvrage du Grand-Hohé, dessiné par le commandant Fabre, a pu être formellement identifié. Auparavant, il était supposé être celui d'une unité de pionniers. Cette rondache montre un blaireau dans son terrier, en réalité une galerie d'ouvrage équipée d'une voie ferrée. En arrière-plan, un massif boisé et montagneux évoque les Basses-Vosges. La dénomination de l'ouvrage apparaît sous la forme de ses initiales. Sur la bordure, les inscriptions « Le blaireau » (surnom du commandant d'ouvrage) et « Je griffe ». En plaisantant, le capitaine Vincent et commandant en second précisait qu'il aurait préféré la phrase (évidemment à double sens) « On se rase ». (snf).*

Les officiers du Grand-Hohékirkel, photographiés en septembre 1939, dans la galerie principale de l'ouvrage. De gauche à droite, assis : capitaine Perrin (infanterie ouvrage), docteur Hessemann, capitaine Vincent (génie ouvrage), commandant Fabre, X, capitaine Colombat. Debout : les lieutenants Wagner (sapeur-mineur), Doch (observateur), Bayrou (artillerie d'ouvrage), Andriot (tourelle de 75 mm), Roche, Meyer (B 3), Rolland (B 1), Pierre (caché), aspirant Bœtte, lieutenants Liotté (B 2), X et Vitoux (major d'ouvrage puis B 3).

Amicale du 165e, coll. Bruge

Octobre 1939 devant la maison forestière de Nonnenhardt, quelques officiers du II/165e RIF. De gauche à droite : sous-lieutenant Schulz (CM 5), lieutenant Peyaut (CM 6), lieutenant Toussaint (CHR 2) et capitaine Muller (CEFV 2). Schulz et Muller arborent tous deux l'insigne du 165e RIF (➠ Tome un, page 128), et Schultz porte une bien étrange patte de collet, à droite sur sa vareuse à col ouvert : il semble s'agir d'un écusson de troupe (chiffres grand format, probablement métalliques modèle 1935), cousu en oblique.

Novembre 1939 : le commandant Boniarron qui n'a pas encore pris le commandement du Simserhof surveille les travaux de construction d'un abri dans le quartier du Nonnehardt.

Coll. Bonlarron Mme Leloup

NB : les numéros utilisés ici pour renvoyer à la carte sont de notre fait.

35 Dépôt CORF Abri-caverne à deux coffres : 2 cl. GFM
36 Wolfschachen CORF Abri-caverne à deux coffres : 2 cl. GFM

■ **2e UEC**

37 Main-du-Prince Ouest CORF Casemate simple flanquant vers l'ouest : 1 créneau JM/AC 47, 1 créneau JM, 1cl. M, 1 cl. GFM (adjudant Lichtenberger)
38 Main-du-Prince Est CORF Casemate simple flanquant vers l'est : 1 créneau JM/AC 47, 1 créneau JM, 1 cl. GFM (adt Thiébaut)
39 Biesenberg MOM/RFL Casemate d'artillerie pour deux matériels 75 mle 97 flanquant vers l'est
40 Biesenberg I CORF Blockhaus double : 2 créneaux FM, 1 cl. GFM
41 Biesenberg II CORF Blockhaus double : 2 créneaux FM, 1 cl. GFM
42 Biesenberg III CORF Blockhaus double : 2 créneaux FM, 1 cl. GFM
43 Biesenberg IV CORF Blockhaus double : 2 créneaux FM, 1 cl. GFM (sergent Robert)
44 Biesenberg CORF Casemate simple : 1 créneau FM, 1 cl. M, 1 cl. GFM + local TSF (lieutenant David)
45 Biesenberg V CORF Blockhaus simple : 1 créneau FM, 2 cl. GFM (sergent-chef Higonnecq)
46 Biesenberg VI CORF Blockhaus simple : 1 créneau FM, 2 cl. GFM
47 Biesenberg VII CORF Blockhaus double : 2 créneaux FM, 1 cl. GFM
48 Glasbronn CORF Casemate simple flanquant vers l'est : 1 créneau JM, 1 cl. M, 1 cl. GFM (adjudant Thiébault)

■ **3e UEC**

49 Altzinsel CORF Casemate double : 2 créneaux JM, 2 cl. GFM (sous-lieutenant Lagne)
50 Rothenburg CORF Casemate double : 2 créneaux JM, 2 cl. GFM (lieutenant Liotté)
51 Nonnenkopf CORF Casemate double : 2 créneaux JM, 2 cl. GFM
52 Grafenweiher NO CORF Casemate double : 2 créneaux JM, 2 cl. GFM
53 Grafenweiher Centre CORF Casemate simple flanquant vers l'ouest : 1 créneau JM, 1 cl. GFM (lieutenant Meyer)

■ **4e UEC**

54 Grafenweiher Est CORF Casemate simple flanquant vers l'est : 1 créneau JM, 1 cl. M, 1 cl. GFM
55 Dambach Nord *(aussi dénommée Neunhoffen)* CORF Casemate double : 2 créneaux JM (2 chambres de tir à 1 créneau), 2 cl. GFM (sergent Egermann)
56 Dambach Sud CORF Casemate double : 2 créneaux JM (2 chambres de tir à 1 créneau), 2 cl. GFM
57 Wineckerthal Ouest CORF Casemate double : 2 créneaux JM (2 chambres de tir à 1 créneau), 2 cl. GFM (lieutenant Le Gaudu)

Deux avant-postes : Erlenmüss et Neuweiher.

■ **Sous-secteur de Langensoultzbach** : 165e RIF (commandant Renard)
5e UEC du SF Vosges (quartier de Windstein) : lieutenants Vincent puis Delage
6e UEC du SF Vosges (quartier de Nonnenhardt) : capitaine Génin
PC : 1360
Casernement de sûreté : Langensoultzbach et Lembach - Four-à-Chaux

■ **5e UEC**

58 Wineckerthal Est CORF Casemate simple flanquant vers l'est : 1 créneau JM, 1 cl. M, 1 cl. GFM (sous-lieutenant About)
59 Grünenthal CORF Casemate double : 2 créneaux JM 47 (2 chambres de tir à 1 créneau), 1 cl. M, 1 cl. GFM (adjudant Mercier)
60 Windstein CORF Casemate cuirassée : 2 cl. M, 1 cl. GFM (lieutenant Frère)
61 Windstein RFL Casemate d'artillerie pour deux matériels de 75 mle 97 flanquant vers l'ouest (➠ photo Tome Deux, p. 136)
62 Nagesthal CORF Blockhaus double : 2 créneaux JM/13,2 (2 chambres de tir à 1 créneau), 1 cl. GFM (adt-chef Hoffmann) (➠ plan Tome Deux, p. 14)
63 Col-de-Gunsthal Ouest CORF Blockhaus simple flanquant vers l'est : 1 créneau FM, 1 cl. GFM (lieutenant Klein)
64 Col-de-Gunsthal Est CORF Blockhaus simple flanquant vers l'ouest : 1 cré- 1 créneau FM, 1 cl. GFM (sergent-chef Briot) (➠ plan, Tome Deux, p. 14)

■ **6e UEC**

65 (Ferme) Gunsthal Ouest CORF Blockhaus simple flanquant vers l'est : 1 créneau JM/13,2, 1 cl. GFM (adjudant Morot)
66 (Ferme) Gunsthal Est CORF Blockhaus simple flanquant vers l'ouest : 1 créneau JM/13,2, 1 cl. GFM (sergent Edline et sous-lieutenant Tromp)
67 Saegemühle CORF Blockhaus double : 2 créneaux JM/13,2 (2 chambres de tir à 1 créneau), 1 cl. GFM (lieutenant Casse ex-adjudant-chef)
68 Nonnenhardt 1 CORF Blockhaus simple flanquant vers l'ouest : 1 créneau FM, 1 cl. GFM (sergent Verly)
69 Nonnenhardt 2 CORF Blockhaus simple flanquant vers l'ouest : 1 créneau FM, 1 cl. GFM (sergent Brunagel)
70 Nonnenhardt 3 CORF Blockhaus double : 2 créneaux JM/13,2 (2 chambres de tir à 1 créneau), 1 cl. GFM (lieutenant Mouhot) (➠ plan Tome Deux, p. 14)
71 Nonnenhardt 4 CORF Blockhaus simple flanquant vers l'est : 1 créneau FM, 1 cl. GFM (sergent Ertzinger)
72 Nonnenhardt 5 CORF Blockhaus simple flanquant vers l'est : 1 créneau FM, 1 cl. GFM (sergent Weltzer)
73 Trautbach Ouest CORF Blockhaus double : 2 créneaux JM/13,2, 2 cl. GFM (sergent-chef Bucher)
74 Trautbach Centre CORF Blockhaus simple flanquant vers l'ouest : 1 créneau FM, 1 cl. GFM (sergent Hass)
75 Trautbach Est CORF Blockhaus simple flanquant vers l'est : 1 créneau FM, 1 cl. GFM (sergent Couer) (➠ plan Tome Deux, p. 14)
76 La Verrerie CORF Casemate double : 2 créneaux JM/13,2 (2 chambres de tir à 1 créneau), 2 cl. GFM + local TSF (lieutenant Morosolli)
77 La Clairière CORF Blockhaus double : 2 créneaux JM/13,2 (2 chambres de tir à 1 créneau), 1 cl. GFM (sergent Michel)
78 La Verrerie CORF Blockhaus double : 2 créneaux JM/13,2 (2 chambres de tir à 1 créneau), 1 cl. GFM (sergent Mrozeck)
79 Marbach CORF Blockhaus double : 2 créneaux FM, 1 cl. GFM (sergent Ratier)
80 Lembach CORF Casemate simple flanquant vers l'ouest : 1 créneau JM/AC 47 (1 chambre de tir à 1 créneau), 1 cl. GFM (sergent Weimberg)

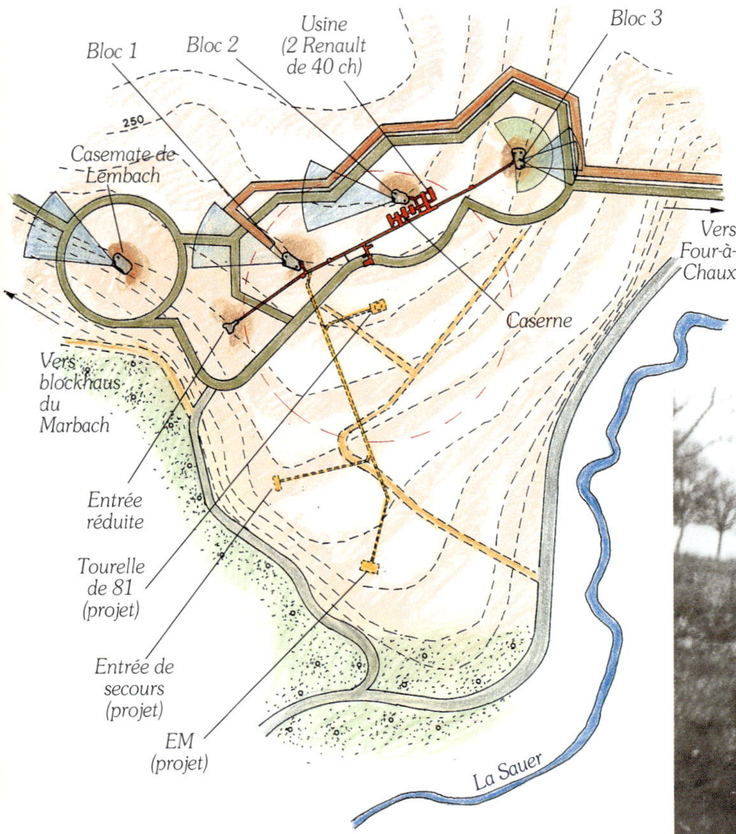

Lembach (Ouvrage D)

Plan J.-Y. Mary.
Échelle 1/10 000

O 550 Lembach (ouvrage D) CORF Petit ouvrage à trois blocs et une entrée de type réduit

Plans n° 215 S du 21 mars 1931 et implantation rectifiée n° 461 S du 16 mai 1931. Approbation ministérielle n° 2298-2/4 S du 2 juillet 1931.

Commandant l'ouvrage : capitaine Drouin
Officier adjoint : sous-lieutenant Allonas.
Commandant le génie : lieutenants Ferrandon puis Padovani
Effectif théorique : 4 off., 58 h.

Bloc 1, casemate d'infanterie flanquant vers l'ouest : 1 créneau JM/AC 47, 1 créneau JM, 2 cl. GFM

Bloc 2, casemate d'infanterie flanquant vers l'ouest : 1 créneau JM/AC 47, 1 créneau JM, 2 cl. GFM (lieutenant Schœn)

Bloc 3 (appelé également ***Bloc Est***), casemate d'infanterie : 2 cl. M, 1 cl. GFM + observatoire 1 cl. obs./VDP (indicatif O 12 rattaché au FAC, lieutenant Baumgarten) (lieutenant Champenois)

Entrée (type réduit de plain-pied) : 2 créneaux FM

Au 2e cycle, l'ouvrage aurait dû recevoir une tourelle de 81 et deux entrées arrière. L'ouvrage ne possède pas de tourelle de mitrailleuses.

Quelques officiers du PO de Lembach posent avec le chien Fritz. De gauche à droite : lieutenant Padovani (commandant le génie de l'ouvrage), sous-lieutenant Champenois (bloc 3), capitaine Drouin (commandant l'ouvrage) et sous-lieutenant Allonas (officier adjoint).

Coll. Bruge

Le casernement léger du PO de Lembach, situé près de l'entrée. À l'arrière-plan, la route forestière reliant l'ouvrage à la route de Matstall.

Fonds Poirel/Turenne

O 600 Four-à-Chaux (ouvrage E) CORF Ouvrage d'artillerie à six blocs et deux entrées, appelé également le FAC

Plan : masse du 2 décembre 1930 et implantation rectifiée n° 461 S du 16 mai 1931. Examen lors de la 53ᵉ réunion de la CORF (8 juin 1931). Approbations ministérielles n° 1557-3/11 du 23 juin 1931 et n° 2999 2/4 S du 2 juillet 1931.

Commandant l'ouvrage : commandant Exbrayat
Commandant en second : capitaine Thiébaut
Major d'ouvrage : capitaine Martinelle
Commandant l'artillerie et GAF 2 : capitaine Faure
Commandant l'infanterie : capitaine Martin
Commandant le génie : capitaine Serin
Effectif théorique : 12 off., 200 h. ?
(présents le 2 septembre 1939 : 19 off., 491 h.)

Bloc 1 : tourelle de 135, 2 cl. GFM (lieutenant Vincent)
Bloc 2 : tourelle de 75 mle 32 R, 1 cl. M, 1 cl. GFM (sous-lieutenant Chardonnet)
Bloc 3 : tourelle de 81, 1 cl. GFM, 1 cl. LG (lieutenant Helminger)
Bloc 4, casemate d'infanterie Est (lieutenant Cavaillé) : 2 cl. M, 1 cl. GFM + observatoire : 1 cl. obs./VDP (indicatif O 10 rattaché au Hochwald Ouest, lieutenant Sieffert)
Bloc 5 : tourelle de mitrailleuses, 1 cl. GFM (lieutenant Blanchard)
Bloc 6, casemate d'infanterie Ouest, flanquant vers l'ouest : 1 créneau JM/AC 47, 1 créneau JM, 1 cl. M, 1 cl. GFM (lieutenant Baranger) + observatoire (indicatif O 11 rattaché au FAC, sous-lieutenant Delaunay) : 1 cl. obs./VDP
Entrée des hommes ou ***Bloc 29*** (de plain-pied car elle est au même niveau que la caserne, cas exceptionnel) : 1 créneau JM/AC 47, 1 cl. GFM (sergent chef Luxembourg)
Entrée des munitions ou ***Bloc 28*** (de type A de plain-pied jusqu'à l'usine puis en plan incliné ascendant à 25 % car elle est implantée en contrebas de la caserne et des blocs de combat) : 1 créneau JM/AC 47, 2 cl. GFM (adjudant-chef Genzbittel) (➨ schéma et photo du plan incliné, Tome Deux, pp. 30 et 91).

Le premier projet (décembre 1930) faisait état de deux casemates mixtes (infanterie/artillerie) et de deux tourelles d'artillerie (81 et 135). Les deux casemates ont été supprimées et remplacées par une tourelle de 75. Au 2ᵉ cycle, l'ouvrage aurait dû recevoir une deuxième tourelle de 75 mle 32 R. L'ouvrage ne possède ni magasin M 1, ni traction électrique.

Ascomemo

Autre casernement léger : celui du Four-à-Chaux situé près de l'entrée des munitions (photographié ici à l'occasion de la fête du 14 juillet 1939).

Coll. Turenne, fonds Poirel

La cloche GFM du Bloc 6 du Four-à-Chaux domine le village pittoresque de Lembach.

Four-à-Chaux (Ouvrage E)

Plan J.-Y. Mary
Échelle 1/10 000

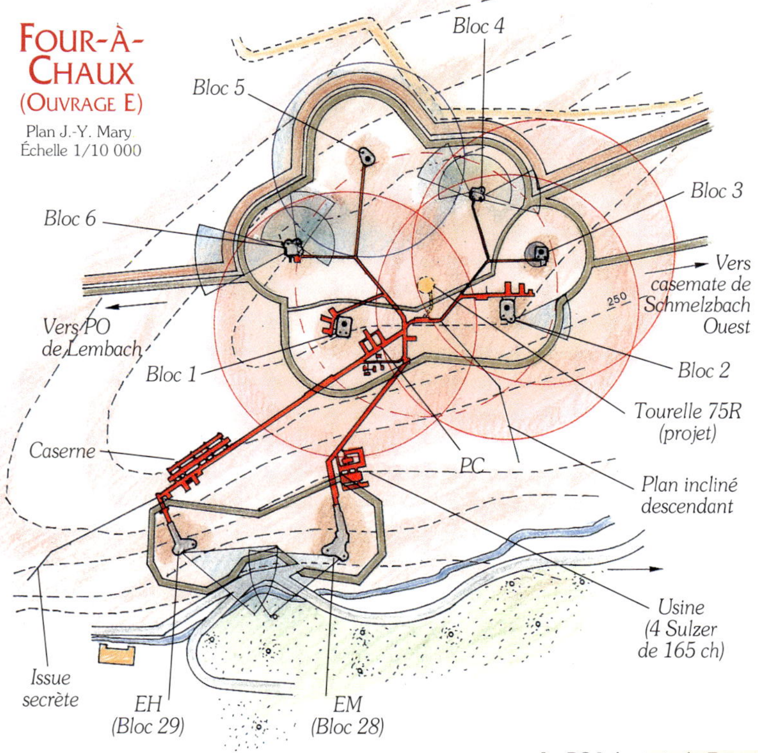

81 Schmelzbach Ouest CORF Casemate simple flanquant vers l'est : 1 créneau JM/AC 37, 1 créneau JM, 1 cl. GFM (lieutenant Aubry puis sous-lieutenant Douay) (➨ photos du chantier, Tome Un, pp. 50 et 53 ; Tome Deux, pp. 51 et 63)

Suite à l'encerclement des ouvrages et à la rupture de la ligne des casemates des Basses-Vosges (➨ carte p. 217), les ouvrages de Lembach et du Four-à-Chaux passent au SF Haguenau le 21 juin 1940.

Trois avant-postes : Tannenbrück, Wingen et Langthal.

Coll. Turenne, fonds Poirel

Le PC Infanterie du Four-à-Chaux comporte un central téléphonique à 48 directions (deux tableaux muraux d'abonnés respectivement à 16 et 32 directions). Un panneau rappelle que l'indicatif de l'ouvrage est O 600. L'opérateur est le sapeur Bandot.

DR, coll. Rodolphe

Le bloc 1 du Four-à-Chaux comprend une tourelle de 135 mm et deux cloches GFM. La toiture de la tourelle est camouflée par de grandes taches coloriées.

Coll. Muehlschlegel

L'impressionnant fossé antichar vu depuis l'aile Est du Hochwald : on distingue parfaitement les casemates 5, 7, 8 et 9.

SECTEUR FORTIFIÉ DE HAGUENAU

Conception

Le Secteur fortifié de Haguenau présente une dualité assez marquée entre ses deux ailes. D'une part, l'aile ouest s'appuie sur deux ouvrages d'artillerie dont un, le Hochwald, réalisé parmi les premiers, se présente sous la forme de deux demi-forts alignant un nombre important de pièces d'artillerie sous béton ou sous tourelles. Le môle qu'il constitue avec ses collatéraux, le Four-à-Chaux et le Schœnenbourg, est certainement parmi les plus puissants de la ligne Maginot. À partir de Schœnenbourg, le relief moins tourmenté et la nature du sol peu propice au percement de galeries souterraines vont entraîner la suppression de l'ouvrage d'artillerie prévu à Oberrœdern (quatre blocs d'artillerie) et, jusqu'au Rhin, le secteur ne comporte plus que des casemates d'infanterie. Les ouvrages prévus à Hunspach (quatre blocs et une caserne/entrée bétonnée (➨ plan Tome Un, p. 28), Hoffen (quatre blocs et une entrée), Kauffenheim (trois tourelles d'artillerie, une casemate de mitrailleuses et une caserne/entrée bétonnée) et Hatten (deux tourelles de 75 mm) sont réduits à leurs blocs d'infanterie sans locaux souterrains.

En outre, le tracé initial qui prévoyait le raccordement au Rhin à hauteur de Mothern est modifié dès 1927 pour éviter la formation d'un saillant et le raccordement se fait à hauteur de Fort-Louis, une quinzaine de kilomètres plus au sud. De ce fait, les ouvrages de Trimbach, d'Oberlauterbach et de Mothern sont supprimés ainsi que les organisations des 2e et 3e lignes de défense du Rhin, entre Seltz et Auenheim (➨ historique de la défense du Rhin, page 142).

Commandement et troupes

Chef d'état-major : commandant Laherre, puis lieutenant-colonel Schwartz, (➨ portrait Tome Un, p. 153 ; après le départ de la Division de marche Regard, Schwartz reste sur la position, PC au Hochwald)

Commandant l'ID : colonel Senselme
- 22e RIF (2 btns) : lieutenant-colonel Lemai, puis chef de bataillon Fabre (28 mai 1940) (➨ Tome Un, p. 89)
- 79e RIF (3 btns) : lieutenant-colonel Réthoré (➨ Tome Un, p. 102)
- 23e RIF (2 btns) : lieutenant-colonel Lefèvre (➨ Tome Un, p. 90)
- 68e RIF (3 btns) : lieutenant-colonel Blanlœil (➨ Tome Un, p. 97)
- 70e RIF (2 btns)*: lieutenant-colonel Schwartz, lieutenant-colonel Raynaud (15 mai 1940) (➨ Tome Un, p. 101)
- VI/400e RP

Commandant l'AD : colonel Prestat puis lieutenant-colonel Malgras
- 156e RAP : lieutenant-colonel Duval (➨ Tome Deux, p. 194)
- 69e RAMF : lieutenant-colonel Malgras) (➨ Tome Deux, p 169)
- 706e section de munitions auto

Commandant le génie : commandant Colson
- 206e bataillon du génie de forteresse

Transmissions : 206/81 compagnie télégraphiste
206/82 compagnie radio

Train : 236/20 compagnie auto

Intendance : 156/23 groupe d'exploitation divisionnaire

Santé : 156e groupe sanitaire de SF

PC : Reimerswiller (indicatif PC 1414)

* Le 5 mars 1940, le sous-secteur d'Herrlisheim du SF Bas-Rhin (70e RIF) est rattaché au SF Haguenau.

Grandes unités de renforcement au 10 mai 1940

12e CA : général Dentz
- 70e DI (réserve, série B) : général François
- 16e DI (réserve, série A) : général Mordant

Organisations

■ **Sous-secteur de Péchelbronn** : 22e RIF (lieutenant-colonel Lemai puis chef de bataillon Fabre, 28 mai 1940)
- **1re CEC** du SF Haguenau : capitaine Cohen, lieutenant puis capitaine Henry (PC : réduit du Hochwald)
- **2e CEC** du SF Haguenau : lieutenant Mary (PC : abri du Birlenbach)
- Casernement de sûreté : Drachenbronn (plus le Schœnenbourg en construction)
- PC : bois de Kirschpiel (PC 1389)

NB : les numéros utilisés ci-dessous pour renvoyer à la carte de la page 135 sont de notre fait.

1	Schmeltzbach Est	CORF	Casemate double : 2 créneaux JM/AC 37, 2 créneaux JM, 2 cl. GFM

Les officiers du Hochwald Ouest posent dans leur mess souterrain pour la traditionnelle photo souvenir. De gauche à droite, debout : sous-lieutenant Hauer (SRA), lieutenant Lefèbvre (bloc 13), X et sous-lieutenant Monnier (bloc 12). Assis : X, X, capitaine Ducout (chef de l'artillerie du Hochwald Ouest), lieutenants Simon (bloc 14) et Schertzinger (observateur).

Coll. Ducout

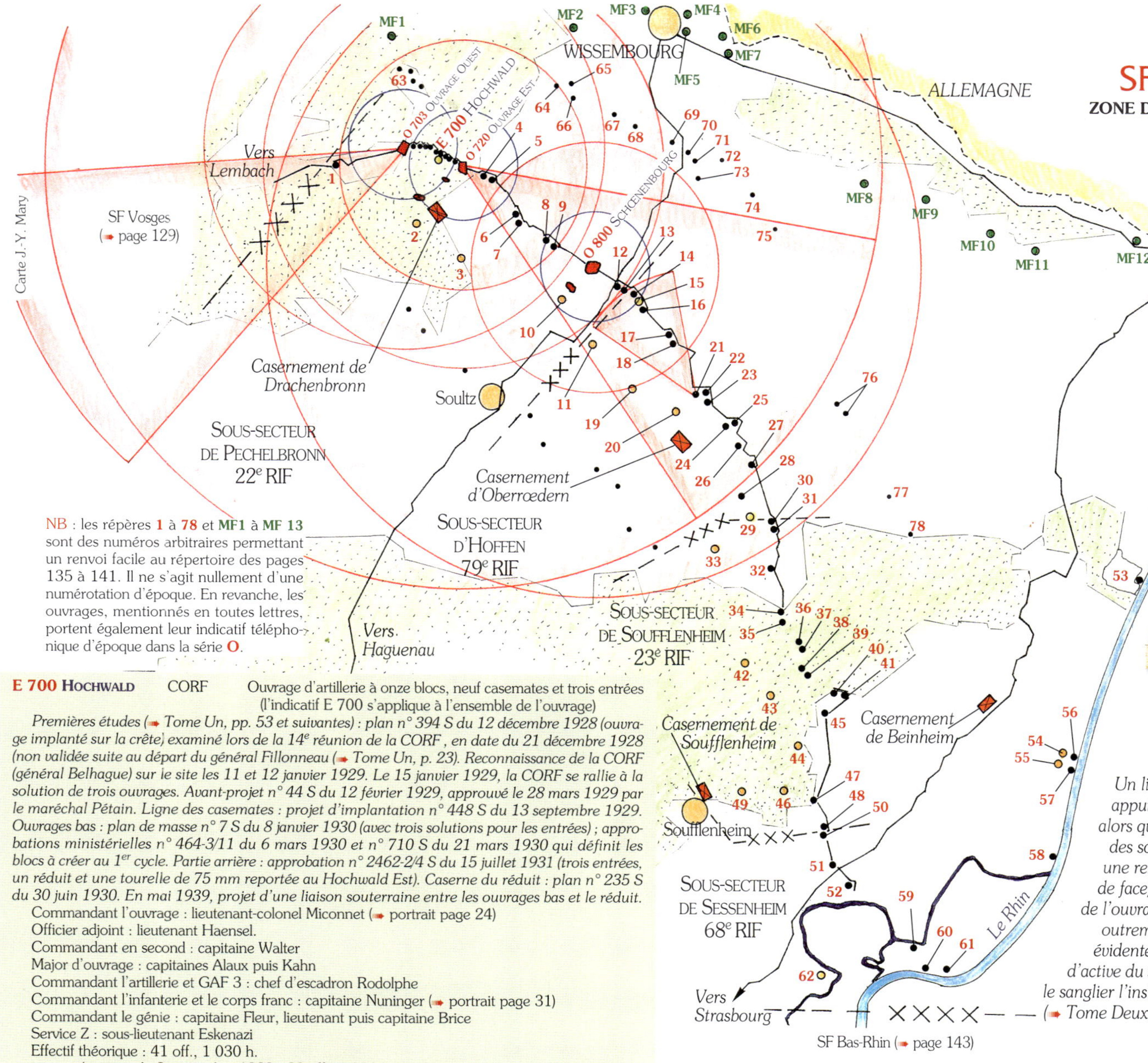

NB : les repères **1** à **78** et **MF1** à **MF 13** sont des numéros arbitraires permettant un renvoi facile au répertoire des pages 135 à 141. Il ne s'agit nullement d'une numérotation d'époque. En revanche, les ouvrages, mentionnés en toutes lettres, portent également leur indicatif téléphonique d'époque dans la série **O**.

Insigne du Hochwald. *Un lion d'or rugissant et prenant appui sur une tourelle en batterie alors qu'à l'arrière-plan se profilent des sommets vosgiens. En pointe, une rencontre de sanglier (tête vue de face) sur un fond rouge. Le nom de l'ouvrage figure dans un cartouche outremer foncé. La symbolique est évidente : le lion rappelle le 23e RIF d'active du secteur (→ Tome Un, p. 91), le sanglier l'insigne des artilleurs du GAF 3 (→ Tome Deux, page 194) (Fraisse-Demey).*

E 700 HOCHWALD CORF Ouvrage d'artillerie à onze blocs, neuf casemates et trois entrées (l'indicatif E 700 s'applique à l'ensemble de l'ouvrage)

Premières études (→ Tome Un, pp. 53 et suivantes) : plan n° 394 S du 12 décembre 1928 (ouvrage implanté sur la crête) examiné lors de la 14e réunion de la CORF, en date du 21 décembre 1928 (non validée suite au départ du général Fillonneau (→ Tome Un, p. 23). Reconnaissance de la CORF (général Belhague) sur le site les 11 et 12 janvier 1929. Le 15 janvier 1929, la CORF se rallie à la solution de trois ouvrages. Avant-projet n° 44 S du 12 février 1929, approuvé le 28 mars 1929 par le maréchal Pétain. Ligne des casemates : projet d'implantation n° 448 S du 13 septembre 1929. Ouvrages bas : plan de masse n° 7 S du 8 janvier 1930 (avec trois solutions pour les entrées) ; approbations ministérielles n° 464-3/11 du 6 mars 1930 et n° 710 S du 21 mars 1930 qui définit les blocs à créer au 1er cycle. Partie arrière : approbation n° 2462-2/4 S du 15 juillet 1931 (trois entrées, un réduit et une tourelle de 75 mm reportée au Hochwald Est). Caserne du réduit : plan n° 235 S du 30 juin 1930. En mai 1939, projet d'une liaison souterraine entre les ouvrages bas et le réduit.

Commandant l'ouvrage : lieutenant-colonel Miconnet (→ portrait page 24)
Officier adjoint : lieutenant Haensel
Commandant en second : capitaine Walter
Major d'ouvrage : capitaines Alaux puis Kahn
Commandant l'artillerie et GAF 3 : chef d'escadron Rodolphe
Commandant l'infanterie et le corps franc : capitaine Nuninger (→ portrait page 31)
Commandant le génie : capitaine Fleur, lieutenant puis capitaine Brice
Service Z : sous-lieutenant Eskenazi
Effectif théorique : 41 off., 1 030 h.
(présents le 2 septembre 1939 : 38 off., 1 022 h. ; le 27 juin 1940 : 43 off., 998 h.)

OUVRAGE OUEST (indicatif **O 703** pour l'ouvrage Ouest)
Commandant l'artillerie Ouest : capitaine Ducout
Commandant l'infanterie Ouest : capitaines Kahn puis Roy

Bloc 12, casemate d'artillerie flanquant vers l'ouest : 2 matériels de 75 mle 29, 1 cl. GFM (sous-lieutenant Monnier), 1 cl. obs./VDP (indicatif O 8 rattaché au FAC, observateur lieutenant Schertzinger)

Bloc 13, casemate mixte flanquant vers l'ouest : 1 créneau de 135, 1 créneau JM/AC 47, 1 créneau JM, 2 cl. GFM, 1 cl. LG (lieutenant Lefebvre)

(B 12 et B 13, dont la zone d'action est dirigée vers le FAC, sont rattachés au GAF 2 du SF Vosges : capitaine Faure du Four-à-Chaux)

Bloc 14 : tourelle de 135, 1 cl. GFM (lieutenant Simon), 1 cl. obs./VDP (indicatif O 9 rattaché au Hochwald Ouest, observateur sous-lieutenant Piet)

Bloc 15 : tourelle de mitrailleuses, 1 cl. GFM (lieutenant Brun)

Bloc 16, coffre double de contrescarpe : 2 matériels de 75 mle 32 R, 2 créneaux JM, 2 créneaux de mortiers de 50 , 2 cl. GFM (→ photo Tome Deux, p. 2) (adjudant-chef Meyer puis sous-lieutenant Haas)

(suite du descriptif en page suivante)

Un groupe d'officiers du 22e RIF, avec le commandant Bétrancourt (chef du 2e bataillon) en manteau à capuchon, visite le Hochwald et une photo-souvenir est prise à cette occasion devant l'entrée des munitions de l'ouvrage dont la grille d'entrée est maintenue fermée, comme l'exige le règlement. Le panneau mural décoratif porte l'inscription « CEO du Hochwald » (→ gros plan Tome Un, p. 91). Dans le créneau de droite, un canon de 47 mm. On reconnaît quelques officiers du Hochwald : le capitaine Walter à gauche du chef de bataillon Bétrancourt, le capitaine Nuninger (2e à droite du commandant), le capitaine Kahn (3e) et le capitaine Roy (5e).

Photo Haas

DR

Tir d'exercice le 28 février 1940 depuis l'aile Ouest du Hochwald. Les blocs 12 et 13 sont bien visibles.

Photo Haas

Étage intermédiaire de la tourelle de 135 mm du bloc 14 du Hochwald Ouest. Le lieutenant Simon, chef de ce bloc, s'active sur un transmetteur d'ordres, tandis que le sous-lieutenant Haas semble en admiration devant un projectile complet. À droite se tient le sous-officier chef de tourelle (maréchal des logis-chef Van Den Bosch ?).

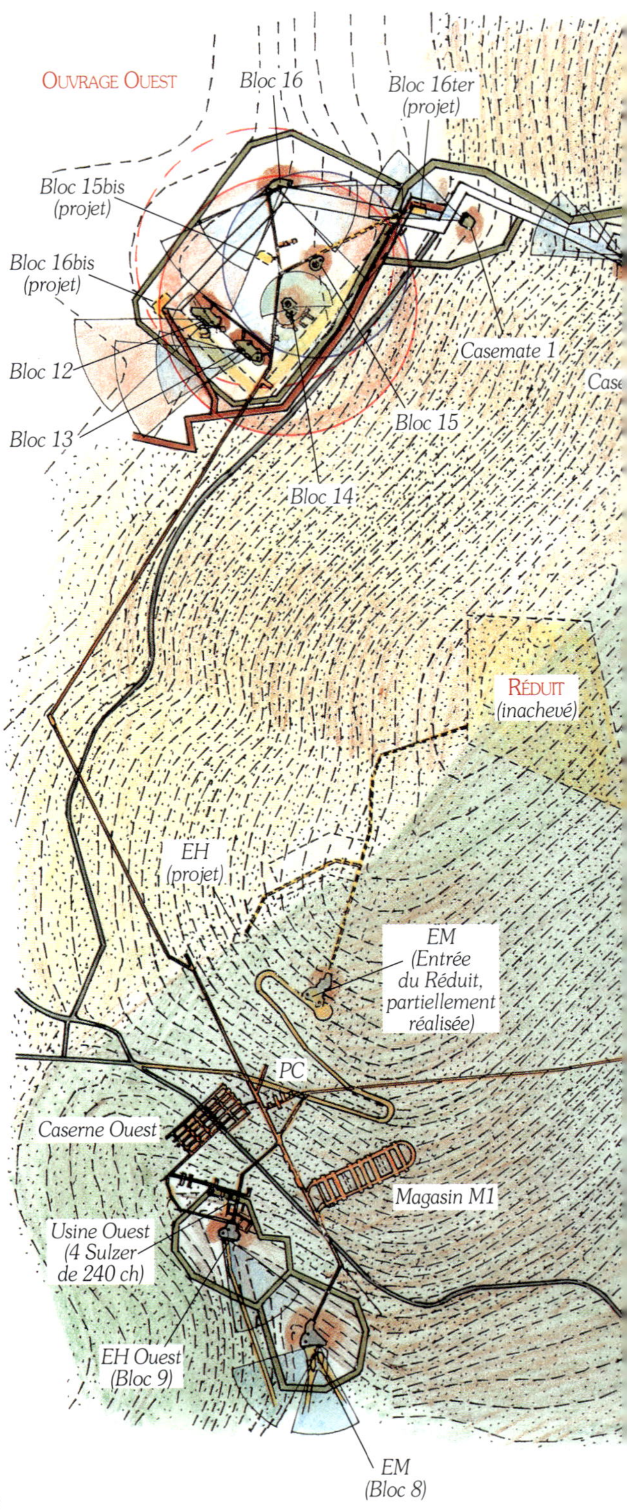

Aubade en plein air devant l'entrée des munitions du Hochwald.

Coll. Rapin

Hochwald *(suite du descriptif de la page précédente)*

Casemates du fossé (CEC 1)

Casemate 1, casemate simple flanquant vers l'ouest : 1 créneau JM/AC 47, 1 créneau JM, 1 cl. GFM (➡ photo Tome Un, p. 57)
Casemate 2, casemate simple flanquant vers l'ouest : 2 créneaux JM, 1 cl. M, 1 cl. GFM *
Casemate 3, casemate simple flanquant vers l'ouest : 4 créneaux JM (sur deux étages), 1 cl. GFM
Casemate 4, casemate double : 4 créneaux JM, 2 cl. M, 1 cl. GFM
Casemate 5, casemate simple flanquant vers l'est : 2 créneaux JM, 1 cl. M, 1 cl. GFM *
Casemate 6, casemate simple flanquant vers l'est : 4 créneaux JM (sur deux étages), 1 cl. GFM *
Casemate 7, casemate simple flanquant vers l'est : 2 créneaux JM, 1 cl. M, 1 cl. GFM
Casemate 8, casemate simple flanquant vers l'est : 2 créneaux JM, 2 cl. GFM
Casemate 9, casemate simple flanquant vers l'est : 1 créneau JM/AC 47, 1 créneau JM, 1 cl. M, 1 cl. GFM (➡ photo Tome Un, p. 56)

* Selon le *Denkschrift*, les casemates C 2, C 5 et C6 auraient également possédé des AC 37.

Ouvrage Est (indicatif **O 720** pour l'ouvrage Est)
Commandant l'artillerie Est : capitaine Barrier (➡ portrait Tome Deux, p. 194)
Commandant l'infanterie Est : capitaine Boutry
Bloc 1, casemate d'artillerie flanquant vers l'est : 1 tourelle de 135, un cré-

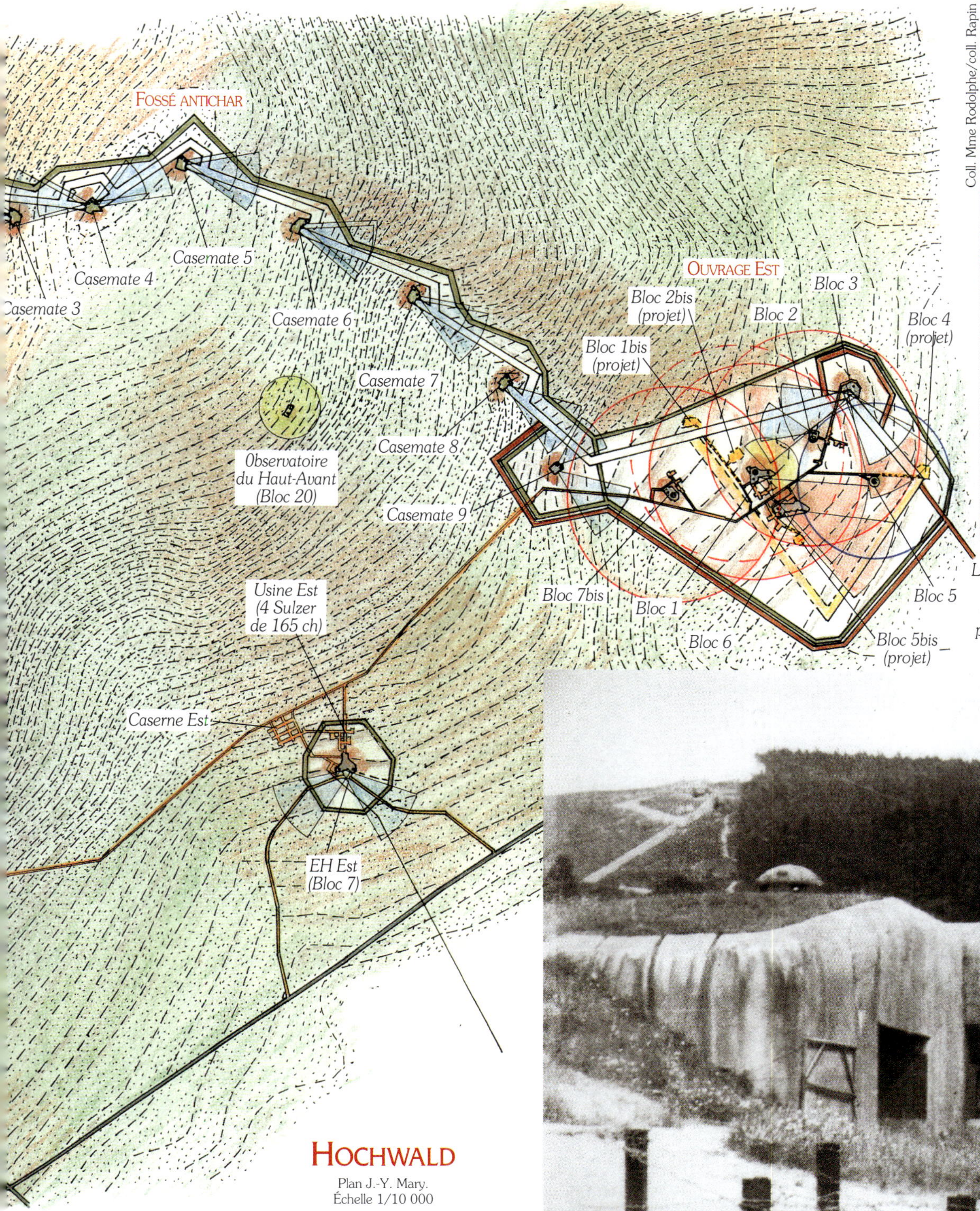

Hochwald

Plan J.-Y. Mary.
Échelle 1/10 000

Coll. Mme Rodolphe/coll. Rapin

Le chef d'escadron Rodolphe qui commande l'artillerie du Hochwald (photo prise en captivité). L'ancien chef du GAF 3 est en vareuse modèle 1939 à col ouvert et porte — cliché exceptionnel — l'insigne du Hochwald.

Photo Haas

La casemate d'artillerie (bloc 12) du Hochwald Ouest aligne ses deux matériels de 75 modèle 1929 (« Christiane » et « Liliane », ➥ Tome Deux, p. 95). À l'arrière-plan à gauche, le fossé antichar.

Dans l'alignement du bloc 12, se trouve le bloc 13 qui est une casemate pour un lance-bombes de 135 et une chambre de tir. Ce type d'organe qu'on retrouve également au Simserhof sera abandonné par la suite.

Photo Haas

neau de 135, 1 cl. GFM (sous-lieutenant Coquard), 1 cl. obs./VDP (indicatif O 6 rattaché au Hochwald Est, observateur lieutenant Weisé)
Bloc 2 : tourelle de 81, 1 cl. M, 1 cl. GFM (sous-lieutenant Schœser)
Bloc 3, coffre double de contrescarpe : 2 matériels de 75 mle 32 R, 2 créneaux JM, 2 créneaux de mortiers de 50, 2 cl. GFM (sergent-chef Guegar puis sous-lieutenant Piet) (➥ photo Tome Deux, p. 49)
Bloc 5 : tourelle de mitrailleuses (sous-lieutenant Ayral)
Bloc 6, casemate d'artillerie flanquant vers l'est : 3 matériels de 75 mle 29, 1 cl. M, 1 cl. GFM, 1 cl. LG (sous-lieutenant Faure)
Bloc 7 bis : tourelle de 75 mle 33, 1 cl. GFM (lieutenant Anglès)

Entrées

Entrée des hommes Est ou ***Bloc 7*** (entrée en puits) : 2 créneaux JM/AC 47, 2 cl. GFM (adjudant-chef Bouleau)
Entrée des hommes Ouest ou ***Bloc 9*** (entrée en puits) : 1 créneau JM/AC 47, 1 cl. GFM, 1 cl. LG (sergent Foucher) (➥ photo Tome Un, p. 55)
Entrée des munitions ou ***Bloc 8*** (entrée de type A de plain-pied) : 2 créneaux JM/AC 47, 2 cl. GFM (lieutenant Bartel) (➥ photos Tome Un, pp. 4 et 53 ; Tome Deux, p. 206)

Observatoire

Bloc 20 (non relié), observatoire (indicatif O 7 rattaché au Hochwald Est) : 1 cl. obs./VP, 1 cl. GFM (lieutenant Kabs)

Réduit

Pas d'armement spécifique (organisation inachevée) (➥ plan Tome Un, p. 56 ; photo de l'entrée Tome Un, p. 57)

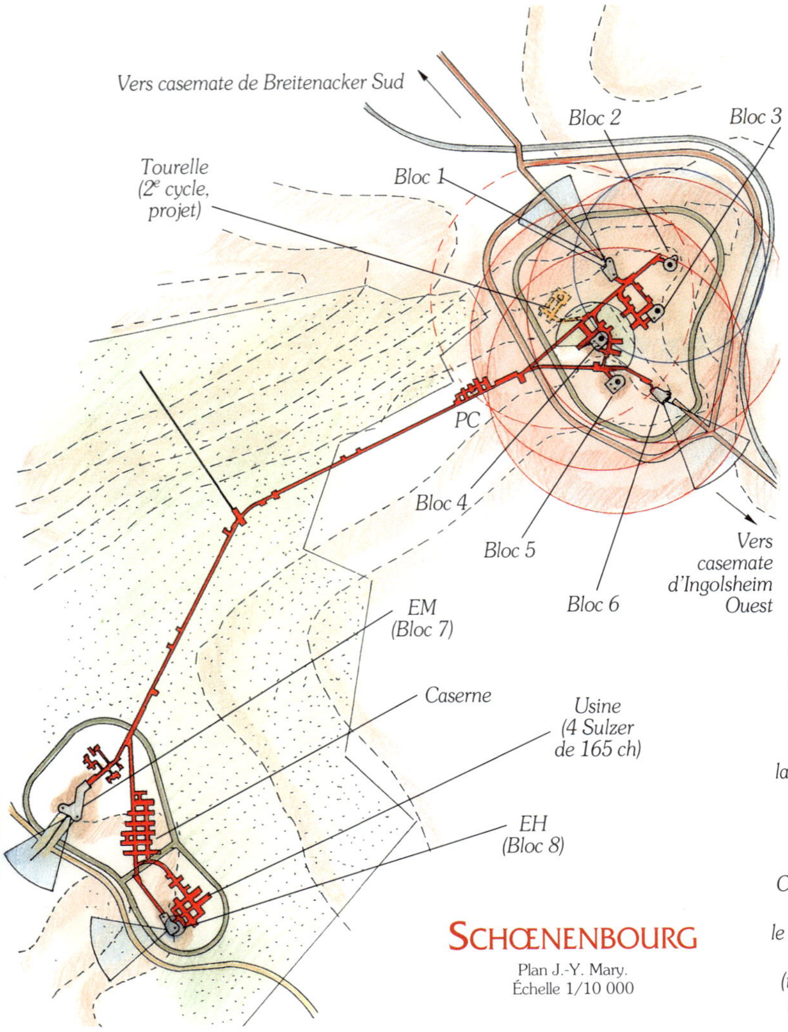

SCHŒNENBOURG

Plan J.-Y. Mary.
Échelle 1/10 000

Des hommes de Schœnenbourg posent devant l'entrée des munitions : une nouvelle fois, on est frappé par la disparité des tenues qui caractérisent les équipages d'ouvrages : on voit ici des effets bleu horizon en majorité, plusieurs petits bérets civils, mais aussi une canadienne de dotation, du modèle attribué aux guetteurs.

Fanion du bloc 5 : Cas exceptionnel sur la ligne Maginot, le Bloc 5 de l'ouvrage de Schœnenbourg (tourelle de mortiers de 81 mm) possède un fanion dont le revers rappelle la composition interarmes de son équipage : canonniers du 156e RAF (artillerie de forteresse, variante de RAP), fantassins du 22e RIF et électro-mécaniciens du 1er génie.

NB : les numéros utilisés ci-dessous pour renvoyer à la carte sont de notre fait.

2	Walkmühl	CORF	Abri-caverne pour deux sections : 2 cl. GFM (➥ plan Tome Deux, p. 15)
3	Birlenbach	CORF	Abri-caverne pour deux sections : 2 cl. GFM
4	Drachenbronn Nord A	CORF	Casemate simple flanquant vers le nord : 1 créneau JM/AC 37, 1 créneau JM, 1 cl. GFM
5	Drachenbronn Sud A	CORF	Casemate simple flanquant vers le sud : 1 créneau JM/AC 37, 1 créneau JM, 1 cl. GFM

A. Les deux casemates sont reliées par une galerie bétonnée.

6	Bremmelbach Nord B	CORF	Casemate double : 2 créneaux JM/AC 37, 2 créneaux JM, 1 cl. GFM
7	Bremmelbach Sud B	CORF	Casemate simple flanquant vers le sud : 1 créneau JM/AC 37, 1 créneau JM, 1 cl. GFM

B. Les deux casemates sont reliées par une galerie souterraine. Il s'agit de l'embryon du PO DE **BREMMELBACH** (non réalisé).
Plan : implantation n° 426 S du 31 août 1929 et n° 692 S du 4 décembre 1929. Approbations ministérielles n° 1977-2/4 S du 21 septembre 1929 et n° 33-2/4 S du 7 janvier 1930 (une partie des organes du PO est ajournée). Examen lors de la 30e réunion de la CORF (16 septembre 1929).

8	Breitenacker Nord C	CORF	Casemate simple flanquant vers le nord : 1 créneau JM/AC 37, 1 créneau JM, 1 cl. GFM (➥ photos, Tome Un, pp. 27 et 49 ; Tome Deux, p. 9)
9	Breitenacker Sud C	CORF	Casemate simple flanquant vers le sud : 1 créneau JM/AC 37, 1 créneau JM, 1 cl. GFM

C. Les deux casemates sont reliées par une galerie bétonnée.

O 800 SCHŒNENBOURG CORF Ouvrage d'artillerie à six blocs et deux entrées
Plans : références non retrouvées (plan de la zone arrière, ➥ Tome Deux, p. 33). Examen lors des 46e et 52e réunions de la CORF (26 novembre 1930 et 8-9 mai 1931). Approbations ministérielles n° 401-3/11 du 16 février 1931, n° 1751-2/4 S du 22 mai 1931 et n° 2207-2/4 S du 24 juin 1931.
Commandant l'ouvrage : commandant Reynier
Major d'ouvrage : capitaine Gros
Commandant l'artillerie : capitaine Cortasse
Commandant l'infanterie : capitaine Kieffer
Commandant le génie : capitaine Stroh
Effectif théorique : 20 off., 610 h.
(présents le 2 septembre 1939 : 17 off., 491 h.)
Bloc 1, casemate d'infanterie flanquant vers l'ouest : 1 créneau JM/AC 47, 1 créneau JM, 2 cl. GFM (adjudant-chef Lorthioir ?) (photo de la chambre de tir avec les servants, ➥ Tome Deux, p. 113)
Bloc 2 : tourelle de mitrailleuses, 1 cl. GFM (aspirant Fleck)
Bloc 3 : tourelle de 75 mle 32 R, 1 cl. GFM (lieutenant Micheaud)
Bloc 4 : tourelle de 75 mle 32 R, 1 cl. GFM, 1 cl. obs./VDP (indicatif O 5 rattaché au Schœnenbourg) (lieutenants Schmitt et Lefrou)
Bloc 5 : tourelle de 81, 1 cl. GFM, 1 cl. LG (adjudant-chef Burst ?)
Bloc 6, casemate d'infanterie flanquant vers l'est : 1 créneau JM/AC 47, 1 créneau JM, 1 cl. GFM
Entrée des hommes ou ***Bloc 8*** (en puits) : 1 créneau JM/AC 47, 1 cl. GFM, 1 cl. LG (photo du pied du bloc, ➥ Tome Deux, p. 90)
Entrée des munitions ou ***Bloc 7*** (type B en puits) : 1 créneau JM/AC 47, 2 cl. GFM (sous-lieutenant Kieffer)

L'entrée des munitions de Schœnenbourg présente une série de créneaux peints en trompe-l'œil sur la visière (photo prise après le 25 juin).

En médaillon, le commandant Reynier commandant l'ouvrage (ici en vareuse de tenue d'été en toile kaki clair).

10	Grassersloch	CORF	Abri-caverne : 2 cl. GFM
11	Schœnebourg	CORF	Abri de surface pour une section : 2 cl. GFM
12	Ingolsheim Ouest	CORF	Casemate simple flanquant vers l'est : 1 créneau JM/AC 37, 1 créneau JM, 1 cl. GFM
13	Ingolsheim Est	CORF	Casemate simple flanquant vers l'ouest : 1 créneau JM/AC 37, 1 créneau JM, 1 cl. GFM

■ **SOUS-SECTEUR D'HOFFEN** : 79e RIF (lieutenant-colonel Rethoré)
3e CEC du SF Haguenau : lieutenant Leloup
4e CEC du SF Haguenau : capitaine Quinet (PC : abri d'Hoffen)
Casernement :
PC : 1416 puis abri du Bucholzberg (17 juin 1940)

Denkschrift

Vue arrière de l'abri d'Hoffen qui, construit sur deux niveaux, est l'un des plus importants de la Ligne.

Ci-dessous. Vue de l'arrière de la casemate d'Aschbach Est, commandée par le lieutenant Beck. Cette casemate comporte également une cloche observatoire VDP (➠ photo Tome Deux, p. 71).

14	Hunspach-Village	CORF	Casemate double : 2 créneaux JM/AC 37, 2 créneaux JM, 2 cl. GFM
15	Hunspach	CORF	Observatoire (indicatif O 4) rattaché au Hochwald Est : 1 cl. obs./VP, 1 cl. GFM (lieutenant François)
16	Hunspach-Station	CORF	Casemate simple flanquant vers l'ouest : 1 créneau JM/AC 47, 1 créneau JM, 1 cl. M, 1 cl. GFM
17	Moulin-d'Hunspach O [D]	CORF	Casemate simple flanquant vers l'ouest : 1 créneau JM/AC 47, 1 créneau JM, 1 cl. GFM
18	Moulin-d'Hunspach E [D]	CORF	Casemate simple flanquant vers l'est : 1 créneau JM/AC 47, 1 créneau JM, 1 cl. GFM

D. Les deux casemates sont à la protection n° 3 (blocs infanterie d'un ouvrage non construit, le **Moulin d'Hunspach** :
Plan de masse et d'implantation n° 590 S du 23 décembre 1930 (➠ plan Tome Un, p. 28). Examen lors de la 49e réunion de la CORF (19 janvier 1931) : PO réduit à un couple de casemates. Approbation ministérielle n° 589-2/4 S du 16 février 1931.

19	Buchholzberg	CORF	Abri de surface pour une section : 2 cl. GFM
20	Hoffen	CORF	Abri de surface pour deux sections : 2 cl. GFM
21	Hoffen Ouest	CORF	Casemate simple flanquant vers l'ouest : 1 créneau JM/AC 47, 1 créneau JM, 1 cl. M, 1 cl. GFM + 2 créneaux pour mortiers de 81 (dépendant du GAF 3) en sous-sol (lieutenant Schreckenberg)

Petit ouvrage du **Bois-d'Hoffen**, ajourné :
Plan de masse et d'implantation n° 590 S du 23 décembre 1930, implantation n° 514 S du 29 mai 1931. Examen lors de la 49e réunion de la CORF (19 septembre 1931) : PO réduit à un couple de casemates. Approbations ministérielles n° 1593-3/11 du 25 juin 1931 et n° 2340-2/4 S du 6 juillet 1931.

22	Hoffen Est	CORF	Casemate simple flanquant vers l'est : 1 créneau JM/AC 47, 1 créneau JM, 1 cl. GFM, 1 cl. M, 1 cl. obs./VDP (indicatif O 3 rattaché au Schœnenbourg, observateur lieutenant Mall) (lieutenant Didier) (➠ plan Tome Deux, p. 5)
23	Bois-d'Hoffen	CORF	Casemate simple flanquant vers l'est : 1 créneau JM/AC 47, 1 créneau JM, 1 cl. M, 1 cl. GFM (➠ plan, Tome Deux, p.5)
24	Aschbach Ouest	CORF	Casemate simple flanquant vers l'ouest : 1 créneau JM/AC 47, 1 créneau JM, 1 cl. M, 1 cl. GFM, 1 cl. LG (sous-lieutenant Linger)

Photo Vialle

25	Aschbach Est	CORF	Casemate double : 2 créneaux JM/AC 47, 2 créneaux JM, 1 cl. M, 2 cl. GFM, 1 cl. obs./VDP (indicatif O 2 rattaché au Schœnenbourg, observateurs lieutenants de Mougins puis Guhl) (lieutenant Beck) (➠ photos Tome Deux, pp. 71 et 222)
26	Oberrœdern Nord	CORF	Casemate double : 2 créneaux JM/AC 47, 1 créneau JM (chambre de tir Est à 1 seul créneau), 1 cl. M, 2 cl. GFM (lieutenant Vialle) (➠ Tome Un, p.81 et Tome Deux, p. 5)

Petit ouvrage de **Oberrrœdern**, ajourné
Plan de masse et d'implantation n° 590 S du 23 décembre 1930, implantation n° 514 S du 29 mai 1931. Examen lors de la 49e réunion de la CORF (19 septembre 1931) : PO réduit à un couple de casemates. Approbations ministérielles n° 1593-3/11 du 25 juin 1931 et n° 2340-2/4 S du 6 juillet 1931.

Ci-dessous. Détail de la casemate d'Oberrœdern Nord et de sa cloche de mitrailleuses, encastrée dans la dalle. Il semble que l'extrémité extérieure du jumelage de cloche soit protégée des intempéries par une caisse en bois. Au premier plan, le sergent-chef Limosin (prochainement promu adjudant).

Photo Vialle

Photo Vialle

Photo Vialle, coll. Bruge

Ci-dessus à gauche. Vue d'ensemble de la casemate d'Oberrœdern Nord sous la neige, avec son chef, le lieutenant Vialle, au premier plan. Lors de l'attaque de juin 1940, les Stosstruppen verront la casemate sous le même angle avant que le canon de 47 mm de la chambre de tir et la cloche de mitrailleuses — peu visible dans le décrochement de la dalle — ouvrent le feu sur les assaillants

La même casemate d'Oberrœdern Nord vue sous un autre angle, avec sur la droite, le casernement léger et à l'avant plan, le boyau qui mène à la casemate.

Photo Vialle

Casemate d'Oberrœdern Est : vue de la façade arrière et de sa chambre de tir Est (à droite de la photo). À noter les cheminées de ventilation et le projecteur léger orienté « fixe ». Le lieutenant Rieffel est debout sur le bord de la dalle.

27	Oberrœdern Est (Sud)	CORF	Casemate double : 2 créneaux JM/AC 37, 1 créneau JM (chambre de tir Ouest à 1 seul créneau), 1 cl. GFM (lieutenan Rieffel)
28	La Seltz	CORF	Casemate double : 2 créneaux JM/AC 37, 2 créneaux JM, 2 cl. GFM (➥ plan Tome Deux, p. 7) (adjudant Ehrart)
29	Hatten	CORF	Observatoire (indicatif O 1 rattaché au Schœnenbourg) : 1 cl. obs./VP, 1 cl. GFM (lieutenant Colson) (➥ photo Tome Deux, p. 17)

■ **Sous-secteur de Soufflenheim** : 23e RIF (lieutenant-colonel Lefèvre)
5e CEC du SF Haguenau : capitaine Bertrand (PC abri d'Hatten)
6e CEC du SF Haguenau : capitaine Houday puis capitaine Ferrasse (1er avril 1940) (PC abri de Soufflenheim puis abri d'Heidenbuckel)
Casernement de sûreté : Soufflenheim
PC : Soufflenheim (PC 919)

30	Hatten Nord	CORF	Casemate simple flanquant vers le nord : 1 créneau JM/AC 47, 1 créneau JM, 1 cl. M, 1 cl. GFM
31	Hatten Sud	CORF	Casemate simple flanquant vers le sud : 1 créneau JM/AC 47, 1 créneau JM, 1 cl. M, 1 cl. GFM
32	Esch	CORF	Casemate double : 2 créneaux JM/AC 37, 2 créneaux JM, 2 cl. GFM
33	Hatten	CORF	Abri de surface pour 2 sections et PC de compagnie : 2 cl. GFM (➥ plan Tome Deux, p. 15)
34	Bois-de-Rittershoffen 1	CORF	Casemate simple flanquant vers le sud : 1 créneau JM/AC 37, 1 créneau JM, 1 cl. GFM
35	Bois-de-Rittershoffen 2	CORF	Casemate simple flanquant vers le nord : 1 créneau JM/AC 37, 1 créneau JM, 1 cl. GFM
36	Bois-de-Rittershoffen 3	CORF	Casemate simple flanquant vers le sud : 1 créneau JM/AC 37, 1 créneau JM, 1 cl. GFM
37	Bois-de-Rittershoffen 4	CORF	Casemate simple flanquant vers le nord : 1 créneau JM/AC 37, 1 créneau JM, 1 cl. GFM
38	Bois-de-Rittershoffen 5	CORF	Casemate simple flanquant vers le nord : 2 créneaux JM et 1 AC 37 (adaptable aux deux créneaux), 1 cl. GFM
39	Bois-de-Rittershoffen 6	CORF	Casemate simple flanquant vers le sud : 1 créneau JM/AC 37, 1 créneau JM 1 cl. GFM
40	Kœnigsbrück Nord	CORF	Casemate simple flanquant vers le nord : 1 créneau JM/AC 37, 1 créneau JM 1 cl. GFM
41	Kœnigsbrück Sud	CORF	Casemate simple flanquant vers le sud : 1 créneau JM/AC 37, 1 créneau JM 1 cl. GFM
42	Sauer	CORF	Abri de surface pour trois sections + PC de quartier : 2 cl. GFM
43	Kœnigsbrück	CORF	Abri de surface pour deux sections : 2 cl. GFM
44	Donau	CORF	Abri de surface pour une section : 2 cl. GFM

Des hommes de la 4e CEC du 79e RIF s'aèrent devant le champ de rails et s'amusent avec les chiots qu'ils ont adoptés. De gauche à droite, le caporal-chef Chrétien, le chef Mug, le sergent Delsert (tué à son poste, dans la cloche GFM de la casemate d'Oberrœdern Est ; il sera le seul tué de la compagnie) et le caporal-chef Ternoir.

Coll. Ternoir

Photo A. Hohnadel

45	Kauffenheim	CORF	Casemate simple flanquant vers l'est : 1 créneau JM/AC 47, 1 créneau JM, 1 cl. M, 1 cl. GFM
46	Heidenbuckel	CORF	Abri de surface pour une section et PC de compagnie: 1 cl. GFM
47	Heidenbuckel	CORF	Casemate double : 2 créneaux JM/AC 37, 2 créneaux JM, 2 cl. GFM
48	Rountzenheim Nord [E]	CORF	Casemate simple flanquant vers le nord : 1 créneau JM/AC 37, 1 créneau JM 1 cl. GFM
49	Soufflenheim	CORF	Abri de surface pour deux sections + PC de compagnie : 2 cl. GFM

Photo A. Hohnadel

Insignes peints (On ne passe pas et 155e RAP/ARFL) à l'intérieur de l'abri d'Hatten qui servait de PC au 1er bataillon du 23e RIF (quartier d'Hatten). Dans une autre pièce de l'abri figure un troisième insigne, celui du 23e RIF.

Les fanions des compagnies d'équipages du temps de guerre sont rarissimes. Ici, celui de la 4e CEC dépendant du 79e RIF. Le triangle rouge identifie le 2e bataillon (quartier d'Oberrœdern), le triangle bleu le rang de la 4e CEC dans le bataillon. Devises : « La Nord résiste et mord » et « Résiste ou crève ».

Photo A. Hohnadel

■ **Sous-secteur de Sessenheim** : 68e RIF (lieutenant-colonel Blanlœil)
7e CEC du SF Haguenau : capitaine Bourgeois (PC Beinheim)
8e CEC du SF Haguenau : capitaine Fabre, lieutenant (puis capitaine) Berthol (22 octobre 1939) (PC Rountzenheim)
Casernements de sûreté : Oberhoffen et Beinheim

50	Rountzenheim Sud [E]	CORF	Casemate simple flanquant vers le sud : 1 créneau JM/AC 37, 1 créneau JM 1 cl. GFM

E. Les deux casemates de Rountzenheim sont reliées entre elles par une galerie bétonnée qui passe sous une voie ferrée.

51	Auenheim Nord	CORF	Casemate simple flanquant vers le nord : 1 créneau JM/AC 37, 1 créneau JM, 1 cl. M, 2 cl. GFM
52	Auenheim Sud 9/3	CORF	Casemate simple flanquant vers le nord : 1 créneau JM/AC 47, 1 créneau JM,1 cl. M, 2 cl. GFM

Ligne du Rhin

53	Pont-de-Seltz	CORF	Casemate double type M 2 F : 2 créneaux JM/13,2, 2 créneaux JM, 1 cl. GFM (sergent-chef Aubertin)
54	Beinheim Nord 2/2	CORF	Abri
55	Beinheim Sud 2*bis*/2	CORF	Abri
56	Pont-de-Roppenheim N	CORF	Casemate double type M 2 F : 2 créneaux JM/13,2, 2 créneaux JM, 1 cl. GFM (lt Haudenschild)
57	Pont-de-Roppenheim S	CORF	Casemate double type M 2 F : 2 créneaux JM/13,2, 2 créneaux JM, 1 cl. GFM
58	Neuhaeusel	CORF	Casemate double type M 2 F : 2 créneaux JM/13,2, 2 créneaux JM, 1 cl. GFM (lt de Brésigourd)
59	Fort-Louis-Village 3/2	CORF	Casemate double : 2 créneaux JM/AC 47, 2 créneaux JM, 1 cl. M, 2 cl. GFM (lt Fouillette)
60	Fort-Louis-Ouest	CORF	Casemate double type M 2 F : 2 créneaux JM/13,2, 2 créneaux JM, 1 cl. GFM (ss-lt Echlinger)
61	Fort-Louis-Est	CORF	Casemate double type M 2 F : 2 créneaux JM/13,2, 2 créneaux JM, 1 cl. GFM (lt Hochnebel)
62	Stattmatten 10/3	CORF	Abri type A 2 Cl : 1 cl. GFM

Avant-postes

63	Climbach	MOM
64	Rott (Scherhol)	MOM
65	Rott (Hannenacker)	MOM
66	Rott (Rœtzmuehle)	MOM
67	Steinseltz Nord	MOM
68	Steinseltz Sud	MOM
69	Riedseltz Nord	MOM
70	Riedseltz Centre	MOM
71	Riedseltz-Oberdorf	MOM
72	Riedseltz-Voie-ferrée	MOM
73	Riedseltz Sud	MOM
74	Oberseebach Nord	MOM
75	Oberseebach Sud	MOM
76	Trimbach	MOM
77	Niederrœdern Nord	MOM
78	Niederrœdern Sud	MOM

2e ligne (Lobsann - Rittershoffen) (1939-1940) (→ détails page 46)
NB : les appellations sont aléatoires.

Lobsann	STG	Prévue, non réalisée
Mettemuhl	STG	Casemate simple flanquant à droite
Grosswald	STG	Casemate simple flanquant à droite
Soultz Nord	STG	Casemate simple flanquant à droite
Soultz Sud	STG	Casemate simple flanquant à gauche
Hohwiller	STG	Prévue, non réalisée
Kuhlendorf Nord	STG	Casemate simple flanquant à droite
Kuhlendorf Sud	STG	Casemate simple flanquant à droite
Niederbetschdorf Nord	STG	Cas. simple flanquant à gauche (dalle inachevée)
Niederbetschdorf NE	STG	Casemate simple flanquant à gauche
Moulin-de-Rittershoffen	STG	Prévue, non réalisée

Ligne des maisons fortes

NB : en l'absence d'archives formelles sur ces maisons fortes, la liste ci-dessous a été établie par P. Muehlschlegel en se basant sur les organisations encore existantes [F] et sur une carte du génie de 1953 (sans preuve formelle de leur existence) [G]. Bien que n'existant plus sur le terrain, la maison forte de Lauterbourg [H] est illustrée par deux plans et deux photos dans le *Denkschrift* 1941.

Les numéros-repères attribués ici, pour renvoi à la carte, sont de notre fait.

	Bremmentelle-Ferme	MOM	Maison forte [F]
	Lutzelhardt	MOM	Maison forte [F]
	Obersteinbach	MOM	Maison forte [F]
	Wingen	MOM	Maison forte [G]
MF 1	Climbach	MOM	Maison forte + barrière antichar intégrée [F]
MF 2	Weiler	MOM	Maison forte [G]
MF 3	Wissembourg Nord-Ouest	MOM	Maison forte [F]
MF 4	Wissembourg Nord	MOM	Maison forte (intégrée dans une vieille tour de l'enceinte) [F]
MF 5	Wissembourg Nord-Est	MOM	Maison forte [F]
MF 6	Moulin-d'Altenstadt	MOM	Maison forte (créneau mitrailleuse en surplomb de la Lauter) [F]
MF 7	Altenstadt (pass. à niveau)	MOM	Maison forte [F]
MF 8	Schleithal Ouest	MOM	Maison forte [F]
MF 9	Schleithal Est	MOM	Maison forte [F]
MF10	Salmbach	MOM	Maison forte + barrière antichar séparée [F]
MF11	Niederlauterbach	MOM	Maison forte + barrière antichar intégrée [F]
MF12	Scheibenhardt	MOM	Maison forte [G] (peut-être deux)
MF13	Lauterbourg	MOM	Maison forte + barrière antichar intégrée [H]

■ **Sous-secteur d'Herrlisheim** (→ carte page 143) : 70e RIF (lieutenants-colonels Schwartz puis Raynaud, avril 1940)
9e CEC du SF Haguenau (ex-CEO 1 du SF Bas-Rhin) : lieutenant Metzinger, PC Drusenheim
10e CEC du SF Haguenau (ex-CEO 2 du SF Bas-Rhin) : lieutenant puis capitaine Roy, PC pont de Gambsheim
Casernements de sûreté : Drusenheim et Gambsheim

NB : les numéros ci-dessous, renvoyant à la carte p. 143, sont de notre fait.

■ **9e CEC** (ex-CEO 1 du SFBR) (quartier de Drusenheim)

1re ligne (casemates de berge)

79	Drusenheim Nord	CORF	Casemate simple type M1F flanquant vers le sud : 1 créneau JM/13,2, 1 créneau JM, 1 cl. GFM
80	Drusenheim Centre	CORF	Casemate simple type M1F flanquant vers le nord : 1 créneau JM/13,2, 1 créneau JM, 1 cl. GFM (lieutenant Metzinger)
81	Drusenheim Sud	CORF	Casemate double type M2F : 2 créneaux JM/13,2, 2 créneaux JM, 1 cl. GFM (sergent Geyer)

2e ligne (ligne des abris)

82	Ancienne-Redoute 6/2	CORF	Abri type A 2 Cl : 1 cl. GFM

3e ligne (ligne des villages) Casemates CORF double type SFBR (2 créneaux JM/AC 47, 2 créneaux JM, 1 cl. GFM)

83 Neuried 12/3
84 Offendorf 14/3

■ **10e CEC** (ex-CEO 2 du SFBR) (quartier de Gambsheim)

1re ligne (casemates de berge)

85	Gambsheim Nord	CORF	Casemate double type M2F : 2 créneaux JM/13,2, 2 créneaux JM, 1 cl. GFM (lt de Querézieux)
86	Gambsheim Centre	CORF	Casemate simple type M1F flanquant vers le nord : 1 créneau JM/13,2, 1 créneau JM, 1 cl. GFM
87	Gambsheim Sud	CORF	Casemate simple type M1F flanquant vers le sud : 1 créneau JM/13,2, 1 créneau JM, 1 cl. GFM

2e ligne (ligne des abris)

88	Kaelbergrund 7/2	CORF	Abri type A 1 Cl : 1 cl. GFM
89	Haugrund 7*bis*/2	CORF	Abri type A 1 Cl : 1 cl. GFM

3e ligne (ligne des villages) Casemates CORF double type SFBR (2 créneaux JM/AC 47, 2 créneaux JM, 1 cl. GFM)

90 Muhlrhein 15/3
91 Bettenhoffen 15*bis*/3
92 Kilstett 16/3

Vue d'ensemble des organisations de défense du pont de Kehl. Le blockhaus central est flanqué de part et d'autre de deux petits blocs plus légers, tandis qu'un barrage de barbelés et de sacs de sable constitue un obstacle difficile à franchir de vive force.

Coll. Wahl

Une tranchée permet d'accéder à la casemate Petit-Rhin commandée par le lieutenant Frommweiler, qui porte ici un polo à carreaux, avec col rabattu. L'appellation de cette casemate provient du nom d'un bras du fleuve qui quitte le cours principal du Rhin à cet endroit. Un fanion tricolore flotte sur le poteau électrique qui alimente la casemate.

SECTEUR FORTIFIÉ DU BAS RHIN devenu 103e DIVISION D'INFANTERIE DE FORTERESSE

Historique de la Défense du Rhin

La Défense du Rhin valorise une zone de défense particulièrement propice puisqu'à la largeur du fleuve (plus ou moins 200 mètres) s'ajoute la forêt du Rhin implantée dans une zone marécageuse, traversée par de rares chemins. Constellée de bras morts ou de marigots, cette bande boisée est peu propice à une progression importante que la moindre montée des eaux rend infranchissable d'autant plus qu'elle est doublée, à trois ou quatre kilomètres du fleuve, par le canal du Rhône au Rhin. Le fleuve lui-même est franchi par 16 ponts [1] et 17 bacs.

Cependant, l'organisation défensive, à créer de toutes pièces, doit tenir compte des sujétions provenant du statut même du Rhin (fleuve à navigation internationale), du projet du canal d'Alsace (la première écluse est déjà en travaux à Kembs) et des servitudes des traités de 1815 qui frappent la zone frontière autour de Bâle (SF Mulhouse, ➠ page 148).

Sur la base de ce constat et du mémoire du général Boichut (gouverneur de Strasbourg, 1927) qui estime que la première défense de l'Alsace est le Rhin, les avant-projets d'octobre 1928 envisagent seulement la construction d'abris passifs dans la digue du Rhin. À cette conception va bientôt s'opposer celle du maréchal Pétain pour qui la seule résistance sérieuse ne peut s'effectuer que quelques kilomètres en arrière de la forêt du Rhin, sur la ligne des villages. À cette dualité de conception va correspondre une réalisation boiteuse qui perdurera. Même en juin 1940, et selon qu'elles dépendent de la 5e ou de la 8e armée, les troupes de forteresse et les divisions de renforcement devront se battre tous moyens réunis, soit sur le Rhin, soit sur la ligne des villages...

Boichut et Pétain ne sont finalement d 'accord que sur un seul point : cette organisation défensive ne doit pas être créée lors d'une période de tension politique mais doit être réalisée immédiatement en fortification permanente, en même temps que les régions fortifiées d'Alsace-Lorraine.

L'organisation défensive du Rhin ayant ainsi été intégrée dans la loi-programme de 1929 (➠ Tome Un, page 24), ce sont, assez curieusement, les chefferies du génie de Strasbourg et de Mulhouse (direction de Belfort) qui fournissent les premiers projets avant que, le 11 février 1931, la CORF ne reprenne l'affaire à son compte. Bien que les travaux soient déjà largement entamés, la CORF pourra encore modifier quelques plans de feux afin que l'appui devienne réciproque entre les casemates, intégrer des cloches de mitrailleuses dans cinq casemates de la 3e ligne et concevoir un abri spécial avec cloche de mitrailleuse (abri Léopold) qui ne sera malheureusement pas généralisé.

Donc, la défense de la plaine d'Alsace repose sur trois lignes de défense plus ou moins complètes et à base d'organes standard, sans étage inférieur en raison de la faible profondeur de la nappe phréatique (tous détails techniques, ➠ Tome Deux, pp. 12-16).

Sur le fleuve même, les berges sont tenues par une **1re ligne**, discontinue, de casemates de faible emprise (de 300 à 450 m^3), sans sous-sol et dont la façade est exposée aux vues de la rive adverse (modèle du 11 octobre 1929). Malgré les inconvénients évidents dès leur adoption (relief important, angle mort et menace d'inondation lors des crues du Rhin), les casemates de mitrailleuses ont été préférées aux abris passifs prévus initialement par le général Boichut. Leur mission est d'interdire tout franchissement mais comme la forêt du Rhin constitue un obstacle difficilement franchissable, elles sont construites uniquement sur les pénétrantes (c'est-à-dire généralement face aux points de passage sur le fleuve ainsi qu'aux coudes formés par le Rhin (Drusenheim, Gambsheim, Strasbourg, Gerstheim, Rhinau, Schœnau, Limbourg, Brisach, Chalampé et Huningue). Elles sont généralement standardisées (une trentaine d'exemplaires du type M 2 F, une dizaine du type M 1 F, quatre du type M 2 P, une — Schœnau Sud — du type M 1 P, quelques casemates d'un type particulier). À quelques exceptions près (Bassin-aux-Pétroles, Sporeninsel, Bassin-de-l'Industrie, Pont-Rail de Neuf-Brisach Sud), toutes ces casemates sont armées de jumelages Reibel et de la mitrailleuse Hotchkiss de 13,2 mm.

En raison du caractère discontinu de cette 1re ligne, le général Garchery, alors inspecteur de la 7e RM, prescrit la construction d'une série de blocs doubles d'un type particulier (dénommés type G du nom de leur initiateur et numérotés G 1, G 2, etc.) sur le bord même du fleuve, environ tous les 800

Photo Frommweiler, coll. J.-L. Burtscher

Note

1. Un pont-route (pont de Kehl, à Strasbourg), cinq ponts-rails et dix ponts de bateaux. Certains sites comportent deux ponts (Huningue, Chalampé, Neuf-Brisach et Kehl).

à 1000 mètres. De faible emprise, ces blocs armés de FM ou de mitrailleuses Hotchkiss de 8 mm visent à donner une certaine continuité à la ligne de défense (➠ Tome Deux, p. 141). La 20e RM a, elle aussi, complété l'organisation CORF en renforçant les têtes de pont défensives en construisant des blockhaus de types divers et en barrant les ponts par des obstacles De Cointet.

À moins d'un kilomètre en retrait, court la **2e ligne**, appelée également « ligne de soutien » ou « ligne des abris ». Elle comporte un certain nombre d'organisations légères (abri de type rectangulaire de 180 à 300 m^3 avec ou sans cloche) et trois casemates, notamment sur les axes de pénétration depuis le fleuve. Peu dense et faiblement armée, cette position, qui vise surtout à maintenir à portée utile des éléments de contre-attaque, n'a pas une véritable valeur défensive.

Au delà de la seconde ligne, s'étend la forêt du Rhin qui est en fait une zone marécageuse peu praticable de deux à trois kilomètres de large. Au débouché de cette forêt, le long de la digue des hautes eaux, a été construite, à partir de 1935, une ligne de petits blocs MOM de formes diverses qui constitue une défense intermédiaire entre les organisations de défense des berges et la ligne principale de résistance établie sur la ligne des villages. On y trouve également quelques cuves pour canons antichars.

À deux ou trois kilomètres du fleuve enfin, se trouve la **3e ligne** ou « ligne des villages » qui s'établit le long de la route reliant les villages qui se suivent le long du fleuve. Les casemates, dénommées type SFBR (Secteur fortifié du Bas-Rhin) sont des ouvrages plus lourds, d'une emprise plus importante (1.000 m^3 environ), généralement identiques à quelques détails près, généralement doubles avec une cloche GFM (et parfois des cloches mitrailleuses d'action frontale). Quelques casemates particulières dans leur forme mais pas dans leur organisation complètent cette structure. Cette ligne est évidemment la plus sérieuse en raison d'une part de la solidité — relative — des éléments qui la composent et d'autre part, de son éloignement du fleuve qui la met à l'abri d'une préparation d'artillerie en tir direct.

Un constat cependant, aucune casemate d'artillerie de flanquement n'a été réalisée, ce qui est particulièrement préjudiciable dans la mesure où l'appui d'artillerie présentera nécessairement un caractère frontal moins efficace. Des casemates à canon puis des emplacements à l'air libre pour canon de 75 mm (avec abri pour 12 hommes et 300 coups) étaient bien prévus en septembre 1929 mais en mai 1930, leur exécution a été repoussée en 3e urgence.

Dans l'ex-SFBR, se trouve incluse la défense de Strasbourg dont l'organisation a été retardée suite à la construction d'une nouvelle digue et de l'extension du port. L'agglomération est protégée par 12 casemates (qui renforcent les deux casemates de berge prévues initialement à Kintzig), deux observatoires et l'obturation des ponts de Kehl (projet du 10 mars 1931, financé grâce à des crédits prélevés sur ceux destinés aux casemates du Nord). La ville située sur la frontière même ne peut guère jouer un rôle dans la défense sous peine d'être totalement détruite par l'artillerie allemande et c'est donc uniquement sur les berges du fleuve que se concentre la défense. Les anciens ouvrages ex-allemands ne sont que partiellement réactivés (deux casemates dans le fort Ducrot, batterie des Cerisiers) et le renforcement porte surtout sur une série de casemates MOM en périphérie de l'agglomération.

Au nord, la défense du Rhin se raccorde à la RF Lauter dont le tracé en pan coupé a provoqué l'abandon de la région de Seltz (➠ carte Tome Un, page 21). Néanmoins, les casemates de berge ont été construites entre Sessenheim et le pont de Seltz afin de conserver des vues sur les passages du Rhin. Toutes les autres organisations des 2e et 3e lignes ont été abandonnées entre Seltz et Auenheim (➠ SF Haguenau, page 134).

Enfin, plus au sud, dans le sous-secteur d'Erstein, la densité des casemates est particulièrement faible en raison de la nature des bords du fleuve peu propices à une exploitation. On retrouve une densité de casemates plus élevée aux abords des ponts de Neuf-Brisach et de Chalampé qui ouvrent à l'assaillant les accès vers Colmar et Mulhouse.

En conclusion, la fortification de la ligne Lauterbourg - Bâle, conçue quand en face d'elle, il n'y avait pratiquement pas d'ennemi, a une valeur plus psychologique que militaire. En 1938-1939, après la construction de la ligne Siegfried, les casemates françaises sont dominées par les blockhaus allemands de la rive droite du Rhin, ce que les Alsaciens observent avec inquiétude (d'après le rapport établi en janvier 1939 par l'Institut d'études européennes de Strasbourg).

NB : les casemates du Rhin sont repérées conventionnellement par deux nombres dont le dénominateur (1,2 ou 3) indique la ligne d'appartenance. La 1re ligne est numérotée à partir de Chalampé en montant vers le nord, les 2e et 3e à partir de Seltz vers le sud. Les numéros manquants correspondent aux organisations ajournées. L'ajournement de toutes les casemates classées en 2e et 3e urgences a été décidé le 12 février 1930 par le ministre André Maginot.

Commandement et troupes

Commandant la division : généraux Pichon, Renondeau (5 janvier 1940) puis Vallée (28 mai 1940)
Chef d'état-major : lieutenant-colonel Remords
Commandant l'ID : colonel Vimal du Bouchet (portrait ➠ Tome Un, p. 159)
- 70e RIF pour mémoire (SF Haguenau)
- 172e RIF (2 btns) : lieutenant-colonel Le Mouël (➠ Tome Un, pp. 138, 142 et suivantes)
- 34e RIF (2 btns) : lieutenant-colonel Brocard (➠ Tome Un, p. 92)
- 237e RI de SF (3 btns) : lieutenant-colonel Vigneron

Commandant l'AD : colonel Dubail
- 155e RAP: lt-colonel Agabriel (➠ Tome Deux, p. 192)
- Parc 148 et 148e COA

Commandant le génie : colonel Simon

Génie :	228/1 compagnie du génie
	228/2 compagnie du génie
Transmissions :	228/81 compagnie télégraphiste
	228/82 compagnie radio
Train :	218/20 compagnie auto
Intendance :	448/23 groupe d'exploitation divisionnaire
Santé :	448e groupe sanitaire divisionnaire
PC : fort Ducrot	

Place de Strasbourg (général Rickenbach)
- 226e RI de SF (3 btns) : lieutenant-colonel Marteau
- 205e RR (régiment régional)

Le 5 mars 1940, le SF Bas Rhin est transformé en 103e DIF « Division de Strasbourg ». Il perd alors le sous-secteur d'Herrlisheim (70e RIF) qui passe au SF Haguenau.

Grandes unités de renforcement au 10 mai 1940

17e CA (général Noël)
62e DI (réserve, série B) (général Sarrebourse de la Guillonière)

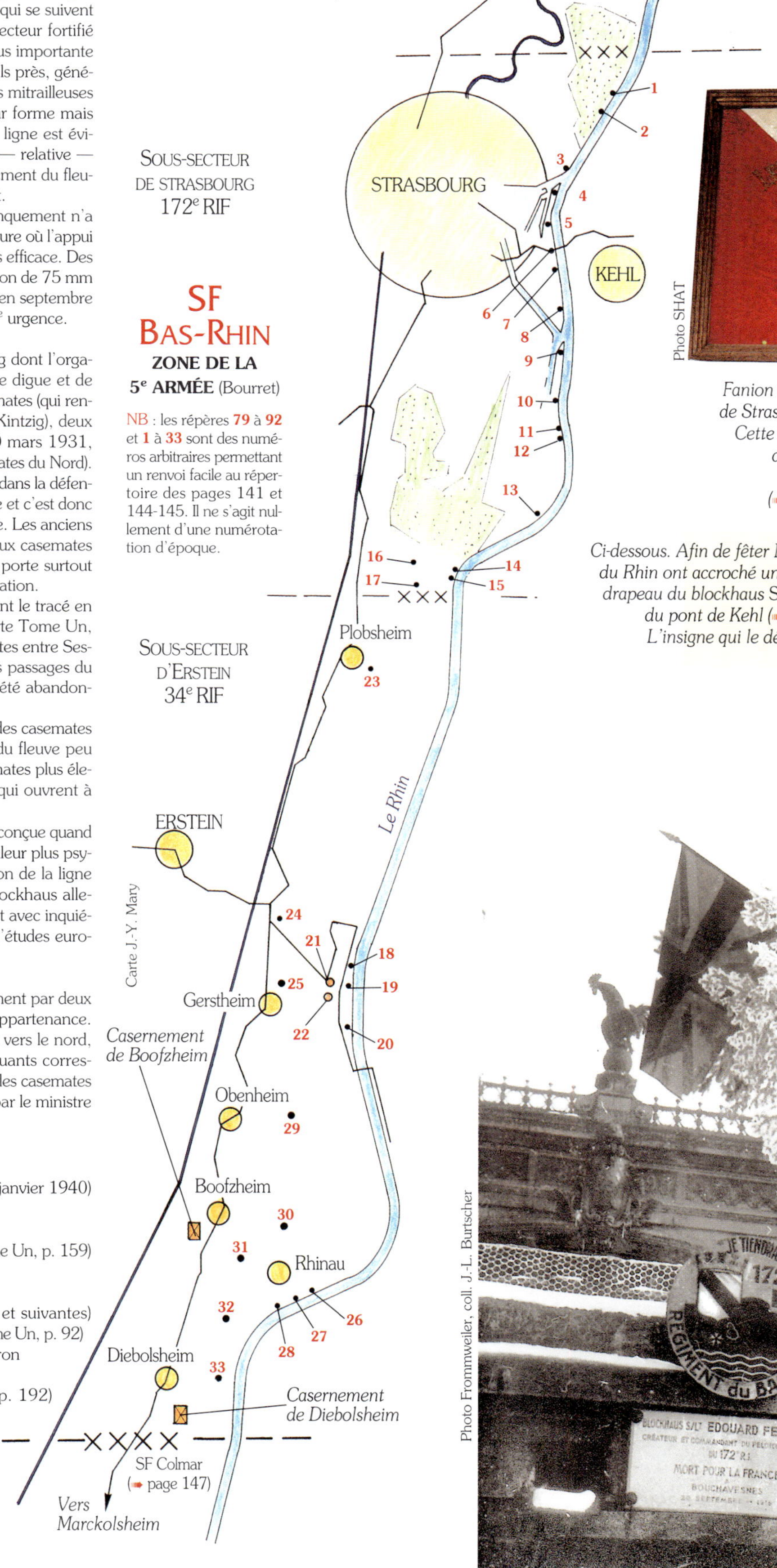

Photo SHAT

Fanion offert par les Dames de Strasbourg au 155e RAP. Cette association avait fait de même au bénéfice du 172e RIF (➠ Tome Un, p. 176).

Ci-dessous. Afin de fêter Noël, les casematiers du Rhin ont accroché un sapin au mât porte-drapeau du blockhaus Sous-lieutenant Fezens du pont de Kehl (➠ Tome Un, p. 143). L'insigne qui le décore est bien visible.

Photo Frommweiler, coll. J.-L. Burtscher

Photo Frommweiler, coll. J.-L. Burtscher

Le lieutenant Fauré, commandant la CEC 3 du SF Bas-Rhin, photographié dans les environs de l'établissement des Bains-du-Rhin (visible à l'arrière-plan), proche du pont de Kehl. Il porte un insigne de chasseurs, probable souvenir d'une précédente affectation.

Photo Beaujard, coll. J.-L. Burtscher

Le fort Neuf-Empert, ouvrage ex-allemand situé au nord de Strasbourg, a été réactivé par les Français car il est situé à proximité du Rhin. À l'entrée du fort, son commandant, le lieutenant Beaujard (en culotte mastic) est entouré d'un groupe de sous-officiers, en majorité des réservistes alsaciens.

ORGANISATIONS

■ **SOUS-SCTEUR DE STRASBOURG** : 172e RIF (lieutenant-colonel Le Mouel)
CEC 3 du SF Bas-Rhin : lieutenant Fauré
CEC 4 du SF Bas-Rhin : lieutenant Lafforgue, puis capitaine Proton de la Chapelle (mars 1940)
PC : fort Pétain puis Schiltigheim

NB : les numéros utilisés ici pour renvoyer à la carte p. 143 sont de notre fait.

■ **CEC 3** (quartier de Robertsau)
1re ligne (casemates de berge)

1	Kintzig Nord	CORF	Casemate double type M2F : 2 créneaux JM/13,2, 2 créneaux JM, 1 cl. GFM (sous-lieutenant Haas)
2	Kintzig Sud	CORF	Casemate double type M2F : 2 créneaux JM/13,2, 2 créneaux JM, 1 cl. GFM (sous-lieutenant Benzet, ➥ portrait Tome Un, p. 138)
3	Bassin-aux-Pétroles	CORF	Casemate double : 2 créneaux JM/AC 47, 2 créneaux JM, 1 cl. obs./VDP (adt-chef Reibel)
4	Sporeninsel *(Ile-des-Épis)*	CORF	Casemate double type M2F : 2 créneaux JM/AC 47, 2 créneaux JM, 1 cl. GFM (lieutenant Brugger)
5	Bassin-de-l'Industrie	CORF	Casemate double type M2F : 2 créneaux JM/AC 47, 2 créneaux JM, 1 cl. GFM (➥ photo Tome Deux, p. 13) (lieutenant Haensler)
6	Ponts-de-Kehl	STG	Blockhaus de défense des ponts (➥ photo Tome Un, p. 143)
7	Champ-de-Courses	CORF	Casemate double type M2F : 2 créneaux JM/13,2, 2 créneaux JM, 1 cl. GFM (ss-lieutenant Baltzinger)
8	Petit-Rhin	CORF	Casemate double type M2F : 2 créneaux JM/13,2, 2 créneaux JM, 1 cl. GFM (lt Frommweiler)

■ **CEC 4** (quartier de Neuhof)

9	Musau	CORF	Casemate double : 2 créneaux JM/13,2, 2 créneaux JM, 1 cl. GFM (lieutenant Bernard)
10	Ruchau	CORF	Casemate double type M2F : 2 créneaux JM/13,2, 2 créneaux JM, 1 cl. GFM (lieutenant Bollecker)
11	Hackmessergrund	CORF	Casemate simple type M1F flanquant vers le nord : 1 créneau JM/13,2, 1 créneau JM, 1 cl. GFM (sous-lieutenant Ledermann)
12	Rohrschollen	CORF	Casemate double : 2 créneaux JM/13,2, 2 créneaux JM, 1 cl. obs./VDP (sous-lieutenant Kwass)
13	Paysans	CORF	Casemate double type M2F : 2 créneaux JM/13,2, 2 créneaux JM, 1 cl. GFM (lieutenant Hérin)
14	L'Auberge	CORF	Casemate simple type M1F flanquant vers le nord : 1 créneau JM/13,2, 1 créneau JM, 1 cl. GFM
15	Christian	CORF	Casemate simple type M1F flanquant vers le sud : 1 créneau JM/13,2, 1 créneau JM, 1 cl. GFM (➥ photo Tome Deux, p. 13) (lieutenant Mentré)

3e ligne (ligne des villages) Casemates CORF double type SFBR (2 créneaux JM/AC 47, 2 créneaux JM, 1 cl. GFM)
16 Stall 18/3 (lieutenant Heim)
17 Cosaques 19/3 (lieutenant Riff)

■ **SOUS-SECTEUR D'ERSTEIN** : 34e RIF (lieutenant-colonel Brocart)
CEC 5 du SF Bas-Rhin : lieutenant Le Hir
CEC 6 du SF Bas-Rhin : lieutenant Barthélémy
Casernement de sûreté : Boofzheim et Diebolsheim

■ **CEC 5** (quartier de Krafft)
1re ligne (casemates de berge)

18	Gerstheim Nord	CORF	Casemate simple type M1F flanquant vers le sud : 1 créneau JM/13,2, 1 créneau JM, 1 cl. GFM
19	Gerstheim Centre	CORF	Casemate simple type M1F flanquant vers le nord : 1 créneau JM/13,2, 1 créneau JM, 1 cl. GFM
20	Gerstheim Sud	CORF	Casemate simple type M2F flanquant vers le nord : 2 créneaux JM/13,2, 2 créneaux JM, 1 cl. GFM

2e ligne (ligne des abris)

21	Langkopf 10/2	CORF	Abri type A1Cl : 1 cl. GFM
22	Langgrund 10 *bis*/2	CORF	Abri type A1Cl : 1 cl. GFM

3e ligne (ligne des villages) Casemates CORF double type SFBR (2 créneaux JM/AC 47, 2 créneaux JM, 1 cl. GFM)
23 Plobsheim 20/3
24 Tuilerie-d'En-Haut 21/3
25 Gerstheim 22/3

■ **CEC 6** (quartier de Boofzheim)
1re ligne (casemates de berge)

26	Rhinau Nord	CORF	Casemate simple type M2F flanquant vers le nord : 2 créneaux JM/13,2, 2 créneaux JM, 1 cl. GFM (sous-lieutenant Schilling)
27	Rhinau Centre	CORF	Abri de type A1Cl : 1 cl. GFM (lieutenant Schaeffer)
28	Rhinau Sud	CORF	Casemate simple type M2F flanquant vers le nord : 2 créneaux JM/13,2, 2 créneaux JM, 1 cl. GFM (sous-lieutenant Sturtzer)

2e ligne (ligne des abris) Néant

3e ligne (ligne des villages) Casemates CORF double type SFBR (2 créneaux JM/AC 47, 2 créneaux JM, 1 cl. GFM)
29 Moulin d'Obenheim 23/3 (lieutenant Frœhlich)
30 Ziegelhof 24/3 idem avec 1 cl. M en plus (sergent Gagnard)
31 Neuergraben 25/3 (sergent-chef Arnaud)
32 Friesenheim 27/3 (sous-lieutenant Guyot)
33 Oberweidt 27*bis*/3 (sous-lieutenant North)

Coll. Muehlschlegel

Le curieux camouflage d'une casemate de berge vue depuis le côté allemand. Difficile cependant d'abuser l'ennemi qui a eu tout loisir d'assister aux travaux de construction...

Photo Bernard, coll. J.-L. Burtscher

L'équipage de la casemate de Musau. Accolée à la façade arrière, une baraque en bois sert de cuisine et de chambre supplémentaire. À gauche de la photo, le lieutenant Bernard, chef de la casemate. La pancarte porte l'inscription « On les aura ».

Les premiers froids sont arrivés quand les lieutenants Bernard et Bollecker, dûment casqués, rendent visite au lieutenant Riff, chef de la casemate Cosaques située sur la « ligne des villages », au sud de Strasbourg. On aperçoit la cloche GFM d'une autre casemate à gauche de la photographie.

Casemates de défense du Rhin

Dessins J.-Y. Mary

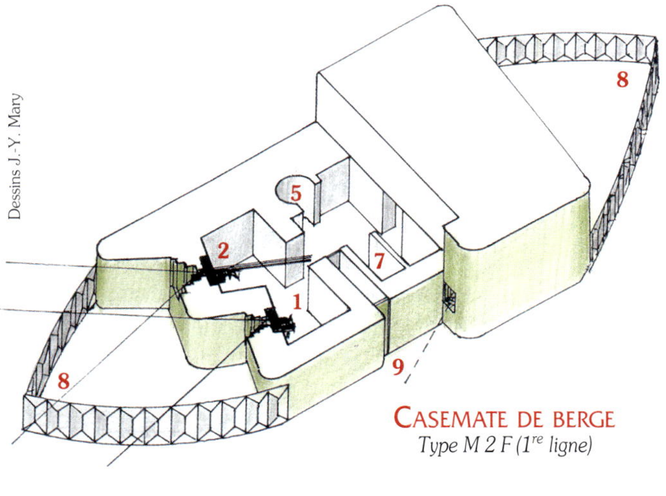

Casemate de berge
Type M 2 F (1re ligne)

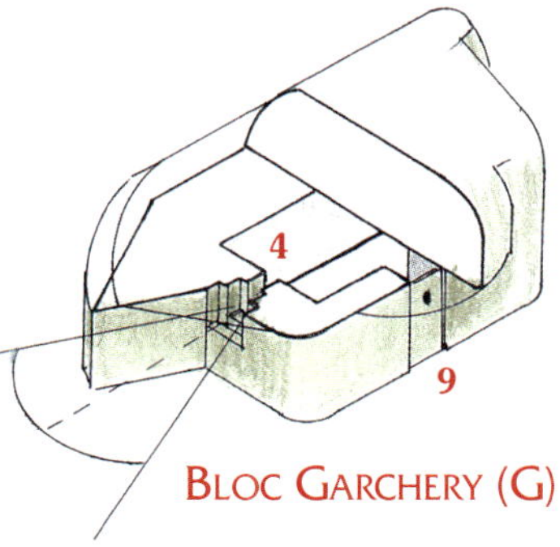

Bloc Garchery (G)

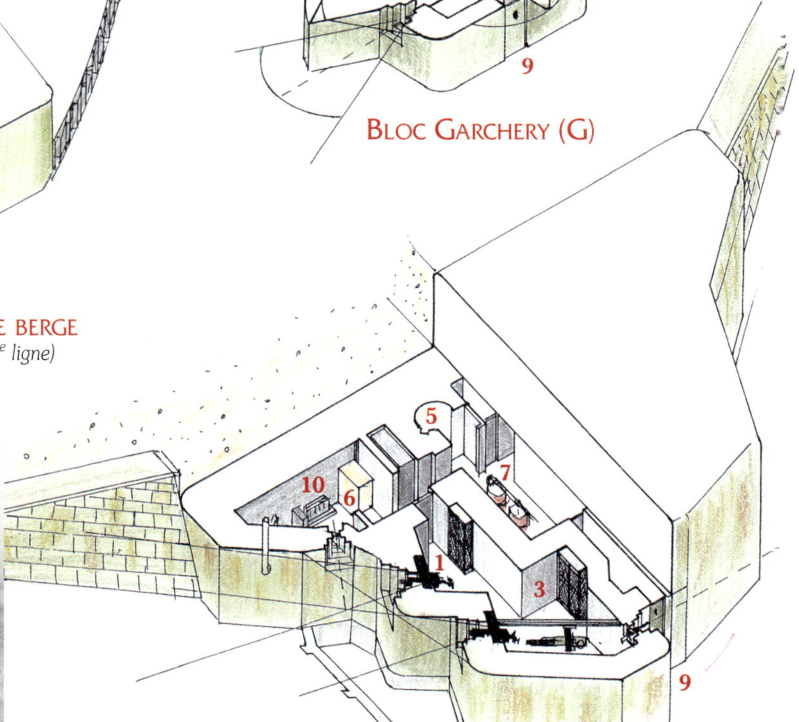

Casemate de 3e ligne
Type SFBR

1. Créneau JM
2. Créneau JM + 13,2 mm
3. Créneau JM + 47 AC
4. Créneau FM ou mitr. 8 mm
5. Cloche GFM
6. Réservoir à eau
7. Filtres et ventilateurs
8. Panneaux de crue
9. Entrée
10. Groupe électrogène

Photo Bernard, coll. J.-L. Burtscher

Calvel, coll. Bruge

Quelques officiers du 42e RIF, peu avant-guerre. Autour du chef de bataillon Coulomb commandant le 1er bataillon (sabre en mains), sont réunis les capitaines Calvel et Malet et les lieutenants Langs, Reutter et Grivel.

GROUPE D'ARMÉES N° 3 (GA 3, général Besson)

ZONE DE LA 8e ARMÉE (général Garchery)
(PC à Giromagny)

Coll. Ascomémo

Avant d'être nommé à la tête de la 104e DIF le 1er janvier 1940, le général Cousse commande le SF Thionville. Ce portrait présente un détail intéressant, l'insigne On ne passe pas sur une tenue de général.

SECTEUR FORTIFIÉ DE COLMAR devenu (16 mars 1940) 104e DIVISION D'INFANTERIE DE FORTERESSE

Conception

L'organisation du SF Colmar repose sur les mêmes principes que ceux qui ont prévalu pour la réalisation du SF Bas-Rhin. La densité des casemates y est à peine plus élevée que dans le SFBR, le point le plus solide étant les abords des ponts qui relient Breisach en Allemagne à Neuf-Brisach (France) et ouvrent la route de Colmar à l'assaillant.

Commandement et troupes

Commandant : généraux Coradin, Poisot puis Cousse (1er janvier 1940)
Chef d'état-major : commandant Gouget de Landres
Commandant l'ID :
42e RIF (2 btns) : colonel Fonlupt (➨ Tome Un, p. 96)
28e RIF (2 btns) : lieutenant-colonel Roman (➨ Tome Un, p. 92)
242e RI de SF (3 btns) : colonel Bouchon
Commandant l'AD : colonel Rousseau
I/170e RAP : chef d'escadron Maigret (➨ Tome Deux, p. 205)
Commandant le génie : chef de bataillon Massoni
229/1 compagnie du génie
Transmissions : 228/84 compagnie mixte
Train : 219/7 détachement auto
PC : Colmar

Après la mobilisation, les quatre compagnies d'équipages d'ouvrages (appelées également CEQ, pour *compagnies d'équipages*) sont rattachées administrativement au centre d'instruction du secteur (devenu le CIDF de la 104e DIF). Le 16 mars 1940, le SF Colmar devient la 104e DIF « Division de Colmar » avec les mêmes troupes organiques auxquelles sont adjoints les 9e et 10e bataillons de chasseurs pyrénéens.

Grandes unités de renforcement au 10 mai 1940

13e CA : général Misserey
(coiffe les 104e et 105e DIF)
54e DI (réserve, série B) : général Coradin

Organisations

■ **Sous-secteur d'Elsenheim** : 42e RIF (colonel Fonlupt)
1re CEO du SF Colmar (quartier de Sundhouse) : capitaine Cheveau (ou Cheneau ?).
2e CEO du SF Colmar (quartier de Marckolsheim) : capitaine Denhaut, puis lieutenant Gasser.
Casernements de sûreté : Sundhouse et Marckolsheim

NB : les numéros utilisés ici pour renvoyer à la carte p. 147 sont de notre fait.

1re ligne (casemates de berge)

34	Léopold 53/1	CORF	Abri actif (exemplaire unique) : 1 cl. M, 1 cl. GFM (sous-lieutenant Gérard) (➨ plan Tome Deux, p. 16)
35	Schœnau Nord 52/1	CORF	Abri type A1Cl : 1 cl. GFM (sergent Fuger)
36	Schœnau Centre 51/1	CORF	Abri type A1Cl : 1 cl. GFM (sgt Holzwhart)
37	Schœnau Sud 50/1	CORF	Casemate simple type M1P flanquant à droite : 1 créneau JM/13,2, 1 créneau JM, 1 cl. GFM (sergent-chef Kœhler)
38	Limbourg Nord 49/1	CORF	Casemate type M2P : 2 créneaux JM/13,2, 2 créneaux JM, 1 cl. GFM (sergent-chef Schwindenhammer)
39	Limbourg Pont 46a/1	CORF	Abri type A2Cl : 1 cl. GFM (lieutenant Grünenwald)
40	Limbourg Sud 46/1	CORF	Casemate type M2F : 2 créneaux JM/13,2, 2 créneaux JM, 1 cl. GFM (sergent Borie)
41	Sponeck Nord 45/1	CORF	Casemate type M2F : 2 créneaux JM/13,2, 2 créneaux JM, 1 cl. GFM (adjudant Schmitt)
42	*Sponeck Pont 44/1*	*CORF*	*Casemate non réalisée*
43	Sponeck Sud 41/1	CORF	Casemate type M2F : 2 créneaux JM/13,2, 2 créneaux JM, 1 cl. GFM (ss-lt Paduch)
44	Eiswasserkopf 40/1	CORF	Casemate type M2F : 2 créneaux JM/13,2, 2 créneaux JM, 1 cl. GFM

2e ligne (ligne des abris)

45	Schœnau Petit-Rhin 15/2	CORF	Abri type A2Cl : 1 cl. GFM (sous-lieutenant Klein)
46	Limbourg-Ferme 16/2	CORF	Abri type A3 sans cloche (sergent Brückert)
47	Sponeck Auberge 18/2	CORF	Abri type A3Cl : 1 cl. GFM (caporal-chef Probst)

3e ligne (ligne des villages) Dans le cas général, casemates CORF type SFBR (2 créneaux JM/AC 47, 2 créneaux JM, 1 cl. GFM) ou type M2F si mentionné (2 créneaux JM/13,2, 2 créneaux JM, 1 cl. GFM)

48	Ried 28/3	CORF	(lieutenant Marchal)
49	Espereinwald Nord 29/3	CORF	(lieutenant Hussler)
50	Espereinwald Sud 30/3	CORF	(adjudant Charlet)
51	Nachweidt 30 bis/3	CORF	(sous-lieutenant Verdier)
52	Saasenheim 31/3	CORF	type SFBR avec 1 cl. M en plus (lt Bertrand)
53	Richtolsheim 32/3	CORF	(adjudant Strebler)
54	Marckolsheim Nord 34/3	CORF	type M2F (adjudant-chef Guilbot)
55	Marckholsheim Sud 35/3	CORF	type SFBR spécial : C2FM 1 cl. M en plus) (lt Marois) (➨ plan Tome Deux, p. 14
56	Artzenheim Nord 36/3	CORF	type M2F (lieutenant Obrecht)
57	Artzenheim Sud 37/3	CORF	type M2F (adjudant Bagès)
58	Baltzenheim 38/3	CORF	type M2F (lieutenant Senter)

■ **Sous-secteur de Dessenheim** : 28e RIF (lieutenant-colonel Roman)
3e CEO du SF Colmar : capitaine Buffe puis lieutenant Burger (quartier de Neuf-Brisach)
4e CEO du SF Colmar : capitaines Creton puis Hoffarth (quartier de Fessenheim)
Casernements de sûreté : Neuf-Brisach et Fessenheim

1re ligne (casemates de berge)

59	Fort-Mortier 32/1	CORF	Casemate type M2F : 2 créneaux JM/13,2, 2 créneaux JM, 1 cl. GFM (adt-chef Welsch)

Novembre 1939 : des officiers du I/42ᵉ RIF reconnaissent le terrain aux alentours de Grussenheim Au centre, le chef de bataillon Coulomb commandant le bataillon. H. Béraud

H. Béraud

Quelques défenseurs de la casemate Fort-Mortier dans la neige. À l'arrière-plan, l'église de Breisach sur la rive allemande.

H. Béraud

La rive allemande vue depuis la casemate de Fort-Mortier qu'on aperçoit au premier plan le 22 avril 1940.

Poulet, coll. H. Béraud

Les arrières de la casemate Fort-Mortier ont été aménagés soigneusement avec l'inévitable potager destiné à améliorer l'ordinaire.

Coll. Burger

Derrière la casemate 31/1 Pont-de-Bateaux, on reconnaît, casqué, l'adjudant Welsch de la casemate Fort-Mortier, le lieutenant Grosperrin qui commande Pont-de-Bateaux et le lieutenant Burger (attribut Neuf-Brisach sur le haut de la manche gauche et insigne du 42ᵉ RIF sur la poitrine) commandant la compagnie d'équipages de casemates.

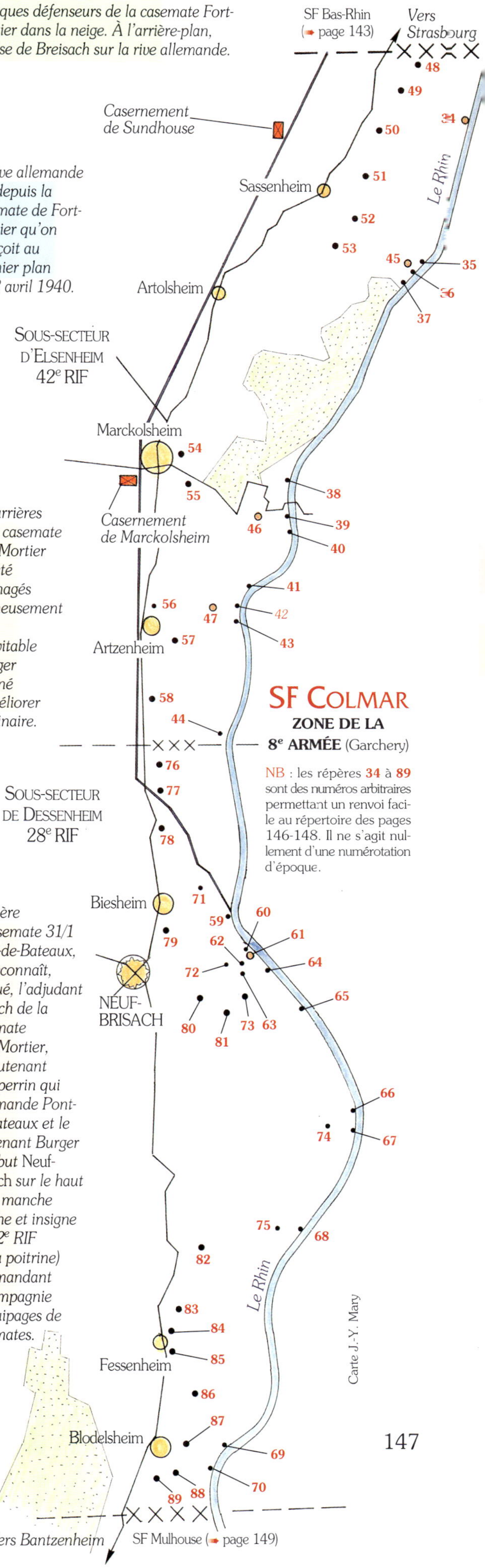

Coll. Burger

L'année 1940 commence bien pour les cadres des 3e et 4e CEO du 28e RIF qui arrosent les galons du lieutenant Grimmer lors d'une petite fête à la casemate de berge 31/1 Pont-de-Bateaux. De gauche à droite : adjudants-chefs Welsch, Waltz (en culotte mastic d'officier, en principe non autorisée pour les adjudants) et Lalouette, lieutenant Grimmer (qui sera tué le 20 juin 1940), sous-lieutenant Grosperrin, lieutenant Burger, lieutenant Gerrer et sous-lieutenant Hoffbeck. Ce dernier porte sur le haut de la manche gauche un losange de deuil.

Coll. Burger

Derrière une casemate non identifiée de la région de Neuf-Brisach et sur laquelle flottent les drapeaux anglais et français, l'équipage se livre à ses occupations quotidiennes. Entre les deux baraques d'habitation recouvertes de tôle ondulée, on distingue l'échelle permettant d'utiliser la dalle de la casemate comme un parapet. Ce poste de guet improvisé, qui complète l'observation par la cloche GFM, est très utile la nuit car il permet d'entendre les bruits venant de « l'autre côté ».

60	Pont-de-Bateaux-de-Neuf-Brisach 31/1	CORF	Casemate type M2F : 2 créneaux JM/13,2, 2 créneaux JM, 1 cl. GFM (sous-lieutenant Grosperrin)
61	Pont-Rail-de-Neuf-Brisach 30b/1	CORF	Abri de type A1Cl : 1 cl. GFM
62	Pont-Rail-de-Neuf-Brisach Nord 30/11	CORF	Casemate type M1F : 1 créneau JM/13,2, créneau JM, 1 cl. GFM (sgt-chef Lovichi)
63	Pont-Rail-de-Neuf-Brisach Sud 29/1	CORF	Casemate simple flanquant vers le sud (plan spécial) : 1 créneau JM/AC 47, 1 créneau JM, 1 cl. GFM (sergent-chef Terrasson)
64	Ochsenkopf Nord 27/1	CORF	Casemate type M2F : 2 créneaux JM/13,2, 2 créneaux JM, 1 cl. GFM (adjudant Moris)
65	Ochsenkopf Sud 24/1	CORF	Casemate type M2F : 2 créneaux JM/13,2, 2 créneaux JM, 1 cl. GFM (adt-chef Bischoff)
66	Geiswasser Nord 23/1	CORF	Casemate type M2F : 2 créneaux JM/13,2, 2 créneaux JM, 1 cl. GFM (adt Delannel)
67	Geiswasser Sud 22/1	CORF	Casemate type M2F : 2 créneaux JM/13,2, 2 créneaux JM, 1 cl. GFM (ss-lt Rolling)
68	Nambsheim Rhin 21/1	CORF	Casemate type M2F : 2 créneaux JM/13,2, 2 créneaux JM, 1 cl. GFM
69	Steinhubel 17/1	CORF	Casemate type M2F : 2 créneaux JM/13,2, 2 créneaux JM, 1 cl. GFM
70	Grossgrun 16/1	CORF	Casemate type M2F : 2 créneaux JM/13,2, 2 créneaux JM, 1 cl. GFM

2e ligne (ligne des abris)

71	Cimetière-des-Juifs 21/2	CORF	Abri type A3Cl : 1 cl. GFM (remplace une casemate) (sergent Mercier)
72	La Sirène 23/2	CORF	Abri type A2 allongé sans cloche
73	Vogelgrün 24/2	CORF	Casemate type M2F : 2 créneaux JM/13,2, 2 créneaux JM, 1 cl. GFM (adjudant Deberdt)
74	Geiswasser-Village 25/2	CORF	Abri type A2Cl allongé : 1 cl. GFM
75	Nambsheim-Digue 26/2	CORF	Abri type A2Cl allongé : 1 cl. GFM

3e ligne (ligne des villages) — Casemates CORF type M2F (2 créneaux JM/13,2, 2 créneaux JM, 1 cl. GFM)

76	Kunheim Nord 39/3	CORF	(lieutenant Riber)
77	Kunheim Sud 40/3	CORF	(sergent-chef Lutz)
78	Biesheim Nord 41/3	CORF	(adt-chef Burglen, sous-lieutenant Hoffbeck)
79	Biesheim Sud 42/3	CORF	(lieutenant Grimmer)
80	Algolsheim Nord 44/3	CORF	(adjudant-chef Lalouette)
81	Algolsheim Sud (Est) 45/3	CORF	Casemate double, plan spécial : 2 créneaux JM/AC 47, 2 créneaux JM, 1 cl. M, 1 cl. GFM (sous-lieutenant Hoffbeck)
82	Nambsheim Nord 47/3	CORF	
83	Balgau Sud 49/3	CORF	(➠ photo Tome Un, p. 14)
84	Fessenheim Nord 50/3	CORF	
85	Fessenheim Sud 51/3	CORF	
86	Chapelle-Ste-Colombe 52/3	CORF	
87	Blodelsheim Nord 53/3	CORF	
88	Blodelsheim Centre 54/3	CORF	
89	Blodelsheim Sud 55/3	CORF	

Coll. Burger

Le bloc « Garchery » n° 47 présente une dalle coulée en deux phases. Photographie prise après les combats de juin 1940.

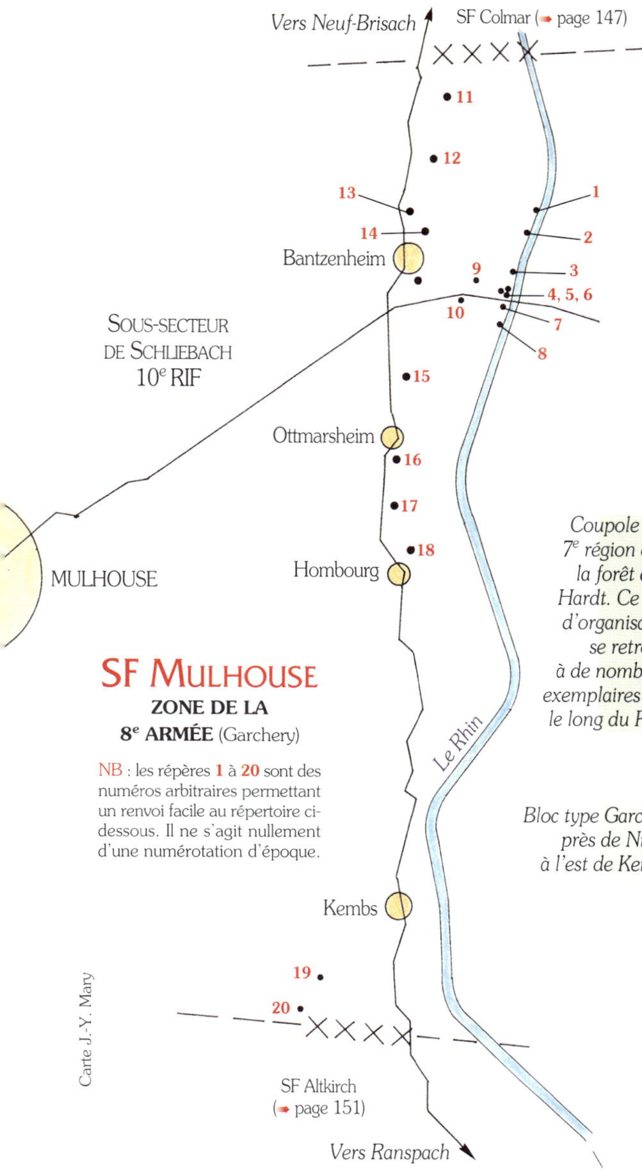

Carte J.-Y. Mary

DR

Coupole type 7e région dans la forêt de la Hardt. Ce type d'organisation se retrouve à de nombreux exemplaires tout le long du Rhin.

DR

Bloc type Garchery près de Niffer, à l'est de Kembs.

SECTEUR FORTIFIÉ DE MULHOUSE devenu (16 mars 1940) 105e DIVISION D'INFANTERIE DE FORTERESSE

Conception

Le SF Mulhouse présente une double configuration avec au nord, une organisation défensive identique à celle des SF Bas-Rhin et Colmar, et une densité assez élevée de casemates aux abords des ponts de Chalampé qui ouvrent les accès vers Mulhouse. Plus au sud, la position devient plus fluide pour s'arrêter, du moins en organisations CORF, à hauteur du village de Hombourg. Deux facteurs conditionnent cette disposition particulière : d'une part, la ligne de défense s'appuie sur la forêt de la Hardt (orthographiée également forêt de la Harth) qui est peu pénétrable, ce qui limite les risques d'exploitation (elle est du reste en 1940 organisée en points d'appui) et d'autre part, les conditions du Traité de 1815 qui interdit de fortifier à moins de trois lieues (douze kilomètres) de Bâle. Il en résulte donc une trouée qui pourrait être mise à profit par l'assaillant. Pour limiter au maximum le risque dans ce secteur, les autorités locales (7e région militaire) entreprennent la construction d'une position légère en arc de cercle autour de Bâle, en serrant au plus près que l'autorise le Traité, ce qui fait démarrer cette bretelle sur le Rhin, à hauteur de Kembs. Cette bretelle qui aurait dû compter 13 casemates STG se limite à quelques blocs de type MOM. Entre Hombourg et Kembs, quelques organisations MOM, aux lisières de la forêt de la Hardt, constituent a priori un point relativement vulnérable mais le risque reste limité par la présence de la forêt elle-même.

Commandement et troupes

Commandant la division : général Didio
Chef d'état-major : commandant Leyraud
Commandant l'ID :
10e RIF (3 btns) : lieutenant-colonel Thiervoz (➠ Tome Un, p. 88)
Commandant l'AD : lieutenant-colonel Ollitrault
II/159e RAP (➠ Tome Deux, p. 195)
Commandant le génie : chef de bataillon Chafard
230/1 compagnie du génie
Transmissions : 230/84 compagnie mixte
Train : 220/7 détachement auto
PC : Rixheim

Le 16 mars 1940, le SF Mulhouse est transformé en 105e DIF « Division de Mulhouse » avec le 10e RIF et le II/159e RAP auxquels sont adjoints le 8e bataillon de mitrailleurs et le 371e RI de SF (colonel Bilière).

Grandes unités de renforcement au 10 mai 1940

13e CA (général Misserey)
(coiffe les 104e et 105e DIF ; ➠ page 146)

Organisations

■ **Sous-secteur de Schliebach** : 10e RIF (lieutenant-colonel Thiervoz)
CEO du 10e RIF (le 10 mai 1940, devient la **5e CEO**/CIDF de la 104e DIF) : capitaines Aimard puis Ambrosi.
Casernements de sûreté : Boutzenheim et Kembs

1re ligne (casemates de berge)			
1	Chalampé-le-Bas 14/1	CORF	Casemate double type M2F : 2 créneaux JM/13,2, 2 créneaux JM, 1 cl. GFM (sous-lieutenant Genestier)
2	Ameisengründ 13b/1	CORF	Casemate double type M2F : 2 créneaux JM/13,2, 2 créneaux JM, 1 cl. GFM (adjudant-chef Brun)
3	Chalampé-Berge Nord (NE) 11/1	CORF	Casemate double type M2P : 2 créneaux JM/13,2, 2 créneaux JM, 1 cl. GFM (lieutenant Peter)
4	Pont-de-Bateaux-de-Chalampé 10/1	CORF	Abri pour 2 groupes
5	Pont-Rail-de-Chalampé 8b/1	CORF	Abri (PC Pont-Rail)
6	Pont-Rail-de-Chalampé Nord 8/1	CORF	Abri pour 1 groupe
7	Pont-Rail-de-Chalampé Sud 7/1	CORF	Abri pour 1 groupe
8	Chalampé-Berge-Sud 6/1	CORF	Casemate double type M2P : 2 créneaux JM/13,2, 2 créneaux JM, 1 cl. GFM
2e ligne (ligne des abris)			
9	Chalampé Nord-Ouest 34/2	CORF	Casemate double : 2 créneaux JM/AC 47, 2 créneaux JM, 1 cl. M, 2 cl. GFM
10	Chalampé Sud-Ouest 35/2	CORF	Casemate simple flanquant vers le sud : 1 créneau JM/AC 47, 1 créneau JM, 1 cl. GFM
3e ligne (ligne des villages)			Casemates CORF doubles type M2F (2 créneaux JM/13,2, 2 créneaux JM, 1 cl. GFM)
11	Rumersheim Nord 56/3	CORF	
12	Rumersheim Sud 57/3	CORF	
13	Bantzenheim Nord 58/3	CORF	
14	Bantzenheim Sud 59/3	CORF	
15	Ottmarsheim Nord 60/3	CORF	Casemate double, plan spécial : 2 créneaux JM/AC 47, 2 créneaux JM, 1 cl. GFM
16	Ottmarsheim Sud 61/3	CORF	Casemate double, plan spécial : 2 créneaux JM/AC 47, 2 créneaux JM, 1 cl. GFM (lieutenant Hérold)
17	Hombourg Nord 62/3	CORF	
18	Hombourg Sud 63/3	CORF	
19	Hardt Sud 76	STG	Blockhaus double : 1 cl. GFM
20	Sauruntz 77	STG	Blockhaus double : 1 cl. GFM

Coll. Wahl

Casemate pour deux matériels de 75 modèle 1897/33 de l'Hôpital-de-Sierentz en 1940.

44e CORPS D'ARMÉE DE FORTERESSE

Formé le 16 mars 1940 à partir d'éléments de la RF Belfort dissoute (➠ page 152), il coiffe le SF Altkirch, le SF Montbéliard et la place de Belfort. Il appartient à la 8e armée.

Commandement et troupes

Commandant le corps d'armée : général Tence
Chef d'état-major : lieutenant-colonel Plagnol
Infanterie : I/460e RP (régiment de pionniers)
Commandant l'artillerie : général Menu
V et VI/159e RAP (➠ Tome Deux, pp. 195-196)
Commandant le génie : colonel Collin
144/1 compagnie du génie
Transmissions : 144/81 compagnie télégraphique
144/82 compagnie radio
144/83 compagnie colombophile
Train : 344/7 compagnie auto
Intendance : 444/7 groupe d'exploitation
PC : Dannemarie

SECTEUR DÉFENSIF devenu (16 mars 1940) SECTEUR FORTIFIÉ D'ALTKIRCH

Conception

Dans les projets initiaux, la région de la Haute-Alsace qui borde la frontière suisse devait être traitée en Région fortifiée puissante pour éradiquer définitivement l'hypothèse d'un débordement du dispositif défensif français par la Suisse. Cette hypothèse étant jugée à l'époque comme la moins plausible, la Région fortifiée de Haute-Alsace est repoussée en 2e urgence. Cependant, le général Boichut, gouverneur de Strasbourg, demande un fort concentré à Sierentz de façon à battre le pont-usine de Kembs mais cette proposition est repoussée le 12 novembre 1928 par la CDF et le maréchal Pétain.

La défense de la Haute-Alsace ne ressort des dossiers qu'avec l'étude de la 2e loi-programme de 1934 où des projets relativement ambitieux voient le jour. C'est ainsi qu'est programmée la réalisation de quatre ouvrages d'artillerie (Stetten, Ranspach-le-Haut, Trois-Maisons et surtout le Glaserberg qui aurait dû comporter 12 blocs), six ouvrages d'infanterie (Uffheim, Stetten, Helfrantzkirch, Ranspach-le-Haut, Bettlach et Oltingue) et 68 casemates. Le projet est à nouveau ajourné et la 7e région militaire entreprend l'organisation sur les bases arrêtées par Édouard Daladier fin 1936 en vue de tenir les hauteurs à l'ouest de Bâle (en dehors du périmètre neutralisé par le Traité) et de barrer les voies d'accès directes à Belfort. Les travaux comprennent la création de trois centres de résistance à Sierentz, à Bettlach - Oltingue et à Rœdersdorff - Blochmont où sont construits sept casemates d'artillerie pour deux matériels de 75 mle 97/33 (à flèche ouvrante) et dix blockhaus STG (deux canons de 47 mm Marine, deux mitrailleuses de 8 mm et deux FM par blockhaus).

En 1937, la construction de trois nouveaux centres de résistance (Stetten, Ranspach-le-Haut et Trois-Maisons) est envisagé mais le projet est remplacé par la construction d'une ligne de casemates s'appuyant sur les centres de résistance existants. S'y ajoutent les 12 positions d'artillerie (155 L modèle 1916 et 240 modèle 1884) de l'Eichwald destinées à interdire les ponts de Bâle et de Huningue (➠ plan et photo Tome Deux, pp. 177 et 180).

En 1939, cette position sera prolongée par un tronçon de 13 blockhaus (auxquels s'ajoutent deux observatoires et 14 abris) de part et d'autre du Glaserberg (avec batteries pour tirer sur la route de Porrentruy).

Signalons que la présence de la position d'Istein, où l'on craignait que les Allemands y installent des pièces de destruction, a obligé les ingénieurs militaires français à renforcer le degré de protection des blockhaus et casemates construits depuis 1937 (protection n° 3 pour les organes mal défilés et trop rapprochés de la position d'Istein).

Commandement et troupes

Commandant de division : général Salvan
Chef d'état-major : lieutenant-colonel Perrin
Commandant l'ID : lieutenant-colonel Robillot
12e RIF (2 btns) : lieutenant-colonel Françon (➠ Tome Un, p. 88)
171e RIF (3 btns) : lieutenant-colonel Demange (➠ Tome Un, p. 136)
Commandant l'AD : chef d'escadron Breil
III et IV/159e RAP (➠ Tome Deux, p. 195)
Génie : 205/1 compagnie du génie
Train : 239/7 détachement auto

Le 16 mars 1940, le SD Altkirch est transformé en Secteur fortifié.

Grandes unités de renforcement au 10 mai 1940

67e DI (réserve, série B) : général Boutignon

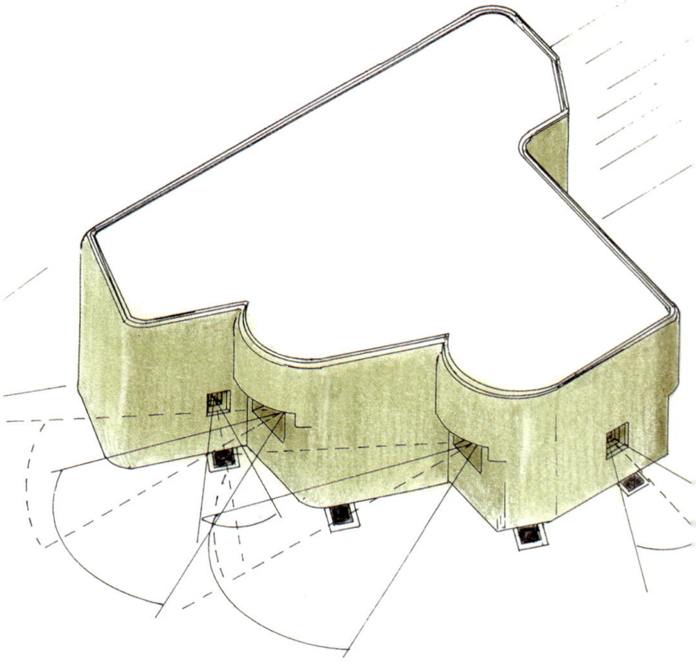

Casemate d'artillerie
pour deux matériels de 75 mm modèle 1897/1933

Blockhaus STG du Chemin-Creux (près de Sierentz) en décembre 1939. Le réseau de barbelés autour du blockhaus est assez léger. À gauche, la baraque du temps de paix de l'équipage.

Organisations

■ **Sous-secteur de Franken** : 171e RIF (lieutenant-colonel Demange)

80	Uffheim Nord-Ouest	STG	Casemate d'artillerie pour deux matériels de 75 mle 97/33 flanquant à droite
80b	Uffheim Nord-Est	STG	Casemate d'artillerie pour deux matériels de 75 mle 97/33 flanquant à droite
81	Hôpital-de-Sierentz	STG	Casemate d'artillerie pour deux matériels de 75 mle 97/33 flanquant à droite
82	Sierentz-Voie-Ferrée Est	STG	Blockhaus simple flanquant vers le nord : 1 cl. GFM
83	Sierentz-Voie-Ferrée Ouest	STG	Blockhaus simple flanquant vers le sud : 1 cl. GFM
84	Chemin-Creux	STG	Blockhaus double : 1 cl. GFM (+ PC de campagne)
85	Haselberg	STG	Blockhaus double : 1 cl. GFM
86	Aschenbach	STG	Blockhaus double : 1 cl. GFM
87	Vernes	STG	Blockhaus simple flanquant vers le nord
88	Stetten	STG	Blockhaus double : 2 cl. GFM
89	Tapfelbaum	STG	Blockhaus double : 1 cl. GFM
90	Helfrantzkirch Nord-Ouest	STG	Blockhaus double : 1 cl. GFM (→ photo Tome Deux, p. 143)
91	Trois-Maisons Nord	STG	Blockhaus double : 1 cl. GFM
93	Ranspach Nord	STG	Blockhaus double : 1 cl. GFM
94	Ranspach Sud	STG	Blockhaus double : 1 cl. GFM
95	Cote 445	STG	Blockhaus double : 2 cl. GFM
96	Monument	STG	Blockhaus double : 1 cl. GFM
97	Knœringue Est	STG	Blockhaus double allégé (2 créneaux mitrailleuses) : 1 cloche Pamart *
99	Knœringue Sud-Est	STG	Blockhaus double : 1 cl. GFM
100	Willerbach	STG	Blockhaus simple allégé flanquant vers le nord
101	Tiefenbach Nord	STG	Blockhaus double allégé
102	Tiefenbach Sud	STG	Blockhaus double allégé
103	Calvaire	STG	Blockhaus double : 2 cl. GFM
104	Breitenhaag	STG	Casemate d'artillerie pour 2 matériels de 75 mle 97/33 flanquant à gauche
105	Breitenhaag	STG	Blockhaus double : 1 cl. GFM
106	Cesarhof Nord	STG	Blockhaus double allégé (2 créneaux mitrailleuses vers le nord et 1 vers le sud)
107	Cesarhof Sud	STG	Blockhaus double allégé (2 créneaux mitrailleuses)
108	Strengwald Nord	STG	Blockhaus double allégé (2 créneaux mitrailleuses)
109	Strengwald Sud	STG	Blockhaus double allégé (2 créneaux mitrailleuses)
110	Bettlach	STG	Casemate d'artillerie pour 2 matériels de 75 mle 97/33 flanquant à gauche
111	Bettlach Nord	STG	Blockhaus double : 1 cl. GFM
112	Bettlach Sud	STG	Blockhaus double : 1 cl. GFM

* Une seconde cloche Pamart se trouve dans le petit blockhaus de la Verrerie appartenant à la position du Glaserberg (entre Winkel et Lucelle), repère **16** sur la carte ci-contre.

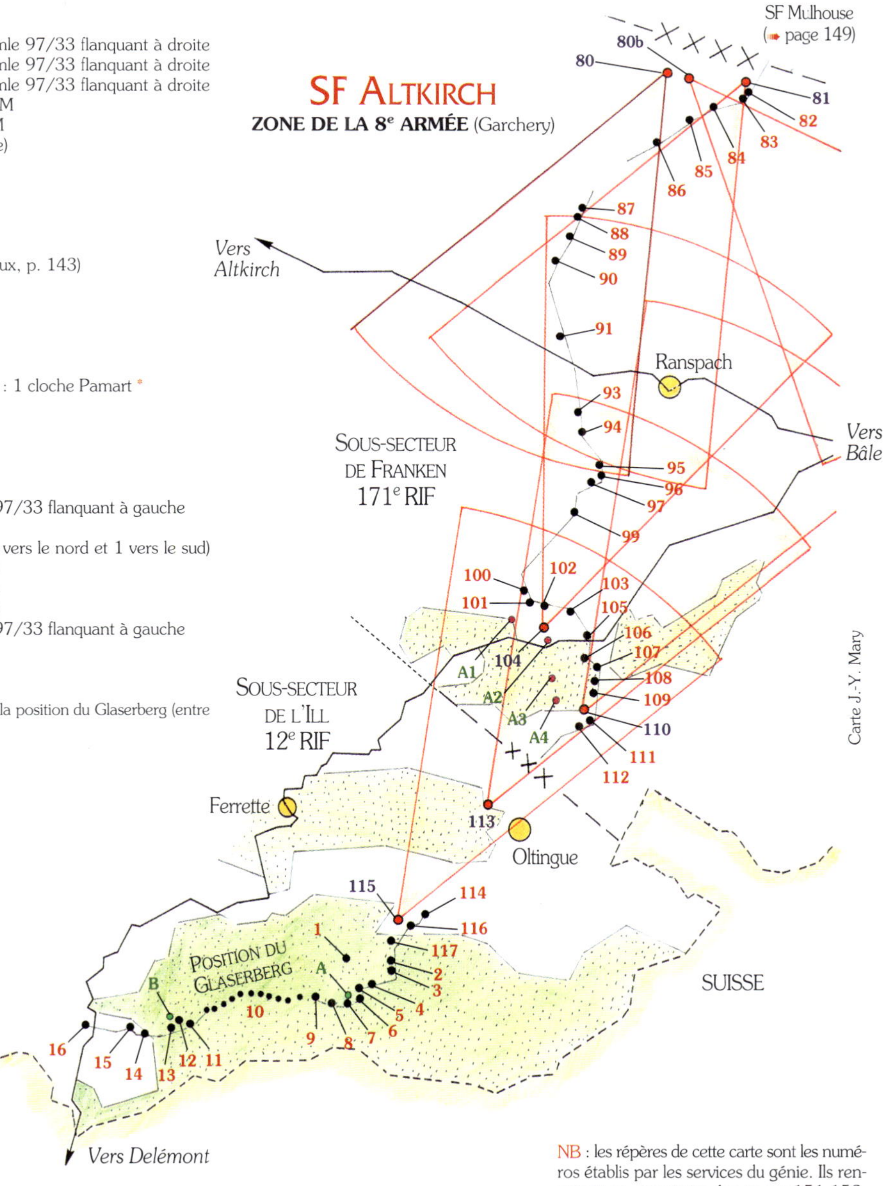

NB : les repères de cette carte sont les numéros établis par les services du génie. Ils renvoient au répertoire des pages 151-152.

Casemate STG type A1

avec cloche GFM « B »

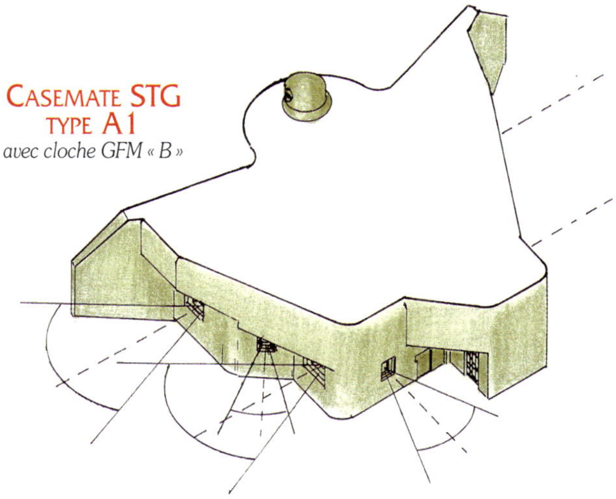

■ **Sous-secteur de l'Ill (Durmenach)** : 12e RIF (lieutenant-colonel Françon)

113	Oltingue	STG	Casemate d'artillerie pour 2 matériels de 75 mle 97/33 flanquant à gauche (➠ photo Tome Deux, p. 146.
114	Rædersdorf	STG	Blockhaus double : 2 cl. GFM
115	Rædesdorf	STG	Casemate d'artillerie pour 2 matériels de 75 mle 97/33 flanquant à gauche (inachevée)
116	Brochritty Est	STG	Blockhaus double : 1 cl. GFM
117	Brochritty Sud	STG	Blockhaus double allégé (2 créneaux mitrailleuses)

La position comprend également plusieurs barrages de route comprenant des canons de 47 mm sous blockhaus et des mitrailleuses de 8 mm sous coupole mobile.

À ajouter : les quatre positions d'artillerie ci-dessous.

A1	Willerhof	STG	4 emplacements de 155 L mle 16, 3 abris
A2	Breitenhaag	STG	2 emplacements de 240 Saint-Chamond, 2 abris
A3	Eichwald	STG	4 emplacements de 155 L mle 16, 3 abris
A4	Strengwald	STG	2 emplacements de 240 Saint-Chamond, 1 abri

■ **Le Glaserberg**

Commencée en 1939, la position du Glaserberg réalisée par la main d'œuvre militaire (MOM) est restée inachevée et seuls 29 ouvrages sur 47 prévus ont pu être érigés (deux coupoles, 11 blockhaus, deux observatoires et 14 abris).

Blockhaus (pour mitrailleuses) *(en italique, les blocs non construits)*

1	*Gebirgsmatte Ouest*
2	Gebirgsmatte Nord
3	Gebirgsmatte Sud
4	Blochmont Est
5	*Blochmont Centre*
6	*Blochmont Ouest*
7	Steiner Nord
8	Hornis Est
9	*Chalet*
10	Glaserberg (11 blocs numérotés de C 1 à C 11. Seuls les blocs C 3 et C 10 ont été réalisés)
11	*Grand-Kohlberg Nord*
12	Grand-Kohlberg Nord-Ouest
13	*Ravin*
14	Pfaffenloch Nord-Est
15	*Pfaffenloch Nord*
16	La Verrerie (une cloche Pamart)

Observatoires

A	Blochmont
B	Grand-Kohlberg

BA

Hormis une ligne de blocs peu dense et quelques forts datant d'avant 1914, la défense de la frontière suisse repose essentiellement sur la place de Belfort dont les forts ont été maintenus en l'état, si l'on excepte la construction de quelques blockhaus sur les superstructures, comme ici au fort des Basses-Perches

DÉFENSE DE BELFORT, RÉGION FORTIFIÉE DE BELFORT

Conception

La Région fortifiée de Haute-Alsace, prévue en novembre 1926 dans le programme général de la CDF (➠ carte Tome Un, p. 15) n'a pas été construite, si bien que la défense de Belfort repose, en 1940, essentiellement sur les vieux forts construits entre 1873 et 1885. Un « renforcement » a été réalisé. Il comporte quelques blocs et coupoles type 7e RM construits autour du fort de Roppe, et entre le fort du Bois-d'Oye et l'ouvrage de Méroux. Une ligne de casemates le long du canal du Rhône au Rhin complète la position.

La RF Belfort (organe d'état-major) existe dès le temps de paix et à la mobilisation forme trois secteurs : SF Mulhouse, SD Altkirch et SD Montbéliard. Elle est dissoute le 16 mars 1940 et devient le 44e CAF (➠ p. 150).

Commandement et troupes (Défense de Belfort)

Commandant : général Girol
Chef d'état-major : capitaine Boudot
Commandant l'ID : colonel de Fleurian
371e RI : colonel Bilière
Commandant l'AD : lieutenant-colonel Guichard
V/159e RAP : commandant Pion (➠ Tome Deux, p. 195)
Artillerie de position comprenant :
7e batterie: forts de Giromagny et de Roppe
8e batterie : forts de Bassoncourt, Chévremont, Vézelois et Méroux
9e batterie : forts de Fongerais et du Bois-d'Orge
Le 16 mars 1940, le Groupement de défense de Belfort est rattaché au 44e CAF.

Organisations

Travaux de 1929 : achèvement des galeries souterraines du fort de Roppe
Travaux de 1937 :
– ouvrage de l'Étang-Neuf : deux coupoles de mitrailleuses type 7e RM
– retranchements de Vétrigne : deux coupoles de mitrailleuses type 7e RM
– ouvrage de Deney : deux coupoles de mitrailleuses type 7e RM

SECTEUR DÉFENSIF devenu (16 mars 1940) SECTEUR FORTIFIÉ DE MONTBÉLIARD

Conception

Pas d'organisations spécifiques à l'exception des forts type Séré de Rivières de Montbart et du Lomont.

Commandement et troupes

Commandant de division : général de Bizemont,
puis colonel Gard (19 mai 1940)
Chef d'état-major : capitaine Ronsin
Infanterie : 21e BCP : commandant Belot
61e BCP : commandant Ciavaldini
Artillerie : VII/159e RAP : chef d'escadron Brial (➠ Tome Deux, p. 195)
Train : 240/7 compagnie auto
PC : fort du Lomont
Le 16 mars 1940, le Secteur défensif est transformé en Secteur fortifié.

Organisations

Néant

45e CORPS D'ARMÉE DE FORTERESSE

Le 15 janvier 1940, création du Corps d'armée du Jura qui, le 25 janvier suivant, devient le 45e CAF. Autonome, il s'intercale entre la 8e armée au nord et l'Armée des Alpes au sud et coiffe le SF du Jura Central. Il est rattaché à la 8e armée le 19 mai 1940.

Commandement et troupes

Commandant le corps d'armée : général Daille
Chef d'état-major : lieutenant-colonel Rimaud
Infanterie : VII/400e régiment de pionniers
Commandant l'artillerie : général Grollemund
II/170e RAP (➠ Tome Deux, p. 205)
45e PACAF, 154e compagnie d'ouvriers et 165e SM
Commandant le génie : colonel Honoré

	145/1 compagnie du génie
Transmissions :	145/81 compagnie télégraphique
	145/82 compagnie radio
	145/83 compagnie colombophile
Train :	345/7 compagnie auto
Intendance :	445/7 groupe d'exploitation

57e DI (série B) : général Texier (passera au 44e CAF le 21 mai 1940)
63e DI (réserve, série B) : général Parvy.

SECTEUR FORTIFIÉ DU JURA devenu SECTEUR FORTIFIÉ DU JURA CENTRAL

Conception

Caractérisé par une grande longueur, par la faiblesse des effectifs et par la présence du Doubs qui constitue un obstacle continu de valeur variable, l'organisation défensive de ce secteur est simple. À l'exception de quelques forts type Séré de Rivières (Larmont, Joux et Saint-Antoine) qui n'offrent guère de résistance supérieure au calibre de 150 mm, elle ne comporte que quelques travaux MOM entrepris dès le temps de paix. En 1939-1940, la défense est renforcée par une bretelle composée de quelques blocs et de quatre casemates STG établie de part et d'autre de Morteau et de trois casemates STG près du lac de Remoray (au sud de Pontarlier). Ces organes ont été construits par la CEZF.

Commandement et troupes

Commandant le secteur : général Huet
Chef d'état-major : commandant Schindler
Infanterie : 1re demi-brigade de chasseurs pyrénéens : colonel Conraux
1er BCPyr : commandant Lense
2e BCPyr : commandant Lafond
6e BCPyr : commandant Marty
Artillerie : II/170e RAP : commandant Machiels (➠ Tome Deux, p. 205)
Génie : 213e bataillon du génie de forteresse : commandant Falcy
Le 16 mars 1940, le Secteur fortifié est rattaché au 45e CAF.

Organisations *(état en mars 1938)*

Barrages de route sur divers points de passage sur le Doubs

Goumois	Blockhaus (pour canon de 47 mm) et un poste fortifié
La Goule	Poste de garde avec dispositif de mine
Biaufond	Poste de garde avec dispositif de mine
La Rasse	Poste de garde avec dispositif de mine

Passages du Doubs

Villers-le-Lac	Poste fortifié avec blockhaus-canon de 47 mm
Morteau	Poste fortifié avec blockhaus-canon de 47 mm
Pont-de-la-Roche	Poste fortifié avec blockhaus-canon de 47 mm
La Cluse	Poste fortifié

Plus quelques tourelles démontables pour mitrailleuse (Le Lac, etc.).

Ligne CEZF (1939-40)

Sous-secteur Nord (Morteau) : quatre casemates doubles (sur 14 prévues)
Sous-secteur Centre (Pontarlier) : trois casemates doubles (sur six prévues). ■

Insigne du SF Jura.
Écu suisse portant l'aigle noir des armoiries de la Franche-Comté au-dessus duquel on aperçoit un ouvrage d'artillerie (qui n'existait pas dans ce secteur) dans un paysage de montagnes enneigées. Un listel porte la devise Comtois rends toi - Nenni ma foi. *(Drago).*

Photo J.-Y. Mary

Alliant la puissance des matériels d'artillerie lourde à la force de pénétration des pièces à tir tendu, les Allemands ont attaqué les ouvrages de la ligne Maginot avec des fortunes diverses : si plusieurs petits ouvrages pris à partie par l'arrière ont eu quelque peine à résister à la puissance destructrice des pièces allemandes, il n'en va pas de même des ouvrages disposant de matériels d'artillerie qui ont tous tenu jusqu'à l'armistice et dont l'assaillant n'a pu faire taire une seule pièce. Le bloc 1 du PO de Laudrefang en est un excellent exemple : malgré sa façade labourée, ses deux mortiers de 81 en sous-sol ont interdit jusqu'au bout à l'assaillant de s'approcher du PO de l'Einseling.

DEUXIÈME PARTIE

LA LIGNE FORTIFIÉE DU NORD-EST AU COMBAT

Le 10 mai 1940, la Wehrmacht se met en marche vers l'Ouest, avec comme objectif l'encerclement du corps de bataille franco-britannique stationné dans le Nord de la France. C'est *Fall Gelb*, le Plan Jaune.

IL FAUDRA POUR CELA percer les « fortifications camelote » du front de la Meuse qui constituent le point le plus faible de la ligne fortifiée française. Force est de reconnaître que cette opération de rupture d'un front fortifié est un plein succès pour les Allemands. Au passage, ceux-ci encerclent plusieurs petits ouvrages d'infanterie qu'ils réussissent à faire tomber, malgré la courageuse résistance de leurs équipages.

Début juin, alors que le corps expéditionnaire britannique a regagné son île et que débute la seconde phase des opérations — *Fall Rot*, le Plan Rouge —, la « vraie » ligne Maginot d'Alsace-Lorraine constitue la partie la plus solide du nouveau front français. Le 12 juin, le décrochage général de toute l'armée française s'opère sous sa protection mais l'offensive menée à partir du 14 juin par la Heeresgruppe C dans la Sarre, puis sur le Rhin, ne permet pas à ses équipages de se replier comme prévu. C'est donc abandonnés de tous et encerclés qu'ils doivent mener, jusqu'à l'armistice, un combat sans espoir. Malgré la reddition de plusieurs petits ouvrages, c'est une fortification intacte qui se dresse face aux Allemands lorsque cessent les hostilités. Il faudra alors l'intervention du commandement français pour que les équipages invaincus consentent à livrer au vainqueur une fortification dont il n'a pu s'emparer, écrivant là, de la campagne de 1940, une des plus belles pages que l'Histoire a longtemps voulu ignorer.

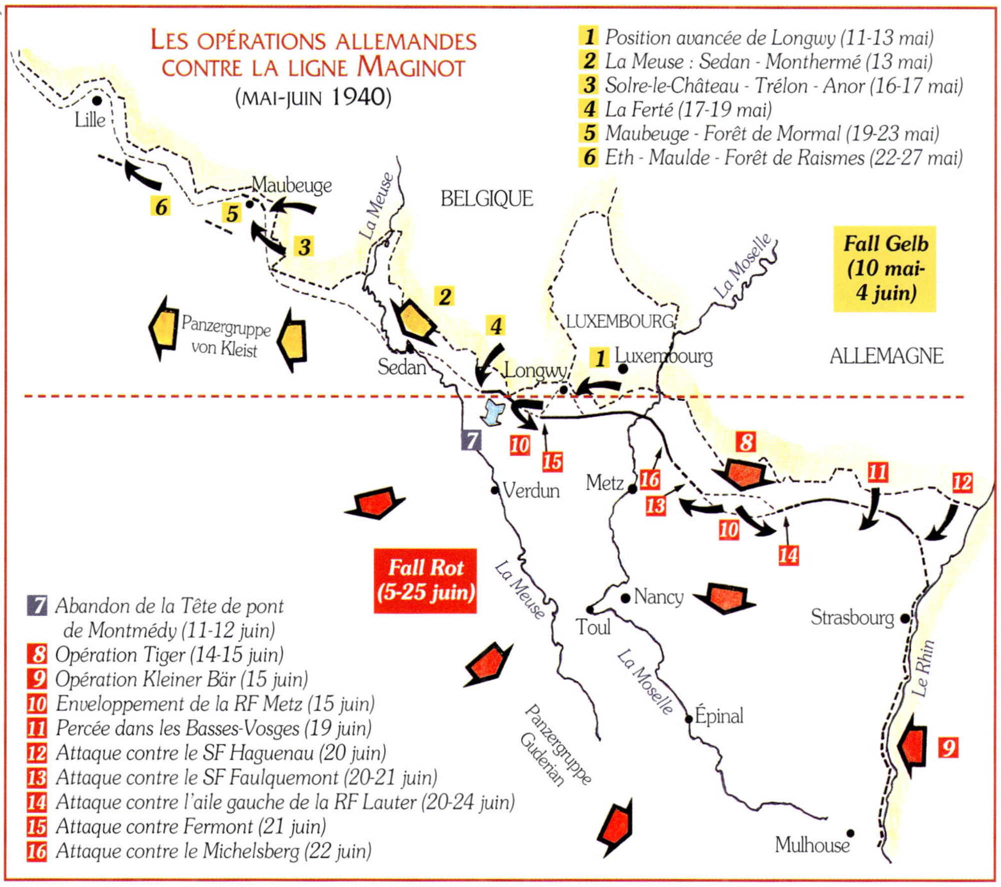

Carte J.-Y. Mary

BA

MAISON FORTE DE SAINT-MENGES
Le 12 mai 1940, les éléments de tête du XIX AK abordent la ligne des maisons fortes, à quelques kilomètres de la Meuse. La 1.PzD qui progresse en direction de Saint-Menges, se heurte à une résistance improvisée par la 5e DLC à hauteur de la maison forte de Saint-Menges devant laquelle la destruction a joué. Les Allemands perdent deux chars (qu'on distingue sur la gauche) alors que du côté français, le lieutenant Boulanger du 78e RATTT de la 5e DLC et quatre de ses cannoniers laissent leur vie dans l'affaire.

CHAPITRE PREMIER

LA LIGNE MAGINOT ET L'IRRUPTION DES PANZER

Dans les opérations qui débutent le 10 mai 1940, chacun des protagonistes applique rigoureusement le plan qu'il a établi pendant les longs mois d'inactivité. L'initiative est donc du côté allemand.

CEPENDANT QUE L'AILE DROITE de l'armée allemande fait du volume sur le canal Albert en Belgique et en Hollande, et que l'aile gauche immobile neutralise les troupes massées derrière la ligne Maginot, la Heeresgruppe A de von Rundstedt pénètre au Luxembourg et en Belgique, aveugle la Position avancée de Longwy (PAL) et s'avance tel un dard vers la charnière de Sedan, point de jonction entre les troupes statiques et l'aile marchante de l'armée française.

LES ALLEMANDS AVEUGLENT LA LIGNE MAGINOT

Pour les Allemands, le grand risque que court la masse de manœuvre chargée de percer sur la Meuse est une attaque sur son flanc, venant de la ligne Maginot. Pour se protéger de cette menace, l'OKH a jugé nécessaires deux conditions, à savoir que l'opération vers la Meuse soit menée le plus rapidement possible, en bousculant d'éventuelles résistances et que la ligne Maginot soit « aveuglée » pour empêcher toute contre-attaque débouchant de la position.

Du côté français, les objectifs sont loin d'être aussi ambitieux et les quelques unités de cavalerie déployées dans les avancées de la Position n'ont d'autre objectif que de prendre le contact et de se replier vers la position fortifiée sur laquelle on se battra tous moyens confondus : Gamelin n'a pas l'intention de sortir de la ligne Maginot.

La rencontre des uns et des autres va sourire aux premiers et empêcher les seconds de profiter d'une occasion unique de surgir dans le flanc de l'attaque allemande.

LA CAVALERIE FAIT DU VOLUME (10-12 MAI)

De la Meuse de Nouzonville à la Moselle, les avancées de la Position sont garnies par différentes unités de cavalerie dont la mission consiste à se porter le plus loin possible en Belgique dès l'engagement des hostilités sur le front belge.

On trouve là notamment les 2e, 3e et 5e DLC [1] qui sont formées en groupements mixtes chargés de prendre le contact des avant-gardes allemandes et de jalonner leur progression en combattant.

La 5e DLC est déployée entre Sedan et Carignan avec comme objectif La Roche, la 2e DLC de Margut à Allondrelle avec mission de progresser en direction d'Arlon et de Bastogne, et la 3e DLC de Longlaville à Zouffgen, chargée d'entrer au

NOTE

1. Divisions légères de cavalerie. Il s'agit de grandes unités hybrides comportant une brigade à cheval (deux régiments) et une brigade légère motorisée à un régiment d'automitrailleuses (RAM) et un régiment de dragons portés (RDP).

Luxembourg. À ces unités s'ajoutent trois brigades indépendantes de cavalerie (la 3e brigade de spahis déployée dans la région de Nouzonville, la 1re brigade de cavalerie installée devant Carignan et la 1re brigade de spahis face au Luxembourg, entre Saulnes et Hussigny), ainsi que différents GRDI et GRCA des grandes unités en ligne.

Le 10 mai 1940, la cavalerie est alertée avec un certain retard et lorsqu'elle franchit enfin les frontières belgo-luxembourgeoises vers 7 h, elle a été devancée par les unités allemandes qui ont franchi la frontière dès 4 h 35.

La 3e DLC (plus la 1re brigade de spahis et le 25e GRCA) pénètre au Luxembourg mais les Allemands sont déjà sur la frontière. Amené par Fieseler Storch, le Luftkommando Hedderich occupe dès les premières heures de la matinée les carrefours importants sur les axes de progression français. Les Allemands sont peu nombreux mais ils ont pris un ascendant psychologique sur les troupes françaises qui ne manœuvrent pas et se contentent de maintenir le contact, notamment à Esch-sur-Alzette. Seule la 1re brigade de spahis parvient à tirer quelque peu son épingle du jeu en progressant sensiblement en territoire grand-ducal mais, située en flèche du dispositif, elle est obligée de se replier pour s'aligner sur les autres unités engagées. Au soir du 10 mai, malgré l'intervention décidée des tourelles de 75 de Bréhain (3 000 coups tirés), la 3e DLC est pratiquement revenue sur sa ligne de départ : l'opération au Luxembourg est un échec quasiment total.

La 2e DLC du général Berniquet entre en Belgique en direction d'Arlon où elle parvient pratiquement en même temps que les éléments de tête de la 10.PzD. Une courte échauffourée met aux prises les deux adversaires qui ne cherchent pas à prendre l'ascendant. La 10.PzD et le Infanterie Regiment GrossDeutschland (IRGD) contournent la ville et parviennent à Vance et à Etalle où la 2e DLC est juste en train d'installer des bouchons. Les éléments isolés en train de s'organiser à Vance sont rapidement balayés mais la résistance est plus vive à Étalle où le IRGD doit s'employer pour s'emparer de la localité tenue par les éléments du 2e RAM, du 3e RDP et du 16e GRCA. En fin d'après-midi, la route est dégagée mais de nouveaux affrontements ont encore lieu à Sainte- Marie et à Landin de sorte qu'au soir, la 10.PzD n'a pu atteindre les objectifs fixés pour la journée. Du côté français, les unités au contact terminent la journée sérieusement éprouvées[2].

Le 11 mai, la 2e DLC mène encore quelques combats retardateurs[3] mais elle n'est plus directement au contact du AK XIX qui se trouve désormais face à la 5e DLC. Celle-ci n'est que peu accrochée le 10 mai mais il n'en va pas de même le lendemain : après des combats difficiles contre deux Panzerdivisionen (10. et 1.PzD) dans la région Suxy - Neufchâteau, les cavaliers se replient en désordre vers la Semois sur laquelle ils tentent vainement de se rétablir. Dans la nuit, Huntziger prescrit à la 5e DLC de décrocher pour s'installer sur la ligne des maisons fortes : les avancées de la position sont désormais au contact.

■ RÉSISTANCE SUR LA LIGNE DES MAISONS FORTES (12 MAI)

Le repli sur la ligne des maisons fortes initié au cours de la nuit est sans nul doute conforme aux vues du commandement français mais le rythme imposé par les Allemands au déroulement des opérations va transformer le repli en retraite et rendre le rétablissement sur cette ligne bien illusoire[4]. Personne en effet ne tient les maisons fortes et ce sont donc les troupes en pleine retraite qui vont devoir se rétablir sur une position à peine aménagée pour essayer d'endiguer la ruée ennemie. Regrettable illusion ! Comment des troupes épuisées par trois jours de lutte ininterrompues, pressées par l'ennemi qui progresse plus vite qu'elles, pourraient-elles trouver les ressources nécessaires pour s'organiser sur une position qui elle, ne l'est pas ?

Dès son arrivée sur la ligne des maisons fortes, la cavalerie passe sous les ordres du général Grandsart qui propose aux unités au contact l'appui de l'ALCA ; mais aucune demande de tir n'est adressée aux artilleurs en position sur les arrières. C'est le groupement Ouest qui subit le plus gros de l'attaque puisque la 1.PzD a pu engager ses chars et, vers 12 h, le 64e GRDI du lieutenant-colonel Mallet doit décrocher de la ligne des maisons fortes pour se reporter sur la ligne intermédiaire encore plus sommairement organisée avant le 10 mai et jalonnée par les hauteurs qui dominent immédiatement Sedan et la vallée de la Chiers à l'est. Quant au 78e RATTT, il repasse derrière la LPR en début d'après-midi[5].

Le 15e RDP se replie de son côté en livrant un combat retardateur très difficile qui lui cause des pertes sévères. Seul point positif, les Allemands qui talonnent la 5e DLC apparaissent enfin aux lisières des forêts et ils tombent, de ce fait, sous le feu de l'ALCA qui peut ainsi tirer à vue directe. L'après-midi se déroule plus favorablement pour la 5e DLC qui réussit à repasser derrière la ligne principale de résistance en fin d'après-midi. Les opérations en avant de la position fortifiée sont terminées.

■ COMBATS SUR LA POSITION AVANCÉE DE LONGWY (11-13 MAI)

À partir du 11 mai, les troupes allemandes commencent à se rapprocher de la Position avancée de Longwy (PAL), notamment la ID 17 qui est chargée de s'emparer de la ville. Devant cette menace qui n'est pas encore trop pressante, la 3e DLC a reçu comme nouvelle mission de couvrir les abords de la PAL pour retarder le moment de la prise de contact avec les unités d'infanterie. En fin de journée, les éléments qui se trouvent encore au Luxembourg, bien que peu engagés, se replient sur la frontière avec comme objectif de se rétablir sur la ligne de défense de la PAL pour le 12 au matin.

Au cours de la nuit, la situation se dégrade sensiblement au point que vers 8 h, les premiers éléments de la ID 17 apparaissent à vue directe des ouvrages de la ligne Maginot, sur la ligne de crête qui s'étend au nord de Longwy-Haut jusqu'à Tellancourt[6]. La PAL est désormais encerclée et le combat sur la ligne principale de résistance tous moyens confondus est, pour les Français, la suite logique des événements.

Les unités de la ID 17 continuent à pousser vers la ville mais la mission est d'ores et déjà remplie : aucune contre-attaque française ne débouchera de Longwy en direction d'Arlon. Pour l'heure, le combat se circonscrit aux lisières de la ville, notamment à Longwy-Haut où la lutte devient rapidement confuse, surtout pour les défenseurs qui ont tendance à céder à la facilité d'une omniprésente cinquième colonne pour justifier des

NOTES

2. Leur action n'a cependant pas été inutile car von Kleist éprouve soudain le sentiment que d'autres unités de cavalerie française pourraient surgir dans le flanc du AK XIX. Aussi, en soirée, il décide d'engager la 10.PzD vers le sud pour endiguer toute contre-attaque venant de la frontière. Guderian s'oppose alors à cette décision qui le priverait d'une de ses divisions et il est décidé que la 10.PzD se dérobera aux attaques françaises en sortant de son axe de progression pour remonter vers le nord et serrer contre la 1.PzD.

3. La tourelle de 75 de Velosnes intervient dans la région de Virton au profit des unités engagées.

4. Si l'on en croit l'historique de la 5e DLC, *« cette ligne placée au nord de la lisière sud de la bande de bois à cheval sur la frontière, a été dessinée de manière à maintenir l'ennemi à l'intérieur de la zone forestière et à lui interdire le débouché au sud d'où il disposerait d'excellents observatoires sur la position de résistance. »*

5. En se repliant, la cavalerie fait sauter la destruction du bois de Saint-Menges, ce qui a pour effet d'enterrer en partie une pièce de 47 de la 2e section de la batterie antichars du 78e RATTT (aspirant Boulanger). Attaquée presqu'aussitôt par la 1.PzD, cette pièce est réduite au silence et ses servants presque tous abattus.

6. À 8 h 03, la tourelle de 75 de Fermont effectue son premier tir de guerre sur des soldats du III/IR 55 débouchant de Gorcy, entre Villers-la-Chèvre et Tellancourt.

MAISON FORTE DE MOGUES
La destruction située devant la maison forte de Mogues a joué également mais comme nulle défense ne la tient sous le feu, elle n'empêche malheureusement pas les Allemands de progresser vers Carignan.

Nölke

BA

décrochages successifs ouvrant à chaque fois dans le dispositif, des brèches fâcheuses.

Le combat ne revêt pas un caractère de résistance à outrance qu'on peut très bien admettre — même si des hommes tombent — et il consiste surtout à décrocher graduellement vers les ouvrages fortifiés et la mise en sûreté qui en découle. Le problème est que ces décrochages se font le plus souvent d'initiative, sans concertation avec les compagnies voisines, de sorte que la bataille pour Longwy se traduit par une succession de défaillances locales et de replis intempestifs — le plus souvent non justifiés — rendant la position dangereusement perméable. Heureusement, le IR 21 qui attaque devant Longwy-Haut a été également très éprouvé au cours de la nuit et il n'a pu pousser son avantage, ce qui fait que la situation reste incertaine une grande partie de la matinée.

Néanmoins, vers 11 h, le IR 21 attaque en direction de la Redoute dont il s'empare vers 16 h.Vers 19 h 30, une contre-attaque visant à reprendre la redoute est menée par les chars Hotchkiss H 35 du 3e RAM mais l'infanterie prévue ne suit pas et l'opération tourne court. La situation apparaît donc de moins en moins favorable car le risque de débordement par le nord des défenses de la ville compromet sérieusement les chances d'une résistance prolongée.

Au matin du 13 mai, la situation reste toujours aussi nébuleuse mais l'assaillant a pris l'ascendant sur les défenseurs et dans la matinée, les Allemands parviennent à contourner Lexy. En début d'après-midi, les défenseurs de la citadelle se replient vers la Chiers par petits groupes sans idée de résistance. Au même moment, le général Condé, conscient de la dégradation rapide de la situation, prend la décision d'évacuer la PAL le soir même et l'ordre est transmis aux unités à partir de 19 h. Aussitôt, le décrochage amorcé par les éléments avancés des 51e et 58e DI prend l'allure d'un repli général vers la ligne fortifiée qui va durer toute la nuit. Les ouvrages[7] procèdent à de nombreux tirs de protection et à l'aube, le barrage général est même déclenché dans la crainte que les Allemands n'abordent la ligne Maginot dans la foulée. Au matin du 14, la position avancée est totalement évacuée[8].

■ L'ABANDON DE LA POSITION AVANCÉE DE LONGWY : UNE ERREUR DE JUGEMENT

La perte du saillant de Longwy intervient donc assez rapidement mais ce n'est pas une catastrophe en soi : considéré comme indéfendable en 1929 par Pétain lui-même, ce n'est que durant les premiers mois de 1940 qu'il avait été garni de troupes dont la mission était de retarder la prise de contact avec la ligne fortifiée tout en permettant jusqu'au dernier moment l'exploitation des industries sidérurgiques locales, si importantes pour l'effort de guerre. Une ligne de résistance a été tracée, quelques blockhaus coulés mais, comme il fallait s'y attendre, la volonté de résistance des troupes engagées s'est avérée inférieure aux attentes et, dès le 13 mai, la PAL est abandonnée.

Ce qui est plus dommageable dans l'affaire c'est qu'aveuglé sans doute par la croûte allemande qui, après quelques combats désordonnés tant à Longwy-Haut que sur le plateau de Saulnes, occupe la position (sans autres velléités offensives), le commandement français ne mesure pas l'opportunité d'utiliser la position de Longwy comme base de départ pour jeter une contre-attaque solide dans le flanc du AK XIX. Celui-ci en effet défile pourtant à moins de quinze kilomètres de Longwy, hors de portée de l'artillerie certes mais prêtant dangereusement le flanc à une action décidée. Malheureusement, la seule unité utilisable, la 3e DLC, mal engagée dans les incertains combats d'Esch-sur-Alzette, interviendra parcimonieusement sur Longwy mais ne sera jamais en mesure de pousser plus loin. Finalement, les deux protagonsites trouveront leur compte dans la diminution de l'intensité des combats, tout le bénéfice étant cependant pour les Allemands.

Dans le *Destin tragique de la ligne Maginot*, le général Prételat tire cependant un bilan positif des événements :

POSITION AVANCÉE DE LONGWY
En se rendant maîtres de la Position avancée de Longwy, les Allemands s'ouvrent la route de la ligne Maginot mais ils ne vont pas exploiter leur avantage, se contentant d'organiser les positions conquises. On voit ici des soldats allemands près d'un des rares blockhaus construits. Soulignons cependant que celui-ci, situé près du Bel-Arbre, n'était pas en état de combattre puisque de nombreux matériaux traînent encore devant son créneau.

NOTE
7. Notamment la tourelle de 75 de Fermont.

Page ci-contre.
POSITION AVANCÉE DE LONGWY
Est-ce un plan des organisations de la Position avancée de Longwy que cet officier, assis près d'un blockhaus en construction le long de la route de Cosnes, est en train d'examiner ?

8. Outre Bréhain et Fermont, d'autres ouvrages entrent en action dès le 10 mai. Dans le SF de Thionville, les tourelles de Métrich et Rochonvillers interviennent à partir de midi contre des éléments qui, ayant pénétré dans le Grand-Duché du Luxembourg, s'approchent de la ligne Maginot. Le lendemain, Molvange et Galgenberg viennent les renforcer .

Dans la RF Lauter, une attaque générale allemande a lieu le dimanche 12 mai (Pentecôte) contre les « avancées » qui, conformément aux instructions de Prételat, sont faiblement défendues. La tourelle de 75 mm du Simserhof tonne, ce qui attire des bombardements de représailles sur l'ouvrage alors que les tourelles du GAF 3 interviennent journellement afin de ramener le calme dans le no man's land. À Lembach, l'ouvrage du Four-à-Chaux, malgré une débauche d'artillerie (500 coups tirés par sa seule tourelle de 75 mm), ne parvient pas à dégager le poste d'observation du Schauffelshalt (situé près du village allemand de Nothweiler) qui, violemment attaqué, est enlevé en fin de journée le 12.

En fait, ces petites attaques avaient pour but de détourner l'attention du GQG français et de retenir des troupes d'intervalles en Alsace-Lorraine.

« *À partir du 15 mai, le général commandant la 3e armée (Condé) estime que l'offensive sur le front de Longwy est momentanément arrêtée et que les forces ennemies traversant le Luxembourg d'est en ouest se dirigent vers la Meuse... Il allège son front entre Meuse et Moselle par le retrait des 7e et 20e DI qui avaient été introduites en renforcement le 11 mai. Puis, pour faire face à une menace sur sa gauche, il fait occuper la bretelle Longuyon - Mangiennes par les unités de la 51e DI.* »

Ainsi, ayant constaté que le gros de l'effort n'est pas dirigé contre lui, Condé se garde à gauche mais à aucun moment, il n'envisage une offensive contre le flanc de l'adversaire alors que l'axe de progression de l'ennemi est clairement reconnu. Mieux, le 18 mai, le général Georges prescrit aux 2e et 3e armées de pousser en avant « *des reconnaissances offensives pour se renseigner et menacer les communications ennemies* ». Le 18 mai, les Allemands sont déjà à Saint-Quentin et ils commencent à refermer la nasse dans laquelle se débattront bientôt les 1re, 7e et 9e armées françaises et le BEF : la chance est passée.

LES PANZER PASSENT LA MEUSE (13-15 MAI)

Trois jours après le début de l'offensive à l'Ouest, les unités de la Heeresgruppe A sont sur la Meuse et sans attendre, entreprennent de la franchir. Face aux défenseurs des petits blocs de berge, c'est pratiquement toute la Gruppe von Kleist qui se propose de passer à l'action, le AK XIX (1., 2. et 10.PzD) devant Sedan et une partie du AK XLI (6.PzD) devant Monthermé : la fortification est au contact.

BA

LA « BAVURE » DE SEDAN (13-14 MAI)

Le 13 au matin, rien ne laisse encore présager aux yeux de l'état-major français que l'effort principal allemand est porté ailleurs qu'en Belgique et en Hollande. Les combats livrés en Belgique par les 2e et 5e DLC ont fait plus figure d'escarmouches que de véritables combats et nulle part, ils n'ont atteint l'intensité de ceux menés sur le canal Albert ou en Hollande.

Certes, des incidents ont déjà eu lieu sur la Meuse puisqu'on apprend que dans la nuit, des éléments de la 7.PzD (Rommel) ont réussi à franchir le fleuve à Houx, entre Namur et Dinant en Belgique mais il n'y a pas de quoi s'alarmer : l'incident est certes regrettable mais on peut l'expliquer par le fait que la 9e armée française du général Corap qui marche à la Meuse n'a pas encore atteint l'ensemble de ses objectifs, et tout laisse supposer que cette excroissance sera résorbée dans la journée.

Pourtant, à midi, la tête de pont tient toujours et l'idée commence à se faire jour qu'une action d'envergure pourrait bien se développer sur la Meuse.

À Sedan, c'est le AK XIX de Guderian qui a reçu mission de forcer les défenses françaises. Pour ce faire, il dispose de trois divisions: la 1.PzD (Kirchner), la 2.PzD (Veiel) et la 10.PzD (Schaal) à laquelle a été adjoint le IR Gross Deutschland. En face de lui, 43 casemates, plus ou moins achevées et équipées en cuirassements et armement antichar. Il s'agit le plus souvent de gros blocs STG ou FCR le long de la route Wadelaincourt - Remilly ou Donchéry - Flize, dont l'armement, fourni par les troupes de campagne, comporte essentiellement des FM, des mitrailleuses et des canons antichars de 25 et de 37 mm. La position n'est effectivement couverte que par une casemate de 75 mm, située entre Sedan et Donchéry (casemate de Vaux-Dessus), les autres ne pouvant intervenir valablement en raison de leur orientation.

Pire encore, les atermoiements concernant la défense même de la ville de Sedan ont débouché sur une solution hybride qui ne contente personne : la ligne avancée devant la ville est à peine ébauchée, la ligne de défense dans la ville est peu étoffée et n'a aucune profondeur, la seconde ligne derrière la ville n'existe que sur le papier... Entre les casemates de Pépinière-Creplet au nord et celle de la Côte-du-Pré-de-Meuse, il existe une brèche de trois kilomètres par où vont s'engouffrer les 1. et 10.PzD.

La position est tenue par des éléments des 147e et 136e RIF coiffés par une division de série B, la 55e DI dont les troupes mal aguerries sont peu aptes à tenir ce qui se révèle être la charnière du dispositif français. En arrière, se tient la 71e DI, elle aussi de série B, les deux unités dépendant de la 2e armée du général Huntziger qui a choisi de déployer ses meilleures grandes unités en protection de la Tête de pont de Montmédy, pourtant mieux fortifiée.

Là où le bât blesse, c'est que sur la droite de la 9e armée, à sa jonction avec la 2e armée, est également déployée une division peu puissante, la 102e DIF du général Portzert, forte du 148e RIF et de deux demi-brigades de mitrailleurs coloniaux, les 42e et 52e DBMIC. En réserve se trouve la 53e DI de série B, ce qui ne contribue pas à conférer à ce secteur une solidité à toute épreuve.

À partir de 11 h, la Luftwaffe s'en prend à la position fortifiée du côté de Sedan, martelant les blocs, détruisant les communications et aveuglant les défenseurs. À 14 h, toute l'artillerie de la 1.PzD — Pak, Flak et chars — tire à vue sur les casemates flanquant la Meuse, sans être outre-mesure gênée par les tirs de contrebatterie de l'artillerie française dont les coups sont comptés. Les 88 démantèlent les créneaux, suffocant les défenseurs et vers 16 h, l'attaque est engagée : la 1.PzD parvient à établir une tête de pont dans la presqu'île d'Iges cependant que les Stosstruppen du IR Gross Deutschland et du Schütz.-Rgt 86 franchissent la Meuse dans des canots pneumatiques en face de Wadelaincourt puis s'approchent des blockhaus qu'ils réduisent les uns après les autres.

Coll. Gorce

CASEMATE DE VAUX-DESSUS

Le 13 mai, à partir de 15 h 00, les troupes d'assaut allemandes franchissent la Meuse et s'emparent rapidement des premières organisations qui la bordent. Le blockhaus 103 (numérotation d'époque) de Bellevue enlevé sans coup férir, la 1.Pzd et le IRGD s'enfoncent rapidement dans le dispositif et ils surgissent sur les arrières de la casemate de Vaux-Dessus (un 75 mm modèle 1897/1933) qui interdit le passage à la 2.PzD. Tirée par l'arrière, la casemate est rapidement réduite au silence. Les abords de la casemate attestent de la violence des bombardements. Il est vrai que cette casemate était particulièrement exposée car c'est elle qui couvrait les organisations établies entre Bellevue et Floing.

BLOCKHAUS DU PAQUIS-DES-CAILLES

La chute du blochaus 103 ouvre le passage à la 2.PzD qui se rend bientôt maîtresse des blockhaus de la berge tel le blockhaus 101 du Paquis-des-Cailles dont le créneau visuel frontal a été endommagé par des tirs directs.

Au soir du 13 mai, la situation, pour délicate qu'elle soit, n'est pas encore désespérée : aucun char allemand n'a franchi la Meuse et les éléments d'infanterie qui ont pu débarquer sur la rive gauche peuvent encore être rejetés. Hélas, à 18 h 30, se produit la première défaillance sérieuse: les artilleurs français en position près de Bulson, derrière Sedan, abandonnent leurs pièces, de peur d'être tournés, des chars (?) ayant été signalés aux alentours. Ce décrochage se transforme rapidement en débâcle, le mouvement se communiquant par contagion aux autres unités, aux habitants et aux autorités civiles.

Dans la nuit même, le génie de la 1.PzD lance un pont de bateaux à Gaulier, dans la boucle de la Meuse et aussitôt, les premiers engins de la 1.Pzd passent sur l'autre rive, suivis de peu par ceux de la 2.PzD qui n'a pu établir de tête de pont dans le secteur de Donchéry. Quant à la 10.PzD, elle parvient à son tour à construire un pont de guerre près du pont du Bouillonnais et à engager ses engins sur l'autre rive. Aussitôt, les Allemands qui ont poussé du monde vers l'intérieur de la position au cours de la nuit, peuvent passer à l'exploitation.

Le 14, le commandement français peut encore réagir mais il va manquer de lucidité : sans coordonner leurs actions, Huntziger fait serrer vers la Meuse la 3e DIM et la 3e DCR, cependant que Grandsart lance vers Bulson deux bataillons de chars légers (les 4e et 7e BCC) avec l'appui du 213e RI. L'opération échoue, seul le 7e BCC s'engageant réellement. En début d'après-midi, les 1. et 2.PzD atteignent Chémery d'où elles bifurquent vers l'ouest, surprenant une fois de plus les défenseurs. Quant à la 10.PzD, elle se voit chargée de s'emparer des hauteurs de Stonne pour prévenir toute contre-attaque française. Celle-ci, qui doit être menée par la 3e DIM et la 3e DCR, est fixée pour le 15 mai mais elle ne débouche pas, les blindés de la 3e DCR étant utilisés pour colmater la brèche : la poche de Sedan ne sera pas résorbée.

Coll. J.-Y. Nasse

Le groupement Kleist passe la Meuse (13 mai 1940)

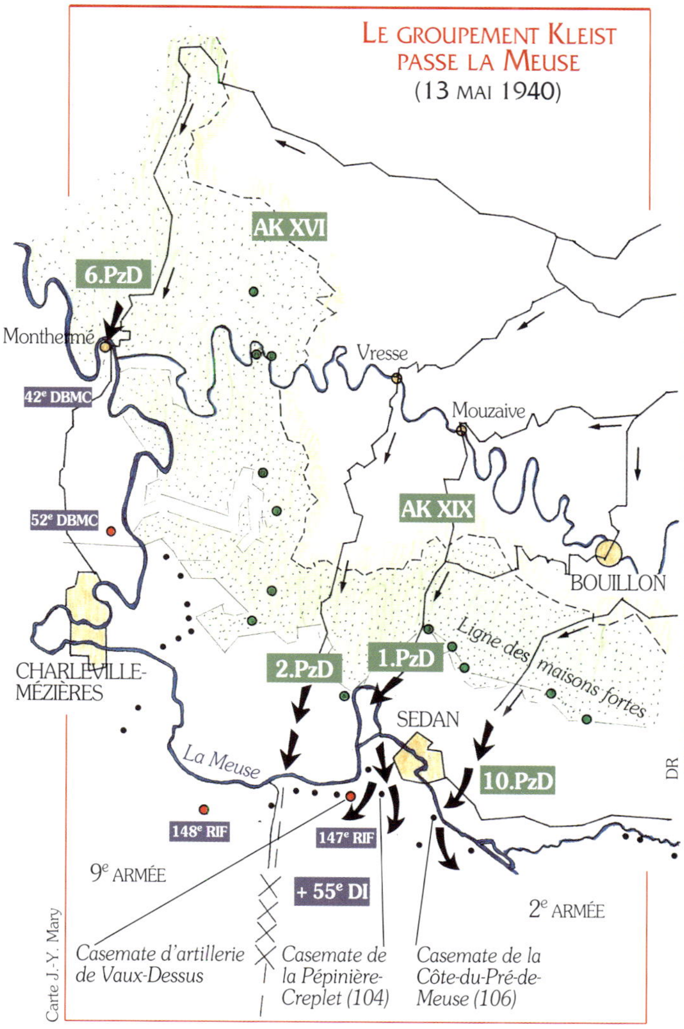

Carte J.-Y. Mary

DR

BLOCKHAUS FOSSE-COLIN-NOIZET
Un soldat allemand examine les créneaux du blockhaus 102 Fosse-Colin-Noizet, somme toute peu endommagé.

DR

■ MONTHERMÉ : UNE RÉSISTANCE HONORABLE (13-15 MAI)

Le 13 mai, vers 14 h 30, un autre franchissement de la Meuse a également lieu à Monthermé, des éléments de la 6.PzD (Kempf), pourtant partie en retard, essayant de percer dans le grand méandre de la Meuse. La position tenue par la 42e DBMIC (lieutenant-colonel de Pinsun) est forte d'une douzaine de blockhaus (pour un front d'une quinzaine de kilomètres) mais la région boisée et la configuration de la Meuse à cet endroit ont fait que le principal de la défense s'est reporté à la base du méandre, les rives étant peu tenues.

La première phase de l'opération se déroule plutôt favorablement pour les Allemands qui parviennent à réduire les positions organisées sur les berges du fleuve. En revanche, la résistance se durcit sur la ligne intermédiaire établie sur les pentes de la Rova et l'attaque allemande qu'aucun char n'appuie encore est stoppée par les coloniaux de la 42e DBMIC.

Le lendemain matin, l'attaque reprend mais les défenseurs, solidement accrochés au terrain, maintiennent leurs positions d'autant plus facilement que la 6.PzD n'a toujours passé aucun char sur l'autre rive. Ce n'est qu'en soirée que le pont de guerre est enfin terminé et dès lors, la bataille prend une autre tournure. Les coloniaux épuisés résistent encore toute la nuit mais au matin du 15, la lutte est devenue inégale. Dès les premières heures de la matinée, la ligne de défense est enlevée et pendant que les Schützen nettoient les dernières résistances, les Panzer passent à l'exploitation, ce qui leur vaut d'être, le 15 au soir, à Montcornet.

■ LA FIN DU 41e CAF

La chute de Monthermé sonne pratiquement le glas de la 102e DIF : la 42e DBMC a été taillée en pièces pour la défense de l'isthme, la 52e DBMC qui tient la Tête de pont de Charleville est menacée d'encerclement par la 6.PzD qui se déver-

LA MARFÉE
En escaladant les pentes de la Marfée qui dominent la Meuse, les Allemands se heurtent à quelques organisations légères qui ne pourront offrir qu'une résistance limitée. Le bloc de l'Étadan qui abritait trois hommes et un canon de 37 mm TR modèle 1916 a été touché de plein fouet et ses défenseurs tués à leur poste.

Canon de 37 TR modèle 1916
Conçu lors de la guerre de tranchées pour réduire les nids de mitrailleuses, ce matériel « à tir rapide » (TR) est fréquemment utilisé en 1939-40 comme canon antichar dans les blocs du Nord, en remplacement des canons de 25 mm. Il montrera très vite ses limites dans cette utilisation.

Portée maximale : 2 400 m
Vitesse initiale :
388 m/sec. avec l'obus de rupture modèle 1892/1924
600 m/sec. avec l'obus de rupture modèle 1935
Cadence de tir : 15 coups/minute

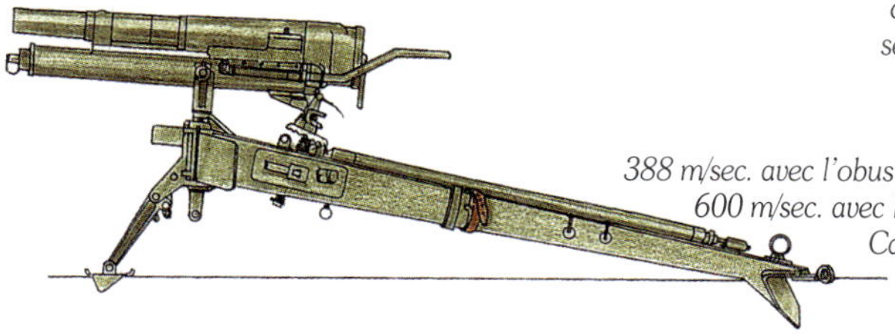

Dessin J.-Y. Mary

BA

se sur les arrières de la position, le 148e RIF enfin, déjà sérieusement ébranlé sur sa droite par la poussée de la 2.PzD, connaît une situation particulièrement précaire puisqu'il ne lui reste plus que le II/148e RIF qui tient le quartier de Villers-Semeuse (le Ier dans le quartier de Flize n'a plus que des éléments dispersés alors que le IIIe n'existe plus).

Le général Libaud qui commande le 41e CAF dont dépend la 102e DIF (ainsi que les 53e et 61e DI) et qui vient de replier son PC de Signy-l'Abbaye à Rumigny, juge la situation suffisamment préoccupante pour ordonner un repli général à ses unités. Pour la 42e DBMC, il est trop tard. La 52e DBMC parvient à décrocher sous la pression de l'ennemi et à se rétablir entre Rémilly-les-Pothées et This mais elle abandonne dans l'affaire une grande partie de son matériel lourd. Le 148e RIF enfin amorce son repli vers 12 h pour gagner la région de Warnecourt - Mondigny. Au cours de ce mouvement, la plupart des éléments de la 102e DIF sont faits prisonniers et, le 16 au matin, la division cesse d'être considérée comme unité combattante.

HUNTZIGER ABANDONNE LA CHIERS (14 MAI)

Le 14 en soirée, Huntziger qui craint que la brèche ouverte dans son dispositif ne permette aux Allemands d'enrouler la ligne fortifiée, prend une mesure discutable : il décide d'abandonner le cours de la Chiers — et ses ouvrages fortifiés — pour se reporter sur la bretelle Inor - Malandry, qui n'existe que sur le papier.

Cette décision, bien qu'elle soit conforme à la mission dévolue à la 2e armée, à savoir éviter un enroulement de la ligne Maginot, a pour effet d'élargir sensiblement la brèche alors que l'on peut toujours espérer une réussite des contre-attaques en cours et surtout de créer un saillant matérialisé par le petit ouvrage de La Ferté.

En pleine nuit, les blockhaus sont abandonnés mais aussi une grande partie du matériel, notamment d'artillerie ou antichars (qu'il appartienne à la 3e DINA ou à l'artillerie lourde du 18e CA). La 3e DINA, accompagnée du 136e RIF, s'installe sur ses nouvelles positions où tout est à créer.

Le 15 au matin, lorsque les divisions du AK VII du général von Schobert se lancent à l'assaut du front de la Chiers, l'attaque tombe dans le vide, la position a été évacuée.

LA MEUSE N'A PAS JOUÉ SON RÔLE

La triple percée enregistrée sur le front de la Meuse est donc lourde de conséquence pour la suite des opérations. En effet, en l'absence de réserves et de profondeur dans le dispositif, le GQG ne parviendra plus à endiguer le flot blindé qui, le 20 mai au soir, atteindra la Manche à Noyelles.

À Sedan et à Monthermé, les blocs construits pour garder la Meuse étaient trop peu nombreux, inachevés, souvent mal implantés et d'une valeur défensive discutable. Or, à cet endroit, la Meuse et la position fortifiée ne font qu'un : franchir l'un équivaut à franchir l'autre. Si, à Monthermé, la résistance de la 42e DBMIC a permis de démontrer qu'une implantation judicieuse à la base de l'isthme plutôt que le long du méandre, aurait permis de contenir plus longtemps la poussée allemande, il n'en est pas de même à Sedan où plusieurs facteurs négatifs ont accéléré la percée des unités allemandes.

La faiblesse de la troupe est un problème non négligeable mais c'est surtout la faiblesse de la position qui a conditionné le choix allemand de franchir la Meuse à Sedan. Les mêmes arguments valent pour la position du Nord qui subira le même sort quelques jours plus tard.

LA POSITION DU NORD EST ENFONCÉE

La Gruppe von Kleist avait la difficile mission de forcer à la fois la Meuse et les positions défensives françaises. Le AK XV de Hoth a une mission tout aussi difficile mais décomposée en deux séquences distinctes : d'abord, franchir la Meuse, ce qu'il fait les 13 et 14 mai à hauteur de Dinant ; ensuite, forcer la ligne fortifiée le long de la frontière française, à hauteur de Solre-le-Château, ce qu'il se propose de faire à partir du 16 mai.

Pour ce faire, il repousse devant lui les unités françaises relevant de la 9e armée (2e et 11e CA) et aborde la frontière française par Grandrieu et Sivry-sur-Rance. Devant lui s'offre le secteur le plus faible de toute la position fortifiée.

MONTHERMÉ
Une des deux tourelles démontables établies sur la ligne intermédiaire dans l'isthme de Monthermé. Le couvercle de la tourelle a disparu mais le support du périscope est encore en place.

Page ci-contre, de haut en bas :
POSITION DE LA CHIERS
La décision prise par Huntziger le 14 au soir d'abandonner la position de la Chiers a pour conséquence de livrer les organisations fortifiées de ce secteur sans combat. Les Allemands découvrent de nombreux blockhaus intacts dans lesquels subsiste un matériel important. Ici, un PC près de Mairy, sur la route Mouzon - Douzy.

BRÉVILLY OUEST
Des soldats allemands examinent les organisations d'intervalle aux abords du blockhaus de Brévilly Ouest. En vue d'améliorer l'ordinaire, des rames de haricots (à droite sur le document) avaient été plantées par l'équipage.

MAISON FORTE DE SCHRECKLING
*Alors que les opérations se déroulent dans le Nord, le front fortifié reste relativement calme et seules quelques activités de patrouille sont à signaler. C'est notamment le cas dans le SF Boulay où des soldats allemands s'approchent de la maison forte de Schreckling (**➠ Tome Deux, page 149**).*

■ UNE ORGANISATION PARTICULIÈREMENT FAIBLE

Entre le Secteur fortifié de Maubeuge tenu par la 101e DIF et le Secteur défensif des Ardennes occupé par la 102e DIF, s'étend un secteur long d'environ soixante kilomètres qui présente une double faiblesse : structurelle d'une part, car toute cette zone n'est couverte que par une ligne de blocs de type 1re RM (région militaire, ➟ Tome Deux p. 141) à peine renforcée par quelques blocs de type GA 1, opérationnelle d'autre part car aucune troupe organique ne la garnit.

Sur le plan structurel, une ligne de blocs de type 1re RM a été établie en 1937 mais cette ligne n'a aucune profondeur. La plupart des blocs sont doubles et battent un fossé antichar peu profond, couvert par un réseau de barbelés de faible largeur. Leur mission est d'interdire le franchissement de la position par des engins blindés, ce qui explique que la défense contre l'infanterie soit assurée par des tourelles démontables installées systématiquement à proximité des blocs. La faiblesse du système est que les engins blindés peuvent s'approcher très près des blocs sans tomber sous leurs feux, neutraliser les tourelles d'infanterie et ensuite, permettre à l'infanterie de neutraliser les blockhaus. Seule parade à ce scénario : un appui d'artillerie conséquent.

Sur le plan opérationnel, la position Trélon - Anor est occupée depuis mars 1940 par la 4e DINA qui a eu un certain temps pour s'organiser, aménager la position, mettre en place ses matériels et établir ses plans de feux. Malheureusement, la 4e DINA fait partie du lot des unités appelées à entrer en Belgique : le 10 mai 1940, toute la division récupère ses matériels et s'intègre dans la manœuvre prévue, laissant dans la position une brèche d'une vingtaine de kilomètres vide de tout défenseur.

Avec le recul du temps, cette décision semble tout à fait incompréhensible : comment a-t-on pu prendre le risque d'abandonner ainsi une position préparée sans y aménager un recueil éventuel ? Toute une organisation fortifiée — certes parcimonieusement — est donc laissée sans aucune troupe organique et sa défense abandonnée à l'initiative des troupes amenées à s'y accrocher par les fluctuations des combats.

Le général Billotte qui commande le GA 1 est conscient de cette brèche inadmissible dans son dispositif et il prend aussitôt diverses mesures visant à l'obturer. Le 15 mai au matin, il prescrit aux commandants des secteurs fortifiés de Lille, de l'Escaut et de Maubeuge de mettre leurs secteurs en alerte. Ces unités se trouvent en effet dans la zone arrière des armées et elles pouvaient, à la limite, considérer que, la bataille se déroulant en Belgique, elles n'auraient pas à intervenir. L'évolution de la situation en décide autrement.

Au même moment, la 101e DIF reçoit l'ordre d'étendre son front vers le sud, c'est-à-dire au-delà de Trélon en utilisant cinq bataillons d'instructions mis à sa disposition. La mise en place est prévue pour le 16 au soir mais les aléas de la bataille ne leur permettront pas de rejoindre. Comme la situation risque de se dégrader rapidement, Billotte met également à la disposition de la 9e armée, la 1re DINA du général Tarrit, tenue initialement en réserve de GQG et orientée le 12 mai vers Valenciennes.

Débarquée dans la région d'Avesnes, la 1re DINA reçoit mission de se déployer au sud du SF Maubeuge pour occuper la trouée de Trélon, entre les blocs du Fourneau et de L'Étang-de-la-Galoperie, soit environ dix-huit kilomètres. Le 16 au matin, les premiers éléments de la 1re DINA prennent position sur la ligne des blockhaus et font leur jonction au nord avec la 101e DIF et au sud avec des éléments de la 22e DI au bloc des Anorelles.

Le dispositif souffre cependant d'une faiblesse inadmissible : il ne dispose d'aucun soutien d'artillerie ! L'artillerie de la 1re DINA n'est en effet pas en place et les groupements d'ALCA opérant dans le secteur se voient confier des missions qui ne prennent pas en compte la situation précaire des défenseurs.

BA

BA

BA

DR

Au soir du 16 mai, la 7.PzD de Rommel franchit ce que les Allemands appellent la ligne Maginot prolongée. En fait, les petits blocs type 1re RM et les fossés antichars hâtivement creusés ne vont pas arrêter les Panzer qui franchiront la position dans la foulée à hauteur de Solre-le-Château, rendant ainsi toutes les organisations du Nord inutiles. On voit ici le fossé dans l'axe du bloc du Trieu-du-Chêneau et les tétraèdres qui barraient la route.

Dans la trouée d'Anor, la défense est organisée vaille que vaille par des éléments dispersés de la 4e DINA mais la position manque singulièrement de densité : deux blocs type GA 1 tiennent la route venant de Belgique à hauteur de la Passe d'Anor, quelques blocs légers sont construits aux lisières mêmes d'Anor. Plus à l'est, dans la forêt Saint-Michel, le général Hassler qui commande la 22e DI essaie de regrouper ses unités en faisant occuper la double ligne de blockhaus construits le long de la frontière.

Le 16 en cours de journée, les éléments de tête des unités allemandes arrivent au contact.

ROMMEL FRANCHIT LA LIGNE MAGINOT PROLONGÉE (16-17 MAI 1940)

Dans la région de Solre-le-Château, ce sont donc les chars du AK XV de Hoth et plus précisément ceux de la 7.PzD de Rommel qui se présentent face à l'objectif tenu par deux bataillons du 84e RIF.

Dès midi, les éléments de tête de la 7.PzD abordent les premières organisations bétonnées (près de Clairfayts) tenues par le III/84e RIF (chef de bataillon Bersuder). Sur un front de quatre kilomètres, la position ne comporte en première ligne que quatre tourelles, six postes de soutien sous rondins et quatre blocs (Perche-à-l'Oiseau, Trieu-du-Chêneau, Ferme-aux-Puces et les Auniaux) auxquels s'ajoute le bloc de La Gobinette inachevé et qui n'abrite qu'un FM. En seconde ligne, le bloc de l'Épine constitue un verrou arrière sur la route de Felleries. L'artillerie de soutien est fournie par deux groupes du 301e RAC ainsi que par le Ier groupe du 104e RALA qui revient de Belgique et ne dispose plus que de dix coups par pièce.

Ce n'est que vers 16 h 30 que commence la première tentative de percement : sous le feu des canons antichars des blocs et de l'artillerie embossée sur les arrières, elle se solde par un échec. Pour Rommel, il n'est d'autre solution que d'emprunter la route et de forcer le passage entre les blocs du Trieu-du-Chêneau et de la Ferme-aux-Puces car le reste de la position est barré par l'obstacle antichar. L'attaque reprend donc vers 17 h 30, appuyée par l'aviation, mais les blocs continuent à résister, empêchant les Allemands de déboucher (le bloc des Auniaux détruit deux chars, celui du Trieu-du-Chêneau également) et la situation n'est pas encore compromise lorsque survient un incident fâcheux : l'artillerie de renforcement doit cesser le tir faute de munitions, laissant alors les blocs livrés à eux-mêmes.

Le bloc des Auniaux ne tire plus, celui de la Ferme-aux-Puces est réduit au silence peu après par un coup d'embrasure : vers 21 h, Rommel ordonne alors au PzRgt 25 de pro-

BA

FERME-AUX-PUCES
Des soldats allemands examinent le créneau du bloc de la Ferme-aux-Puces qu'un tir d'embrasure a réduit au silence. On distingue dans le créneau la trémie Pamart Lemaigre qui l'équipait mais pas trace du canon de 25 mm qui devait l'armer. A-t-il été rejeté en arrière par l'impact ?

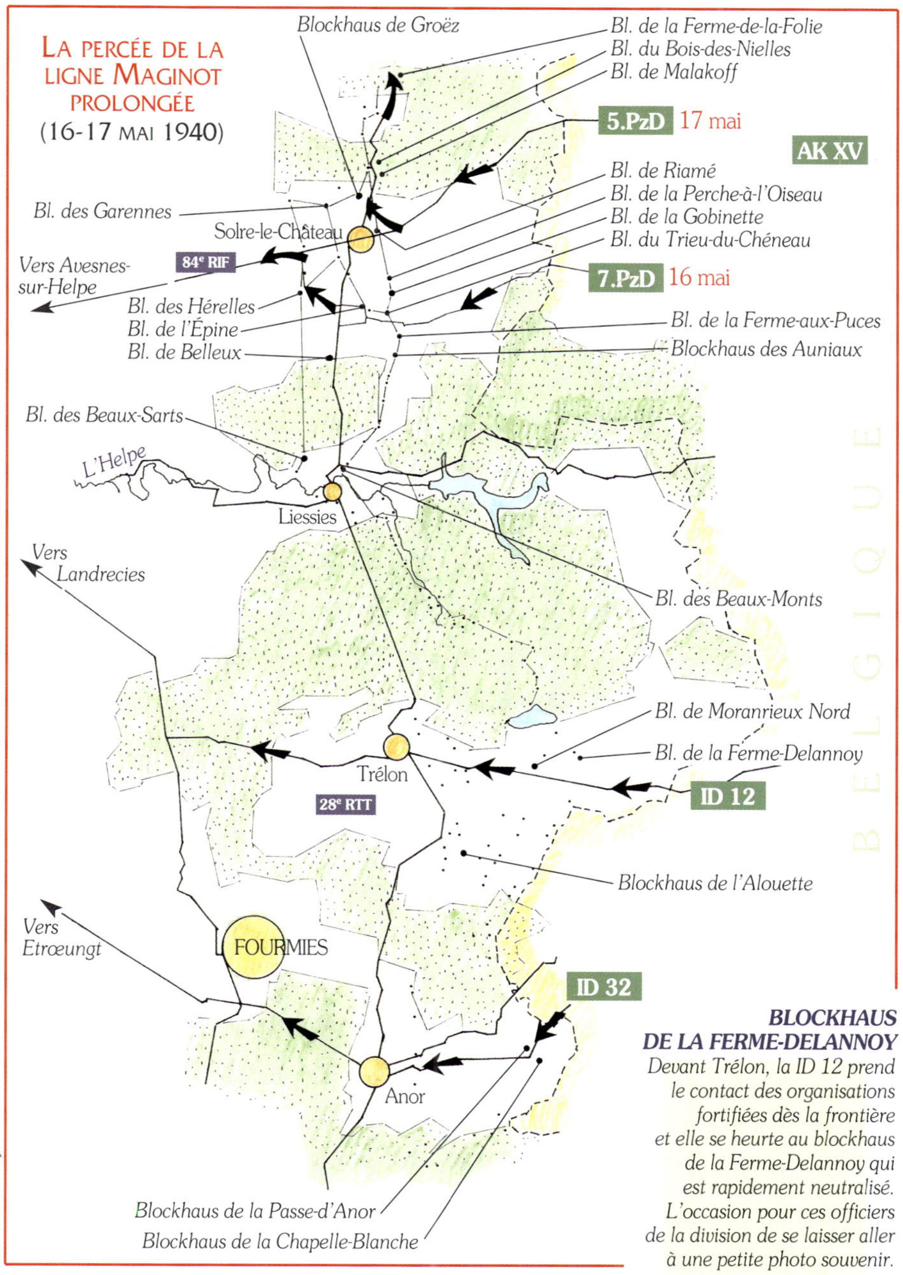

Carte J.-Y. Mary

gresser par la route en file indienne et en tirant de toutes ses armes. Rien ne peut empêcher les blindés allemands de s'engouffrer dans la brèche, d'autant que le canon de 25 de la Perche-à-l'Oiseau est démoli par un coup direct. Les blocs de l'Épine et des Hérelles sont mitraillés au passage et ne peuvent s'opposer à la percée : la 7.PzD s'enfonce dans le dispositif français et, peu de temps après, elle parvient à Landrecies [8].

Le 17 au matin, le nettoyage de la position continue, les Allemands se répandant sur les arrières des blocs. En outre, la 7.PzD n'est plus seule puisque l'autre division du AK XV, la 5.PzD, retardée dans son approche de la frontière belge, se présente à son tour devant Solre-le-Château, après avoir franchi la frontière à Hestrud. La brèche créée la veille par la 7.PzD a quelque peu affaibli le dispositif et c'est sans grande difficulté que la 5.PzD s'empare des derniers blockhaus qui tiennent encore devant Solre-le-Château.

Du côté français, le II/84e RIF (chef de bataillon Gaufour) se bat courageusement mais les défenseurs isolés ne peuvent pas grand-chose contre les chars qui tirent presque à bout portant : le bloc de Solre-le-Château (également appelé Riamé) du lieutenant Pamart succombe vers 11 h après que son chef ait été tué à un des créneaux, le bloc de Malakoff et la tourelle démontable qui le couvre sont réduits au silence vers 10 h 30.

Le bloc de Groëz (lieutenant Boulet) est également annihilé peu après.

Parallèlement, les blindés de la 5.PzD abordent la position par la route Hestrud - Solrinnes et ils se heurtent au petit bloc de la Ferme-de-la-Folie près de Eccles. Celui-ci est rapidement neutralisé et à 19 h, les chars allemands sont déjà à Solrinnes. À 20 h, ils font leur jonction avec ceux de la 7.PzD à Berlaimont, sur la Sambre.

Sur le front du III/84e RIF, la situation n'est guère plus florissante puisque, exploitant la brèche créée la veille, les Allemands débouchent du bois de Belleux sur les arrières des blocs qui peuvent difficilement se défendre. Le bloc des Garennes du lieutenant Pinchon est ainsi attaqué par l'arrière : après avoir réussi à repousser une première attaque de char avec son 37 mm TR modèle 1916, il est pris à partie par d'autres engins qui le réduisent au silence, tuant le lieutenant Pinchon. Le bloc du Bois-des-Nielles tombe vers 16 h, Le capitaine Davoine est capturé au bloc de Monplaisir et l'aspirant Gilg au bloc de L'Épine. Seul le bloc de La Perche-à-l'Oiseau parvient à tenir jusqu'au soir mais, encerclé et ses munitions épuisées, il doit cesser le combat vers 18 h.

Plus au sud, les Allemands descendent vers Lessies et ils abordent la position défensive de ce secteur par le flanc et l'arrière : le bloc des Beaux-Sarts tombe vers 15 h, celui de Beaux-Monts tombe en soirée, son chef, le lieutenant de Bony de Lavergne étant grièvement blessé : vers 21 h, toute la position au nord de Lessies est submergée.

Entre-temps, vers 19 h, devant la dégradation de la situation, le général Béjart, se conformant aux ordres du général Billotte, donne l'ordre au 84e RIF de se replier pour constituer un nouveau front sur la Sambre, entre Jeumont et Maubeuge. Malheureusement, tous les blocs ne sont pas touchés par cet ordre et si le II/84e RIF parvient à replier une grande partie de ses éléments, il est trop tard pour le III/84e qui est en partie disloqué et tente vainement de gagner l'Oise en ordre dispersé. La plupart de ses éléments seront capturés durant la journée du 18.

■ Brève resistance devant Trélon et Anor

Devant Trélon défendu par les I et II/28e RTT, c'est la ID 12 du AK II qui se présente par la route venant de Chimay. La position à cet endroit est double : une position est établie sur

BA

Blockhaus de la Ferme-Delannoy
Devant Trélon, la ID 12 prend le contact des organisations fortifiées dès la frontière et elle se heurte au blockhaus de la Ferme-Delannoy qui est rapidement neutralisé. L'occasion pour ces officiers de la division de se laisser aller à une petite photo souvenir.

8. Ironie du sort, la Panzerdivision de Rommel traverse au passage l'Épine où aurait dû être construit un ouvrage d'artillerie.

BA

BLOCKHAUS DE MORANRIEUX NORD
Le bloc FCR de Moranrieux Nord, constituant le dernier obstacle de la position frontière, est à son tour mis hors de combat. Un tirailleur tunisien du 28e RTT dont le corps est resté là où il est tombé, a livré à Moranrieux son dernier combat.

la frontière même avec quelques blocs type 1re RM, une série de tourelles démontables et un bloc type STG (Moranrieux Nord), une seconde position plus légère est établie en avant de Trélon.

Le 16 mai, le IR 27 de la ID 12 prend le contact de la position en début d'après-midi et il attaque aussitôt les blockhaus de la position frontière. Il lui faudra cependant encore s'employer pour venir à bout de la résistance française puisque c'est seulement en soirée que le IR 27 parvient à s'emparer de la seconde ligne de blockhaus.

Plus au sud, les IR 4 et 94 appartenant à la ID 32 se présentent face à la position dans la région d'Anor. Le IR 4 qui progresse par la route de Chimay se heurte aux deux blocs de la Passe d'Anor (Passe-d'Anor et La Chapelle-Blanche) et les neutralise, poursuivant vers la deuxième ligne située à hauteur d'Anor. Peu avant minuit, le III/IR 94 s'empare des quatre blocs qui constituaient la seconde position.

Cette percée de la position est certes préjudiciable mais l'introduction sur les arrières d'unités fraîches peut encore stabiliser la situation, à défaut de la rétablir. Malheureusement, dans la nuit du 16 au 17, le général Martin qui commande le 11e CA dont dépendent les unités en place sur la frontière prend la décision d'ordonner le repli de celles-ci sur la Sambre pour faire face au sud-est et protéger les arrières de la position fortifiée de Maubeuge. Cette manœuvre, justifiée dans l'esprit du commandement par la crainte d'un enroulement de la position de Maubeuge par le sud après la percée opérée par les Panzerdivisionen, a pour conséquence d'ouvrir toute grande la route de Le Cateau aux Panzer. Rien ne pourra plus les arrêter.

■ LA FAUTE DU COMMANDEMENT

Sur le front de la 9e armée, deux lignes de défense successives pouvaient arrêter l'ennemi : la Meuse et les organisations de campagne érigées le long de la frontière belge. Le malheur a voulu qu'il soit nécessaire de quitter la seconde pour venir garnir la première, la défense de la position ne reposant plus dès lors que sur les trois bataillons du 84e RIF restés sur place pour occuper les blocs. Les lenteurs de la manœuvre vont faire qu'on arrivera trop tard sur la Meuse et qu'on ne parviendra plus ensuite à se rétablir sur la ligne de défense. Le secteur fortifié de Maubeuge était constitué d'un bastion relativement solide et de deux courtines : il faut bien reconnaître que la courtine sud était d'une faiblesse insigne, alors que son forcement mettait nécessairement en péril toute la défense de Maubeuge. Les errements du commandement qui a laissé une position de plus de vingt kilomètres sans défenseurs n'ont rien arrangé. La ligne Maginot prolongée est franchie dans la foulée par le AK XV, le destin des ouvrages de Maubeuge est déjà scellé. ■

BLOCKHAUS DE LA PASSE-D'ANOR
Les blockhaus qui barrent la route d'Anor sont réduits à leur tour tel le blockhaus FCR de la Passe-d'Anor. Ce document met bien en évidence les clayonnages qui maintiennent la terre des murs d'aile.

DR, coll. J.-Y. Mary

Photo A. Hohnadel

Le mémorial inauguré en 1950 « en hommage aux héros de Villy-La Ferté » rappelle aux générations futures le sacrifice du lieutenant Bourguignon et de ses hommes dont les noms figurent sur les plaques de marbre de part et d'autre du gisant. L'histoire est sans doute moins glorieuse que ne l'indique l'envoi, mais il n'en demeure pas moins vrai que 105 hommes ont consenti, à La Ferté, le sacrifice suprême plutôt que d'abandonner leur ouvrage. En face de ce monument, un petit cimetière recèle les corps de quelques membres de l'équipage dont celui du lieutenant Bourguignon, retrouvé derrière le bloc 2 en 1973.

CHAPITRE DEUX

LA FERTÉ : HOLOCAUSTE D'UN ÉQUIPAGE

Sur le front de la 2e armée, la grande crainte qui obsède le général Huntziger après le repli de la 3e DINA sur la bretelle Inor - Malandry (nuit du 14 au 15 mai), est le risque, soit d'une percée allemande en direction de Verdun, soit d'un enroulement de la ligne Maginot.

LES COMBATS QUI SE DÉROULENT à l'extrémité ouest de la ligne Maginot prennent alors une tournure particulièrement âpre et la fortification se trouve reléguée à un rôle de second plan dont l'épilogue sera le drame du PO (petit ouvrage) de La Ferté, perdu corps et biens le 19 mai.

PRÉLUDE D'UNE TRAGÉDIE

La Tête de pont de Montmédy (TPM) constitue l'extrémité ouest des organisations puissantes telles qu'elles ont été conçues par la CORF. Malheureusement, réalisée à partir de 1934 sous la forme de « Nouveaux fronts », elle souffre des restrictions de budget qui affectent alors les projets, et les réductions opérées se traduisent essentiellement par une diminution regrettable de son artillerie. C'est ainsi que la seule artillerie dont la TPM dispose (ouvrages du Chesnois et de Vélosnes) consiste en deux tourelles de 75 mm (dont une du modèle 1905) dont les tirs sont complémentaires mais ne se recoupent pas. C'est évidemment peu pour un secteur long d'une trentaine de kilomètres, alors qu'à sa droite se trouve un secteur défensif assez léger (SD Marville), et à sa gauche une position fortifiée peu consistante basée sur des organisations de campagne (secteur Chiers - Meuse).

Deux petits ouvrages (Thonnelle et La Ferté) et douze grosses casemates complètent l'ossature fortifiée. Un réseau de rails et de barbelés court en avant des ouvrages et se termine au village de Villy, transformé en camp retranché. Cette localité est occupée en 1940 par la 1re compagnie du 23e RIC (colonel Cuzin) qui a transformé douze caves en blockhaus.

En arrière de la casemate de Margut, l'observatoire de Saint-Walfroy-l'Ermitage, qui domine la ligne d'ouvrages d'une centaine de mètres, permet de surveiller toute la région s'étendant de La Ferté au Chesnois. Une ébauche de ligne d'arrêt, constituée de casemates STG, a été commencée mais elle n'est pas achevée en mai 1940.

Étudié à partir de mars 1934, le PO de La Ferté se compose de deux blocs, à cheval sur un petit mamelon dénommé Croix-de-Villy. Ce n'est pas le plus élevé du secteur mais un long glacis qui part de la Chiers permet, en théorie, une défense efficace malgré une forte pente qui crée un angle mort. Sa mission est d'assurer le raccordement des fortifications lourdes de la TPM avec la fortification de campagne du sous-secteur de Mouzon (136e RIF). Dans les plans initiaux [1], la position

NOTE

1. Projet du 19 septembre 1933 modifié le 27 octobre suivant pour donner la priorité au barrage continu par des casemates de mitrailleuses, avec un minimum d'artillerie protégée (deux tourelles seulement).

Coll. Y. Bourguignon

Le lieutenant Bourguignon ne commande l'ouvrage de La Ferté que depuis un peu plus d'un mois et il se trouve bien malgré lui face à une situation totalement imprévue. Compte tenu des circonstances, ses réactions, malgré l'anéantissement de l'ouvrage, ne semblent pas avoir été illogiques.

aurait dû comporter un ouvrage d'artillerie à Vaux-les-Mouzon et l'ouvrage de La Ferté aurait dû recevoir une tourelle de 75 mm. Le temps et l'argent manquant, rien ne fût fait et le dernier ouvrage au nord de la position se trouve être un pseudo-ouvrage d'infanterie à deux blocs.

L'étude technique du PO est confiée au génie de Metz (lieutenant-colonel Nicolle) qui présente successivement plusieurs projets — de mars 1934 à mai 1935 — car la fortification de La Ferté n'est pas facile à résoudre. La 3e et dernière solution préconise deux blocs actifs à l'est de la route Villy - La Ferté (village) et un bloc d'entrée dans le ravin des Malonnes. Elle est acceptée par le général Belhague avec les restrictions suivantes : le bloc d'entrée est différé, chaque bloc actif aura son entrée propre et sera autonome, une galerie de petite section les réunira en raison de l'accès difficile au bloc 2.

Le premier vice de construction réside donc dans son agencement intérieur. De ce fait, toutes les œuvres vives (chambres, moteurs, etc.) se trouvent en surface et non 30 mètres sous terre comme c'est généralement le cas. Cette disposition n'est pas catastrophique en soi puisque c'est le lot de toutes les casemates et de bon nombre de petits ouvrages monoblocs. Ce qui est plus grave, c'est que les deux blocs sont reliés entre eux par une galerie dans laquelle rien n'est prévu pour un séjour prolongé, hormis une cuisine et une salle de pansements, et qui ne comporte malheureusement aucune issue de secours via l'égout visitable.

Autre problème, les deux blocs de l'ouvrage se voient mutuellement fort mal en raison de la configuration du terrain [2] et, de ce fait, ne se couvrent qu'imparfaitement. Il sera donc nécessaire de demander à la tourelle du Chesnois d'intervenir chaque fois qu'une menace pèsera sur le PO de La Ferté, ce qui augmente le temps de réaction. En outre, la tourelle tire à limite de portée, ce qui en réduit l'efficacité.

L'armement du PO, compte tenu de sa situation particulière, ne semble pas adapté. L'armement principal (flanquement vers l'est) du bloc 1 se compose d'un canon antichar de 47 mm et de deux jumelages de mitrailleuses situés dans une chambre de tir orientée vers la casemate de Margut avec laquelle elle recoupe ses feux. Deux cloches pour arme mixte assurent la défense frontale et deux cloches GFM la surveillance des abords et la liaison avec le bloc 2. Ce dernier, disposé à l'avant du sommet de la Croix-de-Villy, a nécessité un volume énorme de remblais, remblais qui, n'étant pas stabilisés en mai 1940, seront retournés par les bombardements. Il est équipé d'une cloche d'arme mixte et d'une ex-tourelle pour deux canons de 75 mm modèle 1905 remplacés par des armes mixtes (➠ Tome 2, p. 79). La tourelle et la cloche AM agissent vers le village de Villy, afin d'assurer la liaison avec la position de campagne. Une cloche GFM et un observatoire d'artillerie (indicatif O 201) complètent le bloc 2.

Tout le flanc gauche (ouest et sud-ouest) du PO est donc vulnérable puisqu'aucune arme ne le couvre et qu'une cloche GFM se trouve dans l'axe de tir de la tourelle dans cette direction. En outre, la route Villy - La Ferté entaille la crête à gauche du bloc 2 et forme à cet endroit une tranchée qu'aucune arme ne peut battre, en l'absence de mortiers de cloche.

Pour étoffer quelque peu la défense de la position, deux casemates pour un matériel de 75 mm modèle 1897/1933 ont été construites en 1938 à proximité de l'ouvrage, de part et d'autre de la croupe, l'une tirant vers l'ouest, l'autre vers l'est. Ces deux casemates sont assez exposées car, outre le fait qu'elles sont situées sur la ligne de feu, elles présentent d'énormes embrasures (1,30 m x 1,70 m) sans le cuirassement *ad hoc*, n'ont aucune protection rapprochée et ne sont que médiocrement couvertes par l'ouvrage qui ne les voit pas [3].

Les installations électromécaniques du PO ont été réalisées selon les instructions du général Belhague, c'est-à-dire une usine (à deux moteurs chacune) dans chaque bloc, un secours mutuel étant possible. En revanche, les installations de ventilation s'apparentent à celles d'un ouvrage par suite de la présence de souterrains qu'il est nécessaire de ventiler, bien qu'un aérage naturel s'établisse entre les dessous et le bloc 2, ce dernier constituant le point haut. Toute la sécurité de l'équipage repose sur la fermeture de quatre sas, nous en reparlerons plus loin.

Le PO est équipé d'un central téléphonique, à 32 directions, relié par deux câbles au réseau téléphonique de la TPM via la chambre de coupure n° 1 (➠ schéma Tome 2, p. 121). Il permet des liaisons avec l'ouvrage du Chesnois, la casemate de Margut, les deux casemates d'artillerie de Villy ainsi qu'avec les différents PC (155e RIF, unités de renforcement). Des liaisons directes, sans demander l'intervention des opérateurs, existent entre les observateurs du bloc 2 et le SRA du Chesnois. De cette organisation se dégage une impression de sécurité, malheureusement aléatoire car tout dépend de la pérennité de la chambre de coupure n° 1. En secours, le PO peut actionner un poste de radio émetteur-récepteur qui fonctionne en réseau avec le Chesnois et les autres observatoires du secteur.

En résumé, « *La Ferté est un couple de casemates étudié à l'économie et transformé peu à peu en un petit ouvrage* », selon le mot de Pierre Vanderputten.

NOTES

2. Un seul créneau de la cloche GFM du bloc 1 est orienté vers le bloc 2.

3. Un ultime projet du 6 avril 1940 prévoit leur raccordement au PO avec extension de ce dernier (usine et caserne souterraines) et construction de l'entrée arrière. La durée du chantier était estimé à 18 mois. Projet resté, bien entendu, sans suite.

4. Chiffre établi d'après les corps retrouvés lors des différentes fouilles exécutées sur le site. On est loin des 180 à 200 soldats mentionnés dans les rapports allemands et aucun élément étranger à la garnison n'a été relevé parmi les corps retrouvés.

5. D'après les documents d'archives, le PO semble être directement sous l'autorité de la 3e DIC et plus exactement sous celle du général Aymé qui commande l'ID 3C, mais un doute subsiste.

Nölke

VILLAGE DE VILLY
Le repli ordonné par Huntziger sur la bretelle d'Inor a pour effet d'abandonner sans combat les organisations du front de la Chiers et de découvrir le village de Villy qui forme désormais saillant. Ce village a été fortifié par les marsouins du 23e RIC qui y ont établi une douzaine de blockhaus dans les soubassements des habitations. Un double réseau de rails et de barbelés complète le dispositif qui comporte en outre trois tourelles démontables et quelques blockhaus en rondins.

L'ÉQUIPAGE DU PO

La 3e CEO du capitaine Aubert administre les équipages affectés à l'ouvrage du Chesnois et aux casemates depuis Guerlette jusqu'à La Ferté. Celui de La Ferté est composé de fantassins du 155e RIF (➠ Tome 1, p. 118), de sapeurs (électromécaniciens et sapeurs mineurs du 3e génie, transmissions du 18e génie) et d'observateurs d'artillerie (169e RAP et noyau actif du 17e RA, ➠ Tome 2, pp. 204, 218 et 220). Son effectif s'élève à 105 hommes [4].

Le premier commandant de l'ouvrage, depuis 1938, est le lieutenant Guiard (Saint-Cyr) avec comme adjoint le lieutenant réserviste (puis capitaine) André, maire du village de Villy. Informé de certains problèmes, le général Huntzinger prononce en février 1940 plusieurs mutations. Guiard permute le 20 mars avec le lieutenant Bourguignon (Saint-Maixent), qui connaît bien les arcanes de la Ligne car il a commandé la casemate double de Thonne-le-Thil. Le sous-lieutenant Thouément, ancien adjudant dans le bataillon de mitrailleurs de Marville (IV/149e RIF puis 132e RIF) remplace le capitaine André pour prendre le commandement du bloc 2, poste pour lequel il n'a pas reçu, semble-t-il, la formation requise. Cet officier devra donc apprendre sur place le fonctionnement des installations techniques du PO et de la tourelle. Il n'y a donc que deux officiers au PO de La Ferté, ce qui est très insuffisant par rapport à l'encadrement existant dans les ouvrages similaires comme ceux du Nord : il manque un chef pour le bloc 1 (Bourguignon devra cumuler les deux commandements), un officier observateur d'artillerie et un officier du génie.

DRAME EN QUATRE JOURS (16-19 MAI)

Le 10 mai 1940, le PO est englobé dans le « quartier de Villy » du I/23e RIC appartenant à la 3e DIC (division d'infanterie coloniale) qui coiffe le 155e RIF. Ce quartier occupe l'extrémité Est de la bretelle d'Inor et défend le versant ouest de la Croix-de-Villy (la 1re compagnie du lieutenant Laurent tient le village de Villy) [5]. L'attitude des coloniaux vis-à-vis des ouvrages de la ligne Maginot se résume à un raisonnement simpliste : un ouvrage Maginot, même encerclé, peut combattre sans problème pendant plusieurs jours car il peut être défendu par les « tirs d'épouillage » effectués, à sa demande, par l'artillerie amie. Donc, inutile de s'en préoccuper...

Le SF de Montmédy, qui n'a plus aucune responsabilité tactique depuis l'arrivée des CA de renforcement, est responsable de l'entretien des ouvrages ainsi que de l'instruction des équipages via ses trois CEO.

Les casemates d'artillerie qui flanquent l'ouvrage sont servies par des hommes du 169e RAP, le reste de l'artillerie du secteur étant fourni par le 3e RAC (I/3e en appui du 23e RIC), le 203e RALC, le 118e RALH (régiment organique du 18e CA) et le 145e RALH.

LA PRISE DE CONTACT

Dans la TPM, la drôle de guerre se termine brutalement. Le 11 mai, la casemate de Moiry est attaquée par des Stukas et à 22 h, la tourelle de Vélosnes effectue son premier tir sur les lisières de Virton. Le lendemain, vers 18 h, c'est celle du Chesnois qui prend le relais sur des objectifs lointains, afin d'assurer la protection du repli de la cavalerie française.

Le 13 mai, de petits détachements se rapprochent des ouvrages, à limite de portée des cloches : c'est l'arrivée à marches forcées des troupes du AK VII dont la ID 71 à laquelle appartient le IR 191 qui atteint Blagny le 15, en face de la colline où est incrusté le PO de La Ferté (ou *Panzerwerk 505* dans la numérotation allemande).

À La Ferté, la nuit du 13 au 14 est occupée à la mise en place de la lunette coudée d'observation de la tourelle, livrée seulement le 11 mai.

Dans le quartier de Villy, les affaires sérieuses commencent le 15 mai au matin : au cours de la nuit, les troupes garnissant la Chiers se sont repliées sur la bretelle d'Inor, dégarnissant tout le flanc de gauche de l'ouvrage qui se trouve désormais en pointe. Au cours de la matinée, la casemate de Villy Ouest doit déjà ouvrir le feu sur des fantassins ennemis qui avancent vers la ferme de Blanchampagne, le réglage étant assuré par l'observatoire O 201 de La Ferté. Les tirs sont efficaces, ce qui donne bon moral aux équipages.

LES ALLEMANDS ISOLENT L'OUVRAGE

Le 16 mai, une violente attaque se déclenche sur le front Villy - cote 226 - cote 311, c'est-à-dire sur le flanc gauche de l'ouvrage. L'attaque n'est pas destinée à isoler le PO mais en cas de réussite, les Allemands disposeront alors d'une excellente base de départ pour un éventuel assaut contre lui. Les marsouins du 23e RIC résistent courageusement avec le soutien de la casemate de Villy Ouest (qui tire encore 100 obus) mais ils ne peuvent empêcher que, le 16 au soir, la cote 226 soit aux mains de l'ennemi.

Plus à l'est, des reconnaissances allemandes (IR 194 et 211) vers les casemates de Moiry et de Sainte-Marie échouent devant l'intervention énergique de la casemate de Villy Est et de la tourelle du Chesnois. À partir de 21 h 55, cette même tourelle déclenche des tirs nocturnes sur le PO et ses abords (1 200

VILLAGE DE VILLY
Gros plan sur l'un des douze blockhaus aménagés dans le village.

Nölke

Carte J.-Y. Mary

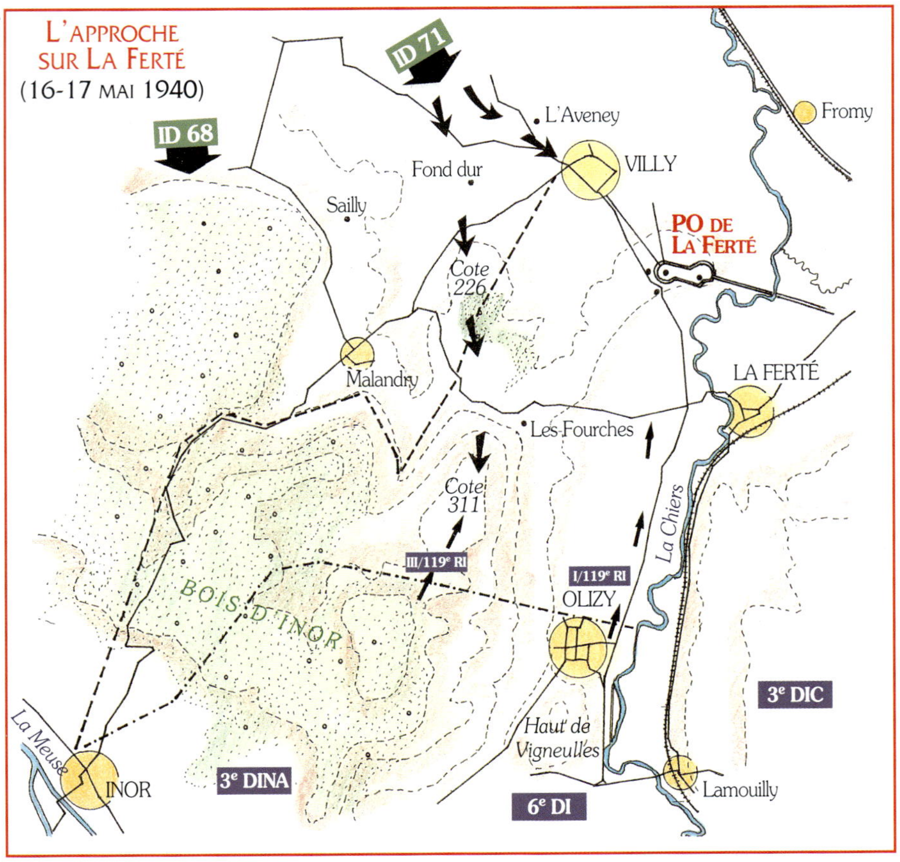

coups en 7 heures, chiffre jamais atteint à Verdun en 1916).

Le 17 mai, tandis que la pression s'accentue sur l'ensemble du secteur [6], les fantassins du IR 211 essaient pendant toute la journée de s'emparer de la cote 311 à laquelle les marsouins du I/23e RIC s'accrochent avec acharnement. Les Allemands parviennent à conquérir la position juste avant la nuit, mais trop tard pour exploiter ce difficile succès [7]. Entre-temps, l'artillerie allemande [8] a déjà commencé ses tirs de réglage sur le PO.

Vers midi, la chambre de coupure n° 1, par laquelle transitent toutes les lignes du PO, n'est plus contrôlée par les marsouins, ce qui amène le SF Montmédy à donner l'ordre au lieutenant Bourguignon de débrancher ses circuits extérieurs. Les stations radio (➠ Tome 2, page 122) sont alors mises en route, c'est le seul moyen de communication par messages chiffrés entre le PO et le Chesnois, via le réseau d'artillerie. Mais les émissions sont brouillées par les Allemands, ce qui fait que les communications sont lentes. L'interruption des liaisons téléphoniques révèle la précarité de Bouguignon qui n'a plus de contact avec le PC de la 3e DIC, car le SRA du Chesnois ne transmet pas les messages.

Pendant ce temps, les défenseurs de Villy, soumis à d'incessants bombardements et en butte aux attaques du IR 191 qui subit dans l'affaire des pertes sévères, ont dû céder du terrain mais ils sont parvenus à maintenir l'essentiel de leurs positions dans le village. La tourelle de La Ferté doit probablement les soutenir bien qu'aucune ligne téléphonique ne relie le PO au village de Villy.

Cependant, Huntziger s'inquiète de la tournure prise par les événements. À 8 h 20, un premier message envoyé au 18e CA (général Brochard) rappelle que « *même encerclés, les ouvrages de la TPM doivent continuer le combat à outrance. Tous efforts seront conjugués pour reprendre ouvrages encerclés* ». À 12 h 30, une seconde instruction se fait plus précise : « *importance capitale à conservation cote 311 - ouvrage La Ferté dont possession est indispensable pour couverture latérale de tête de pont. Tout terrain perdu sur ce mouvement de terrain sera repris. Contre-attaques montées en conséquence* ». Le général Brochard qui, selon les premiers ordres reçus, s'est efforcé à conserver à tout prix la bretelle d'Inor, découvre que les risques qu'il a pris sur le secteur de Villy sont en train de se concrétiser… Il décide de lancer une contre-attaque depuis la côte de Vigneulles, avec le concours de la 6e DI nouvellement arrivée.

En fin d'après-midi, Villy et La Ferté sont coupés du dispositif français d'autant que les deux casemates d'artillerie de Villy sont évacuées — prématurément — en soirée, par leurs servants qui s'estiment menacés par la progression allemande sur la cote 311.

Toute la nuit, les messages radio du PO, que déchiffre le SRA du Chesnois, signalent l'aggravation de la situation. À 19 h 52 : « *artillerie ennemie tire sur nous à nouveau* ». Vers 21 h 30 : « *suis attaqué. Demande tir sur les dessus de l'ouvrage* ». Demande renouvelée à 4 h du matin. À chaque fois, la tourelle du Chesnois se met en batterie et envoie des rafales qui rassurent l'équipage du PO.

Le 18 mai en matinée, les liaisons téléphoniques sont enfin rétablies. La DIC donne l'ordre à tous les ouvrages du secteur

NOTES

6. Notamment devant la casemate de Margut qui doit repousser une reconnaissance allemande vers 4 h du matin,

7. Au cours de leur attaque, les Allemands neutralisent le blockhaus des Fourches, situé à mi-pente, au lance-flammes.

8. Au total 168 pièces dont six groupes de 10,5 cm lFH, trois groupes de 10 cm, un groupe de 15 cm sFH, trois groupes de 21 cm Mörser et quatre pièces de 8,8 cm Flak (2/26 Abt). Vingt-deux batteries d'artillerie lourde (79 canons) tirent 4 000 coups les 17 et 18 mai sur La Ferté, dont 800 coups pendant la demi-heure précédant l'assaut.

9. Deux servants étaient sur la plate-forme (tir au FM et observation) tandis que le troisième homme était pourvoyeur en bas. Lors du choc, la plate-forme s'est effondrée.

BA

PO DE LA FERTÉ, VU DU VILLAGE DE VILLY

Depuis le village de Villy, les Allemands peuvent apercevoir les cloches de l'ouvrage de La Ferté ainsi que les réseaux qui l'entourent. On distingue ainsi, le long de la route, la bretelle du réseau de barbelés et, sur la gauche, le double réseau rails - barbelés. Au premier plan, un boyau serpente jusqu'à un blockhaus en rondins. En arrière-plan, la hauteur de Saint-Walfroy (observatoire français) qui domine tout le dispositif.

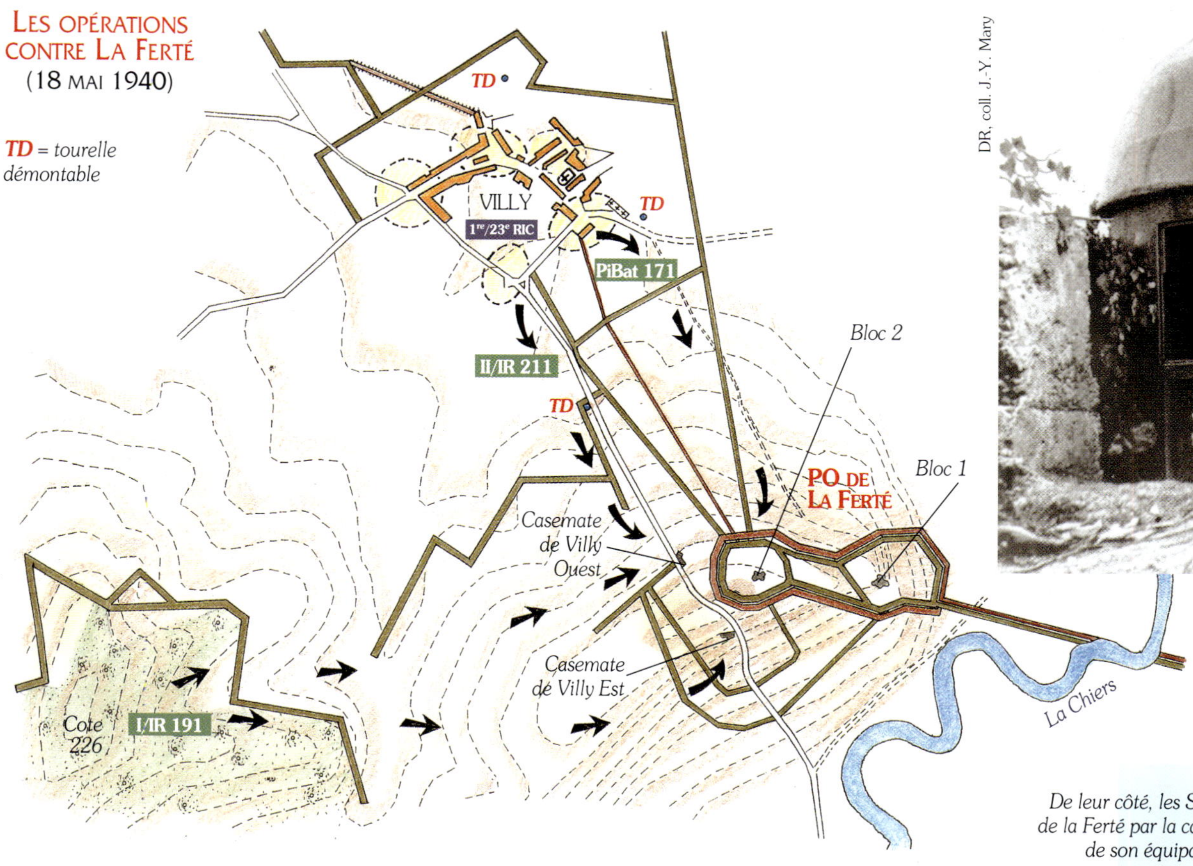

SUD DU VILLAGE DE VILLY
Durant leur progression, les Stosstruppen du IR 211 passent à proximité de la tourelle démontable implantée au sud du village de Villy, qui a été abandonnée par ses servants.

VILLY OUEST
De leur côté, les Stosstruppen du IR 191 abordent le PO de la Ferté par la casemate de Villy Ouest, également vide de son équipage qui, se sentant menacé, s'est replié.

de lui transmettre en priorité tous leurs renseignements. Une liaison téléphonique directe est enfin établie entre La Ferté et le commandant du I/3e RAC afin que celui-ci puisse fournir des tirs de 75 mm sur les dessus du PO. Dans le milieu de l'après-midi, les troupes allemandes parviennent enfin à s'emparer du village de Villy qui tenait encore : rien ne s'oppose plus dès lors à une action directe contre l'ouvrage, désormais complètement isolé, et qui va vivre coup sur coup deux événements particulièrement malheureux.

Il y a tout d'abord, vers 14-15 h, la mise hors de combat de la cloche GFM du bloc 2 dont un créneau est atteint par un ricochet lors du bombardement : la rotule est arrachée et les trois servants (sergent Conraux, soldats Gomez et Kœsler) [9] sont tués. Le service électro-mécanique du SF Montmédy, alerté, se propose d'attendre la nuit afin de venir y souder une plaque obturatrice.

Peu après, un incident sérieux se produit à la tourelle qui ne s'éclipse plus et reste « coincée », ses embrasures orientées vers l'arrière. La cause de cet incident n'est pas clairement élucidée : a-t-elle été utilisée à des fins d'observation ou bien tirait-elle, comme sa position semble l'indiquer, sur des éléments allemands progressant le long de la cote 226 ? A-t-elle été tou-

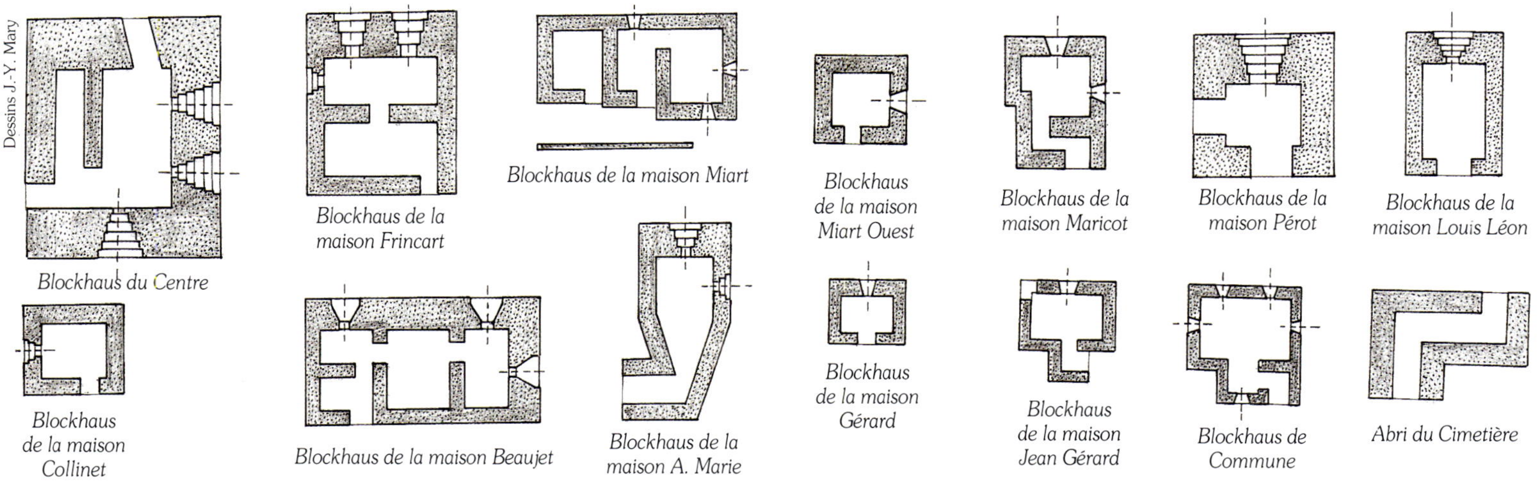

Village fortifié de Villy - Blocs réalisés sous les maisons du village

Nölke

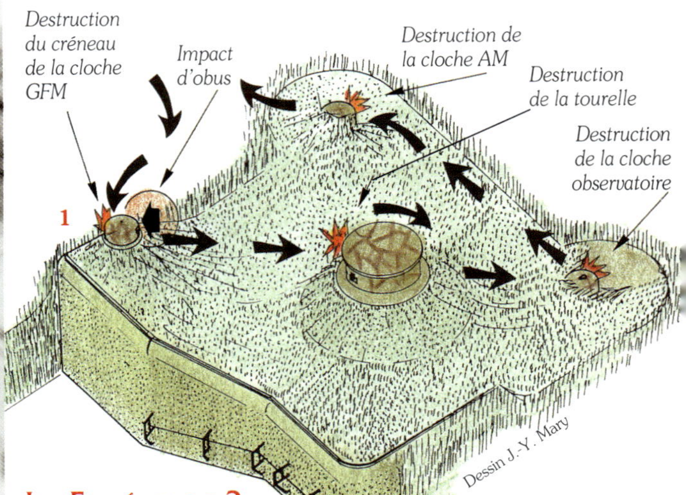

LA FERTÉ, BLOC 2

Détail de l'attaque allemande, 18 mai 1940

chée alors qu'elle se trouvait en batterie ou bien s'agit-il d'un incident mécanique interne ? Quoi qu'il en soit, ce problème réduit sérieusement le potentiel défensif du PO qui n'avait déjà pas besoin de cela.

LE BLOC 2 EST RÉDUIT AU SILENCE

Vers 17 h, le bombardement lourd visant à détruire les réseaux et à créer des entonnoirs qui vont permettre l'approche débute alors que deux groupes d'assaut du IR 191 parviennent, par des itinéraires différents, à la casemate de Villy Est vide de tout défenseur. Une heure plus tard, lorsque le bombardement prend fin, ils font leur jonction à la casemate de Villy Ouest avec les troupes d'assaut débouchant du village de Villy, à savoir un groupe du PiBat 171 emmené par l'Oberleutnant Germer et deux groupes du IR 211 sous le commandement du Hauptmann Corduan.

À 18 h 10, alors que les Pioniere sont à la limite des réseaux, les quatre 8,8 Flak entament un tir tendu sur les cuirassements.

Dès la cessation du tir, vers 18 h 30, les sapeurs qui ont progressé parmi les entonnoirs, parviennent sur l'ouvrage. Ils tirent une fusée de couleur blanche « *objectif atteint* » qui donne l'ordre aux artilleurs de cesser leur tir. Les Pioniere détruisent la cloche GFM du bloc 2 déjà réduite au silence au début de l'après-midi. Ils jettent ensuite des pots fumigènes et des charges explosives par le créneau démantelé. C'est ensuite le tour de la tourelle à éclipse, toujours en batterie, dont une des armes mixtes, arrachée par une explosion, tombe dans la chambre de tir. Enfin, vers 19 h, les deux autres cloches sont liquidées à leur tour. En moins d'une heure, le bloc 2 vient d'être totalement réduit à l'impuissance.

Le lieutenant Bourguignon rend alors compte à ses supérieurs, dont le chef d'état-major de la 3e DIC qui lui annonce qu'une contre-attaque par chars lourds est partie.

LA CONTRE-ATTAQUE MANQUÉE

En effet, alors que les Pioniere sont encore sur le bloc 2, les généraux Doyen (nouveau commandant du 18e CA) et Lucien (6e DI) lancent la contre-attaque demandée la veille par le général Huntziger afin de refouler les Allemands et accessoirement dégager l'ouvrage. Le vide, qui s'est creusé entre la position fortifiée et les défenses établies dans le bois d'Inor, fait en effet peser la menace d'un débordement de la Tête de pont et il importe de reconquérir au plus vite le terrain perdu.

Appuyée par dix chars B 1 *bis* du 41e BCC (commandant Malaguti, 3e DCR), l'attaque doit être menée par deux bataillons du 119e RI (6e DI) pour dégager la cote 311 et atteindre le chemin de terre de Malandry à La Ferté-sur-Chiers (donc derrière le PO). Les chars B s'élancent vers 19 h 30 et atteignent rapidement le col qui sépare La Ferté de la cote 311. Ils restent sur place jusqu'à 20 h 45 puis, voyant que l'infanterie n'a

VILLY EST

La casemate de Villy Est qui a également été abandonnée présente le même aspect que Villy Ouest (➠ page 169) avec un certain fatras sur l'arrière.

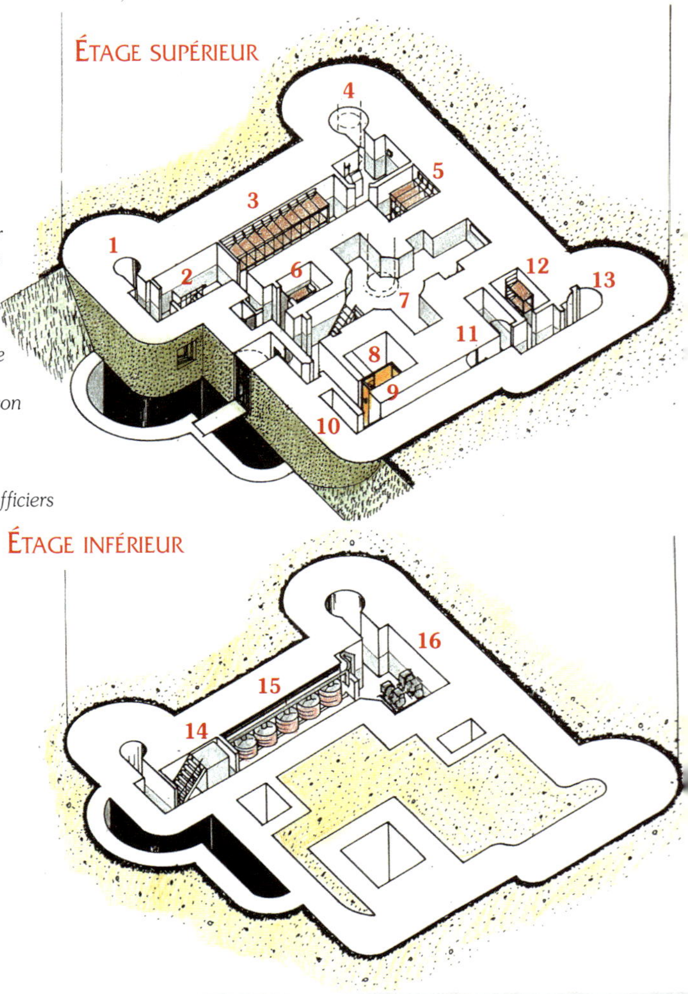

1. Cloche GFM
2. Escalier vers étage inférieur
3. Chambre pour 20 hommes
4. Cloche arme mixte
5. Chambre pour 8 hommes
6. Chambre du chef de bloc
7. Emplacement de la tourelle à deux armes mixtes
8. Escalier vers galerie de liaison
9. Portes sas du puits
10. Local TSF
11. Central téléphonique
12. Chambre pour deux sous-officiers
13. Cloche observatoire VDP

14. Réservoir d'eau potable
15. Salle des filtres
16. Groupes électrogènes

LA FERTÉ, BLOC 2

Les abords de l'ouvrage de La Ferté sont constellés de trous d'obus qui vont permettre aux Pioniere de l'Oberleutnant Germer de s'approcher du bloc 2 et d'en faire sauter la tourelle d'armes mixtes qu'on aperçoit entre les deux cloches. Au premier plan, le réseau de rails endommagés par les bombardements.

BA

BA

La Ferté, bloc 1
Le bloc 1 a moins souffert extérieurement que le bloc 2 mais le résultat n'en est pas moins semblable.

pas suivi, ils décrochent et repartent vers leur base de départ [10]. En fait, l'infanterie se trouve dès le début de l'opération en mauvaise posture : à peine le III/119 aborde-t-il les pentes de la cote 311 qu'il est pris à partie par l'artillerie allemande qui lui cause des pertes importantes. Le I/119 qui progresse sur le flanc de la cote 311 est tout aussi éprouvé (près de 100 hommes hors de combat au I/119ᵉ RI) et les deux bataillons ne parviennent pas à progresser. Accrochés toute la nuit au faible terrain reconquis, les éléments du 119ᵉ RI se replient au matin du 19. La contre-attaque française a donc échoué et ceci est d'autant plus incompréhensible que les objectifs fixés n'étaient pas occupés par les Allemands.

Pendant ce temps, l'ouvrage de La Ferté vit ses derniers instants. Bourguignon est seul mais il ne le sait pas encore : on lui a promis une contre-attaque pour soulager son flanc gauche, elle a échoué. Il pense être couvert par la tourelle du Chesnois, mais celle-ci reste silencieuse, une « autorité » ayant demandé de ne plus tirer sur l'ouvrage afin de ne pas gêner la contre-attaque amie [11].

Les Pioniere pourront agir dans l'obscurité sans risque...

LA FIN DU BLOC 1

Alors que le soir tombe sur La Ferté, les Pioniere sont ravitaillés en explosifs et se préparent à attaquer le bloc 1. Pendant qu'une nouvelle préparation d'artillerie secoue le bloc 1 vers 21 h, les Pioniere s'en prennent à nouveau à la tourelle du bloc 2 où ils placent une forte charge qui, en explosant, soulève la tourelle hors de son berceau et la fait retomber en porte-à-faux sur l'avant-cuirasse. À 21 h 20, une cloche GFM du bloc 1 est touchée, des flammes sont projetées à l'intérieur mais il n'y a aucune victime. Le bombardement cesse vers 22 h 50 et l'attaque reprend en direction du bloc 1 vers 23 h. Peu avant minuit, l'arme mixte de la cloche centrale est mise hors-service, la cloche d'arme mixte gauche subit le même sort à 0 h 40 et la dernière cloche GFM est abandonnée à 1 h du matin. Après avoir glissé de fortes charges dans les trois cloches qu'ils ont détruites, les Pioniere se replient. La 7ᵉ compagnie du IR 211 pointe une mitrailleuse sur la porte du bloc 1 afin d'empêcher une sortie éventuelle de la garnison.

À l'aube du 19, ils se regroupent près du bloc 2 dont ils font sauter la porte d'entrée. Mais ils ne peuvent pas y pénétrer car un incendie fait rage. Dans l'après-midi, ils terminent le travail en réduisant la dernière cloche intacte du bloc 1.

Ainsi, le 19 mai 1940, l'ouvrage de La Ferté est neutralisé, le seul organe intact étant la chambre de tir du bloc 1 qui n'est malheureusement d'aucune utilité. À l'intérieur de l'ouvrage, la mort a lentement fait son œuvre. Au matin, l'ouvrage ne répond plus au téléphone et tous les observateurs signalent « *qu'une fumée blanche se dégage* » de l'ouvrage. Elle va persister plusieurs jours sur le mamelon de la Croix-de-Villy.

Notes

10. Trois chars seront perdus dans l'affaire, deux par destruction, un par une manœuvre malencontreuse qui l'a fait basculer dans la Chiers.

11. Il semble que, sur base d'une information erronée prétendant que la contre-attaque avait atteint les abords de l'ouvrage, le commandant du 23ᵉ RIC ait interdit tout tir sur ses dessus.

La Ferté, bloc 1

Vue en perspective et coupe, mai 1940

1. Cloche GFM
2. Cloche AM

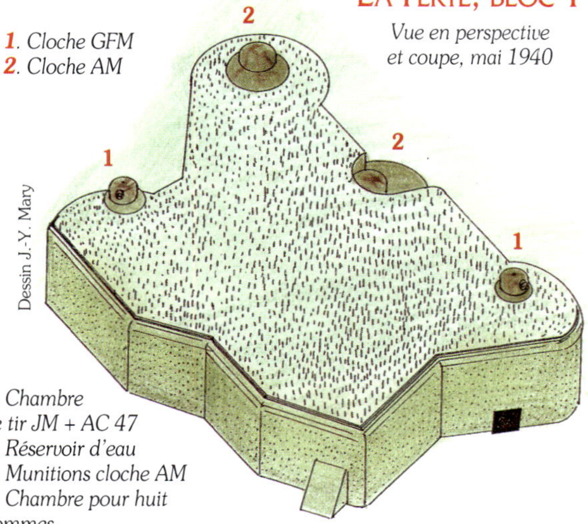

3. Chambre de tir JM + AC 47
4. Réservoir d'eau
5. Munitions cloche AM
6. Chambre pour huit hommes
7. Central téléphonique
8. Chambre pour quatre hommes
9. Escalier vers les dessous

Étage supérieur

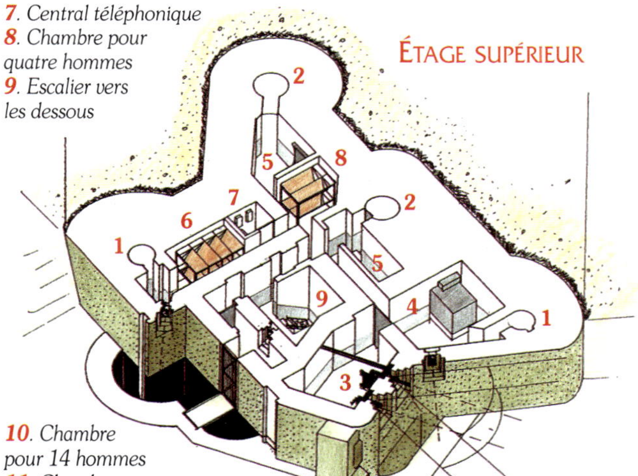

10. Chambre pour 14 hommes
11. Chambre pour deux sous-officiers
12. PC et chambre du commandant
13. Réservoir d'eau des moteurs
14. Groupes électrogènes

Étage inférieur

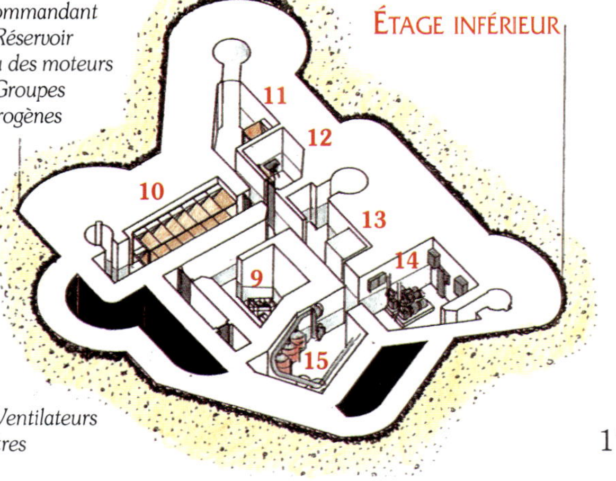

15. Ventilateurs et filtres

NOTES

12. Rappelons que l'oxyde de carbone est un gaz inodore et qu'il se mélange à l'air ambiant. À ce jour, rien ne permet de confirmer ou d'infirmer formellement cette thèse.

13. Ce témoignage n'est pas contestable mais il demande à être élucidé. Une explication pourrait être que les premiers soldats à avoir ressenti les effets des gaz toxiques sont vraisemblablement ceux qui se trouvaient à l'extrémité de la galerie. Lorsqu'ils ont commencé à sombrer dans leur dernier sommeil, leurs camarades situés plus loin dans la galerie ont sans doute voulu sortir de ce piège : ils ont enjambé les corps allongés puis sont tombés à leur tour, formant dès lors un entassement tragique.

14. Témoignage du Gefreiter Peineman chargé de la remontée des corps.

APRÈS LE 19 MAI

Dès le 20 mai, plusieurs Allemands, munis d'appareils respiratoires, pénètrent dans le bloc 2 où la fumée règne toujours. Ils sont surpris par l'ampleur des dégâts intérieurs qui affectent surtout la chambre de repos et la base des cloches. Les Pioniere reviennent dans la nuit du 20 au 21 et font sauter la porte d'entrée du bloc 1. C'est la fin des opérations actives contre le PO.

La situation exacte de La Ferté n'est pas vraiment connue du commandement français : est-il simplement neutralisé ou bien est-il occupé par les Allemands ? Pour s'en assurer, une reconnaissance est menée sur l'ouvrage. À deux reprises, une patrouille française tente de s'en approcher mais elle échoue en raison de la proximité des avant-postes allemands. Ce n'est finalement que dans la nuit du 24 au 25 mai qu'une patrouille du 23e RIC emmenée par le sous-lieutenant Fiévet et le sergent Félot parvient à pénétrer dans le bloc 1 dont la porte a été sautée auparavant par les Allemands. Le sergent Félot pénètre dans le couloir d'entrée, découvre deux corps affalés dans les escaliers mais des destructions (literie et ferrailles diverses) bloquent l'accès à l'étage supérieur et tout le monde se replie sans pousser plus loin. Dans son rapport, le sous-lieutenant Fièvet signale qu'un odeur assez forte, qu'il n'a pas pu définir, régnait à l'intérieur du bloc. Cette information va alimenter une polémique quant à l'utilisation de gaz spéciaux par les Pioniere [12].

Le 25 mai, c'est l'observatoire de Saint-Walfroy qui signale que la « *cloche de droite de l'ouvrage semble avoir été déplacée* ». L'observateur parle sans doute de la tourelle qui est inclinée sur son avant-cuirasse. Cette information semble prouver que, jusqu'à ce jour, la fumée qui stagnait au-dessus du PO ne permettait pas des observations précises.

Une dernière reconnaissance, montée dans la nuit du 27 au 28 avec un groupe de 50 hommes comprenant un officier du génie, permet de reconnaître les dégâts effectués aux cuirassements du bloc 1. Surprise par un groupe d'Allemands avec lequel elle échange des coups de feu, cette patrouille ne pénètre pas dans le bloc.

Les Allemands vont à leur tour inspecter l'ouvrage pour se rendre compte des résultats de leur attaque.

Le 28 mai, le lieutenant Germer et ses Pioniere pénètrent dans le bloc 2, ouvrent les portes du sas intérieur et visitent la galerie souterraine jusqu'à la cuisine où « *un brouillard épais à peine translucide* » les oblige à faire demi-tour. On ignore cependant si les Allemands disposaient d'un équipement spécial (masque isolant ?). Ils s'intéressent également au bloc 1 où ils ne peuvent pénétrer qu'à la tombée de la nuit. Comme pour la patrouille du sous-lieutenant Fiévet, les obstructions provoquées par les explosions les empêchent de visiter l'étage supérieur.

Le 2 juin, une patrouille du IR 191 sous la direction de l'adjudant Brand procède à une exploration complète du PO. L'ouverture du sas du bloc 2 a certainement permis d'assainir les souterrains bien que le rapport de cette patrouille signale « *les conditions les plus difficiles que l'on puisse imaginer* ». Les Allemands pénètrent dans l'ouvrage par le bloc 2 et se dirigent vers le bloc 1 par la galerie où ils découvrent des corps allongés les uns sur les autres à partir de la cuisine, « *le plus grand nombre avec le masque à gaz* ». Au bas de l'escalier du bloc 1 et sur les marches, d'autres corps sont découverts [13].

La patrouille remonte par le bloc 1 et pénètre dans le PC du lieutenant Bourguignon après avoir forcé la serrure de la porte de son PC de plusieurs coups de pistolet. Selon les rapports allemands, elle y trouve le corps du lieutenant Bourguignon assis devant son bureau, la tête en arrière et sans masque à gaz [14]. Dans l'escalier reposent les corps de cinq sous-offi-

Nölke

LA FERTÉ, BLOC 2
Image tragique derrière le bloc 2 de l'ouvrage : des soldats allemands entassent les corps des défenseurs sur l'esplanade qui borde le bloc.

BA

Ci-contre.
Les nombreux trous d'obus qui constellent la position constituent des fosses communes à bon compte et, rapidement, plusieurs tombes sont aménagées derrière le bloc 2. Comme les autres équipages du Secteur fortifié de Montmédy, les hommes de la Ferté avaient perçu le casque modèle 1935 du type des troupes motorisées. Une grenade découpée (ancien modèle 1915) orne ces coiffures de combat qui restent, comme souvent, le dernier symbole du sacrifice des combattants.

ciers, masque à gaz en position. Seraient-ceux aperçus par le sergent Félot lors de la visite du 24 mai ?

Les corps des membres de l'équipage sont finalement remontés à partir du 9 juin par le bataillon disciplinaire de la 16e armée allemande, puis inhumés dans plusieurs fosses communes. D'après le *Denkschrift*, l'examen des corps a confirmé un décès par manque d'oxygène et empoisonnement par l'oxyde de carbone.

QUE S'EST-IL PASSÉ À LA FERTÉ ?

Depuis mai 1940, l'affaire de La Ferté est le véritable drame de la ligne Maginot. Le sacrifice de l'équipage mérite qu'on y consacre quelques pages car de nombreuses questions se posent toujours sur les circonstances de cette tragédie, ce que d'aucuns n'hésitent pas à appeler un mystère. Même si aujourd'hui encore, différentes hypothèses circulent pour tenter de comprendre comment l'équipage a ainsi pu périr asphyxié, il ne semble pas qu'il y ait de mystère à La Ferté : les principaux éléments sont connus [15], seule manque la relation détaillée des dernières heures de l'équipage mais on peut en partie la reconstituer.

L'ACTION ALLEMANDE

L'attaque allemande s'est déroulée selon un scénario parfaitement mis au point sur les fortifications tchèques, chaque phase de l'opération devant se dérouler selon un minutage précis. Pour le commandement français, cette méthode constitue une réelle surprise mais, pour les Allemands, il ne s'agit que de l'application d'un plan bien préparé. L'élément favorable est évidemment le manque de réaction, tant de la part des défenseurs — encore qu'il fasse partie du plan — que de l'artillerie amie qui a grandement facilité son application.

La ID 71 n'étant pas spécialement destinée à attaquer un ouvrage de la ligne Maginot [16], elle n'a bénéficié d'aucune arme spéciale : un seul lance-flammes participait à l'attaque mais son porteur est tué dès le début de l'engagement en s'approchant de l'ouvrage. Les pétards utilisés pour faire sauter les cuirassements ne sont pas vraiment une nouveauté (ils existaient déjà durant le conflit précédent) : il s'agit en fait d'une charge formée d'un ensemble de pétards de type *Sprengkörper Fp 02* (*Füllpulver 02* = tolite) juxtaposés sur une planchette en bois et déclenchée à distance par une mèche lente reliée à un allumeur à traction. Il est vraisemblable que les Allemands aient utilisé des perches pour approcher leurs charges des créneaux. Enfin, les assaillants ne disposent d'aucune charge creuse, toutes les charges disponibles ayant été utilisées à Eben-Emael.

Pour l'appui d'artillerie, la seule réelle innovation provient des tirs tendus à courte distance des pièces de Flak qui ont pour conséquence de neutraliser les cuirassements et de les rendre intenables. Situés aux lisières de Fromy, à moins de deux kilomètres de l'ouvrage, les quatre 8,8 Flak ont fait du tir de foire sur les cuirassements qu'on distingue parfaitement à cette distance. La cloche GFM du bloc 2 porte cinq impacts, la tourelle également [17]. Les Flak ont bien été repérés par les observatoires (et confondus avec des pièces lourdes sur voie ferrée) mais la contrebatterie française n'est pas parvenue à empêcher leur tir (réglage gêné par une mauvaise visibilité).

LA DÉFENSE DE L'OUVRAGE

L'ouvrage subit à partir du 17 mai, un violent bombardement qui ne l'endommage guère mais détruit les réseaux qui l'entourent et parsème le champ de bataille de nombreux entonnoirs qui vont favoriser la progression des Pioniere. Il ne fait aucun doute que les défenseurs sont incapables de différencier la nature des explosions qui se succèdent — ils n'étaient du reste pas préparés à ce scénario — et ils « font le gros dos » en attendant la fin du tir ennemi qui annoncera le débouché de l'attaque, comme le prévoit le règlement.

Il faut cependant souligner que la défense du bloc 2 aurait été de toutes façons particulièrement difficile car, dès le début de l'assaut, l'ouvrage a perdu la plus grande partie de son armement. Au moment où les Pioniere s'avancent vers l'ouvrage, l'arme mixte sous cloche du bloc 2 se trouve dans le créneau droit, celui qui tire vers la route montant à l'ouest de Villy. C'est sans doute cette arme qui a tué le porteur du lance-flammes de la compagnie Corduan qui montait en longeant la route. Quant à la cloche GFM, elle n'est plus occupée depuis qu'une rotule a été enfoncée. Le FM se trouve encore dans le créneau opposé au créneau touché, c'est-à-dire celui qui est orienté vers la cote 226 d'où semblait venir le danger. Les trois autres créneaux (dont celui qui été arraché) sont équipés de diascopes [18].

En définitive, ni les tirs de la cloche d'arme mixte, ni ceux du bloc 1 n'ont pu empêcher les Allemands de parvenir aux abords des réseaux.

LA MISE HORS-SERVICE DE LA TOURELLE

Lors de l'assaut du bloc 2, la tourelle pour armes mixtes est bloquée en position haute, embrasures tournées vers l'ouest, dans la direction d'une attaque venant de la cote 226 et elle n'est donc d'aucun secours pour repousser l'attaque venant de Villy. Les circonstances de sa mise hors d'état ne sont pas clairement connues mais l'explication donnée par P. Vanderputten paraît cependant vraisemblable.

Après la mise hors-service de sa cloche GFM, le sous-lieutenant Thouément décide d'utiliser la lunette coudée de la tourelle. Pour ce faire, il fait monter la tourelle à hauteur suffisante pour observer, soit une position intermédiaire entre la position d'éclipse et celle en batterie. La tourelle ne repose de ce fait, ni sur ses verrous d'éclipse, ni sur ses verrous de batterie. Cette position intermédiaire fragilise donc l'ensemble qui reste coincé et ne peut plus ni tourner, ni s'éclipser. Panne mécanique ou conséquence d'une explosion sur ou à proximité de la tourelle ? Rien ne permet de trancher véritablement mais il semblerait, d'après une note du 2 mai 1940 du général Burtaire, que ce type de tourelle ait connu des incidents mécaniques fréquents [19] et en particulier la tourelle de La Ferté qui aurait été confrontée à un blocage similaire à plusieurs reprises [20].

Dès le début de l'assaut, les Pioniere sont donc dans les angles morts de la défense rapprochée et protégés par les murs déchaussés du bloc 2. Comme le bloc 1 ne peut qu'imparfaitement battre les avants du bloc 2, les assaillants peuvent donc opérer en toute quiétude, sous réserve que l'artillerie française n'effectue pas de tirs d'épouillage sur les dessus.

Jusqu'à présent, il a toujours été admis que la destruction de la tourelle est intervenue lors du premier assaut allemand contre le bloc 2. Or, selon les rapports allemands, il semble que le groupe Germer se soit limité à poser une charge explosive contre l'embrasure de l'arme mixte de droite : sous le choc, celle-ci est arrachée et bascule dans la chambre de tir. Le sous-lieutenant Thouément qui observait depuis la plateforme de pointage de la tourelle est projeté à l'étage inférieur.

La destruction totale de la tourelle n'intervient en réalité que plus tard dans la soirée : le groupe Germer a procédé à la pose d'une charge contre la muraille de la tourelle pendant le bombardement précédant l'action vers le bloc 1 [21].

LA CARENCE DE L'ARTILLERIE

Alors que l'ouvrage est couronné par les Pioniere, l'artillerie française n'intervient pratiquement pas au profit de la défense : seule la tourelle de 75 modèle 1905 du Chesnois expédie quelques tirs sur les dessus à limite de portée mais pas au moment opportun. Le reste de l'artillerie du secteur est affecté au soutien de la contre-attaque menée par le 119e RI.

On a toujours avancé que l'action allemande sur les dessus semble être passée inaperçue des observateurs qui ont été, d'une part, aveuglés par les tirs allemands sur les crêtes environnantes, et d'autre part, empêchés de voir en raison de la

NOTES

15. Plusieurs études très poussées ont été menées sur la fin de l'ouvrage, les plus sérieuses étant celles de MM. Rocolle, Bruge et Vanderputten auxquelles il convient d'ajouter les travaux de R. Guiard, ancien commandant de l'ouvrage, ceux (non publiés) de Jean Lanotte, fils d'un électro-mécanicien de l'ouvrage et les publications allemandes (*Denkschrift* et historique de la ID 71). Nous nous sommes évidemment basés sur ces travaux pour établir la synthèse des événement et dégager les conclusions que nous avançons.

16. Il semblerait cependant, selon une information communiquée par J. Lanotte, que la division se soit livrée à l'automne 1939 à un exercice visant à réduire les organisations fortifiées du front Mouzon - La Ferté.

17. La tourelle porte également de nombreux impacts de 37 mm sur sa face opposée, ce qui peut laisser supposer qu'elle a fait l'objet de tirs tendus depuis la zone 226 - 311. On ne peut cependant exclure que ces impacts aient été occasionnés lors de la reconstitution filmée.

18. Les versions diffèrent quant à la destruction de cette cloche. La version la plus répandue est que la cloche a été atteinte de plein fouet par un coup de 8,8 cm. On note cependant à l'examen de la cloche (➡ photo p. 179) que cet impact est différent des autres relevés sur l'acier et que, d'autre part, la marque laissée sur l'embrasure indique une trajectoire différente des autres impacts. Une interprétation de cette constatation est fournie par Pierre Vanderputten qui évoque la possibilité du ricochet d'un obus de gros calibre (peut-être sur le dôme de la tourelle ?). Il faut savoir que les rotules pouvaient résister à deux coups de 47 mm en position fermée mais que des tensions internes les fragilisaient.

19. La tourelle du bloc 1 du Chesnois a connu une avarie résultant de l'usure d'une bielle.

20. Dans une note de mars 1948 relative à un projet d'article sur La Ferté par un certain J.-P. Vaillant, le colonel Lemaître écrira : « *La tourelle d'armes mixtes a été mise en batterie sous un feu assez intense d'artillerie lourde sans que l'ennemi attaque par chars. Elle était destinée à la défense rapprochée et le commandant de l'ouvrage a commis une très grave erreur en l'engageant, prématurément, avant l'assaut de l'ennemi* ». Le colonel Lemaître termine sa note par une phrase terrible : « *De toutes façons, si l'on ne veut dire la vérité, il vaut mieux ne rien dire.* »

21. Relation allemande de l'opération qui précise : « *En attendant (l'attaque contre le* (suite p. 174)

LA FERTÉ, BLOC 2
Les patrouilles allemandes découvrent dans la galerie de l'ouvrage, les corps entassés des membres de l'équipage.

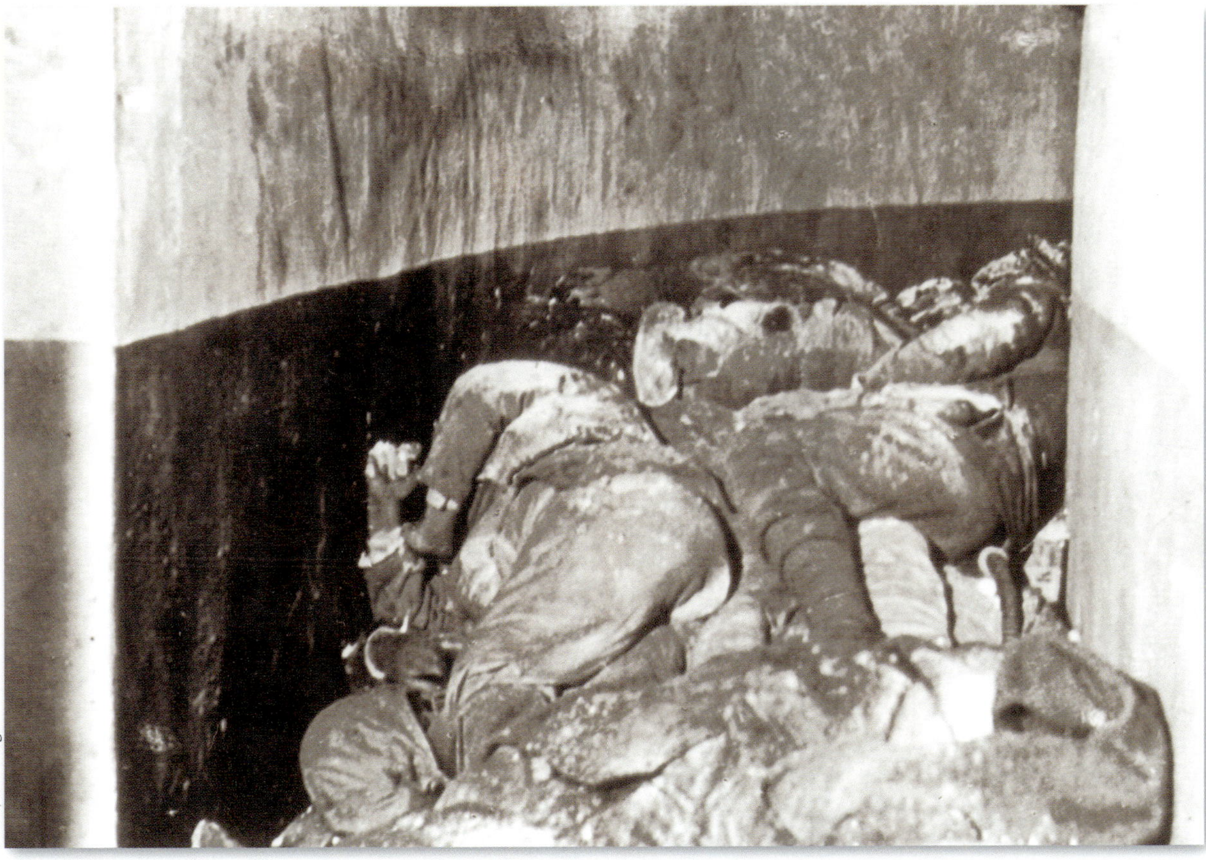
Nölke, coll. Bruge

NOTES *(suite de la page 173)*
bloc 1), on prépare pour les cuirassements du bloc B (bloc 2), des charges allongées allant jusqu'à 18 kilos et adaptées au diamètre des créneaux. On les glisse à l'intérieur des cloches et de la tourelle. Cette dernière fait un bond de 1 m de hauteur et retombe de guingois sur son avant-cuirasse ». En fait, la charge n'a pas été glissée à l'intérieur mais déposée contre la muraille. L'emplacement est encore visible de nos jours.

22. Lettre inédite du 27 janvier 1981 adressée à R. Bruge par le lieutenant Wattiaux, officier de transmissions au III/20e RANA de la 3e DINA qui se trouvait le 18 juin au PC du groupe :

« Vers 18 h 00, coup de téléphone du lieutenant Roussel, observateur Côte de Vigneules : " Des éléments d'infanterie ennemie progressent sur les pentes de l'ouvrage de La Ferté en xy (coordonnées) ; je demande le tir et suis prêt à observer ".

L'objectif étant en dehors de la zone d'action du groupe, le commandant Benoît rend compte immédiatement à l'AD (avec AD 6e DI). Réponse : " Ne tirez pas ".

Une dizaine de minutes plus tard, nouvel appel du lieutenant Roussel : " Des groupes ennemis continuent leur progression vers les dessus de La Ferté en xy ; il faut tirer. Je suis prêt à observer ".

Le lieutenant Martin, chef du PCT, fait calculer les éléments de tir des batteries. Le commandant Benoît rend compte à l'AD, insiste sur l'urgence du tir et demande encore l'autorisation d'ouvrir le feu. Même réponse : " Ne tirez pas ".

Enfin, encore quelques minutes plus tard, nouvel appel, cette fois pressant, du lieutenant Roussel : " Des groupes ennemis sont sur l'ouvrage en xy ; Bourguignon (que nous connaissions) est en danger. Il faut absolument tirer. J'observe ".

Les éléments de tir précisés par le PCT sont transmis aux batteries, pendant que le commandant Benoît rend compte à l'AD : " L'ouvrage de La Ferté est en danger ; je déclenche immédiatement le tir ". Cette fois, réaction très violente de l'AD : " Je vous interdis absolument de tirer " suivi de quelques mots signifiant : " Occupez-vous de votre mission ".

fumée qui recouvrait l'ouvrage. C'est sans doute vrai pour les observatoires situés derrière la ligne d'ouvrages, ça ne l'est pas pour les observatoires latéraux et la progression des Pioniere allemands n'est pas passé inaperçue.

Malheureusement, par trois fois, le III/20e RANA qui a repéré la progression allemande, reçoit l'ordre de ne pas tirer [22]. Cette décision s'explique sans nul doute par le fait qu'à l'heure dite, toute l'artillerie disponible est affectée à l'appui de la contre-attaque que doivent mener le 119e RI et le 41e BCC à partir de 18 h 30. Or, l'artillerie, semble-t-il, a reçu l'ordre de ne pas effectuer de préparation d'artillerie « *de manière que les observatoires allemands de la rive droite de la Chiers n'aient pas de vue lointaine sur le terrain d'action et que la nuit couvre le retour des chars* » [23].

Ce serait donc pour ne pas dévoiler le dispositif mis en place que l'artillerie du III/20e RANA n'a pas été autorisée à ouvrir le feu. Cette supposition semble confirmée par le témoignage du lieutenant Turpault commandant l'artillerie du Chesnois [24] : « *Nous avons reçu le 18 mai vers 19 h d'un capitaine de l'état-major du groupement d'artillerie l'ordre de ne plus tirer sur La Ferté, sauf pour exécuter un tir fusant à obus à balles. Malgré mes objections sur l'inefficacité d'un tel tir à 7 000 m, ce qui était aussi l'avis de mon interlocuteur, cet ordre fut maintenu et je fis exécuter le tir demandé* ».

On peut donc déduire que le groupement, alerté par l'AD 3, a tout de même décidé de réagir au profit de La Ferté en demandant au Chesnois d'effectuer des tirs à balles particulièrement efficaces contre le personnel à découvert... à distance utile [25]. On peut, en revanche, se demander pourquoi il n'a jugé bon d'aviser Bourguignon qu'il y avait des Allemands sur ses dessus. Ceci lui aurait sans doute permis de renforcer la défense rapprochée du bloc 1 et de demander un tir fusant au I/3e RAC avec lequel il est en liaison téléphonique.

Quoi qu'il en soit, il ne fait donc pas de doute que la priorité donnée à l'opération en cours qui visait surtout à rejeter les éléments ennemis qui s'infiltraient dans la vallée de la Chiers, a eu pour effet d'interdire tout tir avant le déclenchement de l'action et de laisser par conséquent les Allemands opérer en toute impunité sur les dessus du bloc 1.

LE SYSTÈME DE VENTILATION DE L'OUVRAGE

De par sa conception, l'ouvrage comporte un système de ventilation particulier s'articulant en trois zones et s'apparentant à celui d'un ouvrage par suite de la présence de la galerie de jonction. Chaque bloc dispose, à l'étage inférieur, d'une salle de neutralisation (efficace contre les gaz de combat et non contre l'oxyde de carbone) dont la prise d'air se trouve à proximité de la grille d'entrée. Celle du bloc 2, située à proximité de la salle des moteurs, comporte cinq filtres, Celle du bloc 1 est double : trois filtres sont destinés à la ventilation de l'étage supérieur du bloc qui peut être isolé par portes étanches, deux filtres sont reliés à une prise d'air particulière pour la ventilation de l'étage inférieur du bloc et de la galerie souterraine, l'air aspiré étant rejeté à l'extérieur par le bloc 2 [26]. Il existe donc un courant d'air allant du bloc 1 vers le bloc 2, soit du fait de la ventilation mécanique, soit naturellement selon les températures intérieure et extérieure. En régime « *air pur* », l'entrée du bloc 1 joue le rôle de prise d'air générale ; en régime « *air gazé* », chaque bloc reprend son autonomie, la ventilation de la galerie étant toujours assurée par le bloc 1.

La sécurité de l'ensemble repose sur quatre sas, deux par bloc. Chaque bloc est isolé de l'extérieur par un premier sas qui double la grille de l'entrée. Un second sas, dit intérieur, isole ensuite le bloc (ou seulement l'étage supérieur du bloc 1) par rapport au puits et à la galerie. Ces sas ne sont pas disposés au niveau de la galerie (disposition primitive réalisée dans les ouvrages des Anciens fronts), mais en haut des puits. Cette disposition est critiquable, en particulier celle du sas intérieur du bloc 1, malencontreusement disposé en face d'une cloche pour arme mixte.

La destruction d'un des deux organes de surface affaiblit donc considérablement la ventilation de la galerie souterraine, la destruction des deux la rend intenable.

LES CONSTATATIONS FAITES PAR LES ALLEMANDS

Lors de leurs différentes visites, les Allemands ont pu faire différentes constatations qui permettent d'éclairer un peu les événements.

Le 20 mai, une première patrouille visite l'étage supérieur du bloc 2 : la fumée stagne toujours, il y a de nombreuses destructions mais pas de corps. Le 28 mai, la patrouille emmenée par l'Oberleutnant Germer pénètre dans le bloc 2 et ouvre les portes blindées formant sas pour emprunter l'escalier. Les hommes découvrent dans la galerie l'amoncellement de caisses réalisé par l'équipage ainsi qu'un allumeur et du cordon détonant (mais pas de charge), ce qui confirme que le lieutenant Bourguignon, conformément aux ordres reçus, avait bien envisagé de faire sauter la galerie. Un peu plus loin, une porte est bloquée par des caisses et la patrouille fait demi-tour. Elle n'a jusqu'alors trouvé que dix corps, à hauteur de la cuisine, c'est-à-dire dans la galerie. Y aurait-il parmi eux les corps des volontaires remontés pour occuper le bloc 2 ? Sinon que sont-ils devenus ?

La reconnaissance du 1er au 2 juin est la plus intéressante : après les dix morts déjà signalés, les autres corps sont, soit dans le coude de la galerie, entassés les uns sur les autres, soit au bas de l'escalier du bloc 1 et sur les marches.

LES RÉACTIONS AUX EFFETS DE L'ATTAQUE

Analysons maintenant le comportement des défenseurs.

Le bloc 2 abrite une cinquantaine d'hommes qui logent en surface, dans des locaux exigus et qui sont soumis depuis deux jours à un bombardement qui met les nerfs à rude épreuve et empêche de trouver un sommeil réparateur. C'est donc une garnison, sinon affaiblie, du moins nerveusement éprouvée, que s'apprêtent à attaquer les Allemands.

L'ouvrage étant en situation de combat, on peut légitimement penser que les portes étanches des blocs sont fermées, la ventilation est enclenchée en régime gazé (l'air extérieur est rendu toxique par le gaz provenant des explosions d'obus) et que, de ce fait, le bloc est en surpression.

La destruction de la cloche GFM au début de l'après-midi et la mort de ses trois occupants est évidemment un premier choc qui va nécessairement entraîner une certaine psychose parmi les défenseurs qui étaient convaincus de l'invulnérabilité de leur béton. L'explosion des charges contre les créneaux ajoute à la confusion avant que les fumigènes et les explosions dues aux charges que les Allemands enfournent par les embrasures ne ravagent l'intérieur même du bloc : les cloisons internes sont détruites, les canalisations rompues, les lampes brisées. Les défenseurs, dont l'armement est pratiquement anéanti, éprouvent certainement le sentiment que leur bloc va être inexorablement détruit. La destruction de l'arme mixte de tourelle, puis celle de la cloche d'arme mixte marquent la fin du bloc 2 en tant qu'organe de combat.

Que se passe-t-il à l'intérieur ? L'air est certainement encore respirable mais la fumée se dégageant des charges explosives ainsi que des fumigènes commence tout doucement à envahir l'étage supérieur du bloc alors que le vacarme des explosions est amplifié par le phénomène de compression dans un environnement clos. À partir du moment où le bloc est annihilé, le sous-lieutenant Thouément, encore choqué par sa chute provoquée par l'explosion d'une charge sur sa tourelle, a-t-il la maîtrise des événements ? Est-ce lui qui estime plus sage de le faire évacuer ou est-il débordé par un équipage paniqué ? Il est vraisemblable que c'est la deuxième hypothèse qui est la bonne : les hommes ouvrent les portes étanches du sas intérieur et descendent l'escalier vers la galerie pour gagner le bloc 1 [27].

QUE SE PASSE-T-IL ENSUITE ?

Les hommes refluent dans la galerie et remontent sans doute vers le bloc 1 : l'étage inférieur de ce bloc est évidemment accessible mais il est peu vraisemblable que le lieutenant Bourguignon accepte sans restriction cet afflux d'hommes dans son bloc [28] dont la capacité n'est pas adaptée. On peut penser que les éléments surnuméraires reçoivent l'ordre de regagner la galerie en attendant que la situation se rétablisse. Dans celle-ci sur laquelle se greffe un petit local servant d'infirmerie, le médecin Fontaine doit certainement s'occuper des quelques

NOTE

23. Rapport Malagutti du 41e BCC, cité par R. Bruge.

24. Cité par R. Bruge in *Faites sauter la ligne Maginot*.

25. La portée des obus à balles n'excède pas 5 000 mètres.

26. Une évacuation de l'air vicié de l'infirmerie et de la cuisine ainsi que des fumées de la cuisinière se fait directement par le bloc 1.

27. À l'exception du sapeur Vanpeperstraete qui reste de service à l'usine du bloc. Celle-ci étant située dans un local fermé à l'étage inférieur du bloc et auquel on ne peut accéder que par une échelle, il est vraisemblable que le malheureux sapeur a dû décéder peu après et que les moteurs se sont arrêtés rapidement. Cependant, les Allemands prétendent n'avoir trouvé aucun cadavre dans le bloc 2.

28. Le commandant d'ouvrage est également chef du bloc 1.

Photo J.-Y. Mary

Photo J.-Y. Mary

LA FERTÉ, BLOC 2

Un pâle soleil d'hiver éclaire le bloc 2 du PO de La Ferté dont les cuirassements inertes continuent de témoigner du drame qui s'est déroulé là, voici plus de soixante ans.

Ci-dessus. La cloche GFM labourée par les obus de 8,8 cm présente toujours les stigmates des impacts qui ont causé la mort de trois défenseurs. À l'arrière-plan se découpe la tourelle pour deux armes mixtes.

Ci-contre. Approchons-nous de la tourelle pour armes mixtes. Elle présente sa muraille meurtrie par l'explosion qui l'a arrachée de son berceau. Elle repose, pour l'éternité, telle que l'ont laissée les Pioniere de Germer au soir du 18 mai 1940.

Notes

29. Sergent Boré, soldats Dubus, Hérau, Prévost, Thiébaut, Robquin et le sapeur Gouin qui rejoint son camarade resté dans l'usine du bloc 2.

30. La tolite dégage 500 litres d'oxyde de carbone au kilo. Quand on sait que les Allemands ont lancé dans les embrasures, des charges de 3 et même 18 kilos, on imagine sans peine la quantité d'oxyde de carbone qui a pénétré dans l'ouvrage. Or, un litre de CO pour 1 000 litres d'air suffit pour constituer une dose mortelle (cf. D. Gonthier in *Militaria* n° 48).

31. Les caisses utilisées sont vraisemblablement des caisses métalliques à vivres de réserve puisque la réserve de vivres de l'ouvrage se trouve dans la galerie. Un écran contre les fumées aurait pu être réalisé sommairement avec des couvertures suspendues à la voûte de la galerie.

32. Voir encadré ci-dessous pour tous détails techniques.

33. Pourquoi les Pioniere n'ont-ils pas attaqué cette chambre de tir ? Ignoraient-ils son existence ? Ou était-elle sous le feu des jumelages de la casemate de Margut (Lieutenant Labyt).

hommes blessés durant l'attaque du bloc 2 (cinq au moins dont Thouément).

À partir de 19 h, le lieutenant Bourguignon avise ses supérieurs de la situation : le chef d'état-major de la DIC, le général Burtaire et le capitaine Aubert. Ces derniers lui ordonnent de préparer l'obturation de la galerie et de faire réoccuper la caponnière de l'entrée du bloc 2. Six volontaires [29] acceptent de remonter, ils ne reviendront pas.

Jusque-là, la situation n'a pas encore pris un tour trop sérieux. Mais les incendies dans le bloc 2 commencent à se propager. Les munitions stockées au pied des cloches brûlent, la literie prend feu, répandant une fumée âcre qui gagne la galerie, entraînant avec elle l'oxyde de carbone provenant des explosions [30]. Devant cette menace et selon les instructions du général Burtaire, les deux officiers entreprennent entre 20 h et 21 h, de constituer un barrage de caisses [31] dans la galerie mais le souffle des explosions disloque ce fragile obstacle et projette les caisses à 7 ou 8 mètres. En effet, au même moment, les Pioniere de Germer, ayant préparé des charges allongées allant jusqu'à 18 kg, les enfournent dans les cloches. Une charge de 40 kg projette aussi la tourelle en l'air. Cela confirme que le sas intérieur du bloc 2 est bien resté ouvert et que la surpression créée par les ventilateurs du bloc 1 est devenue insuffisante. Toujours vers 21 h, une fumée épaisse vient depuis le puits du bloc 2, l'air devient difficilement respirable et les hommes qui stationnent au fond mettent leur masque sur le visage.

Quelqu'un se rend alors compte du danger constitué par l'ouverture des portes étanches du sas intérieur du bloc 2 (l'adjudant électro-mécanicien Surmonne ?) Un volontaire a bien dû les refermer car les rapports allemands sont formels : les portes étaient fermées à leur entrée dans le bloc 2.

Face à la menace que constitue l'air vicié et en cas de défaillance du système général de ventilation, les équipages disposent du masque ANP modèle 1931 [32]. Conçu pour être porté dans un environnement de combat, le masque ne constitue pas un handicap tant que la durée du port n'excède pas 45 minutes. Au delà, la respiration devient plus difficile, le moindre geste exige un effort important et la sensation d'étouffement commence à se faire sentir.

Les hommes attendent patiemment. La cuisine qui fonctionne distribue probablement des repas chauds et des boissons revigorantes. Certains, gagnés par la fatigue, se sont sans doute endormis mais aucun danger immédiat ne les menace car ils ont toujours la possibilité de venir s'aérer dans le bloc 1.

L'attaque du bloc 1 donne une tout autre dimension à l'affaire. Commencée vers 23 h après un nouveau bombardement, elle s'achève vers 1 h du matin après que trois des quatre cloches du bloc aient été neutralisées. Les explosions qui se succèdent, les incendies qui se propagent, la fumée qui se répand, entraînent là encore un mouvement de repli vers la galerie qui est évidemment beaucoup plus dramatique. Vers 1 h 30, l'étage supérieur du bloc 1 est évacué bien que la chambre de tir principale soit intacte [33]. L'équipage emporte ses blessés et prend soin de bien fermer les portes étanches du sas intérieur. Mais peine perdue : les charges explosives projetées dans la cloche d'arme mixte centrale renversent des lits (qui obstruent le couloir d'accès à l'étage supérieur) et éventrent les portes du sas. Le courant d'air naturel et probablement la bouche de soufflage du puits — si l'usine fournit encore du courant — poussent l'air vicié vers la galerie.

Pourquoi personne ne s'est-il dirigé vers l'air libre ? La réaction est logique, elle consiste à se mettre à l'abri d'abord et à réfléchir ensuite. Personne ne soupçonnant la nature des explosions, il ne fait pas de doute pour les défenseurs que l'ouvrage est soumis à un bombardement violent et dès lors, pourquoi se risquer à l'extérieur ? Ceci explique que les hommes poussés par un instinct grégaire se sont dirigés vers la galerie qui constitue le havre de sécurité immédiat sans penser un seul instant qu'elle ne débouche sur aucune sortie. Que se passe-t-il ensuite ? Pourquoi les hommes ne remontent-ils pas ? Attendent-ils passivement au fond ou bien ont-ils reçu pour instruction d'attendre l'autorisation de sortir ?

Les hommes de la Ferté et l'oxyde de carbone

Photo J.-Y. Mary

Appareil normal de protection (ANP) modèle 1931 équipé du bidon filtreur CO modèle 1933, normalement placé dans le sac de transport en toile

À La Ferté dans comme les autres ouvrages, le masque ANP 31 est muni d'un bidon filtreur CO modèle 1933 efficace contre les gaz de combat et l'oxyde de carbone (CO). D'après le *Manuel du Gradé d'infanterie* édition février 1940, ces cartouches détruisent le CO par effet d'oxydation, ce qui finit par rendre brûlant l'air pur inspiré et le surcharge en gaz carbonique (CO2), et leur durée d'efficacité est limitée à trois heures dans une zone à forte concentration. Au-delà d'une teneur de 2 %, l'emploi de la cartouche CO 33 est inefficace et des détecteurs de CO modèle 1936 (en principe, un appareil par chambre de tir) permettent de mesurer et d'alerter quand la teneur devient dangereuse.

Par recoupement avec les archives de l'ouvrage de Thonnelle [1], on peut penser que chaque homme de la Ferté disposait de deux cartouches dont l'une disposée dans le sac de son masque, les rechanges étant regroupés par bloc. Il ne semble pas que les rechanges du bloc 2 aient pu être emportés dans la panique, ceux entreposés dans le bloc 1 ont pu être descendus dans la galerie.

1. Le 5 juin, soit quinze jours après la chute de La Ferté, l'équipage de Thonnelle reçoit des cartouches CO modèle 1939, à raison de trois par homme.

Ce qui n'est pas arrivé à la Ferté... Cette scène montre la sortie saine et sauve, masque à gaz sur la poitrine, d'un membre d'équipage de la Ligne Maginot (ici au Kerfent, le sergent-chef Valentin, ecclésiastique dans le civil).

Coll. Bruge, fonds Heiden

Nölke, coll. Bruge

LA FERTÉ, BLOC 1
Sur le chemin qui mène au bloc 1 du PO de la Ferté, une chenillette Renault UE avec sa remorque qui se dirigeait vers l'ouvrage pour le ravitailler, a sauté sur une mine.

Écussons portés par les hommes du PO de La Ferté
L'équipage interarmes se composait en majorité de fantassins du 155e RIF (ici avec attribut Meuse), plus quelques artilleurs du 169e RAP, électromécaniciens du 3e génie et transmetteurs du 18e génie (ces deux derniers écussons présentent ici les chiffres métalliques modèle 1935).

Si nous posons ces questions, c'est qu'un élément nouveau est intervenu récemment et que nous devons par conséquent en faire état, bien qu'il ne repose que sur un seul témoignage, ce qui le rend évidemment très fragile.

L'ACTION DU COMMANDANT D'OUVRAGE

L'action du lieutenant Bourguignon est évidemment une des clés de l'affaire. Ses réactions semblent avoir été logiques compte tenu de la brutalité des événements, même si on ne peut exclure un certain manque de sang froid légitime face à leur enchaînement. La mort de trois hommes, la destruction du bloc 2, son abandon après quelques heures de combat sont évidemment des situations à laquelle un jeune chef d'ouvrage, quelles que soient ses qualités, n'est pas nécessairement préparé, surtout lorsqu'elles revêtent une forme aussi brutale et inattendue. La réaction des défenseurs du bloc 2 a sans doute généré un moment de flottement mais à partir du moment où ils stationnent dans la galerie, la situation est à nouveau stabilisée.

On peut cependant se demander pourquoi Bourguignon ne décide-t-il pas de faire évacuer ce personnel excédentaire et désormais inutile. Pense-t-il pouvoir l'utiliser pour défendre la galerie, envisage-t-il de faire réoccuper le bloc 2 ou préfère-t-il attendre que le bombardement cesse ? Nul ne le sait mais, malheureusement, ces hommes ne vont jamais sortir et leur présence va contribuer à réduire l'oxygène disponible. Par ailleurs, à partir de ce moment, on perd toute trace de l'action du sous-lieutenant Thouément et plus aucun témoignage ne permet de retracer ses derniers instants.

Quelle est maintenant l'attitude du lieutenant Bourguignon lors de la destruction du bloc 1 ? Réagit-il comme ses hommes et descend-il également dans la galerie où il dispose d'un téléphone raccordé à la boîte de coupure A pour prendre contact avec ses supérieurs ou reste-t-il dans son PC à l'étage inférieur du bloc 1 ? C'est à partir de là que se posent les questions.

Pendant des années, l'adjudant-chef Joly, des transmissions du Chesnois, a gardé jalousement ce qu'il prétendait être le secret de la fin de l'ouvrage. En liaison jusqu'au dernier moment avec l'adjudant Sailly de La Ferté, il a vécu l'agonie en direct et s'était juré d'emporter son secret dans la tombe. Revenu ensuite sur cette décision, il a confié à un journaliste [34] ce qu'il considère comme sa version des faits et que nous livrons ici, non pour sa crédibilité mais simplement parce qu'elle a été présentée comme telle à l'opinion publique.

Le 19 vers 3 h, le lieutenant Bourguignon expose par téléphone sa situation au capitaine Aubert, le commandant du Chesnois qui est son ancien supérieur du temps de paix et le responsable de la 3e CEO. Il lui demande conseil : peut-il abandonner l'ouvrage ? Aubert lui aurait alors rappelé :

« *Un ouvrage de la ligne Maginot, c'est comme un sous-marin. On ne sort pas d'un sous-marin : on coule avec.* »

Si l'on en croit ce témoignage, Bourguignon sait donc qu'il doit rester dans l'ouvrage mais il n'a pas vraiment les moyens d'empêcher ses hommes de sortir. Toujours selon Joly, il aurait demandé au capitaine Aubert ce qu'il devait faire et ce dernier lui aurait suggéré de lancer les clés de l'ouvrage dans le fossé diamant par le lance-grenades de la chambre de tir, empêchant ainsi toute sortie par cette voie.

Ce témoignage mérite d'être analysé. Pour jeter les clés par le lance-grenades, Bourguignon se trouve nécessairement en haut du bloc 1 et la chambre de tir est accessible. Cela veut donc dire que le bloc est toujours intact et qu'on peut encore en sortir. Or, moins de trente minutes plus tard, vers 3 h 30, Bourguignon téléphone à la 3e DIC — ce qui semble attester qu'il espère toujours pouvoir sortir de l'ouvrage — et indique que « *la situation est matériellement impossible : seule reste sans dommages une chambre de tir mais on ne peut y parvenir, ni se maintenir dans les blocs en raison des explosions.* »

Ce à quoi le général Aymé, qui commande l'infanterie de la 3e DIC et supérieur hiérarchique de Bourguignon, aurait répondu :

« *Votre mission n'a pas changé.* »

Par ailleurs, le compte rendu du lieutenant Fiévet et du sergent Félot qui seront les premiers soldats français à pénétrer dans l'ouvrage après les événements (➟ supra, page 172) précise qu'un sommier et de la ferraille formaient une barricade qui interdisait l'accès à la chambre de tir. Comment sont-ils arrivés là ? Il est peu probable que des hommes aient volontairement barré l'accès à ce local et il est plus vraisemblable que ces objets ont été déplacés par les explosions intérieures. Quoi qu'il en soit, l'accès à ce local est donc relativement difficile, voire impossible.

Imaginons néanmoins que Bourguignon, obéissant aux ordres de son supérieur, remonte à l'étage supérieur du bloc 1. Le sas intérieur — s'il résiste encore — lui permet de parvenir en sécurité derrière la porte d'entrée. Soit il parvient à ouvrir les portes du sas, à gagner la chambre de tir malgré la fumée et les munitions qui explosent et à jeter les clefs à l'extérieur, soit il ouvre la porte blindée et jette les clefs au travers des bar-

Coll. Y. Bourguignon

Le lieutenant Bourguignon en décembre 1939 sur le terrain.

NOTE
34. Témoignage enregistré par A. Dartevelde pour le téléfilm *Seuls les arbres sont restés* (1990).

Coll. Y. Bourguignon

Le lieutenant Bourguignon en 1937 au 155e RIF, caserne Chanzy à Stenay.

NOMINATION DANS L'ORDRE DE LA LÉGION D'HONNEUR DU LIEUTENANT MAURICE BOURGUIGNON (28 MAI 1940)

« Magnifique chef d'équipage d'ouvrage. Attaqué par des moyens qui le privaient successivement de la presque totalité des organes de son ouvrage, a entretenu magnifiquement le moral de son équipage et rempli héroïquement sa mission. »

reaux de la grille. Dans le premier cas, pourquoi n'ouvre-t-il pas les créneaux de la chambre de tir pour faire entrer de l'air et créer ainsi un courant naturel ? Il pouvait également laisser la porte blindée ouverte tout en laissant la grille fermée à clef.

Qu'aurait-il fait ensuite ? Aurait-il regagné son PC à l'étage inférieur du bloc 1 ou serait-il redescendu dans la galerie pour rejoindre l'adjudant Sailly, son sous-officier des transmissions ? Les témoignages divergent sur ce point mais une chose est sure : il continue à plaider sa cause. Il téléphone tout d'abord à la 3e DIC (➠ supra) puis un quart d'heure plus tard, il a en ligne le lieutenant-colonel Henry, commandant en second du 155e RIF et lui fait part de sa situation :

— « *Les hommes commencent à suffoquer sous le masque.*

— *Vous connaissez votre mission. Le colonel Culot ne pourrait que la confirmer.*

— *Je sais. Adieu, mon colonel.* »

Pourtant, à ce moment dramatique, le sort de l'équipage n'est pas encore totalement scellé.

INCOMPRÉHENSION CHEZ LES COLONIAUX

Depuis deux jours déjà, le commandement français a les yeux rivés sur la progression allemande dans la vallée de la Chiers et l'intérêt qu'il porte à La Ferté semble particulièrement limité. Conçue pour résister dans des conditions difficiles, la ligne fortifiée doit pouvoir se suffire à elle-même et dans le contexte difficile vécu par les troupes engagées sur la bretelle Inor - Malandry, les difficultés rencontrées par le PO apparaissent comme bien secondaires. Ce ne sont en tous cas pas les troupes de campagne déjà malmenées qui doivent porter assistance à la forteresse mais le contraire.

À cela s'ajoute que le commandant de la 3e DIC qui exerce l'autorité hiérarchique ne connaît pas les ouvrages et leurs mécanismes et qu'il a donc quelques difficultés à mesurer le degré de risque qui menace La Ferté. Ses réactions sont donc à la mesure de ce constat : les troupes de forteresse se battent dans des conditions favorables et elles n'ont aucune raison de vouloir se replier [35].

À 3 h du matin, nous l'avons vu, Bourguignon téléphone au capitaine Aubert. Selon le témoignage Joly, c'est à cette occasion qu'Aubert a ordonné à Bourguignon de s'enfermer dans l'ouvrage. Pourtant, ce même Aubert téléphone lui-même dix minutes plus tard à l'état-major de la 3e DIC pour plaider la cause de Bourguignon et demander qu'il soit autorisé à abandonner son ouvrage. Le général Burtaire qui commande le secteur fortifié fait de même peu après.

On ignore cependant la teneur de l'entretien. Aubert a-t-il réellement plaidé la cause de l'équipage ou a-t-il fait valoir son point de vue aux coloniaux ? On peut en effet supposer qu'il a juste engagé cet entretien pour se couvrir vis-à-vis de ses supérieurs. De son côté, l'état-major de la 3e DIC peut difficilement prendre position car il a une totale méconnaissance du fonctionnement d'un ouvrage et une mauvaise appréciation de la situation dans laquelle il se trouve. On peut certes le comprendre, on peut cependant regretter la mesure discutable qui revenait à placer la forteresse sous le commandement de la grande unité qui la couvre.

Pourquoi, par exemple, n'a-t-il pas autorisé la sortie des défenseurs inutiles : les cinquante hommes du bloc 2 ne sont plus d'aucune utilité pour la défense de l'ouvrage alors qu'ils continuent à absorber une partie de l'air respirable [36].

Par ailleurs, pourquoi, puisque seule la chambre de tir du bloc 1 est intacte, ne pas avoir conservé uniquement les défenseurs nécessaires à sa défense ?

Pourtant, le général Falvy semble fléchir puisque vers 3 h 40, le colonel Rénucci, chef état-major de la 3e DIC, téléphone à Aubert pour lui dire que « *le général réserve sa décision en raison de l'existence d'une chambre de tir intacte au bloc 1* ».

Il suffirait alors que Bourguignon déclare la chambre de tir inutilisable, que le général Burtaire mette tout son poids dans l'affaire pour que le commandant du PO obtienne gain de cause : en tant qu'adjoint technique, il est le mieux placé pour connaître les risques encourus par l'équipage mais il ne le fait pas. Aucune décision du commandement ne modifiera plus le cours des événements.

LES DERNIÈRES HEURES DE L'OUVRAGE

La plupart des points d'ombre qui subsistent concernent la fin de l'équipage : Bourguignon s'est vu opposer une fin de non-recevoir mais cette décision a-t-elle changé le sort de l'équipage ? Le doute est permis car les hommes qui stationnent dans la galerie sont très affaiblis, surtout ceux du bloc 2 qui portent le masque depuis plus de six heures (alors qu'au bout de trois heures, ceux-ci perdent la plus grande partie de leur efficacité). Ont-ils pu remplacer leur bidon CO 33 avec les rechanges du bloc 1 ? Un détecteur CO modèle 1936 surveille-t-il en permanence la nocivité de l'air ?

Il est vraisemblable qu'au moment où Bourguignon se voit refuser l'autorisation de sortir, beaucoup d'hommes sont déjà morts [37].

L'ouvrage est dans l'obscurité, la fumée envahit les galeries et l'oxyde de carbone commence à faire son effet : la respiration est haletante dans cette atmosphère oppressante, le moindre mouvement pèse très lourd, la torpeur gagne doucement et les hommes cèdent peu à peu à la tentation de se laisser glisser dans un sommeil irréversible. Sans doute certains éprouvent-ils cette sensation d'étouffement qui pousse à enlever le masque pour chercher un peu d'air alors que celui-ci est chargé d'un gaz mortel. Comment dans ces conditions entreprendre la remontée des 130 marches qui mènent à la surface ?

En fait, l'équipage (ou ce qu'il en reste) demeure calme, ayant confiance dans son chef qui, lui, a probablement expliqué aux hommes la situation (l'arrivée d'une contre-attaque qui va dégager le PO). Les hommes du bloc 2 stationnent près de la cuisine avec leurs sous-officiers, ceux du bloc 1 au pied de l'escalier de leur bloc. Ils n'ont aucune velléité de mutinerie. Si cela avait été le cas, Bourguignon n'aurait pas eu les moyens de s'opposer à une sortie en force. Des hommes seraient alors montés afin d'ouvrir la porte extérieure d'un des blocs — probablement le bloc 2 où les explosions ont cessé — quitte à démonter la serrure dont les écrous se trouvent du côté intérieur. Des corps auraient alors être retrouvés par les Allemands, affalés derrière la porte. Or, il n'en est rien.

Tout indique donc que les survivants de l'équipage n'avaient plus la force de sortir, même s'ils y avaient été autorisés ou s'étaient révoltés.

Quant à Bourguignon, quel rôle a-t-il joué dans les dernières heures du PO ? Devant la fin de non-recevoir émise par son supérieur, il est évident que son dernier espoir réside dans le succès de la contre-attaque lancée par les chars.

Jusqu'à 5 h 40, aucune indication ne permet de savoir ce qui se passe exactement dans le PO. À ce moment là, le lieutenant Naulet, officier adjoint du Chesnois, appelle La Ferté : c'est l'adjudant Sailly qui répond mais la communication est presque inaudible :

« *Voilà six heures... portons le masque... ne pouvons plus tenir... nous étouffons...* »

La suite de l'entretien fait l'objet de deux versions. Selon Guiard dans son livre *La chute de l'ouvrage de La Ferté*, il aurait dit ensuite :

« *Je vais rejoindre le lieutenant qui essaie de remonter par B 2* »

Selon R. Bruge, la dernière phrase aurait été :

« *Le lieutenant est à côté de moi ... allons essayer de remonter.* »

Les deux versions s'accordent à considérer que Bourguignon est bien dans la galerie mais y séjournait-il ou bien était-il descendu provisoirement ? Il est facile de comprendre que le chef du PO et quelques-uns de ses sous-officiers profitent

NOTES

35. Dans le *Cours de fortification* paru en 1949, le lieutenant-colonel Guillot porte un jugement assez sévère sur la fin de La Ferté : « *Il semble bien qu'il y ait eu un certain nombre d'erreurs d'ordre technique et tactique... Sans doute, la situation tactique du petit ouvrage était elle vraiment mauvaise. Il ne nous semble cependant pas qu'elle fût désespérée. Son cas fût certainement aggravé par des erreurs explicables si l'on tient compte du facteur humain et de l'importance singulière qu'il prend au début d'une guerre lorsque les conditions de la lutte sont particulièrement sévères.* »

36. Il semble, selon Guiard, que Bourguignon a sollicité l'évacuation de cette partie de l'équipage mais qu'elle lui a été refusée.

37. Un des premiers à être décédé semble être le docteur Fontaine, médecin de l'ouvrage.

BA

LA FERTÉ, BLOC 1
Les Allemands vont photographier l'intérieur de l'ouvrage avant de se livrer comme de coutume à une reconstitution filmée de l'attaque. On voit ici le puits d'accès à une cloche AM du bloc 1.

du lever du soleil pour reconnaître la situation de la contre-attaque française. Le choix se porte sur le bloc 2 où les explosions ont cessé depuis la veille vers 21 h. Malheureusement, au même moment, l'équipe Germer fait le chemin identique sur les dessus du PO et s'arrête au bloc 2 dont elle fait sauter l'entrée. Ces nouvelles explosions [38] auraient fait rebrousser chemin à Bourguignon qui serait alors revenu à son PC, en haut du bloc 1 où les explosions ont cessé également. Il s'est assis à son bureau, les mains croisées. S'est-il volontairement arrêté à son PC à l'étage inférieur ou bien a-t-il essayé de gagner l'étage supérieur et, n'y parvenant pas, s'est-il réfugié dans ce local ? Si Bourguignon est effectivement descendu dans la galerie et a réussi ensuite à remonter, pourquoi personne ne l'a-t-il suivi ? Les témoignages allemands affirment que la porte du PC était fermée à clé [39] mais la clé n'aurait pas été retrouvée. Par qui et pourquoi cette porte a-t-elle été fermée à clé ? Peut-on interpréter ce geste comme l'expression d'une crainte quelconque ou s'agit-il d'un geste sans réelle signification ? Nul ne le saura jamais. La suite est implacable : l'oxyde de carbone a réservé au lieutenant Bourguignon le même sort qu'à son équipage.

EN GUISE D'ÉPILOQUE

Quelle qu'ait été la fin de l'ouvrage, on ne peut s'empêcher de penser que ce drame était évitable et qu'il ne s'explique pas sommairement par *la tourelle que...* ou *le lieutenant qui...*

Il ne fait pas de doute que l'outil n'était pas nécessairement adapté à la mission qui lui incombait et sans doute l'équipage n'a-t-il pas eu toutes les réactions qu'il aurait dû avoir (sans qu'on puisse lui jeter la pierre car nul n'avait prévu un tel scénario). En premier lieu, il croit subir un bombardement et ne discerne pas la présence des assaillants sur ses dessus. À partir du moment où l'équipage se réfugie dans les dessous, il perd le contrôle de sa production de courant électrique et de sa ventilation. Que les portes étanches des blocs soient restées ouvertes dans la panique ne change rien au problème : le système de surpression devenu inefficace à partir du moment où de nombreuses brèches sont ouvertes dans les cuirassements, le fait que les salles des filtres soient situées dans les parties atteintes de l'ouvrage sont autant de facteurs qui laissaient supposer que la fumée et les gaz toxiques allaient anéantir la garnison. L'absence d'une entrée arrière a donc été fatale à l'équipage.

Leur mort en a fait des héros — équipage cité à l'ordre de l'Armée et son chef nommé chevalier de la Légion d'Honneur — mais elle n'a rien apporté à la défense. Comment les aurait-on jugés s'ils avaient survécu ? D'autres ouvrages se sont rendus avec des moyens de combat pratiquement intacts et dans des conditions moins dramatiques que La Ferté.

Le mot de la fin, nous le tirerons d'une note établie le 21 mai 1940 par l'Etat-Major du général Weygand :

« *En s'emparant* [40] *de l'ouvrage de La Ferté dans la journée du 19 mai, les Allemands semblent avoir voulu tenter une expérience d'attaque des organisations fortifiées...* »

Jugement étonnant mais en tous cas, une chose est sûre, l'expérience a réussi au-delà de toute espérance. ■

NOTES

38. En outre, l'incendie fait toujours rage dans le bloc 2. C'est peut-être à ce moment qu'un des hommes a refermé les portes du sas intérieur.

39. La porte conserve des marques de coup qui indique qu'elle a été forcée pour être ouverte.

40. Ce qui n'est pas tout à fait exact.

Photo A. Hohnadel

CITATION DE L'ÉQUIPAGE DE LA FERTÉ À L'ORDRE DE L'ARMÉE (3 JUIN 1940)

« *Entraîné par un chef à l'âme ardente et privé de la presque totalité de ses moyens de défense, a lutté avec une énergie farouche, donnant ainsi un magnifique exemple d'abnégation et de sacrifice à la Patrie.* »

Détail du créneau de la cloche GFM du bloc 2, sur sa partie la plus touchée.

CHAPITRE TROIS

LA RÉSISTANCE FAROUCHE DES OUVRAGES DU NORD

OSTERGNIES
Placée à l'extrême est du SF Maubeuge, la casemate d'Ostergnies du lieutenant Michel subit le premier choc. Le 18 mai à 10 h 30, les premiers Allemands s'approchent par les arrières et occupent les emplacements que les troupes d'intervalles viennent d'abandonner. Un Pak 3,7 cm ouvre le feu sur les créneaux mais le canon de 47 et les puissants jumelages de la casemate le réduisent facilement au silence. Vers 15 h, un impact brutal dans les créneaux fait comprendre à l'équipage qu'un adversaire d'une puissance inouïe entre en action : c'est un Flak 8,8 cm à tir tendu, installé sur la route de Quatre-Bras - Jeumont, bien en dehors des possibilités de tir des casemates. La lutte devient rapidement inégale, des créneaux sont défoncés, des hommes sont blessés, la fumée envahit les locaux car la surpression est défaillante. Ce scénario bien rodé — fruit des expériences menées sur les ouvrages tchèques — sera renouvelé une dizaine de fois contre des petits ouvrages, et toujours avec succès.

Le Secteur fortifié de Maubeuge, dont les ouvrages sont tenus par les troupes de la 101e DIF (général Béjard), se trouve le 17 au matin dans une situation difficile : la rupture des organisations de campagne sur le front du 84e RIF, dans la région de Solre-le-Château - Trélon - Anor, est lourde de conséquences puisqu'elle rend quasiment inutiles toutes les fortifications du Nord.

LES DÉFENSEURS DE MAUBEUGE vont donc devoir assumer une double erreur de conception : une situation stratégique malheureuse et des moyens inadaptés.

LA FIN DES OUVRAGES DU NORD

COMBATS SUR LA SAMBRE ET EN FORÊT DE MORMAL (17-18 MAI)

Alors que la 7.PzD poursuit vers Le Cateau, la 5.PzD reçoit mission de franchir la Sambre et de pousser à travers la forêt de Mormal en direction du Quesnoy. Face à cette menace, Billotte ordonne donc à toutes les unités se trouvant encore engagées sur la rive droite de la Sambre, de se replier sur la rivière pour établir une position défensive de part et d'autre de Maubeuge.

La 1re armée prend à son compte la ligne Charleroi - Berlaimont mais hormis la 4e DI poussée hâtivement sur la position pour renforcer la 101e DIF, les unités chargées de tenir cette nouvelle ligne de défense sont éparses et le plus souvent incomplètes : de Charleroi à Jeumont, se trouve la 43e DI, de Jeumont à Maubeuge, le canal est tenu par le groupement Marioge (II/6e RTM et éléments de la 5e DIM) et ce qui reste du 84e RIF, de Maubeuge à Berlaimont, pour tenir les ponts. De Berlaimont à Landrecies, le cours de la Sambre est garni par la 9e armée, en particulier le 11e CA du général Martin qui a mission de tenir la forêt de Mormal.

Malheureusement, ce fragile dispositif n'a pas vraiment le temps de se mettre en place que, le 17 dans l'après-midi, les Allemands parviennent à franchir la Sambre à Berlaimont et au soir, la position est déjà entamée en plusieurs endroits. Le 18 au matin, la 5.PzD aborde la forêt de Mormal par trois itinéraires différents et refoule les éléments du 11e CA vers Jolimetz.

Quant à la position fortifiée, elle se trouve désormais au contact des ID 8 et 28 du AK VIII qui abordent la couronne de Maubeuge par le sud, la ID 28 s'emparant de la ville dans la matinée du 18.

L'essentiel de la défense se cristallise alors dans la forêt de Mormal. Celle-ci est occupée en partie par la 1re DLM (général Picard) qui doit contre-attaquer dans le flanc du AK XXXIX. Malheureusement, le général Martin qui commande le 11e CA en décide autrement et utilise les éléments disponibles de la 1re DLM pour mettre en état de défense les débouchés est de la forêt de Mormal. Toute la journée, la division engagée dans des combats difficiles (notamment à Jolimetz) est ballottée entre des instructions contradictoires et, au soir, ses groupements sont dispersés entre Valenciennes et le Quesnoy.

Au soir du 18, le cours de la Sambre entre Maubeuge - Charleroi doit être abandonné et les dernières unités engagées en avant de la position pivotent autour de Maubeuge pour s'aligner sur la ligne Escaut - Maubeuge : la couronne de Maubeuge forme donc un saillant prononcé menacé simultanément sur ses deux flancs.

La situation est d'autant plus compromise que l'OKH décide d'engager le AK XVI de Hœpner (3. et 4.PzD, 20.ID mot) dans la brèche ouverte par la 5.PzD, la 3.PzD recevant plus précisément mission de nettoyer la forêt de Mormal. Les unités du AK XVI qui sont encore dans la région de Charleroi ne parviendront sur la Sambre que le 20 mai dans la journée.

LA POSITION ENCERCLÉE (19-21 MAI)

Le 19 au matin, le AK VIII se déploie sur l'arrière de la position et prend le contact de la ligne d'arrêt par l'arrière. Le général Béjart qui commande la 101e DIF avait déjà dû, le 17 au matin, reporter son PC d'Hautmont à La Longueville. Pressé par l'arrière, il décide de replier son état-major vers Valenciennes et lui-même s'installe dans le bloc Cimetière-de-Saint-Waast-la-Vallée où il se prépare à partager le sort de ses hommes.

Entre Maubeuge et Bavay, les petits blocs formant la ligne d'arrêt sont pris à partie par des éléments de la ID 8 qui peuvent approcher leurs canons à courte distance puisqu'aucune arme antichar n'est pointée vers l'arrière. Au soir du 19, la position est sérieusement entamée, la ID 8 a atteint Bavay et plusieurs ouvrages sont déjà tombés : le fort Leveau est perdu dès le début de la matinée malgré une tentative de reprise par le 158e RI (43e DI), le bloc de Plantis (adjudant Devos) doit être abandonné vers 18 h 30 après une belle résistance, le bloc Lepers a été évacué sans ordre par sa garnison, le bloc de la Ferme-aux-Sarts encerclé est dégagé par une contre-attaque du 158e RI et ses défenseurs peuvent l'évacuer vers 20 h 30. Les blocs du Pavillon, de Saint-Joseph et de Feignies Est tombent également.

À Maubeuge même, les défenseurs des ouvrages se trouvent au contact des unités allemandes depuis la veille au matin. Ce sont des éléments appartenant à la ID 28 qui se trouvent sur les arrières de la position. La ID 28 qui relève du AK VIII a reçu mission de réduire les ouvrages et elle se propose de les faire tomber successivement en les attaquant au canon [1].

Pour les Allemands, la première opération consiste à nettoyer les casemates de la rive droite de la Sambre qui sont désormais isolées du reste de la position et donc particulièrement vulnérables. Les redoutables 8,8 cm que rien ne vient contrebattre prennent à partie la face arrière des casemates, les rendant intenables à leurs défenseurs. Toute la journée et toute la nuit, les tourelles du Boussois vont tirer pour tenter de les dégager mais l'ouvrage du capitaine Bertin qui constitue la pierre d'angle de la position, est lui-même soumis à un bombardement au 15 cm.

En fin d'après-midi, les Allemands parviennent à s'infiltrer dans les réseaux des casemates de la rive droite (Marpent Nord, Marpent Sud, Rocq et Ostergnies sous le commandement du capitaine Cariou) et à obtenir leur reddition vers 18 h [2]. À Boussois, le bloc 3 est tiré à vue par des 8,8 cm et des 15 cm situés à moins de 1 500 mètres de l'ouvrage. Le bloc 1 connaît bientôt le même sort.

Le 20 mai, la ID 8 reprend sa progression en direction de La Longueville, Audignies et Mecquignies. mais seuls quelques blocs sont véritablement attaqués : en fait, les Allemands bifurquent vers le nord, en direction des ouvrages du SF Escaut. De nombreux blocs vont cependant mener des combats héroïques avant de succomber : le bloc de la Ferme-Fréhart tombe vers 11 h, Audignies et Bois-de-Louvignies vers midi, les ouvrages de la route de Mons (Maison-Rouge, Faubourg Ouest et Est de Mons et Pont-Allant) sont pris à partie par l'arrière vers 15 h et une tentative d'évacuation tourne mal : le caporal-chef Frémaux est tué, ses camarades sont blessés et tous sont capturés.

Simultanément, la ID 28 reprend ses bombardements sur Boussois et les étend aux autres ouvrages du secteur. Des attaques de Stukas viennent compléter l'œuvre destructrice des canons.

Le 21, la plupart des petits blocs cessent le combat dans la journée dans des conditions plus ou moins dramatiques : Quêne-Luquet (lieutenant Polvent) et la Belle-Hôtesse (lieutenant Fontaine) dont les façades arrière ont été perforées par les obus allemands, doivent être abandonnés vers 11 h, les blocs Houdain Sud-Est (adjudant Delahaye), Chemin-de-Fer Est et Ouest se rendent vers la même heure à des parlementaires allemands, La Raperie (lieutenant Reignoux) et Saint-Hubert (capitaine Henry) tombent vers 13 h, Ferme-Cambron doit être évacué sous le feu vers 15 h, Le Pissotiau (lieutenant Stievez) tombe peu après de même que le Moulin-Rametz.

Quant au petit bloc du Cimetière-de-Saint-Waast-la-Vallée (Dujardin) où se trouve le général Béjart, il est attaqué à partir de 16 h : perforé par les tirs allemands, le bloc devient vite intenable et sa garnison décide de l'abandonner. Malgré une sortie difficile au cours de laquelle le lieutenant Lalau est tué, le général Béjart parvient à évacuer la position et à regagner les lignes françaises.

Le même jour, les Allemands s'emparent de plusieurs casemates de la forêt de Mormal après les avoir abordées par l'arrière (Gommegnies Ouest et Est, Tréchon, Cheval-Blanc, etc.) [3].

À Maubeuge même, cependant qu'un assaut est repoussé

Notes

1. Cette manœuvre a d'autant plus de chance de réussir que les ouvrages ne peuvent agir à quelque distance en l'absence de toute artillerie cuirassée : combien regrettable apparaît la transformation, des tourelles de 75 modèle 1905 en tourelle d'armes mixtes ! Le sort des événements n'en aurait sans doute pas été changé mais en tous cas, la fortification aurait été en mesure de faire sentir son action en tenant les batteries allemandes à distance.

2. Les équipages réussissent à saboter le matériel et à jeter quelques équipements dans les puits. Quelque cinquante ans plus tard, une association locale de sauvegarde y retrouvera un périscope et des documents.

3. Profitant de la protection procurée par leurs chars et leurs canons automoteurs, les Pioniere allemands ont pu s'approcher des casemates jusqu'à distance de jet de grenades.

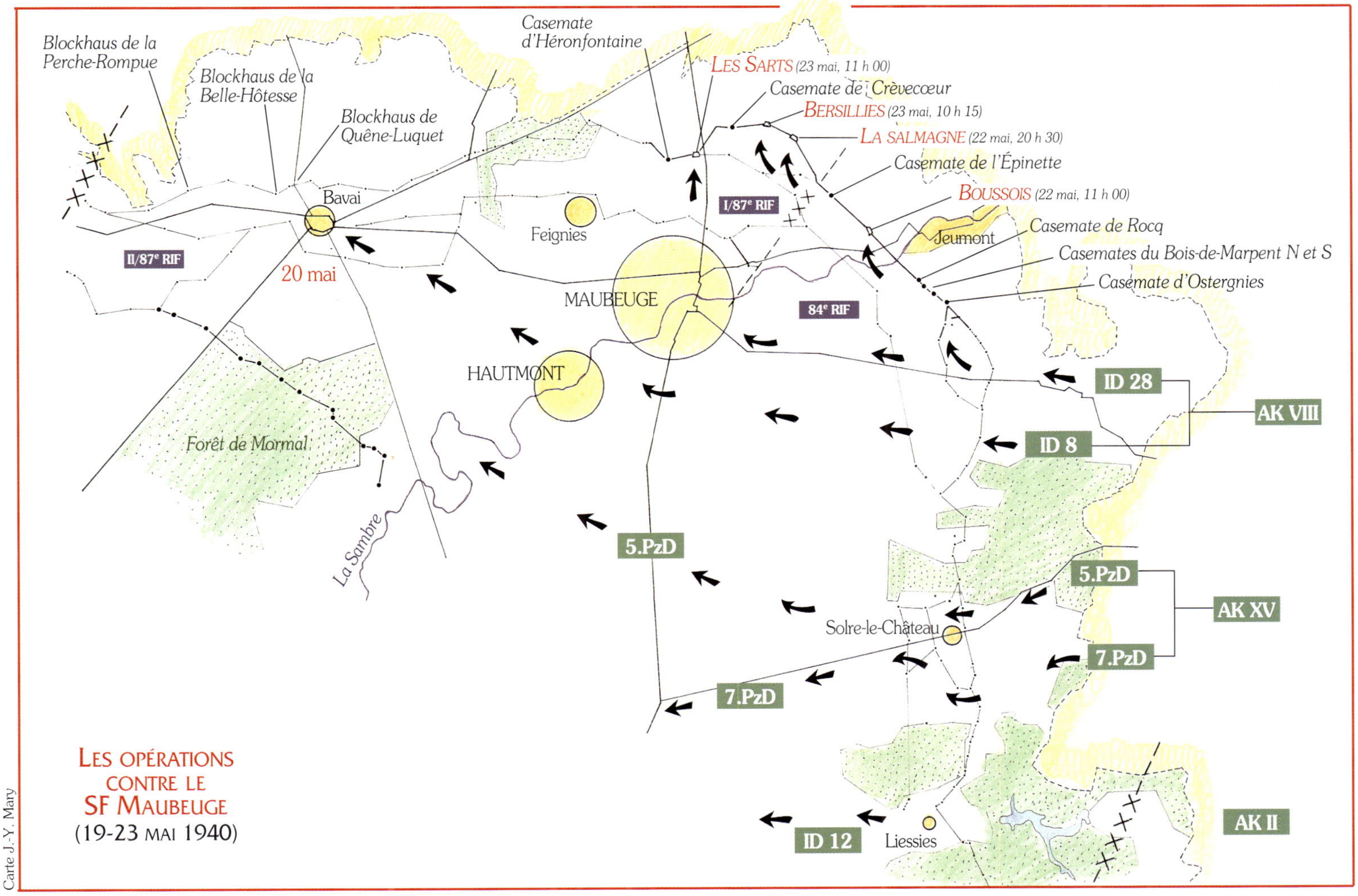

Les opérations contre le SF Maubeuge (19-23 mai 1940)

Denkschrift

L'ÉPINETTE
La chambre de tir Ouest de la casemate de l'Épinette n'a pas trop souffert mais il est vrai que l'assaillant est arrivé par l'autre côté.

par la casemate d'Héronfontaine, l'ennemi concentre ses efforts sur le bloc 1 de Boussois et sur la casemate de l'Épinette. Vers 20 h 30, un assaut mené par le PiBat 28 et le IR 83 débouche vers l'ouvrage de Boussois mais il est brisé par les armes encore en état de tirer. Par contre, la casemate de l'Épinette du sous-lieutenant Scrève qui a épuisé tous ses moyens de défense, est évacuée vers 22 h 00.

LA CHUTE DE MAUBEUGE (22-23 MAI 1940)

Le 22 mai au matin, alors que les derniers petits blocs au nord de Maubeuge cessent le combat [4], la situation de **Boussois** est devenue intenable et désespérée, la plupart de ses armes étant hors d'usage. La ventilation ne fonctionne plus normalement et le danger d'asphyxie gagne les blocs et les souterrains [5]. Vers 9 h, nouvelle attaque de Stukas, les bombes de 500 kg secouent à nouveau les blocs cependant que les Stosstruppen du 2/PiBat 28 de l'Oberleutnant Langenstrasz serrent l'objectif au plus près. Dès la fin du bombardement, l'assaut rapidement mené permet de traverser les fossés, de couronner les blocs et de neutraliser les organes de ventilation. Les défenseurs tiendront encore quelque temps [6] puis vers 11 h, le capitaine Bertin se résout à hisser le drapeau blanc sur le bloc 3. Les hommes sortent du fort, entourés d'une fumée âcre et épaisse et sont rassemblés sur les dessus de l'ouvrage.

Après la chute de Boussois, les assaillants (I/IR 49) concentrent leurs efforts sur le petit ouvrage de **La Salmagne** du capitaine Brichard. Depuis deux jours, l'ouvrage qui essaie d'apporter son aide à Boussois, est malmené par des bombardements de Stukas. Sa situation se dégrade avec la chute, le 22, du blockhaus STG d'Élesmes (lieutenant Petot) car désormais, les Allemands ont tout loisir d'approcher leurs pièces de 15 cm dans l'axe du bloc 2. Rapidement, un des créneaux est enfoncé, le canon de 47 mm est détruit et le caporal Dierickx tué à son poste. Peu après, c'est le bloc 1 qui est pris à partie par des tirs depuis les arrières de l'ouvrage : l'entrée et la caponnière sont endommagées.

NOTES

4. Notamment les blocs de La Bois-Crête, Ruince, La Flamengrie, Saint-Waast, Ferme-la-Tour, etc. À la Perche-Rompue, le capitaine Ballif commandant la 7e compagnie du II/84e RIF trouve une mort héroïque avec trois de ses hommes cependant que le lieutenant Arnold est tué près de son bloc à Amfroipret.

5. Pour y remédier, le lieutenant Chappier (officier du génie) branche un ventilateur portable à l'entrée de l'égout visitable, ce qui permet d'assainir l'air des galeries. Signalons que, par suite d'un détail architectural, la tourelle du bloc 3 possède un regrettable angle mort vers les arrières de Boussois. Équipée finalement avec les mortiers de 50 provenant des cloches GFM de l'ouvrage (sans support), elle pourra utilement intervenir en tir courbe.

6. 40 à 50 débuts d'intoxication sont constatés parmi l'équipage.

BA

BOUSSOIS
Vue d'ensemble du PO de Boussois par l'arrière : on distingue à gauche le bloc 1 et au sommet, entre les rails, la tourelle pour deux armes mixtes du bloc 2.

BA

Les Allemands parcourent les dessus de l'ouvrage de Boussois ravagés par les bombardements. La tourelle du bloc 2 est restée en batterie.

BA

BOUSSOIS
La chambre de tir du bloc 3 de Boussois a été labourée par les obus allemands. Le canon de 47, resté en place dans son créneau, est hors service : en effet, le choc des boulets de Flak 8,8 cm sur sa volée extérieure, détruit les crémaillères de pointage, ce qui rompt l'équilibre de l'ensemble.

LA SALMAGNE
Le PO de la Salmagne a été pris à partie par l'arrière et ses blocs, à l'image du bloc 2, ont été ravagés par les tirs allemands, qui l'ont rendu intenable.

BA

Vers 15 h, le capitaine Brichard fait évacuer le bloc 2 mais la destruction des organes de ventilation rend difficile la poursuite de la lutte depuis le bloc 1. D'autant que des éléments d'assaut (3.Kp du I/IR 49) sont parvenus sur les dessus du bloc 1 et que rapidement, ils parviennent à faire taire la tourelle d'armes mixtes en déposant une charge d'explosif. Toutes ses armes détruites et la garnison menacée d'asphyxie, le capitaine Brichard cesse le combat vers 20 h 30.

L'ouvrage de **Bersillies**, commandé par le capitaine Pujade, est également en butte aux tirs allemands depuis le début de la matinée du 22 juin. Toute la journée, les tirs ennemis taraudent les façades, notamment celle du bloc 2 dont la caponnière est éventrée.

Le 23 au matin, les pièces qui ont été approchées à moins de 500 mètres reprennent leurs tirs et rapidement la tourelle d'armes mixtes est mise hors de combat. Vers 9 h 15, la prise d'air du bloc 2 est détruite et à peine trois-quarts d'heure plus tard, les Allemands (11.Kp du III/IR 83) parviennent sur les dessus du bloc 2. À 10 h 15, le capitaine Pujade décide de cesser toute résistance, ce qui entraîne peu après la reddition de la casemate de Crèvecœur du lieutenant Herbecq dont les créneaux sont détruits et la ventilation hors d'usage.

Le petit ouvrage des **Sarts** tient également au matin du 23. Pourtant, les premiers tirs à courte distance s'abattent sur ses arrières dès le 21 dans l'après-midi mais les Allemands se concentrent surtout sur la casemate d'Héronfontaine dont la plupart des créneaux sont enfoncés. Le 22 dans l'après-midi, après le passage d'une vague de Stukas, les tirs à bout portant reprennent et successivement la tourelle d'Héronfontaine puis celle des Sarts sont mises hors de combat, le lieutenant Debretz qui commande le bloc 2 des Sarts étant tué par l'effondrement d'une arme mixte. Profitant du flottement qui suit cette double destruction, les Pioniere tentent de couronner les dessus mais l'attaque est brisée par les armes automatiques des Sarts et l'artillerie reprend ses bombardements.

Denkschrift

BERSILLIES
Ci-dessus.
Le bloc 1 de Bersillies est tiré à vue par les Allemands et il ne peut riposter bien longtemps après la chute du bloc 2 au matin du 23 mai.

BA

LES SARTS
Ci-contre.
Cette vue aérienne du bloc 1 des Sarts permet de constater les dégâts subis par le bloc dont la façade arrière a été labourée par les obus.

LES SARTS

Les Sarts est le dernier ouvrage de Maubeuge à se rendre après avoir épuisé tous ses moyens de combat. On voit ici (photographie ci-dessus) le bloc 2 et sa tourelle. Des dizaines de rouleaux de barbelés jonchent le sol, inemployés. En encadré, une plaque posée sur l'ouvrage en mémoire des tués de l'équipage des Sarts (87e RIF).

Ci-contre. Gros plan sur la tourelle d'armes mixtes du bloc 2 des Sarts dans laquelle le lieutenant Debretz a trouvé la mort.

Ci-dessous. Les abords dévastés du bloc 1 prouvent l'intensité des bombardements.

LES SARTS

Après une courageuse résistance, ces officiers (parmi lesquels sans doute le capitaine Leduc — avec le casque ?) qui s'éloignent sous la garde d'une sentinelle allemande vont connaître les affres de la captivité. À l'arrière-plan se découpe la tourelle à deux armes mixtes du bloc 2.

La situation est cependant insoutenable et, à 20 h 30, le lieutenant Durif et son équipage sont autorisés à abandonner la casemate d'Héronfontaine dont toutes les armes sont détruites.

Le 23 dès 5 h 30, les tirs reprennent mais les défenseurs ne sont pas encore disposés à se rendre. Mieux même, vers 6 h, la tourelle d'armes mixtes qui a pu être remise en état reprend ses tirs, pour une heure seulement puisque vers 7 h, un coup de plein fouet la bloque en position intermédiaire. À 11 h, tous ses moyens de défense épuisés, le capitaine Leduc est contraint de cesser le combat : la position de Maubeuge n'existe plus.

UN DESTIN INÉLUCTABLE

Ces redditions des ouvrages du SF Maubeuge préfigurent ce qui va se passer un mois plus tard exactement lorsque les Allemands parviendront sur les arrières des petits ouvrages des SF de Faulquemont et de Rohrbach. Attaqués sur leur face la plus vulnérable où se situent les organes de ventilation et démunis de l'artillerie cuirassée qui leur aurait permis de tenir à distance les pièces allemandes, les ouvrages du SF Maubeuge, isolés et encerclés, ne pouvaient offrir qu'une résistance éphémère. Ils résistèrent cependant plus que ne pouvait le laisser supposer leur situation délicate et ne se rendirent qu'une fois leurs armes détruites et l'asphyxie menaçant à court terme[7].

LES COMBATS DANS LE SF ESCAUT (22- 27 MAI)

Après la chute de Maubeuge, la résistance se cristallise alors dans le SF Escaut. Composé d'un petit ouvrage (Eth), de quelques casemates CORF ou STG et du vieux fort de Maulde promu au rôle d'ouvrage d'artillerie par la construction de deux casemates sur ses superstructures, ce secteur n'est pas en mesure de jouer le rôle de ligne d'arrêt que les événements vont lui conférer. Sa résistance va néanmoins être honorable.

Dès le 20 mai, les ouvrages du secteur sont au contact, le **fort de Maulde** (capitaine Schwengler) recevant ses premiers obus, mais ce n'est que le 21 que la menace se précise. La casemate de 75 Est de Maulde parvient, grâce à ses tirs, à interdire toute progression entre Fline-lez-Mortagne et l'éclu-

NOTE

7. À titre indicatif, l'ouvrage de Boussois a tiré 500 000 cartouches de mitrailleuses, 1 400 obus de mortiers de 50 (mortiers installés dans la tourelle type Nord du bloc 3, tirant en « barrage arrière »), 500 obus de 25 et 160 obus de 47 mm.

Afin d'épargner sa tourelle 2 AM, l'équipage avait imaginé le procédé suivant : les éléments de tir sont préparés en position éclipsée puis on lève brusquement la tourelle qui effectue un tir accéléré des quatre mitrailleuses à la fois et d'obus de 25. Dès la fin du tir, la tourelle s'éclipse aussitôt cependant que les servants évacuent en hâte la chambre de tir. Lorsque, dans les secondes qui suivent l'éclipse, des impacts de Flak 8,8 cm s'écrasent sur la coupole, il est déjà trop tard car elle fait le « gros dos « (cité par E.-L. Cordelier-Duchesnes in *Mon capitaine, la 102e ne répond plus*).

se de Rodignies, malgré les bombardements qui vont durer toute la journée et l'encerclement qui se confirme peu à peu.

À Eth (capitaine Dubos), les premiers bombardements par l'artillerie commencent le 22 mai, deux pièces de 8,8 cm Flak tirant à vue dans les créneaux du bloc 2 à courte distance cependant que Maulde est soumis au tir d'un obusier de 30,5 cm Skoda qui, depuis la forêt de Bonsecours, près de Condé-sur-Escaut, expédie une dizaine d'obus de 280 kg sur ses superstructures, sans causer véritablement de dégâts.

Le 23 au matin, **Eth** et les deux casemates de **Jeanlain** et du **Talandier** sont encerclés. Les redoutables 8,8 cm reprennent leurs tirs sur le bloc 2 de Eth et la casemate de Jeanlain qui est sérieusement endommagée mais aucun assaut n'est tenté par les troupes allemandes. À Maulde, le bombardement se poursuit, mettant surtout à mal les anciennes organisations Séré de Rivières qui sont crevées en maints endroits. Une tentative d'assaut menée par le IR 464 de la ID 253 échoue en soirée.

Le 24 mai, la pression est toujours forte mais aucune action n'est menée contre les ouvrages, aussi bien à Maulde qu'à Eth qui continue à tirer sur tout ce qui bouge aux alentours [8]. Le lendemain, une tentative menée contre Eth dans la matinée échoue et en soirée, les tirs de 8,8 cm reprennent contre le bloc 2 de Eth qui est sérieusement mis à mal.

Le 26 mai, les Allemands décident d'en finir avec les ouvrages du secteur. Dans la zone d'Eth, les tirs débutent dès 3 h 45 et très vite la façade du bloc 2 de Eth est percée, l'adjudant-chef Rup étant tué dans l'affaire. La situation du bloc 1 tiré également à vue n'est pas plus favorable et ses armes sont mises hors d'usage les unes après les autres. Vers 6 h, un groupe d'assaut formé d'éléments du PiBat 28 et du I/IR 7 s'élance vers l'ouvrage qu'il couronne rapidement, utilisant alors la méthode qui a fait ses preuves à La Ferté.

Devant cette évolution défavorable, le capitaine Dubos ordonne l'évacuation de l'ouvrage par l'égout visitable qui le relie à

© ECPAD/France

SHAT

ETH

Ci-dessus.
Le bloc 2 du PO d'Eth pris quelque temps après la reddition de l'ouvrage. L'état du béton témoigne de l'extrême violence des combats. À gauche dans l'ombre, la chambre de tir dans laquelle l'adjudant-chef Léon Rup a trouvé la mort le 26 mai.

Ci-dessous.
En comparaison, le bloc 1 du PO d'Eth sort des combats dans un état moins éprouvé. Néanmoins, les tirs ont été précis et ont endommagé la porte d'accès au bloc qui se trouve dans l'ombre. À droite, un panneau allemand précise que « l'accès à cet ouvrage est défendu aux personnes non autorisées et sera puni ». Un panneau de ce modèle sera posé sur tous les ouvrages du secteur.

SHAT

SHAT

JEANLAIN

À proximité du PO d'Eth, la casemate de Jeanlain a également été la cible des artilleurs allemands qui ont disloqué en partie la façade arrière et les créneaux FM de défense arrière. À droite, la cloche mixte AM Nord qui a détruit un canon allemand le 23 mai.

BA

TALANDIER
La casemate du Talandier tombée le 26 mai est visitée par des officiers allemands qui s'intéressent à la tourelle AM + Mo 50 restée en batterie.

Deneubourg, coll. Lempereur

VIEUX-CONDÉ
La tourelle démontable située près de Vieux-Condé a été détruite par deux coups au but (près du manchon) et le soldat Jules Beaulieu y a trouvé la mort. Les Allemands ont cru bon de préciser que cette tourelle avait été détruite le 20 mai par le 2/sP 670.

la casemate de Jeanlain. Malheureusement, celle-ci n'est pas en meilleure posture et, à 10 h 20, elle cesse le combat à son tour[9]. Peu après, la casemate du Talandier subit le même sort, après un dernier baroud d'honneur.

À Maulde, menacé de plus en plus d'encerclement par la reddition des casemates STG périphériques, la situation évolue brusquement puisque dans l'après-midi, le capitaine Schwengler reçoit l'ordre d'évacuer l'ouvrage dans la nuit. À 23 h, le 155 GPF est saboté en exécutant son dernier tir, verrou déclaveté. Vers 0 h 30, l'évacuation commence.

Le 27 au matin, une patrouille allemande parvient dans le fort abandonné : dix-sept jours après le début des opérations, toutes les fortifications du Nord, de la mer à La Ferté, sont aux mains des Allemands.

CONCLUSIONS SUR LES ATTAQUES ALLEMANDES DE MAI 1940

On retrouve donc dans le SF Escaut, les raisons qui entraînèrent la chute des ouvrages du SF Maubeuge et on ne peut que regretter la transformation des tourelles de 75 modèle 1905 en tourelles d'armes mixtes. Privés de toute action lointaine sur l'arrière, les ouvrages étaient nécessairement condamnés et leur chute s'inscrit donc dans une certaine logique.

Cependant, si on fait le bilan de toutes les opérations menées dans la phase initiale de la campagne, on constate que de la mer du Nord à la Chiers, la position s'étale avec une fâcheuse perméabilité. Constitué en grande partie par un rideau de casemates de valeur inégale (seules quelques casemates CORF et STG pouvaient être considérées comme solides), l'ensemble du front ne comprend, Tête de pont de Montmédy incluse, que neuf petits ouvrages: un dans le SF Escaut (Eth), quatre autour de Maubeuge (Boussois, Les Sarts, La Salmagne et Bersillies) et quatre dans la TPM (La Ferté, Le Chesnois, Thonnelle et Vélosnes).

C'est malheureusement cette fragile position qui va encaisser le plus gros de l'effort allemand et l'ennemi n'a aucun mal à crever ce mince rideau défensif pour venir réduire les ouvrages un à un. En effet, aucun des neuf ouvrages mentionnés ne terminera la guerre aux mains de ses défenseurs : cinq ouvrages sont détruits et tombent aux mains de l'ennemi (Eth, Les Sarts, La Salmagne, Bersillies et Boussois), un est annihilé et totalement mis hors de combat (La Ferté) et les trois autres (Le Ches-

NOTES

8 (de la page 185). Le 23 mai, un Flak 8,8 cm s'approche à 800 m environ, dans le secteur de tir de la cloche d'arme mixte Nord de Jeanlain. L'occasion est trop belle pour l'équipage de Jeanlain qui réagit promptement : six obus de 25 et deux rafales de mitrailleuses dispersent les servants, le canon étant abandonné sur place jusqu'à la reddition du 26 mai. Le moral des Français remonte d'un cran.

9. L'évacuation de la casemate de Jeanlain par un créneau suscitera l'étonnement des Allemands qui, ignorant l'existence de la galerie entre Eth et la casemate, auront du mal à comprendre comment 160 hommes pouvaient tenir dans un espace aussi réduit.

Ci-dessous. Le fort de Maulde est pris à partie par une batterie de 30,5 cm Skoda dont on découvre ici une des pièces en batterie avec deux artilleurs.

DR

OOST CAPPELL
Le blockhaus d'Oost Cappell est tombé intact aux mains des Allemands. On aperçoit sur la gauche une barrière levante.

DR, coll. J.-Y. Mary

MAULDE
Violemment bombardé par l'artillerie lourde allemande, le vieux fort de Maulde présente aujourd'hui un état de délabrement assez avancé. La végétation recouvre les superstructures ravagées et même les organisations bétonnées de renforcement qui avaient relativement bien résisté aux obus n'échappent pas à cet ennemi implacable : la casemate de 75 Ouest détruite par les Allemands en 1941 est totalement recouverte alors que la casemate de 75 Est (ci-dessous) laisse apparaître (pour combien de temps encore ?) sa façade mutilée.

nois, Thonnelle et Vélosnes) seront sabotés et abandonnés sur ordre le 13 juin 1940.

On peut cependant noter à la décharge de ces ouvrages que bien qu'isolés (notamment Eth et les ouvrages du SF Maubeuge) et ne disposant que d'un armement peu en rapport avec leur mission, ils ont néanmoins offert une résistance honorable à un ennemi qui s'est présenté sur leurs arrières. En revanche, à La Ferté, les Allemands ont réussi à neutraliser l'ouvrage par une attaque frontale et c'est d'ailleurs le seul ouvrage à avoir été réduit de la sorte.

Quant à la position de campagne constituée en partie avant la guerre, en partie durant la drôle de guerre, elle a été emportée dans la foulée, la seule résistance digne de ce nom étant l'isthme de Monthermé, et encore s'agit-il dans ce cas d'une résistance à la base de l'isthme et non sur la ligne des blocs qui a été enlevée également très rapidement.

Photo J.-Y. Mary

TETE DE PONT DE MONTMÉDY
Le 12 juin au soir, les troupes qui garnissent la TPM entament une course contre la montre avec les unités allemandes déferlant vers le sud. Les hommes se sont mis en colonne et ils se dirigent vers le sud : le plus dur est à venir.

Gloutin

CHAPITRE QUATRE

L'ODYSSÉE DES TROUPES D'INTERVALLE

Le 5 juin 1940, la campagne à l'Ouest entre dans une deuxième phase avec le déclenchement de l'opération *Fall Rot*. Le front français est jalonné par la Somme, l'Aisne et la ligne Maginot.

APRÈS DUNKERQUE, il reste environ soixante divisions (dont dix-sept sur la position fortifiée de Longuyon au Jura) au général Weygand, le successeur de Gamelin limogé le 19 mai au soir, pour résister sans esprit de recul face à cent-vingt divisions allemandes.

SE BATTRE EN RASE CAMPAGNE ?

Depuis le 26 mai, alors que la bataille fait toujours rage dans le nord, Prételat est inquiet. Ce jour-là en effet, il se rend chez Weygand et sollicite l'autorisation de retirer du front une partie des troupes d'intervalle afin de constituer une réserve mobile ou préparer un repli éventuel si le front de la Somme devait être enfoncé.

Weygand refuse cette proposition et les choses en restent là. Le lendemain, Prételat s'entretient avec Huntziger (2e armée) et Condé (3e armée) et la question revient à l'ordre du jour : alors que sa mission consiste à s'accrocher à la position fortifiée, Huntziger se dit prêt à se replier si les armées sur sa gauche sont enfoncées. Condé est partisan de la résistance sur place mais il propose d'alléger le dispositif en place pour se constituer des réserves en remplacement des unités qui lui sont enlevées.

Le 28 mai, la 4e armée du général Requin est retirée du front et elle laisse son créneau au 20e CA du général Hubert. Le même jour, Prételat s'entretient avec ses deux autres grands subordonnés, Bourret (5e armée) et Laure (8e armée) : leur mission est toujours de résister mais il convient d'ores et déjà de préparer un repli éventuel.

CHRONIQUE D'UN ABANDON ANNONCÉ

Le 29 mai, une attaque allemande sur les avant-postes de Guebenhouse précise l'imminence d'une menace sur l'avant. Le 2 juin, nouvelles alertes sur les avant-postes : à Loupershouse, le bloc MC 8 B de l'aspirant Ponel est perdu et son chef tué ; à Henriville et Marienthal, les avant-postes sont encerclés et une tentative de dégagement menée par le 15e GRCA et le corps franc du 82e RIF se solde par un lourd bilan : 180 tués, blessés ou disparus [1]. Le lendemain, Dagnan décide de faire évacuer les avant-postes.

Le 2 juin toujours, se tient une nouvelle réunion regroupant Weygand, Georges, Prételat et Huntziger. Prételat a de nouveau l'occasion de faire part de ses préoccupations au généralissime mais les avis restent divergents sur les suites éventuelles d'une rupture du front sur la Somme ou sur l'Aisne : Huntziger ne veut pas lier sa manœuvre à la forteresse, Prételat se dit prêt à évacuer les ouvrages alors que Weygand souhaite que le premier fasse pivoter son armée autour de Montmédy ou Longuyon pour maintenir un front continu.

Weygand est-il plus près des conceptions d'Huntziger que de celles de Prételat ? En tous cas, le lendemain, alors qu'il ne lui en a pas touché mot la veille, Weygand informe Prételat de sa décision de constituer un groupe d'armées ne 4 dont il confie le commandement à Huntziger, ce qui a pour effet de dégarnir le flanc ouest de la ligne Maginot puisque la 2e armée quitte alors le GA 2 pour passer au nouveau GA 4.

Le 5 juin, l'offensive sur la Somme se déclenche et rapidement la Heeresgruppe B pénètre profondément dans le dispositif français. Il n'y a pas encore de péril immédiat pour la ligne Maginot mais, dès le 9 juin, les Allemands passent à la seconde phase de l'opération : après la percée de la Heeresgruppe B sur la Seine inférieure, ils déclenchent une seconde offensive sur l'Aisne, menée par la Heeresgruppe A. Après une courte résistance initiale, la 2e armée (général Freydenberg) est enfoncée et les blindés allemands se déversent en Champagne.

Devant cette dégradation de la situation qui s'accélère de jour en jour et la progression particulièrement rapide de la Heeresgruppe A en direction du plateau de Langres, le général Huntziger prend l'initiative, le 10 juin, de faire décrocher ses unités vers le sud. Il espère pouvoir s'établir sur la Marne

1. Parmi les morts, le lieutenant Colombéro qui commandait le groupe franc.

2. Au Chesnois, on se contente de boucher l'égout alors qu'à Vélosnes, on fait sauter le magasin à munitions et des galeries.

GRANDES UNITÉS DE FORTERESSE, SITUATION AU 1er JUIN 1940

Armée/ GU de forteresse	*Infanterie organique (bataillon de mitrailleurs)*	*Effectifs globaux des troupes de forteresse*
2e ARMÉE *(rattachée au GA 2 le 17 mai)*		
SF Montmédy (type NE)	4 RIF (13 bataillons)	?
3e ARMÉE		
42e CAF (type A)	3 RIF (9 bataillons)	610 off et 18 000 h.
SF Thionville (type NE renforcé)	4 RIF (11 bataillons)	755 off et 22 600 h.
SF Boulay (type NE renforcé)	3 RIF (8 bataillons)	565 off et 16 800 h.
Total	*10 RIF (28 bataillons)*	*1 930 off et 57 400 h.*
20e CA *(en remplacement de la 4e armée retirée au GA 2 le 28 mai)*		
SF Faulquemont (type NE renf.)	4 RIF (12 bataillons)	645 off et 18 850 h.
SF Sarre (type NE renf.)	2 RIF (6 btns) + 2 RMIC (6 btns)	600 off et 17 000 h.
Total	*8 RIF/RMIC (24 bataillons)*	*1 245 off et 35 850 h.*
5e ARMÉE		
SF Rohrbach (type NE renforcé)	3 RIF (9 bataillons)	575 off et 16 850 h.
43e CAF (type A)	2 RIF (6 bataillons)	525 off et 15 250 h.
SF Haguenau (type NE renforcé)	5 RIF (12 bataillons)	670 off et 22 000 h.
103e DIF	2 RIF (4 btns) + 1 RI de SF (3 btns)	485 off et 15 500 h.
Total	*12 RIF (31 btns) + 1 RI (3 btns)*	*2 255 off et 69 600 h.*
8e ARMÉE *(rattachée au GA 2 le 20 mai)*		
104e DIF (Cdt de SF type NE)	2 RIF (4 btns) + 1 RI de SF (3 btns)	300 off et 10 300 h.
105e DIF (Cdt de SF type NE)	1 RIF (3 bataillons)	135 off et 4 500 h.
44e CAF (type B)	—	
SF Altkirch (type NE)	2 RIF (5 bataillons)	165 off. et 3 300 h.
SF Montbéliard (type NE)	Chasseurs pyrénéens (2 btns)	235 off. et 7 390 h.
SF Jura Central (type NE)	Chasseurs pyrénéens (3 btns)	85 off. et 2 750 h.
45e CAF (type B)	—	
Total	*5 RIF (12 btns) + 8 btns divers*	*920 off. et 28 240 h.*
TOTAL GÉNÉRAL	37 RIF et 2 RMIC (108 btns de mitr.) + 11 bataillons divers	plus de 220 000 officiers et hommes de troupe

de Vitry-le-François en se raccrochant à la ligne fortifiée par la bretelle de Longuyon - Mangiennes (bretelle n° 8).

Cette décision a une conséquence importante pour la ligne Maginot : la Tête de pont de Montmédy doit être évacuée le soir même par les troupes d'intervalle sous la protection des ouvrages qui seront abandonnés et sabordés dans la nuit du 12 au 13 juin. Conscient de la menace que cette décision fait peser sur son flanc gauche, Prételat donne l'ordre, dès le 11 juin, à ses commandants d'armée de préparer immédiatement un décrochage général.

En fait, Prételat ne devra pas attendre longtemps l'ordre d'exécution puisque, le lendemain, Weygand ordonne à toute l'armée française de se préparer à un repli rapide et profond vers le sud pour se rétablir sur une ligne Loire - Doubs. Le 12 juin à 13 h 00, l'instruction devient exécutoire, l'ordre d'abandonner la ligne Maginot est confirmé au GA 2 par le QG du Nord-Est à 16 h 30 et aussitôt, les généraux locaux sont invités à préparer rapidement le décrochage, étant entendu qu'il ne pourra commencer au mieux que dans la nuit du 13 au 14 juin, c'est-à-dire trop tard.

Si on se replie, encore faut-il savoir dans quelle direction. Prételat fixe au GA 2 un axe de repli Sarrebourg - Épinal à couvrir en cinq lignes successives. Le premier objectif est de se rétablir le 17 au matin sur le canal de la Marne au Rhin. À partir de là, décrochage d'un bloc vers le sud.

Concrètement, les mesures prises à la 3e armée par le général Condé fixent comme ordre de décrochage :

au jour J, *Mesure A* : les unités de renforcement, les troupes d'intervalle, et les services, sous la protection des ouvrages et des casemates ;

à J + 1, *Mesure B* : l'artillerie d'intervalle et les équipages des casemates sous la protection des ouvrages ;

à J + 2 (et le cas échéant J + 3), *Mesure C* : les équipages d'ouvrages, après destruction de l'armement et de l'équipement organiques... si les Allemands leur en laissent le temps.

Si l'on tient pour acquis que l'opération pour les troupes d'intervalle doit débuter le 13 juin au soir, il en résulte comme programme pour les équipages d'ouvrages que le décrochage se fera pour les « casematiers » dans la nuit du 14 au 15, pour les équipages des petits ouvrages, dans celle du 15 au 16 et pour les équipages des gros ouvrages, dans la nuit du 16 au 17.

À la 5e armée, le général Bourret est moins catégorique dans ses instructions et il fixe aux ouvrages une mission de résistance à terme, sans autres précisions. L'enchaînement des opérations n'est pas dicté par un plan détaillé mais plutôt par l'évolution des événements, qui du reste ne vont pas manquer d'évoluer.

L'ÉVACUATION DE LA TÊTE DE PONT DE MONTMÉDY (11-13 JUIN)

Les premières unités à abandonner la ligne Maginot sont les défenseurs de la Tête de pont de Montmédy qui amorcent leur repli dans la nuit du 10 au 11 juin. La TPM fait un saillant par rapport au reste de la position et ses défenseurs doivent donc décrocher les premiers pour s'aligner sur les unités de la RF Metz et coordonner ensuite un décrochage en ligne.

Dans la nuit du 11 au 12 juin, les troupes d'intervalle décrochent sous la protection de la croûte laissée dans les ouvrages pour faire du volume et préparer les destructions. La nuit suivante, ce sont les ouvrages de la TPM qui sont abandonnés mais l'évacuation ne se fait malheureusement pas dans la discrétion. En effet, préalablement à leur repli, les équipages d'ouvrages rendent leurs équipements inutilisables avec ce que cela suppose de destructions. Les réservoirs à mazout sont percés, les diesels vidangés vont continuer à tourner sans huile et à se gripper, l'armement est rendu inutilisable par destruction à la masse de pièces sensibles. Ces opérations se déroulent dans une discrétion relative mais des sabotages à l'explosif sont néanmoins indispensables, notamment en ce qui concerne les cuirassements, et ces destructions attirent nécessairement l'attention des Allemands [2].

Ce décrochage met en péril tout le flanc gauche de la 3e armée qui n'a pas été avisée de ce départ et risque donc de se trouver accrochée en flagrant délit de décrochage. Ce risque est d'autant plus grand que les éléments de la ID 169 qui bordent la TPM ne mettent pas longtemps à comprendre la manœuvre en cours et aussitôt, des patrouilles sont envoyées aux abords des ouvrages. Dès 3 h 00, une patrouille du IR 378 constate que l'ouvrage de Vélosnes est abandonné : les Allemands ont donc une chance unique de pénétrer dans cette brèche et de

ÉCOUVIEZ EST
En abandonnant la TPM, les hommes du 155e RIF ont dû se résoudre le plus souvent à laisser leurs organisations en état. Les Allemands, bien que progressant avec prudence, ne vont pas tarder à se rendre compte que les ouvrages sont tombés entre leurs mains pratiquement intacts. On voit ici quelques soldats s'apprêtant à pénétrer dans la casemate d'Écouviez Est.

BA

DR

ÉCOUVIEZ OUEST

Cette photo, souvent publiée à l'époque pour illustrer comment les Allemands s'étaient emparés de la ligne Maginot, peut tout au plus montrer des soldats allemands simulant la neutralisation d'organisations fortifiées. Il s'agit en effet de la casemate d'Écouviez Ouest abandonnée sans combat par son équipage dans la nuit du 12 au 13 juin 1940.

seuls pour décider du rythme de l'évacuation des ouvrages après le départ des troupes d'intervalle.

Le 13 au soir, conformément au plan prévu, ces dernières évacuent massivement la position fortifiée sous la protection des équipages d'ouvrages. Aussitôt après le déclenchement du décrochage, des sapeurs du génie procèdent à la destruction des ouvrages d'art qui jalonnent les itinéraires, coupant un peu plus le lien qui relie encore les hommes qui s'éloignent de ceux qui restent.

La situation des ouvrages et des casemates n'est pas encore préoccupante car, bien qu'ils aient compris ce qui ce passe, les Allemands ne sont pas prêts à pousser immédiatement du monde sur la position. Le HK XXXVI a en effet réorienté son dispositif et assigné à ses divisions une poussée rapide vers le sud. Curieusement, les unités du SF Crusnes et de la ID 169 vont progresser parallèlement. La différence va se situer dans le rythme de progression des uns et des autres...

Les mêmes opérations se déroulent dans le SF Thionville où le général Poisot a décidé de laisser sur place un coordinateur, le colonel O'Sullivan qui installe son PC au fort d'Illange près de Thionville. O'Sullivan fixe deux variantes au plan d'évacuation: d'une part, la *mesure A* concerne également surgir dans le flanc des unités de l'ex-SF Crusnes dans la journée du 13 alors que celles-ci seront en pleins préparatifs de départ.

Coll. Boudrenghien

MARGUT

Vue latérale de la casemate de Margut. Le mur en aile porte les traces d'un bombardement. Compte tenu de la distance importante qui la sépare du PO de La Ferté, Margut ne fut d'aucun secours au lieutenant Bourguignon lors de l'assaut allemand (➠ détails pages 166 et suivantes).

Pour une fois, la transmission de l'information du côté allemand va faire défaut et c'est seulement dans l'après-midi que le commandement de la ID 169 est informé de cette nouvelle. Entre-temps, le IR 379 a pu constater que la casemate de Moiry est évacuée et il remonte le long de la ligne des ouvrages. Vers 11 h 00, l'ouvrage du Chesnois et les casemates qui le flanquent sont aux mains des Allemands et vers 14 h 15, le IR 378 peut enfin faire état de la prise de Thonnelle et de Vélosnes.

À 20 h 00, les éléments de tête de la ID 169 ont dépassé Montmédy et atteint la ligne Juvigny-sur-Loison - Iré-le-Sec - Bazeilles-sur-Othain, à une quinzaine de kilomètres de la bretelle n° 8 qui cloisonne le front de Longuyon à Mangiennes. Trop loin pour atteindre la position le soir même : le retrait des troupes d'intervalle du SF Crusnes ne devrait donc pas être contrarié.

L'ÉVACUATION DES INTERVALLES (14-16 JUIN)

Sur le front de la 3e armée, le repli commence le 13 au soir.

Dans le SF Crusnes, le plan mis au point par le général Prételat va bien sûr être appliqué mais selon des modalités toutes particulières: le général Renondeau qui commande le 42e CAF ne laisse en effet sur place aucun officier chargé de coordonner la manœuvre et les commandants d'ouvrage se retrouvent

Coll. Boudrenghien

CHRIST

Des soldats allemands font connaissance de la casemate de Christ derrière laquelle s'entasse un aimable fouillis (chevaux de frise, sacs de sable, bonbonne de vin...) qui témoigne du départ précipité et sur ordre de l'équipage. On distingue sur la droite le blindage de la sortie d'air située dans le mur en aile et le poste de guet extérieur.

Coll. Bruge

LATIREMONT *Le repli des intervalles amène à renforcer la surveillance, notamment grâce aux observatoires extérieurs qui sont nécessairement plus exposés. Le capitaine Klein commandant l'infanterie d'ouvrage de Latiremont, est venu soutenir le moral d'un guetteur peu rassuré par sa situation à l'extérieur du bloc 4.*

une partie des équipages d'ouvrages, seul restant sur place les personnels indispensables, d'autre part, la *mesure C* va se dérouler en deux temps : le 17 juin à 22 h 00, le gros des équipages encore en place sous la protection d'une petite croûte et le 18 à 22 h 00, cette petite croûte quittera les ouvrages à son tour.

Dans le SF Boulay, le décrochage doit comme ailleurs s'effectuer en trois phases mais le colonel Cochinard qui a pris le commandement du secteur et dont le PC est installé à Hayes, ajoute lui-aussi une petite variante au plan puisque le gros des équipages d'ouvrages décrochera le 17 au soir sous la protection d'une petite croûte qui se chargera de faire jouer les destructions le 18 à partir de 4 h 00 et tentera ensuite de rejoindre le gros de la troupe.

Pour les équipages des ouvrages du SF Faulquemont, l'ordre de départ est fixé au 17 juin à 17 h 00, après destruction de l'armement, des munitions et du matériel. Le secteur passe alors sous le commandement du commandant Denoix qui fixe son PC à l'ouvrage de Laudrefang.

Dans le SF Sarre, il ne reste plus que les troupes organiques du Secteur fortifié aux ordres du colonel Dagnan et deux divisions d'infanterie. Le repli des unités d'intervalle est fixé au 14 juin au soir, sous la protection d'une légère croûte qui décrochera le lendemain soir, pour éviter qu'une percée trop rapide des Allemands dans ce secteur ne viennent contrarier le décrochage des 3e et 5e armées qui se replient dans la nuit du 13 au 14. Quant à l'ouvrage du Haut-Poirier et les cinq casemates qui l'entourent, ils passent le 14 juin dans l'après-midi, aux ordres du commandant Jolivet qui s'installe au Haut-Poirier et fixe l'abandon des ouvrages après destruction au 17 juin à 22 h 00.

La situation est identique sur le front de la 5e armée.

Dans les SF de Bitche et des Vosges, les instructions du général Lescanne qui commande le 43e CAF prévoient que les ouvrages doivent se tenir prêts à se saborder dès que l'ordre leur en sera donné mais il ne fixe guère d'autres instructions en ce qui concerne le repli éventuel et surtout son étalement dans le temps.

Dans le SF Haguenau, le lieutenant-colonel Schwartz, qui a été désigné par Bourret pour prendre le commandement des unités restant temporairement sur place, décide d'installer son PC au Hochwald. Sa mission comporte deux volets bien distincts : d'une part, résister sur place jusqu'à nouvel ordre, d'autre part, prendre toutes les mesures nécessaires au sabotage des ouvrages et à leur évacuation dès que l'ordre en sera donné.

À la 8e armée du général Laure [3] qui garde le Rhin, les divisions de renforcement qui étaient installées en bouchon en arrière de la position étaient en train de serrer sur le fleuve lorsque l'ordre de repli les obligent à décrocher vers les Vosges. La 54e DI du général Coradin et la 63e DI du général Parvy font alors définitivement demi-tour, emmenant avec elles les deux régiments d'artillerie lourde de réserve générale, le 147e RALH et le 197e RALT. Il ne reste plus sur la position,

DIVISIONS ET GROUPEMENTS DE MARCHE DES ARMÉES DE L'EST, JUIN 1940

Divisions de marche

Div. légere Burtaire (DLB) (ex-SF Montmédy)

132e RIF	99e RAMF
136e RIF	I/169e RAP
147e RIF	
155e RIF	

DM Poisot (ex-SF Thionville)

167e RIF	70e RAMF
168e RIF	151e RAP
169e RIF	

DM Besse (ex-SF Boulay)

160e RIF	*II/460e RP*
161e RIF	23e RAMF
162e RIF	153e RAP
164e RIF	*30e BCC*

DM Chastanet (ex-SF Rohrbach)

166e RIF	CISF 207
153e RIF	59e RARF
37e RIF	
XXI/153e RIF	

DM Senselme (ex-43e CAF/SF Vosges)

154e RIF	*V/400e RP*
165e RIF	46e GRRF
CIF 143	

DM Regard (ex-SF Haguenau)

I/22e RIF	II/70e RIF
II/23e RIF	II et III/79e RIF
XXI/23e RIF	69e RAMF
I et II/68e RIF	156e RAP

Groupements

Groupement Gaillard

57e RI	*22e GRCA*
5e RIC (un btn)	*4e BCC*
DLB (Burtaire)	

Groupement Dubuisson

3e DIC	*444e RP*
1re DBILA	*482e RPC (coloniaux)*
XXI//1er RTM	*486e RPC (coloniaux)*
	65e RR (régional)

Groupement de Fleurian (ex-42e CAF/SF Crusnes)

128e RIF	II/46e RAMF
I et II/139e RIF	
XXI/149e RIF	*2/29e BCC*
CI 142	*1/5e BCC*

Groupement de Girval (ex-SF Faulquemont)

156e RIF	II et III/39e RAMF
146e RIF	I/163e RAP
69e RMIF	I et II/166e RAP
82e RMIF	*I/142e RA*
	15e GRCA

Groupement Dagnan (ex-SF Sarre)

133e RIF	41e RMIC
174e RIF	51e RMIC
XXI/174e RIF	49e RAMF
	166e RAP (éléments)

NB : les unités non considérées comme « troupes de forteresse » sont indiquées en italiques.

NOTE

3. Le général Laure a succédé le 20 mai 1940 au général Garchery, officiellement malade et à la même date, la 8e armée a été rattachée au GA 2 du général Prételat.

BA

pour couvrir la ligne de casemates, qu'un groupe d'artillerie relevant du 170e RAP.

Le 14 au soir, c'est au tour des divisions de forteresse (104e DIF du général Cousse et 105e DIF du général Didio) d'entamer leur décrochage sous la couverture des équipages de casemates qui restent seuls sur la position.

Le grand repli vers le sud des armées de l'Est a commencé : les Allemands vont se charger d'en contrarier quelque peu le déroulement.

■ LA HEERESGRUPPE C RATE SON ENTREE

La troisième partie de l'opération *Fall Rot* vise à attaquer les secteurs les plus faibles de la ligne Maginot pour en hâter la reddition. La réalisation de ce plan est confiée à la Heeresgruppe C du général von Leeb qui a fixé à ses unités de forcer la ligne Maginot dans la Sarre (14 juin) et sur le Rhin (15 juin). Ce que les Allemands ignorent, c'est que leur offensive tombe en pleine manœuvre de décrochage des troupes de forteresse et le franchissement de la position ne devrait donc être qu'une aimable formalité. En fait, les troupes allemandes vont connaître dans la Sarre leur premier et seul échec de la campagne et ils ne devront qu'à un heureux concours de circonstances de transformer cet échec initial en un succès difficile.

BARST - CAPPEL
L'avancée de Barst - Cappel n'a pu être enlevée par les Allemands qui découvrent le lendemain les organisations abandonnées par les troupes françaises. Ci-dessus, une mitrailleuse Hotchkiss a été abandonnée devant un petit bloc.

Ci-contre. Une autre mitrailleuse Hotchkiss 8 mm modèle 1914 gît au-dessus de la tourelle démontable qu'elle armait. Le sol est jonché de bandes chargeurs rigides de 24 cartouches.

BA

BLOCKHAUS MC 28
Le bois du Kalmerich est protégé par deux blockhaus STG dont celui de l'aspirant Miller (MC 28) que les Allemands surnommeront le « schwarzen Bunker » en raison de la couleur du mur de façade qui a été goudronné mais n'a pas reçu de rocaillage.

DR

■ UNE VICTOIRE FRANCAISE : L'ÉCHEC DE L'OPÉRATION *TIGER* (14 JUIN)

Depuis le début de l'offensive allemande à l'Ouest, la Heeresgruppe C stationne le long de la ligne Maginot de la Suisse au Luxembourg. Cette passivité ne va cependant pas durer car, dans le cadre de *Fall Rot*, il est prévu que les unités de von Leeb passent également à l'offensive pour accélérer la chute des armées françaises [4].

Avec l'avancée de la Gruppe Guderian sur l'axe Langres - frontière suisse, ces attaques doivent permettre de verrouiller les armées de l'Est.

Dans la trouée de la Sarre, c'est la 1.Armee de von Witzleben qui est chargée de mener l'opération. Les moyens peuvent sembler limités mais il ne faut pas se leurrer : il s'agit d'une véritable opération de rupture et von Witzleben dispose pour la mener à bien, de trois Armee Korps représentant neuf divi-

BLOCKHAUS MC 28
Un soldat allemand explique comment il a lancé une grenade par l'entrée du matériel du blockhaus STG de l'aspirant Miller.

BOIS DU KALMERICH
Ci-dessous.
Le PC du capitaine Daubenton qui commande la CM 6 du 174e RIF, est établi dans un bloc situé au milieu du bois du Kalmerich. Dans l'après-midi du 14 juin, il est enlevé par des éléments du IR 125 qui capturent les occupants. La photo ci-dessus a été prise en juillet 1940. Comme souvent, un fatras de matériel et de munitions gît aux abords immédiats du bloc.

En bas à droite.
Gros plan du créneau de tir du PC du capitaine Daubenton. Au centre, l'Oberleutnant Schulz examine l'intérieur du bloc.

NOTE
4. Hitler, dans sa Directive n° 13 du 24 mai 1940 a clairement fixé deux objectifs :
« *3e secteur : complément simultané de cette opération principale [battre le gros de l'armée française dans le triangle Paris - Metz - Belfort et amener la ligne Maginot à se rendre] par une opération secondaire qui tend à percer la ligne Maginot sur son point le plus faible entre Saint-Avold et Sarreguemines avec des forces limitées, dans la direction de Nancy-Lunéville.*
En outre, selon le développement de la situation, une attaque sur le Rhin supérieur pourra être prévue, avec la restriction qu'il n'y soit pas affecté plus de 8 à 10 divisions. »

Coll. Bruge

Coll. Bruge

sions — dont six en premier échelon — et surtout de l'appui-feu d'un millier de canons environ auxquels s'ajoute évidemment l'apport de la Luftwaffe. **L'opération *Tiger* a bien pour objectif de percer la ligne Maginot.**

Face à ce dispositif imposant, le dispositif français est nettement moins fringant. Depuis la veille, le SF Sarre couvert par le 20e CA du général Hubert, est passé sous les ordres de la 3e armée. Hubert ne dispose plus que de deux divisions conventionnelles, la 52e DI du général Échard et la 1re DIP (division de grenadiers polonais) du général Duch auxquelles s'ajoutent les unités de forteresse, à savoir trois régiments de mitrailleurs de forteresse, les 69e, 82e et 174e RMIF dans la trouée même et le 133e RIF sur sa droite.

Toutes ces unités doivent du reste décrocher le 14 au soir sous la protection d'une légère croûte qui tentera ensuite de se dégager le 15 au soir. Situation d'autant plus délicate que ce secteur défensif se compose principalement de casemates STG, plus ou moins achevées, de blockhaus de divers types et surtout de zones d'inondation qui n'ont été activées que début juin. En outre, les guetteurs sur la position n'ont pas manqué de relever, durant les jours précédents, les indices d'une offensive imminente

L'action s'engage effectivement, le 14 au matin, dès 6 h 00, dans des conditions météorologiques défavorables. Pendant trois heures, l'artillerie allemande écrase les positions françaises mais l'artillerie française n'est pas en reste et ses tirs de contre-batterie contrarient sérieusement la mise en place des troupes d'assaut.

À 9 h 00, celles-ci s'élancent en direction des avancées qu'elles sont chargées d'enlever. Très rapidement et malgré une résistance courageuse, les positions avancées du Knop, de Barst, et du Grossberg (devant Biding), sont enlevées par l'assaillant qui se heurte alors à la ligne principale de résistance. Le combat redouble d'intensité devant Holving et Puttelange mais, malgré l'intervention de la Luftwaffe, les Allemands ne parviennent à créer dans le bois du Kalmerich qu'une petite brèche qu'ils vont essayer laborieusement d'exploiter.

Au soir du 14, devant le peu de résultats *(suite page 196)*

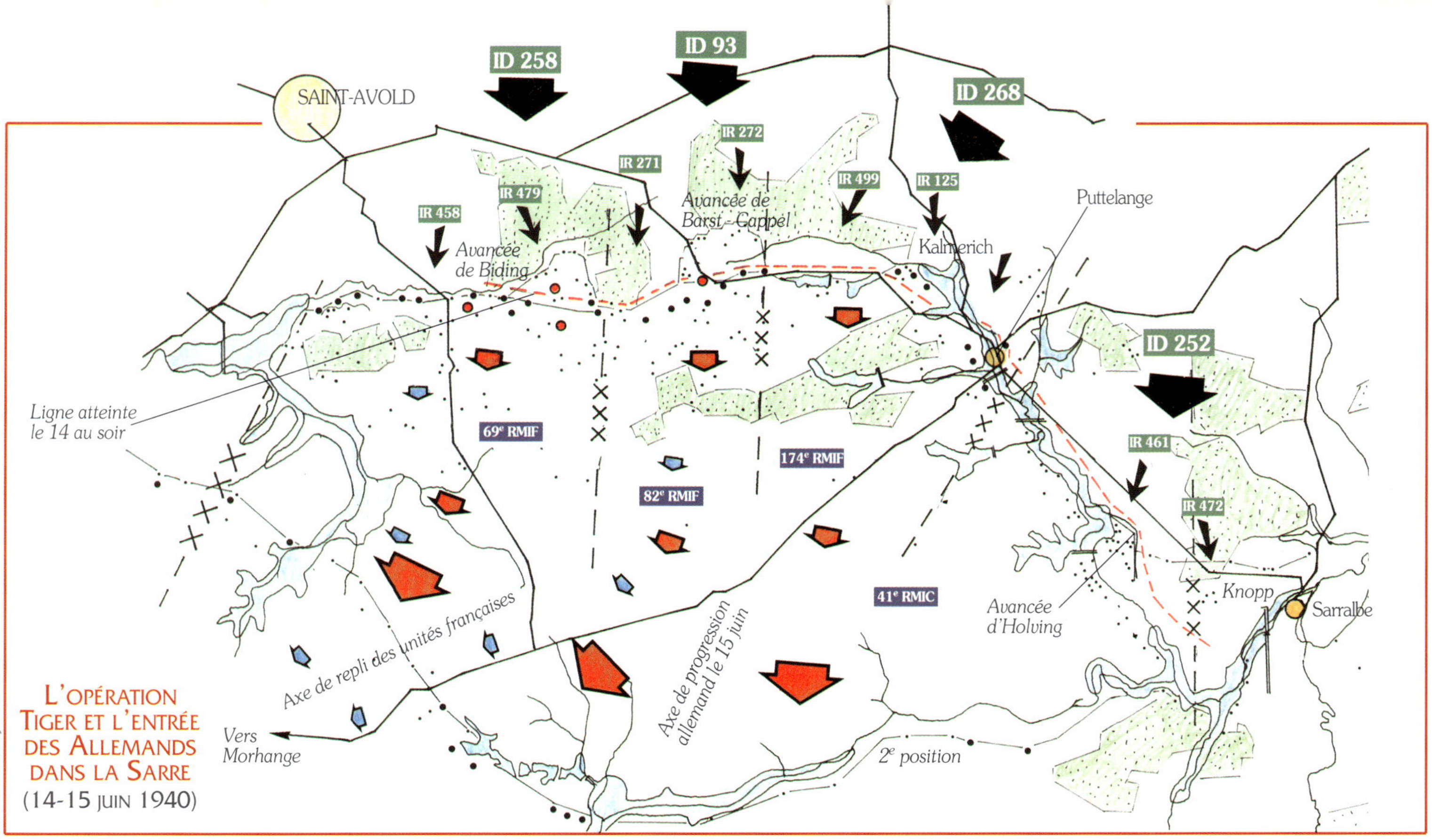

L'OPÉRATION TIGER ET L'ENTRÉE DES ALLEMANDS DANS LA SARRE (14-15 JUIN 1940)

Carte J.-Y. Mary

BA

BLOCKHAUS MC 31
En contournant Puttelange inondé, les Allemands découvrent le blockhaus MC 31 à la sortie Ouest du village.

En bas à gauche.
BLOCKHAUS MC 32
Quelques centaines de mètres plus loin, se trouve le blockhaus MC 32. Aussitôt, les Allemands s'emploient à remettre en état les voies de circulation. On distingue à l'arrière-plan les inondations qui protégeaient la position.

Ci-dessous. Contrechamp de la photo précédente permettant de découvrir l'entrée du blockhaus.

BA

Coll. Mansuy

Coll. Bruge

Coll. Bruge

Coll. Bruge

En haut à gauche.
SECTEUR DE LA SARRE
Toute la région est couverte d'une nappe d'eau peu profonde mais constituant néanmoins un obstacle difficile à franchir pour l'assaillant.

Ci-dessus.
REMERING
Le blockhaus M 30 B de Rémering (aujourd'hui mémorial des marsouins), endommagé par les combats, est examiné par un colonel allemand après l'évacuation des unités françaises.

Ci-contre.
AVANCÉE D'HOLVING
Le blockhaus M 118 T, situé dans l'avancée d'Holving, est surmonté de deux tourelles démontables pour mitrailleuses qui lui confèrent une certaine puissance de feu. Néanmoins, les deux engins sont relativement vulnérables en raison de la saillie qu'ils font par rapport à la dalle du bloc.

Ci-dessous.
Cette photographie permet de découvrir les aménagements réalisés par la troupe à proximité des blocs. Un clayonnage très travaillé permet de circuler à l'abri des vues.

Coll. Bruge

BA

SARRE, LIGNE CEZF
Après s'être emparés de la première position, les Allemands abordent le lendemain les blockhaus STG de la ligne CEZF : les blocs sont inachevés et la plupart n'ont pas reçu leur cloche type C.

Ci-contre, différents matériaux traînent aux alentours du blockhaus MC 13 situé aux environs de Francaltroff.

Ci-dessous. Contrairement à ce que l'on pourrait penser, la ligne CEZF n'a pas été abandonnée sans combat : on voit ici devant une casemate STG, près de Francaltroff, les tombes de quelques soldats français tués en la défendant. Une autre photo de la série montre les tombes de sept soldats allemands enterrés devant l'autre chambre de tir de la casemate.

BA

(suite de la page 193)

enregistrés, von Witzleben se résout à suspendre l'attaque. Pourtant, le hasard va s'en mêler puisque peu après, un aspirant français porteur d'un ordre de repli est capturé par les Allemands qui apprennent ainsi que toute la position va être abandonnée dans la nuit sous la protection d'une petite croûte. Alors que les unités françaises sont en train de décrocher et d'entamer leur périlleux repli nocturne, von Witzleben ordonne que l'offensive soit reprise le lendemain.

Au matin du 15, les opérations reprennent donc et cette fois, les assaillants n'ont aucune peine à réduire les derniers blockhaus qui tiennent encore : la 1.Armee a donc réussi à franchir la ligne fortifiée [5]. En ce 15 juin, elle n'est pas la seule...

OFFENSIVE SUR LE RHIN (15 JUIN)

Depuis le 13 juin au matin, les troupes de forteresse chargées de la « garde au Rhin » sont seules : le repli des gros du GA 2 est en cours et seule subsiste sur le fleuve une légère croûte destinée à masquer le retrait français. Sur le Rhin, cet abandon revêt un caractère tragique : les casemates dont aucune arme ne tire vers l'avant à quelque distance sont offertes en cibles immobiles aux pièces allemandes qui ont tout loisir de s'embosser à quelques centaines de mètres. À la veille de l'offensive allemande, la défense du Rhin est assurée par sept bataillons et dix-huit pièces d'artillerie.

Face à ce faible dispositif, c'est la 7.Armee du général Dollmann, forte de sept divisions appuyées par trois cents pièces d'artillerie qui s'apprête à forcer le passage. Sept cents canots d'assaut et trois cents radeaux permettront aux assaillants de franchir le fleuve et d'établir une tête de pont qu'il faudra ensuite alimenter au moyen de ponts de circonstances. C'est sans doute dans ce domaine que Dollmann est le plus mal équipé puisque le matériel dont il dispose lui permet tout au plus d'établir trois ponts. Il lui faudra donc une certaine dose de chance pour réussir l'opération dont les Vosges constituent l'objectif final.

L'opération *Kleiner Bär* se déroulera en deux phases. L'attaque principale menée par les ID 218, 221 (AK XXVII) et 239 (HK XXXIII) débutera à 9 h 00 après une courte mais violente préparation d'artillerie sur un front de trente kilomètres, de Schœnau à Neuf-Brisach. Une action secondaire débutera à partir de 13 h 00 en face de Rhinau et elle sera menée par le AK XXVII.

Le 15 juin, alors qu'il fait encore nuit, les troupes d'assaut

NOTES

5. Le rapport de la AOK 1 relativise le succès des troupes allemandes en écrivant : « *sur la Nied et le Moderbach, il y eut un miracle à notre profit* ». De son côté, le général Hubert note dans son carnet : « *Au soir (du 14 juin), tout est terminé. C'est une victoire* ». Cependant, le commandant du 20e corps a vécu une journée éprouvante, surtout vers 11 h, quand il a appris que l'ennemi s'était infiltré en quelques points au sud d'Holving. Une percée allemande dans la direction Est - Ouest aurait en effet fait tomber l'ensemble du saillant de Barst - Puttelange. À midi, le général a alerté les chars mais ceux-ci n'ont pas eu à intervenir.

6. Heure anormalement tardive pour déclencher une attaque mais toute la zone du Rhin était jusqu'alors couverte d'un épais brouillard.

7. Un extrait du rapport du IR 360 de la ID 221 donne une idée de la violence des tirs : « *Le capitaine Pohl (commandant le I/IR 360) observe pour sa part, l'agonie de la casemate « Dichschädel »* [Limbourg Sud, NDLR]. *Voici le premier coup de 88, au beau milieu du mur de front : une boule brillante ricoche ensuite en oblique vers le ciel. Quelques secondes après, une seconde boule atteint le même endroit, puis dérape vers le côté. Un troisième coup frappe toujours au même point du mur, pour ricocher encore. Au quatrième coup, l'obus se met à tourbillonner, dans le trou naissant, avant de déraper ensuite sur le côté. Une nuée de poussière commence à envelopper le fortin. Coup après coup, le trou s'agrandit. Au sixième coup, le lourd projectile disparaît dans le mur. Au huitième coup, il s'enfonce à l'intérieur du blockhaus...* » (cité par R. Bruge).

8. Le blockhaus G 26 (front du 28e RIF) bascule même dans le Rhin.

(DR)

BERGE DU RHIN
Le 15 juin 1940, l'artillerie allemande se déchaîne sur les casemates de berge du Rhin et les rend intenables aux défenseurs.

PONT-DE-RHINAU NORD
On voit ici la chambre de tir Nord de la casemate Pont-de-Rhinau Sud qui a servi de cible aux canons allemands.

SCHŒNAU NORD
La puissance des tirs allemands est telle que les murs de béton sont littéralement pulvérisés comme en atteste cette photo de la casemate de Schœnau Nord 52/1 qui présente un aspect particulièrement délabré.

se mettent en place sous une pluie battante. Ce n'est cependant qu'à 9 h 00 [6] que le bombardement se déclenche à hauteur de Neuf-Brisach: toutes les pièces à tir tendu (Flak 8,8 cm, Pak 3,7 cm) tirent à vue sur les casemates de berge qui ne peuvent riposter. Cela ressemble fâcheusement au franchissement de la Meuse à Sedan mais, circonstances aggravantes, sans aucune unité derrière en soutien. Le tir ne dure que dix minutes et très rapidement, sous la violence des tirs, les casemates sont réduites une à une, cloches et créneaux défoncés ou neutralisés [7]. Il en va de même pour les blockhaus Garchery qui sont littéralement perforés [8].

À 9 h 20, les embarcations chargées de troupes d'assaut quittent la rive allemande.

Sur la gauche du AK XXV se trouve le AK XXVII, fort de deux divisions. À droite du dispositif, devant Schœnau, opère la ID 218 qui a en face d'elle, le 242e RI du colonel Bouchon. Les Allemands se heurtent à une vive résistance dans

Photo P. Blasy, coll. A. Blasy

Photo P. Blasy, coll. A. Blasy

Photo P. Blasy, coll. A. Blasy

SCHŒNAU SUD
La casemate 50/1 Schœnau Sud a elle aussi été l'objet de tirs particulièrement destructeurs.

SPONECK SUD
Gros plan sur la cloche GFM de la casemate 41/1 Sponeck Sud sur laquelle une loupe d'acier a été arrachée par un tir tendu. À gauche, le mortier de 50 mm est en place dans son créneau.

Coll. Burger

FORT-MORTIER
On voit ici l'état particulièrement délabré de la casemate 32/1 Fort-Mortier dont le mur de façade a été pulvérisé.

Burger, coll. Bruge

PONT-DE-BATEAUX

La façade avant de la casemate 31/1 Pont-de-Bateaux du sous-lieutenant Grosperrin a été perforée par les tirs allemands et sa cloche est en partie déchaussée.

NOTES

9. G 10 compte huit morts dont le sergent Bridan, G 11 s'est rendu, G 12 a dû être évacué ; à G 13, le sergent Bollet a été tué, G 14 a eu quatre morts avant d'être évacué, etc.

10. La Limbourg Nord 49/1 déplore trois morts, l'abri de Limbourg Pont (abri) 46/a 1, deux dont son chef, le lieutenant Grunenwald, la Sponeck Nord 45/1, un et la Sponeck Sud 41/1, qui a dû se rendre après avoir longtemps interdit les franchissements dans son secteur, deux également.

l'axe de l'attaque où la casemate de Schœnau Sud n'est pas muselée, ce qui incite le commandant du IR 397 à suspendre temporairement les franchissements. En revanche, les blockhaus de berge au sud de Schœnau sont réduits au silence ou évacués, ce qui permet aux Allemands d'établir une petite tête de pont et de neutraliser les casemates de première ligne à l'exception de Schœnau Sud qui tiendra jusqu'au lendemain après-midi.

À gauche, face à Markolsheim, c'est la ID 221 qui doit enlever les positions tenues par le 42e RIF. Les franchissements se

Photo P. Blasy, coll. A. Blasy

BA

BERGE DU RHIN

La cloche GFM de la casemate 23/1 Geiswasser Nord est littéralement suspendue dans le vide, le béton qui l'enchâssait ayant été pulvérisé par les tirs allemands.

Ci-dessus à droite. L'arrière de ce bloc de type Garchery qui paraît relativement intact, du moins sur cette face, est aménagé avec des boyaux, des sacs de terre et des clayonnages qui mettaient les allées et venues des défenseurs à l'abri des regards de l'autre rive.

Ci-contre. Le bloc G 17 reçu plusieurs coups au but mais il paraît encore relativement intact, ce qui démontre l'efficacité du mur de façade légèrement incliné pour favoriser les ricochets.

Photo P. Blasy, coll. A. Blasy

Photo P. Blasy, coll. A. Blasy

déroulent relativement favorablement et rapidement les blockhaus de berge sont réduits au silence [9]. Aussitôt, les assaillants procèdent au nettoyage des casemates de berge qui résistent encore [10] puis ils se répandent dans la forêt du Rhin en direction de la ligne principale de résistance matérialisée par les casemates de Artzenheim et Baltzenheim. Moins d'une heure après avoir pris pied sur l'autre rive, les Allemands entament la construction d'un pont de bateaux à hauteur de Limbourg.

Enfin, au sud, est déployé le HK XXXIII qui compte trois divisions : devant Neuf-Brisach, la ID 239 fait face au 9e BCPyr, la ID 554 qui a détaché en première ligne le IR 623, se trouve face au 28e RIF et la ID 556 se trouve devant le 10e BCPyr.

Des éléments du IR 623 parviennent à prendre pied sur la rive gauche mais leur situation est particulièrement difficile d'autant que tous les blocs ne sont pas tous réduits au silence et qu'ils attaquent face aux seules batteries d'artillerie dont disposent encore les défenseurs. Les unités engagées subissent des pertes élevées et elles restent clouées le long de la digue. Aussi, devant la violence de la réaction française, le General Brandt ordonne d'arrêter les opérations de franchissement dans ce secteur.

Alors que l'attaque principale connaît des fortunes diverses, à 13 h 00, débute l'attaque secondaire prévue sur le front de la 103e DIF (qui relève de la 5e armée). Elle est menée par le IR 633 de la ID 557 qui appartient, tout comme la ID 555, au AK XXV. Malgré un incident imprévu en cours de traversée (l'enlisement sur un banc de sable), les assaillants parviennent sur la rive française sans encombre et ils neutralisent rapidement les blockhaus de berge ainsi que la casemate de Rhinau Nord (où un soldat est tué). Par contre, Rhinau Sud tient toujours mais elle ne peut empêcher que l'attaque se poursuive vers la ligne des villages sur laquelle les Allemands vont s'offrir un beau succès en parvenant vers 17 h 00 à se rendre maîtres de la casemate de Ziegelhof.

Au soir de son offensive, le General Dollmann dresse un bilan mitigé de l'opération : ses unités ont certes pris pied sur la rive gauche du Rhin mais elles n'ont pas atteint l'objectif du jour (le canal du Rhône au Rhin) et la situation de plusieurs unités reste fragile. Curieusement, c'est l'opération secondaire menée par le IR 633 qui a obtenu les meilleurs résultats en forçant la ligne des villages. Pour les autres unités, la situation est plus incertaine : la ID 218 est au contact de la ligne des petits blocs, la ID 221 est toujours coincée sur la digue des hautes eaux, la ID 239 est dans la forêt du Rhin mais n'est pas parvenue à en déboucher. Point positif : la ID 239 a réussi à établir un pont de circonstances à hauteur de Jägerhof.

Le 16 au matin, les opérations reprennent vers la ligne principale de résistance, sur la ligne des villages. L'intervention des Stukas favorise la progression et les casemates de berge qui tenaient encore sont, soit enlevées par l'ennemi (Rhinau Sud, Schœnau Sud, Pont-Rail Sud), soit évacuées (Schœnau Nord et Centre, Pont-de-Bateaux).

Les Ju 87 s'en prennent surtout aux grosses casemates de la ligne des villages sur lesquelles les attaques se succèdent. Leur méthode consiste à laisser tomber leurs bombes devant les créneaux dans le but de les obstruer avec des projections de terre. Les explosions secouent les casemates et affectent le moral des défenseurs qui ne peuvent riposter à ces attaques incessantes. Les créneaux sont mis à mal par le souffle des explosions ou obstrués, ce qui rend la défense des blocs impossibles. Biesheim Sud et Artzenheim Nord doivent être évacuées, Marckolsheim Nord est détruite et à Baltzenheim, le lieutenant Senter est tué derrière un jumelage par l'explosion d'une bombe juste devant le créneau. La casemate cesse le combat peu après.

DEUXIÈME LIGNE DU RHIN
Après avoir nettoyé les casemates de berge, les Allemands parviennent sur la deuxième ligne, seulement matérialisée par trois casemates dont la 24/2 Vogelgrün. La baraque du temps de paix (à droite) a été pulvérisée.

BA

TROISIÈME LIGNE DU RHIN
Sur la troisième ligne, les combats revêtent aussi une grande intensité. La chambre de tir sud de la 34/3 Marckolsheim Nord présente un aspect totalemernt ruiné, sous l'effet des tirs tendus allemands. Neuf de ses défenseurs ont laissé leur vie dans l'affaire.

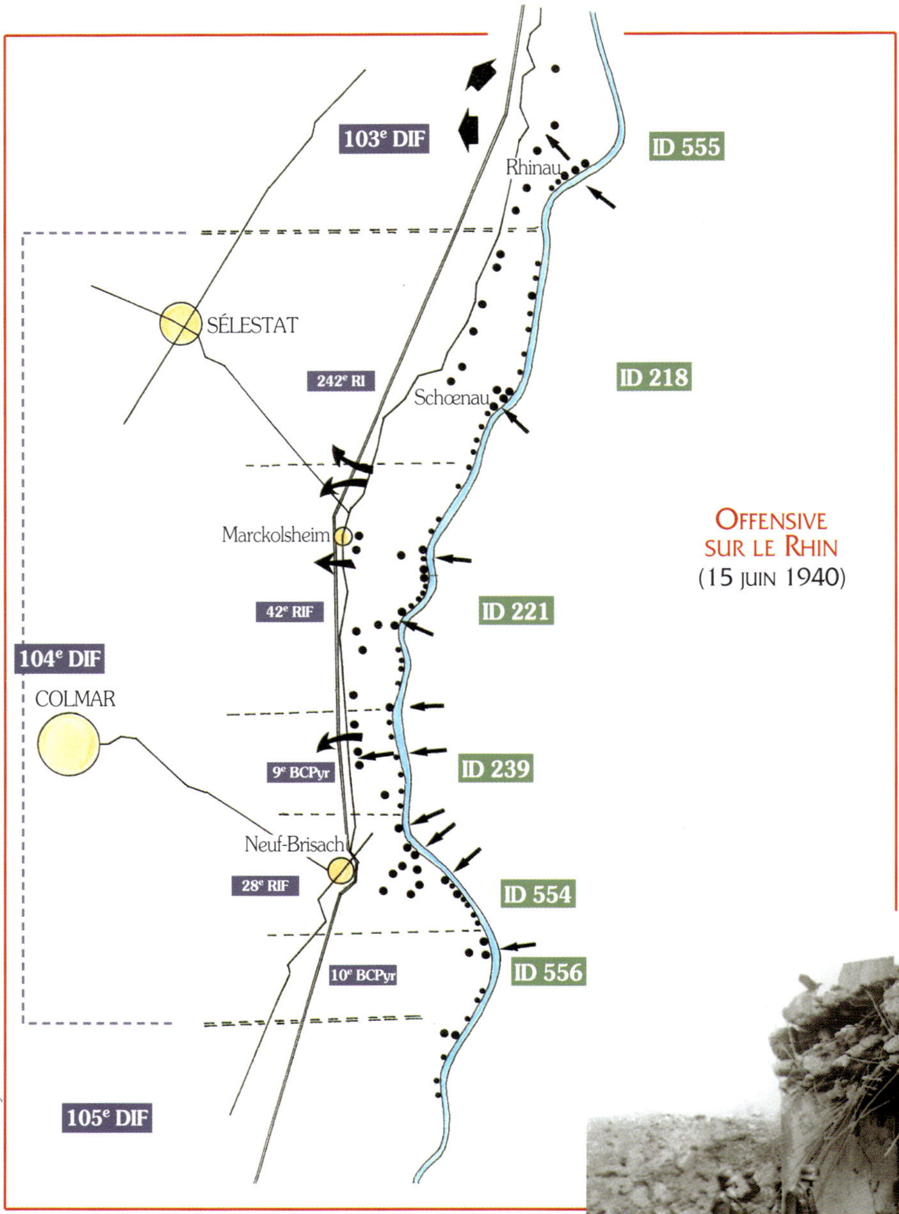

Carte J.-Y. Mary

TROISIÈME LIGNE DU RHIN
Autre casemate de la troisième ligne, la 38/3 Baltzenheim dont le mur en aile a été complètement déchiqueté par une bombe de Stuka. Son chef, le lieutenant Senter, a été tué par le souffle de l'explosion.

BA

Ci-dessous.
Des soldats français tombés pour la défense des casemates de Marckolsheim ont été enterrés provisoirement derrière la 35/3 Marckolsheim Sud.

Photo P. Blasy, coll. A. Blasy

Vers 17 h 30, les Pioniere parviennent à détruire les créneaux de la casemate Marckolsheim Sud qui doit cesser le combat. Peu après, Marckolsheim Nord, durement touchée par les bombardements est achevée au lance-flammes et une grande partie de l'équipage — dont l'adjudant Guilbot — est tuée dans l'opération.

Au soir du 16, la ligne de résistance a été forcée devant Marckolsheim mais le village organisé en point d'appui tient toujours et la percée espérée n'a pu être réalisée. L'action devra donc être reprise le 17 au matin.

En fait, il n'en sera rien car en soirée, toute la 104e DIF reçoit l'ordre de décrocher vers les Vosges, derrière les bouchons organisés par la 54e DI, ce qui fait que dès le lendemain, la 7. Armee allemande s'empare de Colmar avant de contribuer à l'encerclement des armées françaises de l'Est que matérialise la chute de Belfort le 19 juin.

Conclusions sur les opérations du 14 au 16 juin

Il est difficile de tirer des enseignements de cette double percée dans la Sarre et sur le Rhin. Dans les deux cas, la rupture a été consommée alors que la position n'était plus en mesure de se défendre valablement.

Le SF Sarre, bien que sérieusement affaibli, a cependant arrêté un ennemi supérieur en nombre et en matériel et n'a cédé que suite à un repli sur ordre.

Les troupes du Rhin, quant à elles, n'avaient pratiquement pas d'artillerie à opposer à l'offensive allemande et l'intervalle entre les casemates de berge était trop étendu. Les Allemands ont donc eu tout loisir de déployer leurs pièces à forte vitesse initiale sur la rive opposée et à perforer le béton. On peut cependant regretter que la position n'ait pas été renforcée comme ce fût le cas dans des secteurs moins sensibles par des casemates d'artillerie tirant en flanquement. Leur action n'aurait certainement pas empêché le franchissement, elle l'aurait du moins sérieusement gêné.

On remarquera cependant qu'une nouvelle fois, les Allemands ont attaqué les points qu'ils considéraient comme étant les plus faibles, sans savoir qu'un repli éventuel était en cours et en évitant soigneusement de mener une action frontale contre les ouvrages puissants. Peu importe que la réussite soit due en partie au repli des troupes d'intervalles car « *une fortification qui ne répond pas à toutes les hypothèses est une faillite partielle* ».

En revanche, les autres opérations menées contre la ligne Maginot vont être dictées par l'évolution de la situation et présenter, dans la plupart des cas, une adaptation rapide aux circonstances, sans qu'il soit fait de distinction dans la puissance des organisations attaquées.

LES TROUPES DE FORTERESSE MARCHENT VERS LEUR DESTIN

LA NASSE SE REFERME

La percée réalisée le 15 juin dans la Sarre ouvre évidemment aux divisions allemandes de nouvelles possibilités de percer vers le sud mais elle permet surtout aux unités engagées de se répandre sur l'arrière des ouvrages : ainsi, la ID 95 commence à se déployer derrière les ouvrages du SF Faulquemont et à remonter prudemment vers le SF Boulay cependant que de l'autre côté, la ID 262 bifurque vers l'est, sur l'arrière du SF Rohrbach.

Parallèlement à ces mouvements, les Allemands bénéficient également d'une autre opportunité qu'ils ne vont pas manquer d'exploiter, à savoir l'abandon du plateau de Marville qui permet d'envelopper à peu de frais les ouvrages du SF Crusnes, voire du SF Thionville.

Pour ce faire, les Allemands qui étudiaient l'éventualité d'une percée en force entre les PO du Bois-du-Four et du Mauvais-Bois, se proposent, en lieu et place, de faire roquer la ID 183 qui stationnait tranquillement devant les SF Crusnes et Thionville, en l'envoyant sur l'arrière des ouvrages par le plateau de Noërs totalement évacué. La manœuvre est entamée le 14 juin et dès le lendemain, les itinéraires de repli des équipages de l'ex-SF Crusnes sont coupés. La décision est donc simple à prendre, on se battra sur place.

En revanche, dans les SF Thionville, Boulay et Faulquemont, la *mesure B* est d'application. Les artilleurs de position, les sections de voltigeurs laissées sur place pour animer les intervalles et les hommes des ouvrages qui ne sont pas indispensables à leur fonctionnement évacuent leurs positions en soirée.

Pour les artilleurs qui ne disposent d'aucun moyen de transport ni de traction, force est d'enclouer les canons et se replier sans pratiquement aucun armement. Les fantassins ne sont guère mieux lotis et beaucoup ne parviendront pas à se tirer de la nasse dans laquelle les troupes allemandes les enferment inexorablement.

Dans le SF Boulay, à la confusion de l'évacuation s'ajoute une mauvais interprétation des ordres qui va être la cause de quelque émoi sur la position. En effet, le capitaine Guillebot qui commande l'Anzeling donne l'ordre à son équipage et à ceux des ouvrages qui dépendent de son autorité, d'entamer les mesures de destruction, la *mesure C* (évacuation des ouvrages) ayant été, selon lui, avancée de deux jours. Aussitôt, les personnels concernés des ouvrages d'Hobling, de Bousse, d'Anzeling et de Berenbach, se mettent au travail et commencent le sabotage de l'armement et des installations. Par chance, un contrordre pourra être transmis juste à temps mais il parviendra trop tard à l'ouvrage de Bousse que le capitaine Ramaud a fait saboter (en particulier le central téléphonique) et évacuer dans le courant de la nuit. Ce sera le seul ouvrage qui ne sera pas occupé le 17 juin. Après avoir marché deux nuits, l'équipage A 24 sera capturé à Pange (est de Metz).

Le lendemain, le colonel Cochinard dont le PC à Hayes devient un peu trop exposé, se transporte à Anzeling, non sans avoir donné de nouvelles instructions à ses subordonnés: la *mesure B* (départ des artilleurs) est exécutoire le jour même à 20 h 00 mais la *mesure C* est suspendue jusqu'à nouvel ordre. En fait, elle sera purement et simplement annulée dès le lendemain [11].

Dans le SF Faulquemont, l'opération va être menée avec toute la rigueur voulue puisque, conformément au plan initial, les équipages des huit casemates d'intervalle (les Bambi, les deux Einseling, le couple des Quatre-Vents et celui de Laudrefang), abandonnent la position après avoir procédé aux destructions prévues. Seules mesures de sauvegarde envisagées : la réoccupation partielle de la casemate des Quatre-Vents Nord — pourtant sabotée — par quelques hommes de Laudrefang pour tenir sous le feu la route de Saint-Avold [12]. Par contre, il n'en va pas de même pour les équipages d'ouvrages puisque dans l'après-midi du 16, les premières unités allemandes sont sur les arrières. Denoix avise le général de Girval de l'évolution de la situation mais ce dernier lui confirme l'ordre de départ pour le 17. La situation ayant empiré le lendemain, Denoix prend alors l'initiative d'annuler l'ordre d'évacuation et de résister sur place.

Dans le SF Sarre, toute tentative de repli en bon ordre est devenue vaine après la percée allemande mais il reste cependant des troupes dont le destin n'est pas encore scellé, à savoir les équipages de l'ouvrage du Haut-Poirier et des cinq casemates qui l'entourent. En fait, le commandant Jolivet qui vient d'apprendre que les ouvrages sur sa droite ont reçu l'ordre de résister sur place, hésite quelque peu sur la conduite à tenir. Finalement, après avoir pris contact avec le lieutenant-colonel Bonlarron du Simserhof et appris par la radio que le maréchal Pétain avait demandé l'armistice, Jolivet se résout à annuler la mesure d'abandon pour résister sur place.

Sur le front de la 5e armée, dans les SF de Bitche, des Vosges et de Haguenau, une évacuation — bien que présentant un caractère particulièrement aléatoire — reste également toujours possible car les unités allemandes qui remontent vers l'est sont encore à quelques distance de la position. L'évolution défavorable de la situation après les percées enregistrées dans la Sarre et sur le Rhin va cependant amener le général Bourret à ordonner aux troupes de forteresse de résister sur place pour constituer un rempart sur l'arrière des troupes en repli.

Dans le SF Haguenau, le colonel Schwartz sait déjà que les Allemands n'ont pas l'intention d'attendre passivement que le repli français leur laisse le champ libre. En partant, chaque régiment, contrairement à ce qui se passe dans les autres secteurs, a laissé sur la position la valeur d'un bataillon. Pour ne pas être en reste, la 70e DI évacue également le secteur en laissant sur place le 81e BCP.

Ce n'est certainement pas inutile puisque le 15 juin, les avant-postes du secteur sont soumis à une violente attaque. En effet, dans la matinée, la ID 246 qui stationne devant la ligne des ouvrages passe à l'action et elle se heurte de front à la ligne d'avant-postes qui couvre le secteur sur l'avant. L'intervention des tourelles du Hochwald et du Schœnenbourg permet à certains points d'appui de résister mais une brèche importante peut cependant être ouverte dans la ligne d'avant-postes par les Stosstruppen qui se rendent maîtres de plusieurs points d'appui encerclés et à court de munitions. Les quelques PA qui tiennent encore se replieront finalement dans la soirée du 16, permettant dès lors à la ID 246 d'arriver au contact des ouvrages.

LES ARMÉES DE L'EST PRISES AU PIÈGE

Ce ne sont pas moins de quatre armées (2e, 3e, 5e et 8e armées) comprenant onze corps d'armée, qui vont essayer de décrocher vers le sud à partir du 13 juin [13].

Sur la gauche du dispositif, dans le secteur de la 3e armée, le repli se fait sous la pression de l'ennemi qui a vite compris la manœuvre en cours et s'empresse de jeter ses éléments motorisés sur les arrières des troupes en retraite cependant que le CAC et le 21e CA qui constituent l'aile droite du GA 4 essayent de constituer une bretelle sur la ligne Vitry-le-François - Sainte-Ménehould pour empêcher l'enveloppement de la ligne Maginot.

Au centre, le décrochage se fait sous la protec-

11. En fait, le même jour, le général Condé ordonnera aux équipages encore en place de rester dans les ouvrages et de résister sur place (cf R. Bruge, *On a livré la ligne Maginot*, pp. 61-62, op. cit.). Cet ordre ne parviendra pas aux équipages.

12. Le lieutenant Vaillant qui commande l'Einseling prendra ultérieurement la décision de faire également occuper les deux casemates de l'Einseling toutes les nuits.

13. Ce repli va se traduire par une suite de combats plus ou moins coordonnés qu'il ne peut être question de relater dans cet ouvrage. Le lecteur voudra bien se reporter aux cinq livres écrits par R. Bruge sous le titre général *Les combattants du 18 juin* (➞ bibliographie Tome Quatre).

GRANDES UNITES EN COURS DE REPLI (À PARTIR DU 13 JUIN 1940)

2e ARMÉE (Freydenberg)	
CAC (Carles)	36e DI, 1re DIC, 6e DIC, Groupement Gaillard, 3e DINA
21e CA (Flavigny)	Groupement Dubuisson, 1re DIC, 6e DI, 35e DI
18e CA (Rochard)	56e DI, 240e DLI, 3e DCR
3e ARMÉE (Condé)	
42e CAF (Renondeau)	51e DI, Groupement de Fleurian, 58e DI
6e CA (Loiseau)	26e DI, DM Poisot, DM Besse
20e CA (Hubert)	Groupement de Girval, Groupement Dagnan, 52e DI
5e ARMÉE (Bourret)	
43e CAF (Lescanne)	DM Senselme, 30e DIA, DM Chastanet
12e CA (Champon)	70e DI + éléments SF Haguenau, 103e DIF, DM Regard
8e ARMÉE (Laure [1])	
13e CA (Misserey)	105e DIF, 104e DIF, 54e DI
44e CAF (Tence)	63e DI
45e CAF (Daille)	67e DI

1. Le général Laure quitte le 9e CA le 21 mai pour remplacer le général Garchery à la 8e armée le même jour.

Nölke

VERDUN

La ID 71 se trouve engagée dès le 14 juin sur les champs de bataille de 1916 et elle s'empare des vieux forts de la ceinture de Verdun. Ainsi, à Froideterre, des éléments des 9. et 10.Kp du III/191 IR capturent trois officiers et 150 soldats.

tion des ouvrages et par conséquent, les unités peuvent se replier sans subir une pression immédiate [14].

Le 14 juin, la situation prend un tour plus dramatique car la 1.PzD est parvenue à s'emparer de Saint-Dizier, coupant dès lors le mince cordon qui reliait encore la GA 4 au GA 2. Cette percée donne de nouvelles idées à l'état-major allemand qui décide alors d'engager toute la Gruppe Guderian en direction de la frontière suisse, cependant que la Gruppe Kleist progresse en direction de Dijon et Lyon. Une course inégale s'engage alors entre les Panzers que rien re ralentit et des unités retraitant à pied, dans des conditions dramatiques.

Sur la gauche du dispositif, la journée est particulièrement sombre puisque le 21e CA qui a absorbé le groupement Dubuisson (3e DIC, division légère Burtaire) se bat devant Verdun et des combats dramatiques ont à nouveau lieu sur la Cote 304 et au Mort-Homme.

Le 15 juin, alors que Verdun tombe aux mains des Allemands, la situation des troupes en retraite se dégrade sensiblement : d'une part, les éléments de tête de la Gruppe Guderian ont franchi la Saône et ils menacent de refermer le seul passage encore ouvert le long de la frontière suisse, d'autre part, la double percée réussie par les Allemands dans la Sarre et sur le Rhin donne au décrochage une allure beaucoup plus inconfortable puisque désormais il va falloir se replier en combattant. Les Allemands ne tardent pas en effet à prendre le contact des arrière-gardes en retraite.

GUDERIAN FERME LA NASSE (17 JUIN)

Pour les troupes de forteresse qui se replient, l'objectif est de venir s'aligner sur le canal de la Marne au Rhin, pour former une position linéaire de Pagny-sur-Moselle à Lutzelbourg, en englobant la tête de pont Toul - Nancy.

Le 42e CAF dont relèvent les 51e et 58e DI décroche par Fresnes-en-Woëvre vers Thiaucourt aux environs duquel il s'organise le 16 au soir. Le 17, les troupes de forteresse (groupement de Fleurian) s'établissent sur le canal de la Marne au Rhin et la Moselle entre Foug et Liverdun cependant que la 51e DI se déploie à l'ouest, sur la Meuse et la 58e DI à l'est.

Sur sa droite, le 42e CAF est couvert par le 6e CA qui comprend les divisions de marche Poisot (SF Thionville) et Besse (SF Boulay). Le 15 juin au matin, les deux divisions de marche se trouvent sur la ligne Thiaucourt - Pont-à-Mousson - Delme. Le 17, la DM Poisot stationne au sud-ouest de Nancy alors que la DM Besse s'organise entre Flavigny-sur-Moselle et Saint-Nicolas-de-Port.

Au centre du dispositif, se trouve le 20e CA qui englobe les groupements de Girval (SF Faulquemont) et Dagnan (SF Sarre). Le groupement de Girval se replie par Delme - Château-Salins où il s'établit dès le 15 au soir [15] alors que le groupement Dagnan décroche par Altviller pour venir s'installer entre Hellocourt et Gondrexange dès le 16 au soir [16].

Plus à l'est, le 43e CAF constitué en deux groupements de marche se replie sur l'axe Drulingen - Sarrebourg (Chastanet) et la Petite-Pierre - Phalsbourg (Senselme) et le 16 au soir, il s'installe sur le canal de la Marne au Rhin, le groupement Chastanet de l'étang de Gondrexange à Hesse [17] et le groupement Senselme de Hesse à Artzwiller [18].

Le 17 juin, deux événements importants scellent partiellement le sort des troupes encerclées : d'une part, le maréchal Pétain s'adresse aux troupes au contact par un discours radio-

Coll. Bruge

Parmi les officiers qui tombent le 18 juin sur le canal de la Marne au Rhin, se trouve le commandant Féraud (en bonnet de police) que l'on voit ici à la droite du lieutenant-colonel Combet commandant le 37e RIF. Ce document pris durant l'hiver de la drôle de guerre montre que le patron du « régiment des Vosges » porte encore à cette époque un manteau à capuchon en drap bleu clair. Au contraire, Féraud porte le même effet mais en drap kaki, modèle 1935. En demeurant, pas plus en kaki qu'en bleu horizon, cet effet n'est réglementaire pour les officiers d'infanterie de forteresse.

diffusé tristement célèbre et prononce une phrase malheureuse qui va sensiblement affaiblir la volonté de résistance de certaines unités (« *C'est le cœur serré que je vous dis qu'il faut cesser le combat...* ») ; d'autre part, les éléments de tête de la Gruppe Guderian ferment la nasse dans laquelle se débattent les armées de l'Est. En effet, dès 8 h 00, un détachement de reconnaissance de la ID 29 (mot) atteint la frontière suisse près de Pontarlier et à 9 h 00, les avant-gardes de la division s'emparent de la ville. Aussitôt, les Allemands poussent vers le sud et ils se trouvent immédiatement sur les arrières du verrou constitué des forts du Larmont (supérieur et inférieur) et du fort de Joux occupés par le 23e BILA et le 170e RAP. L'effort ennemi se porte sur le fort du Larmont supérieur qui est soumis à un violent bombardement et cesse le combat vers 20 h 00 [19].

Pour sortir de cette situation désastreuse, le général Condé envisage de forcer le passage vers le sud en utilisant deux divisions non encore engagées mais il lui faut préalablement bloquer la poussée allemande sur le canal de la Marne au Rhin. Ce sont le 20e CA et le 43e CAF qui vont devoir se charger de cette mission de sacrifice.

Les troupes de forteresse sur le canal de la Marne au Rhin (18 juin)

L'attaque allemande contre le canal se déclenche le 18 juin au matin, alors que le canal est partiellement couvert d'un voile de brouillard. C'est surtout devant le 43e CAF que les Allemands vont exercer leur effort le plus important. Les opérations commencent par un violent bombardement sur l'ensemble de la position tenue par les troupes de forteresse, puis l'infanterie se lance à l'attaque. Les assaillants parviennent à franchir le canal devant Héming et à Xouaxange, dans le secteur défendu par le 37e RIF qui doit se replier peu après sur la ligne Lorquin - Landange.

À gauche du dispositif, le 133e RIF cède lui-aussi au pont du col des Français mais parvient à endiguer la poussée ennemie par une contre-attaque avant de décrocher en soirée. Devant la brèche ouverte, Lescanne décide de modifier son dispositif et au soir, la DM Chastanet se replie en pivotant pour aller se mettre en position au pied des Vosges afin de barrer les accès face à l'ouest [20].

Plus au nord, des combats très disputés ont également lieu devant le 6e CA à Maixe (26e DI) qui tombe finalement aux mains des assaillants et à Aingeray où les Allemands franchissent la Moselle, avant de s'emparer de Nancy en début d'après-midi. En fin d'après midi, le 6e CA est débordé par l'est et les éléments encore valides se rétablissent sur la Meurthe de Saint-Nicolas-de-Port.

Au matin du 19 juin, le dispositif est très affaibli : la DM Poisot établie sur la Moselle de Pont-Saint-Vincent et la DM Besse sur la Meurthe de Saint-Nicolas-de-Port sont à nouveau en butte aux attaques allemandes qui permettent, dans la matinée, d'ouvrir une brèche dans le dispositif à hauteur de Rosières-aux-Salines. Les restes de la DM Poisot se joignent à la DM Besse qui se replie vers Haroué et Bayon.

Le 43e CAF est également mis à mal : le groupement Senselme pressé par les Allemands se replie difficilement vers Harzwiller et Hazelbourg et se trouve dispersé en fin de journée aux environs d'Abreschwiller. Quant au groupement Chastanet, il se replie en combattant en direction de Badonviller - Raon-l'Étape et le 20 juin, il doit s'organiser pour faire face à des attaques convergentes dans la région de Bertrambois, Saint-Quirin et Rupt-des-Dames.

Le 20 juin également, les rescapés de la DM Besse sont capturés près de Germonviller.

La reddition des armées de l'Est (21-25 juin)

Au soir du 21 juin, il n'existe plus de véritable résistance organisée mais un ensemble de poches encerclées dont le sort va être scellé au cours des journées suivantes.

Au sud de Nancy, le général Dubuisson qui a pris le commandement des troupes encerclées entre Toul et Nancy, dispose encore de 68 000 hommes appartenant à huit divisions différentes mais le moral de la troupe est bas et la volonté de se battre particulièrement faible. Le 21 au soir, Dubuisson ordonne à son chef d'état-major, le colonel Placiard, de prendre contact avec les Alle-

Notes

14. L'unité la plus favorisée semble être la Division de marche Regard qui est évacuée par voie ferrée vers Chaumont. En fait, en raison des coupures du réseau ferré, elle doit débarquer peu après et se disperser dans les Vosges où elle combattra en ordre dispersé avec la 54e DI et la 103e DIF dont elle partagera le sort.

15. Dispositif : 69e RMIF à l'ouest d'Heinville ; 146e RIFà Hénaménil.

16. Dispositif : 41e RMIC, 51e RMIC et 174e RMIF, de Moussey au col des Français ; 133e RIF du col des Français à Gondrexange.

17. Dispositif : 153e RIF de Gondrexange à Héming ; 37e RIF de Héming à Xouange ; 166e RIF de Xouange à Hesse.

18. Dispositif : 154e RIF de Hesse au moulin de Niderviller ; 165e RIF du moulin de Niderviller à Arzviller.

19. En revanche, le fort de Joux n'offrira sa reddition que le 24 juin.

20. 153e RIF : route de Cirey ; 37e (Sarre-Blanche) et 166e RIF (Sarre-Rouge) : routes du Donon.

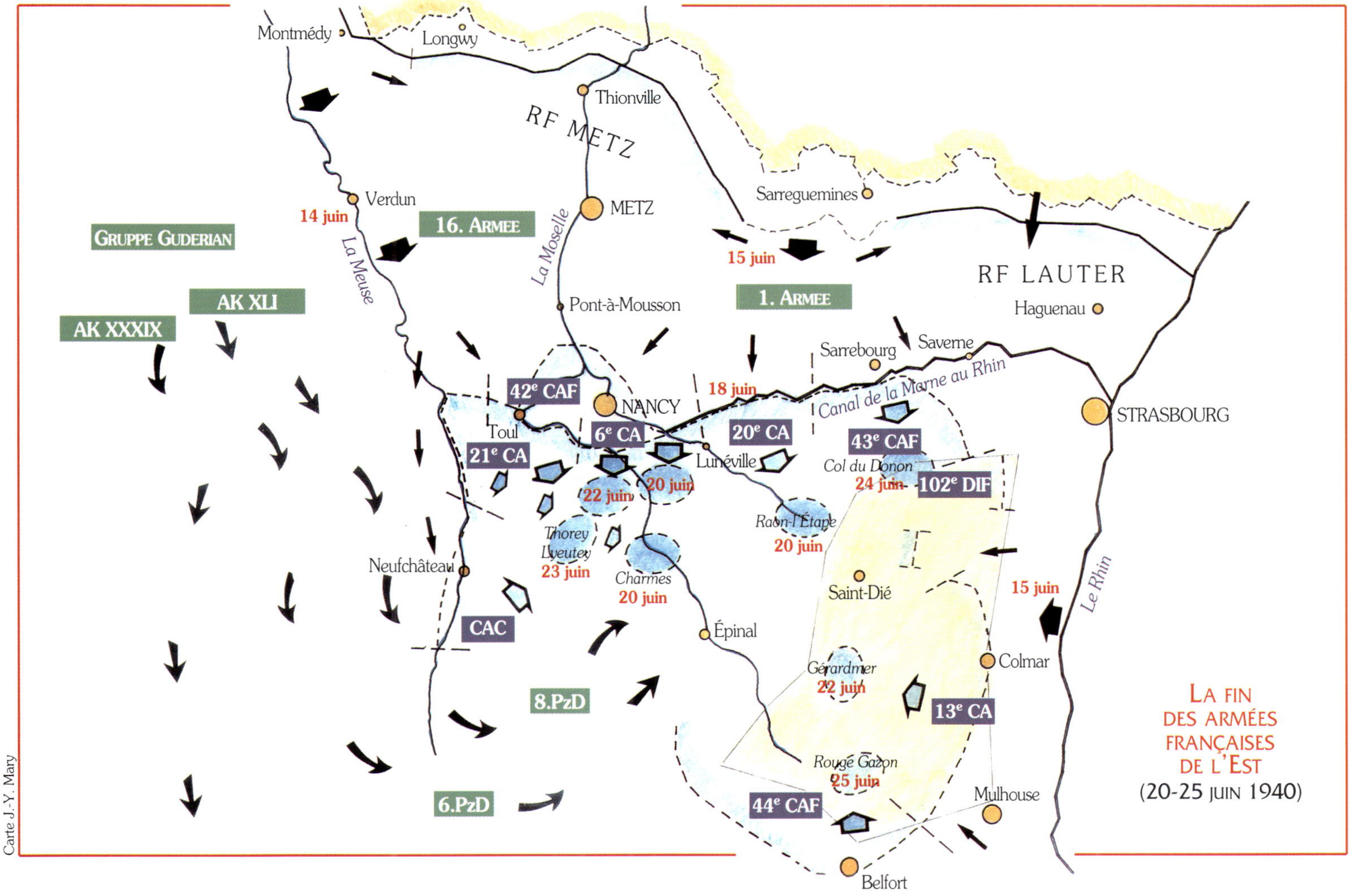

La fin des armées françaises de l'Est (20-25 juin 1940)

Coll. Bruge

GÉRARDMER
Le PC du 13e CA établi dans la villa Garnier à Gérardmer est investi par les troupes allemandes. Les officiers français sortent du bâtiment et se préparent à partir en captivité.

mands pour négocier un cessez-le-feu. Celui-ci rencontre le General Endres, commandant la ID 212, qui accepte la rédaction d'une convention concernant la reddition des troupes françaises pour le 22 au matin. Suite à cette démarche, Dubuisson envoie également le colonel Cuzin (commandant l'infanterie divisionnaire de la 3e DIC) auprès du général Feige commandant le HK XXXVI. Feige est beaucoup moins souple que son subordonné et il exige une reddition sans conditions des troupes encerclées que Cuzin va accepter sans négociation et signer à 15 h 30.

Le général Lescanne commandant le 43e CAF fort encore de 30 000 hommes environ, s'est installé au sommet du Donon où il espère bien tenir jusqu'à l'entrée en vigueur de l'armistice. Tôt le 23, un officier français prisonnier est envoyé auprès du général Lescanne pour l'informer que l'armistice est signé [21] et que du reste, les troupes allemandes appliquent d'ores et déjà le cessez-le-feu. Après différentes tractations, Lescanne accepte de signer la reddition des troupes encore sous son autorité le 24 juin à 11 h 30. L'ordre de reddition comporte une clause stipulant que toute le matériel et l'armement seront livrés intacts. Dans un peu plus de douze heures, ce sera l'armistice...

Plusieurs petits groupes tiennent toujours aux environs de Saint-Dié : on trouve à la Bourgonce des éléments du groupement Dagnan, non loin de là des éléments du groupement de Girval et de la 54e DI (général Coradin). Quant au général Condé, chef de la 3e armée, il a installé son PC à la maison forestière de Pimpierre, non loin du col du Haut-Jacques.

L'ensemble de ces éléments représente encore environ 50 000 hommes appartenant pour la plupart au 20e CA dont le PC se trouve aux Rouges-Eaux, mais l'heure n'est plus à la résistance. Le 22 juin, des parlementaires allemands se présentent vers 7 h 00 à une des barricades et ils vont être successivement conduits auprès des généraux de Girval, Hubert et Condé. Ce dernier jugeant la situation particulièrement compromise, décide de la reddition des troupes sous ses ordres vers 12 h 30.

Le 13e CA s'est organisé autour de Gérardmer où son chef, le général Misserey a installé son PC. Le 22 au matin, des éléments avancés allemands ont réussi à pénétrer dans la ville et ils réduisent une à une les barricades installées par les défenseurs. À 10 h 15, le général Misserey ordonne le cessez-le-feu des troupes stationnées à Gérardmer.

Le général Laure commandant la 8e armée a installé son PC à La Bresse où l'ont rejoint les généraux Tencé et Menu du 44e CAF et le général Cousse commandant la 104e DIF. Les Allemands ont pris le contact de la ville le 21 au soir et leur progression s'est poursuivie durant la nuit. Lorsque l'aube du 22 se lève, les dernières barricades tombent et les Allemands parviennent au PC de Laure qui se résout à ordonner le cessez-le-feu pour les troupes occupant encore La Bresse.

Du reste, bien peu de troupes encerclées vont parvenir à atteindre l'armistice les armes à la main. Parmi celles-ci, on peut relever les 2 500 hommes rescapés de la 105e DIF du général Didio qui s'est installé au Rouge-Gazon, non loin du Ballon d'Alsace. Lorsque le 25 juin au matin, Didio apprend l'entrée en vigueur de l'armistice, il peut espérer être ramené avec ses hommes en zone libre puisqu'il n'a pas été fait prisonnier. Malheureusement, cette situation ne lui permettra pas d'échapper au sort commun et les derniers défenseurs de la 105e DIF connaîtront eux-aussi le chemin de la captivité. ■

Coll. Turenne

COL DU DONON
Le général Lescanne commandant le 43e CAF, signe la reddition des troupes encerclées au Donon, le 24 juin, à quelques heures de l'armistice. Le 30 juin, il fera ses adieux avant de partir en captivité.

Von Ketelhodt, coll. Bruge

BADONVILLER
Le 30 juin également, le général Lescanne est reçu à Badonviller par son homologue von Schwappenburg, commandant le AK XXIV. On le voit ici pénétrer dans une villa de Badonviller suivi par von Schwappenburg qui a fait rendre les honneurs à son adversaire vaincu, accompagné de deux officiers français (capitaine d'Herbemont et commandant Clavé). Derrière ce groupe, l'Oberleutnant von Ketelhodt dont la compagnie est chargée de rendre les honneurs, repart vers son unité.

21. Ce qui est exact mais il n'est pas encore d'application tant que les Italiens n'ont pas signé.

Hamart, coll. Bruge

LATIREMONT

Après le départ des troupes d'intervalles, les patrouilles allemandes arrivent sur les arrières de la Maginot-Linie. C'est l'occasion pour la puissante artillerie des ouvrages — comme ici le bloc 5 de Latiremont qui aligne trois canons-obusiers de 75 mm modèle 1932, photographié juste après un tir — d'intervenir rapidement et vigoureusement. À titre d'exemple, le 24 juin vers 22 heures, ce bloc 5 et les quatre tourelles de Bréhain interviennent de concert sur une colonne allemande (un état-major ?) qui s'installe dans le camp de Morfontaine. Au cours de cette dernière journée de combat, les deux casemates d'artillerie de Latiremont ont tiré près de 3 000 obus.

CHAPITRE CINQ

LES OUVRAGES RESTENT SEULS

Après la percée opérée dans la Sarre et sur le Rhin, les unités allemandes se répandent derrière les ouvrages, déterminées à réduire le plus rapidement possible les dernières troupes qui résistent encore.

DICTÉES PAR L'ÉVOLUTION de la situation locale, les attaques montées pour parvenir à la reddition des ouvrages sont, si l'on excepte l'action montée dans les Basses-Vosges et dans le SF Haguenau, le plus souvent menées avec des moyens limités et dans la plupart des cas, à l'échelon local. Des opérations d'envergure sont quelquefois montées avec des fortunes diverses (Fermont, Kerfent, Bambesch, Laudrefang, Rohrbach), beaucoup se résument à des reconnaissances de patrouilles et des harcèlements d'artillerie.

Ce sont en fait les canonniers qui effectuent le plus gros du travail, tout au moins dans les secteurs pourvus d'ouvrages d'artillerie (➠ tableau ci-dessous).

Dans les ouvrages, le moral subit des hauts et des bas. Avec l'absence de courrier, l'envahissement du Nord, l'arrivée des troupes allemandes à Paris (14 juin), la petite phrase du maréchal Pétain — « *Il faut cesser le combat* » (17 juin) —, nom-

TIRS EFFECTUÉS PAR DIFFÉRENTS OUVRAGES DU 3 SEPTEMBRE 1939 AU 25 JUIN 1940

(entre parenthèses, les munitions laissées dans les ouvrages)

Ouvrage	*Coups de 75 mm*	*Coups de 81 mm*	*Coups de 135 mm*	*Total*	*Observations*
CHESNOIS	4 500[A]	—	—	?	Tubes changés le 20 mai
VÉLOSNES	10 000	—	—	10 000	
LATIREMONT	14 452	4 234	—	18 686	Du 13 au 25 juin (1 h 35) : 17 324 coups
BRÉHAIN	20 250[B]	1 780	2 220	24 250	Soit 205 tonnes
MOLVANGE	?	?	?	12 000[C]	
MICHELSBERG	3 356[D] *(11 817)*	758 *(5 600)*	575 *(3 400)*	4 689 *(20 817)*	
LAUDREFANG	—	5 000	—	5 000	
SIMSERHOF	14 000	2 000	1 000	17 000	13 500 coups lors des quatre derniers jours
HOCHWALD	15 799 *(50 954)*	1 130 *(6 930)*	2 621 *(12 931)*	19 550 *(70 815)*	Du 14 au 25 juin, soit en dix jours : Hochwald Ouest : 4 094 coups Hochwald Est : 11 092 coups
SCHŒNENBOURG	15 792 *(10 408)*	682 *(7 378)*	—	16 474 *(17 786)*	Du 14 au 25 juin, soit en dix jours : 13 388 coups

A. Du 16 au 18 mai.
B. Du 10 au 14 mai : 4 200 coups de 75 mm (affaire d'Esch). Du 13 au 25 juin : 10 145 coups.
C. Du 13 au 25 juin. Dernier tir de la tourelle de 135 mm : le 25 juin entre 0 h 15 et 0 h 20 (reste 40 000 coups non tirés)
D. 753 coups de 75 mm pour la seule journée du 15 juin.

Note

1. Dans le SF de Thionville, après le départ de 40 % des effectifs des équipages, les ouvrages sont en sous-effectif et de nombreux organes de tir sont, de ce fait, servis par des équipes réduites. Mais cette situation, problématique en cas de combats prolongés, permet néanmoins aux 60 % restants d'envisager une résistance plus longue grâce aux vivres de réserves qui ne manquent pas. Le plus optimiste est certainement le commandant Roy (ouvrage du Billig) qui parle sans détour « *de tenir au moins pendant trois mois* ». D'autres officiers, comme le chef d'escadron Rodolphe (Hochwald), envisagent de « *finir en beauté* »...

breux estiment, même chez les commandants d'ouvrages, que les équipages ont fait leur devoir. Il leur faut cependant continuer la lutte, sans trop de casse, jusqu'au cessez-le-feu, qui est imminent, ce qui devrait leur permettre se sauver l'honneur et de ne pas être considérés comme prisonniers [1].

Les combats qui se déroulent sur les arrières des ouvrages sont indépendants d'un secteur à l'autre et, pour les présenter, nous adoptons une rétrospective adaptée à l'organisation en secteurs fortifiés.

LE SECTEUR FORTIFIÉ DE LA CRUSNES

ÉCHEC DERRIÈRE LE MOLE FERMONT - LATIREMONT (21 JUIN)

Depuis le 14 juin, l'ouvrage de Fermont, commandé par le capitaine Aubert, n'a plus rien sur sa gauche que le PO de Chappy après, non seulement le retrait des troupes d'intervalle mais aussi l'abandon de la Tête de pont de Montmédy dont les ouvrages ont été sabordés.

Les Allemands comptent bien mettre à profit cette situation pour faire glisser leurs divisions vers Metz en contournant Longuyon par le plateau de Noërs. Mais les interventions continuelles de la tourelle de 75 du bloc 1 de Fermont les obligent à passer plus au nord. Le 17 juin, pour essayer de museler cette tourelle gênante, la ID 183 qui borde l'ouvrage, fait intervenir deux pièces de 8,8 cm depuis Constantine, à 3 000 mètres, au sud de l'ouvrage sur le bloc 4. Après quatre heures de tir, elles parviennent à percer la façade arrière, entre les 1re et 2e pièces. Par chance, le tir cesse avant que des dommages plus dramatiques ne soient causés à ce bloc. Les sapeurs profitent alors du répit accordé pour colmater la brèche.

Le 21 juin, le General Wilck, dont la ID 161 a relevé la ID 183, espère obtenir un beau succès en attaquant Fermont par l'arrière et qui sait, si les circonstances sont favorables, renouveler l'opération le lendemain contre celui de Latiremont. Wilck affecte le IR 371 à l'opération ainsi que toute l'artillerie dont il dispose, à savoir son artillerie organique mais aussi une unité lourde de renforcement, la Schw. Art. Abt. 641 équipée de trois pièces de 21 cm Krupp modèle 1917 et de deux Mörsers de 30,5 cm Skoda.

Dès 5 h, une violente préparation d'artillerie assurée par la SAA 641 s'abat sur l'ouvrage, secouant ses blocs et l'obligeant à rester silencieux. Pendant ce bombardement, les éléments du IR 371 se mettent en place derrière Fermont et Chappy. Vers 7 h 15, l'attaque démarre et les différents Stosstruppen s'élancent vers les objectifs qui leur ont été assignés. Les assaillants parviennent à s'approcher des entrées de Fermont et une pièce antichar réussit à perforer une des cloches de l'entrée des hommes. Le soldat Piton y est tué net avant que la pièce ennemie ne soit elle-même détruite par la tourelle de 81 du bloc 5. À Puxieux et à Chappy, la situation devient dramatique car les Allemands parviennent jusqu'aux réseaux des blocs et se préparent à donner l'assaut avec de grandes perches munies d'explosifs.

Malheureusement pour eux, les assaillants ont sous-estimé les vertus des appuis-feux réciproques et le bloc 6 de Latiremont, qui dépend du PC de tir de Fermont, brise net l'assaut allemand : les Stosstruppen doivent refluer vers leur base de départ en utilisant les tranchées françaises qui constellent les arrières de la position. L'opération se solde par un bilan officieux de 80 morts et blessés côté allemand, certainement supérieur si on examine le niveau des pertes de la ID 161 pendant ces quelques jours d'opérations.

En début d'après-midi, le capitaine Aubert s'autorise le luxe d'accorder un cessez-le-feu aux Allemands pour leur permettre de récupérer leurs blessés. Les Stosstruppen terrés dans les tranchées depuis la fin de l'attaque en profitent pour regagner leur base de départ : l'attaque sur Fermont est terminée, même si un projet de reprise de l'assaut en soirée est un instant envisagé.

Au soir de cet échec, le HK XXXI dont dépend la ID 161 juge plus sage d'interdire toute reprise des opérations contre les gros ouvrages trop difficiles à enlever avec les moyens disponibles.

PUXIEUX
La casemate de Puxieux a été mise en péril par l'assaut mené par le IR 371 mais les tirs conjugués de Fermont et de Latiremont ont eu raison des assaillants.

Lambersend, coll. Aaofim

L'attaque sur l'arrière de Chappy-Fermont (21 juin 1940)

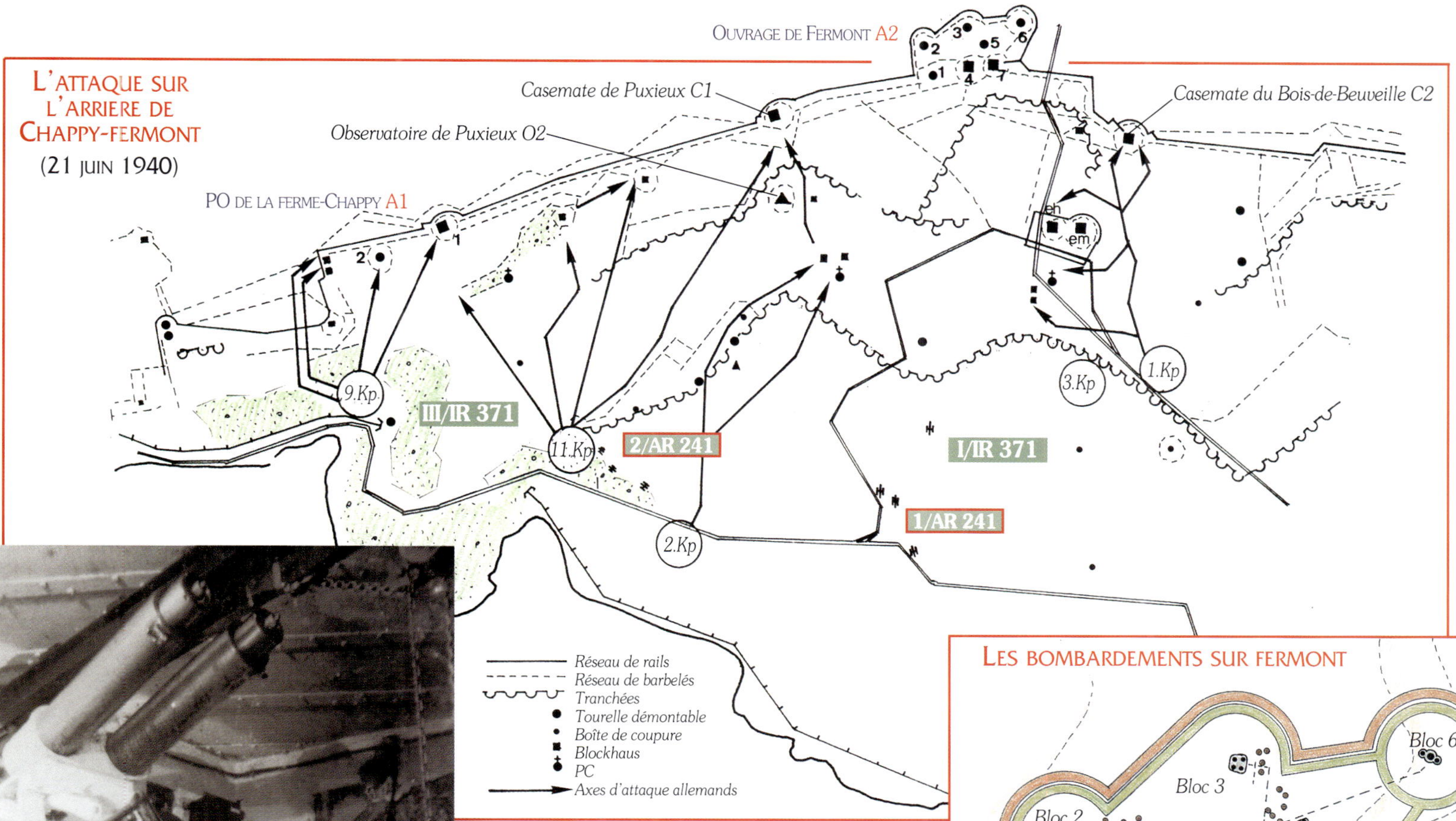

Carte J.-Y. Mary

Coll. Aaoflm

FERMONT

Fermont subit des tirs tendus par l'arrière dès le 17 juin. Le bloc 4 (casemate d'artillerie) est finalement percé vers midi, à hauteur de la deuxième pièce de 75 modèle 1932, par les tirs d'un canon de Flak 8,8 cm. Le trou, que l'on aperçoit sur la droite, sera rebouché dans l'après-midi avec du ciment à prise rapide.

Les bombardements sur Fermont

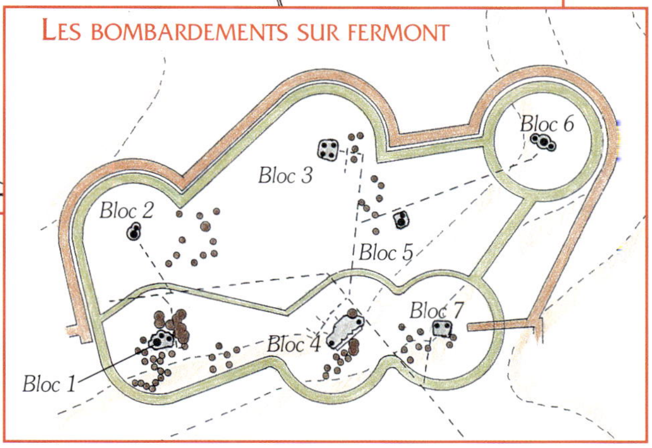

Carte J. Y. Mary (d'après Brice)

Les opérations contre les autres ouvrages

Tous les autres ouvrages et casemates de l'ex-Secteur fortifié de Crusnes sont en butte à des harcèlements plus ou moins agressifs. C'est notamment le cas du sous-secteur d'Aumetz, soumis à une certaine pression.

Le 19 juin, les Allemands mettent en batterie un canon antichar de 3,7 cm sur la crête des « anciens Puits » et ouvrent le feu sur la façade du bloc 3 d'Aumetz. Les impacts sont nombreux mais sans dommage sérieux. L'artillerie de Bréhain intervient et muselle le canon. Ensuite, deux sections allemandes progressent le long de la voie ferrée mais la tourelle de mitrailleuses d'Aumetz, appuyée par les canons de Rochonvillers, les repousse facilement.

Le 20 juin, les Allemands organisent une base de départ dans la ferme Hirps (route Aumetz à Audun-le-Tiche) et montent une petite attaque sur les casemates de Crusnes. Rapidement repérée par les observateurs, cette tentative sera brisée par les tourelles de Bréhain dont la réaction est immédiate. À signaler enfin un cas d'hallucination collective chez les guetteurs des entrées de cet ouvrage qui, dans la nuit du 16 juin, croient voir plusieurs chars sur les arrières de l'ouvrage, entraînant une débauche inutile d'artillerie.

Coll. Aaoflm

Les Allemands repéreront assez facilement les chambres de coupure du secteur et couperont les lignes téléphoniques souterraines : Fermont est isolé le 21 juin, Aumetz le 23. Les ouvrages utiliseront leurs radios pour communiquer mais les conditions ne seront pas optimales. Le 25 juin, Fermont est sans aucun doute le dernier ouvrage à tirer puisqu'il envoie encore quelques salves après l'heure officielle de l'armistice sur une unité allemande qui n'avait pas été prévenue de la cessation des hostilités.

FERMONT

L'attaque allemande sur Fermont se solde par un échec alors que pour les défenseurs, le bilan des pertes s'élève à deux morts. L'un d'eux, le soldat Piton, tué dans la cloche GFM de l'entrée des hommes, a été enterré dans la galerie principale de l'ouvrage.

Coll. A. Boy

chée à plusieurs reprises mais les tirs de protection (bloc 5 et Molvange) sont immédiatement déclenchés et les canons allemands se taisent. Malheureusement, un drame survient au bloc 5 de Rochonvillers : une pièce de 75 mm modèle 1929 explose au cinquième coup (obus explosif OE 1915), faisant un mort et un blessé grave [3].

Au PO de l'Oberheide, la situation est plus critique car l'ouvrage, constituant la pointe du saillant de la forêt de Cattenom, est soumis à des infiltrations et à des bombardements quotidiens. Le lieutenant Pobeau peut cependant compter sur l'appui des tourelles de ses deux puissants voisins, Kobenbusch et Galgenberg, même si la tourelle de 75 mm du Kobenbusch, repérée par les observateurs allemands, est prise à partie dès qu'elle monte en batterie. Le 20 juin, un soldat allemand isolé se promenant innocemment sur la rive gauche de la Moselle, se fait gentiment « cueillir » par l'équipage du PO de Sentzich. Il sera emprisonné à la prison de l'ouvrage du Galgenberg.

La dernière zone sensible est le secteur boisé qui s'étend

SŒTRICH
L'ouvrage de Sœtrich a subi quelques bombardements sporadiques qui n'ont en rien entamé la capacité défensive de l'ouvrage. La tourelle de 75 mm modèle 1932 R du bloc 5 est restée en batterie, ce qui permet de constater qu'elle est intacte. Les embrasures sont dirigées vers le photographe, avec au milieu le passage central pour la lunette de pointage direct L 655. Au premier plan, une cloche cuirassée de ventilation, pour le régime « air gazé ».

Photo Pierrard, coll. D. Kemmel

KŒNIGSMACKER
Ces canonniers du 151e RAP semblent suivre les évolutions (à haute altitude?) d'avions, probablement allemands car l'aviation française était cruellement absente du ciel lorrain. Les hommes sont agglutinés autour d'un observatoire cuirassé du groupe fortifié de Kœnisgmacker, ouvrage fortifié ex-allemand construit pendant l'annexion et incorporé ensuite en renforcement de la ligne Maginot. Au centre, pointant le ciel, le maréchal des logis Pierrard.

LE SECTEUR FORTIFIÉ DE THIONVILLE

Soumis à quelques actions locales de peu d'envergure, les ouvrages du secteur fortifié le plus puissant de la Ligne ont finalement joué un rôle modeste en juin 1940 bien que leurs canons aient beaucoup tiré, quelquefois sur des « courants d'air » d'après les mauvaises langues...

Des bombardements sporadiques, surtout du 10,5 et du 15 cm, s'abattent sur les dessus des ouvrages et des casemates d'infanterie [2]. À Rochonvillers, c'est le bloc 5 (casemate d'artillerie) qui, particulièrement visible, est pris à partie par des canons placés à l'arrière. La façade est entièrement labourée et par un hasard extraordinaire, le 22 juin vers 21 h 00, un obus de 15 cm pénètre dans une gaine mal rebouchée. L'obus explose à l'intérieur de la casemate, blessant légèrement un servant et endommageant le lance-bombes de 135 mm. Les observateurs de Rochonvillers ne parviennent pas à localiser les pièces allemandes.

En fait, les escarmouches se concentrent sur quelques points névralgiques. Tout d'abord, dans le secteur de Rochonvillers - Molvange. Le 18 juin, un détachement allemand sort des bois pour s'approcher du blockhaus Cb 14 bis, situé près d'Angevillers. Les mitrailleuses de la casemate du Grand-Lot, appuyée par les tourelles de 135 de l'ouvrage A 8, ont beau jeu de le repousser, le cadavre d'un Obergefreiter restant dans les barbelés. Le 21 à 4 h 30 du matin, nouvelle alerte : des canons antichars ouvrent le feu sur le bloc 9. La tourelle de mitrailleuses riposte en se mettant en tir automatique au lieu de rester éclipsée. Conséquence du non-respect des consignes : elle est touentre le Billig et les casemates de l'Hummersberg. Venant de la frontière, les infiltrations y sont nombreuses et toujours repoussées, le plus souvent par les tirs des artilleurs qui ne ménagent ni les munitions, ni le matériel [4]. La situation est encore plus difficile la nuit car les guetteurs croient voir des Stosstruppen partout et le PC du Billig doit gérer les nombreux messages d'urgence en provenance des casemates isolées. La dernière action d'éclat des ouvrages du SF Thionville est probablement le tir interrompu effectué par le bloc 5 du Billig. De 22 h à minuit le 24 juin, il tire 2 030 coups de 75 mm sur l'ouvrage du Hackenberg, en proie à des infiltrations ennemies.

LE SECTEUR FORTIFIÉ DE BOULAY

ÉCHEC DERRIÈRE LE MICHELSBERG ET LE MONT-DES-WELCHES (22 JUIN)

Le 22 juin, le General von Arnim et sa ID 95 vont connaître la même mésaventure que la ID 161 derrière Fermont. Après avoir percé dans la Sarre, la ID 95 est remontée le long de la ligne des ouvrages pour se déployer derrière le Michelsberg, dans le SF Boulay. Le but avoué est de faire sauter le barrage des ouvrages afin d'ouvrir la route Thionville - Sarrelouis. Mais situé dans un des secteurs les plus puissants de la Ligne, le Michelsberg bénéficie de l'appui d'artillerie de trois gros ouvrages (Hackenberg, Mont-des-Welches et Anzeling) et constitue sans nul doute un morceau trop gros à avaler en regard des moyens mis en œuvre par l'assaillant.

Von Arnim, qui ne dispose en effet d'aucune unité de ren-

NOTES

2. À l'Immerhof, le caporal André Rabu est tué le 14 juin au soir, lors d'une sortie sur les dessus. Au Kobenbusch, un éclat d'obus de calibre 28 cm est retrouvé sur les dessus, ce qui rend perplexe l'équipage car personne n'a relevé ni l'origine, ni la date du tir... Mais, hormis les entonnoirs de sept mètres de diamètre et quelques rails couchés, les dégâts sont nuls.

3. Le tué sera enterré aux abords de l'entrée des munitions, dans un cercueil fabriqué avec des caisses. La sortie du cortège funèbre se fit avec un maximum de précautions, l'ennemi rôdant aux alentours.

4. Les tourelles de 81 mm montrent leurs faiblesses, notamment à l'Immerhof (début d'incendie), au Galgenberg le 14 juin (éclatement d'un tube ; trois jours de travail pour la remise en état complète, avec remplacement du tube) et au Billig le 15 juin (bombe qui explose, deux blessés graves dans la chambre de tir).

forcement, doit opérer avec ses seuls moyens. Ceci ne semble pas le perturber outre mesure car il pense que ses canons obtiendront une décision facile, comme cela est arrivé les jours précédents dans le secteur de Faulquemont : il confie au III/IR 278 le soin d'enlever l'ouvrage, cependant que l'artillerie se partagera entre un appui direct aux troupes d'assaut et une tentative de neutralisation du Mont-des-Welches.

Von Arnim fait preuve d'un optimisme d'autant plus démesuré que déjà, le 21 juin, il a pu avoir un avant goût des difficultés qui attendaient ses unités. Alors que dans l'après-midi, une patrouille reconnaissait les itinéraires, elle s'est heurtée à deux petits blockhaus situés à proximité de l'entrée du « Michel ». Aussitôt, les tourelles des blocs 3 (81 mm) et 6 (135 mm) de l'ouvrage sont intervenues et ont ratissé le bois.

Le 22 juin au matin, les troupes d'assaut se mettent en place mais ces mouvements ne passent pas inaperçus et des quatre ouvrages du secteur, de violents tirs croisés s'abattent sur les Allemands qui, à l'exception d'une batterie de 8,8 Flak, ne peuvent déclencher leur préparation d'artillerie. Celle-ci ouvre le feu sur les cloches du bloc 3 qui sont touchées et sur la façade du bloc 2. Malheureusement pour les Allemands, elle est repérée par la cloche du bloc d'entrée. Le bloc 6 entre alors en action et le lieutenant Deschamps (➠ portrait Tome Deux, page 75), qui le commande, réalise un véritable exploit : deux salves de deux coups anéantissent la batterie ennemie (les observateurs voient des roues projetées en l'air). Au même moment, le bloc 4 (tourelle de 75 mm) et le canon de 37 du bloc EH du Mont-des-Welches détruisent un canon allemand sur le pont de la voie ferrée. Simultanément, les 75 mm du bloc 5 du Hackenberg (➠ photos Tomes Un page 40, et Deux page 62) interviennent et « coiffent » les fantassins ennemis groupés près du village de Dalstein. Les cadences de tir des canons de 75 mm montent exceptionnellement à 30 coups/minute. Ces actions marquent à peu près la fin de l'attaque.

Conscient des difficultés qui l'attendent, von Arnim se résout à tenter un coup de bluff et une approche diplomatique en envoyant vers 18 h 00, trois parlementaires vers l'ouvrage dont ils ne trouvent pas l'entrée. Ces émissaires seront finalement éconduits par le commandant Pelletier.

Devant cet échec, force est donc de reprendre le programme prévu mais malgré un violent bombardement en soirée sur le Michelsberg et sur le Mont-des-Welches, l'attaque ne peut être déclenchée. Le HK XXXV, imitant en cela la décision prise la veille par le HK XXXI, interdira toute reprise des attaques contre les ouvrages.

AUTRES OPÉRATIONS

Le 15 juin, une tentative d'approche des casemates de l'Hummersberg est facilement repoussée par le Billig et le Hackenberg.

Le 16 juin au soir, l'évacuation prématurée, suite à une mauvaise interprétation des ordres, du PO de Bousse et des casemates d'Edling ouvre dans la position une brèche de trois kilomètres (entre Hobling et Anzeling) que les Allemands ne vont pas découvrir et par conséquent, pas exploiter.

Une dernière tentative semble avoir eu lieu à quelques heures du cessez-le-feu par une attaque (?) des cloches de l'ouvrage du Hackenberg. Sur ordre du commandant Ebrard, l'ouvrage du Billig tire presque sans arrêt de 22 h à 24 h sur les dessus de A 19 Ouest et sur l'entrée des munitions (soit 2 030 coups). Le Mont-des-Welches, également alerté par le commandant Ebrard, lui prête son appui. Après minuit, le calme est rétabli dans le secteur. Sans doute s'agissait-il plus d'une démonstration de force à quelques heures de l'armistice et de l'occasion de soustraire un lot important de munitions aux Allemands.

Les opérations menées dans les SF de Crusnes, Thionville et Boulay montrent que l'attaque des gros ouvrages nécessite une condition impérative, à savoir que les ouvrages collatéraux soient dans l'impossibilité d'appuyer leurs voisins, soit parce qu'ils sont eux-mêmes attaqués, soit parce qu'ils sont pris sous un violent bombardement (et encore cette clause n'est-elle valable que pour les ouvrages ne disposant pas de casemates de flanquement). Dans les deux cas, de puissants moyens, en infanterie et en artillerie, sont nécessaires. Ce n'était pas le cas à Fermont (malgré l'appoint du SAA 641) et encore moins au Michelsberg, d'autant que là, il eût fallu pouvoir neutraliser, outre l'ouvrage attaqué, les trois collatéraux (Hackenberg, Mont-des-Welches et Anzeling), ce qui portait le front d'attaque à douze kilomètres.

Colmet-Daage

MONT-DES-WELCHES
Vue plongeante sur le bloc 4 et sa tourelle de 75 mm. Les deux tourelles du Mont-des-Welches entrent en action le 28 mai à 16 h 30 pour un tir de concentration aux environs du hameau de Sainte-Marguerite où une colonne allemande est observée. Les tourelles vont tirer jusqu'au cessez-le-feu, en particulier le 22 juin (appui du « Michel « et destruction d'un canon Pak de 3,7 cm que ses malheureux servants avaient embossé à moins de 200 mètres du bloc 4) et surtout lors de la dernière nuit, en exécutant des tirs à outrance afin « d'épouiller » les dessus du Hackenberg en proie à des infiltrations (témoignage du colonel Germain Barbier, ancien chef du bloc 4).

Coll. Kemmel

BOIS-DE-BOUSSE
Cet extrait d'une vue panoramique renseignée montre une cloche GFM du bloc 3, recouverte d'une peinture de camouflage deux tons et entourée d'une crinoline métallique destinée à masquer les créneaux. À l'arrière plan, le village d'Edling où de faibles patrouilles allemandes viennent s'infiltrer le 15 juin en venant des lisières du bois, ce qui déclenche les tirs de représailles de la tourelle de mitrailleuses. L'abandon de l'ouvrage, le 16 à 21 heures suite à un ordre téléphonique mal compris, provoque une forte émotion parmi les réservistes lorrains de l'ouvrage. L'équipage part en emportant ses FM (sans bipied, ce qui empêchera le tir couché) et après avoir détruit ses installations techniques. Capturés à Pange (près de Metz), après deux journées de marche, le capitaine Ramaud et ses hommes gardent un souvenir douloureux de cette marche-retraite mais eurent l'ultime satisfaction d'échapper à l'humiliante remise des ouvrages intacts aux mains de l'ennemi, infligée à tous les autres équipages.

BAMBESCH
Le bloc 3 du Bambesch n'a que peu souffert et seuls quelques obus ont endommagé la visière de la chambre de tir.

Coll. Bruge

Ci-dessous.
Contraste saisissant, le bloc 2 du Bambesch a été quant à lui la cible privilégiée d'un canon de 8,8 cm qui a totalement pulvérisé le béton et rendu le bloc intenable. On aperçoit nettement la cloche en partie déchaussée et les créneaux de la chambre de tir qui ont été défoncés.

BA

Coll. Lefort

Le sous-lieutenant Alberic Vaillant, commandant le PO de l'Einseling qui résistera jusqu'au bout.

LE SECTEUR FORTIFIÉ DE FAULQUEMONT

LA REDDITION DU BAMBESCH (20 JUIN)

Après avoir percé dans la Sarre, von Witzleben pousse rapidement ses divisions sur les arrières de la ligne Maginot sans autre intention que d'attendre que les ouvrages tombent d'eux-mêmes, aucune attaque contre la position n'étant programmée.

Derrière le SF Faulquemont, c'est la ID 167 du General Vogl qui se déploie dans l'après-midi du 19 juin. Les premières reconnaissances permettent de constater rapidement que les ouvrages sont seuls. Des « trous » existent dans les plans de feux, trous dont pourraient profiter les assaillants. Sollicité par ses subordonnés, von Witzleben marque alors son accord pour que des opérations de circonstances soient menées contre les ouvrages à partir des arrières de la position fortifiée.

Le début des opérations est fixé au lendemain avec un programme ambitieux : le IR 339 de l'Oberst von Lichtenstern doit s'emparer des ouvrages entre Téting et le Kerfent alors que le IR 315 de l'Oberst Wenck prendra à son compte les ouvrages entre le Mottenberg et Denting. Le 20 juin, Vogl, qui ne dispose pas encore de la totalité de ses moyens, hésite à s'engager mais, en fin de matinée, il est avisé que le petit ouvrage du Bambesch, adossé à un bois, peut facilement être atteint.

Vers 13 h 30, un Flak 8,8 s'en prend au bloc 2 qui est percé vers 15 h 00 et abandonné peu après. L'action des ouvrages collatéraux (Kerfent, Einseling) qui tirent au-delà de leur portée utile, n'est d'aucun secours. Le petit ouvrage dont la tourelle de mitrailleuses transformée arme mixte (➠ photo Tome Deux, page 78) est, semble-t-il, hors de service, ne peut guère riposter. Le lieutenant Pastre qui commande le Bambesch ne juge pas utile de vouloir résister à tout prix, d'autant que des problèmes de ventilation laissent planer des risques d'asphyxie à court terme. À 19 h 00, alors qu'une patrouille allemande (Kp 7 IR 339) s'approche prudemment du bloc 3, le parlementaire envoyé par le commandant du PO prend contact avec un sous-officier allemand à travers un créneau défoncé. Attitude correcte de part et d'autre. Finalement, l'équipage sort de l'ouvrage, tout se passe rapidement.

LA REDDITION DU KERFENT (21 JUIN)

Le lendemain, l'action s'étend aux collatéraux du Bambesch, le Kerfent et le Mottenberg à gauche, de l'autre côté de la route de Forbach et l'Einseling à droite. L'Oberst von Lichtenstern a déployé son régiment sur les arrières de la position en fixant comme objectif le Kerfent au I/IR 339 et l'Einseling au II/IR 339, cependant que le III/IR 339 fera du volume en direction de Téting.

Dans la nuit, les Stosstruppen du I/IR 339 progressent sur les arrières du Kerfent, par le bois qui jouxte l'ouvrage, alors que deux pièces de 8,8 Flak s'installent sur l'esplanade du bloc 3 du Bambesch. À partir de 6 h 00, les deux Flak 8,8 tirent à vue sur le bloc 3 du Kerfent déjà mis à mal la veille par un coup direct de 8,8 dans un créneau cependant que le bloc 2 est pris à partie par des Pak 3,7 qu'essaient de contre-battre à limite de portée, les mitrailleuses de la casemate Sud du Mottenberg et le Mottenberg [5]. Peu après, le bloc 3, perforé, est abandonné par son équipage mais les Allemands, décidés à s'emparer du bloc 2, ne mettent pas cette occasion à profit. Vers 7 h 30, un Flak 8,8 est approché à une centaine de mètres environ du bloc 2 et taraude le béton et l'acier des cloches. Trois-quarts d'heure plus tard, les troupes d'assaut s'élancent vers le bloc 2 mais l'ouvrage n'est pas encore muet et l'attaque échoue en partie. Après un moment de flottement, l'action concentrée de toute l'artillerie disponible sur le bloc 2 permet aux assaillants de l'atteindre mais certainement pas de s'en emparer... Au même moment, le capitaine Broché, qui estime que toute résistance est désormais inutile, envoie un officier parlementer. Mais suite à une maladresse de ce dernier, les Allemands arrivent à pénétrer dans le bloc 2 sans que les conditions de la reddition soient négociées. Le Kerfent n'aura pas fait mieux que le Bambesch. Conséquence pratique pour les Allemands : leurs convois peuvent maintenant emprunter la grande route Forbach - Metz.

LE DESTIN DES AUTRES OUVRAGES (21-25 JUIN)

En revanche, derrière l'Einseling et Téting, les choses ne se passent pas aussi bien car ces deux ouvrages sont couverts par les mortiers de 81 sous casemate de Laudrefang [6].

L'Einseling présente en outre une configuration particulière car il est construit sur la pente, ce qui le met à l'abri des tirs venant de l'arrière. L'équipage n'a pas attendu passivement

NOTE

5. Un tir provenant du Mottenberg causera la mort de l'Oberst von Lichtenstern. commandant le IR 339

6. Le 18 juin à 13 h 00, des parlementaires allemands ont été éconduits par le lieutenant Choné et le capitaine Cattiaux. Même refus le 19 juin à 18 h 00.

BA

KERFENT
Après la chute du Bambesch, les Allemands s'en prennent au Kerfent. Les tirs tendus à courte distance d'un Flak 8,8 ont rapidement raison du bloc 3. La visière est affouillée et les créneaux où le canon de 47 mm est resté en batterie (seconde photo en gros plan à gauche) sont sérieusement endommagés.

Heiden, coll. Bruge)

Gmeinwieser, coll. R. Bruge

KERFENT
Aussitôt après la chute du Kerfent, les Allemands installent une pièce de 8,8 cm Flak sur l'esplanade du bloc 2 pour tirer sur le Mottenberg. En quittant l'ouvrage, le capitaine Broché, son manteau sur le bras, passe à côté de la pièce. Derrière lui, un soldat porte sur l'épaule ce qui semble être la cantine de l'officier.

Zeibig, coll. Bruge

KERFENT
La tourelle de mitrailleuse du bloc 1 du Kerfent est restée en batterie.

Gmeinwieser, coll. R. Bruge

Ci-contre.
Juste après la reddition, le Major Gollé (à droite avec la Croix de Fer), l'Oberleutnant Schmidt (derrière lui) et le Leutnant Wolf (chef de section de dos) conversent avec un officier d'état-major (à gauche).

Ci-dessous.
Vue générale du bloc 2 sur lequel flotte désormais le drapeau à croix gammée.

Heiden, coll. Bruge

KERFENT
La cloche GFM du bloc 2 a été déchiquetée par les tirs allemands.

Gmeinwieser, coll. R. Bruge

Coll. Bruge

BAMBIDERSTROFF NORD
Prise d'armes allemande sur la casemate abandonnée par son équipage le 17 juin 1940.

Vincent, coll. Bruge

LAUDREFANG
À Laudrefang, les chambres de tir des blocs 3 et 1 (ce dernier visible ici) ont été la cible des tirs allemands qui ont affouillé les visières et endommagé les créneaux de mitrailleuses mais n'ont pu faire taire les redoutables mortiers de 81 mm installés en sous-sol.

TÉTING
La tourelle mitrailleuse du bloc 2 de Téting après les combats. Son action décidée lui valut de la part des Allemands le nom de « Teupfel-Maschinen » (machine diabolique).

Rouquier

l'encerclement et son chef, le lieutenant Vaillant, a notamment ordonné de réoccuper chaque soir les casemates sabordées de l'Einseling Nord et de l'Einseling Sud afin d'éviter que les Allemands ne s'en emparent.

Depuis 6 h 00 le 21 juin, l'artillerie allemande concentre ses tirs sur Laudrefang qui est la pierre angulaire du secteur [7] cependant que les troupes d'assaut du II/IR 339 se mettent en place derrière l'Einseling. Il va leur falloir progresser à découvert sur un glacis relativement escarpé d'environ 300 mètres pour parvenir à l'objectif.

À 7 h 30, les fantassins du II/IR 339 accompagnés de douze pièces de Pak 3,7 de la Pz. Jäg. Abt. 238 partent à l'assaut. Malheureusement pour eux, les guetteurs des ouvrages les ont repérés et font intervenir les deux mortiers de 81 mm du bloc 1 de Laudrefang. Leur tir s'abat avec une précision diabolique qui brise l'élan des assaillants et les ramène sur leur base de départ : l'attaque a échoué.

De dépit, l'artillerie allemande concentre ses tirs sur les blocs 1 et 3 de Laudrefang dont les visières et les chambres de tir infanterie sont littéralement affouillées. En revanche, les chambres de tir des mortiers, situées en sous-sol, sont relativement à l'abri de ces tirs de destruction et elles interdisent toute reprise de l'action vers l'Einseling [8].

De l'autre côté de Laudrefang, l'ouvrage de Téting (lieutenant Marchelli) est lui aussi en butte aux tirs directs de 8,8 cm qui, depuis l'avant-veille, se concentrent sur la chambre de tir du bloc 3 du sergent-chef Mannevy. Aucun assaut n'est prévu contre l'ouvrage mais le III/IR 339, trompé sans doute par la passivité apparente de celui-ci, pense pouvoir s'en emparer sans coup férir. Les rafales rageuses de l'ouvrage [9] et les mortiers de 81 du bloc 3 de Laudrefang le ramèneront à une plus juste appréciation des choses.

Au soir de cette journée, après avoir différé l'action vers le Mottenberg et envisagé un court instant de monter une attaque concentrée sur Laudrefang, Vogl se résoudra à donner l'ordre à ses unités de suspendre toute opération vers les ouvrages, laissant le soin à l'artillerie de poursuivre son travail de sape [10].

■ LE SECTEUR FORTIFIÉ DE ROHRBACH

De l'autre côté de la Sarre, les mêmes méthodes que celles utilisées dans le SF Faulquemont vont donner, sans surprise, les mêmes résultats.

■ LES REDDITIONS DU HAUT-POIRIER (21 JUIN) ET DU WELSCHHOF (24 JUIN)

La ID 262 du General Theissen se trouve bientôt derrière les organisations Est du SF Sarre et des reconnaissances menées dans l'après-midi du 20 juin ont permis de constater que le Haut-Poirier du capitaine Gambotti et le Welschhof du capitaine Lhuisset ne disposent d'aucune artillerie.

Theissen fixe le Haut-Poirier comme objectif pour le 21 juin aux pièces de 15 cm du AR 262 embossées aux lisières nord de Kalhausen.

Le tir commence vers 15 h 00 et met à mal le bloc 3 du lieutenant Bonhomme qui se détache sur la contre-pente et ne peut riposter à ce déluge de feu que par un jumelage. En raison de la configuration de l'ouvrage, la tourelle pour deux armes mixtes n'est d'aucune utilité vers l'arrière et l'équipage n'a d'autre alternative que de subir les événements. Aucune action d'infanterie n'est vraiment prévue contre l'ouvrage et seule une diversion menée par le IR 462 s'élance en direction des casemates situées à l'est du Haut-Poirier et vers le Welschhof. Cette opération est d'autant plus facilement brisée que les 75 mm du bloc 5 du Simserhof peuvent intervenir — à limite de portée — jusqu'aux abords du Welschhof et rien ne permet donc de penser que le Haut-Poirier soit menacé à court terme.

Vers 15 h, les observateurs du Welschhof repèrent un canon de 15 cm en batterie dans les vergers de Singling, à moins de

---

7. Le bloc 3 est constamment bombardé. Sa tourelle de mitrailleuses (où le sous-lieutenant Choné s'est installé) reçoit 15 impacts de 8,8 Flak et de 15 cm alors qu'elle est en batterie. Pas de perforation mais l'équipage n'arrivera plus à l'éclipser entièrement.

8. Un mortier du bloc 1 sera néanmoins touché ainsi que la cheminée de l'usine. Il aurait été souhaitable que les deux casemates de mortiers fussent remplacées par une tourelle de 81 mm qui aurait permis une intervention efficace tous azimuts et particulièrement contre les pièces allemandes en batterie sur l'arrière des ouvrages. Erreur de conception de la part de la CORF.

9. Le chef d'une patrouille est tué devant la porte du bloc 1 (sous-lieutenant Font).

10. Au 25 juin au matin, Laudrefang a reçu de 3 000 à 3 500 obus et 22 canons allemands (de tous calibres) sont dénombrés sur les arrières de la position. L'ouvrage a tiré 500 000 cartouches (sur un stock de 1 700 000), 5 000 coups de 81 mm (sur 12 000) et 600 coups de 25 mm (sur 1 200).

HAUT-POIRIER

Le Haut-Poirier est attaqué le 21 juin par des pièces allemandes qui prennent à parti le bloc 3 du lieutenant Bonhomme et parviennent à le percer, tuant trois hommes à l'intérieur. La chambre de tir est totalement méconnaissable.

Ci-dessous.
Le même bloc 3, vu sous un autre angle. Les obus de 15 cm ont percuté dans un carré de 4 x 4 m autour du créneau. À 19 h, après quatre heures de bombardement, le mur est percé sous le créneau. Le jumelage attaqué n'a pas cessé de tirer, mais sans effet sur les canons allemands.

Coll. R. Bruge

Coll. R. Bruge

1000 mètres de l'entrée. Alors que les premiers obus éclatent contre la grille d'entrée, le bloc 5 du Simserhof (casemate de trois tubes de 75 mm) intervient immédiatement et tire sur l'emplacement du canon pendant près d'une heure et demie. Bien entendu, les servants allemands n'ont pas attendu la fin du réglage pour prendre leurs jambes à leur cou et ils estimeront plus sage d'attendre la tombée de la nuit pour récupérer leur canon.

Pourtant, au Haut-Poirier, la situation s'aggrave brutalement et vers 22 h, Gambotti décide de rendre l'ouvrage : seul le bloc 3 (où l'explosion d'un 15 cm antibéton a ravagé l'étage supérieur et tué trois hommes), est hors de combat mais à quoi peuvent servir les deux autres blocs puisqu'en raison du relief, ils ne peuvent agir vers l'arrière ? Plus préoccupant est le fait qu'avec le Haut-Poirier, se rendent également les cinq casemates qui le flanquaient (Wittring, Gros-Bois, Achen Nord-Ouest, Achen Nord et Achen Nord-Est), ce qui va permettre aux Allemands de s'approcher impunément du Welschhof.

Le 22 juin, dans la matinée, la 262 ID s'approche du PO

Coll. Bruge

HAUT-POIRIER

Le bloc 1 du Haut-Poirier, mieux défilé aux tirs par l'arrière que le bloc 3, est quasiment intact. Grâce à un équipement étanche réalisé à l'atelier d'ouvrage, le lieutenant Isnard a pu installer un mortier de 50 dans la cloche GFM que l'on voit au premier plan, mortier qui lui a permis, sans être repéré des Allemands, de placer quelques coups sur un canon Pak qui tirait sur les cloches du bloc 3.
Le drap blanc, qui a été agité le 21 juin vers 22 h sur ordre du commandant Jolivet, est encore visible sur la cloche de gauche.

En bas à gauche.
Du haut du bloc 3 du Haut-Poirier, les Allemands examinent l'objectif suivant, le Welschhof.

WITTRING

Avec le Haut-Poirier, tombent également les casemates du secteur parmi lesquelles celle de Wittring sur laquelle flotte un drapeau blanc.

Coll. Bruge

DR

Coll. Bruge

WELSCHHOF

Ci-dessus. Sitôt le Haut-Poirier réduit au silence, les Allemands poursuivent en direction du Welschhof dont le bloc 1 connaît à son tour les effets dévastateurs des canons de 15 cm allemands.

Ci-contre. Difficile de reconnaître le rythme des lignes de la chambre de tir dans ce magma de béton sur cette photo impressionnante du bloc 1 du Welschhof qui montre à quel point l'ouvrage a été entamé par les obus. La niche du projecteur gît sur le sol, sur la droite.

Ci-dessous. Ce gros plan de l'entrée du bloc 1 met en évidence les dégâts subis par le bloc, même si la façade arrière a nettement moins souffert des tirs. Cette photo a été prise juste après les combats et un side-car estafette servant sans doute aux liaisons avec l'arrière est encore abandonné derrière le bloc dont l'antenne radio a été mise à mal par les éclats. À gauche, le mât du projecteur a été sectionné et la niche s'est écrasée sur le sol avec son projecteur.

Coll. Bruge

Coll. Bruge

Coll. Bruge

de Rohrbach. Un petit canon, mis en batterie près de la gare, tire sur le bloc 2 du PO. Les blocs 5 (casemate) et 8 (tourelle de 75 mm) du Simserhof interviennent avec leur rapidité habituelle et font refluer les assaillants.

À 17 h, le Welschhof découvre que les Allemands mettent en batterie un deuxième canon, toujours à l'est de Singling. Alerté, le bloc 5 du Simserhof règle la question à sa manière...

Le 23 juin est une journée cruciale pour le Welschhof où, à l'aube, la situation empire. Les Allemands ayant découvert l'origine des tirs qui neutralisent leurs canons, disposent deux nouvelles pièces de 15 cm à l'ouest de Singling, hors de portée du Simserhof. Les trois casemates de Singling et le bloc 1 du Welschhof sont pris pour cible. Le Simserhof, impuissant à déloger les canons ennemis, se contente de ratisser le PO afin d'empêcher les assaillants de l'aborder. Les officiers du PO examinent les possibilités de tir de la tourelle pour deux armes mixtes (➠ photo Tome 2, page 81) mais celle-ci, en raison du relief, n'est d'aucune utilité vers l'arrière.

En soirée, le bloc du sous-lieutenant Fritz a sa chambre de tir percée et son armement hors d'usage, ce qui incite le capitaine Lhuisset à envisager la reddition. Après s'être entretenu avec ses officiers, il se résout à différer sa décision car le cessez-le-feu est annoncé comme imminent. Mais au petit matin du 24, le vent a changé de sens et souffle de l'ouest : le bloc 5 du Simserhof tire trop court et ne protège plus le PO. Autre mauvaise nouvelle, la casemate de Bining, qui flanque le Welschhof à l'est, se rend sans concertation après qu'un obus de 15 cm ait perforé sa chambre de tir. Isolé et convaincu que

Ci-dessus à droite.
WELSCHHOF
La chambre de tir du bloc 1 a été détruite par 111 obus. Un soldat allemand montre le canon de 47 resté dans son créneau.

Ci-contre. La route d'accès à l'ouvrage est désormais empruntée par les Allemands qui montent à la découverte de la ligne Maginot.

Coll. Bruge

Scheyer, coll. Bruge

VERS LA CAPTIVITÉ
Ci-dessus
Dimanche 23 juin : les équipages des casemates de Singling prennent le chemin de la captivité sous la conduite des sous-lieutenants Hirsch (Singling Ouest) et Juncker (couple de Singling).
Ci-contre. L'équipage du Welschhof connaît le même sort le lendemain, quelques heures à peine avant l'armistice... En neuf mois de drôle de guerre, beaucoup de soldats français ont eu le temps de se tailler une canne de bois sculpté, que certains garderont en souvenir.

Coll.Bruge

CASEMATE DE BINING
La casemate de Bining a été prise à partie par les tirs allemands qui ont affouillé sa chambre de tir Est.

Coll. Turenne

l'ennemi est en train de pénétrer dans l'ouvrage, Lhuisset décide de cesser le combat le 24 juin vers 10 h 00. Il est le dernier ouvrage à tomber avant le cessez-le-feu.

La méthode va en effet échouer derrière le PO de Rohrbach car les Allemands ne peuvent embosser leurs perceurs de cuirasse suffisamment près de l'ouvrage en raison des tirs du Simserhof, qui peut désormais intervenir à portée utile et oblige l'assaillant à se tenir à quelque distance.

C'est finalement le Simserhof qui constitue le môle dur de la résistance dans le « Bitcherland ». Après le départ des intervalles, il appuie le repli des avant-postes [11] puis, à partir du 21 juin, son artillerie intervient simultanément sur le plateau de Rohrbach et vers le camp de Bitche. Tous les convois ennemis passant à bonne portée sont immanquablement salués par des salves nourries qui sanctionneront toute tentative d'infiltration [12].

■ DES REDDITIONS AU CANON

Que dire de ces redditions dans les SF de Faulquemont et de Rohrbach ? Tout d'abord, toutes ont été obtenues de la même façon : des pièces embossées sur l'arrière des ouvrages ont percé les blocs et les ont rendus intenables, résultat d'autant plus facile à atteindre que les murs arrières sont moins épais que les autres.

L'absence d'artillerie cuirassée n'a pas permis de contrebattre ces pièces et les nombreux angles morts existant sur l'arrière vont nécessairement profiter aux assaillants. L'absence généralisée de tourelle de mortiers dans les PO a constitué un handicap pour les équipages. Cependant, nulle part (hormis contre l'Einseling qui n'est, du reste, pas tombé), il n'y eût de véritable attaque d'infanterie et les redditions ont toutes été obtenues au canon. À la décharge des défenseurs,

11. Notamment le Bitcherberg qui est attaqué par deux compagnies le 15 juin

12. En 4 jours, le Simserhof tire plus de 13 500 obus (sur 17 000 pour toute la campagne de 1939-40). Son dernier tir, le 24 juin à 22 h 30, est pour dégager l'entrée du PO de Rohrbach. Au rythme des derniers jours de bataille, le lieutenant-colonel Bonlaron dispose le jour du cessez-le-feu de suffisamment de munitions pour combattre pendant encore une vingtaine de jours.

BA

BLOCKHAUS DE NAGELSTHAL

Le blockhaus de Nagelsthal a sans doute été vidé et pillé par les Allemands qui ont renversé pêle-mêle boîtes à vivres, fusil-mitrailleur, caisses à munitions et panneaux de camouflage des créneaux. Un trépied (support improvisé pour DCA légère ?) et, au premier plan, un curieux montage en bois dont l'usage n'apparaît pas clairement, ne sont pas les éléments les moins étonnants de ce désordre.

BA

BLOCKHAUS DE GUNSTHAL OUEST

Les abords du blockhaus de Gunsthal Ouest témoignent de la violence du bombardement. On distingue sur la gauche la « cahute » construite par l'équipage pour s'octroyer le confort que n'autorise pas l'exiguïté de la casemate.

Weiss, coll. Muehlschlegel

BLOCKHAUS DE LA CLAIRIÈRE

Le blockhaus de la Clairière a relativement peu souffert des combats. On relèvera sur la gauche, la présence insolite d'un sapin (camouflage ?) et d'un tonneau.

disons que leur résistance ne changeait pas grand chose à la situation d'autant que le plan Weygand - Prételat prévoyait un sabordage général dès le 17 juin, qu'ils n'avaient aucun secours à espérer et que le spectre de La Ferté devait sans doute hanter les esprits des commandants d'ouvrage. Cependant, dans des circonstances aussi défavorables, d'autres ouvrages ont présenté une résistance plus honorable (les PO du Nord en particulier) mais leur combat n'était pas un combat pour l'honneur.

■ LES SECTEURS FORTIFIÉS DES VOSGES ET DE HAGUENAU

Dans la nuit du 17 au 18 juin, conséquence de la percée enregistrée le 15 juin sur le Rhin supérieur et de la poussée des troupes allemandes vers Strasbourg, la capitale de l'Alsace est évacuée, après que les unités du génie aient procédé à toutes les destructions possibles sur le fleuve, c'est-à-dire les ponts rails et routes mais aussi les installations portuaires. Cette évacuation de Strasbourg est assortie de l'évacuation de toutes les casemates du SF Bas-Rhin qui sont sabordées et abandonnées.

Dans le SF Haguenau, cette opération, quoi que prévisible, ne fait pas l'affaire du lieutenant-colonel Schwartz car elle a pour conséquence que tout son flanc droit, encore accroché au Rhin, devient vulnérable. Pour éviter un encerclement des unités au contact, Schwartz décide alors de faire replier les éléments du 70e RIF (sous-secteur d'Herrlisheim) sur la forêt de Haguenau après avoir saboté leurs casemates.

■ PERCÉE DANS LES BASSES-VOSGES (19 JUIN)

Le Secteur fortifié des Vosges présente une configuration particulière puisqu'il comporte un ouvrage d'artillerie à ses deux extrémités et une simple ligne de casemates entre les deux. Il est vrai que le relief tantôt en vallée inondable, tantôt en massifs boisés semblait pouvoir autoriser un allègement des organisations.

Avec le repli des intervalles, le secteur est particulièrement faible et le General Kniess qui commande la ID 215 compte bien le vérifier. Kniess a choisi d'attaquer dans la partie montagneuse du secteur en articulant son dispositif en deux axes d'attaque, l'un par le col de Gunsthal, l'autre par la clairière de la Verrerie. Il ne dispose pour mener à bien cette opération que de son artillerie organique mais il peut compter sur l'intervention des Stukas.

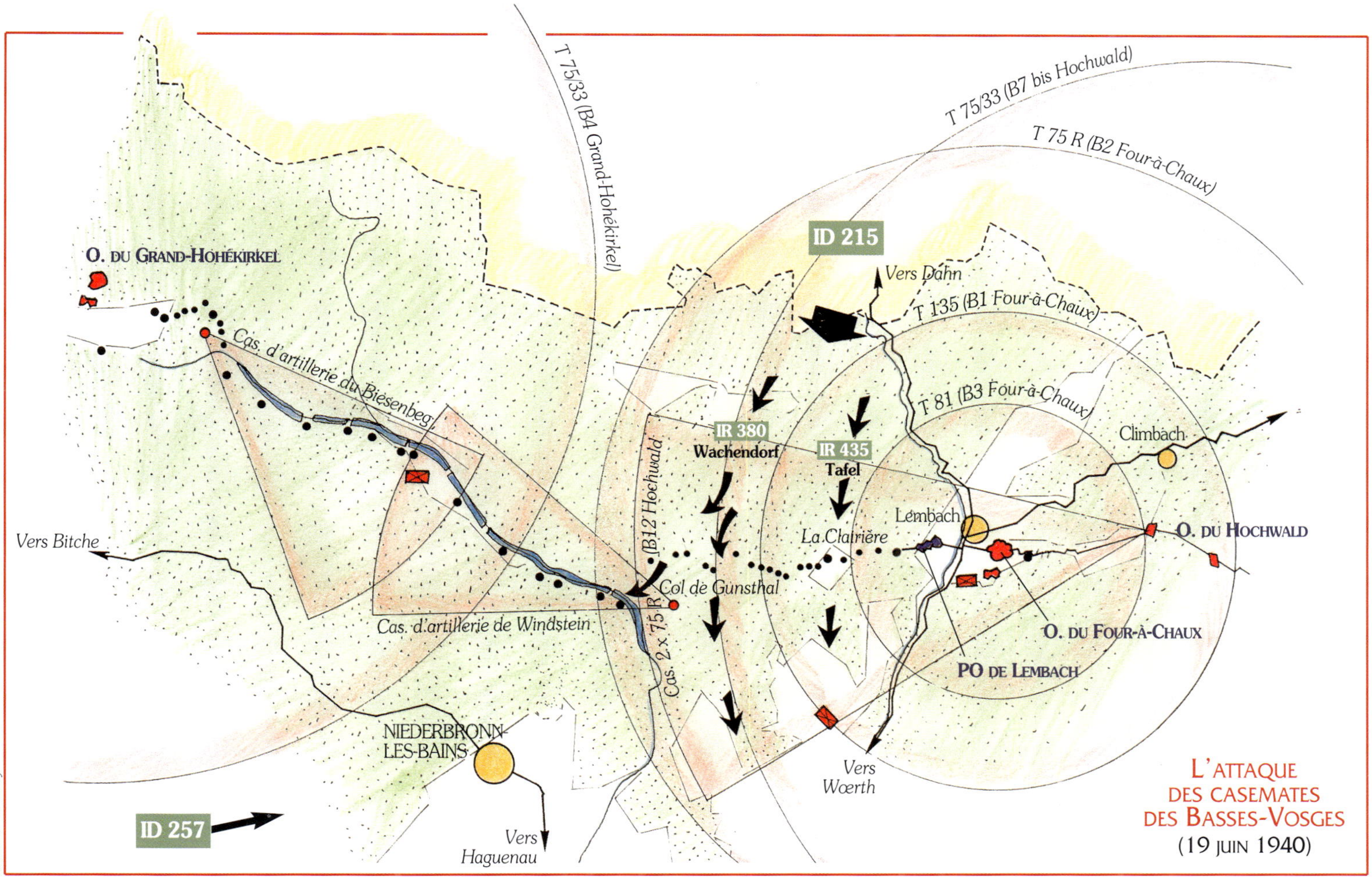

L'attaque des casemates des Basses-Vosges (19 juin 1940)

Carte J.-Y. Mary

L'action débute le 19 juin par un violent bombardement terrestre auquel succède l'action des Stukas. À peine ceux-ci se sont-ils éloignés que l'assaut démarre et au mépris des pertes, le Groupement Wachendorf parvient à s'emparer des organisations du col de Gunsthal. Malgré l'appui incessant de l'artillerie des ouvrages, notamment celle du Four-à-Chaux [13], le Groupement Tafel parvient également à forcer le passage devant les organisations de la zone Trautbach - La Verrerie vers 14 h 00.

Toutefois, le parapluie d'artillerie qui couvre les itinéraires que voudrait emprunter la ID 215, ainsi que les casemates qui

13. La tourelle de 75 R est intervenue dès le début de juin (destruction d'un convoi allemand dans Disteldorf le 18 juin) et surtout lors de l'attaque en cascade des casemates des Vosges (1 100 coups tirés ce jour-là par le « FAC »). Après la chute de celles-ci, la tourelle de 75 mm effectue principalement des tirs DCA et des tirs d'interdiction sur les itinéraires empruntés par les Allemands. Consommation totale : 4 800 coups de 75 mm du 18 au 25 juin.

Casemate de la Verrerie

La casemate de la Verrerie au lendemain de l'attaque qu'elle a subie. Les Allemands ont déjà sectionné une partie des barbelés au premier plan.

Weiss, coll. Muehlschlegel

Photo Haas

FOUR-À-CHAUX

Le bloc 6 du Four-à-Chaux a reçu deux bombes de Stukas : la première est tombée devant le bloc, à moins de 10 mètres des créneaux, la seconde sur la dalle de couverture. Outre un affaissement de la dalle et l'arrachement des supports des jumelages, la visière a été fortement dégradée avec deux importantes crevasses sensiblement horizontales, signes visibles d'une importante désagrégation (➠ autres photographies pages 221 et 224).

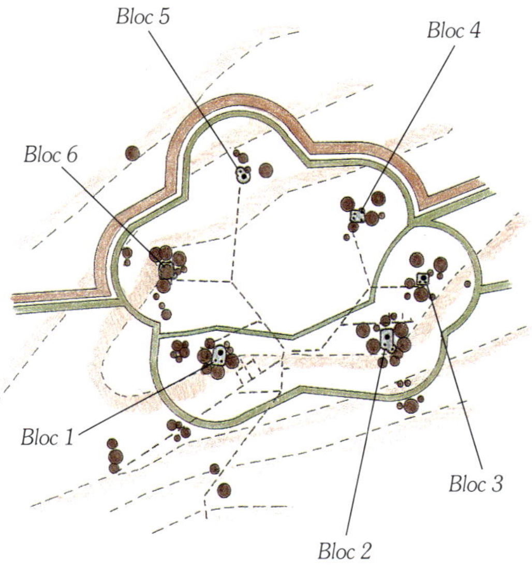

Carte J.-Y. Mary

LES BOMBARDEMENTS SUR LE FOUR-À-CHAUX

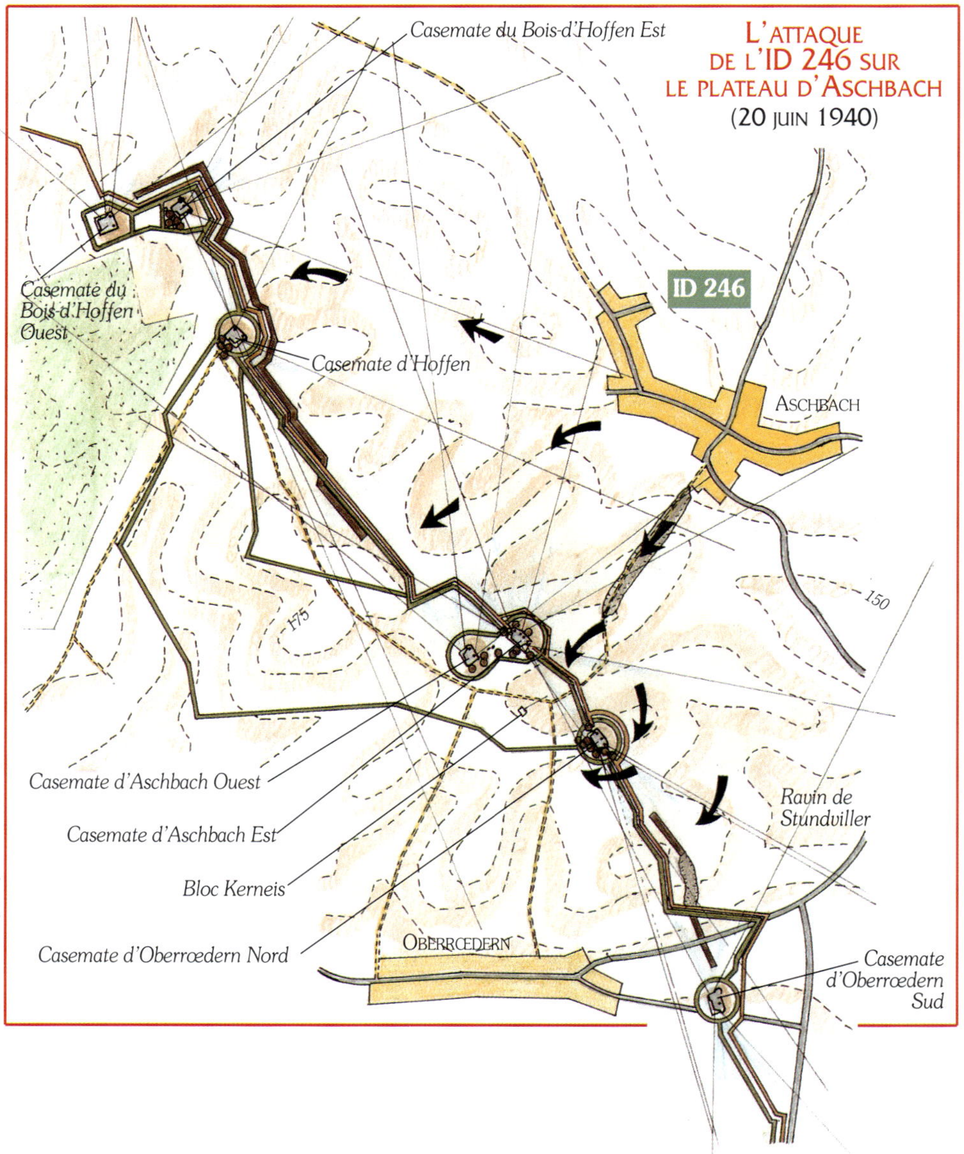

L'ATTAQUE DE L'ID 246 SUR LE PLATEAU D'ASCHBACH (20 JUIN 1940)

Carte J.-Y. Mary (d'après Denkschrift, Vialle et Brice)

résistent encore, gênent considérablement cette exploitation. Les Stukas vont donc se succéder au-dessus des ouvrages pour faire taire ces tourelles gênantes.

Ne disposant pour toute défense antiaérienne que de l'appui réciproque de leurs 75 mm, les ouvrages, notamment le Four-à-Chaux et le Hochwald, subissent des bombardements aériens et terrestres jusqu'au soir. Même si les dégâts sont mineurs, ils ont surtout pour effet de diminuer l'appui aux casemates qui résistent encore. Au soir du 19, la brèche s'étend de Dambach à Lembach, les casemates et blockhaus ayant cessé le combat les uns après les autres, non sans avoir opposé une sérieuse résistance à la ID 215 dont les avant-gardes atteignent Haguenau en début de soirée.

Héroïque défense des casemates du plateau Oberrœdern - Hoffen (20 juin)

Parallèlement à l'action menée par la ID 215, le commandement allemand envisage une attaque frontale contre les casemates d'Aschbach et d'Oberrœdern mais l'action est cependant conditionnée par le déroulement de la percée menée par la ID 215. Il peut être en effet plus efficace de pousser la ID 246 du General Dänecke derrière la ID 215 plutôt que de l'obliger à forcer elle-même le passage. D'autant que la ID 246 doit nécessairement attendre que la ID 215 en ait fini avec son attaque pour bénéficier à son tour de l'appui des Stukas et de la Schw. Art. Abt. 800 (un Mörser de 35,5 et un de 42 cm). Finalement, décision est prise de passer à l'action le 20 au matin, non sans avoir à tout hasard fait glisser le IR 404 par la trouée des Basses-Vosges.

Dänecke a engagé toute l'artillerie dont il dispose — c'est-à-dire pas grand chose car une partie des matériels lourds a été engagée dans la Sarre et n'en est pas encore revenue — contre les casemates d'Hoffen, d'Aschbach et d'Oberrœdern qu'il espère pouvoir neutraliser par des tirs directs à partir de 15 h 30. La Schw. Art. Abt. 800 n'est pas encore à pied d'œuvre et seul le 35,5 cm devrait être en mesure d'opérer dans les délais. Quant aux Stukas, ils interviendront dès la fin du bombardement terrestre, c'est-à-dire à partir de 16 h.

Face à la ID 246, la position ne présente pas une puissance démesurée puisqu'elle ne comporte que sept casemates (Bois-d'Hoffen Ouest [14] et Est, Hoffen, Aschbach Ouest et Est et Oberrœdern Nord et Sud) en lieu et place de l'ouvrage d'artillerie prévu à cet endroit. Ce groupe de casemates est relativement isolé puisqu'il existe un espace important entre les casemates d'Hunspasch Sud et du Bois-d'Hoffen au nord et celles d'Oberrœdern Sud et de la Seltz au sud. En revanche, il bénéficie de la couverture des 75 sous tourelle de Schoenenbourg, si les liaisons téléphoniques fonctionnent...

L'opération débute comme prévu. Pendant que les casemates sont secouées par les explosions et que les créneaux des cloches sautent sous les coups de Pak et de Flak, les Stosstruppen des IR 313 et 352 s'approchent des réseaux selon une méthode soigneusement mise au point. Sitôt le bombardement terminé, les Stosstruppen s'élancent et en plusieurs endroits parviennent dans les réseaux des casemates : les jumelages de mitrailleuses des casemates tirent pratiquement à bout portant sur l'assaillant qui accuse le coup et manifeste un certain flottement.

La situation est cependant dramatique à Oberrœdern Nord où une bombe tombe dans le fossé diamant, soulevant la casemate et provoquant la panique que l'on devine. Mais le chef de casemate, le lieutenant Vialle, est un meneur d'hommes exceptionnel. Il rassemble son équipage à l'étage inférieur, constate qu'il n'y a aucune perte et le fait remonter aux créneaux en chantant *La Marseillaise*. Les servants ouvrent le feu quand les Stosstruppen abordent les réseaux. Vialle fait même tirer au canon de 47 sur les assaillants qui sont debout devant ses créneaux et s'apprêtent à déposer des charges [15]. Tous les câbles téléphoniques ont été coupés par les cratères de bombes à l'exception de celui de la casemate d'Aschbach Est, ce qui permet d'alerter le Schœnenbourg. C'est finalement l'intervention de la tourelle de 75 de son bloc 4 qui ramène le calme dans le secteur.

Conscients de leur échec, les assaillants se replient sur leur base de départ et Dänecke se voit obligé de réclamer une seconde intervention des Stukas, intervention qui a effectivement lieu vers 19 h 30 mais n'apporte pas les résultats escomptés. La tentative d'attaque qui s'ensuit est à nouveau brisée par la détermination des défenseurs et les deux tourelles de 75 du Schœnenbourg [16].

Coll. Olivier Koch

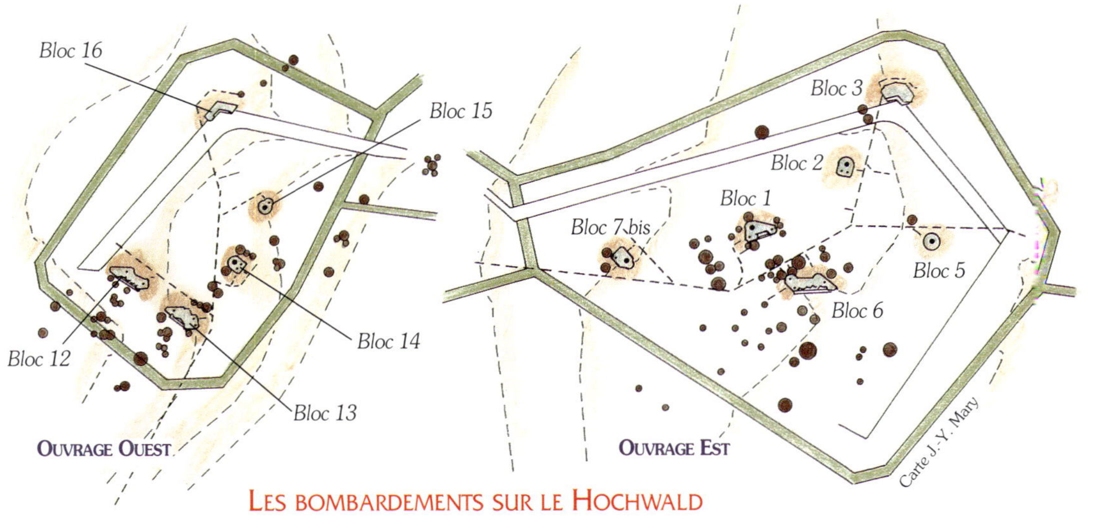

Les bombardements sur le Hochwald

Photo du haut de la page.
HOCHWALD
L'ouvrage du Hochwald n'a pas été épargné par les bombardements, mais les destructions sont relativement peu spectaculaires. Ainsi, le bloc 6 a son fossé diamant démantelé mais cela n'a en rien diminué la puissance de feu de l'ouvrage. Une citation à l'ordre de l'armée (avec attribution de la croix de guerre) récompensera l'équipage de la casemate d'Oberrœdern Nord (➠ photo Tome Un, page 81).

Notes

14. Cette casemate disposait de deux mortiers de 81 mm en sous-sol tirant vers Hunspach. Leur rôle sera inexistant.

15. Les courageux et inconscients assaillants seront pulvérisés ; une jambe sera retrouvée dans une botte après le cessez-le-feu.

16. Selon le KTB (JMO) du HK XXXVII, les pertes allemandes s'élèveraient à 11 tués, 71 blessés et 20 disparus (cité par R. Bruge dans *On a livré la ligne Maginot*, op. cit.).

Sudrat, coll. Bruge

SCHŒNENBOURG
Le bloc 6 du Schœnenbourg a été la cible des bombardiers et des canons lourds allemands mais le seul résultat tangible est la destruction d'une section de canons de 120 L modèle 1878 embossée sur les dessus de l'ouvrage et dont on voit les restes disloqués au premier plan.

Ci-dessous.
Le terre-plein de l'entrée des hommes de l'ouvrage de Schœnenbourg a été quelque peu bouleversé par les bombardements allemands. Le capitaine Brice donne l'échelle du cratère.

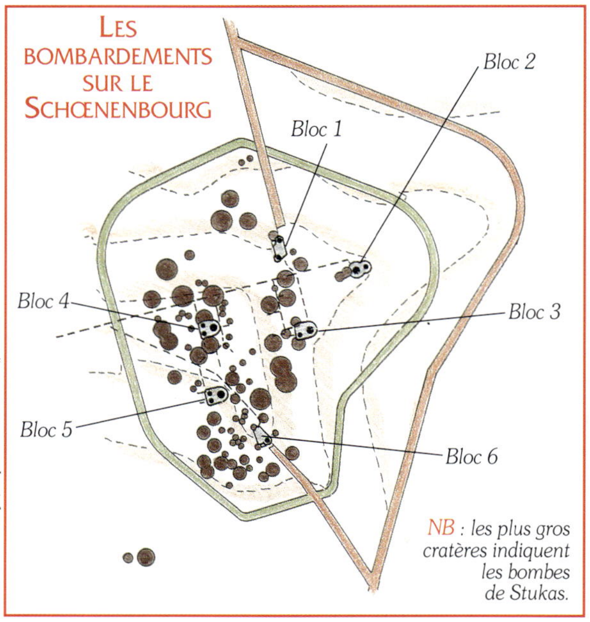

Carte J.-Y. Mary (d'après Denkschrift.)

Avec un certain optimisme, Dänecke se propose de reporter l'attaque au lendemain mais le HK XXXVII ne l'entend pas de cette oreille et suspend l'opération : la ID 246 ne franchira pas la ligne Maginot de vive force.

Les raids de Stukas reprennent alors — sans résultats appréciables — [17], ce qui incite les Allemands à soumettre le Schœnenbourg aux tirs de leurs deux pièces d'artillerie lourde.

Pendant trois jours, l'ouvrage est la cible des deux tubes dont les obus ébranlent chaque fois un peu plus les blocs de combat sans parvenir à les réduire au silence [18]. L'ouvrage continue donc, comme ses voisins, à harceler les troupes allemandes qui s'aventurent à portée de ses canons.

Malgré cette débauche d'artillerie qui va bouleverser le paysage et secouer les blocs, aucun résultat tangible ne sera enregistré, prouvant par là même la solidité des organes et la justesse de la conception. ■

17. Le commandant Rodolphe a mis au point des tirs de DCA (non prévus par les règlements). Les tourelles et casemates des ouvrages tirent au-dessus de l'ouvrage attaqué (à 300 mètres de hauteur), ce qui oblige les avions à lâcher leurs bombes de plus haut (➠ détails p. 243).

18. Après le cessez-le-feu, le génie français recensera 160 bombes d'avion, 50 coups de 42 cm, 33 de 28 cm, etc. Un triste record.

Coll. Aalma

Photo Haas

FOUR-À-CHAUX
Le Four-à-Chaux a été violemment secoué par les bombardements (➠ autre photo page 218) mais les blocs ont tenu, même si le bloc 6 a subi un fléchissement de sa dalle.

CHAPITRE SIX

LIVRÉE AUX VAINQUEURS

Le 22 juin, à 18 h 40, l'armistice entre la France et l'Allemagne est signé en forêt de Compiègne.

IL N'ENTRERA EN APPLICATION qu'après la conclusion de celui entre la France et l'Italie qui est finalement signé le 24 juin à 18 h 35. Le cessez-le-feu entrera en vigueur six heures après, soit à 0 h 35 le 25 juin.

■ L'ATTENTE DANS LES OUVRAGES (25-26 JUIN)

À partir du 25 juin au matin, les ouvrages se trouvent dans une situation particulière : ils sont certes encerclés mais ils n'ont pas été vaincus et disposent encore de l'intégralité de leurs moyens de défense. Partout, le cessez-le-feu est respecté et un grand calme s'abat sur la position, chacun attendant que des décisions soient prises quant au sort des ouvrages et de leurs défenseurs.

Pour les équipages, après la tension des jours précédents, l'heure est à une certaine détente. La discipline reprend le dessus et une remise en ordre des ouvrages est entreprise. Dans la plupart des ouvrages attaqués, les officiers se rendent à l'extérieur pour mesurer l'état de leur outil de combat et se faire photographier devant les blocs endommagés ou sur le terrain labouré par les obus. Tous essayent de capter la radio française pour connaître la situation et surtout le sort qui leur est réservé. Les Allemands vont se charger de fournir la réponse.

(suite du texte page 228)

Delhaye, coll. Aaolfm

FERMONT
26 juin 1940 : les combats ont cessé mais le sort de la forteresse n'est pas encore réglé. Les officiers de Fermont en profitent pour aller constater les dégâts et se laisser aller à quelques photos souvenir comme ici devant le bloc 4 sérieusement dégradé par les combats.

Coll. Bruge

LATIREMONT
Le bloc 6 de l'ouvrage de Latiremont qui a brisé l'attaque contre Fermont a été légèrement endommagé par les tirs allemands. Il a tiré 1 577 coups durant la seule journée du 24 juin (➠ page 206).

ROCHONVILLERS
Ci-contre.
Le commandant Guillemain et quelques-uns de ses officiers découvrent les dégâts occasionnés au bloc 5 par des tirs allemands depuis l'arrière. De gauche à droite : capitaines Abonneau (commandant l'artillerie de l'ouvrage) et Léveillé (commandant l'infanterie de l'ouvrage), les lieutenants Chabernaud (PC artillerie) et Berland (bloc 6), le chef d'escadron Guillemain, « pacha » de Rochonvillers, le lieutenant Lamy (Bloc 7), le sous-lieutenant Ballot (Bloc 5), et enfin les lieutenants Pamart, Pillot et X.

Coll. Bruge

Ci-dessous.
Tiré par l'arrière, vraisemblablement depuis Guentrange, le bloc 5 de Rochonvillers a subi quelques dégâts insignifiants sur sa façade arrière. Cependant, l'explosion d'un canon (➠ photo ci-contre) l'a privé d'une partie de ses moyens.

Lamy

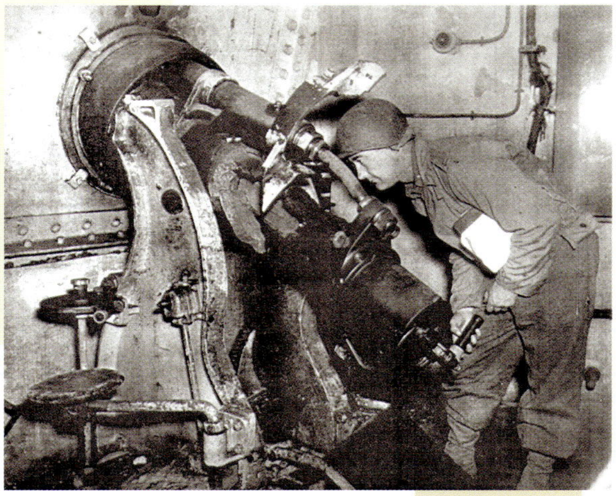
DR

ROCHONVILLERS
Bien que prise le 15 septembre 1944, cette photo qui montre le capitaine M. H. Henry, du service du matériel du 20e corps américain, en train d'examiner un canon de 75 mm du bloc 5 de Rochonvillers, trouve parfaitement sa place ici. Le capitaine Henry attribue en effet sa destruction aux Allemands en retraite mais en réalité, il s'agit du canon qui a explosé lors d'un tir déclenché le 21 juin 1940, à 4 h 30 : la pièce centrale de la casemate a explosé au cinquième tir, tuant sur le coup le canonnier Kneib, blessant grièvement Alfred Minet (bras gauche amputé) et faisant quelques blessés légers. Depuis 1940, la casemate tragique est restée dans le même état, le tube de 75 bloqué vers le ciel comme on le voit sur la photo précédente.

Coll. Colmet Daage

Ci-dessus.
MICHELSBERG
Au Michelsberg, c'est surtout le bloc 2 qui a subi les tirs tendus allemands. La visière de la casemate est endommagée mais les créneaux sont intacts. Au milieu des hommes, on reconnaît à sa haute stature le lieutenant Charton.

BERENBACH
Le bloc 1 de Berenbach après les combats. L'ouvrage n'a pas été attaqué.

Coll. Gendre

Vincent, coll. Bruge

EINSELING SUD
Le sous-lieutenant Vion découvre l'état de délabrement de la casemate de l'Einseling Sud.

Coll. Blanchard

LAUDREFANG
L'artillerie allemande s'est acharnée sur la façade du bloc 3 de Laudrefang. La grille de l'entrée a été déformée et bloquée par le cadre métallique du dormant qui a cédé. Une passerelle de fortune permet de franchir le fossé diamant. Devant l'entrée, le maréchal des logis Victor Blanchard.

Vincent, coll. Bruge

LAUDREFANG
Ci-dessus.
Les défenseurs de Laudrefang examinent les dégâts occasionnés au bloc 1. Sur les dessus, le lieutenant Cointet, commandant le bloc, observe la scène en compagnie du lieutenant Lenoir, commandant le bloc 5.

Ci-dessous. Le bloc 3 de Laudrefang a également été la cible de l'artillerie allemande. Malgré cette débauche d'artillerie, les Allemands ne sont pas parvenus à faire taire, ni les deux mortiers de 81 mm en sous-sol, ni la tourelle de mitrailleuses.

LAUDREFANG
Ci-dessous.
Le même endroit (entrée du bloc 3), vu sous un angle qui permet d'apprécier l'épaisseur du béton et les dégâts subis. Le sous-officier à demi caché porte une combinaison de toile kaki ou cachou.

Coll. Blanchard

Choné

Rouquier

Photo Hauth, via O. Koch

TÉTING

Le bloc 3 de Téting s'en tire un peu mieux mais le béton a quand même souffert.

ROHRBACH

Photo-souvenir pour les officiers du PO de Rohrbach. Nous sommes le 26 juin 1940 et les visages sont graves : à la fatigue de plusieurs jours de bombardement, s'ajoute pour ces hommes qui ne connaissent pas leur sort, la tristesse d'avoir perdu leur camarade, le lieutenant Damour tué lors d'une sortie, et de savoir la France vaincue. De gauche à droite, assis : le lieutenant Demazi (bloc 3), le lieutenant Casso (génie, promu plus tard général de la brigade des sapeurs-pompiers de Paris), le lieutenant Jacquot (officier adjoint), le capitaine de Saint-Ferjeux, le lieutenant Huet (ecclésiastique de son état et commandant du bloc 2). Debout, l'aspirant Kalis (bloc 1) et le lieutenant Hacquard (observateur d'artillerie).

Coll. Bruge

Coll. Bruge

FOUR-À-CHAUX

Ci-dessus.
Le bloc 6 du Four-à-Chaux, déjà présenté à deux reprises (➠ pages 218 et 221), est vu ici sous un autre angle, qui met en évidence la dalle endommagée par les bombardements des Stukas. On distingue près de l'officier, l'endroit où la bombe a percuté et où le béton s'est affaissé.

Ci-dessus à droite.
La tourelle de 75 modèle 1932 du bloc 2 du Four-à-Chaux a subi de violents bombardements qui ont ravagé ses abords. Au premier plan, le lieutenant Masson, commandant le bloc.

Ci-contre.
Après les combats, les hommes du Four-à-Chaux viennent prendre l'air devant l'entrée des hommes.

Coll. Bruge

SCHŒNENBOURG

Au Schœnenbourg, les bombardements par Stukas cumulés à ceux du 420 mm ont causé des entonnoirs impressionnants comme ici devant le bloc 6.

Lang

SCHŒNENBOURG

Ci-contre.
Les blocs de l'ouvrage ont été pris à partie par les bombardements mais si le béton est souvent à nu, les cuirassements sont intacts comme ici, la tourelle de 75 mm modèle 1932 du bloc 4. À gauche, la cloche GFM et la cloche observatoire VDP.

Lang

HOFFEN EST

Entonnoirs de bombes devant la casemate d'Hoffen Est dont l'équipage goûte à quelques instants de repos bien mérités après l'attaque. À gauche, l'entrée ; à droite, la chambre de tir (un canon de 47 mm et deux jumelages de 7,5 mm). La casemate elle-même a subi peu de dégâts, le projecteur léger et l'antenne radio étant intacts. Le drapeau tricolore flotte au vent et témoigne de la volonté de résistance de l'équipage.

DR, coll. Rodolphe

Ci-dessous.
Le 28 juin, quelques officiers du SF Haguenau et du Hochwald visitent les casemates d'Hoffen et s'attardent autour de la cloche VDP de la casemate Est (observatoire O 3). Le béton a été particulièrement affouillé par les tirs allemands. Le cuirassement lui-même a reçu six coups de 8,8 cm et un créneau observatoire a été touché. Parmi les officiers, on reconnaît le capitaine Nuninger (à l'extrême gauche), le commandant Colson (génie du SF Haguenau) et le capitaine Brice qui prennent des notes (derrière la cloche).

Photo Vialle

DR, coll. Rodolphe

ASCHBACH OUEST

À la casemate d'Aschbach Ouest, l'éclatement d'une salve de bombes a provoqué des arrachements de béton et « l'envol » du projecteur léger dont seul subsiste le support. Les hommes s'affairent à nettoyer le fossé diamant, partiellement comblé par des matériaux soufflés par les explosions. Une autre photographie (➠ page 242) montre l'effet de ces explosions dans le champ de rails.

DR, coll. Rodolphe

Coll. D. Kemmel

ASCHBACH EST

Ci-dessus. Observatoire O 2 de la casemate Aschbach Est : l'élégant lieutenant-observateur Guhl compte les coups au but sur sa cloche VDP (environ une centaine de 3,7 et de 8,8 cm). Le 20 juin, un coup a coupé la tête d'un périscope, aussitôt remplacé par un autre appareil également décapité. Mais les débris du second périscope ayant été soudés au métal de la cloche, il a été impossible de le changer.

Ci-contre. Le béton de la casemate d'Aschbach Est paraît avoir relativement peu souffert des bombardements (mais ce cliché pourrait avoir été pris avant les combats) et elle présente quelques détails intéressants, notamment l'antenne radio et surtout le projecteur léger posé sur son embase métallique.

Photo Haas

Ci-contre. Une autre vue de la cloche VDP de l'observatoire O 2 (Aschbach Est) déjà commentée plus haut. Le 28 juin 1940, quelques officiers français y installent un drapeau tricolore. La hampe est coincée dans le trou de passage du périscope. On reconnaît le chef de bataillon Colson (commandant le génie du SF Haguenau) à droite de la photo.

Photo Haas

OBERRŒDERN NORD

État de la casemate d'Oberrœdern Nord après le passage des Stukas et l'assaut manqué des groupes d'assaut allemands. L'équipage du lieutenant Vialle a enterré les tués allemands dans un des cratères qui parsèment les alentours de la casemate.

Photo Haas

OBERRŒDERN NORD

Ci-dessus.
Le fossé diamant de la chambre de tir Est a été endommagé par les bombardements de Stukas mais la casemate a somme toute peu souffert. Le commandant Colson et le lieutenant Sudrat constatent les dégâts.

Ci-contre.
Lors de l'attaque contre la casemate d'Oberrœdern Nord, les Allemands ont eu des pertes assez importantes et les corps des soldats tombés ont été enterrés sommairement près de la casemate. Le commandant Colson (appuyé sur sa canne) et quelques officiers et sous-officiers du sous-secteur posent devant le butin abandonné par les assaillants.

Photo Haas

Lapointe

HATTEN

Ci-dessus,
Détail de l'impact d'un des 23 obus de 28 cm tombés sur l'observatoire d'Hatten le 16 mai.
Ci-contre, les observateurs d'Hatten sortent enfin au jour après dix jours d'encerclement.

Lapointe

Coll. Bruge

Coll. Aaoflm

Le commandant Pophillat, commandant l'ouvrage de Latiremont, se rend à Piennes dès le 26 juin et il négocie séparément avec le général Wilck la livraison des ouvrages sous son commandement.

(suite de la page 221)

■ LA LIGNE MAGINOT LIVRÉE AUX ALLEMANDS

Cette situation incertaine pourrait sans doute se prolonger mais, d'un côté comme de l'autre, des dispositions sont prises pour trouver une solution au problème posé par ces ouvrages invaincus. Du côté allemand, on est évidemment pressé de prendre possession de la ligne fortifiée et les instructions reçues par les unités au contact sont claires :

« *Les garnisons de la partie de la ligne Maginot qui ont résisté jusqu'à la mise en vigueur de l'armistice sont, de même que les éléments qui se sont rendus auparavant, à traiter en prisonniers de guerre.* » (cité par Roger Bruge, op. cit.)

Dès le 25, des contacts sont pris avec les officiers des SF Haguenau, Rohrbach, Faulquemont, Boulay et Thionville (rive droite) pour négocier la livraison des ouvrages, mais les officiers français, s'appuyant sur le fait que l'annonce de l'armistice n'est encore qu'officieuse — l'information a été captée sur le réseau civil — refusent toute négociation tant qu'ils n'auront pas reçu plus de précisions quant au sort réservé aux troupes et à leurs ouvrages.

■ Des livraisons en ordre dispersé

À l'ouest de la Moselle, les généraux allemands vont se montrer particulièrement persuasifs et la livraison des ouvrages de la rive gauche commence dès le 27 au matin, en ordre dispersé.

Il y a tout d'abord le commandant Vanier, « pacha » de Bréhain, qui accepte le 26 juin de se rendre à Piennes où il rencontre le General Wilck commandant la ID 171, puis à Metz où il s'entretient avec le General Kaupisch commandant le HK XXXI. Au terme des ces entretiens, Vanier accepte de livrer tous les ouvrages sous son autorité (Mauvais-Bois, Bois-du-Four, Bréhain et Aumetz) pour le 27 au matin.

Le même jour, et sans qu'il y ait eu contact préalable avec Vanier, le commandant Pophillat, qui commande Latiremont, se rend également à Piennes. Au terme d'un bref entretien avec le General Wilck, il négocie la

Coll. Aaoflm

FERMONT

L'équipage de Fermont quitte l'ouvrage en bon ordre par l'entrée des munitions.

Ci-dessous.

Les Allemands prennent possession de l'ouvrage de Fermont et ils ne tardent pas à se faire expliquer le fonctionnement des différents matériels. On voit ici un officier allemand examinant le paysage derrière l'ouvrage depuis les dessus de la tourelle de 75 du bloc 1.

Coll. Aaoflm

FERMONT
Page ci-contre.
Le 27 juin 1940, le capitaine Aubert s'entretient avec l'Oberst Newiger commandant le IR 371 en présence du Major von Schweidnitz qui sert d'interprète.

Ci-contre.
Tourisme militaire devant le bloc 4 de Fermont dont la façade a été labourée par les tirs allemands.

Ci-dessous.
L'entrée des hommes de Fermont sous la garde d'un soldat allemand. On remarque que la grille a été perforée par les tirs du 4,7 cm Pak qui a tué le soldat Piton dans la cloche GFM de droite dont le créneau est labouré.

Coll. Aaoflm

DR

livraison des ouvrages sous son commandement (Chappy, Fermont, Latiremont) pour le 27 au matin.

Le 27 juin, les équipages des ouvrages du SF Crusnes se rassemblent devant leurs entrées respectives et, en ordre serré, gagnent les casernements de Doncourt, Morfontaine et Errouville, laissant leurs ouvrages intacts aux Allemands... à l'exception du PO d'Aumetz dont le chef, le lieutenant Braun, a donné l'ordre de le saboter avant de l'évacuer. Ce sera le seul officier à ne pas livrer son ouvrage intact à l'ennemi [1].

1. Inquiété par les Allemands pour avoir violé l'armistice, le lieutenant Braun sera finalement envoyé en captivité avec les autres officiers du secteur.

Photo A. Benoit, coll. D. Kemmel

BOIS-DE-BEUVEILLE
Quelques hommes de la casemate du Bois-de-Beuveille posent avec leur gardien. Derrière eux, le caisson blindé du projecteur.

LATIREMONT
Ces soldats allemands au garde-à-vous devant l'entrée des hommes de Latiremont, précédés à quelques pas d'un officier français, s'apprêtent sans doute à accueillir des officiers allemands en visite à l'ouvrage.

Coll. Aaoflm

Weiss, coll. Bruge

KOBENBUSCH
Le 26 juin, le commandant Charnal reçoit au Kobenbusch le General Dippold qu'accompagnent le Major Dietl et l'Oberleutnant Weiss. Dippold repartira avec un accord écrit de livraison des ouvrages de la rive gauche de la Moselle.

DR, coll. Lempereur

AUMETZ
Après le cessez-le-feu, quelques membres de l'équipage du PO d'Aumetz prennent la pose devant le bloc 3 de l'ouvrage, en compagnie de l'inévitable cerbère allemand. La façade porte les impacts de 3,7 cm de la petite attaque du 19 juin (➠ détails page 207).

Coll. J.-Y. Mary

GRAND-LOT
À peu de distance, la casemate du Grand-Lot connaît le même sort. Le lieutenant Klein, à droite à l'arrière plan, affiche une mine plutôt abattue.

Coll. J.-Y. Mary

ESCHERANGE OUEST
À Escherange Ouest, le chef de casemate prend connaissance des conditions imposées par le vainqueur.

ESCHERANGE EST
Même opération à Escherange Est : vêtu d'une capote de troupe, le lieutenant à droite a également l'air particulièrement déprimé.

Coll. J.-Y. Mary

■ Sur la rive gauche du SF Thionville

Les ouvrages de la rive gauche du SF Thionville ont été placés par le colonel O'Sullivan, installé en rive droite à l'ouvrage de Métrich, sous l'autorité du commandant Charnal, « pacha » du Kobenbusch. Ce dernier prend, dès le 26, l'initiative de contacter le General Dippold commandant la ID 183 pour négocier un arrangement. En fait de négociation, Charnal signe de son propre chef, sans en référer à O'Sullivan, un accord de livraison des ouvrages pour début juillet. Du reste, Dippold n'attendra pas si longtemps et, le 30 juin au matin, tous les ouvrages de la rive gauche du SF Thionville sont aux mains des Allemands.

(suite du texte page 233)

Madert, coll. Immerhof

IMMERHOF

Ci-dessus. L'Immerhof est aux mains des Allemands et les hommes restés à disposition de l'occupant se font photographier devant le bloc d'entrée.

Ci-contre. Photo souvenir incontournable pour ce soldat allemand assis sur la tourelle de mitrailleuses du bloc 1.

En bas à gauche. La tourelle de 81 du bloc 3 suscite la curiosité des occupants.

Madert, coll. Immerhof

Madert, coll. Immerhof

Coll. A. Boy

SŒTRICH

Devant l'entrée des munitions de Sœtrich, les vainqueurs et leurs prisonniers s'échangent des cigarettes et des sourires mais ce n'est qu'une fraternisation de façade. Portant une vareuse modèle 1938, le caporal-chef du 2e génie fait partie du détachement de spécialistes électro-mécaniciens resté dans l'ouvrage à la demande des Allemands. La grille de l'entrée, d'un type léger qui est fréquent dans le SF Thionville rive gauche, est surmontée de l'inscription Ligne Maginot. *À gauche de la grille, la cloche est utilisée comme sonnette afin d'appeler les préposés lors d'une visite.*

Coll. A. Boy

BOIS-KARRE

Les Allemands prennent possession du Bois-Karre. Un caisson blindé pour projecteur est ouvert, il ne semble pas être équipé du projecteur en question. Les premiers « touristes », arrivés en voitures légères, flânent sur le site.

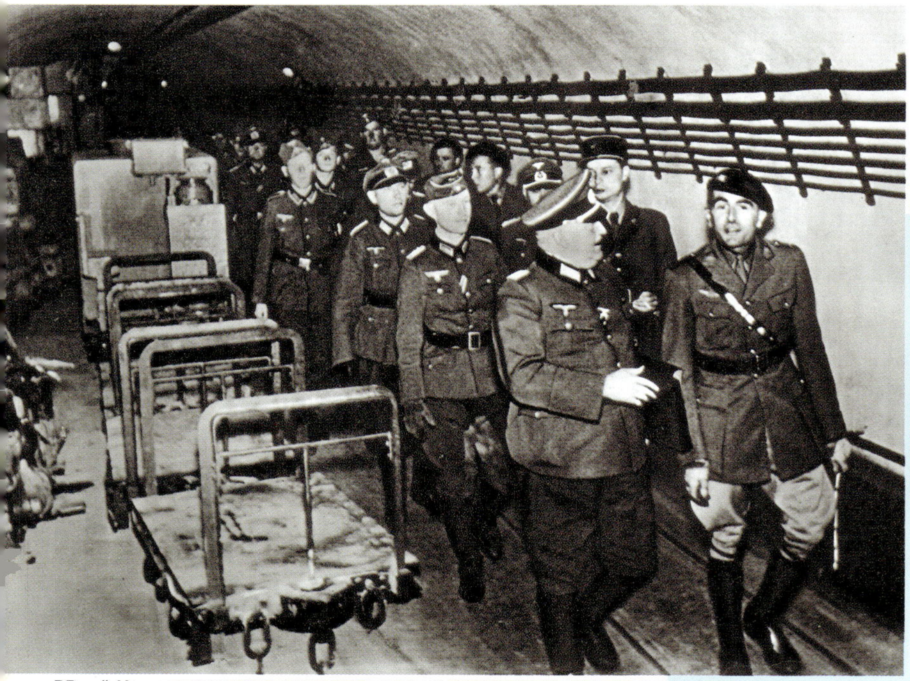

DR, coll. Vitez

DR, coll. J.-Y. Mary

DR

GALGENBERG

Ci-dessus à gauche.
Le capitaine de la Teyssonnière commandant le Galgenberg, fait visiter son ouvrage aux nouveaux propriétaires.

Ci-contre.
Un autre groupe s'intéresse au fonctionnement de la tourelle de 135 mm du bloc 6.

Ci-dessus.
L'évacuation commence, occupants et vaincus se mélangent sur l'esplanade de l'entrée des munitions du Galgenberg.

Patte de collet du 151e RAP.
Fond de drap écarlate, deux soutaches et chiffres bleu foncé. À comparer à celle visible sur le document ci-contre.

GRAND-HOHÉKIRKEL
La mission Marion est accueillie au Grand-Hohékirkel par une délégation allemande et les officiers français du Grand- Hohé. Sur la gauche, un détachement français se prépare à rendre les honneurs.

Coll. Bruge

(suite de la page 230)

Des équipages récalcitrants

De l'autre côté de la Moselle, la situation est plus difficile pour les Allemands car aucune reddition n'est enregistrée. Pourtant, ce refus de livrer les ouvrages est rapporté à la commission allemande d'armistice qui s'empresse de sommer la délégation française de faire le nécessaire auprès des commandants d'ouvrage pour hâter la livraison, en s'appuyant sur le fait que les ouvrages à l'ouest de la Moselle sont déjà entre leurs mains.

À la demande des Allemands, une mission emmenée par le colonel Marion accompagné des lieutenants-colonels du Souzy et Simon va donc devoir rencontrer successivement tous les commandants d'ouvrages encore tenus pour leur signifier que, d'une part, ils doivent livrer leurs ouvrages intacts et que d'autre part, ils sont considérés comme prisonniers de guerre.

Partis de Montauban le 27 juin, les trois officiers sont dès le lendemain à Lunéville où ils rencontrent les autorités allemandes. Les premiers entretiens ne permettent pas de concilier les points de vue et, sur instruction de von Witzleben, les trois officiers sont conduits à Wiesbaden où ils rencontrent la délégation française. Le 30 juin, après qu'Huntziger ait confirmé que les ouvrages et leurs équipages devaient être livrés aux vainqueurs, les trois officiers n'ont d'autre alternative que d'informer les commandants d'ouvrages de la funeste décision : du Souzy se rend en Alsace et il rencontre le colonel Schwartz non loin de Lobsann pour lui signifier la livraison des ouvrages d'Alsace. Français et Allemands se rendent ensuite au Hochwald où est signé le protocole d'évacuation. Celle-ci est effective le 1er juillet.

Simon se rend dans le secteur de Bitche et, en compagnie du General von Viebahn, il gagne l'entrée du Grand-Hohékirkel où il rencontre successivement Fabre, du Grand-Hohé, et Bonlarron, du Simserhof. La livraison des ouvrages est fixée pour le jour même et commence peu après.

Quant à Marion, il se présente d'abord à Anzeling

Coll. Bruge

GRAND-HOHÉKIRKEL
Ci-contre. Le commandant Fabre du Grand-Hohé salue les officiers allemands. À l'arrière-plan, le lieutenant-colonel Simon de la mission Marion.

Ci-dessous. Fabre vient d'apprendre qu'il est prisonnier de guerre et cette nouvelle suscite de sa part une réaction assez vive. À gauche, le General von Viebahn (ID 257 « Berliner Bären Division ») observe la scène avec amusement.

Coll. Bruge

Coll. Bruge

Coll. Bruge

SIMSERHOF/GRAND-HOHÉKIRKEL

En haut à gauche. Peu après, le lieutenant-colonel Bonlarron, « pacha » du Simserhof, arrive à son tour au Grand-Hohé, vêtu d'une élégante windjack munie de pattes de collet.

Ci-dessus. Le commandant Fabre (à gauche) sait déjà qu'il est prisonnier de guerre, Bonlarron ne va pas tarder à apprendre la même nouvelle.

Amifort - Hackenberg, fonds Ritter

ANZELING

Le 4 juillet 1940, après la sortie de l'équipage, des soldats allemands se dirigent vers l'entrée des munitions. Des tétraèdres et des chevaux de frise barrent encore la route d'accès.

SF BOULAY

Le commandant Denoix (à gauche au premier plan), le colonel Cochinard et le capitaine Bos examinent le 25 juin le protocole d'armistice au château de Landonvillers, dans la grande salle de réception du rez-de-chaussée.

Coll. Bruge

où il rencontre Cochinard et, en sa compagnie, se rend à Landonvillers, au PC du HK XXXXV où O'Sullivan et Denoix les rejoignent peu après [2].

Les ouvrages sont évacués le 2 juillet et les équipages partent aussitôt en captivité. Seuls quelques spécialistes sont autorisés à rester dans les ouvrages pour en assurer la maintenance et contribuer à leur reprise par les Allemands. Quelques semaines plus tard, ils partageront le sort commun des troupes de forteresse, non sans avoir dû au préalable retirer les mines disposées autour des ouvrages, ce qui n'ira pas sans quelques accidents, notamment à Fermont et au Hackenberg. ■

NOTE

2. Le lendemain, Marion rencontre encore successivement les commandants du Kobenbusch, du Galgenberg, de Bréhain et de Latiremont qui ont déjà commencé à livrer les ouvrages sous leur commandement pour leur signifier qu'ils sont prisonniers.

HACKENBERG

Grands palabres ce 4 juillet 1940 lors de la sortie de l'équipage du Hackenberg. On discute les modalités pratiques d'évacuation entre officiers allemands et français (en imperméable, probablement le lieutenant Hanne qui, étant lorrain et séminariste, parle parfaitement la langue de Gœthe et sert d'interprète). Au premier plan, tournant le dos aux Allemands, le chef de bataillon Ismeur, le dernier commandant du « Hacken ».

Coll. A. Boy

Coll. Mme Bourgeois

Charton, coll. Bruge

MONT-DES-WELCHES
4 juillet 1940 : l'équipage du Mont-des-Welches part en captivité.

MICHELSBERG
Plutôt insolite au milieu des soldats allemands en bonnet de police, le commandant Pelletier, « pacha » du Michelsberg, sort casqué de l'ouvrage. Autour de lui, ses officiers et, à sa droite, un sergent portant ses grands galons du temps de paix. À sa gauche en vareuse de toile kaki clair, le lieutenant Charton.

Coll. Varoqui

HOBLING
Un sous-lieutenant ou adjudant (Soulier ?) à gauche accueille l'émissaire allemand devant le bloc 2 du PO d'Hobling. À voir les sourires sur tous les visages, on peut imaginer que les défenseurs ne s'attendent pas encore à être considérés comme prisonniers. Les deux sous-officiers portent la nouvelle tenue modèle 1938 (vareuse à cinq boutons et pantalon « golf ») et paraissent aussi avoir perçu les nouvelles jambières modèle 1940, appelées à remplacer les molletières. En outre, la vareuse du sergent a été retaillée de façon à ouvrir le col, mesure pourtant interdite aux sous-officiers en-dessous du grade d'adjudant.

Coll. Mansuy

EINSELING
Sur les dessus de l'Einseling, le sous-lieutenant Vion (à droite) et le sapeur Lunzenfichter (de dos) discutent avec les émissaires allemands.

TÉTING
Pique-nique improvisé pour ces soldats allemands derrière le bloc 3 de Téting.

Coll. A. Boy

Coll. Ass. Fort Casso

ROHRBACH
Le lieutenant Casso, désigné pour remettre le PO de Rohrbach aux autorités allemandes, s'engage sur la passerelle du bloc 2. Les Allemands vont le suivre afin de procéder à une inspection complète.

SIMSERHOF
L'ouvrage du Simserhof a été remis aux Allemands et une équipe réduite est laissée dans l'ouvrage pour en assurer le fonctionnement, passer les consignes aux nouveaux occupants et organiser des visites de masse à en juger par le nombre de soldats attendant devant l'entrée. Le drapeau allemand flotte en haut du mât alors qu'on aperçoit l'entrée des hommes en surplomb à gauche. Le camion au premier plan est un GMC ACK 353 de fabrication américaine, livré tardivement à l'armée française et récupéré par les Allemands.

Balender

Coll. H. Schliessmann

Coll. H. Schliessmann

SIMSERHOF ET SCHIESSECK
Dimanche 30 juin 1940, en fin d'après-midi : les hommes du Simserhof et du Schiesseck, en capote ou en bras de chemise et chargés de lourdes musettes, sont en route vers Bitche-Camp, leur première destination comme prisonniers de guerre. Des frontaliers ont pris la précaution d'emporter leur vélo.

Coll. H. Schliessmann

Page ci-contre.
SCHIESSECK
Dimanche 30 juin, 18 h 10 : le capitaine Cazenave, commandant le génie du Schiesseck, remet l'ouvrage aux Allemands. Ceux-ci souhaiteront le visiter mais le capitaine Cazenave reportera la visite au lendemain sous prétexte que dans l'armée française, on ne travaille plus après 18 heures... À l'arrière-plan, on aperçoit l'entrée des hommes.

Coll. H. Schliessmann

SCHIESSECK
Le Schiesseck évacué, les Allemands prennent possession des lieux et ils déambulent devant l'entrée des munitions de l'ouvrage. Les derniers sapeurs français sortent de l'ouvrage et déposent leur paquetage le long de la façade à gauche. Une autre photo, non publiée ici, montre que ceux-ci seront soumis à une fouille en règle.

Ci-contre. La tourelle de 75 R 32 du bloc 7 du Schiesseck sert de cadre à une photo souvenir. À l'arrière-plan, le bloc 2.

Coll. Ascomémo

OTTERBIEL

Serait-ce le repos du guerrier pour ces deux soldats allemands qui musardent sur les dessus de l'ouvrage de l'Otterbiel. Au premier plan à droite, une « cloche-champignon » de ventilation.

Le bloc 3 de l'Otterbiel est un intéressant bloc mixte comprenant une chambre de tir infanterie et une tourelle de 81 mm disposée en contrebas de la dalle supérieure. Cette disposition économique se retrouve également dans les blocs 2 et 3 du Simserhof. À noter le camouflage de la façade dont la partie inférieure est peinte de couleur sombre.

Coll. Ascomémo

GRAND-HOHÉKIRKEL

Ci-contre.
Le bloc 2 du Grand-Hohékirkel comporte une casemate d'infanterie qui tire vers l'ouest. Une corvée de soldats allemands procède à des démontages et à des récupérations.

En bas à gauche.
Le bloc 3 est également une casemate d'infanterie flanquant vers l'est. L'antenne radio est intacte.

Ci-dessous.
Gros plan de la chambre du tir du bloc 3 dont le fossé diamant a été endommagé. Curieusement, des chevaux de frise sont disposés devant les créneaux, sans doute pour en interdire l'approche. Dans le talus du bloc, une échelle permet d'accéder à un poste de surveillance.

DR

DR

HOCHWALD
La reddition du Hochwald se fait selon un protocole élaboré, et une garde d'honneur franco-allemande s'est mise en place devant l'entrée des munitions.

Puis le lieutenant-colonel Schwartz sort seul de l'ouvrage en saluant les soldats allemands qui stationnent devant l'entrée. L'association, dans la même tenue, du casque et du pantalon droit est contraire à tous les usages de l'armée française à cette époque.

Coll. Lanotte

HOCHWALD
Peu après, officiers français et allemands pénètrent dans l'ouvrage pour une première visite.

Ci-contre. Cependant que les officiers français se dirigent vers les voitures, le lieutenant-colonel Schwartz semble hésiter et donne l'impression de retourner vers les autorités allemandes.

Coll. Lanotte

Coll. Lanotte

HOCHWALD *(suite)*
Ci-contre.
La tourelle de 75 modèle 1933 du bloc 7 bis est restée en batterie au milieu d'un paysage bouleversé, comme pour mieux narguer l'occupant. Pourtant, les deux embrasures visibles ici sont factices, peintes dans un souci de camouflage comme en atteste l'absence de la lunette de visée. Les vraies embrasures pourraient être sur la droite de la tourelle. À l'arrière-plan, on aperçoit le fossé antichar.

Ci-dessous.
Comme partout les Allemands se livrent à un peu de tourisme et ils se répandent sur les dessus de l'ouvrage. L'état particulièrement bouleversé des abords de la tourelle de 135 mm du bloc 14 constitue certainement un motif d'étonnement car la tourelle est intacte au milieu de ce chaos.

Coll. J.-B. Wahl

Coll. Lerch

Steets, coll. Bruge

SCHŒNENBOURG
Ci-dessus.
L'entrée des munitions du Schœnenbourg a été écornée par les bombardements mais elle n'a pas trop souffert. De faux créneaux sont peints de part et d'autre sur la partie supérieure de la façade.

Ci-contre.
Les Allemands découvrent les joies du petit train dans les galeries du Schœnenbourg et le Major Steets joue les conducteurs.

Photo A. Haas

Voilà la seule défense contre les avions dont disposaient les ouvrages : un FM muni d'une goulotte SP, posé sur un tube vertical. Ce montage, non réglementaire nous est présenté par les capitaines Barrier (artillerie Hochwald Est) et Boutry (infanterie Hochwald Est). Ces postes de FM DCA, répartis tout le long de la Ligne, étaient censés protéger les équipes de travailleurs des ouvrages contre les incursions des avions mouchards ennemis. On image aisément l'efficacité d'un tel équipement vis-à-vis des rondes de Stuka, en juin 1940. À l'arrière-plan, on aperçoit un des blocs du Hochwald Est.

EPILOGUE

LES ENSEIGNEMENTS DE L'ÉPREUVE DU FEU

La ligne Maginot, attaquée en différents endroits, tant sur l'avant que sur l'arrière, a eu l'occasion de démontrer ses qualités mais aussi ses faiblesses.

Il est bon d'en faire rapidement le tour.

■ FORCES ET FAIBLESSES DE LA LIGNE MAGINOT

La ligne Maginot a démontré qu'elle possédait, du moins sur ses fronts les plus puissants, une redoutable efficacité. Le binôme observation - artillerie a fait preuve d'une capacité de réaction remarquable, la précision et la rapidité d'intervention du matériel ayant sanctionné partout les tentatives ennemies, que ce soit à Fermont, au Michelsberg, à Laudrefang, au Four-à-Chaux, au Hochwald ou à Schœnenbourg, pour ne citer que les plus marquants.

La principale faiblesse de la ligne Maginot réside en fait dans sa conception même qui va alterner secteurs fortifiés puissants et secteurs défensifs aux capacités de résistance limitées. Certes, les restrictions budgétaires ont pesé sensiblement sur la réalisation effective mais le véritable problème ne se situe pas nécessairement là. En effet, indépendamment des considérations budgétaires, la CORF a opté pour une structure modulée en fonction des particularités géographiques, c'est-à-dire en optant pour des organisations allégées là où des obstacles naturels laissaient supposer que l'assaillant ne pourrait pas engager des moyens importants. Cette option s'est révélée une erreur regrettable. Les Allemands en effet n'ont attaqué que les positions conçues sur un mode allégé, en l'occurrence la Meuse, la Sarre, le Rhin et les Basses-Vosges et partout, ils ont percé.

On peut certes déplorer le manque de profondeur de la ligne fortifiée mais il n'a eu en fait de conséquences que pour ces fronts défensifs que l'ennemi a enfoncé.

Sur le plan technique, les ouvrages ont généralement répondu aux attentes : les principales faiblesses constatées ont concerné surtout la ventilation qui, en plusieurs occasions, s'est montrée défaillante. Sans même parler de La Ferté, rappelons que la chute de la plupart des petits ouvrages attaqués au canon a été causée par les risques d'asphyxie qui menaçaient dès lors que les tirs allemands avaient détruits les prises d'air situées sur l'arrière. En revanche, l'armement n'a pas failli et s'est avéré adapté à la mission prévue, qu'il s'agisse des pièces d'artillerie ou des matériels d'infanterie. Des incidents sont cependant signalés : gonflement de tubes de 75 mm, faiblesse des embrasures de 135 mm, explosion de mortiers de 81 mm, rupture des cadres de jumelages de mitrailleuses (sous l'effet du souffle), rupture des gâchettes d'armes mixtes, etc.

Le béton s'est révélé de bonne qualité et a résisté aux gros calibres qui ont pu s'abattre sur les ouvrages. Il a moins résisté aux tirs tendus effectués sur la face arrière des ouvrages, d'une part en raison de la courte distance à laquelle ces tirs ont été opérés et, d'autre part, du fait que l'épaisseur des murs arrières était moins importante. Cela nous ramène aux considérations précédentes sur le choix de solutions modulées selon

Coll. Ternoir

Effets d'une salve de bombes de Stuka sur le champ de rails des casemates d'Aschbach. Le souffle a même arraché un rail qui a été replanté plus loin.

les circonstances qui se révèlent préjudiciables en cas d'évolutions non prévues.

Par contre, les cuirassements ont montré en partie leurs limites, notamment les cloches qui ont été la cible privilégiée des pièces allemands à tir tendu alors que les tourelles se sont montrées beaucoup plus résistantes, en raison notamment de leurs possibilités d'éclipse.

Les cloches constituent en effet un handicap de la fortification : indispensables pour des missions d'observation ou de feux sur l'avant, elles sont nécessairement vulnérables d'autant que, le plus souvent, elles se détachent sur la structure des ouvrages et semblent narguer les canons ennemis.

En règle générale, les cloches pour mitrailleuses, qu'elles agissent en flanquement ou frontalement, et les cloches observatoires VP n'ont pas trop souffert grâce au défilement qui a pu leur être consenti. Au contraire, les cloches GFM, les cloches AM et les cloches observatoires VDP ont souvent été prises pour cibles par l'artillerie allemande avec des résultats remarquables. Les cloches GFM A présentaient un vice de construction qui sera corrigée par l'adoption sur les cloches B d'un diascope tronconique beaucoup moins vulnérable aux tirs tendus. En contrepartie, le nombre de cloches sur les ouvrages des nouveaux fronts a été sensiblement accru [1].

Quant aux créneaux, ils ont en général résisté aux tirs tendus et lorsqu'ils ont été enfoncés, c'est surtout en raison de la dislocation du béton tout autour [2]. Notons cependant que les assemblages créneaux/jumelages de mitrailleuses ont tout de même montré quelques faiblesses.

LES STUKAS ATTAQUENT LA LIGNE MAGINOT

Les attaques aériennes contre les ouvrages n'ont pas permis d'enregistrer de résultats probants, ni sur le béton, ni sur les cuirassements. Il est vrai que les attaques massives se sont limitées aux ouvrages d'Alsace mais elles ont revêtu une violence certaine et peuvent donc être considérées comme significatives. Les ouvrages ne possédaient pas de défense aérienne propre et leur possibilité de défense a consisté en des tirs croisés de 75 mm au-dessus des collatéraux pour tenir les bombardiers à distance et rendre leurs lâchers moins précis. Plus ou moins efficace contre des bombardiers en piqué, cette méthode est évidemment totalement inadaptée pour des bombardiers lâchant leurs bombes à haute altitude.

À l'origine des études techniques sur la future ligne Maginot, la défense contre avions n'est pas vraiment prise au sérieux. À cette époque, la charge explosive d'une bombe pouvant être transportée par un avion est nettement inférieure à celle

Le lieutenant Simon présente l'empennage d'une bombe, qu'il a trouvé sur les dessus de l'ouvrage du Hochwald Ouest. D'après les calculs estimatifs du capitaine Brice (in Les fortifications françaises modernes en 1940*), l'empennage correspondrait à une bombe de 800 à 1 000 kg. Cliché pris dans le PC souterrain du bloc 14 où l'on remarque les tableaux d'ordres qui tapissent les murs ainsi que le transmetteur d'ordres Carpentier qui relie le PC à la tourelle.*

Photo Haas

1. Il n'est pas rare de trouver jusqu'à quatre cloches sur un seul bloc, ce qui constitue autant de cibles pour l'assaillant. Comme preuve que le commandement français n'ignorait pas cette faiblesse, on peut signaler que le 17 février 1938, le général Menjaud, président de la Commission d'études pratiques d'artillerie de forteresse, proposait purement et simplement de supprimer les créneaux de cloches.

2. Un impact direct sur le cuirassement contribue plus à disloquer le béton par les vibrations qui en résultent, qu'un tir direct sur celui-ci. En outre, une cloche bombardée est intenable pour son occupant.

des obus géants et l'on avait estimé que les carapaces de béton, prévues pour résister aux 42 cm allemand et 520 mm français, feraient également l'affaire pour se prémunir des bombes d'avions. En 1928, la CORF avait bien songé à la DCA de forteresse mais une décision ministérielle du 1er mars 1929 élimine le matériel alors pressenti [3].

Bref, en mai 1940, quand il devint manifeste que l'aviation allemande était maîtresse du ciel, les équipages décidèrent d'intervenir avec leurs propres moyens, surtout pour protéger les hommes qui travaillaient à l'extérieur à la pose des barbelés ou au dégagement des champs de tir. La solution de base fut la mise en place de FM, prélevés sur les dotations des ouvrages (➠ photos pages 31 et 241).

À Molvange, le capitaine Paqueron mit au point un wagonnet DCA comprenant un berceau (fabriqué par le génie de l'ouvrage) et un jumelage de mitrailleuses Reibel. L'ensemble, embossé dans le talus de l'entrée des munitions, fut essayé avec satisfaction contre un avion allemand qui passait en rase mottes en mitraillant : suite à l'accueil reçu, on ne l'a jamais revu [4]

Dans le SF Haguenau, le chef d'escadron Rodolphe alla encore plus loin. Il fit étudier des tirs fusants (à la flèche maximum) de chacun des canons de 75. Chaque « tourelle DCA » devait tirer 18 coups répartis par des fauchages calculés de façon à « dresser un mur » vertical de 100 m par 100 m. Cette DCA improvisée est essayée le 12 avril 1940 contre un avion qui survolait la région de Wissembourg et qui, devant la densité des tirs — 36 coups en une minute tirés par les tourelles de Schœnenbourg, préféra rentrer dans ses lignes.

Les attaques de mai-juin 1940 des Stukas [5], massives et rapides, se caractérisent par une grande précision car les avions, en vagues de dix à trente appareils, attaquent en piqué jusqu'à 50 mètres du sol et lâchent leurs bombes à coups sûr. Ils attaquent toujours par l'arrière où les murs de gorge ont une épaisseur plus faible (1 m à 1,25 m). Les gros ouvrages d'Alsace ont pu se protéger mutuellement grâce aux tirs de DCA mis au point, comme on l'a vu, par le commandant Rodolphe, et la précision du tir des avions a diminué car les Stukas ne descendaient plus en-dessous de 500 mètres.

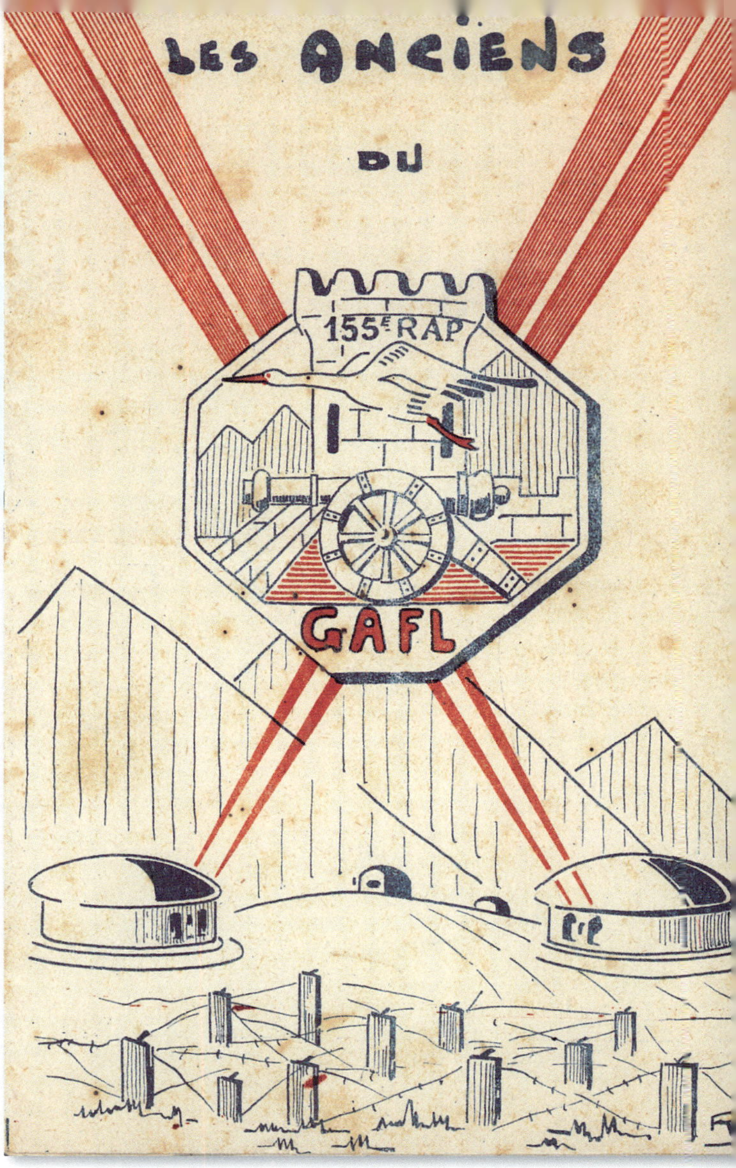

Coll. Ducout

La couverture du bulletin des Anciens du GAFL est illustrée d'un dessin de la main du lieutenant-colonel Rodolphe, leur ancien chef de 1939-1940. Outre la reprise de l'insigne du 2e groupe du 155e RAP (➠ Tome Deux, p. 192), il évoque les tirs d'appui réciproque effectués par les tourelles des ouvrages du Hochwald et de Schœnenbourg, en particulier les tirs de DCA contre les vagues de Stukas.

Photo Vialle

Deux bombes de Stuka ont explosé dans le fossé diamant de la casemate d'Oberrœdern Nord, provoquant des dégâts considérables qui n'ont pas, heureusement, entamé le moral de l'équipage et la capacité de résistance de la casemate. Une première bombe, explosant dans le fossé de la chambre de tir Ouest, a pulvérisé le mur de soutènement du fossé et provoqué d'importantes crevasses dans le mur de façade mais l'armement de la chambre de tir est resté intact (➠ photographie page 227). La seconde bombe ayant détruit le mur situé en face de la porte, l'équipage a mis en place des sacs de terre pour franchir le fossé.

Le bombardement par avions tient lieu de préparation d'artillerie, suivie en certains points (ouvrage de Boussois, SF Sarre, casemate d'Oberrœdern, casemates du Rhin et des Basses-Vosges) de l'attaque d'infanterie.

Les dégâts sont surtout spectaculaires : les « dessus » sont transformés en un champ de gigantesques entonnoirs de 5 mètres de profondeur et 20 mètres de diamètre. Les antennes radios sont volatilisées, les gaines des prises d'air transformées en accordéon mais réparables, les câbles téléphoniques enterrés rompus, les cuirassements recouverts de terre, les façades labourées par les éclats. En revanche, les dégâts sont considérables quand les bombes tombent dans les fossés diamants (cas de l'abri d'Hoffen et de la casemate d'Oberrœdern) ou sur une visière (bloc 6 du Four-à-Chaux). De même, les explosions ont souvent fissuré des galeries insuffisamment enterrées et les puits maçonnés des blocs.

Les effets psychologiques et physiologiques sur les occupants d'une casemate ou d'un bloc d'ouvrage sont importants, les témoignages de « ceux qui y étaient » sont unanimes : « *On se croirait en bateau* » (lieutenant Didier, casemate d'Hoffen), « *Impression d'effondrement quasi total* » (lieutenant Vialle, casemate d'Oberrœdern), « *Le bloc tremble et oscille, comme secoué par la main d'un géant* » (équipage du bloc 1 du Hochwald Est). Comme effets physiologiques, le lieutenant

---

3. Le matériel de défense antiaérienne rapprochée préconisée par la CORF pour les ouvrages (note sur l'armement n° 291/ORF du 7 septembre 1928) est alors un canon de 37 mm tirant à la cadence de 40 coups/mn (modèle 1925 de Marine) placé sur une plateforme à éclipse recouverte par une dalle d'acier. À la place, le général Challéat proposera en 1929 un canon multitube de 20 mm, véritable monstre apocalyptique dont le prototype ne donnera pas satisfaction.

4. Témoignage du colonel Paqueron, 6 mars 1990.

5. Basés à Stuttgart. Des attaques de Heinkel He 111 sont également signalées.

BOMBARDEMENTS DES OUVRAGES ET CASEMATES PAR L'AVIATION ALLEMANDE, MAI-JUIN 1940

Date et heure des attaques	*Organes attaqués*	*Observations*
20 MAI	Boussois	19 bombes dont 5 de 500 kg
20 ET 21 MAI	La Salmagne	
22 MAI		
9 h 00	Boussois	14 bombes. Le nuage de poussières permet aux « Stosstruppen » de s'approcher de l'ouvrage
heure non connue	Les Sarts	Une bombe à l'aplomb de la galerie bétonnée
14 JUIN	Blockhaus du SD Sarre	Trois attaques de Stukas sur l'avancée d'Holving qui résiste
16 JUIN	Rhin : casemates de la ligne des villages (secteur de la 104e DIF)	Les vagues de 27 appareils se succèdent selon un carrousel ininterrompu
19 JUIN		
9 h 10 (30 avions)	À l'ouest du Four-à-Chaux : secteur entre Windstein et le col de Gunsthal, casemate de la Verrerie, blockhaus de Markbach	
9 h 15 à 9 h 20	Four-à-Chaux	Bombes à l'aplomb de l'usine et de la caserne
10 h 10 à 10 h 30 (15 avions)	Lembach	
12 h 18 à 13 h 15 (18 avions)	Four-à-Chaux	Tirs de DCA déclenchés à 1500 m, abaissés ensuite à 500 puis 300 m
15 h 03 à 15 h 30 (10 avions)	Four-à-Chaux	Tirs de DCA déclenchés à 1500 m, abaissés ensuite à 500 puis 300 m
15 h 10 (40 bombes)	Hochwald Ouest	
15 h 37	Casemate de Schmelzbach Ouest	
16 h 30 (plusieurs avions)	Entrées de Schœnenbourg	
17 h 00	Hochwald Ouest	
17 h 20 (bombardiers lourds)	Hochwald Ouest	6 grosses bombes sur le bloc 14
18 h 35 (Stukas)	Hochwald Ouest	DCA par Schœnenbourg et Four-à-Chaux
20 h 10 (20 avions)	Schœnenbourg	DCA par B6 du Hochwald Est (les Stukas ne descendent plus en-dessous de 300 m)
20 h 15 (quelques avions)	Hochwald Est	Les blocs 1, 6 et 7 *bis* sont visés
20 JUIN		
14 h (2 groupes de dix Stukas)	Attaque simultanée sur Hochwald Est et Schœnenbourg	
14 h 30 (25 Stukas)	Ligne de casemates d'Hoffen à Oberrœdern	Les Stukas prennent la ligne de casemates en enfilade. L'abri d'Hoffen, sévèrement touché, est évacué
15 h 15, 16 h 12 et 16 h 33	Hochwald Est	
17 h 45 (20 Stukas)	2e attaque sur la ligne des casemates d'Oberrœdern	La casemate d'Oberrœdern Nord reçoit une bombe mais résiste
20 h (27 avions)	Attaque simultanée sur Hochwald Est et Schœnenbourg	Schœnenbourg disparaît dans d'immenses gerbes de fumées et de poussières
21 JUIN		
8 h 20 (10 avions)	Schœnenbourg	Le tir fusant est bien en place et les avions ne descendent plus en-dessous de 500 mètres. Deux avions touchés disparaissent vers le Nord en rasant les arbres et en lâchant une traînée de fumée noire.
11 h 20 (10 avions)	Hochwald Est	
Après-midi	3e attaque sur la ligne des casemates d'Oberrœdern	
Fin d'après-midi [NB]	Attaque simultanée : 10 avions sur Hochwald Est et 10 avions sur Schœnenbourg	

NB. À partir du 21 juin 19 h, un mortier de 42 cm prendra le relais des Stukas en bombardant Schœnenbourg qui aura ainsi le singulier honneur d'encaisser une cinquantaine d'obus géants en trois jours et d'être le fort Maginot le plus bombardé. Déjà le 14 mai, 33 obus de 28 cm d'ALVF avaient été tirés sur cet ouvrage. Mais jusqu'au cessez-le-feu du 25 juin, les tourelles des ouvrages d'Alsace sont restées intactes.

Vialle évoque la violente colique générale qui n'épargna personne après le passage des Stukas...

En résumé, les ouvrages reçurent (➠ tableau ci-dessus) :

- Boussois : 19 bombes
- Four-à-Chaux : 120 bombes
- Hochwald Ouest : 70 bombes
- Hochwald Est : 70 bombes
- Schœnenbourg : 160 bombes.

Y avait-il moyen de faire mieux ? Sans doute mais, conçue à une époque où le danger aérien n'était pas totalement perçue, la ligne Maginot n'a été dotée en propre d'aucune défense antiaérienne, celle-ci incombant aux batteries d'intervalle. Le repli des unités de renforcement a eu pour conséquence de laisser les ouvrages livrés à eux-mêmes dans ce domaine. Quand bien même le danger aérien aurait-il été perçu, il eût été difficile d'inclure dans les blocs des ouvrages un matériel efficace pour assurer la défense des ouvrages [6].

LA LIGNE A-T-ELLE JOUÉ SON RÔLE ?

Depuis les sombres heures de 1940, la ligne Maginot est considérée comme le symbole de la défaite et, aujourd'hui encore, son nom est associée à des réalisations spectaculaires et inutiles. C'est juger un peu vite et surtout faire abstraction de certaines évidences.

Le premier rôle de la forteresse était d'éviter une attaque brusquée du territoire et de permettre la mobilisation des troupes en toute sécurité. Ce rôle a été totalement rempli même si le mérite ne lui en revient pas car les Allemands, occupés à régler le sort de la Pologne, n'avaient pas l'intention d'attaquer à l'Ouest pendant la mobilisation de l'armée française

Le second rôle était, en cas d'offensive ennemie, soit de se battre en terrain favorable, soit d'obliger l'adversaire à passer par les ailes et si possible par la Belgique. Ce rôle, elle l'a rempli au-delà de toute espérance puisque les Allemands ont fait exactement ce que Gamelin attendait. Le problème est que Gamelin a fait, lui aussi, exactement ce que les Allemands attendaient, c'est-à-dire abandonner nos positions du Nord et avancer en Belgique... [7]

LES EFFETS PERVERS DE LA RÉORGANISATION DU COMMANDEMENT

Fin 1939, l'état-major prend une décision regrettable : il supprime la notion de secteur fortifié pour la remplacer par une organisation hybride alternant corps d'armée de forte-

NOTES

6. Voir note 3 Les Allemands n'auront pas, par la suite, de meilleures solutions : sur l'Atlantikwall, leurs matériels de Flak seront disposés à l'air libre dans des encuvements plus ou moins protégés.

7. Manœuvre que décrira parfaitement Alfred Fabre-Luce dans le *Journal de la France* paru en 1941 : « *Gamelin pouvait choisir entre la bataille de mouvement dans la plaine belge et la bataille de position sur les fortifications du Nord, entre le secours aux alliés et la défense du territoire. Il a pris le parti le plus hasardeux et cette décision reflète l'illogisme fondamental de la politique française : on construit de coûteux ouvrages, on néglige le matériel offensif, et puis on déclare la guerre et l'on sort pour aller se battre en rase campagne. C'est la faute qu'attendait le commandement allemand...* »

Photo Albert Haas, debout derrière la bombe

Les bombardements par avion en piqué (Stuka) et l'utilisation des canons type Flak contre les cuirassements constituent une énorme surprise pour les équipages de la ligne Maginot. Si les Stuka ont finalement réalisé des dégâts plus spectaculaires que réellement efficaces, en revanche, les canons de 8,8 cm se sont révélés les plus redoutables adversaires de la fortification, surtout dans les secteurs dépourvus d'artillerie sous tourelle.

Ci-contre. Après le cessez-le-feu, une bombe allemande de 500 kg a été retrouvée non éclatée sur les dessus de Schœnenbourg. Au fond, la crête du Hochwald.

Ci-dessous. La cloche GFM de la casemate 34/3 (front du Rhin) a été mise hors de combat par plusieurs projectiles. Le FM est encore en place dans son créneau, pointé dans la direction du canon allemand. Quelle lutte inégale !

Photo P. Blasy, coll. A. Blasy

resse, divisions d'infanterie de forteresse et troupes de campagne (détails ➠ pp. 26-27). La forteresse qui avait jusque-là une vie propre se trouve désormais sous la dépendance des troupes de campagne et sous l'autorité des commandants de corps d'armée locaux.

Au lieu de constituer l'ossature de la position, la forteresse devient ainsi l'auxiliaire des troupes de campagne alors que celles-ci n'ont dans l'affaire aucun rôle premier à jouer : si la bataille doit se jouer sur la position fortifiée, elle aura lieu sur un champ de bataille pré-défini qui laisse peu d'initiative aux troupes de campagne. Cette hérésie va entraîner une certaine désorganisation et surtout des prises de décision tout à fait inadaptées par des officiers peu au fait des possibilités de la fortification.

Pourtant, l'idée de créer des corps d'armée et des divisions de forteresse avait des vertus : en confiant la défense de la ligne fortifiée à des troupes spécialisées, en étoffant ces unités pour leur donner la consistance voulue, on pouvait arriver à la mise en place d'un système de défense se suffisant à lui-même et ne nécessitant pas l'appui de troupes de renforcement. La dualité troupes de forteresse - troupes de campagne aurait alors été plus nette et l'emploi de chacune mieux défini. On aurait également pu parvenir à cette économie de forces qui a été l'autre grande faiblesse du système.

■ LA « SURCHARGE » DE LA LIGNE MAGINOT

Ce ne sera malheureusement pas la seule faute de Gamelin puisque la ligne Maginot va, par la force des choses, manquer à un autre de ses rôles : l'économie de forces. En effet, la ligne fortifiée était conçue pour se suffire à elle-même, ce qui permettait de déployer un maximum de divisions face à la Belgique et de constituer des réserves solides pour alimenter la bataille. Le commandement français ne va pas utiliser cette opportunité et la ligne Maginot, au lieu de permettre une économie de forces, va au contraire absorber de nombreuses divisions qui vont faire défaut le moment venu. En est-elle responsable ?

Dans *Mémoires d'un français rebelle*, G. Loustanau-Lacau résume parfaitement cette aberration :

« *Nous avons construit des forts à coups de milliards, et quels forts, pour nous créer des disponibilités de manœuvre, et la troupe de manœuvre est disposée en avant de ces forts, de ces cuirassés immobiles. C'était le moment où jamais de mettre à profit ces créneaux à coulisses, ces coupoles à éclipse, toute cette machinerie souterraine, en bouchant les intervalles en arrière, et non en avant, et en priant le Bon Dieu pour que les Allemands soient assez stupides pour aller s'empaler un jour sur les réseaux de rails, sauter sur les mines, sous les feux croisés des canons et des mitrailleuses invulnérables. Or, de Charleville à Mulhouse, la frontière fortifiée dont aucun défenseur ne devrait apparaître au-dessus du sol, est pleine à craquer. Les forêts regorgent de régiments d'artillerie, dont les chevaux crèvent par milliers ... Il y a des canons de tous côtés dans la nature, des grands, des moyens, des petits, du 220, du 155, du 105, du 75, et du monde partout. À chaque coin de bois, on se croirait le matin de Noël dans la chambre d'un enfant qui change et rechange de place ses beaux artilleurs, cavaliers, fantassins de plomb. Il suffirait de 50 000 hommes pour tenir ce front bétonné de la Meuse à la Suisse, il y en a plus de 500 000. L'armée française est tout simplement jetée en éventail du Haut-Rhin au Pas-de-Calais.* »

Difficile de mieux illustrer l'incohérence du dispositif français !

Le 10 mai 1940, l'armée française alignait 106 divisions sur le théâtre d'opérations du Nord-Est (95 divisions françaises, 10 divisions britanniques et une division polonaise)[8] : 49 sur le front du Nord (7e, 1re, 9e et 2e armées plus la British Expeditionary Force) dont quatre en réserve, 57 sur le front fortifié (dont neuf en réserve). Sans vouloir refaire la campagne de 1940, on peut cependant se livrer à quelques hypothèses et être tenté de redistribuer les forces en fonction de l'idée qui avait présidé à la naissance même de la Ligne.

NOTE

8. La répartition exacte des unités diverge selon les sources. Si l'on se base sur l'état des *Unités combattantes* édité par le ministère de la Guerre (1955) et les *Grandes Unités françaises* (SHAT), il y avait sur le TONE au 10 mai 1940 :

- 82 divisions d'infanterie (71 françaises, 10 britanniques et 1 polonaise) ;
- 19 GU de forteresse (SF ou DIF) équivalant cependant à 13 DI de campagne (➠ tableau p. 27) ;
- 5 DLC (divisions légères de cavalerie) ;
- 3 DLM (divisions légères mécaniques) ;
- 3 DCR (divisions cuirassées).

D'autres divisions étaient en cours de formation le 10 mai (2 DI, 1 DIP, 1 DLM, 1 DCR, unités britanniques et canadiennes, etc.) disponibles à brève échéance.

La masse de manœuvre est constituée de 23 divisions sur le front du Nord (7e et 1re armées françaises et BEF) plus les réserves du « lot belge » (5 divisions entre Compiègne et Château-Thierry). Dans le secteur central de la Meuse (entre Namur et l'extrémité de la ligne Maginot) : 16 divisions dont quatre de cavalerie (2e et 9e armées). Il y a donc un déséquilibre flagrant entre la masse de gauche (28 divisions possédant le matériel le plus moderne), le centre qui aligne un cordon de 16 divisions (série B pour la plupart) et la ligne Maginot d'Alsace-Lorraine sur laquelle s'entassent plus de 50 divisions.

Le 13 mai, lorsque le « lot belge » et deux divisions cuirassées (en stationnement dans les camps de Champagne) seront montés en Belgique et que la 3e DCR aura été dirigée sur la 2e armée, il n'y aura plus aucune division de réserve à l'ouest de la ligne Sedan - Chalons en Champagne, c'est-à-dire derrière la 9e armée qui sera enfoncée le lendemain.

Qu'elles qu'aient été les circonstances, les Allemands ne sont pas parvenus au cours de la campagne à forcer un front fortifié puissant et à faire taire un seul gros ouvrage, même après le repli des troupes d'intervalle. Les seules percées réalisées sur des fronts plus faibles (Sarre, Rhin, Vosges) l'ont été à un moment où les troupes de campagne, mais aussi une partie des troupes de forteresse, avaient entamé leur repli. L'absence d'infanterie a sans doute été préjudiciable mais sans doute beaucoup moins que celle de d'artillerie qui n'a pas permis de gêner la préparation ennemie ni de tenir à distance les pièces d'artillerie allemande approchées à courte distance des blocs français [9].

Il semble donc qu'en appliquant le principe de l'économie des forces, on aurait pu se contenter d'affecter à la défense de la ligne Maginot les unités spécifiques de forteresse appuyées par une artillerie d'intervalle étoffée (l'artillerie de position, les RAMF ainsi que les régiments d'artillerie lourde de réserve générale) [10] et maintenir en renforcement, deux armées, ce qui aurait limité le nombre des divisions affectées à la défense statique de la partie Est du front à 35 divisions au maximum.

Le front du Nord aurait, pour sa part, bénéficié de l'apport de deux armées supplémentaires, soit 22 divisions destinées à occuper la position fortifiée. On aurait ainsi pu déployer côte à côte quatre armées à vocation défensive et maintenir en second échelon les deux armées françaises les plus mobiles (1re et 7e armées) et la BEF chargées d'opérer en Belgique et en Hollande.

Lors de l'offensive du 10 mai, ces deux armées et la BEF auraient passé la frontière et mené l'action prévue. Lors du décrochage, elles auraient pu se replier sur une position organisée et tenue pour servir de ligne de recueil et se reconstituer sous sa protection pour former à leur tour, des réserves pour alimenter le combat.

On objectera que la percée enregistrée à Sedan l'a été sur la partie statique du front et que, dès lors, l'abandon des fortifications du Nord par les troupes montées en Belgique n'a pas eu d'incidence sur la percée allemande. C'est en partie exact, mais les conséquences n'en auraient peut-être pas été les mêmes car la percée sur la Meuse aurait alors présenté un caractère isolé qui aurait permis de mieux l'endiguer. Le repli désordonné vers la frontière et la percée qui s'en est suivie ont eu pour effet d'élargir la brèche et de conférer à la progression allemande l'effet d'un déferlement que rien ne pourra plus arrêter.

Notes

9. Les Allemands sont du reste parfaitement conscients qu'ils ont attaqué la fortification dans des conditions favorables comme le confirme cette remarque formulée dans l'aide-mémoire *Denkschrift* sur les fortifications françaises (page 201) : « *La question suivante n'a pas de réponse : quelle est la puissance défensive que peuvent développer les ouvrages puissants quand ils sont attaqués, ayant leur équipage au complet et que le combat se déroule en étroite collaboration avec les troupes de campagne ? Ce qui est la condition fondamentale pour le déploiement complet de leur puissance de combat* ».

10. Notamment les régiments d'artillerie lourde à traction hippomobile et une partie des régiments d'artillerie lourde à tracteurs et de l'artillerie lourde sur voie ferrée.

L'opportunité manquée

Parmi les craintes exprimées par le haut-commandement allemand, la plus sensible concernait évidemment une éventuelle contre-attaque débouchant de la ligne Maginot dans le flanc des unités allemandes en marche. Les opérations menées contre la position avancée de Longwy n'avaient d'autre but que de réduire le risque d'un débouché blindé prenant en écharpe le AK XIX. Craintes légitimes mais malheureusement non fondées : le commandement français n'a, à aucun moment, mis à profit l'opportunité que lui donnait la position fortifiée pour cisailler le dispositif ennemi. Alors qu'une action blindée vigoureuse à la base de l'éventail des Panzerdivisionen aurait pu disloquer le dispositif allemand, le commandement se bornera à engager les unités disponibles frontalement et en ordre dispersé pour tenter d'endiguer la progression allemande.

Si rien ne permet d'affirmer qu'une telle action aurait pu modifier le cours des événements, elle aurait en tout cas eu le mérite de faire douter le commandement allemand et l'amener à plus de retenue dans son offensive.

En guise de conclusion

Le destin — mais est-ce vraiment le destin ? — a voulu que le sort des armes nous soit défavorable et de cette défaite, la ligne Maginot et ses défenseurs ne se sont jamais relevés.

Après avoir suscité tant d'espoirs, il est logique qu'elle soit ensuite sacrifiée sur l'autel des désillusions. Jugement d'autant plus injuste qu'à l'instar des forts de Verdun, « *elle est restée debout, en état de faire sentir une action efficace, quand tout autour était emporté* »...

Servie par des hommes de qualité qui n'ont pas failli, dotée de perfectionnements techniques qui font honneur à ses concepteurs, la ligne Maginot n'a finalement eu qu'un seul défaut, celui de scléroser le commandement au point de l'amener à cette funeste *Hypothèse Dyle*. Le commandement disposait d'un outil qui lui permettait de nombreuses possibilités de manœuvre : il a choisi l'option la plus défavorable, scellé le destin du pays et condamné la ligne Maginot à l'opprobre générale. Difficile de faire plus mal.

Zeibig coll. Bruge

Le drapeau allemand à croix gammée flotte sur le bloc 3 du Bambesch, accréditant aux yeux de l'opinion publique l'idée que les Allemands se sont emparés de vive force de la ligne Maginot. La vérité sera tout autre mais il faudra du temps pour l'apprendre.

ERRATA ET COMPLEMENTS

Tome Un (1re édition)

p. 18 - croquis de l'ouvrage intermédiaire : le repère 2 est à remplacer par 4 (tourelle lance-bombes).

p. 60 - photo du défilé à Metz : les drapeaux identifiés sont ceux des 146e RIF à gauche, 153e RIF à droite (au lieu de l'indication erronée 162e RIF) et 160e RIF (extrême droite, 2e rang).

p. 121 - 160e RIF : deux phrases sont incomplètes de part et d'autre du dessin de l'insigne. Ce sont (haut de la colonne centrale) « *après avoir parcouru 450 km en trente jours* » et (fin de la légende de l'insigne) « *l'association la Rose à la ligne Maginot,* ➠ *p. 72* ».

Tome Deux

p. 21 - sixième ligne à partir du bas de la colonne de gauche : lire trois tubes de 75/32 (au lieu de trois tubes de 135 mm).

p. 32 - plan d'un magasin à munitions M1 : dans la réalité, le magasin comporte également une galerie de communication pour le personnel, non dessinée. Cette galerie, d'un mètre de large seulement, est parallèle aux cellules à munitions et se trouve à hauteur des volets (repère 17) qui ferment la galerie circulaire.

p. 37 - salle des filtres : les débits s'expriment bien sûr en m^3/heure.

p. 57 (et photo p. 58) - le nom officiel des grilles antichars est « obstacle antichars du général De Cointet ».

p. 66 - photo du haut de la page : le périscope en place est un type J 2, de grossissement 7.

p. 75 - photo de la tourelle de 135 mm : lire bloc 7 de Rochonvillers.

p. 80 - légende de la tourelle type Nord : remplacer le repère 2 inférieur (mortier de 50) par le repère 3.

p. 96 - tableau d'affectation des 75 modèle 1932 : les matériels affectés à l'ouvrage du Kobenbusch n'ont pas reçu la culasse semi-automatique.

p. 114 - canon 47 AC : seul le modèle à rayures approfondies (lettre A sur la tranche du bloc arrière de culasse) est apte à tirer le projectile modèle 1936, avec la lunette L 774.

p. 115 - photo couleurs de l'arme mixte : c'est une des deux armes de la tourelle du bloc 2, dont le canon de 25 mm est plus long que celui de l'arme mixte pour cloche AM.

p. 135 - plan de la casemate d'artillerie type RF Metz : le champ de tir en direction est de 54° afin de profiter des possibilités de tir permises par l'affût de casemate type de Bourges dont est équipé ce modèle de casemate.

p. 144 - les cloches : le terme GFM est impropre pour la cloche type C car ce cuirassement, exclusivement destiné à la surveillance, n'est pas équipé d'un FM.

p. 217 - insigne de la 82e : il s'agit de l'insigne de la 82e section d'électriciens de campagne, responsable de lignes haute tension dans le secteur de la 6e région militaire.

REMERCIEMENTS

La liste complète des remerciements, sources et bibliographie sera publiée à la fin du Tome Quatre. Cependant d'ores et déjà, nous tenons à remercier les différentes personnes qui ont contribué d'une manière ou d'une autre, à enrichir le présent volume, en nous ouvrant leurs collections, et notamment :

■ LES ASSOCIATIONS D'ANCIENS DE LA LIGNE MAGINOT

Association des Anciens Combattants de la ligne Maginot
Le Groupe Turenne (37ᵉ RI)
L'Amicale des Anciens du 151ᵉ RAP
L'ASFD (Dauphiné)

■ LES ASSOCIATIONS DE SAUVEGARDE :

Amifort (Maubeuge)
AAOFLM (Fermont)
Association de défense du patrimoine de Villers-la-Montagne (Bois-du-Four)
Association « Le Tiburce » (Immerhof)
Amifort (Hackenberg)
Association A 22 (Michelsberg)
Association de l'abri du Bois-de-Bockange
Association du Bambesch
Association du Fort-Casso (Rohrbach)
Ouvrage du Simserhof
Musée de la Citadelle de Bitche
Le SILE (Four-à-Chaux)
Musée du Hochwald
AALMA (Schœnenbourg)
Les Amis d'Adrien Printz
Ascomemo (Moselle)
Association Klub (République tchèque)

■ LES ANCIENS COMBATTANTS, LEURS FAMILLES ET LES AMIS DE LA LIGNE MAGINOT :

Mesdames Bourgeois, Chochoy, Dinot, Jumel, Leloup (famille Bonlarron), Lemaire, Lesterps, Lhuisset, Léontine Maugras, Montag, De la Teyssonnière et Vialle.

Roger Azambre
Germain Barbier
Louis Barbier
Jean-Marie Becker
Olivier Bellec
Henri Béraud
Pierre Berthomier
Jean-Claude Bizzaro
Georges Blanchard
Christian Blas
Alain Blasy
Marcel Bannerault
Olivier de Boissoudy
Alphonse Botzong
Pascal Boucard
Albert Boudrenghien
Yves Bourguignon
Paul Boussard
Andreas Boy
Jean Braun (†)
Antoine Brolli
Marc Burger
Jean-Louis Burtscher
Dominique Chilles
Émile Choné
Dr. Christophe
André Colmet-Daage
M. de Cordoue
Laurent Demouzon
Julien Depret
Marcel Duflot
Marcel Font (†)
Stéphane Gaber
Raymond Gangloff
Roger Gendre
Gérard Giuliano
Jean Gloutin
Jean-Louis Goby
Jean-Robert Gorce
Georges Grentziger
Albert Haas
Valentin Hemmert
Georges Henriot
Albert Herpin
Michel Isnard
Roland Jacquemot
Jean Kasper
Dominique Kemmel
Eric Klamerek
François Klein
Olivier Koch
Maurice Lambret
Roger Lamy
Victor Lang
Jean Lanotte
Marcel Lapointe (†)
Antoine Lefort
Guy Lempereur
Fritz Lerch
Frédéric Lisch
Emile Lunzenfichter (†)
Michel Mansuy
Georges Marescaux
Paul Marque
Claude Armand Masson
G. Michelot
M. Mortelette
Peter Mühlschlegel
Jean-Yves Nasse
Edwin Neiss
Jean-Louis Nospeld
Bernard Paich
François Pezzoni
Jean-Jacques Rapin
Pierre Renauld
Ludovic Ricco
Marcel Rouquier
Michel Rousseau
Michel de Sachy
Heinz Schliessmann
Bruno Schoeser
Thierry Simon
Yves Stern
Pierre Stroh
Michel Tari (†)
Edouard Ternoir
Philippe Thiry
Pierre Touzin
Philippe Truttmann
Michel Urbéro
Robert-Charles Varoqui
Jules Vauthier (†)
Louis Vitoux
Christian Wackermann
Jean-Bernard Wahl
Philippe Wilmouth
Pierre Wolff (†)

Nous tenons à adresser des remerciements tout particuliers à Roger Bruge pour l'aide qu'il nous a apportée et les conseils qu'il nous a prodigués tout au long de la rédaction de ce volume. Ses travaux nous ont servi en permanence de référence et la remarquable documentation photographique qu'il nous a confiée contribue grandement à la richesse iconographique de ce Tome Trois.

Nous avons également une pensée émue pour Frédéric Demaret dont la serviabilité n'avait d'égale que sa modestie et son désintéressement et qui n'aura pas eu la satisfaction de voir ce travail achevé.

Ainsi que les organismes officiels suivants :

Établissement de conception et de production audiovisuelle de la Défense (ECPAD, Fort d'Ivry)
Service historique de l'armée de terre (SHAT Vincennes)
Services du génie (Vincennes et directions régionales)
Bundesarchiv (Koblenz et Freiburg)
Imperial War Museum (Londres)
Archives municipales de Sarreguemines et de Strasbourg.

Un ouvrage du Groupe Histoire & Collections

POUR LA PATRIE
PRÊTS
GF